电子学的艺术

（原书第3版）

|下册|

[美] 保罗·霍洛维茨（Paul Horowitz） 著
温菲尔德·希尔（Winfield Hill）

任爱锋 张伟涛 袁晓光 邓军 杨延华 朱天桥 罗铭 译

邓成 审校

The Art of Electronics

|Third Edition|

机械工业出版社
CHINA MACHINE PRESS

图书在版编目（CIP）数据

电子学的艺术：原书第 3 版．下册 /（美）保罗·霍洛维茨（Paul Horowitz），（美）温菲尔德·希尔（Winfield Hill）著；任爱锋等译． -- 北京：机械工业出版社，2024.9. --（信息技术经典译丛）.
ISBN 978-7-111-76131-0

Ⅰ．TN01

中国国家版本馆 CIP 数据核字第 2024UW4491 号

机械工业出版社（北京市百万庄大街 22 号　邮政编码 100037）
策划编辑：王　颖　　　　　　　责任编辑：王　颖
责任校对：杜丹丹　马荣华　景　飞　责任印制：邺　敏
三河市国英印务有限公司印刷
2024 年 10 月第 1 版第 1 次印刷
185mm×260mm · 25.5 印张 · 959 千字
标准书号：ISBN 978 - 7 - 111 - 76131 - 0
定价：129.00 元

电话服务　　　　　　　　　网络服务
客服电话：010-88361066　　机 工 官 网：www.cmpbook.com
　　　　　010-88379833　　机 工 官 博：weibo.com/cmp1952
　　　　　010-68326294　　金 书 网：www.golden-book.com
封底无防伪标均为盗版　机工教育服务网：www.cmpedu.com

译者序

《电子学的艺术》的前两版得到了业内人士的广泛认可，被誉为权威的电子电路设计参考书，且被翻译成八种语言，全球销量超过一百万册。相隔 25 年，《电子学的艺术》的第 3 版经过作者的全面修订和更新，终于在 2015 年与读者见面了（第 1 版于 1980 年出版，第 2 版于 1989 年出版）。在第 3 版的前言中作者也提到，尽管《电子学的艺术》已经出版了 35 年，但至今仍然受到电路设计工程师们的欢迎。因此，在此新版中，作者继续采用"How we do it"的写作方式来描述电路设计方法，并且扩展了描述的深度，同时延续了通俗易懂的叙述风格。

《电子学的艺术》起源于作者为哈佛大学电子学实验室课程编写的一系列讲稿。两位作者合作编写本书的初衷是将电路设计的专业知识和丰富的实践经验与电子学教师的视角结合起来。因此，本书强调的是电路设计人员在实践中采用的方法，从一系列基本定律、经验法则和大量技巧出发，鼓励读者发散思维，通过电路参数和性能的简化计算，采用非数学方法理解电路为何（why）以及如何（how）工作。Paul Horowitz 是哈佛大学物理学教授，他创建了哈佛大学的实验电子学课程。除了电路设计和电子仪器方面的工作之外，他的研究兴趣还包括天体物理学、X 射线和粒子显微镜学、光学干涉测量以及地外智能的探索，他是搜寻外星智能（SETI）的先驱者之一。Winfield Hill 在哈佛大学工作期间设计过 100 余种电子和科学仪器。1988 年，他加入由 Edwin Land 创立的罗兰研究所，担任电子工程实验室主任，设计了约 500 个科学仪器。两位作者编写的《电子学的艺术》偏向工程实践，充满了巧妙的电路设计方法和敏锐的洞察力，为读者展现了电子学的魅力和乐趣。

《电子学的艺术》第 3 版与第 2 版间隔了 20 多年，书中针对电子学领域的快速发展与变化做了重大改进。在前两版的基础上，作者针对仪器/仪表设计中的模拟电路部分进行了大幅度延伸，包括电源开关、电源转换、精密电路设计、低噪声技术等，并扩展了嵌入式微控制器应用中 A/D 和 D/A 转换的器件与应用电路、专用外设 IC 以及数字逻辑接口器件等。在第 3 版中，作者还添加了许多全新的主题，例如数字音频和视频（包括有线和卫星电视）、传输线、跨阻放大器、耗尽型/受保护型 MOSFET、高端驱动器、石英晶体特性和振荡器、JFET 性能、高压稳压器、光电子学、功率型逻辑寄存器、Δ-Σ 转换器、精密多斜率转换、存储技术、串行总线等，并增加了"大师级设计"示例。由于数字存储示波器技术的发展，此新版中作者通过使用示波器的屏幕截图来展示电路的工作波形，使得电路的功能描述更加直观。除此之外，此新版中还给出了大量非常有用的测量数据，如晶体管噪声和增益特性、运算放大器输入和输出特性等，通常这些信息在相关器件的数据手册中很难直接获得，但在实际电路设计中又是非常重要的。此新版的内容和细节描述部分得到了大量扩充，包含的大量实用的电路设计实例、电路设计思路和技巧、图表资料以及芯片参考资料是普通电子学书籍所没有的。附加练习为所学知识点的巩固提供了帮助。

《电子学的艺术》的作者在第 1 版前言中给出了采用本书作为教学参考的建议，本书在哈佛大学作为一学期课程的教材（教学中省略了书中不太重要的部分），与之配套的还有一本单独的实验室手册——*Laboratory Manual for the Art of Electronics*（Horowitz 和 Robinson，1981），其中包含了 23 个实验练习，以及相关的阅读材料和作业。《电子学的艺术》内容综合全面，而我国高校电子信息类相关专业的电路基础、低频电子线路、高频电子线路、数字电子技术以及微处理器等课程属于独立课程，每一门课程一般在 64 学时左右，因此《电子学的艺术》非常适合作为教学参考书。另外，我国高等教育正处于新时期教学改革关键时期，许多学校在人才培养模式中尝试课程融合改革，面向

"新工科"人才培养需求,此新版可作为教学改革实验班教材。承担本书审校工作的邓成教授在担任西安电子科技大学电子工程学院副院长期间致力于推动电子信息类相关课程的融合改革,并在改革中参考了本书的相关内容,基于此,机械工业出版社委托西安电子科技大学承担本书的翻译工作,由西安电子科技大学电子工程学院任爱锋教授负责组织相关课程组教师组成翻译团队进行翻译,并在教学改革中引入和实践此新版的相关内容。翻译期间申报的《通过翻译原版教材对电子信息类专业基础课程群建设的思考与研究》获批教育部中外教材比较研究重点项目,基于融合改革课程申报的"数字逻辑与微处理器课程群虚拟教研室"入选全国首批虚拟教研室。本书可作为电气、电子、通信、计算机与自动化等专业本科生的专业基础课程教材或参考书,对于从事电子工程、通信及微电子等方面电路设计的工程技术人员,也是一本具有较高参考价值的好书!因此,欢迎选用本书作为教材或教学参考书的同行与翻译团队教师互相交流学习,并加入"数字逻辑与微处理器课程群虚拟教研室",共同推动新时期课程改革。

本书主要由西安电子科技大学电子工程学院模拟电子技术、数字电子技术和微机原理课程组多位教师翻译完成。其中任爱锋负责全书的统稿工作,并翻译了前言、第9章和附录;张伟涛翻译了第3章、第13~15章;袁晓光翻译了第11章和第12章;邓军翻译了第8章;杨延华翻译了第10章;朱天桥翻译了第4~7章;罗铭翻译了第1章和第2章;王新怀对本书的翻译也做出了贡献。在本书翻译过程中得到了国家级教学名师——西安电子科技大学孙肖子教授的大力支持与帮助,以及西安电子科技大学电子工程学院领导的支持。本书的翻译工作也离不开机械工业出版社的领导与工作人员的耐心支持与帮助,借此机会表示衷心的感谢。

翻译书籍是件艰苦而细致的工作,尤其是这样一本涉猎范畴广泛的电子学巨著,涉及的专业术语数量非常庞大,即便翻译团队教师竭尽全力,但错误之处也在所难免。加上本书作者极具诙谐幽默的写作风格,以及中外文化背景差异,很多在专业书中很少见到的词语表达让译者很难找到恰当的中文表述,这些给本书的翻译带来了较大挑战。同时,由于翻译团队教师英文能力有限,若有不恰当之处,恳请读者包涵与理解,并感谢您的不吝赐教与斧正。

译 者
2024 年 2 月

第 3 版前言

自 25 年前出版第 2 版以来，摩尔定律仍然发挥着作用。在这次的第 3 版中，作者针对该领域的快速发展与变化，对本书内容做出了重大改进：

- 由于嵌入式微控制器无处不在，第 13 章强调了可用于 A/D 和 D/A 转换的器件和电路；
- 第 15 章增加了用于微控制器的专用外设 IC 的插图；
- 第 10 章和第 12 章增加了对逻辑系列器件选择以及逻辑信号与现实世界接口的详细讨论；
- 对仪器设计中基本模拟部分的重要内容进行了大幅度扩展，包括第 5 章的精密电路设计，第 8 章的低噪声设计，第 3 章、第 9 章和第 12 章的电源开关，以及第 9 章的电源转换。

第 3 版还增加了许多全新的主题，包括：

- 数字音频和视频（包括有线和卫星电视）；
- 传输线；
- 跨阻放大器；
- 耗尽型 MOSFET；
- 受保护型 MOSFET；
- 高端驱动器；
- 石英晶体特性和振荡器；
- JFET 性能；
- 高压稳压器；
- 光电子学；
- 功率型逻辑寄存器；
- $\Delta-\Sigma$ 转换器；
- 精密多斜率转换；
- 存储技术；
- 串行总线；
- "大师级设计"示例。

在此新版中，作者也回应了一个事实：尽管《电子学的艺术》(*The Art of Electronics*) 已经出版了 35 年（现在仍在印刷），但前几版仍然受到从事电路设计的工程师的热烈欢迎。因此，作者将继续采用 "How we do it" 的方法来设计电路，并扩展了描述的深度，同时希望仍然保留基础知识的易用性和解释性。同时，作者将一些与课程相关的教学和实验材料分拆为独立的 *Learning the Art of Electronics*，这也是对前面版本的 *Student Manual for The Art of Electronics* 的重要扩展。

数字示波器使得波形捕获、注释和测量变得容易，因此，新版中作者通过使用示波器的屏幕截图来展示电路的工作波形。除了这些实际情况之外，书中还以表和图的形式给出了大量非常有用的测量数据，如晶体管噪声和增益特性（e_n、i_n、$r_{bb'}$；h_{fe}、g_m、g_{oss}）、模拟开关特性（R_{ON}、Q_{inj}）、电容）、运算放大器输入和输出特性（e_n 和 i_n 超频率、输入共模范围、输出漂移、自动零恢复、失真、可用封装）等。这些通常在数据手册中被隐藏或省略的数据在实际电路设计时是十分重要的。

此新版包括 350 余张插图、50 余张照片和 87 余张表格（列出了超过 1900 个实际器件），最后通过列出可用器件的基本特性（包括标定的和测量得到的）来提供电路元器件的快速选择。

由于此新版中的内容和细节描述部分显著扩展，作者不得不放弃在第 2 版中所描述的一部分话题。此新版尽管使用了较大的页面、更加紧凑的字体以及大多数适合单列布局的图表，但作者希望在该版本中包含的一些额外的相关内容（如关于元器件的实际属性，以及 BJT、FET、运算放大器和功率控制的高级主题），还是被安排在即将出版的 *The Art of Electronics*：*The x-Chapters* 中。

如往常一样，作者欢迎勘误和建议，这些内容可以发送至 horowitz@physics. harvard. edu 或 hill @rowland. harvard. edu。

感谢 首先要感谢的是 David Tranah，他是剑桥大学出版社不懈努力的编辑、我们的支柱、乐于助人的 LATEX 专家，以及书籍出版高级顾问。他费力地阅读了 1905 页的文稿，修改了来自不同审阅人的 LATEX 源文件，然后输入数千个索引条目，使其与 1500 多个图表链接在一起，同时还需要忍受两位作者的挑剔。我们感激 David。

我们还要感谢电路设计大师 Jim Macarthur，他仔细阅读了所有的章节，并提出了非常有价值的改进建议，我们采纳了他的每一个建议。我们的同事 Peter Lu 教会了我们使用 Adobe Illustrator，当我们有问题时，他就会及时出现，书中的插图证明了他对我们高质量的辅导。还有我们总是非常有趣的同事 Jason Gallicchio，他慷慨地将他的 Mathematica 大师级技能用于 $\Delta-\Sigma$ 转换、非线性控制和滤波函数特性的图形化展示中；在微控制器章节中也留下了他的印记，包括他的智慧和代码。

感谢 Bob Adams、Mike Burns、Steve Cerwin、Jesse Colman、Michael Covington、Doug Doskocil、Jon Hagen、Tom Hayes、Phil Hobbs、Peter Horowitz、George Kontopidis、Maggie McFee、Curtis Mead、Ali Mehmed、Angel Peterchev、Jim Phillips、Marco Sartore、Andrew Speck、Jim Thompson、Jim van Zee、GuYeon Wei、John Willison、Jonathan Wolff、John Woodgate 和 Woody Yang。同样感谢其他在这里遗漏的人，并对遗漏表示歉意。本书内容的其他贡献者（来自 Uwe Beis、Tom Bruhns 和 John Larkin 等人的电路，基于网络的工具，非寻常的测试数据等）在书中相关文本中给出了引用参考。

感谢 Simon Capelin 对我们的不懈鼓励。在整个出版过程中，我们要感谢我们的项目经理 Peggy Rote、我们的文字编辑 Vicki Danahy 以及一群不知名的平面艺术家，他们将我们的铅笔电路草图转换成美丽的矢量图形。

我们怀念已故的同事兼朋友 Jim Williams，他为我们讲述了电路故障发现和解决的精彩故事，以及他对精确电路设计的不妥协态度。他诚恳的工作态度是我们所有人的榜样。

最后，我们永远感激对我们充满爱心、支持和宽容的爱人——Vida 和 Ava。

Paul Horowitz

Winfield Hill

2015 年 1 月

第 2 版前言

在过去的四十多年里，电子学可能是所有科技领域中发展最迅速的领域之一。因此，作者在 1980 年尝试推出一本尽可能全面讲授这一领域艺术的书籍。这里所说的"艺术"，是指对实际电路、实际器件等有深入了解并能熟练应用的技能，而不是在普通电子学书籍中所介绍的偏向抽象的方法。当然，在一个快速发展的领域中，这种注重实际应用细节的方法也存在一定的风险——最主要的就是随着技术的快速发展，这些技巧很快会变得陈旧。

电子技术的进步并没有让我们失望！在第 1 版刚刚出版不久，作者就感到之前关于"经典的 2KB 2716 EPROM 价格约为 25 美元"的说法已经过时了。如今，这些 EPROM 已经被容量大 64 倍、价格不到一半的新 EPROM 所取代，它们甚至已经很难买到了！因此，第 2 版的一个重要部分是对改进的器件和方法的更新——完全重写了关于微型计算机和微处理器（使用 IBM PC 和 68008）的章节，对数字电子学（包括 PLD 和新的 HC 及 AC 逻辑系列）、运算放大器和精准设计（反映 FET 输入运算放大器的优越性）以及结构设计技术（包括 CAD/CAM）的章节进行了大量修订。

作者也利用第 2 版修订的机会回应了读者反馈的建议，并融合了作者自己在使用第 1 版过程中的经验。因此，作者重新编写了关于场效应晶体管的章节，并将其放在运算放大器的章节之前。新版本还添加了关于低功率和微功耗设计（包括模拟和数字）的新章节，这是一个既重要又被忽视的领域。剩下的大部分章节都进行了大规模的修订。新版本增加了许多新的表格，包括 A/D 及 D/A 转换器、数字逻辑器件和低功率器件，整本书中图表的数量被扩展了很多。

在整个修订过程中，作者尽可能保持原版的非正式感和易于理解的特点，这也是第 1 版作为参考资料和教材都非常成功以及受读者喜爱的原因。作者也了解到，初学者在第一次接触电子学时所面临的困难在于这个领域的相关知识交织紧密，但没有一条可以通过逻辑步骤让初学者从新手变为全面胜任的电路设计师的学习路径。因此，作者在全书中添加了大量的交叉引用；此外，作者还将单独的实验室手册扩展为学生手册（Thomas C. Hayes 和 Paul Horowitz 编写的 *Student Manual for The Art of Electronics*），其中包括了额外的电路设计示例、解释性材料、阅读任务、实验室练习和针对选定问题的解决方案。这些补充材料能够满足许多将本书作为参考资料使用的读者的要求，使本书的内容既简洁又丰富。

作者希望新版能够满足所有读者的需求，包括学生和从事工程实践的工程师，并欢迎读者提出建议和勘误。读者可以直接将意见寄给美国马萨诸塞州剑桥市哈佛大学物理系的 Paul Horowitz 教授。

在编写新版的过程中，非常感谢 Mike Aronson、Brian Matthews、John Greene、Jeremy Avigad、Tom Hayes、Peter Horowitz、Don Stern 和 Owen Walker 提供的帮助；还要感谢 Jim Mobley 出色的校对工作，以及剑桥大学出版社 Sophia Prybylski 和 David Tranah 的专业与敬业精神，还有罗森劳出版服务公司辛劳的排版人员在 TEX 方面的精湛技艺。

Paul Horowitz

Winfield Hill

1989 年 3 月

第 1 版前言

本书旨在作为电子电路设计相关课程的参考书，适合电子技术领域的初学者阅读，通过学习本书，读者可以达到一定的电子电路设计水平。本书采用了直接的方法来呈现电路设计的基本理念，同时选择了一些比较深入的设计题目。本书的目的是在电路设计中融合实践物理学家的实用主义与工程师的定量化方法，工程师需要对电路设计进行全面的评估。

本书起源于为哈佛大学电子实验室课程编写的一系列讲稿。这门课程的学生构成比较复杂，包括本科生、在读研究生以及已经毕业的研究生和博士后研究人员，本科生是为了将来在科学或工业领域拥有工作、学习技能，研究生已经具备了明确的研究领域，已经毕业的研究生和博士后研究人员突然发现自己在"做电子"方面有所欠缺。

在电子实验室的教学中，我们发现现有的书籍对这门课程来说是不够的。虽然有针对四年工程课程或从业工程师编写的各种电子专业的优秀书籍，但那些试图涵盖整个电子领域的书籍似乎存在过多的细节（类似于手册），或过度简化（类似于食谱），或内容选择不平衡。许多面向初学者的书籍中所采用的看似受欢迎的教学方法实际上是不必要的，也就是说工程师们实际上是不使用这些方法的，而电路设计工程师所采用的实用的电路设计和分析方法则隐藏在应用笔记、工程期刊和难以获得的数据手册中。换句话说，很多作者在书籍中更多地呈现了电子学的相关理论而不是电子学的艺术。

本书两位作者合作编写本书的初衷是将电路设计工程师的专业知识与物理学家丰富的实践经验和电子学教师的视角结合起来。因此，本书中的讨论反映了两位作者的观点，即当前实践中应用的电子学基本上是一种简单的艺术，是一些基本定律、经验法则和大量技巧的结合。基于此，书中完全省略了固态物理、晶体管 h 参数模型和复杂网络理论的常规讨论，并尽量减少了负载线和 s 平面的相关内容。书中大多数的案例讨论是非数学的，鼓励读者进行电路设计头脑风暴，最多采用粗略方法计算电路值和性能。

除了电子学相关书籍中通常会涉及的主题外，本书还包括以下方面的内容：

- 易于使用的晶体管模型；
- 比较实用的子电路的广泛讨论，如电流源和电流镜；
- 单电源运算放大器的设计；
- 讨论一些容易理解但实际设计信息却很难找到的主题，例如运算放大器频率补偿、低噪声电路、锁相环和精密线性设计；
- 通过表格和插图实现有源滤波器的简化设计；
- 在噪声部分专门讨论屏蔽和接地；
- 一种用于简化低噪声放大器分析的图形方法；
- 专门用一章介绍电压参考和稳压电源，包括恒流电源；
- 对单稳态多谐振荡器及其特性的讨论；
- 收集数字逻辑设计中的错误现象及其应对措施；
- 对逻辑器件内部结构的广泛讨论，重点是 NMOS 和 PMOS LSI；
- 对 A/D 和 D/A 转换技术的详细讨论；
- 专门用一节介绍数字噪声的产生；

- 对微型计算机和数据总线接口的讨论，包括汇编语言的简介；
- 专门用一章介绍微处理器，包含实际设计示例和讨论——如何使用它们完成仪器的设计，以及如何让它们按照我们的意愿工作；
- 专门用一章介绍电子结构相关技术——原型制作、印制电路板、仪器设计等；
- 评估高速开关电路的简单方法；
- 专门用一章介绍科学测量和数据处理——如何精确测量，如何处理数据；
- 带宽变窄方法——信号平均、多通道缩放、锁相放大器和脉冲振幅分析；
- 有趣的"错误电路"集合和"电路设计建议"集合；
- 非常有用的附录，包括如何绘制原理图、IC 的通用类型、*LC* 滤波器设计、电阻值、示波器、相关数学知识回顾等；
- 二极管、晶体管、场效应晶体管、运算放大器、比较器、稳压器、电压参考、微处理器和其他器件的表格，列出了最常用的和最佳类型的特性。

整本书中作者都采用一种命名原则，经常将电路中所用的器件与同类型器件在特性上进行比较，并给出替代电路配置的优点。书中给出的示例电路都使用真实的器件类型，而不是黑盒子。本书的意图是让读者清楚地理解在设计电路时所做出的选择——如何选择电路配置、器件类型和元件值。许多与数学无关的电路设计技术并不会导致电路性能或可靠性的降低。相反，这些技术增强了读者对实际工程应用中电路的理解，代表了比较好的电路设计方法。

另外，还有一本单独的实验室手册——*Laboratory Manual for the Art of Electronics*（Horowitz 和 Robinson，1981），其中包含了 23 个实验练习，以及与本书相关的阅读材料和作业。

为了引导读者更好地阅读本书，作者在页边留出了一些空白方框，标记了作者认为可以快速浏览的部分章节。对于一门一学期的课程来说，可能最好省略第 5（上半部分）、7、12、13、14 以及 15 章可以省略的内容，正如这些章节开头段落中所解释的那样。

作者要感谢在撰写本书过程中给予意见、建议和帮助的同事们，特别是 Mike Aronson、Howard Berg、Dennis Crouse、Carol Davis、David Griesinger、John Hagen、Tom Hayes、Peter Horowitz、Bob Kline、Costas Papaliolios、Jay Sage 和 Bill Vetterling；还要感谢 Eric Hieber 和 Jim Mobley，以及剑桥大学出版社的 Rhona Johnson 和 Ken Werner，感谢他们富有想象力和高度专业的工作。

Paul Horowitz

Winfield Hill

1980 年 4 月

目　录

第 9 章

电压调节与电源转换

电力的控制与转换——电力工程，是电气工程和电子设计中一个宽广的新兴分支领域。该领域的研究包括从高压（千伏以上）和大电流（千安以上）直流（dc）输送、传递以及脉冲应用，到低功率固定和便携式（电池供电）以及低功耗（能量收集）应用。其中，我们最感兴趣的是电路设计中电压和电流的产生。

从简单的晶体管和运算放大器电路，到复杂的数字和微处理器系统，几乎所有电路设计都需要一个或多个稳定的直流电压源。我们在《电子学的艺术》（原书第 3 版）（上册）的第 1 章讨论的简单变压器-桥-电容式非稳压电源通常是不足以满足应用需要的，因为这些电路的输出电压会随着负载电流和输入电压（line voltage）的变化而变化，而且还存在很严重的电源纹波（120Hz 或 100Hz）。幸运的是，通过使用负反馈将直流输出电压与稳定的参考电压进行比较，可以很容易地构建出高度稳定的电源。这样的稳压电源应用广泛，可以简单地由集成电压转换芯片加上非稳压直流电源（从变压器-整流器-电容组合结构⊖、电池或者其他直流电源）和一些其他器件即可构成。

本章主要介绍如何利用专用集成电路构成稳压器。同样电路也可以采用分立元器件（晶体管、电阻等）实现，但是因为有了廉价的高性能稳压芯片，采用分立元器件的设计并不占优势。由于稳压器属于高功耗领域，因此我们还将讨论与散热以及类似过载保护等相关的技术来限制晶体管工作温度，防止电路损坏。相关技术同样适用于包括功率放大器在内的所有种类的功率电路。掌握了稳压器的基本知识，我们可以回过头来再详细讨论有关非稳压电源的设计。本章我们还将研究电压基准和电压基准集成芯片，以及电源设计以外（例如在模-数转换电路中）经常用到的相关器件。

我们从线性稳压器开始，它采用反馈回路来控制在串联分压传输晶体管中的传导来保持恒定的输出电压。稍后，我们将探讨的重要主题是开关稳压器，它通过一个或多个晶体管的快速切换，经过电感（或电容）把能量传递到负载，然后再经过调压电路反馈。简而言之，线性稳压器更简单，并且可以产生更干净（即无噪声）的直流输出；开关稳压器更紧凑且效率更高（见图 9.1），但噪声较大，通常电路构成较复杂。

如果仅仅认为稳压器只是专门用于交流供电到直流输出的变换是不正确的。除了应用于从交流电源输出稳定的直流电压，稳压器还广泛用于从电路中现有的稳定直流电压产生另外的直流电压。例如，常见的情况是稳压器输入为 +5V，而产生 +2.5V 或 +3.3V 的输出；这个电路可以很容易地通过一个线性稳压器实现，其中反馈控制着压

15W交流/直流开关

15W交流/直流线性

240W直流/直流开关（非稳压）

3.5W交流/直流开关

150W直流/直流开关

1cm

图 9.1　开关电源更小并且比传统线性稳压电源效率更高，但开关操作过程中会产生一些不可避免的电源噪声

降来维持恒定的（并且降低的）输出电压。更为惊人的是，开关稳压器可以用来把一个给定的直流输入转换为更高的输出电压，或者转换为相反极性的输出电压，或者转换为恒定电流（例如，用来驱动一串 LED）。这些应用尤其与电池供电的设备密切相关，在此类应用中也经常使用功率转换器，其中也包括从直流输入到交流输出的转换。

9.1　从稳压二极管到串联旁路线性稳压器

首先，我们看看图 9.2 所示电路。回想一下，一个齐纳二极管就是一个稳压器：稳压二极管吸

⊖　有时变压器可以被省略，这种情况通常出现在开关电源中。

收微弱电流，直到其两端电压接近其齐纳电压 V_Z，此时电流突然上升。因此，输入一个比 V_Z 更高的直流电压，通过电阻偏置分压，稳压管（或类似于基准集成芯片的二端稳压管）两端的电压可以近似为 V_Z（见图 9.2a），而且可以通过电阻来调整电流$^\ominus$：$I_{zener}=(V_+-V_Z)/R$。如果在这个相对稳定的输出电压端连接一个负载，那么只要该负载消耗的电流小于 I_{zener}（正如刚才计算得到的），就会存在多余的齐纳电流，并且输出电压变化很小。

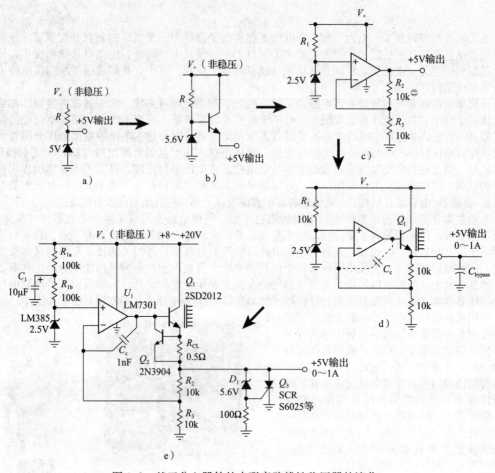

图 9.2　基于分立器件的串联旁路线性稳压器的演化

像这样简单的电阻加稳压二极管电路偶尔是可用的，但也存在许多缺点：①输出电压不能轻易改变（或精确地选择）；②齐纳电压（也就是输出电压）会随着齐纳电流有所变化，因此输出电压会随着 V_+ 和负载电流的变化而变化$^\ominus$；③在最大负载情况下，必须将齐纳电流调节（通过选择电阻 R）到足够大才能保证大于最大负载电流，这就意味着 V_+ 直流电源一直以全电流模式运行，产生与最大预期负载相同的热量；④为了适应大负载电流$^\circledR$，就需要大功率稳压二极管，这些都很难找到，并且很少使用；准确来说，我们将看到会有更好的办法来构造稳压器。

✎ **练习 9.1**　假设我们想得到一个稳定的 +5V 直流输出，来驱动一个能够在 0～1A 之间变化的负载。我们已经建立了一个非稳压直流电源（使用变压器、二极管桥和电容），无负载时输出大约 +12V，在 1A 负载情况下降到 +9V。这些电压值都是额定的，变化范围为 ±10%。（a）对于图 9.2a 所示电路，正确的电阻值 R 应该是多少，才能在最差情况条件下使得最小齐纳电流为

$\ominus$　有了精确的稳压管 I-V 曲线，通过负载线法可以准确地确定电压和电流值。

$\ominus$　本书为翻译版，保留了英文原书图中类似"10k"这种电阻值的表示形式，与我国标准采用"10kΩ"表示形式有差异，特此说明。——编辑注

$\ominus$　这些分别称为线路变化和负载变化。

$\circledR$　或者更准确地说，是在负载电流和/或 V_+ 直流输入电压上的大波动。

50mA?（b）R 和稳压二极管的最差情况（最大）功率损耗是多少?

与该方法相比——满足额定输出功率为 10W 稳压二极管在期望的输出电压时的要求，以及每个器件中功耗接近 10W，甚至在零负载，我们发现设计一个输出电压可调、不需要功率稳压二极管，在绝大多数负载电流范围具有 75% 或更高效率的稳压电源是一项日常工作。

增加反馈

通过在稳压二极管上增加射极跟随器（见图 9.2b）可以稍微改善前面的问题，使得电路可以在更低的齐纳电流条件下工作，并且在无负载时静态功耗更低。但输出稳压还是很差（因为 V_{BE} 随着输出电流的变化而变化），并且电路的输出电压也不能调节。

解决方法是使用稳压二极管（或其他电压基准器件）作为低电流电压参考与需要的输出进行比较。让我们通过几个简单步骤来实现这一电路。

1. 稳压管加放大器

首先，使用简单的直流放大器（见图 9.2c）跟随稳压二极管作为参考基准来解决可调性问题。现在，齐纳电流可以很小，刚好能保证一个稳定的参考值。对于典型的稳压二极管，这可能需要几毫安，但对于集成芯片电压基准，0.1～1mA 通常就足够了。该电路可以实现输出电压调节：$V_{out}=V_Z(1+R_2/R_3)$。但注意只能有 $V_{out} \geqslant V_Z$；还要注意的是，输出电压来自运算放大器，所以最大可以达到 V_+，输出电流受到运算放大器 $I_{out}(max)$ 的限制，典型值通常为 20mA。后面我们将讨论如何克服这些限制。

2. 增加外侧传输晶体管

增加输出电流很容易——只需要增加 NPN 跟随器，通过放大系数 β 来提高输出电流。但如果仅仅是把跟随器挂接在运算放大器的输出端那就错了：输出电压会被 V_{BE} 降低大约 0.6V。当然，可以通过调节 R_2/R_3 来补偿输出。但 V_{BE} 降低多少是不准确的，它会随着温度和负载电流的变化而变化，因此输出电压也会随之变化。更好的方法是关断传输晶体管周围的反馈回路，见图 9.2d；这样，误差放大器就可以获得实际输出电压，并通过电路的环路增益保持输出的稳定。包括输出射极跟随器在内的电路部分通过 Q_1 的放大系数 β 提高运算放大器的 $I_{out}(max)$，同时使电路可以输出 1A 左右的电流（也可以用达林顿管来替代获得更高的电流；另一种可能是用 N 沟道的 MOSFET）。Q_1 在最大输出电流情况下会消耗 5～10W 能量，因此需要散热片。接下来我们会看到，为了确保输出稳定还需要增加补偿电容 C_c。

3. 几个重要补充

至此，稳压电路基本完成，但还缺少一些基本功能，比如环路稳定性相关问题和过电流保护问题。

反馈回路稳定性　稳压电源用来驱动电子电路，通常在直流通路和参考地之间会连接许多旁路电容（当然，那些旁路电容是为了在所有信号频率上保持合适的低阻抗）。因此，直流电源具有很大的容性负载，在与传输晶体管（和过电流检测电阻，如果存在的话）的有限输出阻抗组合时，可能会导致滞后的相位偏移而振荡。图 9.2d 中的 C_{bypass} 表示负载电容，其中的一部分可能被明确地（就是实际的电容）包含在电源本身。

就像在前面（4.9 节）带有运算放大器电路所担心的一样，这里的解决方案也是包括某种形式的频率补偿。通过在反相增益级加上米勒反馈电容 C_c 是最简单的做法，见图 9.2d。C_c 的典型值为 100～1000pF，通常采用实验方法（尝试法），通过增加 C_c 值，直到输出对负载的阶跃变化表现出良好的阻尼响应为止（然后取两倍的实验结果，以提供更好的稳定性范围）。我们后面将看到的集成稳压器将包含内部补偿，或者给出补偿器件的建议值。

过电流保护　图 9.2d 所示电路不能很好地处理短路负载情况⊖。当输出被短路到地时，反馈会把运算放大器的最大输出电流强行加入传输晶体管的基极，导致 20～40mA 的 I_B 将会被放大 Q_1 的 β 倍（范围为 50～250），产生的输出电流为 1～10A。假设非稳压输入 V_+ 能够给它供电，但这样高的电流将导致传输晶体管过热，以及对不良负载造成意想不到的损坏。

该问题的解决方案是采用某种形式的限流保护，最简单的是图 9.2e 中由 Q_2 和 R_{CL} 构成的经典限流电路。此处 R_{CL} 是一个阻值很小的检测电阻，其值选择为在比最大额定电流略大的电流下分压大约为 0.6V（一个 V_{BE} 二极管压降）；例如，在 100mA 供电情况下可以选择 $R_{CL}=5\Omega$。R_{CL} 上的分压被加在 Q_2 的基极和发射极之间，在期望的最大输出电流情况下使得 Q_2 导通；Q_2 的导通使得 Q_1 中的基极电流被夺走，从而阻止了输出电流的进一步增加。注意，限流检测晶体管 Q_2 并不能承受高

⊖　工程师们喜欢把诸如此类的各种坏情况归入故障条件的一般范畴。

电压、大电流或大功率；它最大能承受从集电极到发射极两个二极管的压降、运算放大器的最大输出电流，以及两者的乘积。那么，在过电流负载条件下，它通常能够承受 $I_C \leqslant 40\text{mA}$ 情况下 $V_{CE} \leqslant 1.5\text{V}$，或者 60mW；这对于一般用途的小信号晶体管来说简直是小菜一碟。

齐纳偏压和过电压保护 图 9.2e 中给出了另外两个有效的处理方式。首先，将稳压二极管偏置电阻 R_1 从中间分开，通过电容滤除纹波电流。与 8.3ms 的纹波周期相比，通过选择较长的时间常数 $\tau = (R_{1a} \| R_{1b}) C_1$，稳压管可以得到无纹波的偏置电流（如果直流电源 V_+ 已经是没有纹波的，例如一个更高电压的稳压直流电源，就可以不用考虑这个问题）。或者，也可以使用电流源来偏置稳压二极管。

其次，图 9.2e 中给出了一个由 D_1、Q_3 和 100Ω 电阻构成的过电压保护电路。该电路的功能是在某些电路故障导致输出电压超过 6.2V 时使输出短路（这很容易发生，例如如果传输晶体管 Q_1 由于集电极到发射极短路而工作异常，或者如果一个类似电阻 R_2 这样不值钱的元件变成开路）。Q_3 是一个 SCR（Silicon Controlled Rectifier，可控硅整流器），该器件通常是不导电的，但当栅极-阴极结点正向偏置时就会进入饱和状态。一旦打开，直到阳极电流从外部去除才会再次关闭。在这种情况下，当输出超过 D_1 的稳压电压加上一个二极管压降时，栅极就会有电流流动。当这种情况发生时，稳压器就会进入限流模式，通过 SCR 器件输出保持近地状态。如果产生了异常高输出的故障，也会导致限流电路失效（例如，Q_1 的集电极到发射极短路），那么过电压保护电路将吸收非常大的电流。因此，在电源的某个地方最好加一个保险丝。

练习 9.2 解释 R_2 的开路是如何导致输出猛增的，此时输出端会出现大约多大的电压？

9.2 带有经典稳压器 μA723 的基本线性稳压器电路

前面章节讨论了线性串行传输稳压器的基本形式：电压基准、传输晶体管、误差放大器，以及环路稳定性和过电压-过电流保护原则。实际上，我们很少需要从头组装这些器件——已经有完整的集成电路芯片可以直接选用。有一大类集成线性稳压芯片可以被看作是灵活的工具箱——它们包括所有部件，但必须外接一些器件（包括传输晶体管）才能正常工作，经典的 μA723 稳压芯片就是其中一个例子。还有一类稳压器集成芯片是完整功能的，其内嵌传输晶体管和过载保护，并且最多需要一个或两个外部器件；其中 78L05 就是经典的三端稳压器芯片，其三个端子分别标示为输入、输出和接地（这就是它用起来非常容易的原因）。

9.2.1 μA723 稳压器

μA723 是一个经典的电压稳压器，它由 Bob Widlar 设计，并于 1967 年首次面世，是一款灵活、易用的高性能稳压器。现在，虽然在新的设计中可能我们不会再选择该器件，但它的一些设计细节还具有很好的研究价值，因为很多新的稳压器与其具有相同的工作原理。μA723 的原理框图见图 9.3。正如我们所看到的，该芯片实际上是一个电源器件，其内部包括温度补偿基准电压（7.15V）、差分放大器、串行传输晶体管和限流保护电路等。当使用 μA723 的时候，其本身并不能完成稳压功能，必须与外部连接电路配合来达到我们的目的。

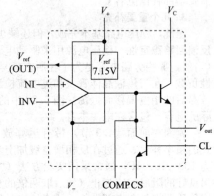

图 9.3 经典 μA723 的原理框图

μA723 内部 NPN 传输晶体管被限制在 15mA，并且其功耗最大为 0.5W 左右。与新型稳压器不同，μA723 内部不包括关断电路（以防止过载电流或芯片损耗）。

1. μA723 稳压器应用示例：$V_{out} > V_{ref}$

图 9.4 所示为用 μA723 实现的正电压稳压电路，输出电压大于基准电压，该电路与图 9.2e 具有相同的结构。除了 3 个电阻和 2 个电容外，其他所有器件都包含在 μA723 器件内部。通过该电路，可以实现输出电压从 V_{ref} 到最大允许输出电压（37V）的稳压供电。当然，输入电压必须一直保持比输出电压正向高几伏特，这里包括非稳压电源上的纹波干扰。μA723 器件的压差（输入电压必须超过稳定输出电压的幅度）规定为 3V。这比当前标准大一些，当前标准压差通常是 2V，并且对于低压差稳压器来说会小得多。还需要注意到，μA723 相对较高的基准电压意味着在小于 +9.5V 的非稳定直流输入电压供电中不能使用，其最小为 V_+；这一缺点在采用低压带隙基准（1.25V 或 2.5V）的大量可供选择的稳压器中得到了弥补。同时，我们还应注意到参考在初始精度中就未必是标准的——在 V_{ref} 上的扩展输出在 6.8～7.5V，这意味着必须通过可调的 R_1 或 R_2 来微调输出电压；很快我们将看到不需要微调且具有超级初始精度的稳压器。

如图 9.4 所示，在输出端放上一个几 μF 的电容可以达到更好的效果。这可以保证即使在高频反馈无效的情况下也具有低输出阻抗特性。输出电容值的选择最好参考器件手册，确保电路稳定，不自激振荡。通常情况下，在电源和地之间使用陶瓷电容（$0.01\sim0.1\mu F$）和电解电容或钽电容（$1\sim10\mu F$）并联可以取得更好的效果$^\ominus$。

2. $\mu A723$ 稳压器应用示例：$V_{out} < V_{ref}$

对于输出电压小于 V_{ref}，只需要在参考基准上分压即可（见图 9.5），这样输出电压即与基准电压的一部分进行比较。图 9.5 中输出电压为 +5V。通过该电路连接方式，可以产生从 $+2V\sim V_{ref}$ 的输出电压。根据手册，差分放大器输入电压不能低于 2V，因此该电路输出电压不能低于 0V。还需要注意的是，非稳定输入电压不能低于 +9.5V，这是参考基准所需的电压。

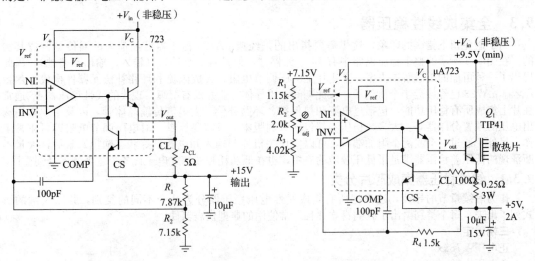

图 9.4　$\mu A723$ 稳压器：$V_{out}>V_{ref}$ 配置，100mA 电流限制　　　　图 9.5　$\mu A723$ 稳压器：$V_{out}<V_{ref}$ 配置，2A 电流限制

该电路中增加了一个外部传输晶体管，与 $\mu A723$ 内部传输晶体管构成达林顿结构，这样可以得到超过 $\mu A723$ 芯片的 150mA 输出电流限制。外部晶体管也是解决功耗问题所需要的：$\mu A723$ 芯片在 25℃的额定功耗是 1W（在较高环境温度下会更低，为了保证结温在安全范围，当温度超过 25℃时，$\mu A723$ 必须以 8.3mW/℃功耗降温）。因此，举例来说，一个输入为 +15V、输出为 5V 的稳压器，输出的负载电流不会超过 80mA。此处通过外加功率晶体管 Q_1，在 $V_{in}=12V$ 并且最大负载电流（2A）时将消耗 14W 功率；这就需要使用散热片，通常是一个带翅片的金属板用来散热（晶体管也可以安装在电源金属外壳的一个面上）。后面的章节将讨论有关散热问题。通过微调电位器可以将输出精确地调整到 +5V，电位器的调节范围要满足电阻容差和基准电压 V_{ref} 规定的最大扩展容限（这是在最坏情况下的设计示例），在这种情况下，允许标称输出电压有 ±1V 的调整范围。注意，对于 2A 电源供电，必须要采用低阻抗大功率限流电阻。

该电路的必要变化是可以根据需要输出一个在基准电压 V_{ref} 附近连续可调的稳压输出。在这种情况下，只需要把输出的一部分分压与 V_{ref} 的分压进行比较，选择的 V_{ref} 分压要小于期望的最小输出电压。

练习 9.3　使用 $\mu A723$ 设计一个稳压器，输出可以达到 50mA 负载电流，输出电压范围为 +5~+10V。提示：将输出电压分压与 $0.5V_{ref}$ 进行比较。

3. 传输晶体管压差

前面电路存在的一个问题就是在传输晶体管上的功耗很高（在满负载电流工作时至少 10W）。如果稳压芯片的电源是非稳定输入，那么这个问题是不可避免的，因为稳压芯片需要有几个伏特电压的裕量来保证正常工作（这也就是压差）。对于使用单独低电流电源（例如 +12V）供电的 $\mu A723$ 来说，加在外部传输晶体管上的最小非稳定输入高于稳定输出电压的压差可以小到 1.5V（也就是两个 V_{BE} 电压）。

9.2.2　捍卫饱受争议的 $\mu A723$

我们一直在使用几十种由 Power One 生产的线性稳压电源，30 多年未曾发生过一次故障。和其

$\ominus$ 陶瓷电容在高频处可以提供低阻抗，而大的电解电容可以提供能量存储，并且也可以使振荡衰减（通过其内部等效串联电阻）。

他 OEM（Original Equipment Manufacturer，原始设备制造商）一样，它们都采用了便宜的 μA723 稳压芯片。不能忽视传奇人物 Bob Widlar 的非凡设计的理由如下：

- 非常低的成本；
- 制造商众多；
- 可设置电流限制，包括过电流保护；
- 功耗不在控制 IC 中；
- 静态电压基准，可以额外添加滤波器；
- 可以配合 NPN 或 PNP 传输晶体管工作；
- 容易配置为负压输出。

9.3　全集成线性稳压器

为了避免留下错误的印象，这里需要指出的是经典 μA723 稳压器已经消失的谣传是言过其实的。在图 9.5 所示的整个稳压电路中有 10 个元器件，但只有 3 个端口（输入、输出和接地），因此提出了一种可能的集成解决方案，采用片上电压调节电阻、集成限流和环路补偿元器件构成三端稳压器。μA723 已经接近半个世纪了，在此期间，半导体行业并没有沉睡，现代的线性稳压器 IC 通常在片上集成所有稳压功能，包括过电流和热保护、环路补偿、大电流传输晶体管，以及用于常用输出电压的预置分压器等。大多数稳压器都包括可调版本，只需要提供一对电压调节电阻即可正常工作。另外，通过一个或两个附加端口，可以实现关机控制输入和电源良好状态输出。最后，大量不断涌现的低压差稳压器满足了低压领域的应用，也在低功耗和便携式电子设备中越来越多受到重视。

9.3.1　线性稳压器集成芯片分类

作为后续章节的导读，这里把所有集成线性电压稳压器分为几个不同的类别，并以大纲的形式列了出来。每个类别给出了我们喜欢并且经常使用的典型代表器件。

三端固定

正电压：78xx

负电压：79xx

三端可调

正电压：LM317

负电压：LM337

三端低压差（可调与固定）

正电压：LM1117，LT1083-85

三端固定与四端可调真 LDO

正电压：LT1764A/LT1963（BJT）；TPS744xx（CMOS）

负电压：LT1175，LM2991（BJT）；TPS7A-3xxx（CMOS）

三端电流基准

正电压：LT3080

9.3.2　三端固定稳压器

最初的（通常够用）三端稳压器是由 Fairchild 公司在 20 世纪 70 年代早期发明的 78xx 系列（见图 9.6），其固定输出是经过出厂校准的，输出电压由器件标识的最后两位数字表示，可以是 05、06、08、09、10、12、15、18 或 24。这些稳压器可以提供高达 1A 的输出电流，并且采用的电源封装形式（TO-220、DPAK、D²PAK 等）便于连接散热器或与电路板铜皮区域连接。如果不需要太大电流，可以采用 78Lxx/LM340Lxx 系列芯片，它们采用小型晶体管封装，有表面贴装或 TO-92（通孔）封装形式。负电压输出可以采用 79xx/79Lxx（或 LM320/320L）系列芯片。

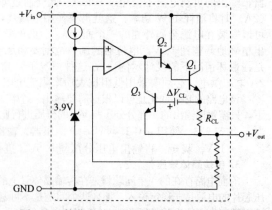

图 9.6　简化的 78xx 三端固定正压稳压器。所有元器件都集成在芯片内部，应用时只需要一对旁路电容即可。R_{CL} 是 0.2Ω 的电流检测电阻，分压满足在全负载电流工作条件下比一个二极管压降稍微小一些；其分压加上内部偏压 ΔV_{CL} 用来打开限流晶体管 Q_3

图 9.6 和图 9.7 以简化形式给出了这些稳压器的内部结构。

图 9.8 所示为采用其中一种 IC 实现＋5V 稳压器的电路。图 9.8 中也给出了一个由 7905 负压稳压器实现－5V 稳压输出的电路，其输入是一个幅度更大的非稳定直流负压。输出端的旁路电容保证了输出的稳定性，也可以改善瞬态响应，并且在高频段（稳压器环路增益变低）保持低输出阻抗[注]。为了保证稳定性，输入端旁路电容也是需要的，芯片手册中给出了最小参考值。但是，如果输入电源或输出负载的连接非常靠近稳压器，可以省略相应的电容。

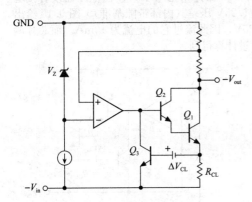

图 9.7　79xx 固定三端负压稳压器　　　图 9.8　由 7805/7905 稳压器构成的±5V 稳压直流

图 9.8 所示稳压器中包含了一对反向保护的肖特基（低的正向开启电压）二极管，在需要正负两种极性电源供电的电路中这是更好的选择。如果没有这个二极管，一个电源可能通过负载将另外一个电源带入反向输出电压；这个被反向的电源极性会导致负载失效（来自晶体管或集成芯片的反向电源电压），或者稳压器失效（甚至可能进入闩锁状态）。可能你会经常看到二极管被省略的情况，但最好不要有这种不好的习惯！

这些稳压器具有片上保护电路防止由于过热或过载电流导致芯片损坏，芯片只是会关闭，而不会爆裂。此外，对于较大的输入-输出电压差，片上电路可以通过减小输出电流来防止晶体管工作在安全工作区以外。这些稳压器价格便宜且易于操作，而且在许多带有印制电路板（PCB）的系统设计中很实用，其中非稳定直流电源连接到每个板上，在每个电路板本地完成稳压操作。表 9.1 列出了具有代表性的三端固定稳压器的特性。

表 9.1　7800 型稳压器

类型	V_{in} max/V	V_{out} nom/V	Tol/($\pm$%)	I_Q typ/mA	I_{out} max/A
78L05	35	5	5	3	0.1
78L15	35	15	4	3	0.1
7805	35	5	4	5	1.0
7824	40	24	4	5	1.0
79L05	−35	−5	5	2	0.1
79L15	−35	−15	4	2	0.1
7905	−35	−5	4	3	1.0
7924	−40	−24	4	4	1.0

三端固定稳压器还包括很多非常实用的其他类型。有低功率和微功率类型（例如，静态电流在微安范围的 LM2936 和 LM2950），还有非常受欢迎的 LDO 稳压器，可以保持只有零点几伏的输入-输出电压差（例如，典型压差约为 0.25V 的 LT1764A、TPS755xx，以及微功率的 LM2936）。

⊖　稳压器手册中规定了最小电容要求。在稳定性作为重要问题情况下，例如低压差稳压器，就需要考虑相当多的细节。在负压稳压器电路中使用较大的电容值需要注意：这是保证稳定性所必需的，由于 7905 稳压器的输出来自共射放大器输出级的集电极（其增益取决于负载阻抗），而不是 7805 正压稳压器的射极跟随器输出级（其增益接近单位增益）；更大的旁路电容在高频段可以抑制环路增益，防止振荡。

9.3.3　三端可调稳压器

有时我们需要非标准的稳定电压（比如用来模仿电池的+9V），就不能使用78xx类型固定电压稳压器来实现了。或者，也许我们需要一个标准电压，但要求输出电压精度比典型的固定电压稳压器的±3%还要高。到现在为止，我们已经习惯了三端固定电压稳压器的简单易用，因此，无法想象使用μA723型稳压器和所有其所需的外部元器件构成的电路。该怎么办？找一个三端可调稳压器！

这些芯片的典型代表是源自National公司的经典LM317器件（见图9.9）。该稳压器没有接地端，然而，它调节V_{out}来使输出端与调节端保持固定的1.25V压差（内部带隙基准）。图9.10给出了其最简单的使用方法。稳压器使得R_1两端电压为1.25V，因此流过它的电流为10mA。而芯片调节端的电流非常小（50~100μA），因此输出电压可以通过计算得到

$$V_{out}=1.25(1+R_2/R_1)$$

这种情况下可输出电压为+3.3V，输出的未调节精度约为3%（来自±2%的内部1.25V基准和±1%的电阻）。如果想达到精确的设置精度，需要用一个25Ω的微调电阻串联一个191Ω固定值电阻替换下面的电阻，微调精度可达±6%。如果想获得更宽的调节范围，可以把下面的电阻换成一个2.5kΩ的微调电阻，这样输出范围可以从+1.25~+20V。无论输出电压是多少，输入必须高出至少2V（压差）。

当使用这种类型的稳压器时，所选的电阻分压器的值应该足够小，使得可调引脚上的电流随温度变化在5μA左右，很多设计者采用124Ω电阻，正如图9.10所示，这样分压器可单独吸收10mA的芯片规定的最小负载电流。还需要注意的是，来自调节引脚的输出电流可能会大到100μA（最坏情况指标）。输出端电容虽然对于输出稳定性来说不是必要的，但可以很好地改善瞬态响应。输出电容最好不小于1μF，推荐使用6.8μF以上的电容。

LM317有多种封装类型，包括塑料功率封装（TO-220）、表面贴装功率封装（DPAK和D²PAK），以及许多小型晶体管封装（包括直插式TO-92和微型表面贴装两种类型）。采用功率封装，加装适当的散热器，可以提供高达1.5A的电流；低功率型号（317L）也受到功耗限制，额定电流为100mA。常用的LM1117型号可由多家制造商提供，在经典317芯片的压差上有所改进（1.2V与2.5V），但需要因此付出代价：在TO-220封装中，LM1117的价格约为0.75美元，而317的价格为0.20美元；而且它的电压范围也很有限，和许多低压差稳压器一样，它需要更大的输出电容（最小10μF）。

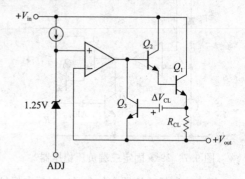

图9.9　LM317三端可调正电压稳压器

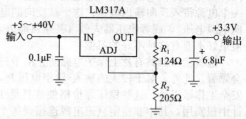

图9.10　+3.3V正电压稳压器电路

✎ **练习9.4**　用LM317设计一个+5V的稳压器，通过可变电位器实现±20%的电压调节范围。

三端可调稳压器具有较高的额定电流，如LM350（3A）、LM338（5A）、LM396（10A）等，也具有较高的额定电压，如LM317H（60V）、TL783（125V）等。在使用这些器件之前应该仔细阅读器件手册，注意旁路电容的要求及保护二极管的相关建议。还应注意，额定最大输出电流通常适用于$V_{in}-V_{out}$较低时，当$V_{in}-V_{out}$接近V_{in}（最大）时，输出可降至只有最大值的20%；最大输出电流也会随着温度的升高而下降。

对于高负载电流的另外一种选择是增加外部晶体管，但大电流开关稳压器通常是更好的选择。LM317系列稳压器是传统的（相对于低压差）线性稳压器，其典型压差约为2V。

对于固定输出的三端稳压器，有更低压差类型（例如，常用的LM1117在0.8A时的最大压差为1.3V，或更强大的LT1083-85系列，在相当的压差下电流可达7.5A），还有微功耗类型（例如LP2951，它是固定5V输出LP2950器件的可调版本，两者的$I_Q=75μA$），见图9.11。还有负电压类型，尽管种类较少：LM337（见图9.12）是与LM317（1.5A）对应的负电压稳压器，LM333是与LM350（3A）对应的负电压稳压器。

经典的LM317是由Widlar和Dobkin公司在1976年左右设计完成的，并且已经存在了40多年。实际上，在几伏特电压动态余量范围内，通用的LM317（以及负电压的LM337）已经成为满足中等电流能力（约1A）线性稳压器的首选。同时它也催生了大量类似器件的产生，涵盖了各种电压、电

流和封装类型，包括一些更低压差的器件。

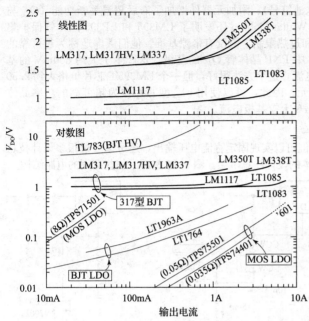

图 9.11 LM317 型三端稳压器典型压差与负载电流曲线（粗曲线）。几个有代表性的低压差与高电压稳压器也包含在图中进行对比参考

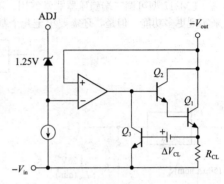

图 9.12 LM337 三端可调负电压稳压器内部结构图。在输入和输出端，共射输出级需要至少 $1\mu F$ 旁路电容来保证输出稳定

LM317 的设计非常巧妙，例如它集成了误差放大器和零温带隙基准功能。该器件也是第一个包含热过载和安全区域的稳压器。图 9.13 是 LM317 基本内部结构的简化电路，其中元器件命名遵循美国国家半导体（TI）数据手册中的原理图规则。

晶体管对 Q_{17} 和 Q_{19} 构成带隙电压基准，在 Q_{16} 和 Q_{18} 电流镜提供的恒定电流下工作。由于 Q_{19} 具有 10 倍大的发射极面积（或 10 个发射极），它的工作电流密度只有 Q_{17} 的 1/10，因此 V_{BE} 小了 (kT/q) $\log_e 10$，大约 60mV。将其电流设置（通过 R_{15}）到 $I_{Q19}=\Delta V_{BE}/R_{15}=25\mu A$，这样晶体管对的总电流就是 $50\mu A$ ⊖。需要注意的是，电流与绝对温度呈线性关系（由于 R_{15} 两端压降 $\propto T_{abs}$）——这就是 PTAT（与绝对温度成正比）。

现在在考虑经典的带隙基准温度补偿：利用电流的正向温度补偿系数可以消除 Q_{17} 上 V_{BE} 的反向温度补偿系数，其标称值约为 600mV，并且以 $1/T_{abs}$ 或 $-2.1mV/℃$ 变化。当所选择的电阻 R_{14} 正好在标称 $50\mu A$ 电流下压降为 600mV 时，就可以出现温度补偿系数抵消现象，这就是 $+2.1mV/℃$ 温度补偿系数。

带隙基准电路也是误差放大器：Q_{17} 的集电极呈现高阻（电流源）负载，通过三级射极跟随器（在完整电路中有五级）缓冲到输出引脚；因此，即使其跨导相对较低（$g_m\approx 1/R_{14}$），在误差放大器中仍具有很大的环路增益（其输入是 ADJ 引脚，相对于 V_{out}，偏移 V_{ref}）。

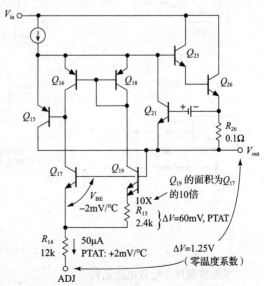

图 9.13 LM317 型线性稳压器的简化电路

⊖ 在平面硅工艺中（这有利于电阻比率，但并不代表绝对值），电阻值的典型容差是 0.5～2，因此，从 ADJ 引脚输出的 $50\mu A$ 标称电流实际上输出范围为 25～$100\mu A$。

电阻 R_{26} 用来检测输出电流，并通过 Q_{21} 实现电流限制。为了实现安全工作区保护，这里增加了一个依赖于 $V_{in}-V_{out}$ 的偏置电压（图中电池符号）。附加元器件增加了滞后超温关断功能（Q_{21} 与一个 PNP 管配对构成锁存器）。最后一点：Widlar-Dobkin 还发明了 LM395 和 LP395 晶体管保护集成芯片，在 LM317 基础上又包含了过电流和过热限制，但没有带隙基准。他们谦虚地称为超可靠的功率晶体管。395 型晶体管的基极即图 9.13 中 PNP 晶体管 Q_{15} 的基极。这产生了大约 800mV 的基极到发射极电压，并且有 $3\mu A$ 的上拉基极电流。这个方法很好，但一个 LM395T 芯片价格大约 2.50 美元，而一个 LM317T 只需要大约 0.50 美元。因此，可以使用 317 型芯片作为超可靠的功率晶体管，它具有 $-1.2V$ 基极到发射极电压和 $50\mu A$ 上拉基极电流。

9.3.4 LM317 型稳压器：应用提示

LM317 型可调三端稳压器非常好用，不但可以实现固定直流电压输出，还可以通过很多设计技巧来实现更多功能。但是，还需要牢记几个基本的设计注意事项。图 9.14 整理了一些有用的电路结构。

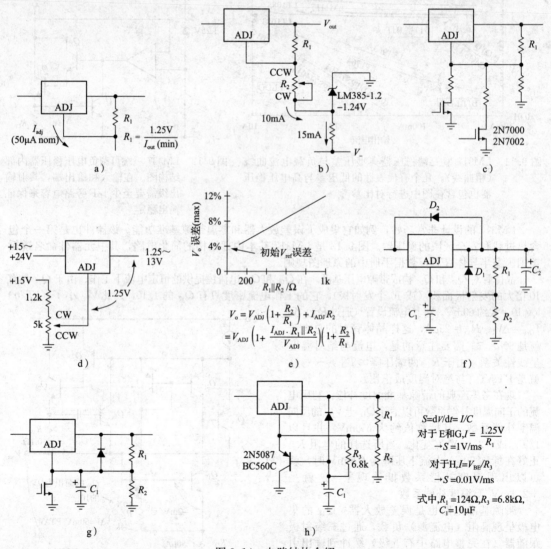

图 9.14　电路结构介绍

下面按顺序介绍各电路结构。

a：由于内部电路的工作电流是通过负载返回，故稳压器需要一定的最小负载电流。因此，如果想让稳压器在外部负载为零的情况下工作，则应该选择足够小的反馈电阻 R_1，例如，甚至在 $I_{out}(min)$ 最差情况（最大值）下满足 $V_{ref}/R_1 \geqslant I_{out}(min)$。当 $V_{ref}=1.25V$ 并且 LM317 的 $I_{out}(min)=10mA$ 时，

R_1 应小于 125Ω $^{\ominus}$。当然可以使用一个较大阻值的 R_1 电阻和一个负载电阻来弥补差值，但由于调节引脚电流约为 $50\mu A$，这将导致输出电压的不确定度增加。

b：标准 LM317 型稳压器电路（见图 9.10）输出最低只能调到 V_{ref}。但可以通过输出分压器（R_2）的下半部分来返回负电压参考，从而使得 LM317 降到零。如图所示，一定要吸收足够的电流使该参考点偏置到导通状态。

c：使用一个 MOSFET 开关（或一个小阻值 R_{ON} 模拟开关）将另外固定阻值的电阻跨接在下面的电压调节电阻两端，通过逻辑电平控制来选择输出电压。

d：或者，通过 ADJ 引脚上的直流电压来控制输出电压，输出电压将比 V_{ref} 大。控制电压可以由电位器产生，如图所示，也可以通过 DAC 产生。如果按照如图所示的控制方式，需要保证外部负载满足最小负载电流要求（大多数器件要求 5 或 10mA）。这里需要考虑 ADJ 引脚偏置电流通过了比通常阻抗大的影响，本例中电位器中间位置阻值大于 $1k\Omega$。

e：ADJ 引脚提供约 $50\mu A$ 电流，由此可以计算输出电压

$$V_{out} = V_{ADJ}\left(1 + \frac{R_2}{R_1}\right) + I_{ADJ}R_2 \tag{9.1}$$

式中，最后一项是由 ADJ 引脚电流引起的误差项。在最差情况下，$I_{ADJ} = 100\mu A$，标称电阻 $R_1 = 125\Omega$，这相当于输出电压增加了 1%，高于并且超过了初始的 V_{ref} 不确定度（通常为 1% 或 4%）。感应电流误差随着分压器电阻线性增加，如图 9.14e 中电位器所示（假设 V_{ref} 容差为 4%，最差情况 ADJ 引脚电流为 $100\mu A$，并且对调节电流不进行校正，即忽略式（9.1）中的最后一项）。

f：当旁路电容由于误操作突然通过稳压器电路放电时，线性稳压器可能会被损坏，从而导致破坏性峰值电流。二极管 D_2 可以防止输入短路情况下输出旁路电容通过稳压器放电，包含这样一个二极管总是没有坏处的，尤其适用于更高的输出电压。同样，如果使用了降噪电容 C_1，添加二极管 D_1 可以防止输入和输出短路。

g 和 h：在 ADJ 端连接一个大电容到地（确保添加了保护二极管），可以延长输出电压的上升时间。在这两种电路中，电容电压都以恒定的电流增加。由于 R_1 阻值很小，电容值可以非常大（例如，$R_1 = 125\Omega$ 时，$100\mu F$ 可以达到 10ms/V 的上升斜率），因此，可能需要增加跟随器，如图 h 所示。需要注意，这些电路并不会从零输出电压开始上升——图 g 从 V_{ref} 开始上升，图 h 上升初始电压为 $V_{ref} + V_{BE}$（大约 1.8V）。由于同样的原因，图 g 中的"关断"开关可以让输出只有 V_{ref}。

练习 9.5 参考图 9.14c 所示原理图，设计一个电路（标注出元器件取值）来给仪器中的 12V（标称值）直流降温风扇供电：小的降温只需要电路提供 +6V 电压（风扇转动，但要安静），但当降温量变大的时候，就需要电路中的逻辑电平控制信号变高（例如，+5V）来开启 MOSFET（如图所示），从而使得降温风扇电压增加到 +12V。

9.3.5 LM317 型稳压器：电路示例

在进入低压差稳压器主题之前，让我们来看几个采用 LM317 型三端可调稳压器实现的实际电路：0～±25V 双跟踪台式电源、温度比例风扇控制电路和两种设计可调高压直流电源的方法。

1. 实验室双跟踪台式电源

很多工程师都希望在工作台上有一台可调双输出电源，例如匹配输出（双跟踪）可以从 0 到 ±25V，电流 0.5A 的电源。花几百美元就可以买到这种电源，但也可以用一对三端可调稳压器制作。图 9.15 给出了输入是非稳压直流的实现电路。正向输出稳压器采用一个 TO-220 封装（后缀 T）的 LM317，并带有一个适当大小的散热器（$R_{\theta JC} \approx 2\text{℃/W}$）。

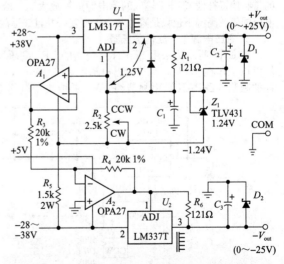

图 9.15 输入是非稳压直流的实现电路

$\ominus$ 与 LM117/317 器件手册中的许多电路实例相反，其中 R_1 的阻值为 240Ω。这个设计错误很可能源自同一个器件手册上为满足更严格要求的 LM117 而实现的电路实例，其最坏情况 I_{out}(min) 为 5mA（LM317 的一半）。

为了让输出可以调至 0V，这里采用了图 9.14b 的设计技巧（让输出检测分压器恢复到 $-1.25V$）。把 U_1 的 ADJ 引脚电压反向来驱动 LM337 稳压器，可产生跟踪的负向输出电压。

电路中在 U_1 上添加了一个噪声抑制电容 C_1（以及一个保护二极管），并且使用了一个精密低噪声运算放大器来产生反向控制电压（因此在 U_2 的 ADJ 引脚上就不需要电容了）。电阻 R_1 和 R_6 为稳压器提供 10mA 最小负载电流，但是要注意运算放大器 A_2 必须能够输出 10mA 电流，同样，R_5 也必须通过 R_2 吸收 10mA 电流，足够用来驱动运算放大器，并且为 Z_1 提供偏置。肖特基二极管 D_1 和 D_2 提供反向保护，例如来自桥接两端的负载。最后，如果由于某种原因导致电路的直流输入被短路到地，这两个二极管可以连接在每个稳压器的输入和输出端（见图 9.14f），进而避免稳压器由于输出旁路电容（包括驱动的外部电路）回流的故障电流而损坏。这里最好用一对 1N4004 整流器。

练习 9.6 齐纳基准 Z_1（实际上是一个低电流分路稳压器）具有规定的电流范围，从 $50\mu A\sim$ 20mA。通过计算在最大和最小负输入电压下的齐纳电流，该电路满足这些电流限制范围。假定双运放的供电电流在 $3\sim5.7mA$ 范围内。

2. 温度比例风扇控制电路

开关（或高-低逻辑）风扇控制电路实现简单，如练习 9.5。然而，通过调节风扇驱动电压（即风扇速度），让散热器在设定的温度点开始工作，这样可以做到比 "砰-砰"（切换）更好的控制。图 9.16 给出了用 LM317 实现的电源驱动电路，该电路利用了芯片内部保护（过温、过电流）和简单的 ADJ 引脚控制方式。这里使用了 LM358 运算放大器作为电阻桥误差信号积分器，电阻桥的一个分支连接的是负温度系数（NTC）热敏电阻。风扇输入电源温度平衡点设置在 60℃，当温度高于设置温度时，积分器将输出正向驱动电压。为了尽量减少反馈回路的 "抖动"，积分器时常数 R_4C_1 应该选择比热源到热敏电阻传感器的热时常数稍微长一些。

这里用了低成本的 LM358，它可以单电源工作（输入和输出到负轨），并且对超过 $+15V$ 的电源电压具有很强的耐受能力。

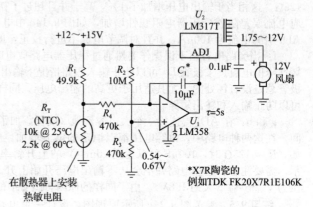

图 9.16 用 LM317 实现的电源驱动电路

但其 50nA 最差情况输入偏置电流需要使用一个相当大的积分电容。理想情况下，人们更喜欢用一个便宜的带有偏置补偿或 FET 输入的单电源运算放大器。恰好，OPA171 就是一个特别的单电源运放，其偏置电流即使在高温下也只是降低几十个皮安，并且该运放可以工作在 $3\sim36V$ 的全电源电压范围。

3. 高压电源 I：线性稳压器

图 9.17 所示为采用 Supertex 公司的 LR8 高压三端稳压器实现输出电流扩展的简单电路。该器件可以工作在 450V，但其输出电流限制在 10mA，当在接近全额定电压差情况下工作时，更受到功耗的限制（D-PAK 功率封装约 2W，并取决于电路板上金属层模式）。

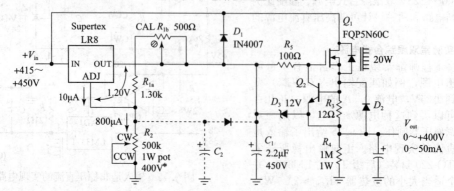

图 9.17 采用 Supertex 公司的 LR8 高压三端稳压器实现输出电流扩展的简单电路

稳压器最小负载电流规定为 0.5mA，因此我们使其在 1mA 以内工作，并驱动一个大功率 MOSFET 跟随器。连接到 LR8 的反馈使得跟随器引入的偏移（稍微受到负载的影响）可以通过 R_{1b} 微调到近似为零。Q_2 的作用是限流，并且二极管 $D_1 \sim D_3$ 可以防止在高压电源中可能出现的各种损害。电容 C_2（连着一个保护二极管）用来降低噪声。输出端电位器 R_2 在最大输出电压下功耗为 320mW，因此最好使用额定功率为 1W 或更高的元器件。此外，一定要检查电位器额定电压规格，该应用电路中可以使用 Bourns 公司的 95C1C-D24-A23 或 Honeywell 公司的 53C3500K。

4. 高压电源 II：dc-dc 开关变换器

产生稳定高压直流的另一种方法是使用开关 dc-dc 变换器模块，它们具有超大的电压输出范围（可达几十千伏）和可选择的输出极性。有各种各样的带有内置稳压电路的变换器模块可供选择，由低压直流输入（＋5V、±15V 等）来供电，并且输出电压通过可变电阻控制或通过可编程的低电压直流输入控制。对于光电倍增管、雪崩光电二极管探测器、通道板倍增器或其他需要稳定的高电压低电流偏置的设备，这些变换器模块可以很容易地用来产生所需偏置。

一种更便宜的方法是使用没有内部稳压的最简 dc-dc 变换器模块，其输出电压与输入电压成比例关系，有时称其为比例 dc-dc 变换器。典型器件是 $0 \sim 12V$ 输入，输出可以从至少 100V 到最大 25kV，额定功率从 1W 以内到 10W 左右。图 9.18 展示了如何使用 EMCO 的 3W 比例变换器模块实现上述功能。电阻 R_3 可以控制输出电压，电压范围的最小值由 LM317 的最小输出 1.25V 设定。当输出过载时，可选择修改后的限流电路来保护变换器[⊖]。

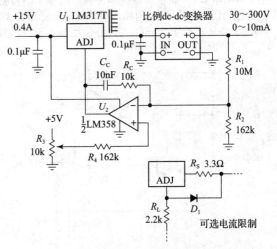

图 9.18　EMCO 的 3W 比例变换器模块

9.3.6　超低压差稳压器

在许多应用中，稳压器约 2V 的压差电压（即最小输入-输出电压差）是一个严重的限制。例如，在数字逻辑电路中，你可能需要从现有的＋5V 得到＋3.3V 电源；或者（更差情况），需要从现有的＋3.3V 供电得到＋2.5V电源。还有的便携式设备可能需要＋5V 的电压，其供电来自 9V 的碱性电池；后者开始工作的电压大约 9.4V，在其电量快结束时电压会下降到 6V 或 5.4V（取决于所用电池完全耗尽的定义是 1.0V/粒还是 0.9V/粒）。对于这种情况，就需要一个可以在很小输入-输出电压差下工作的稳压器，理想情况下电压差可以低到 1V 以内。

一种解决方案是完全放弃线性稳压器而使用开关稳压器替代，采用不同的方式处理电压差。转换器（开关的简称，或开关模式、稳压器）在这类应用中很流行，但它们也存在自己的问题（特别是在开关噪声和瞬态方面），也许你会更喜欢线性稳压器的平静和简单。

再看一下图 9.6 和图 9.9 所示的传统线性稳压器，由于达林顿输出跟随器的两个级联 V_{BE} 压降，加上限流检测电阻两端的另一个 V_{BE} 压降，导致了约 2V 的压差。解决方案是使用不同的输出级拓扑和不同的限流方案。

图 9.19 给出了部分解决方案。该设计保留了一个 NPN 输出跟随器，但换了一个 PNP 驱动晶体管；后者能够运行在饱和区附近，可以消除一个 V_{BE} 压降。此外，限流检测电阻已经被放在了集电极上（高端电流检测），在这里它不会导致压差（只要其压降在电流限制下小于一个 V_{BE}，如果使用比较器来检测最大电流，这个条件还是很容易满足的）。在这种电路结构下，LT1083-85 稳压器（电流分别为 7.5A、5A 和 3A）在其最大电流时达到了 1V 的典型压差。

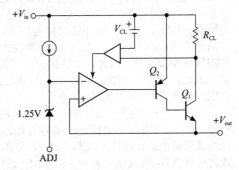

图 9.19　具有低压差的 LT1083-85 系列
三端正稳压器

我们已经在许多设计中使用了这一系列的稳压器，并取得了成功。该系列在电学上模仿了经典的 LM317 三端可调稳压器，内部 1.25V 参考连接到输出引脚上。然而，与大多数低压差设计一样，

⊖　我们对没有保护电路的变换器进行了稳定性测试，测试输入电流为 1.2A。

这些稳压器对旁路的要求很严格：数据手册建议输入端为 $10\mu F$，输出端至少为 $10\mu F$（钽电容）或 $50\mu F$（铝电解电容）。如果在 ADJ 引脚加了降低噪声的旁路电容，数据手册建议将输出旁路电容值增加 3 倍。

9.3.7　真正的低压差稳压器

用 PNP（共射极）替代 NPN（跟随器）输出级，可以进一步降低输入-输出电压差（见图 9.20a）。这样就消除了 V_{BE} 压降，现在可以由晶体管饱和来设置电压差。为了保持压差电压尽可能低，限流电路去掉了串联检测电阻，而采用连接在 Q_1 的第二个集电极上的部分输出电流取样。这种方式虽然精度不够，但已经足够好了，因为其功能仅仅是限制破坏性电流。例如，3A 的 LT1764A 手册中规定了 3.1A（最小）和 4A（标准）的限制电流⊖。许多同时期的低压差稳压器使用了 MOSFET，而不是双极晶体管。类似 LDO 电路见图 9.20b。与双极性 LDO 一样，这类器件也需要相当讲究的旁路。例如，TPS775xx 稳压器对输出旁路电容和 ESR 都设置了要求：电容至少 $10\mu F$（ESR 不小于 $50m\Omega$，并且不大于 1.5Ω）。数据手册中还另外给出了稳定和不稳定状态中的 C_{bypass}、ESR 和 I_{out} 组合曲线。

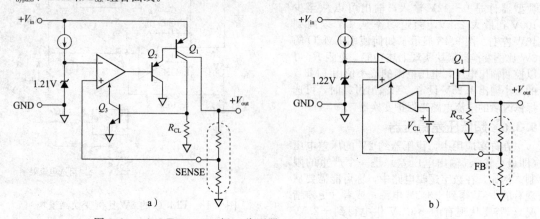

图 9.20　a）LT1764（双极）稳压器；b）TPS75xxx（CMOS）稳压器

9.3.8　电流基准的三端稳压器

到目前为止，我们所见到的所有稳压器使用的都是内部电压基准（通常为 1.25V 带隙基准），并与输出端连接的分压器的分压进行比较，其结果不可能获得比基准电压还低的输出电压。大多数情况下输出电压的下限是 $V_{out}=1.25V$（尽管有些可以降到 0.8V，甚至是 0.6V）。

由凌力尔特（Linear Technology）公司发明的 LT3080 型稳压器就是一个比较好的设计（见图 9.21）。这是一个三端可调正电压稳压器（在某些封装类型中有第 4 个引脚），其中 ADJ 引脚（称为 SET）可提供精确的电流（$I_{SET}=10\mu A$，±2%）；误差放大器使输出跟随 SET 引脚变化。因此，如果在 SET 引脚接一个电阻 R 到地，输出电压即为 $V_{out}=I_{SET}R$，输出电压范围可以一直到零：当 $R=0$，$V_{out}=0$ ⊖。

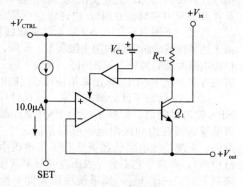

图 9.21　具有精确电流参考的 LT3080 三端可调正电压稳压器

图 9.22 所示为产生 0~10V 可调电压的基本连接电路。LT3080 系列的架构可以很容易地添加可调节的电流限制电路，并且可以调节到 0，见图 9.23。上面的稳压器 U_1 构成输出为 0~1A 的电流源；与后面级联的稳压器一起可以作为限流电压源（或限压电流源，取决于负载）。

⊖　CMOS TPS755xx 系列 5A LDO 稳压器给出的电流极限参数为 5.5A（最小）、10A（标准）以及 14A（最大）。

⊜　有一个小问题：最小负载电流约为 1mA。因此，如果输出连接到 100Ω 的负载上电压就不会低于 0.1V。要使输出达到 0V，就需要用一个负电源来吸收这个小电流。

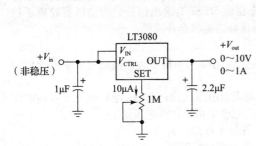

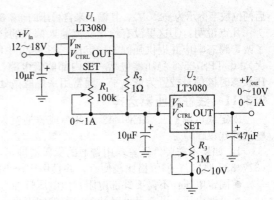

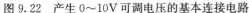

图 9.22 产生 0～10V 可调电压的基本连接电路

图 9.23 具有限压或限流控制的可调节电源

LT3080 型稳压器在超过 3 个引脚的封装中还包括一个 V_{CTRL} 引脚（例如 TO-220-5），可以用来在更高的输入电压时启动内部控制电路。此时，LT3080 才是一个真正的低压差稳压器，在 250mA 负载电流下标准的压差电压为 0.1V。其低阻抗（射极跟随器）输出仅需要 2.2μF 的输出旁路电容，并且没有最低 ESR 要求。

9.3.9 压差电压比较

为了总结不同类型稳压器设计中压差电压的区别，图 9.24 中画出了每种类型中具有代表性的稳压器的压差电压曲线。图 9.24 中曲线取自芯片手册中典型压差参数，温度在 40℃，并按比例缩放到每个器件的最大额定电流。从图 9.24 中可以清楚地看出三种类别：带有达林顿 NPN 传输晶体管的传统稳压器（上面三条曲线）；带有 PNP 驱动和 NPN 输出跟随器的超低压差稳压器（中间两条曲线）；以及带有 PNP 或 PMOS 输出级的真正低压差稳压器（下面四条曲线）。特别注意 CMOS 稳压器（底下两条曲线）的电阻特性，其压差电压随输出电流是线性变化的，并且在小电流时可以为零。

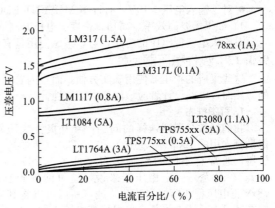

图 9.24 线性稳压器压差电压与输出电流的关系

9.3.10 双电压稳压器电路示例

举例来说，假设我们有一个小型的数字电路需要用＋3.3V 和＋2.5V 的稳压电源供电，每个电源需要能够提供 500mA 的电流。图 9.25 为一个电路示例，该电路采用安装在 PCB 上的小变压器来驱动非稳压桥式整流器，后面跟着一对线性稳压器。

这个设计很简单：①从 Signal Transformer 各种款式的变压器中选择一款提供大约＋8V 的直流电压（非稳压），具有 6.3Vrms 比较合适（通过两个二极管可以降低其交流峰值 $6.3\sqrt{2} \approx 9V$）；②考虑桥式整流器电路中相对较短的电流脉冲引起的额外加热，这里保守地选择变压器额定电流为 4A（有效值）；③选择存储电容 C_1（利用 $I = CdV/dt$）在最大负载电流下允许约 1Vpp 的纹波，额定电压足够抵抗由很高的线路电压和零输出负载所组成的最坏情况；④对于＋3.3V 输出，我们使用了一个三端可调稳压器（LM317A，TO-220 功率封装），并安装在一个小型散热片上（10℃/W，足够满足约 5W 的最大功耗）；⑤对于＋2.5V 输出，我们采用了一个低压差 CMOS 固定电压稳压器（器件编号最

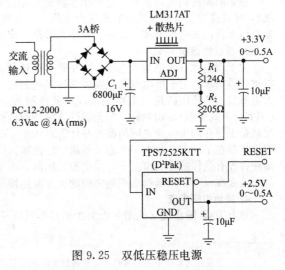

图 9.25 双低压稳压电源

后两位数字标示为＋2.5V，其输入来自稳压的＋3.3V。

几点说明：①这里没有给出交流输入信号的详细信息，包括熔断器、开关和噪声滤波器；②为了改善瞬态响应并提供强健的稳定性，图 9.25 中所示的旁路电容值是比较保守的（比规定的最小值大）；③TPS72525 稳压器包括一个内部监管电路，用来提供 RESET 输出信号，当稳压器脱离了稳压状态时该信号被置为低电平，通常用来提醒微处理器保存当前状态并关机。

9.3.11 线性稳压器选择

固定或可调？三端或四端？低压差或普通？如何决定使用哪一种集成线性稳压器？下面给出一些选择建议。

1）如果不需要低压差，用普通的稳压器即可，三端固定电压（78xx/79xx 型）或三端可调电压（317/337 型），它们价格比较便宜，并且用比较小的旁路电容就可以达到电压稳定。

● 固定电压：不需要外部电阻；但电压选择有限，并且不可微调。

● 可调电压：可变且可微调，库存类型更少；但需要一对外部电阻。

2）如果需要可调节到零伏，请使用电流基准的稳压器（LT3080 型）。

3）如果需要低压差（$V_{DO} \leqslant 1V$），则有许多 LDO 可选择：

● 对于输入电压≥10V，可选双极型：

a）对于约 1V 压差，可选 LT1083-85、LM1117、LM350、LM338 等（固定或可调）；

b）对于约 0.3V 压差，可选 LT1764A（固定或可调）。

● 对于输入电压≤10V，有许多 MOSFET LDO 可选（固定或可调）。

4）如果需要高效率、高功率密度、电压升高或电压反向，请使用开关稳压器/转换器。

对于大电流低电压的应用，可以考虑使用具有单独控制和调整输入引脚的稳压器。

9.3.12 线性稳压器特性

这些集成的稳压器使用确实方便，而且内置了过电流和过热保护电路，用起来没有什么好担心的。然而，电路设计者应该注意以下特性。

1. 引脚排布

我们经常会遇到这样的问题：互补极性稳压器，例如我们最喜欢用的 LM317（正的）和 LM337（负的）三端可调稳压器，通常有不同的引脚排布（见图 9.26）。例如，对于 78xx/79xx 系列固定稳压器来说，这可能导致真正的损坏：78xx 正电压稳压器的安装孔是地（所以可以将其通过螺丝固定在底盘上，或者将其直接焊接到电路板的接地平面上），但对于 79xx 负电压稳压器来说，这个安装孔是与输入端电源直接相连的——如果想当然地将其连接到地信号上，你就会真的遇到麻烦⊖！

	TO-220封装			
	1	2	3	TAB
LM317	ADJ	OUT	IN	OUT
LM337	ADJ	IN	OUT	IN
78xx	IN	GND	OUT	GND
79xx	GND	IN	OUT	IN

图 9.26 引脚排布

2. 极性与旁路

正如前面提到的，普通正电压稳压器的负电压版本具有不同的输出网络结构（一个 NPN 共射级），并且需要更大的旁路电容来仿真振荡。严格照章办事（也就是按器件手册）总是没错的——不要总以为自己知道得更多。此外，要小心旁路电容极性的正确连接。

3. 反极性保护

关于双电源（无论是否稳压）的注意事项还包括：如果电源电压反向了，几乎任何电子电路都将被严重损坏。对于单电源来说发生这种问题的唯一条件是把电源线接反了；有时候你会看到一个大电流整流器反向跨接在电路两端，这就是用来防止这种错误的。对于使用多种电源电压的电路（例如分离式电源），如果有一个元器件故障使得两个电源短路，就会导致大面积损坏；其中常见情况就是工作在两个电源之间的推拉晶体管对中的一个集电极和发射极短路。在这种情况下，两个电源被连接在了一起，其中一个稳压器将完好无损。然而对面的电源电压则被反接，电路板开始冒烟。即使在没有这样故障的情况下，当电源关闭时，不对称负载也可能会导致极性反转。因此，最明智的做法是在每个稳压器输出到地之间的反方向连接一个电源整流器（最好是肖特基），见图 9.8。

4. 接地引脚电流

带有 PNP 输出级（见图 9.20）的双极型低压差稳压器的一个特殊性质是当稳压器接近压差时，

⊖ 这是因为集成电路的衬底（通常在最大负电压下）是焊接在金属支架上的，这是散热的最佳途径。

接地引脚上的电流会急剧上升。此时输出级接近饱和，放大倍数 β 迅速减小，因此需要吸收很大的基极电流。当稳压器负载较轻或空载时这一点特别明显，否则接地引脚电流很小或是静态电流。例如，双极型 LT1764-3.3（固定 3.3V LDO）驱动 100mA 的负载，正常的接地引脚电流约为 5mA，在输出接近压差时上升到约 50mA。空载静态电流也表现出类似行为，电流正常会从约 1mA 上升到约 30mA $^{\ominus}$。制造商们很少在芯片手册的首页上宣传这一特性，但如果你认真看手册，可以在里面找到相关信息。这在电池供电的设备中尤为重要。

5. 最大输入电压

对于低压设计来说，最好选择 CMOS 稳压器，并且有非常多的固定电压（当然也有可调版本）可以选择。例如，德州仪器的 TPS7xxxx 系列就包括十几个类型，每种都有 1.2、1.5、1.8、2.5、3.0、3.3 或 5.0V 输出可以选择。但要当心，因为许多 CMOS 稳压器都规定了最大输入电压仅为 +5.5V $^{\ominus}$。但也有些 CMOS 稳压器可以接受高达 +10V 的输入电压；对于更高输入电压，必须选用双极型稳压器，例如 LT1764A 或 LT3012，它们的输入电压范围分别是 +2.7～20V 和 4～80V。

6. LDO 稳定性

值得重复说明的是，低压差稳压器对旁路要求会非常苛刻，并且不同类型之间的差别会很大。例如，德州仪器的 LDO 选择指南中包括 C_{out} 列，其中的条目范围从"无电容"到"100μF 钽电容"。不稳定现象可能表现为输出电压不正确，甚至为零。后一种现象会让人感到困惑，在找到真正问题之前有人已经更换了几次 LP2950（固定输出 5V 的 LDO）：他使用了一个 0.1μF 的陶瓷旁路电容，比规定的最小值小 1μF，并且其等效串联电阻也很小，这种风险在稳压器数据手册的应用提示部分给出了讨论$^{\ominus}$。振荡产生的更严重问题是输出过电压：我们有一个使用 LM2940 LDO（+5V，1A）的电路，旁路电容错误地选择了 0.22μF（应该是 22μF），其内部振荡导致所测量到的直流输出达到了 7.5V！

有两个参数在选择器件的时候有所帮助，分别是 C_{out}（min）和 ESR（min，max）。但这些参数只能是大概的指导，并不能保证器件的正确应用。器件手册中的图表和应用部分有更多的使用指南（例如，稳定工作与电容、ESR 及负载电流之间的关系曲线，见图 9.27）——这些都值得去仔细研究！

7. 瞬态响应

由于电压稳压器必须能够稳定地驱动任何容性负载，它们的反馈带宽是有限的（类似于运算放大器的补偿），典型的环路带宽在几十到几百千赫兹的范围内。因此，在更高的频率，需要依赖于输出电容来维持低阻抗。或者，换

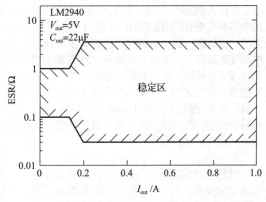

图 9.27　ESR 与输出电流之间的关系

$\ominus$　载荷的附加接地电流通常是驱动 PNP 传输晶体管基极的，计算为 I_{load}/β，但在压差附近，反馈回路提供了一个基极驱动，正适合于 LDO 的最大负载——额定电流。在某些设计中会小心地限制这种驱动电流，而有些设计会检测饱和条件并相应地限制电流。如果你希望在电池电压低于 LDO 的输入标准后最大限度地延长剩余的工作时间，那么在设计电池供电的设备时，就必须密切注意所用 LDO 的这种行为。可能你会选择一种使用 P 沟道 MOSFET 传输晶体管的 LDO，并且在高负载或压差期间不会表现出接地电流增大。例如，LT3008-5 这样的 5V 稳压器可以工作在 3μA，但如果电池电压下降到 5V 以下，它会飙升到 30μA。然而，TLV70450（内部是 PMOS 传输晶体管）就根本不会增加，在相同的情况下电流仍然是 3μA。

$\ominus$　与带有相对较大的双极晶体管且耐用的传统器件相比，具有纳米尺度特性的现代稳压器集成电路更容易受到电压瞬态等类似问题的影响。我们曾经见过这种痛苦的经历，例如一个精心设计和测试过的小 PCB，其中充满了微小的器件，但在使用现场或客户测试地点却发生了无法解释的故障。有时这是由于用户提供的不可控的（可能是不正确的）输入瞬变引起的。在输入端增加一个瞬变电压抑制器对于由板外直流电源供电的稳压器集成芯片来说是明智的预防措施。低电压集成电路（例如那些绝对最大额定电压为 6V 或 7V 的芯片）最好由板上稳定的 6V 等供电，而不要采用外部电源（3.7V 锂离子电池例外）。一定要非常小心！

$\ominus$　也就是说，大于 1000pF 的陶瓷电容不应该直接连接在 LP2951 输出和地之间。陶瓷电容的标准 ESR 在 5～10mΩ，该值低于稳定运行的下限（参见输出电容 ESR 范围曲线）。更低的 ESR 限定原因是，器件的环路补偿依赖于输出电容的 ESR 来给增加的相位超前提供零点。由于陶瓷电容的 ESR 很低，以至于不会发生相位超前，从而显著降低了相位裕度。如果加了串联电阻，就可以使用陶瓷输出电容（推荐的电阻值范围大概为 0.1～2Ω）。

句话说，输出电容负责在短期内保持输出电压不变，并响应负载电流的阶跃变化，直到在较长的时间内稳压器做出反应。当电路中有低压负载并有电流突变时，设计中包含低 ESR 的电容就显得非常重要了，例如微处理器的设计（可能会产生几安培的变化）。

我们用 Micrel MIC5191 控制芯片组装了一个 1V 6A LDO 稳压器，并测量了负载突然在 2～4A 和 1～5A 之间变化时的输出响应。我们比较了两种原型结构的瞬态响应：①在可焊接的多功能原板上，主要使用通孔的元器件；②在一个认真布局的印制电路板上，主要使用表面贴装的元器件，并在输入和输出端都附加了很多电容⊖。图 9.28～图 9.31 给出了测量的阶跃响应。大量的低电感表面贴装技术（SMT）的电容，以及低阻值（和低电感）的电源和接地箔平面的使用产生了惊人的改善效果：峰值输出瞬态下降了10 倍（较大的阶跃幅度从 40mV 左右到 4mV 左右），输出恢复到 1mV 以内（相比于较大阶跃幅度下降了约 6mV）。

不同的瞬态响应问题涉及输入电压瞬态，以及到达稳压输出端的峰值馈通量。输入电容在一定程度上对减小输入瞬态的影响是有帮助的，但较大的输出电容，特别是低 ESR 的输出电容具有更好的防护作用。汽车电子行业所谓的"抛负载"是一个特例。例如，由交流发电机充电时汽车电池的意外断开（连接松动或腐蚀或人为错误）所引起的快速输入尖峰。这可能会导致正常的 13.8V 电源轨猛增到 50V 或更高，从而导致稳压器输出端出现一个尖峰。更糟糕的是，这可能会由于超过最大的规定输入电压而破坏集成芯片。

8. 噪声

线性稳压器的输出噪声水平（即输出电压波动的频谱）有很大差异。在许多情况下这可能不是很重要，例如在数字系统中，电路本身就存在固有的噪声⊖。但对于低压或精密的模拟电子系统来说噪声就很重要了，需要使用具有高级噪声规范的稳压器，例如 LT1764/1963（40µVrms，10Hz～100kHz），或 ADP7102/04［15µV（有效值）］。此外，有些稳压器提供内部电压基准，因此可以添加外部滤波电容来抑制除噪声谱低频端以外的所有噪声，例如 LT1964 负电压稳压器［使用 10nF 电容，30µV（有效值）］。

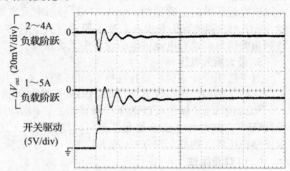

图 9.28　输出电压对负载电流阶跃增加的响应，水平为 4µs/div

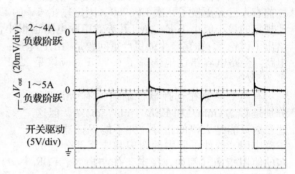

图 9.29　与图 9.28 相同，将范围调至 400µs/div 以显示完整负载周期

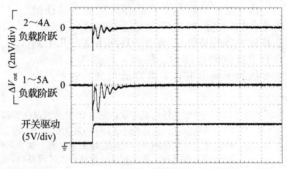

图 9.30　与图 9.28 相同，但建立在使用表装电容的 PCB 上，未扩展垂直范围

⊖ 具体来说，对于通孔配置，在输入端我们使用了一个 10µF 的径向引线型钽电容和两个 0.1µF 陶瓷旁路电容，在输出端使用了一个 47µF 的陶瓷（X5R）SMT 电容加上一个 10µF 径向引线型钽电容。对于表面贴装配置，在输入和输出端我们都使用了一个 560µF 的径向引线型钽聚合物电容，1 个 100µF SMT 钽聚合物电容，2 个 22µF 陶瓷（X5R，0805 封装）SMT 电容，在输出端另外再加上两个 10µF 陶瓷（X5R，0805 封装）SMT 电容。

⊖ 在这样的系统中，开关型稳压器的附加噪声通常是无关紧要的，因此开关型转换器几乎普遍应用于数字电路供电。由于它们体积小、效率高，特别适合用作数字逻辑中的低压直流电源（约 1.0～3.3V）。

由于制造商对噪声特性的规定不同（带宽、均方差及峰-峰值等），很难对所选器件进行比较。

9. 关机保护

如果输出端有大电容，并且输入电压突然变为零（例如，由于电源保护电路或意外短路），有些类型的稳压器就可能会被损坏。在这种情况下，充了电的输出电容会产生破坏性的电流反向流入稳压器的输出端。

图 9.32 以目前流行的 LM317 为例给出了防止这种问题的示例。虽然许多工程师都不在意这些设计细节，但这是专业电路设计者的标志。当使用外部旁路电容对稳压器基准做电压噪声滤波时，也会存在类似的风险。

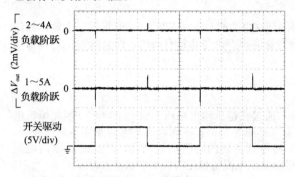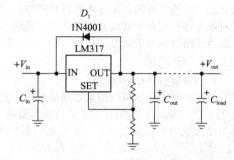

图 9.31 与图 9.30 相同，将范围调至 $400\mu s/\text{div}$ 以显示完整负载周期

图 9.32 如果输入突然接地，D_1 将保护稳压器

9.3.13 噪声及纹波滤波

线性稳压器的输出噪声是由参考基准噪声与 $V_{\text{out}}/V_{\text{ref}}$ 相乘，并与误差放大器中的噪声以及在输入端没有被反馈完全抑制掉的噪声和纹波组合而引起的。有些稳压器允许使用外部电容为内部电压基准和直流输出进行低通滤波。图 9.33 展示了几个设计例子。图 9.33a 中 LM317 型三端可调稳压器的 ADJ 引脚被旁路到地，这避免了参考基准的噪声电压被放大 $1+R_2/R_1$ 倍（输出电压与 1.25V 基准电压的比值）而得到显著改善。根据器件手册，这也提高了输入纹波抑制比，从 65dB 提高到 80dB（典型值）。注意，当噪声旁路电容 C_1 超过 $10\mu F$ 时还需要附加保护二极管 D_2。

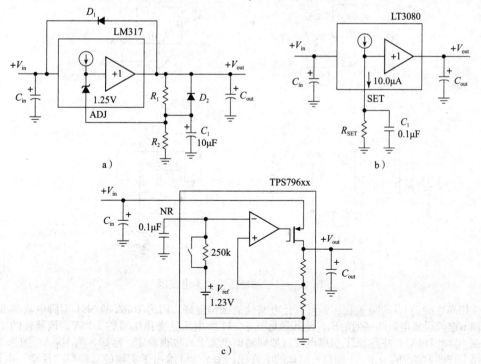

图 9.33 降低线性稳压器输出电压噪声

　　该方案并没有消除参考上的噪声，而只是防止噪声被直流增益因子 V_{out}/V_{ref} 放大。图 9.33b 和 c 中的噪声滤波更有效，因为是对基准电压的直接滤波。在图 9.33b 中，LT3080 的 SET 引脚提供稳定的 $10\mu A$ 电流，通过 R_{SET} 转换为输出电压，并通过 C_1 滤波；稳压器的输出正是该滤波电压的单位增益结果。当 $C_1=0.1\mu F$ 时，参考噪声小于误差放大器噪声，输出噪声约为 $40\mu V$（有效值）（10～100kHz）。但请注意，噪声滤波电容减慢了稳压器的启动时间：在 10V 稳压器电路中（$R_{SET}=1M\Omega$），$0.1\mu F$ 电容的启动时常数 $R_{SET}C_1$ 为 100ms。

　　最后，图 9.33c 给出了一个带有专用降噪（NR）引脚的 CMOS 低压差稳压器，用于直接对提供给误差放大器的基准电压滤波。采用推荐的 $0.1\mu F$ 电容，输出噪声电压约为 $40\mu V$（有效值）（100～100kHz）。

预滤波　对稳压器的直流输入进行预滤波是大幅降低在电力线频率（工频）（及其谐波）上输出纹波的有效方法。这对于衰减可能存在于直流输入端的宽度噪声也是非常有效的，而且这也比选择增加稳压器环路增益和带宽更容易。

9.3.14　电流源

1. 三端稳压器作为电流源

　　三端线性稳压器可以用来实现简单的电流源，通过在稳压输出电压上放一个电阻（因此恒定电流 $I_R=V_{reg}/R$），该电阻在连接到地的负载的上面（见图 9.34a）。然而，这个电流源并不是很完美，由于稳压器的工作电流 I_{reg}（从接地引脚出来）与控制良好的电阻电流结合，产生的总输出电流 $I_{out}=V_{reg}/R+I_{reg}$。但这是一个合理的电流源，尽管输出电流比稳压器的工作电流大得多。

　　这个电路最初是用 7805 实现的，并且工作电流约为 3mA，此外还有一个缺点就是为了实现输出电流浪费了比 5V（78xx 系列中最低电压芯片）大得多的电压。令人高兴的是，有了像 LM317 这样的稳压器，这种电路（见图 9.34b）变得更有吸引力：只用 1.25V 来设置电流；稳压器的工作电流（约 5mA）出现在输出引脚，因此可以精确地计算所设置的电流 $I_{out}=V_{ref}/R$。唯一的误差项就是约 $50\mu A$ 的 ADJ 引脚上的电流，通过电阻 R 加到输出电流上：$I_{out}=V_{ref}/R+I_{ADJ}$。由于 5mA 的最小输出电流也要比其大 100 倍，因此即使在最小输出电流下误差也很小，那么在稳压器达到最大电流 1.5A 时误差就更小了。那么对于该电路来说，输出电流范围就是 5mA～1.5A。电路要求最小压降 1.25V 加上稳压器的压差电压，约 3V；两端最大电压限制在 40V，或（在更大电流下）最大结温（根据功耗和散热决定）为 125℃，两者以最小值为准。

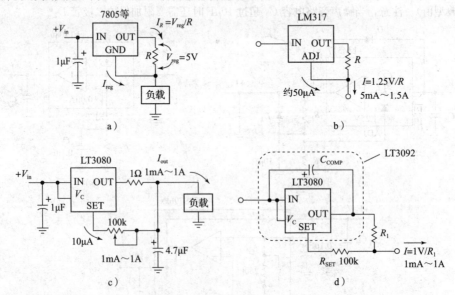

图 9.34　三端稳压器作为电流源

　　使用高性能的 LT3080 型稳压器可以让电路性能做得更好，因为 $10\mu A$ 的 SET 引脚电流基准可以用来调节电流设置电阻两端的电压，使其远远低于 317 型电压基准稳压器的 1.25V。该器件的工作电流也很小（<1mA），并且 SET 引脚电流（加到输出电流上）也很稳定、准确，为 $10\mu A$。图 9.34c 给出了用 LT3080 实现的一个（1 端口）对地的电流源，图 9.34d 给出了实现的二端口"浮动"电流源，

类似于 LM317 的电流源电路。与后者一样，压降在高端被限制在最大 40V（在大电流时更小）；其更低的压降和较低的 SET 输出基准电压可以让其在约 1.5V 压降下工作。LT3092 系列是 LT3080 的升级版，专门为用作二端口电流源而设计。该器件同样使用 $10\mu A$ 基准电流，并工作在 $1.2\sim40V$ 压降；其内部补偿电路配置为不需要外加旁路或补偿电容。根据 LT3092 的数据手册中的输出阻抗曲线，该器件的有效并联电容在 1mA 时大约为 100pF，在 10mA 时为 800pF，在 100mA 时为 6nF。

图 9.35 给出了 LT3092 和 LM317 设计为 10mA 电流源，在更大范围内测得的输出电流曲线。在我们的测量中，后者在保持恒定电流方面做得更好（相对于两端电压），但 LT3092 可以在更低的电压下启动。

注意，图 9.34b 和 d 中的电流源都是二端口电路。因此，负载可以连接到任意一边。例如，通过把负载连接在输入和地之间，并且把输出连接到负电压上（当然，可以使用负极性芯片 LM337，类似图 9.34a 的结构），就可以用这样的电路从连接到地的负载反向吸收电流。

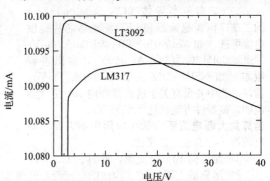

图 9.35　图 9.34b 和 d 电流源电流与电压的关系。对于 LM317，$R_1=124\Omega$；对于 LT3092，$R_1=20\Omega$，$R_{SET}=20k\Omega$

2. 低电流

上面描述的由稳压器构成的电流源最适合于大电流输出。对于较低电流或更高电压，这里有几种更好的选择。

LM334　LM334 芯片很值得学习，该器件被优化用作低功率二端口电流源（见图 9.36a）。它有小型封装（SOIC）和 TO-92（晶体管）封装。由于其 ADJ 电流只有总电流的零点几，因此它可以在低到 $1\mu A$ 的电流下使用，而且其工作电压范围是 $1\sim40V$。然而，该芯片具有一个特性：输出电流与温度有关——实际上，与绝对温度（PTAT）呈精确的正比例关系。尽管该器件不是最稳定的电流源，但可以把它作为温度传感器！在室温（20℃，约 293K）下，其温度补偿系数约为 $+0.34\%/℃$。

REF200　REF200 是另一个值得了解的电流源集成芯片（见图 9.36b）。该器件具有一对浮动的高质量 $100\mu A$（$\pm0.5\%$）的二端口电流源（输出阻抗 $>200M\Omega$，电压范围 $3.5\sim30V$）。它具有双列直插封装（DIP）和 SOIC 封装两种形式。与 LM334 不同，REF200 电流源具有很好的温度稳定性（典型值为 $\pm25\times10^{-6}/℃$）。该器件也具有片上单位比例镜像电流源，因此可以用来设计固定电流为 $50\mu A$、$100\mu A$、$200\mu A$、$300\mu A$ 或 $400\mu A$ 的二端口电流源。图 9.37 所示为 2 个 $100\mu A$ 电流并联时测得的电流与电压关系曲线。

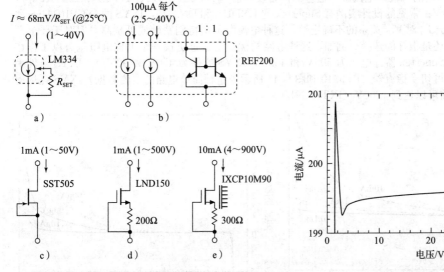

图 9.36　二端口电流源

图 9.37　REF200 二端口电流源的电流与电压关系曲线

分立元器件电流源　当讨论电流源时，不要忘记类似下面的二端口器件。

1）简单的 JFET 恒流二极管可以用来设计简单的二端口电流源（见图 9.36c），可在高达 100V

电压下良好工作（图 9.38 中给出了测得的电流与电压曲线）。

2）分立的 JFET 可以用来实现类似二端口电流源。

3）耗尽型 MOSFET 也具有类似应用，如 Supertex LND150（见图 9.36d）。

4）安森美半导体（ON Semiconductor）的二端口恒流稳流器和 LED 驱动器芯片提供电流可选（如 NSI50010YT1G 为 10mA，50V；NSIC2020BT3G 为 20mA，120V），输出可调版本（如 NSI45020JZ 为 20～40mA，45V）。器件手册中并没有关于这些器件内部的更详细说明，该器件可能是耗尽型 FET。

运算放大器电流源 如果应用中不需要浮动电流源，那么也可以考虑：

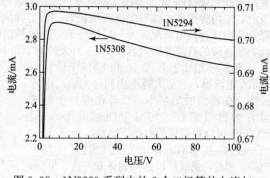

图 9.38　1N5283 系列中的 2 个二极管的电流与电压的关系

1）简单的 BJT 电流源，见图 9.39a。

2）运算放大器与 BJT 构成的电流源，见图 9.39b。

3）Howland 电流源，见图 9.39c。

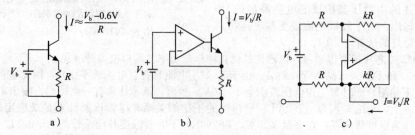

图 9.39　BJT 和运算放大器电流源

在最后介绍的这三个图中，提供电流的偏置电压用了一个浮动的电池符号表示；在实际电路实现中，它应该是来自电压基准，相对于参考地或电源轨的电压。

3. 高压分立电流源

正如前面在分立元器件电流源部分提到的，一种简单的源极偏置耗尽型 MOSFET（见图 9.36d 和 e）构成了相当不错的二端口电流源。这些器件封装灵活（TO-92、SMT、TO-220、D^2PAK 等），额定电压可达 1.7kV；常见的设计实例有 Supertex 的 LND150 和 DN3545，IXYS 的 IXCP10M45S 和 IXCP10M90S。由于 I_D 对 V_{GS} 关系的不确定性，这种电流源不是特别精确或可预测，但对于要求不是很高的应用来说还是很好的选择。例如，这种电路的优点是通过更换一个上拉电阻就可以工作在相当高的电压下（Supertex 器件电压为 500V 和 450V，IXYS 器件为 450V 和 900V）。IXYS 器件手册称它们的产品为可切换稳流器。图 9.40 和图 9.41 所示为这种简单电路的实测数据。IXYS 耗尽型 MOSFET 电压目前可以达到 1700V（IXTH2N170）。

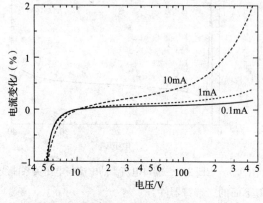

图 9.40　IXCP10M45S 电流与电压的关系

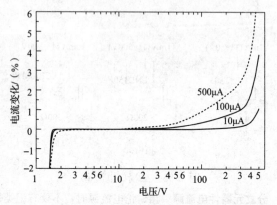

图 9.41　LND150 电流与电压的关系

9.4 散热和功率设计

到目前为止，我们一直在回避热管理问题——处理功耗（压降乘以电流）大于零点几瓦的晶体管（以及其他功率半导体器件）产生的热量。解决方案包括被动式冷却（将热量传导到散热器或仪器的金属外壳）和主动式冷却（风冷或液冷）。

当然，这个问题并不是电流稳压器所独有的，它同样会影响线性功率放大器、功率开关电路，以及其他发热器件，例如功率电阻、整流器和高速数字集成电路等。举例来说，现代的计算机处理器通过其附加的翅片散热器和风扇即可令人感受到其几十瓦的功耗。

线性稳压器带我们进入了"电力电子"的主题，由于它们实际上是低效率的：压降至少满足压差的满负载电流流过传输晶体管。在非稳压直流输入的情况下，这意味着至少几伏特的压降；因此 1A 的输出电流可以产生至少几瓦特的热功率耗散，这样就会有麻烦。下面我们会看到该如何解决这个问题。

9.4.1 功率晶体管及其散热

所有功率器件都封装在便于金属表面和外部散热器连接的结构中。在一系列散热问题的低功率情况下（相当于 1W），器件可以通过焊接在电路板上的导线来散热，下面是带有大型金属片的表面贴装的功率封装（例如 SOT-223、TO-252、TO-263、DPAK 和 D^2PAK），或者更高级的封装，如 DirectFET。对于功耗大于 5W 的封装（例如 TO-3、TO-220 和 TO-247）会有安装孔连接到一个大的散热片上；而真正的高功率半导体器件是模块形式（如 miniBLOC 或 Powertap），用于安装到 PCB 外。配置充足的散热装置，后一种类型的热量消耗可以达到 100W 或更多。除了隔离式功率封装外，器件的金属表面也是与一个端子电气连接的（例如，双极功率晶体管的外壳是与其集电极连接的，功率 MOSFET 的外壳是与其漏极连接的）。

散热的关键是保持晶体管结温（或其他器件的结温）低于器件规定的最高工作温度。对于金属封装的硅晶体管来说，其最高结温通常是 200℃，而塑料封装的晶体管最高结温通常是 150℃。散热器的设计就很简单了：已知器件在给定电路中的最大耗散功率，同时考虑晶体管、散热器等的导热性影响，以及电路预期工作的最大环境温度，就可以计算出结温。然后选择一个足够大的散热器来保持器件的结温远低于制造商给出的最高温度。在散热器设计上留有余量是非常有意义的，因为器件工作温度在接近或超过极限温度时，晶体管的寿命会迅速下降。图 9.42 所示为我们从实验室电源设计中收集到的具有代表性的散热器样品。

1. 热阻

为了进行散热效果计算，需要使用热阻 R_θ，其定义为升高的温度（单位为℃）除以传递的功率。对于完全通过热传导传递的功率来说，热阻就是一个常数，与温度无关，只取决于接触面的机械性能。对于串联结构中的一连串热接触面，总热阻是单个接触面热阻的总和。因此，对于固定在散热器上的晶体管来说，从晶体管结点到外界（环境）的总热阻就是从结点到外壳的热阻 $R_{\theta JC}$、从外壳到散热器的热阻 $R_{\theta CS}$，以及从散热器到环境的热阻 $R_{\theta SA}$ 之和。从而可得到结点温度计算如下：

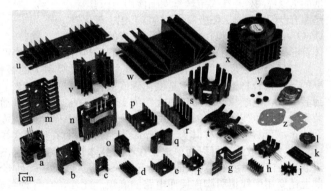

图 9.42 多样的散热器类型

$$T_J = T_A + (R_{\theta JC} + R_{\theta CS} + R_{\theta SA})P \tag{9.2}$$

式中，P 是正在耗散的功率。

举个例子，如图 9.25 所示电源电路，8V 非稳压直流输入，满负载（1A），LM317AT 稳压器最大耗散功率 4.7W（4.7V 压降，1A 电流）。假设电源工作的环境温度达到 50℃，这对于安装紧凑的电子设备来说是合理的。让我们尽量保持结温低于 100℃，远低于器件规定的最大温度 125℃。

这样，从结点到环境的允许温差就是 50℃，因此，从结点到环境的总热阻不得超过 $R_{\theta JA} = (T_J - T_A)/P = 10.6$℃/W。从结点到外壳规定的热阻 $R_{\theta JC}$ 为 4℃/W，安装在导热垫上的 TO-220 封装的功率晶体管从外壳到散热器的热阻约为 0.5℃/W。所以，我们已经得到的热阻是 $R_{\theta JC} + R_{\theta CS} = 4.5$℃/W，还剩下散热器的 $R_{\theta SA} = 6.1$℃/W。DigiKey 目录非常有用，快速查询发现有许多散热器可选，例如，Wakefield 647-15ABP 立板式安装翅片散热器在静态空气（自然通风）环境具备 $R_{\theta SA}=$ 6.1℃/W。

这里有一个"嘶嘶测试"用来检查是否有足够的散热：用潮湿的手指触摸功率晶体管——如果它发出嘶嘶声，那就是太热了！（当用这种"手指规则"测试高压环境时一定要注意。）更普遍得到认可的检查器件温度的方法是：①接触式热电偶或热敏电阻探头（这些通常是具有手持式或台式数字万用表的标准设备）；②可在指定温度下熔化的经过专门校准的蜡（例如 Tempil 公司的测温蜡笔套件）；③红外非接触温度探头，例如福禄克 80T-IR 可产生 1mV/℃ 或 1mV/℉（可切换），工作温度范围为 $-18\sim+260$℃，读数精度为 3%（或 ±3℃，可能更大），可以插入任何手持或台式 DMM。

2. 关于散热器的说明

1）在耗散功率很大（例如几百瓦）时，强制通风冷却通常是很有必要的。带有风扇的大型散热器系统的热阻（散热器到外界环境）可以减小到 $0.05\sim0.2$℃/W。

2）在这种高导热系数（低热阻，$R_{\theta SA}$）散热器情况下，你会发现功率耗散的极限实际上是晶体管自身内部热阻加上其与散热器连接部分的热阻（即 $R_{\theta JC}+R_{\theta CS}$）。随着半导体芯片尺寸越来越小（收缩），这个问题变得更加严重。这里唯一的解决方案就是将热量分散到几个功率晶体管上（并联或串联）。当功率晶体管并联时，还必须小心保证它们承担相同的电流。同样，当晶体管串联使用时，要保证它们的断态电压压降是均匀分配的。

3）图 9.43 改编自韦克菲尔德工程散热器的相关文献，该图给出了实现给定热阻所需散热器的尺寸的粗略估算。注意，该图给出了一条静态空气（自然通风）和两条强制通风流量值下的曲线。不要过于相信这些曲线——我们只是收集了几个有代表性的散热器数据，然后通过它们画出相关趋势曲线；该曲线可能对设计有点价值，但不要完全依赖于它。

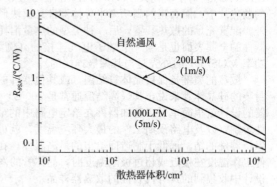

4）当晶体管必须与散热器绝缘时，这通常是有必要的（特别是当几个晶体管安装在同一个散热器上时），需要在晶体管和散热器之间采用一个很薄的绝缘垫圈，并在固定螺丝周围使用绝缘套管。垫圈有专门由云母、阳极氧化（绝缘）铝、氧化铍（BeO）或聚合物薄膜（如 Kapton）制成的标准晶

图 9.43　对于给定热阻，从散热器到环境所需散热器尺寸的粗略估计

体管形状切口。使用导热脂，这些添加材料的热阻从 0.14℃/W（氧化铍）到约 0.5℃/W。

与经典的云母垫圈加润滑脂相比，一种极具吸引力的替代品是无油脂的硅基绝缘体，由高导热率的导热化合物构成，通常是氮化硼或氧化铝（见图 9.42 中的 z）。与其他方法相比，对于 TO-220 封装来说，电绝缘类型的热阻大约为 $1\sim4$℃/W；非绝缘（油脂替代）类型更好——对于 TO-220 封装来说热阻可以降到 $0.1\sim0.5$℃/W。Bergquist 称其产品线为 Sil-Pad，Chomerics 称其为 Cho-Therm，Thermalloy 称其为 Thermasil。我们一直在使用这些绝缘体，而且非常喜欢这些材料。

5）小型散热器可以简单地夹在小型晶体管封装上（见图 9.42 中 i~l 标准的 TO-92 和 TO-220 封装）。在功率耗散相对低的情况下（1~2W）这通常就足够了，避免了将晶体管安装在远处的散热器上还要用引线把引脚连接回电路的麻烦。此外，有各种各样的小型散热器可以和塑料封装（许多稳压器以及功率晶体管都采用这种封装）的功率器件一起使用，正好固定在 PCB 上器件的正下方。在只有几瓦耗散功率情况下使用这些散热器非常方便。如果在 PCB 上方有垂直空间可用，通常最好使用可以安装在 PCB 上的立式散热器（见图 9.42 中的 a~c、n、o 或 t），因为这些散热器类型只占用 PCB 很小的面积。

6）表面贴装的功率晶体管（如 SOT-223、DPAK 以及 D^2PAK）通过焊盘将它们的热量传递到 PCB 的箔片层；这里讨论的是几瓦，而不是上百瓦。图 9.44 中可以看到这些封装。图 9.45 给出了热阻与箔片面积的近似值；这些只能作为粗略的参考，因为实际的散热效率还取决于各种其他因素，例如临近的其他发热元器件、板子的堆叠，以及（对于自然通风情况）板子放置的方向。

7）有时把功率晶体管直接安装在仪器的底座或外壳

图 9.44　表面贴装的功率晶体管封装

上会很方便。在这种情况下，最好采用保守的散热设计（保持器件低温），由于高温情况会导致其他电路元器件温度升高，从而缩短其使用寿命。

8）如果晶体管安装在没有绝缘材料的散热器上，散热器必须与机箱绝缘。推荐使用绝缘垫圈。当晶体管与散热器绝缘时，散热器可以直接连接到机箱上。但如果晶体管可以从仪器外面接入（例如，如果散热器安装在机箱外面的壁体上），最好在晶体管上罩上一个绝缘罩来防止有人意外触碰或与地短路。

9）散热器到周围环境的热阻通常指的是垂直安装并且空气流动通畅的翅片散热器。如果散热器与这种安装方式不同或空气流通不顺畅，其散热效率会下降（热阻更高）；通常情况下，最好将其安装在仪器的后面且使其翅片垂直。

功率晶体管的封装见图 9.46，功率晶体管更大的封装见图 9.47。

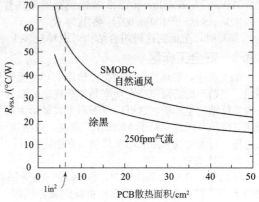

图 9.45 热阻与箔片面积的近似值

图 9.46 功率晶体管的封装

图 9.47 功率晶体管更大的封装

练习 9.7 一个从结点到外壳的热阻 $R_{\theta JC}=4℃/W$ 的 LM317T（TO-220 封装）安装了一个 Aavid Thermalloy 507222 螺栓锁紧的散热片，其热阻在静态空气中为 $R_{\theta CS}\approx18℃/W$。导热垫（Bergquist SP400-0.007）热阻为 $R_{\theta CS}\approx5℃/W$。最大可允许的结温为 125℃。在环境温度为 25℃时，上面的这种组合结构可以释放多少热量？环境温度每升高 1℃ 会减少多少热量的释放？

9.4.2 安全工作区

如上所述，散热器的本质是在给定的环境温度和最大功率耗散情况下，保持器件结温在规定的范围内。当然，也必须保持在功率晶体管规定的额定电压和额定电流范围内。在以晶体管的电压和电流作为坐标轴的坐标中，这可以以图形方式显示为在特定温度下（通常假设在 $T_C=25℃$）的直流安全工作区（SOA）曲线。对于 MOSFET 来说，该曲线（在对数的电压和电流轴上）仅以直线为界，表示最大电压、最大电流和最大功率耗散（在指定的 T_C，由 $R_{\theta JC}$ 和 $T_{J(max)}$ 设置），例如图 3.95。

1. 二次击穿

坏消息：在双极晶体管中，SOA 进一步受到二次击穿现象的限制，在设计带有双极晶体管的电力电子产品时，必须要牢记这种重要的故障机制。图 3.95 中的 SOA 曲线可以看到这种影响，即在高压下允许集电极电流进一步减小。由于 MOSFET 功率晶体管在很大程度上不会受到二次击穿的影响，它们通常比 BJT 更适合用于功率稳压器的传输晶体管。

2. 瞬态热阻

好消息：有时在短时间脉冲内，可以以很大倍数超过器件直流功率耗散的上限。这是因为大多数半导体器件本身可以通过局部加热（热容或比热）来吸收短脉冲的能量，即使瞬时功率耗散超过了可连续持续的范围，也会限制温度的上升。这可以在 SOA 曲线（见图 3.95）中看到，对于 $100\mu s$ 脉冲可允许的功率耗散大约是直流的 20 倍：相当于 3000W 与 150W。在数据手册中称这种特征为瞬态热阻——R_{θ} 与脉冲持续时间的关系。在短脉冲中耗散非常高的峰值功率的能力可以扩展到其他电子器件，例如二极管、晶闸管和瞬态电压抑制二极管。

9.5 从交流线路到非稳压电源

一个稳压电源首先从交流电源产生非稳压直流，这是我们在 1.6.2 节介绍的关于整流器和纹波计算的内容。对于我们所看到的线性稳压器来说，非稳压直流电源使用的是变压器，把输入线电压（在北美和一些其他国家是 120Vrms，在其他大多数地方是 220V 或 240V）都变换为（通常）接近稳压输出的较低电压，并把输出与危险的线电势（电流隔离）的直接连接隔离（见图 9.48）。也许令人惊讶的是，我们很快就会看到开关电源省略了变压器，在电力线电位［约 160V（直流）或 320V（直流）］上提取直流线电压来直接给开关电路供电。本质上，电流隔离也是通过高频开关信号驱动的变压器来实现的⊖。

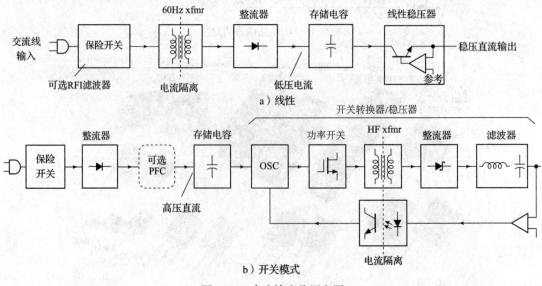

图 9.48 直流输出稳压电源

⊖ 这种特殊结构的优点是工作在高频率（20kHz～1MHz）的变压器体积更小，而且重量更轻。

　　在对稳压直流电源的稳定性和质量要求不高的应用中，隔离变压器的非稳压直流电源也很有用，例如大功率音频放大器。让我们从图 9.49 所示的电路开始详细地研究一下这个问题。这是一个非稳压±50V（标称）分离式电源，能够输出 2A 电流，用于 100W 的线性音频放大器。

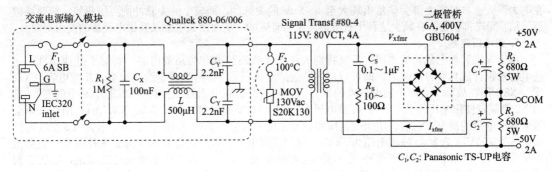

图 9.49　非稳压±50V，2A 电源

9.5.1　交流线路器件

1. 三线连接

　　我们经常使用带有可以连接到仪表外壳上的地线（绿色或绿色/黄色）的三线电源线。当变压器绝缘失效或电源线意外连接到外壳时，外壳没有接地的仪器就受到严重损坏。对于外壳接地的设备，这样的故障只是会导致熔断器烧断。我们经常看到在仪器上有用由 Heyco 或 Richco 制造的塑料"防拉扣"将电线连接到底座上（永久地）。一个比较好的办法是使用 IEC（国际电工委员会）标准的三端插头，与那些流行的电源线且顶端带有三端 IEC 标准的插座配套。这样，电源线就可以很方便地移动了。还有更好的方法是构成一个组合式的电源接入模块，其中包括 IEC 连接器、熔丝插座、线路滤波器和开关，就像我们在这里已经使用的那样。注意，交流布线需要遵循的颜色惯例：黑色＝热线（或火线），白色＝零线，绿色＝地线⊖（或安全接地线）。

2. 熔断器

　　每一件电子设备都应该包含熔断器、断路器或等效的功能部件。熔断器插座、开关以及低通滤波器通常组装在电源接入模块中，但也可以根据需要来连接它们。家里或实验室中越大的熔断器或线路断路器（通常 15～20A）越不能对电子设备进行有效的保护，因为只有当线上电流超过额定电流时它们才会烧断。

　　关于熔断器的一些注意事项。①在电源线路中最好使用缓熔型，因为在电源接通时总会有一个大的瞬态电流（涌浪电流），这主要是由电源滤波电容的快速充电引起的。②你可能认为你知道该如何计算熔断器的额定电流，但有可能你错了。由于导通角很小（二极管导通时间占整个周期的比值），这种设计中的直流电源⊖的电流有效值与平均值的比率很高。如果使用了过大的滤波电容，则问题会更加严重，其结果是电流有效值会比你估计的要高很多。最好的方法是使用真有效值交流电流表来测量实际的有效线电流，然后选择比额定电流至少高 50% 的熔断器（考虑到更高的线路电压、熔断器疲劳等影响因素）。③当连接筒管式熔断器插座（与流行的 3AG/AGC/MDL 型熔断器一起使用，几乎在电子设备中是通用的）时，一定要连接好引线，使任何更换熔断器的人都不会接触到电源线。这意味着火线的引线要连接到熔断器插座的后端。带有整体式熔断器插座的商用电源接入模块经过合理的设计，使得在不拆除电源线的情况下就无法触及熔断器。

3. 开关

　　在图 9.49 中，开关与电源接口是集成在一起的，这样更好，但这需要用户把手伸到模块的背面才能打开它。当把电源开关放在前面板上时，最好在其端子之间放一个线路额定电容（称为 X1 或 X2）来防止产生电弧。出于类似原因，变压器的初级电路中应该有桥接电容，在这种情况下，接入模块中的低通滤波器可以对桥接电容起到保护作用。

4. 低通滤波器

　　虽然低通滤波器经常被忽略，但这样的滤波器是非常必要的，因为其目的是防止仪器通过电力

　⊖　IEC 电线使用棕色＝火线，蓝色＝零线，绿色/黄色＝地线。

　⊖　其中整流输入端在交流波形的每个电压峰值处都对大型的存储电容进行充电。相比之下，具有功率因数校正（PFC）的开关电源可以很好地避免这个问题。

线可能产生的射频干扰（RFI）辐射，以及滤除可能出现在电力线上的传入干扰。这些滤波器通常采用 LC "π 型"滤波器（如图所示），有一对耦合电感作为共模阻抗。很多厂商都提供性能优越的电源线路滤波器，例如 Corcom、Cornel-Dubilier、Curtis、Delta、Qualtek 和 Schurter 等⊖。研究表明，在电力线大多数位置上都会偶尔出现大至 1～5kV 的尖脉冲，而较小的尖脉冲则更加频繁。线路滤波器（结合瞬态抑制器）在减少这种干扰方面是相当有效的（从而延长电源及其供电设备的使用寿命）。

5. 线电压电容

由于火灾和触电危险的原因，需要特别关注用于线路滤波和旁路的电容。相对于其他属性，这些电容被设计成具有自愈能力，即可以从内部故障中恢复⊖。有两类额定线路电容：X 型电容（X1、X2、X3）用在故障不会产生触电危险的地方，它们被跨接在电力线上使用（如图 9.49 中的 C_X；普通 X2 型额定使用电压为 250Vac，峰值电压为 1.2kV）；Y 型电容（Y1、Y2、Y3、Y4）用在故障会带来触电危险的地方，它们被用于交流线路和地之间的旁路（如图 9.49 中的 C_Y；普通 Y2 型额定使用电压为 250V（交流），峰值电压为 5kV）。额定线路电容有圆盘陶瓷和塑料薄膜两种类型，后者通常是盒状几何体形状，具有阻燃外壳。这些电容很难被忽视——它们通常都有特殊标记，标明它们符合各种国家级认证的标准⊜（见图 9.50）。

图 9.50　交流线路额定电容器展示了它们的安全额定值（右），与普通薄膜电容器（左）形成对比

当仪器从线路上被拔下来时，X 型电容会被留下来保持交流线路电压峰值，高达 325V，这会出现在裸露的电源插头上！这会引起电动机和火花放电。因此必须用一个并联的放电电阻，使其安全时常数小于 1s ⑭。这里的 Qualtek RFI 滤波器模块使用的是 1MΩ 电阻，Astrodyne 开关电源使用的是 540kΩ。后者在 220V（交流）电源输入时持续耗电 100mW。Power Integrations 公司提供的 CAPZero IC 可以解决这个问题。这款独特器件的工作原理是每隔 20ms 或更短时间就检测交流线路电压是否撤销，如果检测到撤销，该器件会自动打开并将跨接在 X 型电容两端的两个放电电阻连接进来。

一些设计中存在的大量高压直流存储电容，在设备断电时都需要及时放电。由于这些电容具有很大的容值，交流感应 CAPZero 器件的工作可能会失效。此时可以利用继电器的常开触点，当存在外部交流电源时使继电器激活。如果你不喜欢这种机械式器件，高压耗尽型 MOSFET 和光电耦合器也可以完成同样的工作。

6. 瞬态抑制器

在许多情况下，需要使用如图 9.49 所示的"瞬态抑制器"或金属氧化压敏电阻（Metal-Oxide Varistor, MOV）。瞬态抑制器是一种当其终端电压超过一定限制时即可导通的器件（就像一个双向大功率齐纳二极管）。这些器件价格便宜，体积小，可以对尖脉冲形式的数百安培的潜在有害电流进行分流。注意，热熔断式熔丝在 MOV 开始导通情况下提供保护（例如，当线路电压变得很高时，或一个旧的 MOV 由于吸收了大的瞬态电流而击穿电压降低时）。很多公司都有瞬态抑制器产品，例如 Epcos、Littelfuse 和 Panasonic。

7. 电击危险

最好在所有仪器内部对所有裸露的线电压连接点进行绝缘隔离，例如使用聚合物热缩套管（在电子仪器内部使用绝缘胶带或电工胶带是完全不合理的）。由于大多数晶体管电路工作在相对较低的直流电压下（±15V 或更低），因此不可能受到电击影响，而在大多数电子设备中，电力线供电线路是唯一存在电击危险的地方（当然也会有例外）。就这一点来说，前面板的 ON-OFF 开关就是潜在危险的地方，因为它靠近其他低压线路。当用仪器进行测试时，测试仪器（或更糟的是你的手指）会很容易碰到这些地方。

9.5.2　变压器

现在我们来讨论变压器。绝对禁止设计没有隔离变压器的电力线供电的仪器！由于价格便宜，

⊖ 但是，要注意容易引起误导的衰减参数：它们通常指的是 50Ω 的源和负载，因为这很容易用标准的 RF 仪器测量，并不是因为现实就和这完全相似。

⊖ 例如，额定线路塑料薄膜电容的结构可以使穿孔击穿导致的通孔旁边的金属镀层烧掉，从而避免短路。

⊜ 这里包括 UL、CSA、SEV、VDE、ENEC、DEMKO、FIMKO、NEMKO、SEMKO、CCEE、CB、EI 和 CQC。

⑭ 我们也看到在很多设计中忽略了这个放电电阻，这是很危险的！

在一些消费电子产品中（特别是收音机和电视机）还经常可见无变压器的电源，这会使电路处于相对外部地（例如水管等）的高电压条件下[⊖]。仪器中不能有任何地方与其他设备相连接，这种情况应该是绝对禁止的。并且在维修此类设备时需要格外小心，即使仅仅是用示波器探头连接到设备底盘这种操作就可能会是一次特殊的电击体验。

变压器的选择会比你预想的要复杂得多。要找到满足额定电压和额定电流要求的变压器可能会很难。但我们发现 Signal Transformer 公司与众不同，它们的变压器具有很好的选择性。如果需求量很大，也可以考虑定制变压器的可能性。

即使得到了满意的变压器，还必须要确定额定电压和电流。如果是非稳压电源为线性稳压器供电，则需要非稳压直流电压保持在较低的水平，这样可以使得传输晶体管的功率损耗最小。但是，必须绝对保证稳压器的输入电压永远不会低于其输出电压的最小值（对于传统的稳压器如 LM317 来说，通常输入比稳压器输出电压高 2V；对于低压差类型来说是 0.5～1V），否则在稳压输出上会出现 120Hz 的跌落；在设计中需要考虑到较低的线路电压（比标称电压低 10%），甚至电力供应不足的情况（比标称电压低 20%）。这里要考虑包含在非稳压输出中的大量纹波，因为这是必须保持在某个门限电压（见图 1.61）以上的稳压器的最小输入，而晶体管的耗散是由稳压器的平均输入电压决定的。

例如，对于 +5V 稳压器，可以使用最小纹波处为 +10V 的非稳压输入，而其纹波峰-峰值为 1～2V。根据次级额定电压，从桥式结构可以很好地估算出直流输出电压，因为峰值电压（纹波的顶部）近似等于次级电压有效值的 1.4 倍，但小于两个二极管的压降。但如果使用接近稳压器两端最小压降来设计电源，则必须进行实际测量，由于非稳压电源的实际输出电压取决于变压器上很难确定的指标参数，例如线圈电阻和磁耦合（漏电感），两者都会影响负载上的压降。必须保证在最坏情况下进行测量满载和低电力线电压（105V）。记住，越大的滤波电容通常公差越大：标称值从 −30%～+100% 都是正常的。在可能的情况下，最好在变压器的初级使用多抽头（例如 Triad F-90X 系列变压器），这样可以调节最后的输出电压。

对于图 9.49 所示电路，希望其满载输出电压是 ±50V。考虑到两个二极管压降（来自桥式整流器），需要的变压器峰值幅度约 52V 或有效值约 37V。在所有可以选择的变压器中，最接近的有效值是 40V，这可能是比较好的选择了，因为线圈电阻和漏电感的影响会使负载的直流输出电压略微降低一些。

重要提示：变压器额定电流通常以次级电流的有效值表示。然而，由于整流器电路只在周期（在电容实际充电时间内）的一小部分产生电流，次级有效电流将明显大于平均整流直流输出电流，因此会产生 I^2R 的热量。这样，所选择的变压器的有效额定电流必须比直流负载电流更大（通常约为 2

倍）。出乎意料的是，当为了减小输出纹波电压而增大电容时，情况会变得更糟。由于变压器波形的绝大部分都被使用上了，故全波整流在这方面效果更好。对于图 9.49 中的非稳压直流电源来说，当对 2A 直流负载供电时，在变压器次级侧得的有效电流为 3.95A。图 9.51 中所示的测量波形显示了电流的脉动特性，这是由于整流变压器输出会在每半周期对存储电容充电。

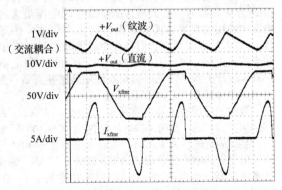

图 9.51　图 9.49 非稳压直流电源的测量波形，水平为 4ms/div

也许我们会真的以为可以简单通过下面的方法来估算导通角（周期内电流流动时间）：①根据 $I = C dV/dt$ 计算电容在半周期之间的放电电流；②然后计算下个半周期内整流输出超过电容电压的时间。然而，这个完美方案会由于变压器线圈电阻和漏感，以及存储电容的 ESR 的重要影响而变得复杂，所有这些影响都会导致导通角的扩展[⊖]。最好的方式是在试验台上进行测量，也可以通过使用这些参数的已知或测量值进行 SPICE 仿真。

⊖　非隔离离线电源通常存在于某些类型的独立电子设备中，例如螺口 LED 灯泡、挂钟、烟雾报警器、Wi-Fi 监控摄像头、烤面包机或咖啡机等。

⊖　虽然带有很大漏感的变压器似乎是有利的（因为它无损地增加了导通角），但其带来的不良影响是导致负载下电压稳定度的下降；它还会导致输入电流相对于电压的相位滞后，从而降低功率因数。此外，由于二极管反向恢复，漏感会导致电压尖脉冲。

9.5.3 直流元器件

1. 储能电容

为了提供可接受的纹波电压，选择的储能电容（有时称为滤波电容）应该足够大，并且其额定电压应足以处理由空载和高线路电压（125~130V）(有效值)组合带来的最差情况。

一般来说，通过一个假设的与平均负载电流相等的恒流负载，就可以计算出足够精确的纹波电压（在非稳压电源驱动线性稳压器的特殊情况下，准确地说，负载实际上就是一个恒流接收器）。这可以使算法更简化，因为电容以斜坡方式放电，不必担心时常数或指数的计算（图 9.51 中的实测波形采用了电阻性负载，可以说明这个近似的有效性）。

对于图 9.49 所示的电路，我们希望在 2A 满载时输出的纹波峰-峰值约为 1Vpp。由 $I=C\mathrm{d}V/\mathrm{d}t$ 可得（其中 $\Delta t=8.33\mathrm{ms}$）$C=I\Delta t/\Delta V=16\,700\mu\mathrm{F}$。与其最接近的电容的额定电压有 63V 和 80V；我们非常谨慎地选择了后者。现有的 16 000$\mu\mathrm{F}$/80V 电容物理尺寸有些大（40mm×80mm），因此我们决定使用一对 8200$\mu\mathrm{F}$ 的电容（35mm×50mm）并联（使用较小电容并联也可以减少电容的整体串联电感）。良好的设计原则要求所用的储能电容的额定纹波电流要比从直流输出电流和导通角估算的结果适当地大一些。以上述电路为例，我们设计的最大直流负载电流为 2A，由此可估算出变压器次级和存储电容的电流有效值均为 4A。在图中所示的特殊电容，对于并联的两个 8200$\mu\mathrm{F}$ 电容来说，在 85℃温度下的额定纹波电流都是 5.8A（有效值），这样组合后构成的电容 C_1 或 C_2 的额定纹波电流就是 11.6A（有效值）。这种组合绝对是合适的！根据每个电容的 ESR 参数 0.038Ω（最大）可以计算出散热：每个并联对电容的 ESR 都不超过 19mΩ，则每个电容产生的发热量为 $P=I_{\mathrm{rms}}^2 R_{\mathrm{ESR}}\approx 0.15\mathrm{W}$。

当选择滤波电容时，不要随心所欲：大尺寸的电容不仅浪费空间，而且会增加变压器的发热量（通过减少导通角，从而增加了电流有效值与平均电流的比值）。这也会给整流器带来压力。但还要注意电容的公差：虽然这里我们使用的电容的额定公差为±20%，但电解储能电容的公差可以达到+100%/-30%。

图 9.49 中跨接在输出端的电阻 R_2 和 R_3 有两个用途：①它们可提供最小负载（防止空载输出飙升）；②当空载电源关闭时，它们给电容放电。这是一个很好的功能，由于关机后，如果错误地认为此时已经没有电压存在了，那么已经充好电的电容上保持的电压则很容易导致某些电路元器件受损。

2. 整流器

首先需要指出的是，电源中使用的二极管（通常称为整流器）与电路中使用的 1N914 或 1N4148 小型信号二极管有很大差别。信号二极管通常为高速（几纳秒）、低漏电电流（几纳安）和小电容（几皮法）而设计，它们通常能够处理的电流最大约为 100mA，击穿电压不超过 100V。相比之下，电源中使用的整流二极管和电桥就强大得多，额定电流可以从 1~25A 或更高，击穿电压可以从 100~1000V 或更高。它们具有相对更高的漏电流和更大的结电容。图 9.49 中使用的通用整流器不适合高速电路，因此工作在 60Hz 的电力线频率上不是必要的。相反，在开关电源中，由于 20kHz~1MHz 的开关频率特征，必须要使用高速整流器；通常使用的是快速恢复或肖特基势垒整流器（或用作同步整流器$^{\ominus}$的 MOSFET）。

典型的通用整流器有常用的 1N4001~1N4007 系列（额定电流为 1A）和 1N5400~1N5408 系列（额定电流为 3A，反向击穿电压范围为 50~1000V）。1N5817~1N5822 系列肖特基整流器采用轴向引线封装，额定电流为 1~3A，额定电压为 20~40V。更高额定电流的整流器就需要散热器了，并且封装采用类似功率二极管形式（TO-220、D²PAK、Stud-mount 等）。例如 MBR1545 和 30CTQ045 双肖特基整流器（有 TO-220 或 D²PAK 功率封装），在电压为 45V 时的额定电流分别为 15A 和 30A，MUR805~MUR1100 是 6A 的整流器（TO-220 封装），额定电压为 1kV。塑料封装的桥式整流器也很受欢迎，具有 1~6A 型引线安装，以及额定电流高达 35A 以上的可安装散热器的封装$^{\ominus}$。

3. 衰减网络

图 9.49 中跨接在变压器次级的串联 RC 经常被省略，但最好不要这样。这种简单的线性非稳压直流电源具有产生大量微秒级电压尖峰脉冲的惊人能力，这可能会产生 120Hz 强干扰和其他形式的损害。原因是电路的一对非理想特性（变压器漏电感和整流器反向恢复时间组合）共同作用产生了一系列周期性的尖脉冲，其幅度可达几十伏特。这种恶劣的影响可以很容易地通过串联的 RC "吸收" 网络来处理。

$\ominus$ 有时称为主动整流器。

$\ominus$ 实现高效桥式整流器更好的选择是使用 4 个 MOSFET 作为同步开关，其门控信号可以方便地采用一个简单的器件来产生，例如 LT4320 立式二极管桥控制器，该器件具有过零检测功能，并在其门控输出引脚上产生相应信号。详细信息请查询器件手册。

9.5.4　非稳压分立电源

图 9.49 所构建的电源电路主要是出于好奇，想了解一下实际设备与我们的预期到底有多接近。图 9.51 所示为电源驱动±2A 阻性负载时，变压器次级一端上的交流电压和电流，以及直流正电压输出的曲线。波形与预期基本一致：①纹波电压约 0.8V（峰值），略低于我们估计的 1V（峰值），不过我们的计算是保守的，因为我们假设储能电容必须提供完整的半个周期（$1/2f_{ac} \approx 8ms$）的输出电流，而在实际电路中其充电是在约 6ms 后才开始的；②直流输出电压（54V）略高于预期电压，这可能是因为变压器额定电压是 4A 的额定满载电流，也可能是因为实验室的电力线电压比标称电压高 3%，无负载时输出上升到 60V，这是典型的非稳压电源特征；③如预期一样，变压器电流被限制在相当窄的导通角内（每 180°半周期内大约 60°），在导通过程中，由于漏感和线圈电阻的共同作用，变压器次级上的交流波形被大负载电流拉平[−]。

在两个输出端都有 2A 直流负载的情况下，测得的变压器电流有效值为 3.95A（有效值）。这种倍增是由于导通角缩小造成的，变压器平均电流等于直流输出电流，但电流有效值就会更大。这种现象有时说成是降低的功率因数（平均输入功率与输入功率的有效值之比），这种影响对于开关电源很重要。采用一些技术，通过功率因数校正输入电路，在保持近似单位功率因数的情况下来完成对输入交流电到直流电的整流是完全可能的。

在电脑上的操作（SPICE）　为了探究由于器件的不理想（变压器的线圈电阻和漏感，以及电容的串联电阻）而带来的影响，我们采用 SPICE 仿真软件对该电路进行了仿真，尽可能从测量的参数开始（例如变压器电阻和电感），使用 SPICE 库中可用的参数值（例如整流器正向电压与电流）以及对存储电容中串联电阻的合理估计。仅仅通过少量的调整即可获得如图 9.52 所示的仿真结果（与图 9.51 中的坐标比例尺度相同）。这是非常令人满意的结果[−]（虽然仿真中低估了导通角，使得比测得的变压器电流偏高）。

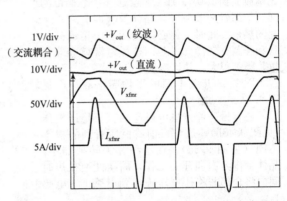

图 9.52　图 9.49 非稳压直流电源的 SPICE 仿真波形

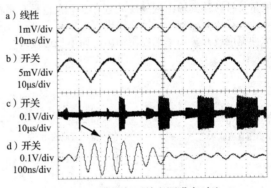

图 9.53　线性与开关电源噪声对比

9.5.5　线性与开关：纹波和噪声

接下来是关于开关稳压器和开关电源两个更有吸引力的主题。由于其集成了效率卓越、体积小、重量轻和成本低的优点，它们已经在电源领域占有了主导地位。然而，什么都不是完美的：快速开关过程在开关频率及其谐波处会产生瞬变，而这些极难通过滤波有效地去除。我们很快就会讨论这些问题，但现在让我们先看一下图 9.53，图中比较了两个 5V 电源输出上的问题。

9.6　开关稳压器和 dc-dc 转换器

9.6.1　线性与开关

到目前为止，我们讨论过的所有电压稳压器都具有相同的工作方式：使用线性控制元器件（传

[−]　对于这些波形的测量结果，我们忽略了图 9.49 中 R_SC_S 构成的衰减网络，目的是能够在变压器交流电压波形上看到由变压器漏感和二极管恢复时间共同导致的尖脉冲（和跳变）。

[−]　所用的主要电路参数：变压器初级 $R=0.467\Omega$，$L_L=1.63\mu H$，$L_M=80mH$，匝数比为 0.365，变压器次级 $R=0.217\Omega$，$L_{L(次级)}=20\mu H$，衰减网络 $C_S=0.5\mu F$，$R_S=30\Omega$，整流器为 KBPC806（Vishay 8A，600V 桥式），存储电容 $C=14\,000\mu F$，ESR$=0.01\Omega$，负载电阻为 27Ω（每一侧）。

输晶体管）与直流输入串联，并带有反馈，以保持恒定的输出电压（或恒定的电流）⊖。输出电压总是低于输入电压，并且控制元器件的功率耗散非常大，可表示为 $P_{\text{diss}} = I_{\text{out}}(V_{\text{in}} - V_{\text{out}})$。正如我们所看到的，线性稳压器的直流输入可能只是系统中另一个（更高的）稳压直流电压；或者它可能是来自电力线的非稳压直流电压，通过现在我们熟悉的变压器-整流器-电容电路产生。

让我们再看看有关效率的问题。带有线性稳压器的电源效率必定很低，这是由于传输晶体管承载着全负载电流，并且它必须具有足够的压降来适应由输入纹波和较低线路电压组合形成的最差情况。对于低输出电压电源来说，这种情况会更加严重。例如，可以提供 10A 电流，+3.3V 电压的线性稳压器需要使用大约+6V 的非稳压直流电压来保证足够的电压裕度。因此，当传递给负载的功率为

33W 时，传输晶体管耗散的功率为 27W——效率为 55%。你可能不太关心效率本身，但浪费的电能必须被耗散，这就意味着需要大面积的散热器、风扇等。如果将这个例子按比例放大到 100A，那么就会遇到一个严重的问题，那就是散掉传输晶体管上四分之一千瓦的热量。此时，你必须使用多个传输晶体管和强制空气冷却散热。这样电源就会非常重，噪声很大，并且热量很高。

图 9.53 开关电源的平均频谱测量图见图 9.54。

还有另一种方法可以产生直流稳压电压（见图 9.48b），这与目前我们所看到的根本不同（见图 9.55）。在这种开关转换器中，晶体管作为饱和开关工作，周期性地在短时间内将全部非稳压电压施加到电感上。电感

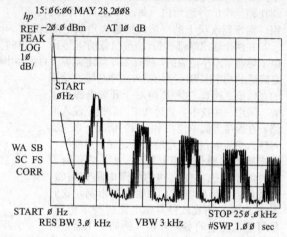

图 9.54　图 9.53 开关电源的平均频谱测量图

上的电流在每次脉冲时增加，并在其磁场中储存 $\frac{1}{2}LI^2$ 的能量。当开关关闭时，部分或全部⊖存储的能量将被转移到输出端的滤波电容上，它也具有平滑输出的作用（在充电脉冲之间承载输出负载）。与线性稳压器一样，反馈将输出与电压基准进行比较，但在开关稳压器中，反馈通过改变振荡器的脉冲宽度或开关频率来控制输出，而不是通过线性控制基极或栅极驱动。

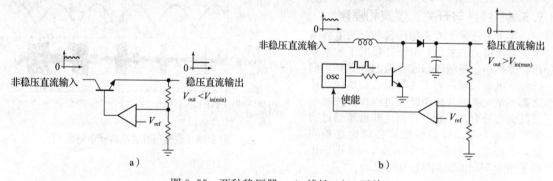

图 9.55　两种稳压器：a）线性；b）开关

开关稳压器的优点　开关稳压器不同寻常的特性使得它们非常受欢迎。

1）由于控制元器件处于截止或饱和两种状态，这使得其功耗非常小；因此，即使输入和输出之间电压差很大，开关电源也具有很高的效率。高效率意味着体积可以很小，因为散热很少。

2）开关（专业称为开关电源）可以产生高于非稳压输入的输出电压，并且可以很容易地产生与输入极性相反的输出电压！

⊖　该结构一个小的变化是分流稳压器，其控制元器件从输出连接到地，而不是与负载串联，一个简单的例子就是电阻加齐纳二极管。

⊖　如果允许电感电流变为零（非连续导通模式），所有存储的能量都会释放出来；在连续导通模式中，电感的电流在下一个导通周期之前不会降到零，因此只能获得部分存储的能量。

3）输出储能电容可以很小（电容值，并且尺寸也可以很小），因为高工作频率（通常为20k～1MHz）意味着充电之间的间隔会非常短（几微秒）。

4）对于工作在交流电力线输入的开关电源来说，可由工作在开关频率的变压器提供必要的隔离，这比低频电力线变压器要小得多。

好消息　小尺寸的电容和变压器，以及很低的功率耗散，可以让ac-dc电源以及dc-dc变换器更紧凑、重量更轻且效率更高。由于这些原因，使得开关电源（也称为开关模式电源或SMPS）普遍应用于电子设备中，例如计算机、电信、消费电子、电池供电设备，以及几乎所有电子设备。

坏消息　为了避免对开关电源过度依赖，我们也要注意其确实存在的问题。开关操作会把噪声引入直流输出端，同样会引入输入端的电力线，产生辐射电磁干扰（EMI），见图9.53和图9.54。线路上工作的开关电源在初始开机时会产生相当大的涌浪电流。而且，开关电源在可靠性方面名声不是很好，在发生灾难性故障时偶尔会爆炸。

最终结果　幸亏开关电源已经在很大程度上克服了早期产品的缺陷（不可靠、电子与音频噪声、浪涌电流及元器件应力）。由于开关电源体积小、重量轻、效率高且价格便宜，在现代电子产品中，特别是在大型商业产品中，已经很大程度上在全负载功率范围内（从瓦到千瓦）取代了线性稳压器。但是，线性电源和稳压器仍然存在，特别是对于简单的低功率稳压和需要更干净的直流电源的应用。

9.6.2　开关转换器拓扑结构

在下面的章节中，我们将分几个步骤介绍有关开关稳压器和电源（统称为开关转换器）的所有内容。

- 首先（9.6.3节），我们简单看一下无电感开关转换器，在这种转换器中，能量通过电容从输入端传递到输出端，电容器的连接通过MOSFET进行切换。这种结构有时被称为电荷泵转换器或飞跨电容转换器。这些简单的器件可以使直流输入电压翻倍或反转，它们对于相对较低的电流负载很有用。
- 其次（9.6.4节），我们描述有电感开关转换器的拓扑结构，从基本的dc-dc非隔离开关转换器开始。有三种基本的电路拓扑结构，用于降压（输出电压小于输入电压）、升压（输出电压大于输入电压）和反相（输出极性与输入极性相反）。所有这些都使用电感在开关过程中储能。
- 再次（9.6.10节），我们来看看带有变压器耦合输入和输出电路的dc-dc转换器。除了提供电流隔离，当输入和输出电压之间的比值很大时，变压器也是必不可少的。这是因为变压器的匝数比可以提供有用的电压转换系数，这在非隔离（无变压器）设计中是没有的。变压器设计还可以产生多输出以及其他极性。
- 最后（9.7节），我们描述了隔离转换器是如何保证电源设计可以直接从整流的交流电力线运行。当然，这些"离线"电源是大多数线路供电电子产品的必需品，并且它们有自身的特殊问题，涉及安全、干扰、涌浪电流、功率因数等。

9.6.3　无电感开关转换器

术语"开关转换器"通常是指使用电感（有时是变压器）和高频晶体管开关进行电压转换的电源转换器。然而，一个有趣的类型是无电感转换器（也称为电荷泵转换器、开关电容转换器或飞电容转换器），它可以完成一些相同的功能——产生相反极性的输出电压或输出高于输入的电压。这些转换器比带电感的转换器更简单、更安静，并且当只需要适度的电流（小于100mA）时它们很方便使用。

图9.56所示为其工作原理：这些设备有一个内部振荡器和几个CMOS开关，但它们需要一对外部电容才能工作。当输入开关对闭合（导通）时，C_1充电到V_{in}；然后，在第二个半周期期间，C_1从输入端断开，并且反过来连接到输出端。如果$C_2 \ll C_1$，那么输出电压在一个循环操作中几乎接近$-V_{in}$。在$C_2 > C_1$这种更典型的情况下，从冷启动开始，输出电压需要多个循环周期才能平衡到$-V_{in}$。

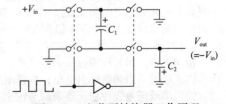

图 9.56　电荷泵转换器工作原理

类似地，也可以创建一个$2V_{in}$的输出，方法是让C_1像之前一样充电，但在第二个（转移）半周期内使其与V_{in}串联（见图9.57）。LT1026和MAX680在一个封装内方便地集成了正倍压器和反相倍压器，图9.58所示为从单个+5V输入产生非稳压电源的简单电路。

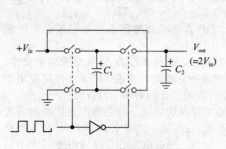

图 9.57　电荷泵倍压器

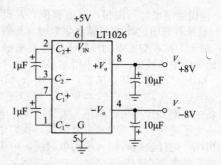

图 9.58　从单个 +5V 输入产生一对非稳压的 ±8V 输出

1. 无电感转换器的限制

这种电荷泵技术简单有效，只需要很少的器件，而且不需要电感。然而，输出不是稳压的，并且在负载下电压下降明显（见图 9.59）。此外，与其他开关电源转换技术一样，开关操作会产生输出纹波，但可以通过使用更大的输出电容（见图 9.60）或通过附加一个低压差线性稳压器来减小输出纹波[一]。与大多数 CMOS 器件一样，电荷泵的供电电压也有限制范围：原始的电荷泵 IC（Intersil ICL7660）允许的 V_{in} 范围从 +1.5～+12V；虽然有的后续器件（例如 LTC1144）将这个范围扩展到 +18V，但趋势是向具有更大输出电流和其他特性的低电压器件发展。随后，与电感式开关转换器不同，无电感式可以产生任何想要的输出电压，而飞跨电容型电压转换器只能产生输入电压的小离散倍数输出。尽管有这些弊端，飞跨电容型电压转换器在某些情况下还是非常有用的，例如在只有 +5V 电压可用的电路板上给分离电源运算放大器或串口芯片供电。

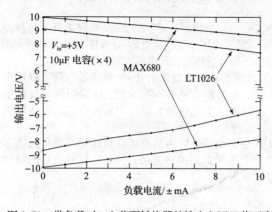

图 9.59　带负载时，电荷泵转换器的输出电压显著下降

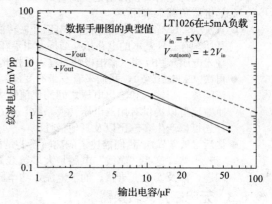

图 9.60　通过更大的输出电容减小输出纹波

2. 变化形式

有很多有趣且有用的飞跨电容型的变化形式。非稳压类型代表了原始的 ICL7660 的变体，包括类似的变形（来自 TI、NJR、Maxim、Microchip 等）和引脚兼容的升级版本（7662、1044、1144）；这种多来源的同功能器件非常广泛，并且价格便宜。较新的器件，如低电压 TPS6040x，在开关频率上更灵活，并且输出电阻更低。在更高频率上工作可以减少输出纹波（例如，TPS6040x 系列在 20kHz 时输出纹波为 35mV，但在 250kHz 时为 15mV），但会增加静态电流（在本例中静态电流从 65μA 增加到 425μA）[二]。

稳压类型，如 LTC 的 LT1054（最大输出电流为 100mA），包括内部电压基准和误差放大器，这样可以连接反馈来调整输出电压；内部电路通过调整开关控制来适应这种操作。其他转换器通过所包含的内部低压差线性稳压器来调节输出，并可以极大地减小输出纹波（以附加额外压降为代价）。例如，LTC1550 和 1682 系列，其输出纹波峰-峰值小于 1mV。注意，如果愿意，大多数稳压类型可

[一]　纹波电压近似为 $V_{ripple}(pp) = I_{out}/2f_{osc}C_{out} + 2I_{out} \cdot ESR$。第一项就是 $I = CdV/dt$，第二项加上了电容的有限等效串联电阻的影响。

[二]　可以通过使用更大的输出电容（低 ESR，以减小电流尖脉冲的影响）来减小纹波，或者增加输出滤波器效果可能会更好。

以被当作非稳压转换器使用。

也有转换器通过合理的分数来降低输入电压，例如以 1/2 或 2/3。另外，也有转换器就是电压四倍器，例如 LTC1502，该芯片可以从 0.9～1.8V 输入产生 10mA 的＋3.3V 稳压输出。还有转换器可以提供高达 500mA 的输出电流。

最后，还有 LTC1043 自由式飞跨电容型单元器件，可以用它实现各种功能。例如，可以用一个飞跨电容来把在不方便电位测量的压降转移到地上，这样就可以很容易地测量。

以下是以电荷泵为其主要功能供电的集成电路。

1）许多 RS-232/485 驱动-接收芯片带有集成的±10V 电荷泵电源，可以在单电源＋5V 或＋3.3V 下运行。后者的一个例子就是 Maxim 公司的 MAX3232E，该芯片可以在＋3～＋5.5V 之间的单电源供电工作。

2）有些运算放大器使用集成的电荷泵来产生超过电源输入的电压，这样它们可以在保持传统高性能架构的同时运行在轨到轨输入，例如 OPA369、LTC1152 和 MAX1462-4。

3）电荷泵用于许多 MOSFET 的高端驱动（如 Intersil 的 HIP4080 系列）和全集成功率 MOS-FET（如英飞凌的 PROFET 系列智能高端大电流功率开关），它们会产生必要的轨上栅极偏置，使 N 沟道 MOSFET 在正电源轨上作为跟随器工作。

4）一些复杂的数字逻辑器件（处理器、存储器等）需要升高的电压，这些电压是通过电荷泵在芯片上产生的。

9.6.4 有电感开关转换器：基本非隔离拓扑结构

术语开关转换器（或开关模式转换器）通常是指这样的一种转换器：使用电感和/或变压器的某些结构，与晶体管开关（通常是 MOSFET，但对于高压会用 IGBT）结合，用来实现高效的 dc-dc 转换。所有这类变换器的共同特点是在每个开关周期的第一部分，输入电源可增加电感中的电流（从而增加能量）；在开关周期的第二部分，这些能量流向输出。开关模式功率转换是电子技术的重要领域，并且几乎所有的电子设备都会用到这些转换器。

开关模式电路的变化形式有数百种，但它们都可以简化为几个基本的拓扑结构。在本节中，我们将描述三种基本的非隔离设计——降压、升压和反相（见图 9.61）。之后我们将考虑隔离转换器的设计；然后我们会给出从交流电力线供电的隔离转换器的应用总结。

除了基本的电源转换拓扑结构（描述了完成电压转换本身的电路），还有一个重要的主题就是稳压。就像线性稳压器一样，输出电压的采样与误差放大器中的电压基准进行比较。然而，在这里，误差信号是用来调整开关转换的一些参数，最常见的是脉冲宽度，这就是脉冲宽度调制（Pulse Width Modulation，PWM）[⊖]。

脉冲宽度调制器电路分为电压模式和电流模式，这两类在相应时间、噪声、稳定性和其他参数方面都有重要的影响。另外，为了使功能更为复杂，这些开关模式电路组合中的任一种都可以工作在每个开关周期结束时电感电流完全降为零的模式，或电感电流永不会降为零的模式。这两种工作

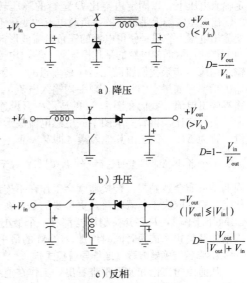

a）降压

b）升压

c）反相

图 9.61 基本的非隔离开关转换器

模式分别称为非连续导通模式（Discontinuous-Conduction Mode，DCM）和连续导通模式（Continuous-Conduction Mode，CCM），它们对开关稳压器的反馈稳定性、纹波、效率和其他工作参数都有重要影响。我们用几个例子来描述 PWM 的基本原理；但是我们只会稍微涉及一点有关电压与电流模式 PWM 和回路补偿方面的内容。

9.6.5 降压（buck）转换器

图 9.61a 所示为基本的降压（或 buck）开关电路，为了简单起见省略了反馈。当开关闭合时，

⊖ 在某些开关模式转换器中，稳压是通过改变脉冲频率来实现的。

施加在电感上的电压为 $V_{out}-V_{in}$，导致流过电感的电流线性增加（回想 $dI/dt=V/L$）（当然，这个电流也流向负载和电容）。当开关打开时，电感电流继续沿同一方向流动（根据上一个方程，电感不会突然使电流发生改变），而环流二极管（或续流二极管）开始为电路提供传导路径。此时，电感两端有一个固定的电压 $V_{out}-V_{diode}$，从而使电流线性减小。输出电容充当能量"飞轮"作用，可以平滑掉输出中避免不掉的锯齿纹波（电容越大，纹波电压越小）。图 9.62 所示为理想元器件下相应的电压和电流波形。为了完成电路的稳压器功能，需要添加反馈，通过输出电压与基准电压进行比较的误差放大器来控制脉冲宽度（在固定脉冲重复频率下）或脉冲重复频率（在固定脉冲宽度下）[⊖]。

对于图 9.61 所示的 3 种电路，环流二极管两端的压降浪费了能量，降低了转换效率。使用肖特基二极管（如图所示）通常可以缓解这种情况，但最好的解决方案是在二极管两端增加第二个开关代替二极管，这被称为同步开关。

输出电压　在稳定状态下，电感两端的平均电压必须为零，否则其电流会持续增长（根据 $V=LdI/dt$）。因此，忽略二极管和开关上的压降，这要求 $(V_{in}-V_{out})t_{on}=V_{out}t_{off}$，或者

$$V_{out}=DV_{in} \tag{9.3}$$

式中，占空比 D 是开关接通时间与开关周期 $T(T=t_{on}+t_{off})$ 的比值，$D=t_{on}/T$。

可以用另一种方式来思考：LC 输出网络构成低通滤波器，其应用的是平均电压正好为 DV_{in} 的斩波直流输入。这样，平滑之后，所得到的平均电压就是滤波输出。注意，假设元器件是理想的，在固定输入电压下，以固定占空比 D 运行的降压转换器的输出电压实际上是稳定的：负载电流的变化不会改变输出电压；它只是使得电感的三角电流波形向上或向下移动，从而使电感的平均电流等于输出电流。

输入电流　如果我们假设元器件是理想的，转换器是无损的（100%效率），因此输入功率必须等于输出功率。如果它们相等，则平均输入电流 $I_{in}=I_{out}(V_{out}/V_{in})$[⊜]。

临界输出电流　我们在图 9.62 的波形中假设连续电感导通，并且推导出输出电压就等于输入电压乘上开关占空比。再看一下图中的电感电流波形，其平均电流必定等于输出电流，但其峰-峰值的变化量（称为 ΔI_L）完全由其他因素（即 V_{in}、V_{out}、T 和 L）决定；因此在电感保持导通状态时的输出电流有一个最小值，即当 $I_{out}=\frac{1}{2}\Delta I_L$ 时[⊜]。对于小于这个临界负载电流的输出电流，电感电流在每个周期结束前会达到零，转换器就会工作在不连续导通模式，其输出电压在固定占空比下将不再保持稳定，而是取决于负载电流。更重要的是，在 DCM 下运行对环路稳定性有很大影响。因此，为了在 CCM 下工作^⑩，许多开关稳压器都有一个最小输出电流。正如下面的表达式所示，通过增加电感值或增加开关频率或两者同时增加，CCM 的最小负载电流就会降低。

1. 降压转换器方程（连续导通模式）

从前面的讨论和波形不难看出，工作在连续导通模式下的理想降压转换器（图 9.61a）服从以下方程：

$$\langle I_{in}\rangle=I_{out}\frac{V_{out}}{V_{in}}=DI_{out} \tag{9.3a}$$

$$\Delta I_{in}=I_{out} \tag{9.3b}$$

$$V_{out}=V_{in}\frac{t_{on}}{T}=DV_{in} \tag{9.3c}$$

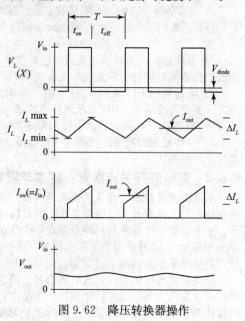

图 9.62　降压转换器操作

⊖　还有一种滞环控制，即脉冲宽度和开关频率都可以改变。
⊜　在实际的转换器中，效率由于电感、电容、开关和二极管上的损耗而降低。这是一个复杂的问题。
⊜　在这种电流下的工作称为临界导通模式。
⑩　当负载电流小于 CCM 的最小电流时，它们可能进入了其他工作模式，包括突发模式。

$$D = \frac{V_{\text{out}}}{V_{\text{in}}} \tag{9.3d}$$

$$I_{\text{out(min)}} = \frac{T}{2L} V_{\text{out}} \left(1 - \frac{V_{\text{out}}}{V_{\text{in}}}\right) = \frac{T}{2L} V_{\text{out}} (1-D) \tag{9.3e}$$

$$\Delta I_{C(\text{out})} = \frac{T}{L} V_{\text{out}} (1-D) \tag{9.3f}$$

$$I_{L(\text{pk})} = I_{\text{out}} + \frac{T}{2L} V_{\text{out}} (1-D) \tag{9.3g}$$

$$L_{\text{min}} = \frac{T}{2} \frac{V_{\text{out}}}{I_{\text{out}}} (1-D) \tag{9.3h}$$

式中，$\langle I_{\text{in}} \rangle$ 表示输入电流的时间平均值，ΔI_{in} 和 $\Delta I_{C(\text{out})}$ 分别表示输入和输出的近似纹波电流峰-峰值（对电容的选择很重要⊖）。第一个方程适用于任何模式（CCM 或 DCM）。最小电感值和最小输出电流表达式表示保持 CCM 的临界值，这些表达式分别使用了最小输出电流和最大 V_{in} 值。

练习 9.8 试着推导出这些方程。提示：对于 $I_{\text{out(min)}}$ 和 L_{min}，实际上使用的输出电流 I_{out} 等于电感峰-峰值电流变化 ΔI_L 的一半，在 CCM 的阈值处，从图 9.62 中的 I_L 波形可以很容易地看出。

2. 降压转换器实例 I

让我们用一个非常简单（而且便宜）的控制器芯片 MC34063 做一个降压稳压器（见图 9.63）。该芯片包括一个振荡器、误差放大器和电源基准、限流比较器和一个集电极和发射极都可以访问的达林顿输出对管。该芯片的操作并不复杂，它不使用更常见的 PWM（在每个周期中开关导通时间是连续变化的）。相反，只要在反馈（FB）输入处的电压低于 +1.25V 的内部基准，开关导通周期就会被启动；否则它们就会被抑制。可以将其视为粗略的 PWM，在这种形式中，调制包括打开开关的一个完整周期，然后跳过足够的周期以接近所需的开关 ON/OFF 比率。这种反馈调节机制称为滞后控制。

在我们的设计中，假设输入为 +15V，能够产生 +5V 稳压输出，并达到 500mA 的负载电流。电路见图 9.64。

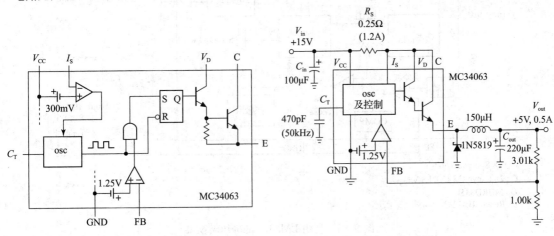

图 9.63　一款流行的开关转换器　　　　　图 9.64　利用 MC34063 的降压转换器

1）选择工作频率。我们选择了 50kHz，是芯片推荐的最大频率的一半。数据手册中规定该频率对应的 $C_T = 470\text{pF}$。振荡器运行比率为 $t_{\text{on}}/t_{\text{off}} = 6$，因此开关导通时间为 $t_{\text{on}} = 17\mu\text{s}$。

2）计算电感值，转换器工作在 DCM 下⊜，假设在最小输入电压和最大负载电流时启动 CCM：在 CCM 启动时，输出电流是电感峰值电流的一半，因此，使用 $V = L\text{d}I/\text{d}t$（假设达林顿开关压降为 1V）计算，则可以得到 $L = (V_{\text{in}} - V_{\text{sw}} - V_{\text{out}}) t_{\text{on}} / 2I_{\text{out}} = 153\mu\text{H}$。我们使用 $150\mu\text{H}$ 的标准值。

3）计算检测电阻 R_S 的值，以限制峰值电流 I_{pk} 比预期的 1A 大一点，但不大于芯片的 1.5A 额定值：$R_S = 300\text{mV}/I_{\text{lim}} = 0.25\Omega$ ⊜（对于 1.2A 的电流限制）。

⊖ 注意，电容数据手册规定了允许的最大纹波电流有效值，而不是峰-峰值。

⊜ 也就是说，在每个开关周期中，电感电流以斜坡形式完全降到零。

⊜ 如果发现期望的峰值电流比芯片的限制大，就必须附加一个外置的晶体管或者使用不同的芯片。

4）选择输出电容值，以保持纹波电压低于某个可接受的值。可以通过计算电容电压在一个开关导通周期（电流从 0 到 I_{pk} 中）的升高值来估算纹波，得到 $\Delta V = I_{pk}t_{on}/2C_{out}$。因此，一个 $220\mu F$ 的输出电容会导致纹波的峰峰电压大约为 $40mV$ [⊖]。

几点说明。①这种简单的设计是可以工作的，但其性能远不理想，特别是简单的砰-砰控制，结合非连续导通操作，由于其间歇性脉冲而产生大量的输出纹波，甚至音频噪声；②达林顿输出连接防止了输出级的饱和，从而降低了效率，可以通过一个 200Ω 左右的限流电阻将驱动端的集电极线 (V_D) 连接到输入电源来解决这个问题；③内部开关的峰值电流被限制在 $1.5A$，这不足以满足大于 $0.75A$ 的输出电流，这可以通过外部晶体管开关来弥补，例如 PNP 晶体管或 P 沟道 MOSFET（对于这种降压配置）。这里最有吸引力的地方就是低成本，以及不需要担心反馈稳定性和补偿问题。

3. 降压转换器实例Ⅱ

幸运的是，有非常好的集成开关可以实现比例 PWM，而且可以使电路设计更容易。例如，美国国家半导体公司拥有一系列集成电路，可单独配置为降压、升压或反相结构，包括了所有必要的片上反馈环路补偿元器件。这些器件覆盖的电压范围高达 40V 以上，5A 电流，并具有内嵌的电流限制、发热限制、电压基准、固定频率振荡器和特殊功能（在某些版本中），如软启动、频率同步和关机。最重要的是，它们使得转换器的设计变得非常简单，既可以按照数据手册中的步骤一步一步操作，也可以使用免费的基于 web 的设计工具完成，直接获得元器件值（包括推荐的器件厂商的元器件编号）和性能数据。

如图 9.65 所示的设计，将 14V 输入（来自汽车电池）转换为 +3.3V 输出，并提供高达 5A 的电流（为数字逻辑供电）。我们按照器件手册提供的方式来获取图中所示的元器件值和器件编号。这些元器件构成的电路的效率为 80%，并且输出纹波小于 V_{out} 的 1%（约 30mV）。

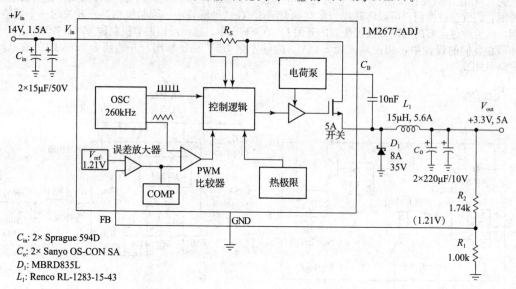

图 9.65　利用 LM2677 的降压转换器

我们使用的 LM2677 是在原来 LM2574、75、76 系列（电流分别为 0.5A、1A 和 3A）的基础上开发的，它们运行在 52kHz。LM2677 是改进型 LM2670 系列的成员，具有 5A 的额定输出电流，它需要外加电容（如图中电容 C_B）来驱动 5A 的降压 MOSFET。

1）该转换器提供的输出电流是之前设计（图 9.64）的 10 倍，并且在稳压、纹波及瞬态响应方面的性能具有显著改善。

2）良好的转换效率在某种程度上是由于使用了 N 沟道 MOSFET，其栅极由高于 V_{in} 的电压驱动，并且内部包含电荷泵，这就是升压电容 C_B 的目的。

3）注意在输入端和输出端使用的并联电容。在开关转换器中经常看到这种情况，这对于保持较低的 KSR 和 DSL（等效串联电感）很重要：这可以减少由纹波电流引起的电压纹波，同时也使电容保持在其额定纹波电流范围内。

⊖　由于电容的 ESR，实际纹波电压会更高，这也是可以估计到的影响。

4）对于标准的输出电压，比如此处的 +3.3V，通过选择固定电压芯片（LM2677-3.3）可以节省两个电阻；但可调芯片（LM2677-ADJ）可以选择输出电压。

5）注意输入电流远小于输出电流，表现出来的功率转换效率为 80%，这是优于线性稳压器的主要优点。

6）固定效率意味着如果输入电压增大，输入电流就会下降：这是一个负电阻！这就产生了一些更有趣的复杂现象，例如当用 LC 网络对输入进行滤波时，输出会产生振荡，这个问题对于交流电力线输入的转换器也同样存在。

练习 9.9 当从 +14V 输入产生稳定的 +3.3V 电压时，线性（串联）稳压器的最大理论效率是多少？

练习 9.10 降压稳压器的高效率意味着输出电流与输入电流的比率是多少？线性稳压器相应的电流比率是多少？

9.6.6 升压（boost）转换器

与线性稳压器不同，开关转换器可以产生比输入电压更高的输出电压。基本的非隔离升压（或 boost）结构见图 9.61b（重复的图见图 9.66，与前面图 9.55 中的线性稳压器进行比较）。在开关导通期间（点 Y 接地）电感电流上升；当开关断开时，由于电感试图保持恒定电流，因此 Y 点电压迅速上升。此时，二极管导通且电感向电容注入电流。因此，输出电压比输入电压大很多。

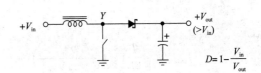

图 9.66 基本升压拓扑（非隔离）

升压转换器方程（连续导通模式）

图 9.67 所示为理想元器件情况下的相关电压与电流的波形图。与降压转换器相同，不难看出升压转换器在连续导通模式下工作遵循以下方程：

$$\langle I_{in}\rangle = I_{out}\frac{V_{out}}{V_{in}} = \frac{I_{out}}{1-D} \quad (9.4a)$$

$$\Delta I_{in} = \frac{T}{L}V_{in}D \quad (9.4b)$$

$$V_{out} = V_{in}\frac{T}{t_{off}} = \frac{V_{in}}{1-D} \quad (9.4c)$$

$$D = 1 - \frac{V_{in}}{V_{out}} \quad (9.4d)$$

$$I_{out(min)} = \frac{T}{2L}\left(\frac{V_{in}}{V_{out}}\right)^2 (V_{out}-V_{in})$$
$$= \frac{T}{2L}V_{out}D(1-D)^2 \quad (9.4e)$$

$$\Delta I_{C(out)} = \frac{I_{out}}{1-D} \quad (9.4f)$$

$$I_{L(pk)} = \frac{I_{out}}{1-D} + \frac{T}{2L}V_{in}D \quad (9.4g)$$

$$L_{min} = \frac{T}{2I_{out}}\left(\frac{V_{out}}{I_{out}}\right)^2 (V_{out}-V_{in}) \quad (9.4h)$$

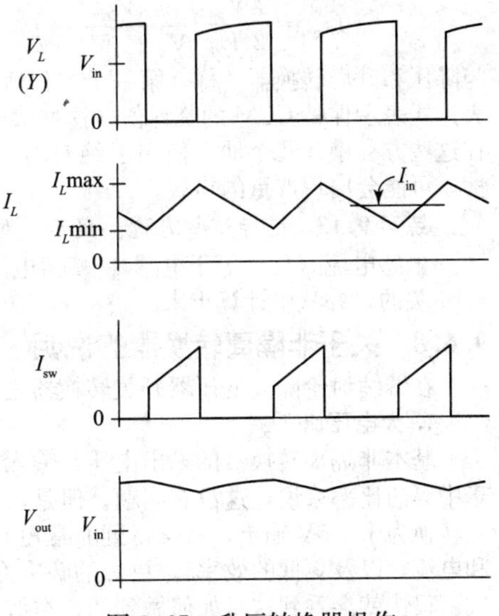

图 9.67 升压转换器操作

第一个方程适用于任何模式（CCM 或 DCM）。最小电感和最小输出电流表达式表示保持 CCM 情况的临界值，这些表达式使用了 V_{in} 的最大值和（对于 L_{min}）最小输出电流。

练习 9.11 推导这些方程。提示：对于 $I_{out(min)}$ 和 L_{min}，实际上使用的输入电流 I_{in} 等于电感峰-峰值电流变化 ΔI_L 的一半，在 CCM 的阈值处，从图 9.67 中的 I_L 波形可以很容易地看出。

练习 9.12 为什么升压电路不能用作降压转换器？

升压（和反相）转换器的设计过程类似于降压转换器，因此此处就省略了实际电路的展示。

9.6.7 反相转换器

反相电路见图 9.61c（重复的图见图 9.68）。在开关导通期间，线性增加的电流从输入流经电感（Z 点）到地。为了在开关打开时保持电流，电感将 Z 点侧拉为负极，以尽可能保持连续电流流动。

然而，此时电流正从滤波电容（和负载）流入电感。因此输出为负电压，并且其平均值在幅度上会比输入值大或小（由反馈决定）；换句话说，反相转换器可以是升压的，也可以是降压的。

反相转换器方程（连续导通模式）

图 9.69 所示为同样在理想元器件情况下，反相转换器的相关电压与电流的波形图。我们可以算出工作在连续导通模式下的反相转换器符合以下方程：

$$\langle I_{\text{in}}\rangle = I_{\text{out}}\,\frac{V_{\text{out}}}{V_{\text{in}}} = -I_{\text{out}}\,\frac{D}{1-D} \qquad (9.5\text{a})$$

$$\Delta I_{\text{in}} = \frac{\langle I_{\text{in}}\rangle}{D} \qquad (9.5\text{b})$$

$$V_{\text{out}} = -V_{\text{in}}\,\frac{t_{\text{on}}}{t_{\text{off}}} = -V_{\text{in}}\,\frac{D}{1-D} \qquad (9.5\text{c})$$

$$D = \frac{|V_{\text{out}}|}{|V_{\text{out}}|+V_{\text{in}}} \qquad (9.5\text{d})$$

$$I_{\text{out(min)}} = \frac{T}{2L}V_{\text{out}}\left(\frac{V_{\text{in}}}{V_{\text{in}}+|V_{\text{out}}|}\right)^2$$

$$= \frac{T}{2L}V_{\text{out}}\,(1-D)^2 \qquad (9.5\text{e})$$

$$\Delta I_{C(\text{out})} = \frac{I_{\text{out}}}{1-D} \qquad (9.5\text{f})$$

$$I_{L(\text{pk})} = \frac{I_{\text{out}}}{1-D} + \frac{T}{2L}V_{\text{in}}D \qquad (9.5\text{g})$$

$$L_{\text{min}} = \frac{T}{2}\frac{V_{\text{out}}}{I_{\text{out}}}\left(\frac{V_{\text{in}}}{V_{\text{in}}+|V_{\text{out}}|}\right)^2 \qquad (9.5\text{h})$$

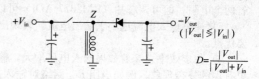

$$|V_{\text{out}}| \lessgtr |V_{\text{in}}|$$

$$D = \frac{|V_{\text{out}}|}{|V_{\text{out}}|+V_{\text{in}}}$$

图 9.68　基本反相拓扑（非隔离）

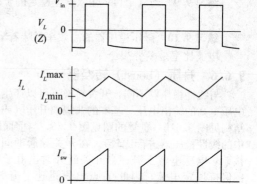

图 9.69　反相转换器操作

与降压和升压转换器一样，第一个方程适用于任何模式（CCM 或 DCM）。最小电感和最小输出电流表达式表示保持 CCM 的临界值，这些表达式使用的是 V_{in} 的最大值和（对于 L_{min}）最小输出电流。在这些方程中，几个地方使用了绝对值符号（$|V_{\text{out}}|$），如果读者不注意输入和输出电压的相反极性，可能会出现严重的错误。

✎ **练习 9.13**　推导这些方程。提示：对于 $I_{\text{out(min)}}$ 和 L_{min}，在 CCM 的阈值处，实际上使用的平均电感电流 $\langle I_L\rangle$ 等于电感峰-峰值电流变化 ΔI_L 的一半。现在指出 I_L 是如何与 I_{in}（或 I_{out}）相关的，并从中计算出来。

9.6.8　关于非隔离转换器的说明

在继续讨论隔离变压器开关转换器之前，先讨论和回顾这些转换器存在的一些共性问题。

1. 大电压比

基本非隔离转换器的输出电压与输入电压之比取决于占空比（$D = t_{\text{on}}/T$，如上述公式所示。对于中等的比率来说，这没有问题。但是，为了产生一个大的比率，例如一个降压转换器将 $+48V$ 输入转换为 $+1.5V$ 输出，就会得到非常短的脉冲宽度（这意味着更大的晶体管应力、更高的峰值电压和电流，以及更低的效率）。更好的解决方案是利用变压器，通过其匝数比可提供另一种电压转换形式。很快就会看到这是如何做到的，类似在隔离变换器中的结构（降压转换器→正激式转换器；反相转换器→反激式转换器）。

2. 电流不连续及纹波

这三种基本转换器在输入和输出电流脉动方面表现得非常不同。特别地，假设采用优先连续导通模式，降压转换器给输出存储电容提供的是连续的电流，但来自 $+V_{\text{in}}$ 电源的输入电流是脉动的；升压转换器输出电流是脉动的，但输入电流为连续的；反相转换器在输入端和输出端的电流都是脉动的。在高功率时通常不希望是脉动（非连续）电流，因为需要使用更大的存储电容且具有更低的 ESR/ESL，这样才能达到同等的性能。有一些特殊结构的转换器可以解决这些问题，特别是库克（Cuk）转换器（见图 9.70）在输入和输出端的电流都具有连续性。

3. 电压模式和电流模式

我们很少讨论开关模式转换器中反馈和电压调节的细节，尽管上面的例子中举例说明了两种方法：①MC34063 型稳压器的简单砰-砰式跳脉冲方式（见图 9.64）；②图 9.65 中实现的更普通的比例 PWM 方式。实际上，PWM控制有两种方式，称为电压模式和电流模式。在电压模式PWM中，误差信号与内部振荡器的锯齿（或三角）波形进行比较，以设置开关导通（ON）的持续时间。与之相比，在电流模式PWM中，开关电流按照 $V = LdI/dt$ 进行递增，而不是锯齿形式，并与误差信号进行比较来终止开关的导通（ON）状态。

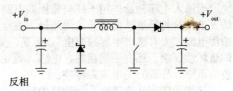

反相

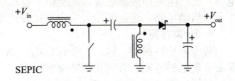

SEPIC

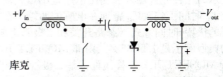

库克

图9.70 允许输入和输出电压范围重叠的转换器

4. 低噪声转换器

转换器是有噪声的！图9.53中对线性与开关型5V电源转换器进行了比较，图中显示了这种不需要的"特征"的几个特性：首先，在开关频率处有大量的噪声，通常在20kHz~1MHz范围内；其次，开关频率的改变会在一定频率范围内造成干扰；再次，开关信号几乎不可能被消除，它既可以作为辐射信号传播，也可以通过地电流传播。图9.53很好地说明了后一种情况（见图9.53b），开关噪声可以很大程度上在某一时刻被旁路掉，但只要把示波器探头放在几英寸远的地方，这些噪声又出现了。

这个问题已经得到了广泛的认识，并且有各种各样的方法来消除开关噪声。在一个简单的水平上，输出端使用低压差稳压器就会有很大帮助，就像简单的 LC 输出滤波器一样。一种更为复杂的方法是使用转换器结构，避免输入和输出电流脉动（例如库克转换器），或利用电感和电容的谐振特性，这样当开关两端电压接近零（零电压开关，ZVS）时进入导通状态，而当电流接近零（零电流开关，ZCS）时打开。最后，有些转换器（典型的有LT1533、LT1534、LT1738和LT3439）包含了限制开关晶体管电压和电流转换速率的电路，从而降低了辐射和接地信号传导的开关噪声。

当考虑开关转换器噪声时，请记住它会以多种方式出现。

1) 以开关频率表现在直流输出端上的纹波，通常峰-峰值可以达到 10~100mV。
2) 直流输出上的共模纹波（可以认为是地线纹波电流），可导致如图9.53c所示的结果。
3) 以开关频率出现的纹波同样会表现在输入电源上。
4) 来自电感和导线上的开关电流引起的辐射噪声，频率为开关频率及其谐波频率。

在电平信号（比如 $100\mu V$ 或更小）电路中开关电源会带来更多的麻烦。虽然屏蔽和滤波可以解决这些问题，但更好的方法可能是从一开始就使用线性稳压器。

5. 电感的折中考虑

电感的选择具有一定的灵活性。通常在连续导通模式下更希望采用PWM转换器（但并不是像在第一个例子中MC34063那样的砰-砰式转换器），这将为给定的开关频率和最小负载电流值设置最小的电感。较大的电感会使最小负载电流降低，使给定负载电流上的纹波电流减小，并且可以提高效率；但较大的电感也会使最大负载电流减小，使瞬态响应降低[⊖]，并使得转换器的物理尺寸增加。这是一个权衡折中的过程。

6. 反馈稳定性

在设计频率补偿网络时，开关转换器需要比运算放大器电路更加小心。这方面至少有三个因素需要考虑：输出 LC 网络产生2极点滞后相位偏移（最终达到 180°），这需要零点补偿；负载特性（附加的旁路电容、非线性等）对回路特性产生影响；当转换器进入非连续导通模式时，转换器的增益和相频特性会突然发生改变。在一个已经很复杂的情况下再添加更多复杂的东西，电压型和电流型转换器之间存在着重要的区别；例如，在 LC 网络相位偏移方面具有很好的表现，当工作在开关占空比超过 50% 时表现出次谐波不稳定（这可以通过一种称为斜坡补偿的技术来解决）。

对于普通用户来说，最简单的方法是选择带有内置补偿的转换器，或者选择提供了可靠外部补偿完整配置方案的转换器。不管怎样，电路设计者应该确保对所设计的电路进行测试[⊖]。

⊖ 瞬时速度是在给微处理器供电的开关转换器中使用低电感值的主要原因，在这里可以看到临界电感的概念，即几个足够小的电感来处理负载阶跃瞬态。

⊖ 进行稳定性测试时，不要忘记开关转换器的负阻输入特性，一定要对所有要使用的输入滤波器进行测试。

7. 软启动

当输入电压初始作用于任何稳压器电路时，反馈将试图使输出达到目标电压。在开关转换器的情况下，这将导致转换器开关使用最大占空比工作，一个周期接着一个周期。这将产生一个很大的浪涌电流（来自输出电容的充电），但是，更糟糕的是，这会导致输出电压过冲，并对负载产生潜在的破坏性影响。还有更糟糕的，电感（或变压器）的磁心可能饱和（达到最大磁通密度），随之电感急剧下降，导致开关电流尖脉冲。

这些问题在从交流电力线运行的转换器中更为严重，其中无变压器输入级（二极管电桥和存储电容）会产生附加浪涌电流，并且输入电源会产生大量的峰值电流。因此，许多开关控制器芯片采用了软启动电路，这会限制开关占空比在初始启动时逐渐上升。

8. 升-降压拓扑

对于降压转换器，V_{out} 必须小于 V_{in}，而对于升压转换器，V_{out} 必须大于 V_{in}，在两种转换器中都需要重置电感电流。有时我们需要这样的转换器，允许输入电压在输出电压左右变化。

尽管反相（升-降压）转换器允许输出电压大于或小于输入电压，但其极性是相反的。图 9.70 所示为三种允许输入和输出电压范围重叠的有趣的配置电路。第一个特别容易理解，两个开关同时在 t_{on} 时间工作，V_{in} 施加在电感的两端；在 t_{off} 期间，电感的电流通过二极管对流向输出。从电感所需的伏特-时间等式（忽略开关和二极管上的压降）可得输出电压 $V_{out} = (t_{on}/t_{off})V_{in}$。升-降压转换器的典型例子是 LTC3534（内部 MOSFET 开关）和 LTC3789（外部 MOSFET 开关），两者都使用同步 MOSFET 开关来替代肖特基二极管，即图中的 4 个 MOSFET。

SEPIC（单端初级电感式转换器）和库克转换器的优点是只需要一个可控开关。库克转换器有一个更特别的属性，当电感是耦合的（缠绕在同一个铁心上）时，输出纹波电流为零。后面这个属性是偶然发现的，但现在已经是开关模式设计的一部分，称为零纹波现象。当我们称赞库克时，值得注意的是，输入和输出电流波形都是连续的，不同于降压、升压、反相、SEPIC 或升-降压结构。

9.6.9 电压模式和电流模式

有两种方法可以实现脉宽调制，见图 9.71。从顶层来看，两种方法都将输出电压与内部电压基准进行比较来产生误差信号。也就是说，这两种方法都是电压调节器（不要把电流调节器和电流模式混淆了）。不同之处在于误差信号用于调整脉冲宽度的方式：在电压模式 PWM 中，误差信号与内部振荡器的锯齿波形相比较，来控制开关导通的持续时间[⊖]；与之相比，在电流模式 PWM 中，电感中的斜坡电流取代了锯齿波，内部振荡器用来触发每个导通周期（见图 9.71b 和图 9.72）。

如何选择？在比较它们的相对优点之前，我们给出以下合理建议：选择具有所需特性（按照额定电压和电流、方便设计、价格和实用性、元器件数量等）的开关稳压器芯片，不要顾虑芯片设计者是如何完成这些工作的。

现在来进行比较。

1. 电压模式

这是 PWM 的传统模式。其优点包括：

1) 对单个反馈路径的分析简单。

2) 功率级输出阻抗低。

3) 噪声容限良好（因为有内部产生的斜坡）。

其缺点包括：

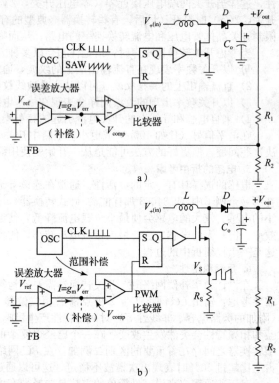

图 9.71 在开关模式稳压器中进行脉冲宽度调制

⊖ 通常是用振荡器的脉冲输出来启动导通周期，然后用 PWM 比较强的输出（将误差信号与同一振荡器的锯齿进行比较）来结束导通周期。

1）需要注意环路补偿（由于有两极点 LC 输出滤波器）。

2）环路响应缓慢（特别是对输入变化的响应）。

3）开关晶体管需要单独的限流电路。

2. 电流模式

当电流模式控制的好处越来越明显时，它在 20 世纪 80 年代开始流行起来。这些好处包括：

1）对输入变化的快速响应。

2）开关电流固有的逐脉冲限流功能。

3）外部电压反馈回路中改善的相位容限（因为功率级输出为电流型，有效地消除了电感相位偏移，也就是在反馈回路中只有一个极点，而不是两个）。

4）具有并联几个相同转换器的输出的能力。

电流模式的缺点包括：

1）分析两个嵌套反馈回路的难度更大（通过广泛分离它们的特征频率可以降低难度）。

2）本质上功率级输出阻抗更高（由于快速回路趋向于恒流输出，输出更受到负载变化的影响）。

3）对噪声敏感，特别是在低负载和谐振（因为 PWM 依赖于提取出的电流斜坡）。

4）由电流尖脉冲（来自寄生电容和二极管恢复效应）上升沿引起的开关导通状态过早终止。

5）高占空比时的不稳定性和次谐波共振。

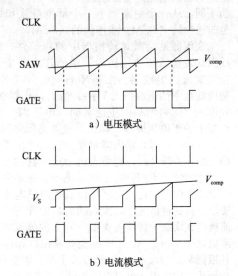

a）电压模式

b）电流模式

图 9.72　电压模式和电流模式 PWM 的波形

聪明的解决方案　电路的设计者都很聪明，他们想出了一些很好的技巧来解决每种方法存在的问题。电压模式控制器对输入变化的慢速响应可以通过在锯齿斜坡上增加输入前馈信号来解决，并且可以通过提高开关频率来缓解慢速环路响应。对于电流模式控制，解决技巧还包括前沿消隐（为了忽略开关接通的电流尖脉冲）和斜坡补偿（为了在高占空比下恢复稳定性）。

模式选择：两者都是可行的　在现在的工程实践中这两种模式都是可行的，并且可选择的大量的控制器芯片都采用这两种技术。一般来说，电压模式转换器适用于：

1）有噪声的应用或在轻负载条件下的应用。

2）来自同一个功率级的多个输出（即使用多个次级绕组变压器的转换器）。

电流模式转换器适用于：

1）对输入瞬态和纹波的快速响应很重要的应用。

2）需要并联多个电源（例如为了冗余）的应用。

3）在适当的零极点环路补偿网络设计中希望可以降低其复杂度的应用。

4）在快速逐脉冲限流对可靠性很重要的应用。

9.6.10　带变压器的转换器：基本设计

前几节介绍的非隔离开关转换器可以修改为在开关电路中保护变压器。这样做的主要目的有三个：①对于从交流线路供电的转换器来说可以提供必要的电气隔离；②即使不需要隔离，变压器的匝数比可以提供内在的电压转换，以至于可以产生更大的升压或降压比，而保持开关占空比在合适的范围内不变；③可以通过缠绕多个次级来产生多个输出电压，这就是为什么在计算机中的那些常用电源可以同时产生+3.3V、+5V、+12V 和−12V 输出的原因。

需要注意的是，这些都不是在 60Hz 交流电力线上使用的那种沉重而难看的叠片铁心变压器，因为它们运行在几百到几千 kHz 的开关频率上，不需要大量的磁化电感（其他绕组开路时的绕组电感），所以它们可以缠绕在小铁氧体（或铁粉）磁心上。另一种方式来理解开关模式转换器中这些小物理尺寸的储能器件，即电感、变压器和电容是这样的：对于给定的功率输出，如果转移速率越高，在每次转移中通过这些器件的能量就会越少，而更少的存储能量$\left(\dfrac{1}{2}LI^2 \text{ 或 } \dfrac{1}{2}CV^2\right)$意味着更小的物理封装。

9.6.11　反激式转换器

反激式转换器（见图 9.73a）是反相非隔离转换器的类似器件。与之前的非隔离转换器一样，开

关以某种开关频率 f（周期 $T=1/f$）循环，通过反馈（图中未显示）控制占空比 $D=t_{on}/T$ 来保持稳定的输出电压。与前面的转换器一样，脉宽调制可以设置为电压模式或电流模式。根据负载电流的不同，从一个周期到下一个周期的次级电流可以是非连续的（DCM）或连续的（CCM）。

变压器是反激式转换器中的新部件，其作用在反激式转换器拓扑结构中简单地作为一个带有紧耦合的次级绕组电感。在循环周期的开关导通部分，初级绕组中的电流根据 $V_{in}=L_{pri}dI_{pri}/dt$ 斜坡式上升，并流入"同名"端；在这期间，由于两个绕组的打点端上的正电压原因，输出二极管是反向偏置的。

在这一阶段，输入能量完全进入变压器核心的磁场。当开关断开时，能量有机会进入其他地方：与单个电感的情况不同，对于耦合电感，如果电流在任何一个绕组中连续流动，就可以满足电感电流连续性的要求。在这种情况下，流入同名端的开关导通时的电流就会在次级中转换为类似方向上的电流，但乘上了匝数比 $N\equiv N_{pri}/N_{sec}$。电流流向输出（和存储电容），并根据 $V_{out}=L_{sec}dI_{sec}/dt$ 斜坡式下降。根据电感伏特-秒等式，输出电压可以简单地计算为

$$V_{out}=V_{in}\frac{N_{sec}}{N_{pri}}\frac{t_{on}}{t_{off}}=V_{in}\frac{N_{sec}}{N_{pri}}\frac{D}{1-D}\text{（在 CCM）} \quad (9.6)$$

而且效率照样很高，因此功率（近似）守恒：

$$I_{in}=I_{out}\frac{V_{out}}{V_{in}} \quad (9.7)$$

你可以缠绕额外多个次级绕组，每一个都带有对应的二极管和存储电容，就可以产生多个输出电压（同样根据匝数比设置）。而且，由于输出绕组是隔离的，所以很容易产生负电压输出。然而，如果选择了一个输出作为反馈调节，则其他输出就不会如此严格地调节。术语"交叉调整率"用来指定输出电压的依赖关系。

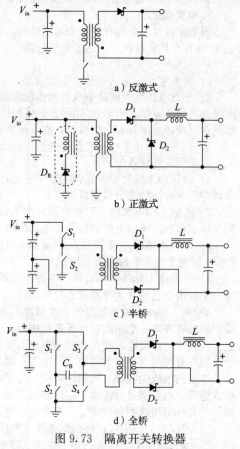

a）反激式

b）正激式

c）半桥

d）全桥

图 9.73 隔离开关转换器

有关反激式转换器的说明

功率水平 反激式转换器的输入和输出电流都具有脉动特点。因此，它们通常用于低到中等功率的应用（最多约 200W 功率）。对于更高的功率，通常会采用正激式转换器设计，或者对于真正的高功率设计，采用桥式转换器。

变压器就是一个电感 每个周期的输入能量首先存储在变压器的铁心中（在开关导通期间），然后转移到输出端（在开关断开期间）。因此，变压器的设计必须提供正确的磁化电感（充当电感器），以及正确的匝数比（充当变压器）。这与下面要介绍的正激式转换器和桥式转换器的情况完全不同，在桥式转换器中，变压器只是一个变压器。此处我们不对变压器设计的细节进一步讨论，只是简单地指出磁性的设计通常是开关转换器设计的重要部分，尤其是反激式转换器。你一定担心诸如铁心横截面、磁导率、饱和和间隙（通常，储能电感是有间隙的，而纯变压器没有）等问题。在 IC 的数据手册和设计软件中可以找到非常有用的设计资源，它们提供了关于磁性选择的详细信息。

缓冲网络 在理想的元器件中，当开关断开时，初级电流将完全转移为次级电流，这样就不必担心在开关悬空的漏极端上发生不好的事情。在现实中，初级和次级之间不完全的耦合会产生一系列的漏感，即使次级电流被负载钳位，但在开关上会由于对电流连续性的要求而产生正电压尖脉冲。这并不是一件好事情。通常的解决方案是引入缓冲网络，由跨接在绕组上的 RC 构成，或更好的方法是二极管与并联 RC 串联的 DRC 网络㊀。

调节规则 反激式转换器可以采用传统的 PWM 方式调节，无论电压模式还是电流模式，由一个自

㊀ 漏感值通常约为磁化电感的 1%。可以通过把一个绕组（如初级绕组）分成两个，把另一个绕组（次级）夹在中间来极大地降低漏感。而双线绕组（将初级和次级作为一对导线一起缠绕）可以减少漏感到很低的值。然而，这些技术增加了绕组间的电容，而且双线绕组的电压隔离性能会比较差。

由运行的振荡器来控制。或者，在一些便宜的设计中变压器本身成为间歇振荡器的一部分，从而节省一部分元器件。我们对它们进行反向工程来查看电路的设计技巧（见图 9.74）。它们似乎运行得很好。

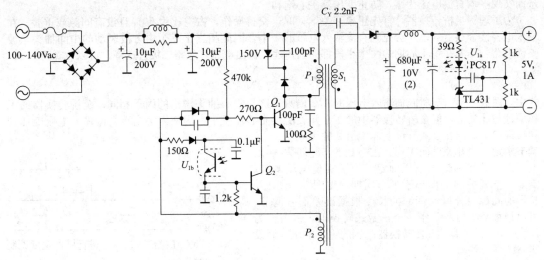

图 9.74　一款便宜的 5W 反激式变换器

离线转换器　最后这个电路（图 9.74）是一个需要电气隔离的功率转换器的例子。变压器为功率流提供隔离；此外，来自直流输出的反馈信号在返回到初级端时也必须要隔离。这可以用光耦合器来实现（如图中所示），或者用额外的小脉冲变压器。

9.6.12　正激式转换器

　　单端正激式转换器（见图 9.73b）是变压器隔离版本的降压转换器。回顾一下基本的降压电路（见图 9.61a）是如何工作的会更有帮助。变压器在初级开关导通期间将输入电压 V_{in} 转换为次级电压（N_{sec}/N_{pri}）V_{in}。转换后的电压脉冲驱动一个由环流二极管 D_2、电感 L 和输出存储电容组成的降压转换器电路。额外的二极管 D_1 用来防止在开关断开时反向电流进入次级电路。这里需要注意，与反激式转换器相比，变压器仅仅是一个变压器；电感 L 提供能量存储，与基本的降压电路一样。变压器不需要存储能量，因为次级电路与初级电路同时导通（能量继续"前进"），正如在极性标记中所看到的那样。

　　类似于降压转换器，输出电压可以简单地计算为

$$V_{out} = V_{in} \frac{N_{sec}}{N_{pri}} \frac{t_{on}}{T} = D \frac{N_{sec}}{N_{pri}} V_{in} \quad （在 CCM）\tag{9.8}$$

磁心复位　与反激式电路相反，在图 9.73b 中有一个额外的绕组，需要用它来复位变压器的磁心。这是因为施加到变压器上的伏特-秒乘积必须平均为零（即没有平均直流输入），以防止磁场的持续累积，但单独的输入开关总是只在一个方向上施加电压。第三绕组通过在周期的开关断开期间在相反的方向上施加电压来解决这个问题（当二极管 D_R 导通时，由于磁场崩溃导致绕组中电流的连续性）。

附加说明　与反激式转换器一样，实际上也与任何变压器-耦合转换器一样，正激式转换器允许多个独立的次级绕组，每个次级都有电感、储能电容和一对二极管。这样，调节反馈可以保持一个输出特别稳定。如果碰巧需要隔离的话（如在电力线输入转换器中），正激式转换器中的变压器就使输出隔离；在这种情况下，反馈信号也必须电气隔离，通常使用光耦合器。另外，如果不需要隔离，可以使用公共地参考，并把误差信号直接接到 PWM 控制电路中。与所有开关模式转换器一样，需要缓冲网络来抑制由寄生电感（特别是变压器漏感）引起的电压尖脉冲。与其他转换器类型一样，PWM 控制可以是电压模式，也可以是电流模式。另外的选择是使用脉冲频率调制（PFM）方式，具有近似恒定的脉冲宽度，可以充分利用谐振特性的优势（从而避免硬开关，允许谐振振铃对寄生电容充放电，从而接近理想的零电压/零电流开关）。单端正激式转换器在中等功率范围（约 25～250W）的应用中很受欢迎。

9.6.13　桥式转换器

　　图 9.73 中最后两个变压器隔离转换器是半桥转换器和全桥（H 桥）转换器。与单端正激式转换

器一样，变压器的作用仅仅是进行电压转换和隔离；次级电路的电感起到能量存储的作用，其作用与基本降压转换器或单端正激式转换器相同。实际上，可以把桥式转换器近似看作双端正激式转换器。在两种桥式电路中，输入侧的电容可以让变压器初级非同名端的电压根据需要来升高或降低，从而实现平均直流电流为零，防止变压器磁心饱和。

为了理解半桥转换器，首先想象开关 S_1 和 S_2 交替操作，占空比为 50% 且没有间隙或重叠。在输入电容接合点上的电压会充到直流输入电压的一半，因此相当于一个由方波驱动的中间抽头全波整流电路。功率在每个周期的两个半段都向前传递，输出电压（忽略二极管压降）可以计算为

$$V_{out} = V_{in} \frac{N_{sec}}{4N_{pri}} \tag{9.9}$$

式中，系数 4 是由于所施加输入电压的 1/2 倍数，这与中心抽头输出的因子相同。全桥转换器的工作原理与此类似，但全桥转换器中的 4 个开关使它能够在每个半周期内将全部直流输入电压施加到初级绕组上，因此公式分母上的 4 由 2 替代。

调节规则　当开关反向工作，占空比为 50% 时，输出电压由匝数比和输入电压确定。为了实现电压调节，需要每个开关的工作小于半个周期（见图 9.75），并且导通间隙（死区时间）的长度根据误差信号调节。可以把每个半周期看作一个正激式转换器，占空比为 $D = t_{on}/(t_{on} + t_{off})$，并使转换器产生的输出电压（假设 CCM）为

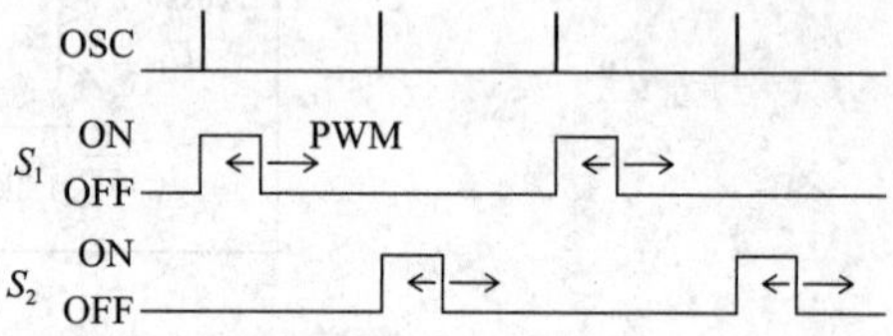

图 9.75　在半桥转换器中进行脉冲宽度调制

$$V_{out} = DV_{in} \frac{N_{sec}}{4N_{pri}} \tag{9.10}$$

桥式转换器适用于高功率转换（约 100W 及以上），因为它们在每个周期的两个半周期内都导通，磁场利用率高，并且使磁通量在周期内是平衡的。它们还使开关承受单端转换器一半的电压应力。通过增加另一对开关，可以构成全桥（或 H 桥）模式，此时全部直流输入电压在每个半周期都被施加到初级绕组两端。全桥结构还允许另一种调节形式，称为移相控制，即在每个开关对中保持 50% 的占空比，但其中一对的相对相位相对于另一对进行移动，从而有效地产生可变占空比。

附加说明　与单端正激式转换器一样，维持变压器初级两端的平均电压（或电压-时间积分）为零是非常必要的；否则磁通量将增加，并达到破坏性饱和。图 9.73d 中的 H 桥包含一个隔直流电容 C_B 与初级绕组串联就是这个目的；对于半桥（图 9.73c）来说，一对输入电容就起到同样的作用。该电容可以很大，并且必须能够承受大的纹波电流；如果能够消除纹波就更好了，例如通过将绕组的底部连接到 $V_{in}/2$ 的固定电压（在离线倍压输入桥中可以自动获得）。这种结构称为推挽。然而，如果没有隔直流电容就很容易违背磁通量平衡条件。一种解决方案就是使用电流模式控制，其中采用逐周期（或者更准确地说是半周期半周期的）限流来防止饱和。总之，需要意识到桥式转换器中真正的最坏情况就是磁通量不平衡。

在桥式转换器中，电源开关串联连接在直流输入电源上。如果存在导通重叠，大电流可以从轨对轨流出，这就是所谓的穿透电流。需要知道的是你并不想要它！事实上，关断 MOSFET 中的延迟，更重要的是 BJT，要求控制信号提供一个短的时间间隔来避免穿透。

再次，需要缓冲器来抑制感应尖脉冲。全桥转换器适用于 5kW 以上的大功率转换器。在高负载电流下，输出滤波器电感会有连续的电流流过。当然，在初级绕组导通周期中，这是由 D_1 或 D_2 提供的，这属于变压器的常规功能。但在初级不传导过程中会发生什么呢（如图 9.75 中的间隙）？有趣的是，连续的电感电流同时流过 D_1 和 D_2，强行使得变压器次级表现得像短路一样（即使其初级是开路的），这是由于相等的二极管电流以相同的方向流出中心抽头绕组的两端。

9.7　交流线路供电（离线式）开关转换器

除了图 9.48b 和图 9.74 以外，到目前为止我们所看到的所有开关转换器和稳压器都是 dc-dc 转换器。在许多情况下，这的确是我们想要的——对于电池供电的设备，或者在已有直流电源的仪器中需要产生额外电压时。

然而，除电池供电设备以外，还需要将输入的交流电力线转换为必要的直流稳压电压。当然，可以从图 9.49 所示的非稳压低压直流电源开始，然后是开关稳压器。但更好的方法是通过一个隔离的开关转换器直接从整流（非稳压）和滤波的交流电源中运行来消除庞大的 60Hz 降压变压器，见图 9.48。

两个最直接的说明：①直流输入电压大约为 160V（对于 115V 交流电源来说），这是一个需要修

补的危险电路；②没有变压器意味着直流输入没有与电力线隔离，因此必须使用具有隔离功率级（正激式、反激式或桥式）和隔离反馈（通过光耦或变压器）的开关转换器。

9.7.1 ac-dc 输入级

1. 双电压结构

图 9.76 所示为两种常见的输入级结构。图 9.76a 简单的桥式整流器完全适用于使用 115Vac 或 230Vac 的设备，而接下来的开关转换器分别用于大约 150Vdc 或 300Vdc 的输入。如果需要，可以通过切换来运行在不同电压上的电源，可以采用图 9.76b 中的方法：这是一个简单的对于 230Vac 输入的全波桥式电路，但通过跳线连接可以使其成为一个对 115Vac 输入的倍压器，就可以产生约 300Vdc 的电压。

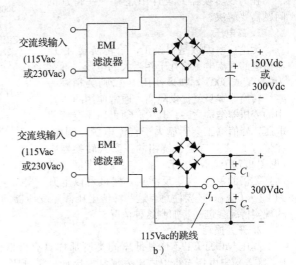

图 9.76　远离交流电源线的开关电源直接使用直流为隔离转换器供电

2. 涌浪电流

当第一次打开电源时，交流线首先经过的是跨接其上的一个很大的未充电的电解滤波电容，由此产生的涌浪电流可能会非常大。商业转换器使用各种软启动技术来使得涌浪电流保持在可以接受的范围内。一种方法是将负温度系数电阻（低阻热敏电阻）与输入端串联；另一种方法是在电源接通后瞬间主动断开一个小的（10Ω）串联电阻。输入噪声滤波器提供的串联电感也有一些帮助。但是更好的解决方案是输入功率因数校正电路。

3. 功率因数校正

如图 9.51 所示，与理想的和电压同相的正弦电流波形相比，整流后的交流脉冲电流波形产生了很大的电阻损耗（I^2R），因此是不满足要求的。另一种说法是脉冲电流波形具有较低的功率因数，其定义为输出功率除以 $V_{rms} \times I_{rms}$ 的乘积。功率因数首次出现在《电子学的艺术》（原书第 3 版）（上册）的第 1 章的无功电路中，其中移相（但仍是正弦）电流产生的功率因数等于交流电压和电流之间相位差的余弦。这里的问题不是相位，而是脉冲电流的有效值/平均值的比率很高。

解决方案是使电源的输入看起来像一个无源电阻，可以通过设计一个电路来迫使输入电流波形与输入电压在交流周期内成正比变化。这就是所谓的功率因数校正（Power-Factor Correction，PFC）电路，它连接在全波整流的交流输入（但通常储能电容被省略）和实际的 dc-dc 转换器之间，见图 9.77。它包含一个工作在高开关频率上的非隔离升压转换器，开关占空比可以连续调整来保持感应输入电流（I_{ac}）在交流周期上与瞬时交流输入电压（V_{ac}）呈正比例关系。同时，调整其直流输出电压比交流输入峰值略高，通常为 +400V。该直流输出即可驱动一个隔离的 dc-dc 转换器来产生最终的稳定电压。

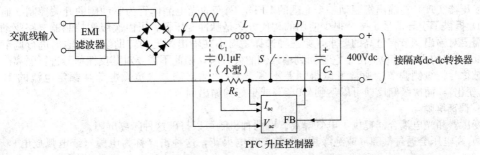

图 9.77　图 9.76 的直接整流器电路在每半个周期产生不希望的电流脉冲

大多数中功率到高功率离线式开关电源（例如 >100W）中，功率因数校正正在成为标准，并且是各种调整标准所必需的。正如图 9.78 所示，我们将一台老式台式计算机的输入电流波形与同时运行在相同电源插座上的现代设备的输入电流波形进行了比较，结果表明效果明显。

9.7.2　dc-dc 转换器

在离线转换器的设计中还有一些特别的问题需要解决。

1. 高电压

无论功率因数是否校正，给转换器-稳压器供电的直流电源将处于相当大的电压，通常为 150V 或 300V，如果使用 PFC 则会稍高一些。转换器本身就提供隔离，通常使用图 9.73 中的变压器结构之一。开关必须可以承受峰值电压，峰值电压会明显大于直流电源。例如，在带有 1∶1 第三复位绕组的正激式转换器中（见图 9.73b），MOSFET 漏极在复位期间会摆动到 2 倍的 V_{in}；对于反激式，漏极可以上升

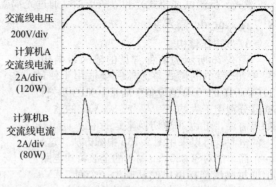

图 9.78　两个计算机的比较，水平为 4ms/div

到 $V_{in} \cdot T/t_{off}$。还要注意，这些峰值电压假定变压器的行为是理想的；然而，漏感和其他非理想电路的现实情况会进一步加剧这种情况。

2. 开关损耗

高压 MOSFET 不像其低压同类管那样具有极低的 R_{on}。对于给定芯片尺寸的高压 MOSFET，R_{on} 随着额定电压至少以二次方增加。因此，设计者必须考虑在周期传导期间的传导损耗问题，即 $I_D^2 R_{on}$。当然，传导损耗可以通过选择一个更大的 MOSFET 来减少，同时减小 R_{on}[一]。但是，更大的晶体管会有更高的电容，这就导致了动态损耗，当开关高电压时，动态损耗会变得越来越重要。例如，想象一个在连续导通模式中的正激式转换器，当开关打开时，转换器会将其漏极（和连接的负载）从 $+2V_{in}$ 连接到地。但是，在开关的漏极电容以及变压器绕组的寄生电容中都存储有能量，其值可达到 $E = \frac{1}{2}CV^2$，在每个开关周期中，这些能量都作为热量被浪费掉。乘上开关频率，可得浪费的功率为 $P_{diss} = 2fCV_{in}^2$。该功率以工作电压的平方增加，可能会非常大：一个离线正激式转换器，运行在 $+300V$ 的整流线电压上，开关频率为 150kHz，并且使用具有 100pF 漏极（和负载）电容的 750V MOSFET，仅仅这种动态开关上的损耗就可以达到 3W[二]。

有一些方法可以绕开这些问题。例如，在开关被激活之前，可以利用电感使漏极电压摆幅接近地电压（理想情况下是零电压开关），这被称为软开关，并且同时可以减少 $\frac{1}{2}CV^2$ 的开关损耗和由硬开关引起的元器件应力。通过对栅极的驱动（以减少开关时间）和利用电抗来实现零电流开关，可以将转换过程中的 $V_D I_D$ 开关损耗降低到最小。这些问题并不是无法克服的，但它们会使得设计者忙得不可开交，要处理好开关尺寸、变压器设计、开关频率和软开关技术之间的权衡。

3. 次级侧反馈

由于输出与存在危险的电力线输入是刻意隔离开的，因此反馈信号也必须要穿越过相同的隔离屏障才能返回。图 9.74 中的配置结构是比较典型的：一个电压基准和误差放大器（这里采用简单的分流稳压器实现）在输出端驱动一个光耦的 LED，隔离的光电晶体管为驱动侧的开关控制（通常是 PWM）提供了引导信号。一个很少使用的替代方案是脉冲变压器，可由次级侧控制器电路驱动。如果不需要对输出调节有过高的要求，第三种选择是对不在输出侧上的辅助绕组的输出进行调节（例如图 9.74 中的 P_2 绕组）。由于它返回到输入侧的公共端，因此不需要对其反馈信号进行隔离。这种方法被称为初级侧调节。通常可以得到差不多±5% 的输出调节（负载电流从额定电流的 10% 到 100% 变化），而次级侧反馈可以达到±0.5% 或更好的输出调节。

4. 隔离屏障

变压器和光电耦合器提供了电气隔离。有两种机制可以打破这种隔离屏障。

1）高电压会通过气隙（或绝缘片）直接产生电火花，这种击穿称为电弧（或电弧放电），因此

　㊀　或者，对于足够高的电压，使用 IGBT 替代。

　㊁　第二种动态开关损耗发生在开关电压的上升和下降过程中，在此过程中晶体管的瞬时功耗是漏极电压和漏极电流的乘积。这基本上是与开关转换相关的动态导通损耗，与开关处于开启状态时的静态导通损耗以及与充放电寄生电容相关的动态硬开关损耗是有区别的。

必须保证最小的安全间隙距离，其定义为空气中一对导体之间的最短距离。

2）导电通路会在一对导体之间的绝缘材料表面形成，这种击穿称为痕迹，可以通过保证最小的爬电距离（定义为两个导体之间沿绝缘材料表面的最短距离）来很好地避免这种故障，见图 9.79。显而易见，在高压电路布局中，通常更大的担忧（与间隙相比）就是漏电。

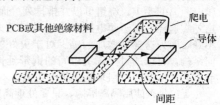

图 9.79　突破隔离屏障的两条路径

隔离屏障被打破绝对是一个坏消息，它可能会对下游电力电子设备造成损坏或破坏。然而更糟糕的是，其中还存在着人的安全问题——一个与交流电源失去隔离的电子设备可能会置人于死地。由于这些原因，有指导方针和严格的标准来管理隔离屏障的设计（由 IEC、UL、DIN/VDE 等编写）。

一般来说，对于 120Vac 的电源转换器比较合适的间隙为 2mm 左右，爬电距离为 4～8mm。但是，还有一些额外的因素会影响所需的间距，例如污染程度（指存在的导电性灰尘、水等）以及预期绝缘的全部类别（范围包括从仅仅"功能性"到最严格的"加强"安全等级）。另一个因素是预期的应用，例如针对家庭使用的产品有单独的安全标准（IEC 60335），针对医疗器械有特别严格的标准（IEC 60601）。对这个问题的充分讨论远远超出了本书的范围。下面的讨论的主要目的是提醒读者注意高压隔离的严重性，以及用于处理问题的一些技术。

变量：绝缘类型、电压、材料种类和污染程度

1）绝缘类型。所需的整体有效性等级，有五个级别（功能性、基本、补充、双重、加强）。

2）电压。在空气中或通过绝缘片的电弧放电是非常快的，因此峰值电压（或峰值瞬态）很关键。相比之下，传导漏电的恶化或污染速度是非常缓慢的，因此在查阅表格时通常使用有效值或直流电压。

3）材料种类。这是指特定绝缘材料对表面击穿的敏感性，这些种类被称为Ⅰ、Ⅱ和Ⅲ，分别表示从最不敏感到最敏感。一些标准更喜欢称为"相对漏电起痕指数"（CTI）和"种类表现水平"（PLC）的参数。

4）污染程度。这指的是空气质量：1 度指的是清洁并干燥的空气；2 度指的是正常家庭或办公环境；3 度指的是极差，带有导电性灰尘、冷凝的湿气，以此类推——基本上适用于重工业或农业环境。

增加爬电距离　如果设计非常紧凑，以至于没有足够的空间来提供充足的爬电距离，那么可以采用不同的应对措施。你会经常看到穿透印刷电路板的缺口或槽，就像图 9.80 中的离线转换器一样。你也可以提供一个突出的屏障来延长表面附着路径，这是应用在高压光电耦合器、变压器绕组等上面的技术。应用于安装有元器件的电路板上的保形绝缘涂层是一种特别有效的技术（但它必须保证不脱落，否则可能比没有涂层更糟糕）。对于单个元器件的相关技术包括灌封或模塑。

组件封装和设计中的爬电注意事项　桥接隔离屏障的组件（如变压器和光电耦合器）必须在外部引线和内部绝缘的设计和封装中具有合适的间隙和爬电距离。一个例子就是跨接隔离 Y 电容，两边各有一只引脚。如图 9.81 所示，圆盘几何形状的 Y 电容的引脚方向呈直角，并涂有与覆盖电容本身相同的连续保形绝缘涂层。以 DIP 类型封装的组件通过省略中间引脚（例如 DIP-8 封装省略引脚 2、3、6 和 7）可以实现输入和输出部分更大的分开距离。来自 Avago 公司的完全应用于高电压组件的一个例子，其手册中关于光电耦合器（ACNV260E）给出了大量的电气间隙和爬电距离方面的规格说明：所有外部和内部间隙（分别为 13mm 和 2mm），同样的爬电距离（分别为 13mm 和 4.6mm，描述为"从输入终端到输出终端沿组件测量的最短距离"和"沿内腔测量的距离"）。

图 9.80　该开关转换器在电路板上包含了一个 L 形的槽

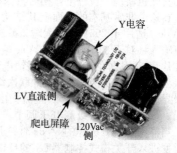

图 9.81　同一个转换器的侧视图

开关变压器的引线同样必须保持足够的间距和爬电距离。同样重要的是，绕组间的绝缘和绕组的几何形状也必须建立适当的绝缘（通过足够多的绝缘胶带层数等）和适当的爬电距离。为了满足爬电距离的要求，绕组可以并排排列（而不是同轴排列），并用绝缘片隔开，绝缘片向外延伸到绕组之外。这样有利于爬电距离，但对于磁力设计来说并不好，因为这样会增加漏感。对于更好的磁性同轴几何结构，可以通过允许绕组间的铜带延伸到绕组之外或顺着外部绕组绕回来延长爬电距离。

无论是否使用隔离屏障，只要处理高压就会存在爬电效应。图 9.82 所示为 1500V MOSFET 两种封装类型的引脚配置实例。对于更大的 TO-3PF 封装（引脚间距为 5.4mm），延伸到漏极引脚周围的塑料封装材料提供了足够的爬电距离；对于更小的 TO-220FH 封装（引脚间距为 2.5mm），采用了沟槽结构和偏置引脚的几何结构。

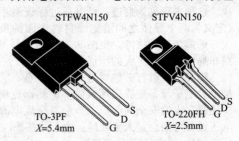

图 9.82　两种封装类型的引脚配置实例

9.8　一个真实的转换器示例

为了说明基于产品模型的电力线供电开关电源中的更复杂内容，我们拆解了一个商用单输出稳压开关电源（Astrodyne 型号 OFM-1501：85～265Vac 输入，5Vdc@0～3A 输出），这是我们大师级设计系列中的一个，电路展示见图 9.83。

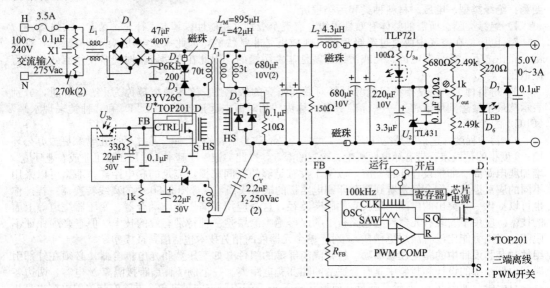

图 9.83　现实中线路供电开关电源

9.8.1　转换器：顶层视图

让我们看一看这个电路中线路供电的转换器是如何处理实际中的问题的。基本拓扑结构正是图 9.48 中给出的开关转换器的拓扑结构，采用反激式转换器实现；然而，还有一些额外的组件。让我们首先粗略地分析一下，稍后再回过头来详细地欣赏其改进。

在这个非常基本的层面上其结构是这样的：线路供电桥式整流器 D_1 给 $47\mu F$ 存储电容（额定 400Vdc，适用于 265Vac 最大输入）充电，并为 70 匝的初级绕组 T_1 的高压侧提供非稳压的高电压直流输入（对于 115Vac 或 230Vac 输入，分别是 +160Vdc 或 +320Vdc）。通过 PWM 开关模式控制器芯片 U_1，根据在 FB 端上的反馈电流，绕组的低压侧以固定频率（但具有可变脉冲宽度）切换到输入公共端。在次级侧，3 匝并联次级绕组由肖特基二极管 D_5 整流，并具有反激式极性配置（即在初级导通周期期间不导电）。整流输出由 4 个低压存储电容（共计 $2260\mu F$）滤波，产生 5Vdc 的隔离输出。该电源使用次级侧电压调节，通过零点几（50% 标称值）的 V_{out} 与 U_2 内部 +2.50V 基准比较，当输出达到其标称的 5Vdc 时打开光电耦合器 U_3 的 LED 发射极。这会耦合到光电耦合器 U_{3b}，并改变进入开关模式控制器 U_1 的反馈电流，从而改变导通脉冲宽度来保持 +5Vdc 的稳压输出。

此时我们已经解释了图 9.83 中大概三分之一的元器件。剩下的用于处理以下问题：①控制器芯片的辅助电源；②电力线滤波，主要是输出的开关噪声；③保护（熔断器，极性相反）；④反馈环路补偿；⑤开关瞬态抑制和衰减。虽然从原理图上看并不明显，但在设计上最重要的是变压器参数的选择：磁心尺寸和间隙、匝数比以及磁化电感 L_M。

但是，在研究这些细节之前，让我们先看看基本转换器是如何工作的。我们能够推导出电压和电流波形、峰值电压和电流，以及占空比是输入电压和输出电流的函数。

9.8.2 转换器：基本操作

控制芯片工作在 100kHz 的固定频率 f_{osc} 下，根据电压反馈来调节初级开关导通占空比（$D=t_{on}/T$）。图 9.84 中给出了一个周期（持续时间 $T=1/f_{osc}$）的理想波形。这些正是在没有漏感和开关电容等寄生效应的情况下期望得到的。

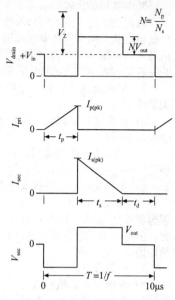

图 9.84 隔离反激式开关电源的理想波形（DCM）

1. 波形

在进行计算之前我们先看一看波形（我们假设转换器正工作在非连续导通模式，这将在我们做数值计算时得到证实）。在开关导通期间，漏极电压会保持在地电位，并将 $+V_{in}$ 跨接在变压器的初级，从而使得初级电流按照 $V_{in}=L_M \cdot dI_{pri}/dt$ 斜坡式上升，式中 L_M 是初级磁化电感（在所有其他绕组断开的情况下，通过初级看到的电感）。这个电流斜坡式上升到峰值 I_p，此时在变压器磁心中存储的能量为 $E=\frac{1}{2}L_M I_p^2$。当开关断开时，持续的电感电流转移到次级绕组，当次级电流按照 $V_{out}=L_{M(sec)} \cdot dI_{sec}/dt=(1/N^2)L_M \cdot dI_{sec}/dt$（式中 $L_{M(sec)}$ 是从次级看到的磁化电感⊖）斜坡式下降到零时，将存储的能量 E 传递到输出端。在循环周期的其余时间里，变压器中没有电流流动。

这个电压波形是非常具有指导性意义的。当初级开关断开时，在 t_p 时刻，漏极电压上升到远远超过输入电源电压 V_{in}，这是因为电感试图继续向漏极输入电流。电压也许会飙升，但次级电路反而进入传导状态（注意图 9.83 中打了圆点绕组的极性），将其输出钳位在 V_{out}，并通过匝数比 N（简记为 N_p/N_s）反射回初级电路。图中显示的短暂尖峰是由没有耦合到次级上的初级电感引起的，因此没有被钳位。但这个大的电压尖峰最终由原理图中的齐纳钳位二极管 D_2 钳位。当次级电流逐渐下降到零时，两个绕组上的电压均降为零，因此漏极端为 $+V_{in}$，次级绕组上的电压为零。注意，后者在初级开关导通期间为负，这是因为"电压-时间积分"（或"伏特-秒乘积"）要求任何电感两端电压平均为零，否则电流会无限制地上升。初级也是如此。

2. 计算

为了简单起见，我们假设转换器在满载（5V，3A）下运行，标称输入电压⊖（115Vrms 或 160Vdc）。我们可以计算开关占空比 $D=t_p/T$，次级导通占空比 t_s/T，以及峰值电流 $I_{p(pk)}$ 和 $I_{s(pk)}$。从简单的能量角度计算，获得这些结果最简单的方式是采用倒序方法。

参数 我们测量了在初级处的磁化电感 $L_M=895\mu H$，初级和次级匝数 $N_p=70t$ 和 $N_s=3t$。由此我们得到匝数比 $N=N_p/N_s=23.3$，这就确定了电压和电流的转换率。最后，由匝数比得到次级侧的磁化电感 $L_{M(sec)}=L_M/N^2=1.65\mu H$。我们将要使用的最后一个参数是测量的初级漏电感 $L_L=42\mu H$。

峰值电流 输出电路向负载输出功率 15W，但是考虑到整流器压降（约 0.5V）以及次级绕组和滤波电感 L_2 的综合电阻损耗（10mΩ），变压器次级输出的平均功率约为 6V×3A 或 18W。因此，在开关频率 $f_s=100kHz$ 情况下，变压器在每个开关周期必须传递的能量增量为 $E=P/f_s=180\mu J$。

剩下的就简单了：我们把 E 等同于磁心的磁化电感的磁能，和次级的磁化电感一样（因为次级就出现在这里），即 $E=\frac{1}{2}L_{M(sec)}I_{s(pk)}^2$，由此得到 $I_{s(pk)}=14.8A$。除以匝数比（$N=23.3$），我们发现初级峰值电流 $I_{p(pk)}=0.64A$。

传导时间 初级开关保持导通并持续一段时间，使其电流上升到这个峰值电流，即 $t_p=L_M I_{p(pk)}/$

⊖ 大多数情况下，重要的是在初级看到的磁化电感，我们简单地用 L_M 表示；少数情况下，我们使用在次级看到的磁化电感 $L_{M(sec)}$。

⊖ 当然，一个完整的设计分析必须考虑在极端情况下的运行，特别是在最小输入和最大负载（即最大占空比）时，以及最大输入时的全范围输出电流。

$V_{in(dc)} = 3.6\mu s$。当初级开关断开时，次级开始导通，并在 t_s 时间内持续导通直到其电流从 $I_{s(pk)}$ 下降到零，$t_s = L_{M(sec)} I_{s(pk)}/V_{sec} = 4.1\mu s$。需要注意的是，初级和次级连续导通的总时间为 $7.7\mu s$，这小于 $10\mu s$ 的循环周期时间；也就是说，转换器运行在非连续导通模式下，正如我们在开始时所假定的那样，在下一个开关导通前有大约 $2.3\mu s$ 的死区时间。

3. 与实际的比较

我们使用这个基本模型的结果如何？为了找到答案，我们测量了这个转换器在标称输入电压和全输出负载下的电压和电流波形，见图 9.85。好消息是时间和峰值电流与我们的计算非常一致；坏消息是，在图 9.84 所示的基本波形中缺少一些在真实世界中存在的特征，最突出的为

1）在开关断开时有一个巨大的漏极电压尖脉冲。

2）在次级导通期间，两个绕组上都有一些快速的振铃。

3）在循环周期结束时，在死区期间振铃较慢。

4）在开关导通时漏极电流出现尖脉冲。

这些都是由 MOSFET 开关和变压器的非理想特性引起的，我们很快就会讨论这些内容；但是，为了给它们命名，看一下这些影响的原因：

1）初级漏感。

2）漏极（及其他）电容与初级漏感的共振。

3）漏极（及其他）电容与初级磁化电感的共振。

4）漏极和其他电容两端电压的"硬开关"。

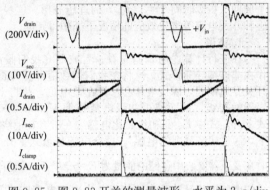

图 9.85　图 9.83 开关的测量波形，水平为 $2\mu s/div$

9.8.3　转换器：更仔细地观察

让我们返回去并补上缺失的部分。在现实世界中，图 9.85 中所示的电压和电流瞬变的这种重要的影响是不能忽视的，在电路图中看到的对所有元器件进行解释的许多其他细节也要考虑。

1. 输入滤波

从输入端开始，我们找到必需的熔断器，然后是跨接在线路上的 X 电容及一个串联耦合电感对，这些共同形成了一个电磁干扰（EMI）和瞬态滤波器。当然，对输入仪器的交流电源进行清理是非常好的做法；但是，这里为了防止在电源内部产生的射频杂散通过电力线辐射出去，滤波操作是必须要加上的。对辐射和传导的 EMI 允许水平的管理是有监管标准的。当设备不插电时，一对 $270k\Omega$ 的电阻会对 X 电容上的残余电压进行放电。

2. 电压范围、涌浪电流和 PFC

注意，这个低功率（15W）电源直接从一个宽输入电压范围（3∶1）工作，并没有图 9.76b 所示的双电压范围选择开关。如此大范围的工作电压范围为消费电子产品的充电器和电源模块提供了方便。然而，这也在设计上造成了限制，因为转换器必须工作在大范围的开关导通占空比上，而且组件的尺寸必须适应更大范围的峰值电压和电流。也没有任何电路元器件来限制线侧存储电容初始充电时的涌浪电流。这种情况在小电源供电中是允许的；但即使使用相对较小的 $47\mu F$ 存储电容，在 100Vac 输入（及其两倍输入 200Vac）时，规定的典型涌浪电流也有 20A。还要注意缺少 PFC 前端，在小型供电中省略 PFC 是常见的做法，但 PFC 通常出现在 50W 或更高供电系统中。注意，PFC 前端降低了涌浪电流的峰值。

3. 辅助电源

向右我们看到了"辅助电源"的配置电路，这是需要用低压、低功率直流为稳压器-控制器芯片的内部电路供电。一种实现方法是使用单独的小型线性电源，并带有自己的线路供电变压器等。然而，最好的实现方法是在 T_1 上再挂上另一个小绕组（带有半波整流器 D_4），从而节省一个单独的变压器。这就是在图中所使用的方法，用一个 7 匝的绕组，可以产生标称 +12V 的输出电压。

有的读者可能会注意到这个方案中的一个缺陷：这个电路不能自启动，因为辅助直流只有在电源已经运行时才会有！这原来是一个老问题，已经通过"快速启动"（kick-start）电路解决了，这个电路可以首先从高压非稳定直流供电，在电路运行后切换到辅助直流电源。本来我们想详细地展示该电路是如何实现的，但很遗憾的是在这个电源系统中，这些功能（以及其他功能）都被集成到

TOP201 控制器芯片中（在虚线框中以简化的框图形式显示）。

4. 控制器芯片：偏压与补偿

下面来看控制器芯片本身，其内部的高压 MOSFET 将初级的低压侧切换到输入公共端。在电压模式稳压器中，开关以 100kHz 的固定频率工作，并根据反馈来改变占空比。该芯片采用 3 引脚 TO-220 塑料功率封装，需要小型散热片。它至少需要共地、漏极、反馈和芯片电源（偏压）引脚。令人惊讶的是，这个芯片仅用 3 个引脚就巧妙地实现了，反馈端可以作为偏压引脚而具有双重功能。反馈以电流形式进入 FB 引脚，内部分压器产生电压反馈信号提供给 PWM（占空比）比较器，并通过线性稳压器来产生（更高的）内部偏置电压。初级侧的其余器件用于回路补偿（串联 RC 和 C 对 FB 端进行分流），并在导通周期结束时对电感尖脉冲（200V 齐纳瞬态抑制器和铁氧体磁珠）进行钳位和衰减。

5. 输入瞬态钳位（缓冲电路）

首先，你可能认为不需要钳位，因为次级电路可以将反激电压（通过匝数比转换到次级侧）钳位到输出电压。毕竟，这就是反激式的工作方式：在开关导通期间磁心上增加的磁能存储在变压器的磁化电感 $\left(E_M = \frac{1}{2}L_M I_P^2\right)$ 中，并在开关断开时释放到次级电路中。但还会存在漏感 L_L，由绕组之间的不完全磁场耦合引起的有效串联电感[⊖]。存储在 L_L 中的磁能 $\left(E_L = \frac{1}{2}L_L I_P^2\right)$ 不会转移到次级单元，也不会被钳位，这就是为什么需要在初级侧安装齐纳钳位电路的原因（可以把这种未被限制的能量想象成来自未连接到次级单元上的初级单元的磁场）。这种能量是相当可观的——当我们在下一段进行钳位计算时，我们会看到需要多么强大的齐纳二极管，即使对于这个低功率转换器来说也是如此。值得注意的是，漏感的影响在线路供电中显得尤为突出，因为初级和次级绕组之间所要求的高压绝缘要求绕组物理上要很好地分离，从而导致磁通耦合的不完整。

让我们花点时间来理解图 9.85 中的漏极电压尖峰波形。这里测量的初级侧漏感为 $42\mu H$，虽然只占磁化电感 $895\mu H$ 的一小部分（约 5%），但它存储了在初级开关导通过程中输入变压器总能量的那部分，而没有转移到次级侧；反而，这部分能量返回并耗散在齐纳钳位二极管 D_2 中。这部分能量大约有 0.84W，这也就解释了设计者选择强健结实的齐纳二极管的原因。我们可以估计由齐纳钳位电路调整后的初级电流下降到零所需的时间长度（称为 t_{clamp}）。如图 9.86 所示，漏感上的钳位电压等于齐纳电压减去反射的次级电压，其作用就是使初级电流从 $I_{p(pk)}$ 的起始值下降到零。因此，从 $V = L dI/dt$ 中我们可以得到 $V_Z - NV_{out} = L_L I_{p(pk)}/t_{clamp}$，故 $t_{clamp} = 0.45\mu s$。这与图 9.85 中的实测波形很好地吻合。

关于钳位网络最后需要注意，齐纳二极管 D_2 不是普通的稳压二极管，而是瞬态电压抑制器（TVS），设计并专门用于吸收大脉冲的能量。当齐纳二极管的工作方式和普通二极管一样的时候，就需要串联的二极管 D_3 来防止在开关接通过程中导通。有一个与 D_3 相关的有趣问题，即由于存在电荷存储效应，在二极管截止之前，普通二极管事实上会在前向传导之后有一个"反向恢复时间"。因此，D_3 在这个电路中就是一个"快速软恢复"整流器："快速"意味着快速断开（<30ns），"软"意味着操作流畅，而不是突然断开。这是有用的，因为电流突然过渡到不导电状态会产生很大的感应尖峰（$V = L dI/dt$）。此外，设计者还添加了铁氧体磁珠来衰减并抑制这种影响。

6. 变压器

在反激式转换器中，初级传导周期和次级传导周期是不重叠的（就像在正激式转换器中一样）。因此，所有从初级侧转移到次级侧的能量都必须暂时存储在变压器的磁心中。也就是说，在反激式转换器中，变压器不只是一个变压器：除了普通变压器功能（通过匝数比的电压和电流转换，以及电气隔离）外，它还是一个电感，在它的磁化电感中存储了来自初级传导周期的能量，其数值可达到 $E = \frac{1}{2}L_M I_{p(pk)}^2$。事实上，可以更准确地认为它是一个带有次级绕组的电感。为了增强能量存储功能，这样的变压器通常

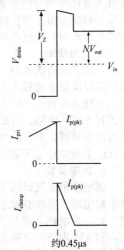

图 9.86 变压器漏感引起的漏极电压尖峰

[⊖] 谈及初级侧所有电感，磁化电感 L_M 是在所有其他绕组都处于开路状态时在初级端所测得的结果，而漏电感 L_L 是在所有其他绕组都短路时所测得的结果。

在磁性材料中故意设计一个间隙，这对于给定的可以使用的伏特-秒乘积来说，具有提高存储能量的效果。由于这个变压器的 A_L（磁化电感与匝数平方的比值）很低，因此这个特殊的变压器很明显是开了缺口的：$A_L = L_M / N_p^2 = 183\text{nH}/t^2$。与之相比，这种尺寸的无缺口铁氧体磁心的值为 1500（采用非导电铁氧体磁心，以消除在高工作频率下的涡流损耗）。

正如前面所看到的，该转换器运行在标称输入电压和全负载电流的非连续导通模式。实际上，即使在最小输入电压（90Vrms）和全负载电流时，它也保持在 DCM，这是使它最接近 CCM 的组合。变压器电感再大一点就会进入 CCM；设计的选择大概是基于希望保持较小规模的原则，并避免一些与 CCM 相关的问题[一]。

正如前面所提到的，图 9.85 中所示波形中的振铃现象是由变压器的电感引起的。我们可以简单计算出所期望的频率。在次级导通（紧跟着初级侧开关断开）期间，初级电路就像一个并联的 LC，并且漏感 L_L 与 MOSFET 和其他元器件（钳位二极管、初级绕组）的寄生电容并联。对组合电容的合理估计大约是 75pF 左右，主要是由于变压器接线和钳位齐纳二极管的影响。因此，由 $42\mu\text{H}$ 漏感形成的并行 LC 产生的共振频率大概为 2.8MHz，正好与所观测到的振铃（约 2.5MHz）一致。在次级导通结束时，初级侧就不会有漏感了（因为次级侧不再被负载钳位）；相反，初级侧会有 $895\mu\text{H}$ 的磁化电感 L_M [二]（因为次级电路此时是开路的）。可以计算出新的谐振频率随后会下降到大约 615kHz。在所测量的波形中可以看到这个缓慢谐振的前半周，以 +160V 直流输入电压为中心，并被下一个传导周期的开始打断（后来我们让转换器工作在 25% 的负载，在这种情况下可以看到大约 600kHz 振铃的三个周期，与该估计完全一致）。

当我们讨论寄生电容时，就是一个可以注意在开关导通时存在的大约 0.3A 电流尖脉冲的好机会。这是因为开关会突然使充电后的电容短路（开关本身的并联电容加上附加组件），这称为"硬开关"，是引起高开关频率下运行的转换器重大功率损耗的原因。例如，这里我们可以通过 $\frac{1}{2}CV^2$ 乘以开关频率来估算开关中的功率损耗，可得 $P_{\text{diss}} \approx 0.15\text{W}$。在 100kHz 中等开关频率下这并不是太严重，因为这仅是输出功率的 1%；但在低负载电流时，其相对占比就会很大，并且在任何情况下，这是开关损耗和应力的主要因素。当试图增加开关频率（为了减小尺寸）时，这种损耗会变得越来越重要。解决方案是尽量使用"软开关"，在软开关中，开关激活前开关上的电压会接近零（通过利用无功电流来对寄生电容放电），这个目标被称为"零电压开关"（ZVS）。

7. 次级功率

下面来看看次级侧，整流器是肖特基型，具有前向压降低和零恢复时间（无存储电荷）特点。肖特基整流器（也称为热载流子整流器）可提供高达 100V 左右的电压，更高的电压需要使用快速恢复（或快速软恢复，如 D_3）整流器。注意散热器，流过 0.5V（肖特基）正向压降的 3A 平均负载电流消耗 1.5W 功率，需要配置小型散热器。与铁氧体磁珠一样，串联 RC 为开关瞬态变化提供了部分抑制和衰减。串联电感 L_2 滤除了开关频率上的纹波，该电感在 100kHz 开关频率上的电抗为 2.7Ω，相比之下，下游存储电容的阻抗为 0.1Ω 左右（取决于串联电阻）。

8. 次级调节

该电源采用流行的 TL431 分流稳压器，该器件内部包含一个电压基准和误差放大器，并且当基准引脚相对于接地引脚电压达到 2.5V 时进入强导通状态。当电流超过 2mA（由 680Ω 电阻设置的阈值）时，光电耦合器 U_3 的 LED 发射极就会打开。电阻分压器和微调电位器允许 $\pm0.4\text{V}$ 的输出调节，TL431 周围的串联 RC 是防止振荡的补偿网络。大的并联电容限制了回路带宽，也实现了通电时的软启动。这是通过技巧使得光电发射极认为是 TL431 导通了，实际上 LED 的电流来自输出电压的上升。很容易验证输出电压 1.5V/ms 的上升斜率在光电耦合器 LED 的阴极产生了 5mA 的灌电流，从而将启动时间延伸到大约 3ms，因此将需要给 4 个输出存储电容充电的次级电流设置到大约 3.4A，约等于电源的最大额定电流。

⊖ 最明显的是，当负载电流突然下降时（由于在 CCM 设计中需要更大的电感，也可能是受到整个周期的非零磁场的影响），输出电压有超调的趋势，并且反馈回路的状态也会有变化（因为输出电压与占空比的不同功能依赖关系，而且更有趣的是，事实上对于给定的输出电压，在 CCM 中占空比是固定的，而与负载电流无关）。事实上，在 CCM 中，一旦负载电流变化就会引起占空比的瞬时变化，以至于基线（最小）初级侧电流就会上升或下降，以适应负载电流的变化。新的基线电流建立后，占空比就会回到与所调整的输出电压相适应的固定值。

⊜ 原因是由大约 5kΩ 的反射阻抗与来自 10Ω 的次级缓冲网络大约 200pF 电容串联引起的强衰减。

9. 其他设计特点

在这个电路上还有一些值得学习的设计优点。电容 C_Y 用于抑制传导 EMI。由于它桥接了隔离屏障,因此肯定具有很好的 Y 电容安全等级。整流器 D_7 用于保护防止极性反转,以避免某些错误的负载造成重大损失。小的输出电容确保了在高频时的低输出阻抗,而大的电解电容在高频时会变得不那么有效(由于内部电感和 ESR)。最后,开关模式控制器本身(U_1)包括许多好的特点:不需要外部定时元器件的内部振荡器、内部逐周期电流限制、过温保护、自动重启、内部稳压器及直流源开关,以及片上高压功率级 MOSFET。所有这些都集成在一个简洁的三端结构中。

9.8.4 参考设计

这是一个非常好的电源。电路设计可能看起来非常复杂,当然这是对于那些没有离线开关模式电源设计经验的人来说的。实际上,我们强烈建议,这种电源的用户不应该试图自己来设计这样的电源,而应该直接购买。

但是,这些专家是如何想出这个特别的设计的呢?事实证明,专业芯片制造商最感兴趣的事就是令人舒服地使用他们的产品。基于这个崇高的目标,制造商们提供了所谓的参考设计,其中基本上包含了完整的电路设计实例(通常可以从"开发板"或"评估板"中获得)。例如,对于这种特殊电源中所使用的稳压器芯片,Power Integrations 公司(TOP201 的制造商)就提供了 4 个示例电路,电压稳定性水平不断提高(称为"最少元器件数量""最少元器件数量增强版""简单光电耦合反馈"和"精确光电耦合反馈")。实际上,图 9.83 的电源就是严格按照"精确光电耦合反馈"设计的,主要区别在于包括了软启动、铁氧体磁珠和反极性保护。这并不是说设计是一项微不足道的工作——变压器的实现、包装和布局,以及测试和监管批准过程都是主要的挑战。

9.8.5 总结:关于线路供电开关电源的一般说明

- 线路供电转换器无处不在,而且有充足的使用理由。由于它们效率高,因此可以在工作中保持凉爽温度,而且由于没有低频变压器,因此它们比等效的线性电源要轻得多,体积也小很多。因此,它们几乎专门用于为工业和消费类电子产品供电。

- 但转换器具有噪声!它们的输出上有几十毫伏的开关纹波,这些噪声会干扰到电力线上,它们甚至会发出很大的嘯叫声!如果这算是一个问题的话,那么解决输出纹波的方法是增加外部大电流 LC 低通滤波器,或者在后面增加低压差线性稳压器。一些商业转换器包含这个功能,以及完全屏蔽和大量的输入滤波。

- 带多输出的转换器是可以买到的,并且在计算机系统中很流行。然而,各自的输出是由一个公共的变压器上的附加绕组产生的。通常,反馈来自最高的电流输出(通常是 +3.3V 或 +5V 输出),这意味着其他输出并不是特别好的稳压。通常有一个"交叉调整率"规范,其中规定当 +5V 输出上的负载从全负载的 75% 变化到全负载的 50% 或 100% 时,+12V 上的输出电压会改变多少,典型的交叉调整率为 5%。一些多输出转换器通过在辅助输出上使用后级线性稳压器来获得更好的调整率,但这是个例外。请查看技术规范!

- 与其他开关转换器一样,线路供电转换器具有最低负载电流要求。如果负载电流会降到最小值以下,就必须增加一些电阻性负载;否则输出可能会飘升或振荡。

- 当使用线路供电转换器工作时,要小心!这不是无意义的警告——你可能会因此丧命。很多元器件都达到或超过电力线电压,并且是致命的。很难在不造成灾难性后果的情况下把示波器的地线夹到电路板上(如果必须要测量信号,请在输入端使用 1:1 的隔离变压器)。

- 转换器通过包括过电压"关闭"电路,类似于 SCR 撬棒电路,以防止出现故障。然而,这个电路通常只是在输出端的简单齐纳二极管检测电路,当直流输出超过跳闸点时,它会关闭振荡器。在很多可以想象的故障模式中,这样一个"撬棒"不会撬动任何东西。为了最大限度地安全考虑,需要添加自动的外部 SCR 撬棒电路。

- 线路供电转换器绝对是复杂的,而且很难实现可靠地设计。我们的建议是通过购买所需要的东西来尽量避免完整的设计过程!

- 一个以近似恒定效率工作的开关电源就是提供给驱动它的电力线的负载,看上去就像是一个负电阻(在交流波形上的平均)。当与噪声滤波器的输入电抗相结合时,它会导致一些特殊的效应,包括(但不限于)振荡。

9.8.6 什么时候使用转换器

- 对于数字系统,通常需要 +2.5V、+3.3V 或 +5V,而且通常都用大电流(10A 及以上)。建议:①使用线路供电转换器;②直接购买(如果需要,可能要增加滤波)。

- 对于低电平信号的模拟电路（小信号放大器、信号小于 $100\mu V$ 等）。建议：使用线性稳压器，转换器噪声太大，它们会毁了你的信号。例外：对于一些电池供电的电路，使用低功耗 dc-dc 开关转换器可能会更好。
- 对于大功率的任何设备。建议：使用线路供电的转换器。它体积小、重量轻，并且散热更好。
- 对于高压、低功率的应用（光电倍增管、闪光管、图像增强器、等离子显示等）。建议：使用低功率升压转换器。

一般来说，低功率 dc-dc 转换器易于设计，而且需要的元器件少，这要感谢前面我们看到的如 Simple Switcher 系列提供的灵活芯片，可以用来直接设计自己的电源电路。相比之下，大功率转换器（通常由线路供电）会更复杂且极易发生故障。如果必须自己设计，请小心，并对设计进行完备的测试。最好不要过于自信，尽量购买能够买到的最好的转换器。

9.9 逆变器与开关放大器

开关模式功率转换的优点是效率高且体积小，可以应用于产生随时间变化的输出电压。可以把它看作 dc-ac 转换，就像 dc-dc 电源转换器那样。其实，可以想象用输入信号替代开关模式直流稳压器的固定直流电压基准，只要输入信号的带宽远低于开关频率，输出就会跟随输入信号变化。

这类开关转换器应用广泛，例如为电动机驱动提供多相交流电源或为微型步进电动机产生单个绕组电流。变频电动机驱动可以用来控制电动机速度。电力线频率的 dc-ac 转换器通常称为逆变器，例如用于计算机的不间断电源（Uninterruptible Power Supply，UPS）。在更高的功率水平上，这种逆变器被用于从乡下输送来的高压直流产生电力线频率的交流电。靠近家的地方，在消费电子领域占主导地位的是开关音频放大器（称为 D 类放大器）。在该类应用中，无源 LC 低通滤波器对轨到轨的开关波形（通常频率约为 250kHz 或更高）进行平滑滤波，该波形的占空比根据输入信号调制。

为了领略电力电子这个子领域的魅力，看一看图 9.87 所示波形，这是我们从两种类型的不间断 120Vac 电源采集的波形，连同我们实验室中墙上插座的 120Vac 原始电源信号。你可能会猜测中间干净的波形是公用电源波形，但实际上这是来自所谓"低失真正弦波"的 UPS 的负载输出波形。最上面的波形是壁插电源波形，表现出了相当典型的失真水平。最下面的三阶电平波形被婉转地称为"修正正弦波"，而且是比较便宜的逆变器和 UPS 的典型波形。这个波形看上去不好看，但它的确可以正常工作，如果 ±170V 的开关时间为 25%，并且在开关中间为零（或无电源），很容易计算出这样会得到与 120Vrms 正弦波相同的电压有效值

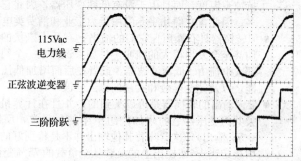

图 9.87 正弦波逆变器产生比墙插交流更干净的正弦波。垂直为 100V/div，水平为 4ms/div

（120Vrms）和峰值电压（170Vpk）$^\ominus$。因此，它可以给电阻性负载等提供相同的功率，并且可以向直流电源或转换器的输入侧充电，充电电压与 120Vrms 公用电力线电压相同。

当然，要考虑的不仅仅是相同的有效值和峰值电压，还有失真。三阶电平波形没有偶次谐波，但它在基频的所有奇数倍频率处都有很强的谐波（有各种不同的多电平方案来解决这个问题）。然后是担心系统利用输入交流电源的零点交叉时间，因此三阶电平波形（或任何具有奇数阶电平的阶跃波形）会造成严重的破坏。

9.10 电压基准

除了在集成稳压器中使用外，电路中还经常需要良好的电压基准。例如，你可能会希望设计一个精确的稳定电源，其特性比使用最好的集成稳压器获得的性能更好，或者你可能想设计一个精密的恒流电源。其他需要精密基准（但不是精密电源）的应用包括 A/D 和 D/A 转换器、精密波形发生器和精确的电压表、欧姆表或安培计。

集成电压基准有两种类型：二端（或分路）和三端（或串联）。二端基准工作类似于齐纳二极

$\ominus$ 只需要在相等的时间间隔内将电压的平方加起来，然后取其平均值的平方根：$V_{rms}=[(V_1^2+V_2^2+\cdots+V_n^2)/n]^{1/2}$。

管，在电流流动时保持恒定的压降，外部电路必须提供相当稳定的工作电流。三端基准（V_{in}、V_{out} 和 GND）像线性稳压器一样，内部电路负责内部参考基准（无论是齐纳二极管，还是其他）偏置。

目前可用的电压基准通常采用 4 种不同的技术，它们都利用某些物理效应来保持明确而稳定的电压——齐纳二极管、带隙基准、JFET 夹断基准和浮栅基准。它们都有独立元器件（二端或三端）可用，通常也被作内部电压基准集成在一个更大的集成电路中，例如 A/D 转换器。

9.10.1 齐纳二极管

最简单的电压基准是齐纳二极管。通常，齐纳二极管是一个工作在逆向偏压区的二极管，在这个区域当电压增大到一定程度时电流就开始流动，并随着电压的进一步增加而急剧增大。要使用它作为基准，就需要提供一个大致恒定的电流，通常从一个较高的电源电压上接一个电阻就可以实现，从而形成最基本的稳压电源。

电压从 2V 到 200V 范围都可以选择用齐纳二极管（它们与标准的 5% 电阻具有相同的系列精度），额定功率从零点几瓦到 50W，精度范围从 1% 到 20%。齐纳二极管在用作普通目的电压基准方面最具有吸引力（由于简单、便宜且为无源二端器件），但当更仔细研究时发现，齐纳二极管也有一些不尽人意之处：有必要首先确定好齐纳管值的范围，除了价格昂贵的精密齐纳二极管外，齐纳二极管的电压精度是很差的，而且有噪声（高于 7V），同时齐纳电压会随电流和温度而变化。在流行的 1N5221 系列 500mW 齐纳二极管中，27V 齐纳二极管的温度系数为 +0.1%/℃，当其电流从最大值的 10% 到 50% 变化时，其电压会有 1% 的变化。

对于通常性能较差的齐纳二极管也有例外。结果表明，当接近 6V 电压时，齐纳二极管是静止的，对电流的变化变得很迟钝，同时达到接近零的温度系数。图 9.88 和图 9.89 中的曲线说明了这种影响[⊖]。如果仅需要用齐纳二极管作为稳定的电压参考，就不必在乎电压的大小，可以使用由 5.6V 齐纳二极管（大约）和正向偏压的二极管构成的补偿的齐纳基准。选择齐纳二极管电压是为了得到正的系数来抵消二极管的 -2.1mV/℃ 的温度系数。温度补偿也可以通过其他齐纳二极管电压来实现，例如，在 1N4057-85 系列中，电压范围为 12～200V，具有 20ppm/℃ 的温度系数。

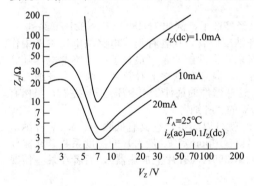
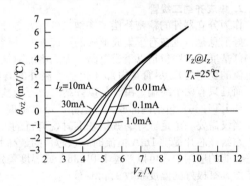

图 9.88 齐纳二极管在各种电压下的动态阻抗 　图 9.89 齐纳二极管击穿电压的温度系数与齐纳二极管电压的关系

按照这个思路，我们将看到更好的解决方案，采用了具有超级特性的全集成电压基准（包括那些带有片上温度补偿的齐纳二极管）形式。实际上，作为分立器件，温度补偿齐纳二极管大部分都已经停产了。

1. 提供工作电流

补偿式齐纳二极管可以在电路中用作稳定的电压基准，但必须为齐纳二极管提供恒流源[⊖]。例如，经过严格测试的 1N4895 就规定了其参数为 7.5mA 电流，电压为 6.35V，温度系数为 5ppm/℃（最大），并且电阻增量为 10Ω。因此，偏置电流改变 1mA，参考电压就会改变 10mV。当然，可以为齐纳二极管偏置单独设计一个电流源电路，但有比这更好的方法，图 9.90 给出了一个更巧妙的方法，就是使用齐纳电压本身来提供恒定的偏置电流。图中运放连接成同相放大器，其目的是产生

⊖ 这种特殊的行为是由于在齐纳二极管中存在两种竞争的机制：在低压时负温度系数的齐纳效应以及在高压时正温度系数的雪崩击穿。

⊖ 大多数小型齐纳二极管都指定在 20mA 电流下工作（尽管也可以让它们在更低电流下运行）。但是，对于低电流齐纳二极管，可选择 50μA 的 1N4678～1N4713 系列（表面贴装 SOD-123 封装的 MMSZ4678～4713）。

+10.0V 的输出。这个稳定的输出本身被用来提供精确的 7.5mA 偏置电流。该电路是自启动电路，但电路可以启动输出任意极性的电压！对于"错误"的极性，齐纳二极管就像普通正向偏置二极管一样工作。如图所示，运放单电源运行，因此克服了反极性工作的问题⊖。但一定要使用共模输入范围可以到负轨的运放（单电源运放）。

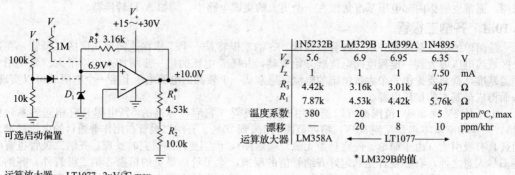

	1N5232B	LM329B	LM399A	1N4895	
V_Z	5.6	6.9	6.95	6.35	V
I_Z	1	1	1	7.50	mA
R_3	4.42k	3.16k	3.01k	487	Ω
R_1	7.87k	4.53k	4.42k	5.76k	Ω
温度系数	380	20	1	5	ppm/℃, max
漂移	—	20	8	10	ppm/khr
运算放大器	LM358A	← LT1077 →			

* LM329B的值

运算放大器　LT1077　2μV/℃ max
　　　　　　½LM358A　15μV/℃ max

图 9.90　在不同的电源电压 V_+ 下，稳定的输出电压提供稳定的齐纳二极管偏置电流

具有齐纳电压随时间稳定特性的补偿型齐纳二极管是可以找到的，但这种规格的齐纳二极管通常会被忽略。例如，1N4895 规定稳定性优于 10ppm/1000h。终极版本的例子可能是 LTZ1000，一个 7.15V 集成齐纳二极管，其数据手册中指定该器件具有惊人的长期稳定性 $0.15\text{ppm}/\sqrt{\text{kHr}}$（典型值）。如果利用合理的话，这个小器件包括一个片上的温度稳定加热器，并提供低至 0.05ppm/℃ 的温度系数。

2. 集成齐纳二级管

作为分立器件的精密补偿型齐纳二极管大部分都已经停产了，例如 1N4895 或 1N821-29 系列。

好消息是，现在有了集成形式的更优秀的补偿型齐纳二极管，在各种集成电路的电压参考中作为内部基准。这些包括以集成电路的形式增加附加电路来获得性能改善（最显著的是终端电压随施加电流的稳定性）。尽管在内部还包括了额外的有源器件，但它在电学上看起来就像一个齐纳二极管，而且只有两个终端。由于是以齐纳二极管为基础，这些器件的最佳工作电压是 7V 左右，虽然有些（如 LT1236）包括内部放大器电路，可以实现 10.0V 的"齐纳"⊖。

当仅需要一个足够好的齐纳基准时，流行的 LM329 就可以满足，它具有低噪声、6.9V 齐纳电压，在给该芯片提供 1mA 恒流时，该芯片的最高版本具有 10ppm/℃（最大）的温度系数。在需要更好性能的应用中，可以考虑 LT1236A 或温度稳定的 LM399A（有片上加热器），后者在最差情况下依然具有极好的温度系数 1ppm/℃！

当考虑二端齐纳基准时，不要忽视了其他可用于二端（分流）器件的电压基准技术。从外面看，它们的工作方式就像齐纳二极管一样，但这些器件内部使用了其他技巧（例如 V_{BE} 压降）来实现稳定的基准电压。这些器件还有很多优点，其中之一就是它们具有理想的低电压（常见的有 1.25V 和 2.5V），有些甚至可以在低至 1μA 的电流下工作。

记住，不要总是局限在二端基准上——还有很好的三端基准，包括基于齐纳二极管及其他技术的。很好的一个例子就是 LT1027B，这是基于齐纳二极管的 5.0V 基准，具有极好的温度系数（2ppm/℃）和低噪声（典型值为 3μVpp，0.1~10Hz）。大多数集成基准（包括二端和三端）的优良特征是它们可提供方便的输出电压，不用处理类似 V_{out}=6.95V（这是具有温度稳定的二端齐纳基准 LM399 的电压规格）问题，即可得到准确的约整数的输出电压，如 1.25V、2.50V、5.0V 以及

⊖　警告：如果运放的输入偏移电压大于对地饱和输出电压，电路可能会卡在零输出。这可能发生在轨到轨的 CMOS 输出级，这就是为什么我们选择 BJT 运放（其饱和电压至少对地有几个毫伏）的原因。如果你选择了 CMOS 运放（比如精密斩波器），或者担心电路有卡住的可能性，可以通过在电路中选择加入图中带虚线的补充电路来强制电路正确启动。

⊖　齐纳二极管噪声很大，一些集成电路齐纳二极管也有同样的问题。然而，噪声与表面效应有关，并且掩埋式（或亚表面）齐纳二极管要安静得多，这种技术用于实现像 LT1236 和 LTZ1000 等的非常低的噪声。

10.0V[⊖]，出厂前即预校准到几乎±0.02％的精度。

你可能会说可以用图 9.90 的电路来实现，该电路可以通过 R_1/R_2 的比值来设置直流输出电压。当然，但请冷静——标准的金属膜电阻的精度是 1％，温度系数范围在 ±50ppm/℃。虽然可以得到温度系数低至 ±1ppm/℃ 范围的固定电阻及排阻，但需要付出昂贵的代价，而且阻值的选择非常有限。不要忘了，还需要精确调整增益来达到精确的约整数输出电压。使用微调电位器？这并非好的选择，因为这样会影响温度系数，而且还要考虑电阻的稳定性（滑动电阻、机械稳定性等）。最终会发现最可行的办法就是采用片上出厂前即预校准的电阻分压器（匹配的温度系数，以及很低的温度系数增益）。

9.10.2　带隙（V_{BE}）基准

这种方法利用了在恒定的集电极电流下工作的晶体管的基极–发射极电压，约 0.6V（正确应该称为 V_{BE} 基准），正如 Ebers-Moll 方程所给出的。由于该电压具有负的温度系数，因此该技术包括产生与 V_{BE} 负系数相同的正温度系数电压。当与 V_{BE} 相加时，合成的电压即为零温度系数。

图 9.91 显示了其工作原理。首先从工作在不同射极电流密度（通常是 10∶1 的比率）的两个晶体管构成的镜像电流源开始分析。使用 Ebers-Moll 方程可以很容易地算出 I_{Q2} 具有正的温度系数，因为 V_{BE} 中的差只有 $(kT/q)\log_e r$，其中 r 是电流密度之比。你可能奇怪我们从哪里获得恒定的电流来控制镜像电流源。不用担心——在最后会看到这巧妙的方法。现在所要做的就是通过一个电阻将电流转换为电压，并增加一个标准的 V_{BE}（这里是 Q_3 的 V_{BE}）。R_2 设置了添加到 V_{BE} 上的正系数电压的大小，通过适当的选择，可以得到总的温度系数为零[⊜]。结果表明，当总电压等于硅带隙电压（外推到绝对零度）时，该电压约为 1.22V，将出现零温度系数。方框中的电路作为参考，其输出（通过 R_3）用来实现我们最初假设的恒定镜像可编程电流。

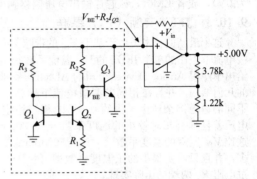

图 9.91　经典的 V_{BE} 带隙电压基准

经典的带隙基准需要三个晶体管，两个用于 ΔV_{BE}，第三个用于增加的 V_{BE}。但是，Widlar 和 Dobkin 巧妙地实现了两个晶体管的版本，并首次应用于 LM317。

集成带隙基准　集成带隙基准的一个例子就是便宜的二端 LM385-1.2，其标称工作电压为 1.235V，±1％精度（同类芯片 LM385-2.5 使用内部电路产生 2.50V），工作电流可低至 10μA。这些比通常的齐纳二极管工作条件低得多，使得这些基准更适合用于微功耗设备[⊜]。低压基准（1.235V）通常比齐纳二极管大约 5V 的最小可用电压更方便使用（虽然有额定电压低至 1.8V 的齐纳二极管，但这些齐纳二极管性能也很差，而且其电压拐点太平滑）。最好等级的 LM385 可以保证 30ppm/℃ 的最大温度系数，并且保证在 100μA 电流时 1Ω 的典型动态阻抗。与此相比，对于 2.4V 的 1N4370 齐纳二极管来说对应的参数是：温度系数为 800ppm/℃（典型值），动态阻抗在 100μA 电流时约为 3000Ω，此时齐纳电压（在 20mA 时规定为 2.4V）下降到 1.1V！因此，当需要精确稳定的电压基准时，这些优秀的带隙集成芯片的性能远超过普通齐纳二极管的性能。

如果你愿意花更多的钱，可以买到稳定性能更好的带隙基准，例如二端的 LT1634A（2.5V 或 5V，10ppm/℃），或者三端的 AD586（5V，2ppm/℃）。

另一个有意思的基于带隙技术的电压基准是非常流行的 TL431。这是一种便宜的二端分流稳压器基准，但该器件有第三个端子用来设置电压。将其按照图 9.92 连接起来。当控制电压达

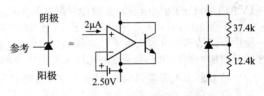

图 9.92　TL431 可调分流稳压器基准

⊖ 也有 2 的幂次的电压（2.048V、4.096V 等），在 ADC 和 DAC 中设置整数 LSB 步长。

⊜ 因此，V_{ref} 的完整表达式是 $V_{ref} = V_{BE3} + (V_{BE1} - V_{BE2})R_2/R_1$。

⊜ 但请注意，低电流基准往往噪声较大：LM385-2.5（最小电流 20μA）运行在 100μA 时，噪声电压密度为 800nV/$\sqrt{Hz}$，而类似芯片 LT1009 或 LM336-2.5 基准（最小电流 400μA）运行在 1mA 时的噪声电压密度为 120nV/$\sqrt{Hz}$。而且，如果愿意浪费更多工作电流，LTC6655 低噪声三端带隙基准（5mA 静态电流）的输出噪声密度只有 50nV/$\sqrt{Hz}$，并且特别的是，其 $1/f$ 噪声拐点频率低于 10Hz。

到 2.50V 时齐纳二极管导通，此时仅有几个微安的电流从器件的控制端输入，并且输出电压的典型温度系数为 10ppm/℃。例如，图中所示电路的齐纳电压为 10.0V。这个多功能的器件封装形式有 TO-92、小型 DIP 以及表面贴装，该器件工作电流为 100mA，电压为 36V。其同类产品 TLV431 和 TLVH431 是低压、低功耗（最小 80μA）芯片，工作原理相同，但具有 1.25V 内部带隙基准和受限的输出电压和电流 ⊖。这两种类型的精度等级有 ±2%、±1% 和 0.5%。

带隙温度传感器　可以利用 V_{BE} 随温度变化可预测的特点来制作温度测量集成电路。例如，在图 9.91 中，V_{BE} 之差 $(kT/q)\log_e r$ 意味着通过 Q_2（以及 Q_1）的电流与绝对温度（PTAT）成正比。该电路可以重新排列（Brokaw 电路），同时产生与温度成正比的输出电压和 1.25V 的（固定）带隙电压基准。对许多带隙基准来说就是这样，例如 AD680，它是 2.50V 基准，并带有附加的 TEMP 引脚，其输出电压为 2.0mV/K（25℃时为 596mV）。如果你只是想有一个温度传感器，但不需要带隙基准，你可以买到很好的单独温度传感器，例如 LM35，一个三端传感器，输出为 10mV/℃（0℃时为 0V），或者 LM61，该芯片输出电压偏移到 +600mV，因此可以测量温度从 -30℃到 +100℃。

9.10.3　JFET 夹断（V_P）基准

这个最新的技术类似于基于 V_{BE} 的带隙基准，但它使用的是一对 JFET 的栅-源极电压。在固定漏极电流下工作的单个 JFET 的 V_{GS} 温度系数很差，但这可以通过巧妙地使用 JFET 对来克服。图 9.93 给出了使用 Analog Devices 公司的 ADR400 系列 XFET 电压基准的配置电路。JFET 对 Q_1Q_2 具有相同的几何结构，并且在相同的漏极电流下运行，但它们不同的通道掺杂产生了大约 0.5V 的相当稳定的栅极电压差且具有相对较小的温度系数（-120ppm/℃）。这比 V_{BE} 压降的温度系数（大约 -3000ppm/℃）小得多，并且只需要很小的正温度系数即可校正，此处通过电阻 R_1 两端的压降实现。

结果是实现了一个具有极好温度系数的电压基准（例如，在 ADR400 系列的两个等级中分别是 3ppm/℃ 和 10ppm/℃）。该技术的一个重要优点是其噪声非常低（对于 2.5V 器件为 1.2μVpp ⊖）。带隙基准不能达到这种噪声性能，因为补偿带隙基准固有大温度系数的过程同时引入了输出噪声的大部分。

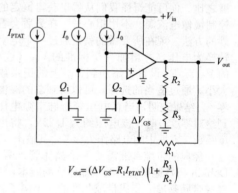

$$V_{out}=(\Delta V_{GS}-R_1 I_{PTAT})\left(1+\frac{R_3}{R_2}\right)$$

图 9.93　JFET 电压基准

9.10.4　浮栅基准

这是近年来才进入电压基准领域的技术。如果你被迫挑战来提出一个很可能会失败的想法，你可能发明的是浮栅阵列（Floating-Gate Array，FGA）基准。Intersil 公司的确这样做了，但它们成功了！这个想法是，在制造过程中，在 MOSFET 的埋置和绝缘栅上放一些电荷，这样就会产生一定的电压（把它看作电容器），那么 MOSFET 就会像电压跟随器（或运算放大器输入）一样产生稳定的输出电压。

当然，随着时间的推移，这种稳定性取决于微小的电容上不会失去或获得任何电荷。这是一个苛刻的要求——你想让它在数年内，在整个工作温度范围内保持稳定在 100ppm。例如，一个充电到 1V 的 100pF 的栅极电容，需要栅极漏电流不超过 10^{-22}A，这相当于每小时两个电子！

不管怎样，Intersil 公司成功了。它们还研究了过温稳定性问题，其中有几个技巧：一种方法是使用不同结构的电容来抵消已经很小的近似 20ppm/℃ 的温度系数；另一种方法是只使用一种电容，通过增加一个已知温度系数的电压来抵消很少的残余温度系数（如在带隙和 JFET 基准中一样）。

结果是令人印象深刻的，ISL21009 系列宣称其长期稳定性为 10ppm/$\sqrt{khr}$，对应三个等级的温度系数分别为 3ppm/℃、5ppm/℃ 和 10ppm/℃（最大），噪声为 4.5μVpp，超低供电电流为 0.1mA（典型值）。它们的预设电压有 1.250V、2.500V、4.096V 和 5.000V，每一种在精度和温度系数方面都有几种等级可以选择。

9.10.5　三端精密基准

正如我们之前提到的，这些巧妙的技术使得实现具有卓越温度稳定性（低至 1ppm/℃ 或更低）

⊖　TLV431 是 6V 和 15mA，TLVH431 是 18V 和 80mA。可调节的 LM385 工作类似，但工作电流范围为 10μA~20mA，电压为 5.3V。

⊜　最好指定为 0.5ppm(pp)，由于噪声电压大小随输出电压线性变化。

的电压基准成为可能。当你考虑到古老的韦斯顿电池时就会特别令人印象深刻，韦斯顿电池是这么多年来传统的电压基准，具有 40ppm/℃的温度系数。有两种方法可以用来实现最高稳定度的基准。

1. 温度稳定的基准

在电压基准电路（或其他任何电路）中，获得极好的温度稳定性的一个好方法就是使基准保持在恒定的升温状态。由于实际电路元器件与外部温度波动是隔离的，用这种方法，电路可以在温度系数非常宽松的情况下实现等效性能。精密电路让人更感兴趣的是，通过将已经补偿良好的基准电路置于恒温环境中，可以达到电路性能显著提升的能力。

这种温度稳定的或加热的电路技术已经使用很多年了，特别是用于超稳定振荡器电路。市面上有使用加热参考电路的电源和精密电压基准。这种方法性能很好，但也有很大的缺点，就是电热功率损耗相对较大且预热缓慢（通常 10 分钟或更长）。如果通过在集成电路本身集成加热电路（带有传感器）来实现芯片级的热稳定，这些问题就会极大减少。这种方法在 20 世纪 60 年代由 Fairchild 首创，分别使用 μA726 和 μA727 温度稳定差分对和前置放大器。

该技术用于 LM399 和 LTZ1000 基准，这些基准具有低至 1ppm/℃（最大）的稳定的温度系数。但用户应该注意到，除非在设计中特别小心，否则随后的运放电路（包括增益设置电阻）可能会极大地降低电路性能，尤其是低漂移精密运放和与温度系数匹配的电阻阵列是非常关键的。

2. 精密非加热基准

灵活的芯片设计使得几乎具有同等稳定度的非加热基准成为可能。例如，Maxim 公司的 MAX6325 系列具有 1ppm/℃（最大）的温度系数，没有电热功率或预热延迟。此外，这些芯片具有低噪声和长周期漂移。它们的主要缺点是很难买到！这些高稳定性的基准（LTZ1000、LM399 和 MAX6325）都使用了埋置齐纳二极管。

9.10.6 电压基准噪声

在有关低功耗基准中，我们简要提到了噪声的问题。总是可以通过增加滤波来抑制在更高频率上的电源或基准噪声，但在低频上却没有固定的参考，在此处基准的噪声属性对输出噪声设置了下限。在图 9.94 中，我们绘制了噪声密度曲线（e_n，单位为 nV/$\sqrt{\text{Hz}}$），数据来自数据手册。将指定的噪声电压值用基准电压来归一化通常更有用，可以在相同功能器件中进行公平的比较。

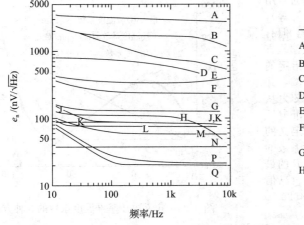

电压基准类型	
A *ADR5045*	J *LM399*，ADR445
B *LM385-adj*	K LTC6655-5
C "+ *R*bypass	L LT1236-5
D ADR292	M LT1021
E LT6654-5	N *LTZ1000*
F *LM336-5*，*LT1009*	P MAX6250，MAX6350
G ADR425	Q LT1027
H ADR4550	

图 9.94 噪声密度与频率的关系，斜体字为分流（二端）型

可以通过添加低通滤波器来减少来自电压基准的噪声。有些基准在滤波器引脚（或旁路、降噪引脚）上引出一个内部节点，可以通过该引脚旁路到地。这样器件的数据手册中通常包括数字或图形信息来指导滤波器电容的选择。

另一种可以使用的技术是添加外部低通滤波器，并带有运放跟随器。图 9.95 给出了这种简单的方案，其中有一个有意思的连接：基本的低通滤波器是 R_2C_2，时常数为 2.2s（3dB 滚降在 0.07Hz）。但为什么在地信号上它被放在 C_1 的上面？这样做的目的是通过 C_2 低端的引导来消除 C_2 的漏感电流（这会在 R_2 上产生对精度有破坏性的压降）。R_1C_1 的存在会影响滚降和建立波形，3dB

滚降在 0.24Hz，并且产生了 8% 的超调量，延长了 0.1% 的稳定时间⊖（30s）。对于这种应用需要相当

好的运算放大器，输入偏置电流要足够低以防止 $\Delta V = I_B R_2$ 的误差，噪声电压要低到在滤波后的基准输出上不够显著。OP-97E 或 LT1012A 类似，并且性能都很好（或者可以采用更小的 R 和更大的 C，并允许更大的运放输入电流）。

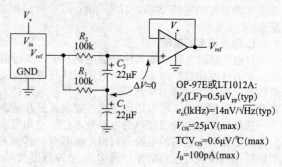

图 9.95　带直流自举的外部低通滤波器改善电压基准

一般来说，在非常低的电流下运行的基准会表现出更多的噪声。这在带隙（V_{BE}）基准情况下很容易理解，原因是 BJT 噪声电压以集电极电流的平方根方式减小。由此可得出结论，当在较大电流下偏置时，给定的分流（二端）集成基准会更干净，但有可能这是错误的，分流基准的内部带隙电路是在接近器件最小工作电流的电流下运行的（伴随着相应的噪声电压），因此在更大电流下运行基准对噪声改善是没有帮助的。

9.10.7　电压基准：附加说明

在选择电压基准时要考虑很多问题。以下是一些建议，可以帮助到在这方面有困惑的电路设计者。

精度与漂移　当然，初始的精度通常是通过后缀（−A、−B 等）表示的设计等级来选择的，这与器件的价格也是匹配的。但是器件会老化，器件的详细说明书中会包括一个长期漂移参数描述（通常是每千小时百万分之几，或者也许更合适的是每 $\sqrt{kHr}$），有时还包括一个热滞后技术参数（在器件工作温度范围内热循环后的电压偏移量）。以 LTC6655B（最好等级）为例，初始精度是 $\pm 0.025\%$，温度系数为 1ppm/℃（典型值）和 2ppm/℃（最大值），长期漂移为 60ppm/ $\sqrt{kHr}$（典型值），在 −40℃ 和 +85℃ 之间的热循环时的热滞后为 35ppm（典型值）。从这些数字可以清楚地看出，初始精度仅仅是一段描述。

关于"温度系数"请注意，我们通常用斜率来描述，例如 ppm/℃（或 $\mu V/℃$ 等），并给出典型值和最大值（最坏情况）。但有时你会看到以器件温度范围内的最大偏差方式来描述。例如 LM385，其手册中指定的最坏情况下平均温度系数为 150ppm/℃，并在脚注中描述："平均温度系数定义为从 T_{min} 到 T_{max} 的所有测量温度下的基准电压的最大偏差除以 $T_{max} - T_{min}$。"这样定义的最大温度系数保证小于"斜率"温度系数的最大值（即在相同温度范围内 $\Delta V / \Delta T$ 的最大值），这可以通过画一些曲线来让自己信服。图 9.96 所示例子改编自 ADR4520-50 系列三端精密基准的器件手册。

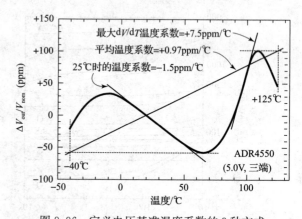

图 9.96　定义电压基准温度系数的 3 种方式

有些基准包括一个微调端口，这听起来是一个很好的功能。但是，与运放偏移微调配置一样，这通常会提供太大的微调范围！这一点可以通过重新配置提供更少电流的微调网络来弥补。但要注意，有些器件需要外部微调电路才能具有规定的温度系数。与运放一样，通过简单地选择具有更严格指标参数的基准也许情况会更好一些，初始精度越高的基准通常也会提供越好的温度系数。

自加热　只有在负载很轻时电压基准才会工作非常好。如果用一个集成基准来给负载供电，片上散热产生的热梯度会严重降低器件的精度和漂移。对于这样的应用，最好使用运算放大器来缓冲输出。大多数高性能的运放具有比电压基准本身更低的噪声和偏置电压，因此才不会降低基准电压。事实

⊖　也就是说，在 $R_1 = R_2$ 且 $C_1 = C_2$ 时，3dB 的滚降频率变成 $f_{-3dB} \approx 3.3/2\pi RC$，0.1% 的建立时间（如果注意的话）近似为 $\tau \approx 14RC$。在 R_2 两端跨接一个二极管可以缩短开启时间。

上，情况恰恰相反，应该考虑到使用无缓冲的基准时大量负载电流的退化效应——这才是关键所在。即使中间的运放的偏置电压温度系数也远低于大多数电压基准（正如图 9.90 中那样，对于精密基准要使用精密运放）。

外部影响 通过物理上对封装施加的应力会使精密基准的精度严重降低，通过塑料封装逐渐渗透的湿度也会使稳定性受到影响。有时会看到密封封装版本的改进规格，LT1236LS8 是密封的 LCC 封装，漂移指标相对于塑料封装的 LT1236 有很大改善。为了避免这些问题，大多数稳定的基准都只提供密封金属封装，例如 LM399（热稳定埋置式齐纳基准）只有 TO-46 金属封装，该芯片具有极好的长期漂移性能——8ppm/$\sqrt{kHr}$（典型值）。这已经相当好了，但轻松地被 LTZ1000 超精密分流基准（也是金属密封封装）超过了，该芯片具有惊人的漂移性能——0.3ppm/$\sqrt{kHr}$（典型值）。

线路和负载调整率 对于从非稳定直流供电的电压基准来说，最担心的就是输入电压变化的调整率（线路调整率），例如在电池供电的应用中。对于这样的应用来说，尽管从相当稳定的直流电源对基准供电是挺好的，但最差情况温度系数为 3ppm/℃ 的基准是不合适的，而且在输入每发生 1V 变化时，输出会变化 200ppm。

如果使用基准作为电压稳压器，则负载调整率也很重要，也就是说，给随负载电流变化几个 mA 的负载供电。但我们并不建议使用精密基准，因为精密基准会产生片上加热和漂移。

9.11 商用电源模块

本章自始至终都在描述如何设计自己的稳压电源，暗示着这是一件最好的事情。只是在讨论线路操作的开关电源时，我们才建议最好去购买商用电源。

由于现实生活中离不开电源，因此，最好的方法就是在许多商用电源中选择一种，商用电源的公司有 Artesyn、Astec、Astrodyne、Acopian、Ault、Condor、CUI、Elpac、Globtek、Lambda、Omron、Panasonic、Phihong、Power-One、V-Infinity 等。它们都提供开关电源和线性电源，并且都有几种基本的封装形式（见图 9.97）。

- 板载式（board-mount）电源。这种电源封装相对较小，一侧不超过几英寸，底部带有硬的引线端子，因此可以直接把它们安装在电路板上。ac-dc 电源和 dc-dc 转换器都是这种类型，它们可能是封闭式或开放式的结构。你可以买到线性或开关转换器，并且都有单个或多个输出电压。典型的安装在 PC 上的开放式 ac-dc 三输出开关电源在 2A 下提供 +5V，在 0.2A 下提供 ±12V。线性板载式电源功率在 1～10W 范围内，开关电源功率在 15～50W 范围内。在 dc-dc 种类中（通常都是开关转换器）可以买到隔离或非隔离转换器。这些通常用来产生额外所需的电压（例如，从 +5V 到 ±15V）。另一个重要的应用就是负载点（Point of Load，POL）转换，例如在芯

图 9.97　商用电源具有多种形状和大小

片引脚处产生电流为 75A 的 +1.0V 电压，用来给高性能微处理器供电。POL 转换器分为稳压和非稳压两种版本，后者具有来自稳定直流输入的固定压缩比。

- 底座安装式（chassis-mount）电源。这种是更大的电源，需要固定在更大仪器的内部。它们有开放式和全封闭式两种类型，前者可以看到所有元器件，而后者（例如，桌面计算机或服务器中使用的 ATX 电源）包裹在一个穿孔的金属盒中。它们有各种各样的电压可供选择，包括单输出和多输出两种。底座安装式线性电源功率范围为 10～200W，开关转换器功率范围为 20～1500W。

- 外部适配器。这是人们熟悉的黑色的市电插座和桌面插座，它们与小型消费电子产品一起使用，有几十家制造商都广泛销售这些产品。这种电源实际上有三种类型，分别是只降压的交流变压器、非稳压直流电源，以及完全稳压直流电源；后者既可以是线性的，也可以是开关转换器。有些开关转换器输入范围可达 95～252Vac，这对于移动仪器非常有用。

- 导轨安装式（DIN-rail mount）电源。一些工业电子产品（继电器、断路器、电涌保护器、连接器、端接模块等）流行的安装方式是导轨安装式，由宽 35mm 的一段成型金属轨道组成。导轨安装式使得在工业环境中组装电气设备变得容易，而且可以买到采用这种安装方式的各种开关电源。

9.12 能量存储：电池和电容

不讨论移动电源，关于稳压器和电源转换的章节就是不完整的。这通常意味着电池（可更换或可充电的），有时还需要储能电容。现代生活中充斥着便携式电子设备，它们推动了高性能电池和电容的发展和应用。本节中我们将介绍电池的选择和特性，以及用于能量存储的电容的应用。

正如我们在上一版中所提到的，Duracell 公司的电池综合指南列出了 133 种成品电池，并带有描述说明，例如锌碳电池、碱性锰电池、锂电池、汞电池、银电池、锌空气电池和镍铬电池，甚至还有子类电池，例如 Li/FeS_2、Li/MnO_2、$Li/SOCl_2$，以及锂固态。从其他制造商那里，还可以买到密封铅酸电池和凝胶型电池。对于真正非常规的应用，甚至会考虑燃料电池或放射性热能发电机。这些电池有哪些特点呢？如何选择最适合便携式设备的电池？

前面所列出的电池可分为一次性电池和蓄电池。一次性电池的设计只用于一次放电过程，也就是说它们是不可充电的。相比之下，蓄电池（锂离子电池、金属氢化物镍电池和密封铅酸凝胶电池）的设计是可以充电的，通常可以充电 200～1000 次。通常这些电池类型的选择需要根据条件来折中，这些条件包括价格、能量密度、保质期、放电期间电压稳定性、峰值电流性能、温度范围以及实用性。一旦选择了正确的电池化学成分，就可以确定哪种电池（或电池系列组合）具有足够的能量来完成工作。

幸运的是，如果遵循我们第一个建议——尽量不选用难以购买的电池，就可以很容易地在电池目录中剔除大部分不合适的电池。除了很难找到的电池之外，其他的通常我们并不陌生。我们特别建议在任何消费电子设备的设计中尽量使用普通电池。

9.12.1 电池特性

如果需要一次（不可充电）电池，基本上可以选择碱性电池（Zn/MnO_2）或在锂电池中选择（Li/MnO_2、Li/FeS_2 或 $Li/SOCl_2$）。锂电池具有更高的单个单元端子电压（约 3V）、更高的能量密度、更平坦的放电曲线（即随着电池寿命的下降电池电压的稳定性，见图 9.98）、更好的低温性能（低温下碱性电池性能下降）和更高的价格。相比之下，碱性电池价格便宜且数量多，适用于要求不高的应用中。

对于蓄电池（可充电）可以选择锂离子（Li-ion）电池、镍氢（NiMH）电池或铅酸（Pb-acid）电池。锂离子电池很轻，可以提供最高的能量密度和电荷保持能力，但锂电池的化学成分存在安全问题，并且锂电池不是现成可以买到的，它们主要用于智能手机、平板电脑和笔记本电脑。镍氢电池是更常见的可充电电池，它们都有标准的形状（AA，9V），早期类型有不尽人意的记忆效应和自放电率（约每月30%），但新的版本（低自放电）有了很大改善。铅酸电池内阻极低，它们在不间断电源（UPS）及其他耗电设备（如船只和汽车）中占据主导地位，铅酸电池没有小封装。

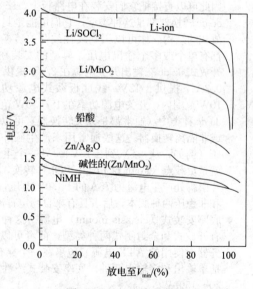

图 9.98 电池放电曲线

给蓄电池充电是一件复杂的事情，尤其是对锂离子这样的化学物质来说。首先以普通的铅酸电池为例，一个好的充电方法就是所谓的两步充电技术。在开始的涓流充电之后，开始大电流"大容量充电"阶段，通过施加固定的大电流 I_{max} 直到电池达到过充电电压 V_{OC}。然后将电压保持在 V_{OC} 不变，检测（下降）电流直到它达到过充电过渡电流 I_{OCT}。然后保持恒定的浮动电压 V_F，该电压小于 V_{OC}，是电池两端的电压。对于一个 12V 电压，2.5Ah 的铅酸电池而言，典型值为 $I_{max}=0.5A$，$V_{OC}=14.8V$，$I_{OCT}=0.05A$，$V_F=14.0V$。

虽然这听起来相当复杂，但这能够使电池快速充电而不损坏电池。TI 公司设计了几种很好的集成电路，例如 UC3906 和 BQ24450，这些芯片具有工作中所需的一切。它们可以跟踪铅酸电池温度特性的内部电压基准，并且仅需要一个外部 PNP 传输晶体管和 4 个参数设置电阻。

给锂离子电池充电更麻烦一些，但半导体行业再次以易于使用的单芯片解决方案来应对这些需要注意的问题。图 9.99 给出了一个常见的例子。这里使用来自 USB 端口（标称为＋5V，可以提供 100mA 或 500mA 电流）的电源给 4.2V 锂离子电池充电。锂离子电池的输出（当过度放电时下降到 3.5V）通过一个线性 LDO 稳压器降低到稳定的＋3.3V 逻辑电源电平。在这个电路中，充电器集成电路（U_1）负责提供充电电流和电压，该器件也包括用于检测过电压、短路以及芯片和电池超温的安全功能（过热检测使用了可选的热敏电阻，这可以在许多电池组中看到，也可以外加）。根据 JEITA 标准，当温度超出正常温度范围 10～45℃时，电池温度也用来调节充电电流或电压。ISET2 引脚用于设置输入电流限制，USB 协议默认提供 100mA 的电流，通过 USB 数据引脚 D－ 和 D＋ 可以请求增加到 500mA（这需要微控制器或其他智能芯片完成，此处没有给出）。LED 用于显示状态（充电中，输入电源良好）。

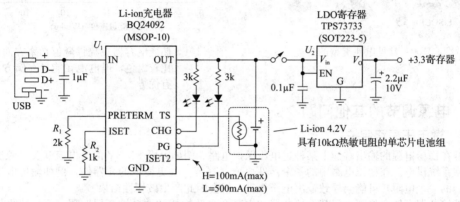

图 9.99　USB 端口提供的 5V 对单芯片 Li-ion 电池的充电很理想

9.12.2　电池的选择

图 9.100 显示了常见电池类型的分类。以下是可用于电子设备中的电池的最显著特征概要。

一次电池（不可充电）

碱性（Zn/MnO₂）　价格便宜；选择性广（1.5V/单电池 AA、C、D，以及 9V 包装）；保质期长；低温性能好；斜坡式放电。

锂元素（Li/MnO₂）　能量密度高；蓄电性能高；3V AA、C、D，以及 9V 包装；保质期长；低温性能好；放电平稳。

锂元素（Li/FeS₂）　超长保质期（15 年后 90％）；低温性能好；放电平稳。

锂元素（LiSOCl₂）　卓越的低温性能（到－55℃）；保质期长；放电非常平稳（但随 I_{load} 变化）。

银（Zn/Ag₂O）　纽扣电池；放电非常平稳。

锌空气（ZnO₂）　能量密度高（透气）；放电平稳；密封拆除后寿命缩短。

蓄电池（可充电）

锂离子（Li-ion）　能量密度高；流行；3.6V/单颗；放电平稳；自放电非常低；安全问题。

镍氢（NiMH）　便宜且流行；标准封装（AA，9V）；1.2V/单颗；放电平稳；新版本自放电低。

铅酸（Pb-acid）　大电流（R_{int} 低）；2V/单颗；放电平稳；自放电适中。

9.12.3　电容中的能量存储

电池通过可逆反应（可充电电池）或不可逆反应（不可充电电池）以化学方式储存能量。但电池并不是储存能量的唯一方法，一个充电的电容在其电场中可以存储 $CV^2/2$ 的能量，一个载流电感在其磁场中可以存储 $LI^2/2$ 的能量。从数量上看，这些存储的能量与电池中存储的能量相比微不足道，但对于某些应用来说，就是需要用电容来存储能量。用电容储能还有其他优点，包括寿命长、无限续航（充电/放电周期）、数秒（或零点几秒）内即可完全放电，以及非常高的峰值电流能力（即非常低的内阻）。存储电容与传统电池搭配可以提供两全其美的作用：超凡的峰值功率和大容量的能量存储。此外，最新的超级电容的能量密度正逐渐接近电池的能量密度。这些趋势可以在 Ragone 图中很好地体现出来（见图 9.101）。电容在低 ESR 和高峰值电流（因此有很高的功率密度：W/kg 或 W/m³）方面有优势，但电池在能量密度（Wh/kg 或 Wh/m³）方面远远优于电容。

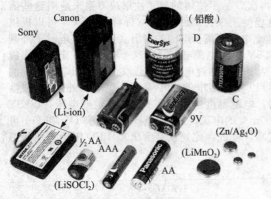

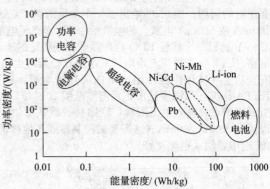

图 9.100 常见电池类型的分类

图 9.101 储能电容器在提供峰值功率方面表现
比较出色，但电池在能量存储方面更
有优势

9.13 电源调节的其他问题

9.13.1 过电压短路保护

最好在稳压电源的输出端加上某种过电压保护电路。例如，用＋3.3V 的大电流开关电源给一个大型数字系统供电。在稳压电路中的一个器件故障（甚至一些更简单的元器件，例如输出电压检测分压器中的一个电阻）可能会导致输出电压飙升，就会因此产生破坏性结果。

虽然熔断器可能会烧断，但就看熔断器和由其余电路构成的"硅熔断器"哪一个反应更快；其余电路可能会首先反应。这个问题在低压逻辑和 VLSI 中会更严重，由于它们在低于＋1.0V 的直流电源电压下工作，根本不能承受超过 1V 的过电压而不被损坏。另一种具有相当大灾难隐患的情况就是，在使用宽量程的台式电源工作时，不管输出电压是多少，电源中线性稳压器的非稳压输入可能是 40V 或更高。当关闭电源时，输出会瞬间飙升到最大输出电压。

1. 齐纳二极管检测

图 9.102 给出了三个经典的过电压短路保护电路：电路 a 简单而耐用，但不灵活；电路 b 使用了一个 IC 触发电路，可以更准确地设置触发点；电路 c 使用流行而精密的三端分流稳压器，具有 1% 的精度设定值。

在每种情况下，需要在稳压输出端和地之间连接过电压保护电路，不需要额外的直流电源——电路由其保护的直流线路供电。对于简单的电路（图 9.102a）来说，如果直流电压超过齐纳二极管电压加上一个二极管压降之和（如图所示的齐纳二极管约为 6.2V），可控硅整流器（SCR）就会导通，并且 SCR 会保持导电状态，直到其阳极电流降至几个毫安为止。类似 S2010L 这样便宜的 SCR 可以连续吸收 10A 的电流，并可以承受 100A 的浪涌电流，在导电状态中 SCR 的压降通常为 1.1V，电流为 10A。这个电路的特殊之处就是电隔离，它可以直接固定到金属机箱上（SCR 的阳极通常与固定端连接，因此通常需要使用绝缘垫片等）。68Ω 的电阻用来在 SCR 导通时产生合理

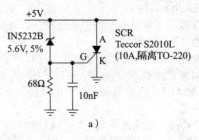

a)

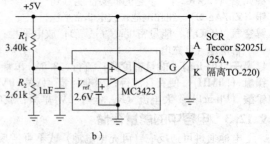

b)

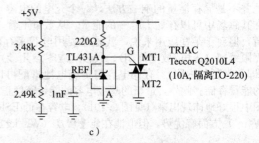

c)

图 9.102 过电压短路保护

的齐纳电流（10mA），并且添加电容用来防止撬杆电路被无害的短时尖峰触发。

这种简单的短路保护电路存在几个问题，主要是齐纳电压的选择。齐纳二极管的值都是离散的，通常精度差，并且在 V-I 特性曲线中拐点圆滑（通常）。所需的短路触发电压希望有更小的偏差。考虑用于数字逻辑的 5V 电源，其典型偏差为 5% 或 10%，要求短路保护电压至少为 5.5V。但由于稳压电源的瞬时过冲影响，保护电压的最小值被提高了：当负载电流突然变化时，电压可以突变，并产生带有一些振铃的尖峰。

以上问题会因使用较长的（感应）引线进行远程检测而更加严重。由此产生的振铃会在电源上呈现毛刺，即使该电源电压不会触发短路保护电路。因此，短路电压应该设置为不小于 6.0V，但不能超过 7.0V，否则可能会对逻辑电路造成损坏。当我们同时考虑齐纳二极管的公差、实际可用的离散电压，以及 SCR 触发电压公差时，就会面临非常棘手的问题。在前面展示的例子中，即使选用了相对精确 5% 的齐纳二极管，过电压保护阈值也可能在 5.9~6.6V 之间。

2. 集成电路过电压检测

第二个电路（图 9.102b）通过使用过电压保护触发 IC 来解决这些问题⊖，在此电路中使用了 MC3421 芯片，该芯片有内部电压基准（2.6V）、比较器和 SCR 驱动器。这里我们通过外部的分压器 R_1R_2 将触发设置在 6V，并且选择 25A（连续的）SCR，同时带有隔离固定端。MC3423 属于所谓的电源监控芯片系列，这些芯片最复杂的功能不仅是能够检测欠电压和过电压，还能在交流电源故障时切换到备用电池，在电源恢复正常供电时产生上电复位信号，并不断地检查微处理器电路中的锁定状态。

第三个电路（图 9.102c）不需要监控 IC，而是使用广受欢迎的 TL431 分流稳压器来触发双向晶闸管（双向 SCR），当参考输入电压超过内部参考电压 2.495V 时，会导致从阴极（K）到地的电导加重，触发双向晶闸管进入所谓的"第三象限"操作⊖。这个电路可以灵活地扩展到更高的供电电压（TL431 的工作电压可达 37V），并且使用低电压的 TLV431 版本（其内部参考电压为 1.240V），可以实现非常低的触发电压。

前面的电路，像所有的过电压保护电路一样，当触发过电压条件时，会在电源上施加一个持续的 1V "短路"，只有关闭电源才能重置电路。由于晶闸管在导通时维持低电压，因此过电压保护电路本身不容易因过热而失效。因此，这些都是可靠的过电压保护电路。至关重要的是，调节电源必须具有某种形式的电流限制，或至少有熔断器来处理短路问题。过电压保护触发后，电源可能会出现过热问题。特别是如果电源包括内部电流限制，熔断器不会熔断，电源将处于"过电压保护"状态，输出电压较低。在这里，对稳压电源进行折返式电流限制将是一个很好的解决方案。

3. 钳位

另一个可能的过电压保护解决方案是在电源端子上放置电源稳压二极管或其等效物。这避免了在尖峰上误触发的问题，因为当过电压条件消失时，稳压二极管将停止吸收电流（不像 SCR 或双向晶闸管）。然而，一个简单的电源稳压二极管组成的过电压保护本身也有其问题。如果调节器失效，过电压保护必须处理高功率耗散（$V_{zener}I_{limit}$），并且可能会自行失效。

如果真的想要一个电源稳压二极管，更好的选择是使用由小型稳压二极管和功率晶体管构成的有源稳压二极管。图 9.103 给出了两种这样的电路，在这些电路中，稳压二极管将晶体管的基极或栅极拉入导通状态，并带有下拉电阻，以将稳压二极管电流带入晶体管开启时的拐点区域。TIP142（见图 9.103a）是一种流行的达林顿双极功率晶体管，在 75℃ 机壳温度下可承受 75W 的耗散，最小 β 值为 1000（5A 时）。对于更高的电压和电流，以及在有效的稳压二极管电

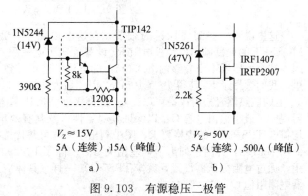

图 9.103　有源稳压二极管

⊖　其他问题，例如在对大电容负载进行过电压保护时需要快速的栅极过驱动。

⊖　第一和第二象限中，MT2 比 MT1 更偏正极性，当栅极相对于 MT1 为正或负时，分别触发；第三和第四象限中，MT2 比 MT1 更偏负极性，当栅极相对于 MT1 为负或正时，分别触发。第二和第四象限的栅极灵敏度较低。

压精度不是很重要的情况下，MOSFET 电路（见图 9.103b）会更好。大多数 MOSFET 没有 BJT 的第二击穿限制安全工作区域，并且它们广泛可用于强大的高功率情况。所示电路允许在 75℃ 机壳温度下分别使用 IRF1407 或 IRFP2907 进行 130W 或 300W 的耗散。特别注意对于高额定峰值电流，仅受瞬态热阻限制。注意，MOSFET 限制器容易振荡，特别是当使用高电压（低电容）器件实现时。

4. 低压钳位短路保护

稳压二极管短路保护、IC 短路保护和稳压二极管钳位，这些技术通常不足以满足用于现代微处理器系统供电的低电压、大电流电源需求。这些系统可能需要 50～100A 的 +3.3V（或更低电压），低电压稳压二极管精度不高且存在软拐点问题，而像 MC3423 这样的短路保护触发电路需要过高的供电电压（例如，3423 的最小电压为 4.5V）。此外，当 SCR 触发时，它会短路电源，直到电源重新启动——这对于计算机来说不是一件好事，特别是由于短暂（且无害）的瞬态因素引起的。

其实，我们已经解决了这个问题，并根据 Billings 的教导设计出了一个漂亮的低电压钳位短路保护电路，它是可调的，并且可以在 1.2V 以下工作。最重要的是，它分两步操作。它可以钳位瞬态电流，最高峰值电流为 5～10A；但如果瞬态电流持续存在或上升到超过该电流，它会放弃并触发一个可持续 70A（峰值 1000A）的短路保护 SCR。由于我们可能正在处理高功率系统，因此它还具有关闭交流输入的功能。这确实是一个双重保险的解决方案！

9.13.2　输入电压范围扩展

线性稳压器的输入电压范围有限，BJT 类型通常为 +20～+30V，CMOS 类型则仅为 +5.5V。图 9.104 给出了一种很好的方法，可以将 V_{in} 的允许范围扩展到 1000V。Q_1 是一种高压耗尽型 MOSFET，此处配置为输入跟随器，将 U_1 的 V_{in} 保持在其调节输出的几伏之上。对于图中所示的元器件，V_{GS} 至少为 −1.5V，这对于任何 LDO 来说都是一个比较合适的余量[⊖]。它们的额定最大 V_{DS} 为 400V 和 500V，提供了足够大的输入电压灵活范围（如果想要扩展到 1kV，则可以替换为 IXTP08N100）。

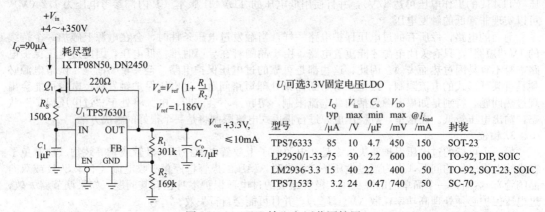

U_1可选3.3V固定电压LDO						
	I_Q	V_{in}	C_o	V_{DO}		
	typ	max	min	max	@I_{load}	
型号	/μA	/V	/μF	/mV	/mA	封装
TPS76333	85	10	4.7	450	150	SOT-23
LP2950/1-33	75	30	2.2	600	100	TO-92, DIP, SOIC
LM2936-3.3	15	40	22	400	50	TO-92, SOT-23, SOIC
TPS71533	3.2	24	0.47	740	50	SC-70

图 9.104　LDO 输入电压范围扩展

这里说明一些需要探讨的细节。在这个电路中，我们使用了一个小的栅极电阻来抑制高压 MOSFET 的振荡倾向。源极电阻 R_S 设置了输出电流限制，约为 V_{GS}/R_S，此电路中是必不可少的，因为这个稳压器本身能够输出 350mA 的电流，这将导致 Q_1 在 $V_{in}=500V$ 时的功耗超过 150W。这里，我们选择了 R_S 使得 $I_{lim}\approx10mA$，因此最大功耗为 3.5W，可以通过连接到 TO-220 功率封装的 Q_1 上的散热器轻松解决。可以在 Q_1 的漏极处添加功率电阻，以处理掉一些功率耗散。低压差稳压器规定了最小输出电容 C_{out} 以保证其稳定性（及其有效串联电阻 ESR 的允许范围），图中所示的值均符合 TPS76301 的规格要求。图中列出了一些可替代选择的固定电压（+3.3V，省略了 R_1 和 R_2）低功率 LDO，并附带列出了一些相关参数。除了 LM2936 以外，所列 LDO 都可以在可调版本中使用，通过电阻分压器设置，就像 TPS76301 一样（具体应用请参考它们的数据手册来获取 V_{ref} 和分压器电阻阻值）。

9.13.3　折返式限流

在 9.1 节中，我们展示了基本的电流限制电路，这些通常足以用来防止在故障条件下对稳压器

⊖ 通过将栅极连接到 LDO 输出和 FET 源端之间的电阻分压器上，可以轻松地增加从耗尽型 FET 中获得的压降电压（如果必要，还可以增加 2 或 3 倍）。注意，这会提高最小输出负载电流。

或负载造成损坏。然而，对于具有简单电流限制的稳压器来说，当输出被短路到地（无论是由于意外还是通过某些电路故障导致）时，晶体管的耗散功率会达到最大值，并且超过在正常负载条件下会发生的最大耗散功率。例如图 9.105 的稳压器电路，它用于提供最大 1A 电流的 +15V 输出。如果该电路配备了简单的电流限制，当输出短路时（+25V 输入，电流限制为 1A），通过晶体管的功耗将高达 25W，而在正常负载条件下，最差情况下的耗散功率只有 10W（1A 电流时为 10V 降压）。而且，当电路的电压被传输晶体管降低到正常输出电压的零点几时，情况甚至会更糟。

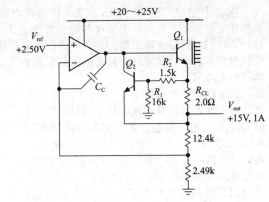

图 9.105　带有折返式限流电路的线性稳压器

在推挽功率放大器中，我们会遇到类似的问题。在正常情况下，当晶体管之间的电压最小时（接近输出摆幅的极端值），我们会获得最大的负载电流，而当电流接近零（零输出电压）时，晶体管之间的电压则最大。然而，当负载短路时，我们会在最糟糕的时候遇到最大的负载电流，即全部的电源电压加到了晶体管两端。这会导致晶体管的耗散功率比正常情况下高得多。

这个问题的简单粗暴的解决方案是使用大型散热器和更高额定功率（以及安全工作区域）的晶体管。即使如此，在故障条件下让大电流流入供电电路也不是好的解决方法，因为这样的话，电路中的其他元器件可能会受到损坏。更好的解决方案是使用折返式限流电路，这是一种在短路或过载条件下可以减少输出电流的电路技术。

如图 9.105 所示，在限流晶体管 Q_2 的基极处的分压器提供了折返式电流限制。在 +15V 输出（正常值）时，电路电流将限制在大约 1A 左右，因为此时 Q_2 的基极为 +15.55V，而其发射极为 +15V（在功率电子的高温环境中，V_{BE} 会略低于通常的 0.6V）。但是电路的短路电流较小，当输出短路到地时，输出电流约为 0.3A，将 Q_1 的耗散功率降低到小于全负载情况（10W）的水平（约为 7.5W）。由于此时不需要过度散热，只需要满足全负载散热要求即可，因此这种设计是非常理想的。对于给定的满载限流，图中限流电路的三个电阻的选择设定了短路电流，见图 9.106。

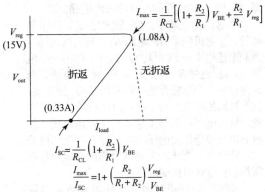

$$I_{max} = \frac{1}{R_{CL}}\left[\left(1+\frac{R_2}{R_1}\right)V_{BE} + \frac{R_2}{R_1}V_{reg}\right]$$

$$I_{SC} = \frac{1}{R_{CL}}\left(1+\frac{R_2}{R_1}\right)V_{BE}$$

$$\frac{I_{max}}{I_{SC}} = 1+\left(\frac{R_2}{R_1+R_2}\right)\frac{V_{reg}}{V_{BE}}$$

图 9.106　用于图 9.105 的折返式限流

重要提示：在选择短路电流时要小心，因为可能会由于过度自信而设计出一个不能"启动"达到确定载荷的电源。图 9.107 给出了两种常见的非线性负载情况：白炽灯（其电阻值随电压升高而升高）和线性稳压器的输入（开始时为开路，然后在低于压差工作时看起来像负载电阻，最终在高于压差后形成恒流负载）。作为大概的设计指南，在设计折返式电流限制电路时，短路电流的限制应该设置为全输出电压下最大负载电流的 $\frac{1}{3} \sim \frac{1}{2}$。

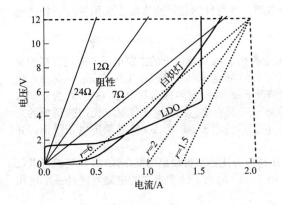

图 9.107　过度的折返电流限制可能会阻止某些负载的启动。我们测量了灯（12V，21W）和带有 3.3Ω 负载的 5V 低压差稳压器的 V-I 曲线。虚线是正常的 2A 电流限制线，点线显示了三个折返电流限制值。折返电流比 $r = I_{max}/I_{SC} = 6$ 将无法启动任何负载（电路将卡在较低的交点处）；对于 $r=2$，灯是可以的，但 LDO 不行；阻性负载不会有问题

9.13.4　外置传输晶体管

三端线性稳压器可提供 5A 或更大的输出电流，例如可调输出的 10A LM396。然而，这种大电流操作可能是不可取的，因为这些稳压器的最大芯片工作温度比功率晶体管低，需要超大散热器。此外，它们的价钱也很昂贵。另一种替代方案是使用外部传输晶体管，传输晶体管可以添加到集成的线性稳压器中，如常规配置或低压差配置的三端固定或可调稳压器。图 9.108 所示为基本电路结构（但有缺陷）。

该电路在负载电流小于 100mA 时正常工作。对于更大的负载电流，R_1 上的压降会打开 Q_1，将通过三端稳压器的实际电流限制在 100mA 左右。正常情况下，如果输出电压升高，三端稳压器通过减少输入电流并驱动 Q_1 来维持正确的输出电压，反之亦然。它甚至不会意识到负载正在吸取超过 100mA 的电流！使用这个电路，输入电压必须超过输出电压，超出稳压器的压差电压（例如 LM317 为 2V）加上一个 V_{BE} 压降电压。

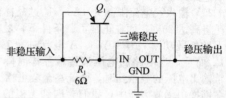

图 9.108　带有电流增强外置晶体管的基本三端稳压器电路。不要设计这种电路，它没有限流电路

实际上，该电路必须进行修改才能为 Q_1 提供电流限制，否则它提供的输出电流将等于 β 倍的稳压器内部电流极限，即 20A 或更多！这足以摧毁 Q_1，以及此时所连接的负载器件。图 9.109 所示为两种限流电路。

在这两种电路中，Q_1 是大电流的传输晶体管，发射极到基极的电阻 R_1，其阻值选择当负载电流约 100mA 时将 Q_1 打开。在第一个电路中，Q_2 通过 R_{SC} 上的压降感知负载电流，当压降超过一个二极管的压降时切断 Q_1 的驱动。这个电路的缺点是对于接近电流极限的负载电流，输入电压此时必须超过稳压输出电压，并且超出三端稳压器的压差电压加上两个二极管的压降电压。此外，Q_2 基极所需的小电阻值使得添加折返式限流变得困难。

第二个电路通过增加额外的复杂电路解决了上面的问题。对于大电流线性稳压器来

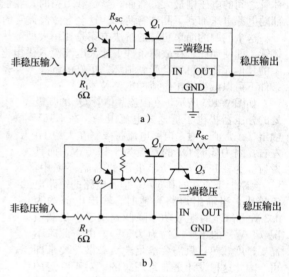

图 9.109　带有限流的外置晶体管升压电路

说，为了将功耗降至可接受的水平，低压差电压通常很重要。要增加折返式限流电路，只需要将 Q_3 的基极连接到从 Q_1 的集电极到地的分压器上，而不是直接连接到 Q_1 的集电极。注意，在任何电路中，Q_2 必须能够处理稳压器的完整极限电流。

注意，使用外部传输晶体管时，将无法获得几乎所有集成稳压器中包含的过温保护功能。因此，必须提供足够的散热来满足正常和短路时的负载条件。

9.13.5　高压稳压器

当我们设计可以提供高压的线性稳压器时，会遇到一些特殊问题，通常需要采用一些巧妙的电路设计技巧。本节将介绍一些这样的相关设计技术。

1. 高压元器件

功率晶体管（包括双极和 MOSFET）可用于承受高达 1200V 及以上的击穿电压，而且它们的价格不是很贵。另外，IGBT 甚至可用于高达 6000V 的额定电压。例如，ON Semiconductor 的 MJE18004 是一款 5A 的 NPN 型功率晶体管，一般情况下集电极-发射极击穿电压（V_{CEO}）为 450V，基极反向击穿电压（V_{CEX}）为 1000V。由于功率 MOSFET 具有出色的安全工作区（无因热诱导的二次击穿），因此它们通常是高压稳压器的最佳选择，它们广泛用于 800~1200V 的额定电压级别，并且电流可达 8A 或更高。

通过接地附近的误差放大器电路（通过输出电压感应分压器获得输出的低压采样），我们可以仅使用传输晶体管及高压驱动器来构建高压稳压器。图 9.110 给出了这个想法的电路，这是一个使用

NMOS 传输晶体管和驱动器实现的＋5～＋750V 稳压电源。Q_2 是串联传输晶体管，由反相放大器 Q_1 驱动。运算放大器作为误差放大器，将输出电压的一小部分与精确的＋5V 参考电压进行比较。当 27Ω 电阻上的压降等于 V_{BE} 时，Q_3 通过关闭对 Q_2 的驱动来提供电流限制。电路中其余的元器件提供了更巧妙但必要的功能：如果 Q_1 使其漏极电压快速拉低时（而输出电容会保持 Q_2 的源极电压），稳压二极管会保护 Q_2 防止反向栅极击穿，它还会保护其防止正向栅极击穿，例如如果输出突然短路。肖特基二极管同样保护运算放大器的输入免受通过 10 pF 电容耦合的负电流脉冲的影响。

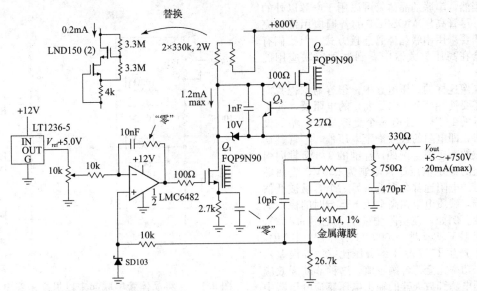

图 9.110　高压稳压电源。Q_1 漏极上的电流源上拉电路是一个简单的电阻性漏极负载可参考替代电路

注意，图 9.110 电路中使用了几个串联电阻，这是为了可以承受大电压，Ohmite 的 OY 系列 1W 和 2W 陶瓷复合电阻，以及输出感应分压器中的精密金属薄膜电阻都是无感电阻。电路中的各种小电容提供了必要的功能补偿，因为 Q_1 被用于具有电压增益的反相放大器，从而使得运算放大器环路不稳定（特别是考虑到电路的容性负载）。同样，330Ω 串联输出电阻通过与容性负载耦合来提升电路的稳定性（以降低调节性能为代价）。Q_2 的串联栅极电阻和源极磁珠可以抑制振荡，高压 MOSFET 特别容易出现振荡。一个重要的警告：像这样的电源电路会产生真正的电击危险，请小心使用！

这里我们不能忽略一个细节：稍微修改一下（将参考电压替换为信号输入），这个电路就可以成为一个非常好的高压放大器，可用于驱动像压电式换能器这样的特殊负载，如图 3.111 所示的简单的 1kV 放大器就是这种设计方法。对于这种特殊的应用，电路必须能够向电容负载汲取和输出电流。奇怪的是，这个电路（称为电极柱）的作用类似于伪推挽输出，根据电路需要，Q_2 输出电流，Q_1 汲取电流（通过二极管）。

如果高压稳压器仅设计为提供固定输出，则可以使用击穿电压小于输出电压的传输晶体管。例如，Q_2 可以使用 400V 的晶体管，该电路就可以产生固定的＋500V 输出。但是，对于这样修改后的电路，我们必须确保稳压器的电压永远不会超过其额定值，即使在开启、关闭和输出短路条件下也是如此。一些特殊位置的稳压二极管具有这种功能，但必须考虑异常故障条件，例如突然的上游短路（火花或探针故障），以及所谓"正常"的事件，例如输出短路等。实际上，经常会出现一些意想不到的事，一个设计相当不错（并经过测试）的高压电路很容易突然失效，并且很少有线索来查找原因。从我们辛苦的实践得来的经验是：尽量使用额定电压高于整个电源电压的 MOSFET。

✎ **练习 9.14**　在图 9.110 的电路中加入折返式限流电路。

2. 串联晶体管

图 9.111 给出了一种将晶体管串联以提高击穿电压的电路设计技巧。在左侧电路中，相等的栅极电阻将直流电压分配到串联的 MOSFET 上，而并联的电容确保电路在高频时的分压作用（电容应选择足够大，从而可以忽略晶体管输入电容的差异，否则会导致不均匀的分压，使得整体击穿电压降低）。稳压二极管用来保护栅极防止击穿。100Ω 串联栅极电阻有助于抑制高压 MOSFET 中常见的振荡（如果出现振荡，可以在源极和栅极上串联一些铁氧体磁珠）。

对于串联的双极晶体管，可以仅使用电阻来分配压降，如图所示，因为坚固的基极-发射极结并不容易受到类似 MOSFET 氧化层击穿的破坏（在正向方向上，它们只是小电流导通，基极分压器上的小反向电流通常是无害的且完全可以通过连接在基极和发射极之间的 1N4148 型小信号二极管避免）。像 300V MPSA42 和 MPSA92（分别为 NPN 和 PNP）以及 400V MPSA44（具有 TO-92 和表面贴装封装）这样的小信号晶体管可以通过这种方式有效地扩展到更高的电压。

注意，串联实现的晶体管串的饱和电压要比等效的高压晶体管的饱和电压差得多：对于三个 MOSFET（如图所示），导通电压为 $3V_{DSon}+3V_{GSon}$；对于 BJT 电路，导通电压为 $3V_{CEon}+3V_{BE}$。

当然，串联的晶体管可以用于电源以外的电路。尽管高压 MOSFET 的普遍应用使得完全不需要采用串联晶体管连接方式，但我们有时还会在高压放大器中看到这种串联应用的电路。

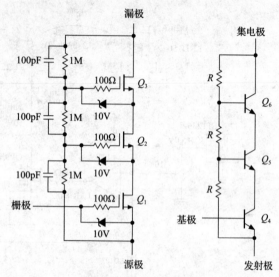

图 9.111　将晶体管串联起来以提高击穿电压，分配功率耗散，并且（在功率 BJT 中）保持在安全工作区域内

在像这样的高压电路中，很容易忽视我们可能需要使用 1W（或更大）的电阻器，而不是标准的 1/4W。还有一个更容易被忽略的设计陷阱，即电阻的最大额定电压值，不管其功率耗散的额定值。例如，标准的 1/4W 轴向引线电阻的额定电压通常限制为 250V，表面贴装型号的电阻通常会更低。另一个容易被低估的影响是碳质电阻在高电压下运行时的惊人电压系数。例如，在实际测量中（见图 9.112），当使用 1kV 驱动时，1000：1 分压器（10MΩ，10kΩ）产生了 775：1 的分压比（29% 误差）。注意，功率完全符合额定值。这种非欧姆效应在高压电源和放大器的输出电压感应分压器中尤其重要，特别需要小心！像 Ohmite 和 Caddock 这样的公司制造了许多款式的电阻，专门用于这种高压应用。

除了在高压应用中使用它们之外，将多个晶体管串联连接的另一个目的是分配大功率耗散。对于这种不需要处理高压的电源应用，我们当然也可以使用并联连接，但必须确保电流在多个晶体管之间近似均匀分配。对于并联连接的 BJT，通常使用单独的发射极平衡电阻来实现。但是，这种方案在 MOSFET 应用中存在问题，因为它们具有扩展的栅-源电压，导致在源极电阻上出现大的电压降。不过，这可以通过一些巧妙的方法来解决，图 3.117 给出了一个实用的解决方案。

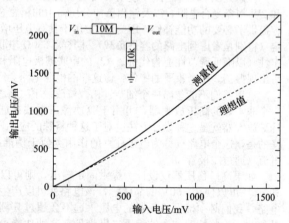

图 9.112　碳质电阻在接近其额定电压 250V 时会出现电阻阻值降低的情况。不要使用超过其电压额定值的电阻

3. 浮动稳压器

有时用于扩展集成稳压器（包括简单的三端稳压器）电压范围的另一种方法是将整个稳压器浮动在地信号之上，见图 9.113。

在这里，稳压二极管 D_2 将三端稳压器两端的压降限制在几伏之内（稳压二极管电压减去 Q_1 的栅-源电压），外部 MOSFET Q_1 则承担其余的压降。LT3080 是一个很好的选择，可利用其简单的 10μA 可编程电流来设置输出电压。我们使用了一对电阻器的设计技巧（一个电流分配器，也可以将其视为 10μA 源极电流的电流倍增器），将有效编程电流提高到 1mA，因此我们可以使用 500kΩ 电位器来设置电压（而不需要使用体积较大且无法获得的 50MΩ 电位器）。增强的编程电流也正好为 LT3080 提供了 0.5mA 的最小负载电流。稳压二极管电流由 Supertex 公司的耗尽型 MOSFET 器件 LND150 提供，这里通过源极自偏电阻将其限制在 0.2mA。

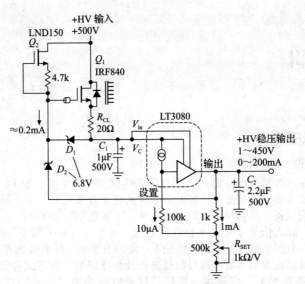

图 9.113　高压浮动三端稳压器

图 9.113 中其余的元器件很容易理解：D_1 保护 Q_1 的栅极；铁氧体磁珠抑制振荡（也可以使用 150Ω 的栅极电阻代替）；LT3080 配备了其所需的最小输入和输出旁路电容。如果想使得 HV 输入降至输出电压以下，请在 LT3080 两端添加一个二极管（无论如何都要这样做）。

练习 9.15　尝试使用大电流耗尽型 MOSFET（例如 IXTP3N50）替换 Q_1。能否想到一种方法来去掉电路中的 Q_2 和稳压二极管？尽管结果 $-V_{GS}$ 可能小于大电流时 LT3080 所需的 $V_{DO}(max) = 1.6V$。提示：LM385-2.5 可能有用。

第 10 章
数 字 逻 辑

10.1 基本逻辑概念

10.1.1 数字与模拟

前面主要讨论了输入和输出电压都在一定范围内连续变化的电路，如 RC 电路、放大器、积分器、整流器以及运算放大器等。显然，这些电路处理的都是连续信号（如音频信号）或来自测量仪器（如温度计、光探测设备、生物探头或化学探头等）连续变化的电压。

但在某些情况下，输入信号本身就是自然离散的，例如来自粒子探测器的脉冲，或来自开关、键盘或计算机的"位"数据。显然，在这些情况下，使用数字电子技术（处理 1、0 数据的电路）更方便。此外，为了用计算机或信号处理器对数据进行计算或以数字的形式存储大量数据，通常需要使用模拟-数字转换器（ADC）将连续（模拟）数据转换为数字形式的数据，反之亦然（使用 DAC）。在典型情况下，微处理器或计算机可以监控来自实验或工业过程的信号，并根据所获得的数据控制实验参数，将实验运行时所收集或计算的结果存储起来以备将来使用。

数字电子技术是模拟信号，它可以在不受噪声影响的情况下进行传输，例如模拟音频或视频信号在通过电缆或无线传输时会检出无法去除的噪声。相反，如果传输信道上的噪声电平并不高，对 1 和 0 的准确识别不会造成影响，那么就可以将信号转换成一组代表连续时间幅值的数字，并将这些数字作为数字信号进行发送，在接收端（使用 DAC）重构模拟信号时就不会产生误差。这种被称为脉冲编码调制（Pulse-Code Modulation，PCM）的技术在信号必须通过一系列"中继器"时尤为重要，因为每一级的数字再生可以保证无噪声传输。由行星深空探测器发回的信息以及令人惊叹的图片都是 PCM 信号。数字音频及视频在现代家庭中已经非常普及，在一张 12cm 大小的 CD 中，一首音乐可以以每 $23\mu s$ 一对 16 位立体声数据的形式存储（1.4Mbit/s），一张光盘可以存储 60Gbit 的信息。如果按现在的标准，CD 只是一种低速、低容量的存储介质，DVD 和蓝光光盘对应的速度则分别为 10Mbit/s 和 48Mbit/s（最大），总存储量分别为 38GB 和 200GB。

实际上，数字硬件的功能已经变得非常强大，通常那些适用模拟技术解决的任务都可以用数字方法得到更好解决。模拟温度计结合微处理器和存储器，可以补偿仪器偏离线性的误差，从而提高精度；同样，数字浴室秤也是如此。由于微处理器成本低、种类多，因此其应用非常广泛。普通家庭中就有各种各样嵌入微处理器的设备，如音乐播放器、电视机、手机、洗碗机、洗衣机、烘干机、传真机、复印机、微波炉、咖啡机等。

10.1.2 逻辑状态

"数字电路"指的是在任何一点上（通常）只有两种可能状态的电路，例如晶体管可以处于饱和状态或者处于截止状态。一般讨论的是电压而不讨论电流，称为 HIGH（高电平）或 LOW（低电平）。这两种状态可以表示各种各样的"位"（二进制数字）信息，如一位数字、开关是否打开或关闭、信号是否存在、某个模拟电平是否高于或低于某个已知阈值、某个事件是否已经发生、是否应该采取某种措施等。

1. HIGH 和 LOW

HIGH 和 LOW 状态以某种预定义的方式表示布尔逻辑的 TRUE（真）与 FALSE（假）状态。如果在某一点 HIGH 表示 TRUE，那么该信号逻辑称为"正逻辑"，反之亦然。一开始可能容易混淆，图 10.1 展示了一个输出为 LOW 时 SWITCH CLOSED（开关闭合）为真的示例，这是一个负逻辑信号，即 LOW 为真，也可以将其标记为图 10.1 所示那样，符号上的横线表示 NOT，开关未闭合时输出为 HIGH。记住符号上方有没有横线表示状态条件（SWITCH CLOSED）为真时输出是 LOW 还是 HIGH ⊖。乍一看，"负逻辑"

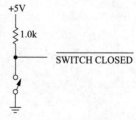

图 10.1 负逻辑电路示例

⊖ 有时会看到术语"正为真"和"负为真"也分别表示正逻辑（HIGH 为真）和负逻辑（LOW 为真）。这些术语都是可以的，但是它们可能会让没有经验的人感到困惑，特别是在没有涉及到负电压的情况下。

这个概念似乎有些落伍，为什么不能简单点，直接取消这种混乱的逻辑呢？请耐心地读下去。

数字电路通过信号的来源"确定"信号表示的含义，就像模拟电路可以"确定"某个运放的输出所表示的含义一样。不过，数字电路中可以增加灵活性，有时，同样的信号线可以用来传输不同种类的信息，甚至可以在不同的时间向不同的方向传输信息。要实现这种"多路复用"，就必须发送额外的信息（地址位或状态位）。该功能非常有用，后续将介绍相关示例。现在，设想有一个已经连好的电路，该电路能执行一个预定功能，并且知道这个预定功能具体是什么，知道其输入来源和输出去向。

1 和 0 在布尔逻辑中分别表示 TRUE 和 FALSE，在电子学中通常也是如此。但还有另一种使用方式，即 1＝HIGH，0＝LOW。在本书中，为了避免造成任何歧义，我们使用 HIGH（或 H）和 LOW（或 L）来表示逻辑状态，在电子技术中广泛采用这种方式。我们只在没有歧义的情况下使用 1 和 0。

2. HIGH 和 LOW 的电压范围

在数字电路中，根据特定的逻辑系列 ⊖，HIGH 和 LOW 对应的电压具有一定的范围。例如，5V 电源时，高速 CMOS（HC 系列）逻辑的输入电压对地 1.5V 以下时为 LOW，1.5～5V 之间为 HIGH。该输入是由其他器件的输出驱动的，这些器件的输出电压典型的 LOW 和 HIGH 状态通常分别为 0 代表的电压的十分之一和＋5V（输出端是一个饱和晶体管，见图 10.25）。这样便于制造，电路的温度、负载、电源电压等都可以变化，信号在电路传输的过程中允许混入噪声（来自电容耦合或电感耦合、外部干扰等）。由接收电路判断信号是 HIGH 还是 LOW，并采取相应的动作 ⊖。只要噪声没有将 1 变为 0，或 0 变成 1，就不会有问题，而且在每一级最后，任何噪声都会被消除，重新生成"干净的"0 和 1。从这个意义上说，数字电子是无噪声的、完美的。

术语抗扰度用于描述在保持电路正常工作的同时，可以添加到逻辑电平（在最坏的情况下）的最大噪声电平。比如，之前主流的 TTL（晶体管-晶体管逻辑电路）逻辑系列，由于只有 0.4V 的抗扰度，因此受到这一问题的严重困扰，TTL 输入会将小于＋0.8V 的电压视为 LOW，大于＋2.0V 的电压视为 HIGH，而最坏情况下的输出电压分别为＋0.4V 和＋2.4V。实际情况中，抗扰度比最坏情况下的 0.4V 要好得多，典型的 LOW 和 HIGH 电压分别为＋0.2V 和＋3.4V，输入的判定阈值接近＋1.3V。但请记住，如果要设计性能好的电路，就要使用最坏情况下的值。同时请记住，不同的逻辑系列具有不同的抗扰度。CMOS 的抗扰度比 TTL 的更高，而快速 ECL（发射极耦合逻辑）系列的抗扰度较小。当然，数字系统对噪声的敏感度还取决于噪声幅值的大小，而噪声幅值又取决于如输出级强度、对地电感、长总线的存在以及逻辑转换时输出的转换速率（这将产生瞬态电流，并且由于容性负载会在地线上出现电压尖峰）等参数。这些问题将在第 12 章中进行讨论。

10.1.3　数码

前面所列的可表示为数字电平的大多数情况都很容易理解。如何将数字电平表示为一个数值是一个比较复杂但却很有趣的问题。这里，我们把位视为指示符，然后就可以将一组位看成一个数字。

十进制数（基数为 10）可以理解为一个简单的整数字符串与 10 的连续幂的乘积的和。例如

$$137.06 = 1 \times 10^2 + 3 \times 10^1 + 7 \times 10^0 + 0 \times 10^{-1} + 6 \times 10^{-2}$$

十进制数表示需要 0～9 共 10 个符号项，每一项对应的 10 的幂由其相对于小数点的位置决定。如果只用两个符号（0 和 1）来表示一个数字，就是二进制，或者以 2 为基数的数字系统。每个 1 或 0 都要乘以 2 的幂。例如

$$1101_2 = 1 \times 2^3 + 1 \times 2^2 + 0 \times 2^1 + 1 \times 2^0$$
$$= 13_{10}$$

每个 1 和 0 被称为位（二进制数字）。下标（通常以 10 为基数）表示使用的数字系统的基数，这是为了避免混淆，因为符号看起来都一样。

我们用之前描述的方法可以把一个数从二进制转换成十进制，还有一种方法也可以进行转换，就是将这个数除以 2，然后写出余数。比如，将 13_{10} 转换为二进制：

⊖　"系列"是数字逻辑的一种特殊硬件实现，以工作电压、逻辑电压电平和速度为特征。由于历史原因，大多数逻辑系列都以 74 为前缀来命名标准逻辑器件，后面跟几个字母来命名具体系列，并以一些指定逻辑功能的数字结尾。逻辑功能本身在各个系列中是相同的。例如，74LVC08 是低压 CMOS（LVC）系列中的 2 输入与门（实际上一个封装中有 4 个与门），"08"表示 4 个 2 输入，"74"表示在标准温度下工作的逻辑芯片。

⊖　有时数字信号以差分电压对的形式发送，而不是单端，这特别适用于较长的高速信号或经过一定距离的信号，例如 USB、Firewire 和 SATA 等快速串行总线；通常也用于分配高频时钟信号。一种流行的格式是 LVDS（低压差分信号），其中差分信号幅度约为 0.3V，＋1.25V 的中心电压。

13/2＝6，余数为 1

6/2＝3，余数为 0

3/2＝1，余数为 1

1/2＝0，余数为 1

由此可以得到 $13_{10}＝1101_2$。注意，答案是按照 LSB（最低有效位）到 MSB（最高有效位）的顺序排列的。

1. 十六进制（hex）表示

二进制数是双状态系统的自然选择（但不是唯一方法）。当数比较长时，一般使用十六进制（以 16 为基数）表示：每一位表示 16 的连续幂，十六进制符号的值为 0～15，其中 10～15 用符号 A～F 表示。要将二进制数写成十六进制数，只需要从 LSB 开始，每 4 位一组，将每一组写成十六进制形式：

$$707_{10}＝1011000011_2（＝0010\ 1100\ 0011_2）＝2C3_{16}$$

十六进制表示⊖非常适合计算机中常用的"字节"（8 位）结构，通常计算机中一个"字"可以用 16 位、32 位或 64 位来表示，即一个字为 2 字节、4 字节或 8 字节。所以在十六进制中，每个字节都是两位十六进制数，一个 16 位的字是 4 位十六进制数，以此类推。例如，对于一个内存大小为 65 536（64K）字节的微控制器，由于 $2^{16}＝65\ 536$，因此其内存地址可以用两字节数寻址，最低地址为 0000h（h 表示十六进制），最高地址为 FFFFh，该内存的后半页从地址 8000h 开始，四分之一页从地址 C000h 开始。

位于计算机某处内存中的一个字节可以表示一个整数，或一个数字的一部分，也可以表示其他，如字母数字（字母、数字或符号）通常就表示为一个字节。以广泛使用的 ASCII 码表示法为例，小写字母"a"的 ASCII 码为 01100001（61h），"b"为 62h 等。因此，单词"nerd"可以用一对 16 位的字存储，其十六进制数为 6E65h 和 7264h。

图 10.2 展示了常用的数字逻辑系列的两种逻辑状态（HIGH 和 LOW）所对应的电压范围。对于每种逻辑系列，对 HIGH 和 LOW 两种状态所对应的输入和输出电压标称值进行定义是非常有必要的。横线上方的阴影区域表示输出电压对应于逻辑 LOW 或 HIGH 的指定范围，一对箭头表示实际情况下典型的输出值（LOW，HIGH）。横线以下的阴影区域表示输入电压对应于逻辑 LOW 或 HIGH 的范围，箭头表示典型的逻辑阈值，即 LOW 和 HIGH 的分界线。在所有情况下，逻辑 HIGH 的值都比逻辑 LOW 的值高。表 10.1 中提供了更多的有关这些系列的信息，在第 12 章中也会对其进行详细讨论。

逻辑电平

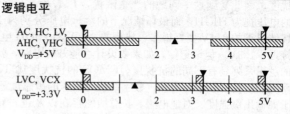

图 10.2　常用逻辑系列的逻辑电平

表 10.1　可选逻辑系列

系列	V_{CC}/V		V_{in}/V	$t_{pd}@V_{cc}$		封装形式		
	min	max	max	/ns	/V	DIP	SMT	1G，2G
74HC00	2	6	V_{CC}	9	5	•	•	•
74AC00	3	6	V_{CC}	6	5	•	•	•
74AHC00	2	5.5	V_{CC}	3.7	5	•	•	•
74LV00	1.2	5.5	5.5	3.6	5	•	•	•
74LVC00	1.7	3.6	5.5	3.5	3.3	—	•	•
74ALVC00	1.7	3.6	3.6	2	3.3	—	•	•
74AUC00	0.8	2.7	3.6	0.9	1.8	—	•	•

在电子学的定义中，需要明确"最小值""典型值"和"最大值"的含义。简单来讲，制造商能够保证器件的参数在最小值和最大值之间且非常接近典型值。这意味着典型值是设计电路时所使用的值；但是，必须确保设计的电路能够在从最小值到最大值的整个定义范围内都能正常工作

⊖　十六进制数（如 $2C3_{16}$）的替代形式有 2C3H、2C3h、2c3h 和 0x2C3。

（制造商提供的极限）。特殊情况下，一个设计良好的电路必须能够在最小值和最大值的最坏组合下也能正常工作，这就是所谓的最坏情况设计，这对任何由现有（未经特殊选择）器件生产的仪器至关重要。

2. BCD 码

另一种数的表示方式是对每个十进制数进行二进制编码，该编码称为 BCD 码（二进制编码的十进制），每个十进制数用 4 位一组的二进制表示，例如

$$137_{10} = 0001\ 0011\ 0111(BCD)$$

注意，BCD 表示法与二进制表示法不同，如在本例中 137 的二进制表示为 $137_{10} = 10001001_2$。（从右侧开始的）每一位对应的位置表示的是 1、2、4、8、10、20、40、80、100、200、400、800 等。显然，BCD 码额外占用了一些位资源，因为 4 位一组可以表示 0~15，而 BCD 只能表示 0~9。但如果是要显示一个十进制的数字，那么用 BCD 码更为理想，因为只要将每个 BCD 字符转换为相应的十进制数即可。因此，BCD 通常用于数字信息的输入和输出。但是，纯二进制码与 BCD 码之间的转换很复杂，因为每个十进制数几乎都取决于每个二进制位的状态，反之亦然。不过二进制运算简单高效，所以大多数计算机都是先将输入数据转换成二进制，输出数据时再将其转换为 BCD 码。

练习 10.1 将下列数转换为十进制数：a) 1110101.0110₂，b) 11.01010101…₂，c) 2Ah。将下列数转换为二进制数：a) 1023₁₀，b) 1023h。将下列数转换为十六进制数：a) 1023₁₀，b) 101110101101₂，c) 61453₁₀。

3. 带符号的数

符号大小表示 用二进制对负数进行表示是很有必要的，尤其是在需要进行计算的器件中。最简单的方式是用 1 位（比如 MSB）表示符号，其余的位表示数字的大小。这就是所谓的"符号大小表示"，其对应的表示方式见表 10.2。这种表示方式一般多用于数字显示以及一些 ADC 方案中。总的来说，它并不是表示带符号的数（浮点数除外）的最佳方式，特别是在需要进行计算的情况下，因为这种方式在进行计算时比较笨拙，减法运算与加法运算规则不同（如加法对带符号的数不起作用）。另外，该表示方式中存在两个零（+0 和 -0），因此在使用时必须谨慎，只能选择其中一个使用。

表 10.2　4 位带符号整数的 3 种表示方式

整数	符号大小	偏移二进制	2 的补码	整数	符号大小	偏移二进制	2 的补码
+7	0111	1111	0111	-2	1010	0110	1110
+6	0110	1110	0110	-3	1011	0101	1101
+5	0101	1101	0101	-4	1100	0100	1100
+4	0100	1100	0100	-5	1101	0011	1011
+3	0011	1011	0011	-6	1110	0010	1010
+2	0010	1010	0010	-7	1111	0001	1001
+1	0001	1001	0001	-8	—	0000	1000
0	0000	1000	0000	(-0)	1000		
-1	1001	0111	1111				

偏移二进制表示 带符号数的第二种表示方式为偏移二进制，其二进制码对应的数与可能达到的最大数的一半的差值就是这个偏移二进制码所表示的值（见表 10.2）。该方式的优点在于从最负（最小）到最正（最大）的数字序列就是一个简单的二进制计数过程，使得它自然就是一个二进制计数器。MSB 位携带的仍然是符号信息，而且 0 只出现一次。偏移二进制在 A/D 转换中很常用，但对于计算来说这种表示方式仍然很笨拙。

2 的补码表示 整数计算最常用的表示方式称为 2 的补码。在这种表示方式中，正数被表示为简单的无符号二进制数。负数的表示方式为用二进制表示的负数与同样大小的正数相加的和为零。要表示一个负数，首先要对相应的正数的每一位进行补码操作（例如，用 1 表示 0，反之亦然，称为"1 的补码"），然后再加上 1（称为"2 的补码"）。如表 10.2 所示，2 的补码表示与偏移二进制表示的 MSB 位互补。与其他带符号数的表示方式一样，MSB 位总是携带符号信息。这种表示方式中只有一个零，用全零表示非常简单方便（给计数器或寄存器清零）。显然，2 的补码表示非常适用于计算（它允许计算机以同样的方式处理正整数和负整数），所以它普遍用于计算机的整数运算⊖。

⊖ 但请注意，浮点数通常以"符号大小"的形式表示，即符号位-指数位-尾数位。

4. 2的补码运算

2的补码运算非常简单。两个数字相加只需要各个位（带进位）相加，如下所示：

$$5+(-2)=3$$

$$
\begin{array}{r}
0101 \quad (+5) \\
+\quad 1110 \quad (-2) \\
\hline
0011 \quad (+3)
\end{array}
$$

A 减去 B 等于 A 加上 B 的2的补码（即加上负数），如下所示：

$$2-5=-3$$

$$
\begin{array}{r}
0010 \quad (+2) \\
+\quad 1011 \quad (-5) \\
\hline
1101 \quad (-3)
\end{array}
$$

注意，在减法的例子中，$+5=0101$，1的补码为1010，2的补码为$-5=1011$。乘法运算也可以用2的补码完成。

🖊 **练习10.2** 用3位2的补码表示的二进制数来计算$+2$乘以-3。提示：答案为-6。

🖊 **练习10.3** 证明-5的2的补码等于$+5$。

因为一个 n 位整数只能表示 2^n 个数，所以当两个固定字长的数相加或相减时，可能会出现上溢或下溢。具体来说，一个 n 位的无符号整数可以取 $0\sim2^n-1$ 的值，而一个 n 位带符号的2的补码的取值范围为 $-2^{n-1}\sim+2^{n-1}-1$。对于8位整数，对应的范围分别为 $0\sim256$ 和 $-128\sim+127$。要确定无符号加法是否溢出，只需要注意它是否生成了MSB。对于带符号数的2的补码，规则比较特殊：如果符号位（MSB）被进位改变（即如果数值位的进位与MSB的进位不等或相反），那么就表示结果溢出。

🖊 **练习10.4** 证明以下规则：假设4位字长，对下列带符号数进行2的补码的加法运算，$7+(-6)$，$7+7$，$7+4$，$-7+(-8)$。然后以5位字长对其进行相同的运算，不同字长下运算的结果相同。

5. 格雷码

用于机械线性轴角度编码器以及某些ADC的编码称为格雷码，它的特点是从一种状态到下一种状态只有一位发生变化。这个特性可以防止转换时出错，因为没有一种办法可以保证在两个码值的边界处同时改变所有的位。比如，直接使用二进制，从3到4，就可能会输出7。生成格雷码的简单规则如下：从全0状态开始，要得到下一个状态，只需要更改能得到新状态的最低有效位即可。

状态	二进制码	格雷码
0	000	000
1	001	001
2	010	011
3	011	010
4	100	110
5	101	111
6	110	101
7	111	100

图10.3显示了一个格雷码的角度编码器如何消除转换时的错误代码。格雷码可以用任意位数生成。此外还可以在"并行编码"（也称为闪存转换）中使用，并行编码是一种用于高速A/D转换的技术。

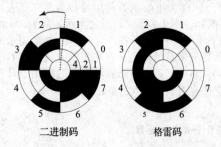

二进制码　格雷码

图10.3　3位角度编码器的两种表示。黑色或白色扇区表示三个编码位中的每一位（1或0）（二进制编码的值为4、2和1）。二进制编码在1→2这样的转换中容易出错，因为在这种情况下它必须同时更改多个位，格雷码可以避免这个问题

10.1.4 门和真值表

1. 组合逻辑与时序逻辑

数字电子技术主要研究的是从数字输入生成数字输出。例如，加法器可以将两个 16 位数字作为输入，并生成一个 16 位（加进位）的和。还可以设计两个数的乘法电路。这些都是计算机的处理单元应该能够完成的操作。另外，还可以比较两个数字的大小，或者将一组输入与所需的输入进行比较，以确保"所有的系统都正常"。或者，计算一个"奇偶校验位"，在通过数据链路传输之前将其附加到一个数字上，使 1 的个数为偶数，然后在接收端检查奇偶校验位，这是一种简单地检查传输是否正确的方法。另一个典型的功能是把一些以二进制表示的数显示或打印成十进制字符。所有这些功能中的输出都是预先定义好的输入的函数。这一类所谓的组合函数，都可以用称为"门"的器件来完成，它们可以完成两个状态（二进制）系统的布尔代数运算。

还有一类问题无法只通过输入的组合函数来解决，还需要输入的过去状态。解决方案是使用时序网络。这种类型的典型任务可以将串行形式的一串位（一个接一个地）转换成一组并行的位，或者对序列中 1 的个数进行计数，或者识别序列中的某个模式，或者每隔四个输入脉冲输出一个输出脉冲，或者随着时间的推移控制系统的状态。所有这些任务都需要数字存储器。这里所指的基本器件就是触发器（双稳态多谐振荡器）。

门和组合逻辑是最基础的，因此我们就从门和组合逻辑开始进行学习。尽管时序器件会使数字世界变得更加有趣，不过门的学习也很有乐趣。

2. 或（OR）门

当其中一个输入（或两个输入都）为 HIGH 时，或门的输出为 HIGH，见图 10.4 的真值表，对应的门是一个 2 输入或门。一般情况下，一个门可以有任意个输入，但当以"标准逻辑"集成电路（IC）的形式进行封装时，单个 IC 封装中只封装 1～4 门。比如，一个 4 输入或门的任意一个（或更多）输入为 HIGH 时，其输出为 HIGH。

或门的布尔符号为 +。"A 或 B"写成 $A+B$，在 Verilog 或 C 中写成 A|B。

3. 与（AND）门

只有当两个输入都为 HIGH 时，与门的输出为 HIGH，其逻辑符号和真值表见图 10.5。和或门一样，与门也可以有 3 或 4 个（有时更多）输入。例如，一个 8 输入与门，只有当所有的输入为 HIGH 时，该与门的输出才为 HIGH。

与门的布尔符号是一个圆点（·），一般可以省略。"A 与 B"可以写成 $A \cdot B$，也可以简单地写成 AB，在 Verilog 或 C 语言中可以写成 A&B。

4. 反相器（NOT 功能）

我们常常需要逻辑电平的补码，这就是反相器的功能，这个"门"只有一个输入，见图 10.6。

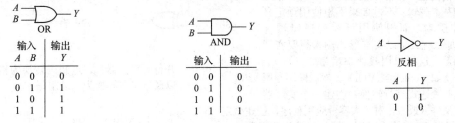

图 10.4　2 输入或门及其真值表　　图 10.5　2 输入与门及其真值表　　图 10.6　反相器（非门）及其真值表

NOT 的布尔符号是在字符上方画一条横线，或者有时用符号 $'$ 表示，"NOT A"写成 $\bar{A}$ 或 A'。为了方便输入，常用 /、 $*$ 、— 和 $'$ 来代替字符上方的横线，因此，"NOT A"也可以写成以下几种形式：A'、$-A$、$*A$、$/A$、$A*$、$A/$ 等。通常，一个文档只采用其中的一种，并保持全文一致。在编程语言中，NOT 写成 ! 或 ~。

传输时间　实际中，当输入电平发生变化时，类似门和反相器这样的逻辑器件并不会立即工作，消息从输入到输出需要传输时间（t_p）。图 10.7 中展示了 5 个不同逻辑系列的反相器在 15ns 的有效低脉冲驱动时输出的实际范围轨迹。可以看出，较新的低压系列（74AUC、74AVLC）最快，传输时间不超过 2ns。

5. 与非和或非

反相功能也可以与门组合，形成与非（NAND）和或非（NOR），见图 10.8，而且它们比与门和或门更受欢迎，因为有了反相之后，它们就可以变形为任意其他的门，后面会介绍。

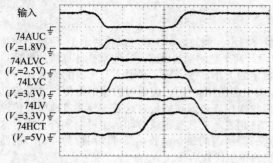

图 10.7 真实逻辑门需要几纳秒（ns）的时间才能对变化的输入做出响应。观察 5 个常用逻辑系列的反相器，当用低输入脉冲驱动反相器时，显示的输出中，速度最慢的逻辑系列（74HCT，以 5V 的摆动驱动）在前后沿的延迟分别为 9ns 和 5ns，导致输出脉冲宽度缩短。垂直为 5V/div，水平为 4ns/div

6. 异或

异或（XOR）是一个有趣的功能，如图 10.9 所示。如果异或门其中一个输入（不能两个同时且其输入也不超过两个 ⊖）为 HIGH 时，那么它的输出就为 HIGH。换种说法就是，如果输入不同，则输出为 HIGH。异或门相当于两个二进制数的模 2 加法。异或的布尔符号为 ⊕。在 Verilog 或 C 语言中，"A 异或 B"写成 A∧B。

A	B	Y
0	0	1
0	1	1
1	0	1
1	1	0

A	B	Y
0	0	1
0	1	0
1	0	0
1	1	0

A	B	Y
0	0	0
0	1	1
1	0	1
1	1	0

图 10.8 与非门和或非门及其真值表   图 10.9 异或门及其真值表

练习 10.5 说明怎样利用异或门实现选择反相器，即根据控制输入的电平，决定是否对输入信号进行反转（或缓冲，即不反转）。

练习 10.6 证明图 10.10 中的电路可以将二进制码转换为格雷码，反之亦然。

7. 基本逻辑：硬件描述语言

到目前为止，我们一直在用原理图符号来描述门的基本逻辑。不过如果不想使用预定义好的标准逻辑，而想使用可编程逻辑器件（PLD），那么就必须以文本形式输入想要实现的逻辑函数，这可以用硬件描述语言（HDL）来完成，比如 Verilog 或 VHDL。然后使用专用软件对这些表达式进行转换，创建一个实际器件的编程文件（或者，对于大容量应用程序，创建全定制 IC）。图 10.11 中给出了用不同的可编程逻辑器件和自定义 IC 的编程语言表示的基本逻辑运算。

以图 10.10b 中所示的格雷码到二进制码的转换为例，在 Verilog HDL（还有一些声明）中可以写为

```
assignb3 = g3;
assignb2 = g2∧g3;
assignb1 = g1∧(g2∧g3);
assignb0 = g0∧(g1∧(g2∧g3));
```

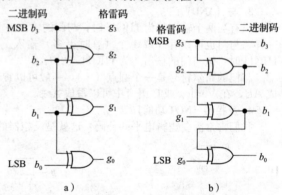

图 10.10 并行码转换器：二进制码转换为格雷码以及格雷码转换为二进制码

	AND	OR	NOT	XOR
文本	AB	A+B	$\bar{A}$	A⊕B
ABEL	A&B	A#B	!A	A$B
Verilog	A&B	A|B	~A	A∧B
VHDL	A and B	A or B	not A	A xor B

图 10.11 用硬件描述语言或运行文本表示的逻辑运算的语法，对于这些运算符，CUPL 使用的符号和 ABEL 使用的相同

10.1.5 门的分立电路

在讨论门电路的应用前，首先来看如何用分立

⊖ 几乎从来没有超过 2 个输入的异或门，尽管 1G386 号称是 3 输入异或门，但我们称它为 3 输入奇偶校验发生器。

器件构成门电路。图 10.12 显示了二极管与门。如果其中一个输入为 LOW，则输出为 LOW。只有当两个输入都为 HIGH 时，输出才为 HIGH。这个电路是可以工作的，但有很多缺点：①其低输出电平是二极管的压降，高于输入的低电平，显然不能同时使用太多的二极管；②没有扇出（一个输出驱动若干输入的能力），因为输出端的负载受输入信号的影响；③受上拉电阻的影响，其速度很慢。

图 10.13 显示了如何通过使用一对 NPN 晶体管开关来构造或非门，再增加一个反相器将其构成或门。当任一输入端（或两个输入端）为 HIGH 时，至少使一个晶体管导通，从而使输出为 LOW。由于这种门本身具有反相功能（它是一个或非门），所以在其输出端添加一个反相器（见图 10.13），就可以使其成为一个（不可逆的）2 输入或门。

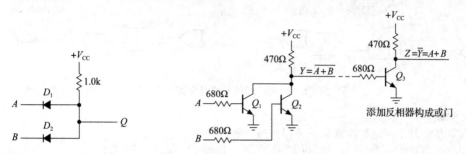

图 10.12 二极管与门   图 10.13 电阻-晶体管逻辑：或非输入级接反相器构成 2 输入或门

现在，使用双极晶体管的逻辑电路已经几乎被 MOS 电路所取代。图 10.14 显示一个模拟或非/门电路，其中 N 沟道 MOS 晶体管开关取代了图 10.13 中的双极 NPN 开关。MOS 实现的优点是不需要输入电流（尽管输入电容意味着在输入转换期间必须提供电流）。当然，它也有缺点，比如开关速度有限、功耗大（由于上拉电阻）。正如我们在 3.4.4 节中讨论的那样，在推挽配置中使用互补 MOS（CMOS）晶体管可以巧妙地解决这两个问题。

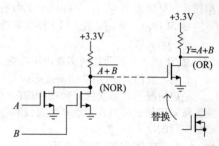

虽然分立门电路说起来很容易理解，但由于它们的缺点，在实际中一般不会直接使用。事实上，除了极个别的情况下，一般都不会使用分立元器件来构造门（或任何其他逻辑器件），因为有很多现成的性能优异且成本低廉的逻辑器件和紧凑的集成电路。目前，几乎所有的 IC 逻辑电路都是用互补 MOSFET（CMOS）构建的。

图 10.14 NMOS 或门。数字电路设计者简化了 MOSFET 符号，省略了基板端子。通常会将门连接居中，并在门上用圆圈来指示极性

10.1.6 逻辑门电路示例

下面设计一个电路来完成《电子学的艺术》（原书第 3 版）（上册）的第 1 章和第 2 章中所举事例对应的逻辑功能：如果汽车的任意一个门是打开的，而司机已经就座，则蜂鸣器发出警报。如果将这个问题重新表述为左边的门或右边的门是打开的，而司机已经就座，则输出 HIGH，则结果就很简单，即 $Q=(L+R)S$，如图 10.15 所示，如果其中一个门（或两个门）打开，则或门的输出为 HIGH。此时，再与司机已经就座相与（AND），则输出 Q 为 HIGH。如果再增加一个晶体管，就可以使蜂鸣器蜂鸣或关闭继电器○。

图 10.15 车门示例：正逻辑

实际电路中，开关产生的输入会使电路接地，从而省去额外的接线（还有其他原因）。这意味着当门打开时，输入为 LOW。换句话说，这里是"负逻辑"的输入。按照这种逻辑对该实例重新进行设计，将输入标记为 $\overline{L}$、$\overline{R}$ 和 $\overline{S}$（见图 10.16）。首先，需要知道 $(\overline{L}, \overline{R})$ 中是否有一个输入为 LOW，也就是说，必须将"两个输入均为

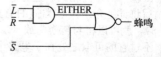

图 10.16 车门示例：负逻辑引起混淆

○ 这个特殊的门电路就是 74LVC1G3208，采用微型逻辑封装，称为 3 输入正或-与门。但是不要期望这种器件能满足所有的门电路需求。

HIGH" 这个状态与其他状态区分开，显然这需要一个与门。因此把 $\overline{L}$ 和 $\overline{R}$ 作为与门的输入。如果任意一个输入为 LOW，则其输出就为 LOW，将其标记为 $\overline{\text{EITHER}}$，然后需要知道什么时候 $\overline{\text{EITHER}}$ 为 LOW，什么时候 $\overline{S}$ 为 LOW，即必须将"两个输入均为 LOW"的状态与其他状态区分开，显然这是一个或门。为了获得与图 10.15 中一样的输出，图 10.16 中使用或非门代替或门，当所有条件满足时，输出为 HIGH。与前面的电路相比，我们用与门代替了或门（反之亦然），这一点似乎有点奇怪，但我们会在 10.1.7 节中对此进行说明。

练习 10.7 图 10.17 所示电路的功能是什么？

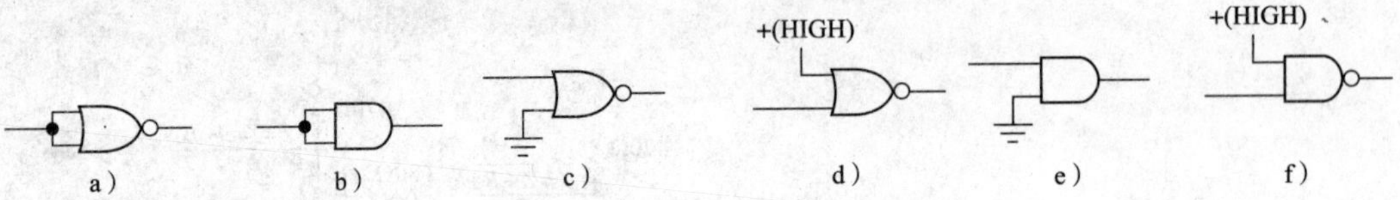

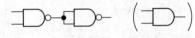

图 10.17 练习 10.7 的门配置

门的可交换性

设计数字电路时，一定要注意从一种门到另一种门的可能性。例如，如果需要一个与门，可以用 74LVC00（四路 2 输入的与非）的一半来构成，见图 10.18。第二个与非作为反相器，就可以构成与门。下面两个练习有助于理解这个问题。

图 10.18 用与非门构成与门

练习 10.8 使用 2 输入门实现以下功能：a) 用或非门设计反相器，b) 用或非门设计或门，c) 用与非门设计或门。

练习 10.9 说明如何实现以下功能：a) 用 2 输入与门设计 3 输入与门，b) 用 2 输入或门设计 3 输入或门，c) 用 2 输入或非门设计 3 输入或非门，d) 用 2 输入与非门设计 3 输入与非门。

一般情况下，多次使用带反相的门（如与非门）就可以实现任意的组合功能。但不带反相的门就无法实现任意的组合功能，因为没有办法实现反相的功能，这就是与非门和或非门在逻辑设计中非常流行的原因。

10.1.7 有效电平逻辑符号

如果与门的两个输入都为 HIGH，则其输出为 HIGH。因此，如果 HIGH 代表"真"，那么只有当所有输入都为真时，输出才会为真。换句话说，在正逻辑中，与门就是与门的功能，或门也是如此。

如果 LOW 代表"真"，那上边这个例子的结果又会是什么呢？如果与门的任意一个输入为真（LOW），则其输出为 LOW，这显然是或门的功能！同样，只有当或门的两个输入都为真（LOW）时，其输出才为 LOW，这是与门的功能，太不可思议了！

有两种方法可以解决这个问题。第一种方法如前所述，通过数字设计的方法，选择能够提供所需输出的门。例如，如果读者需要知道三个输入中的某一个是否为 LOW，就使用 3 输入与非门。一些被误导的设计师仍在使用这种方法，当使用这种方法进行设计时，即使这个门在输入端（负逻辑）上执行或非功能，也需要画一个与非门。如图 10.19 所示，对输入进行标记，其中 $\overline{\text{CLEAR}}$、$\overline{\text{MR}}$（主复位）和 $\overline{\text{RESET}}$ 是来自电路不同点的负逻辑电平。输出 CLR 是正逻辑，如果任意一个复位信号为 LOW（真），CLR 就将器件清零。

第二种处理负逻辑问题的方法是使用"有效电平逻辑"。如果一个门在负逻辑输入的情况下完成的是或门的功能，那么就将其画成如图 10.20 所示那样。负逻辑输入的 3 输入或门的功能与前面介绍过的 3 输入与非门相同。这种等价是一种非常重要的逻辑等式，就像德摩根（DeMorgan）定理一样，稍后将详细介绍许多类似的有用恒等式。现在，只需要知道如果对输出和所有输入取反（见表 10.3），就可以将与转换为或（反之亦然）。最初有效电平逻辑是被禁止的，因为这些门看起来很滑稽。不过它的可取之处在于电路中门的逻辑功能更为显而易见，使用一段时间后，可能就不想用别的表示方法了。

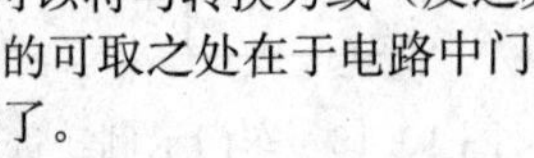

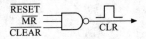

图 10.19 负逻辑时或门的标记

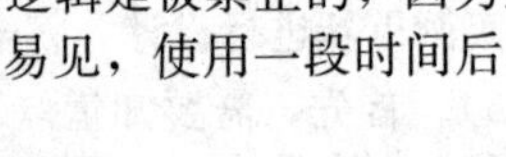

图 10.20 对负逻辑，使用反相输入

表 10.3　主流系列的标准逻辑门

功能	符号 正逻辑输入	符号 负逻辑输入	(逻辑系列)指示符	输入	AUC	AUP	ALVC	LVC	LCX	LVX	LV	AHC (T)	VHC (T)	AC (T)(Q)	HC (T)	F	LS	7N,7S,7W	4000B	100E,EL,EP
与门			'08	2	1·4	1	4	1·4	4	4	4	1·4	1·4	4	4	4	4	1·2	4	1·4·5
			'11	3	—	1·3	—	1	3	—	3	—	3	3	3	3	3	1	3	—
			'21	4	—	—	—	—	—	—	2	—	2	—	2	2	2	—	2	—
与非门			'00,'37	2	1·2	1·2	4	1·2·4	4	4	4	1·2·4	1·4	4	4	4	4	1·2	4	1·4·5
			'03,'38	2	—	1	—	1·2	4	—	3	1	3	2	2	3	3	1·2	—	—
			'10	3	—	1	—	1	—	—	3	—	—	2	2	—	3	1	3	—
			'20	4	—	—	—	—	—	—	2	—	2	2	2	2	2	—	2	—
			'30	8	—	—	—	—	—	—	—	—	—	—	—	—	1	1	1	1·4
或门			'32	2	1·4	1	4	1·2·3·4	4	4	4	1·4	1·4	4	4	4	4	1·2	4	—
			'332	3	—	1	—	1	—	—	3	—	3	—	3	3	3	1	—	—
			'802	4	—	—	—	—	—	—	2	2	2	2	2	1	1	—	2	1·4
或非门			'02	2	1·2·4	1·2	4	1·2·3·4	4	4	4	1·4	1·4	4	4	4	4	1·2	4	—
			'27	3	—	1	—	1	3	—	3	—	3	—	3	3	3	1	3	—
			'25	4	—	—	—	—	—	—	—	—	—	—	—	1	—	—	2	1·4
反相 (非) 门			'04	2	1·2·6	1·2·3	6	1·2·3·6	6	6	6	1·6	1·6	6	6	6	6	1·2·3	6	—
			'14 (⎍)		1·2	1·2	6	1·2·3·6	6	6	6	1·6	1·6	6	6	6	6	1·2·3	6	—
			'240		1·2	1·2	—	—	6	—	—	6	6	—	—	—	—	2	—	—
			'05,'06		1·2·6	—	6	1·2·3·6	6	6	6	6	1·6	6	6	6	6	1	2	1·4
缓冲门			'34		2·6	1·2	6	1	6	6	6	6	6	6	6	6	6	1·2·3	—	—
			'125,'126		1	—	6	1	6	6	6	1·6	1·6	6	6	6	6	1·2	6	—
			'07,'17		1·2	1·2	6	1·2	6	6	6	1	1	6	6	6	6	1·2·3	6	—
			'241,'244,'541		6	—	6	6	6	6	6	6	6	6	6	6	6	—	—	—
异或门			'86	2	1·2	1·2	4	1·2·4	4	4	4	1·4	1·4	4	4	4	4	1·2	4	1·5
			'386	3	—	—	—	1	—	—	—	—	—	—	—	—	6	1	—	—
通用			'57-8,'97-8	3	—	1	1	1	—	—	—	—	—	—	—	—	—	1	—	—
			'99	4	—	1	1	1	—	—	—	—	—	—	—	—	—	1	—	—

注：(a) 可用的门用门 m·n 列出，例如，AUC 系列中的 2 输入或（'32）门的一个一个封装中有 4 个或门。(b) 数字符号逻辑功能跟随系列指示符，如 2 输入与门：74LVC08，74LVC1G08；除 HV CMOS（4000B）和 ECL（100E，EL，EP）外，所有系列通用。

下面使用有效电平逻辑对前面介绍的汽车门的示例进行重新设计，见图 10.21。左边的门决定 L 为真还是 R 为真，负逻辑输出的情况下真即为 LOW。如果（$L+R$）和 S 都为真（LOW），则第二个门输出就为 HIGH。根据德摩根定理可知（过一会儿读者就不需要了，读者会发现这些门是等价的），第一个门是与门，第二个门是或非门，正如前面所画电路。两个要点如下：

1）负逻辑并不表示逻辑电平是负极性的。它只是表示两个状态中较低的那一个（LOW）代表 TRUE。

2）用来绘制门的符号本身表示正逻辑。对于负逻辑信号，用作或门的与非门可以画成与非门，也可以使用有效电平逻辑，画成输入端带有负符号（小圆圈）的或门。这里，小圆圈表示对输入信号取反，后面的或门完成的是最初定义的正逻辑操作。

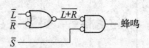

图 10.21　重新设计的车门示例，使用有效电平逻辑解决图 10.16 中令人困惑的问题

读者可能会问，为什么不使用正逻辑来设计所有电路，使事情变简单。实际上在某些情况下，可能会受限于组件本身定义的逻辑电平（例如，在微控制器上使用负逻辑复位输入），而在有些情况下（如车门开关），公共端子最好可以接地。无论哪种情况，都必须保证数字电路中既有正逻辑信号，也有负逻辑信号。

10.2　数字集成电路：CMOS 和双极 TTL

数字逻辑功能在硬件集成电路中实现，可以是（小规模）标准逻辑电路（例如我们已经看到的 74xx 系列芯片），也可以是可编程逻辑电路（例如现场可编程门阵列 FPGA），或是完全定制的专用集成电路（ASIC 或 ASSP，例如图形处理器）。因为本书主要是为电路设计人员（而不是芯片设计人员）撰写的，因此我们并不讨论集成电路本身的设计。

CMOS 主导了现代数字集成电路技术，在很大程度上取代了早期的双极（TTL）逻辑电路。CMOS 速度更快，更适合在低电压下工作，功耗更小。CMOS（双极）有很多系列，它们提供相同的逻辑功能，区别主要在速度、供电电压和输出驱动能力。大型逻辑器件制造商至少有六家，但它们有很多重复的产品。比如，读者可以从其中五家制造商那里买到主流 LVC 系列中的 4 个 2 输入与非门（器件号为 74LVC00），也可以从另外三家制造商那里买到与其类似的 74LCX00。

图 10.22 中显示了重要的数字逻辑系列的生命周期，可以作为预览，也可以从中了解技术的发展历程。目前，双极逻辑已经不再流行（除了 BiCMOS——具有双极输出的 CMOS 逻辑，以及一些专业系列，如快速 ECL）。

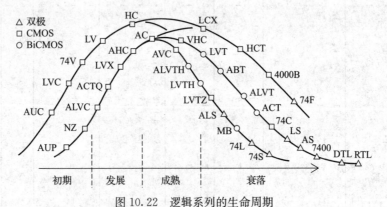

图 10.22　逻辑系列的生命周期

在大多数情况下，建议要么选择成熟的 HC（T）系列，要么选择最新（更快）的 LVC/LVX 系列。前者应用广泛，逻辑功能多样，而且还具有通孔（双直列封装或 DIP）以及表面安装技术（SMT）等封装工艺；后者传输延迟时间更短，工作速度更快，在较低的电源电压下性能更优，但只能在 SMT 中使用。

10.2.1　通用门电路的分类

标准数字逻辑的常见门见表 10.3，表中给出了每个门的一般形式（正逻辑）和负逻辑形式。它们通常以 14 或 16 引脚封装，每个封装内有多个逻辑门（受总引脚数限制），也可以单独封装使用。图 10.23 展示了它们封装后的样子，包括典型的通孔 DIP、微型颗粒 CSP（芯片级封装）等，CSP 的器件可以很方便地放在 DIP 的器件的任意两个端子之间！

图 10.23　数字逻辑封装形式，除了左上角为 DIP-16 封装外其他所有都是表面安装。顶行（从左到右）：DIP-16、SOIC-16、SSOP-16、TSSOP-16 和 QFN-16。中间行：TQFP-48、SOIC-8、SSOP-8、SOT-23-8、US-8 和 WCSP-8（DSBGA-8）。底行（各两个样本）：SOT-23-6、SOT-23-5、SC-70、SOT-533 和 WCSP-5（DSBGA-5）

这些逻辑系列的门都有相应的命名规则，例如以 74 开头，接着以几个字母（如 LVC，用于低电压 CMOS）来指定逻辑系列，接着是指定功能的数字（如 08，用于 2 输入与门）。此外，命名中还会添加一些指定封装和温度范围的后缀，或指定制造商的前缀，如 SN。例如，SN74LVC08ADR 就是一个由德州仪器制造的 LVC 系列的 4-2 输入与门，14 引脚 SOIC（小外形集成电路）封装，温度范围为 −40∼125℃。为简化起见，通常可以省略大部分细节，用撇号表示数字 IC 类型，例如 '08 表示 2 输入与门功能；在逻辑系列类型很重要的情况下，会加上逻辑系列名称，例如 'LVC08。

通用门电路

图 10.24 所示为一个 6 引脚微器件（1G97），该器件设计非常巧妙，根据不同的输入连接，可以实现 9 种不同的逻辑功能：反相器、非反相缓冲器、2 输入多路复用器及 6 种不同的 2 输入门（与门、或门、有 1 个反向输入的与门、有 1 个反向输入的或门、有 1 个反向输入的与非门和有 1 个反向输入的或非门）。1G98 与其类似，逻辑功能相同，只是具有反向输出，同样可以实现 9 种不同的逻辑功能，其中 3 种功能与 1G97 略有不同（即与非、或非和带反向输出的多路复用）。由于这些器件的最小封装尺寸只有 0.9mm×1.4mm，空间很小，因此无法将器件型号打印在器件表面上。进一步地，1G99 引入了两个额外的引脚：可选择的输出反转引脚（通过异或门）和三态输出引脚。类似的 1G57 和 1G58 门具有施密特触发输入。

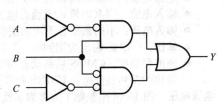

图 10.24　可配置多功能逻辑门电路 1G97 和 1G98，可以实现 9 种不同的逻辑功能。图中所示为 1G97，1G98 有一个反向输出，除此外与 1G97 相同

练习 10.10　展示如何连接 1G97 来实现以上列出的 9 种功能。

10.2.2　IC 门电路

虽然不同系列的与非门执行相同的逻辑操作，但是逻辑电平和其他特性（速度、功率、输入电流等）有很大的不同。因此，不同的逻辑系列混合使用时一定要非常小心。图 10.25 中以与非门为例，对它们的不同点进行了说明。

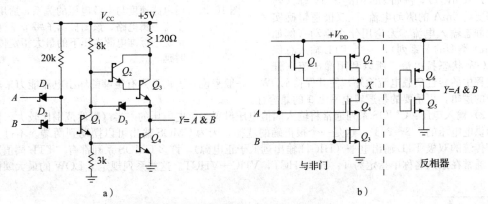

图 10.25　NAND/AND 门：两种电路实现

CMOS 门（目前最常见的系列）是由增强型 MOSFET 组成的，连接成转换器（而不是跟随器）。当它处于 ON 状态时，对于与之相连的任何电路而言它就是一个低电阻（R_{on}）。两个输入必须

都为 HIGH，才能使串联的 Q_3Q_4 导通，两个上拉晶体管 Q_1Q_2 截止，此时输出为 LOW（标记为 X），即它是一个与非门。Q_5 和 Q_6 构成标准的 CMOS 反相器，与非门变成与门。该示例清楚地说明了如何将与门、与非门、或门和或非门扩展到任意个输入。

练习 10.11 画一个 3 输入 CMOS 或门的电路。

双极晶体管逻辑系列的性能已经被 CMOS 系列超越，所以不再是首选，但 TTL 系列仍具有启发意义。之前流行的 LS（低功率肖特基）与非门（见图 10.25a）一般由图 10.12 的二极管-电阻逻辑组成，驱动晶体管反相器，然后推挽输出。当两个输入都为 HIGH 时，$20k\Omega$ 的电阻使 Q_1 导通，从而使 Q_4 饱和，达林顿管 Q_2Q_3 截止，输出为 LOW。如果至少有一个输入为 LOW，则 Q_1 截止，进而 Q_2Q_3 导通，Q_4 截止，最终输出为 HIGH（注意，达林顿晶体管的 HIGH 输出，至少是两个二极管低于 +5V 电源）。为了提高速度，始终使用肖特基二极管和肖特基钳位晶体管[⊖]。

注意，CMOS 和双极 TTL 门都有一个"主动上拉"与正电源连接的输出电路（见图 10.12~图 10.14），这与分立门电路示例有所不同。

10.2.3 CMOS 和双极 TTL 电路特性

本节也可以总结为数字电路的模拟特性。相同的逻辑功能（如与非）可以由不同的方式实现，电气特性可能不同，但执行的是相同的逻辑。

- **电源电压**：CMOS 可以在一个电压范围内工作，TTL 则要求 +5V 电源。
- **输入电流**：CMOS 输入无稳态电流，TTL 输入需要电流。
- **输入电压**：不同系列有不同的逻辑阈值和允许的输入电压，因此不兼容。
- **输出**：CMOS 输出为端到端，TTL 达不到 V_+。
- **速度和功率**：CMOS 只有动态功率消耗（与频率成正比），而 TTL 有大量的静态功率；速度最快的系列是低电压 CMOS 和双极 ECL。

电源电压 图 10.26 中绘制了大多数主流逻辑系列的电源电压范围。不同的 CMOS 系列都对应一个允许的正常供电电压范围，例如 LVC 系列完全适用于 +1.8~+3.3V 的供电电压，系列内的大多数成员支持 5V 的工作电压[⊖]。在该范围内，电源电压越高，CMOS 器件运行得越快（有更多的门驱动电压）。双极系列在单电压下运行，TTL 为 +5V，ECL 为 -5V（有时为 -5.2V）或 +5V（分别称为 NECL 和 PECL，分别为负 ECL 和正 ECL）。

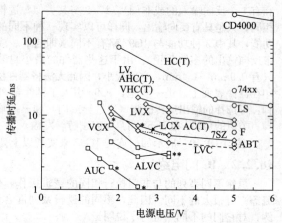

图 10.26 门电路速度与电源电压的关系，适用于主流逻辑电路。该图显示了每个系列在指定的标准电源电压下的最大指定传播时延 $t_{pd(max)}$

1) **输入电流**：CMOS 器件没有静态输入电流（漏电除外），不过就像所有器件一样，它们的输入电容（4pF）在开关过程中产生电流（$I = C dv/dt$，例如 2ns 内的 2.5V 输入转换需要约 5mA 的驱动电流）。双极逻辑确实需要静态输入电流，无论用什么驱动（例如 0.6mA 类型的 F 系列），一个 TTL 输入总保持 LOW 状态拉电流，所以利用灌电流（开关过程中的容性负载电流除外）使其保持 LOW。一般来说，逻辑系列有足够的输出电流能力来驱动额外的逻辑，更重要的是逻辑电平电压的兼容性。

2) **输入电压**：CMOS 系列通常将输入阈值电压设置为供电电压的一半（虽然范围比较大，但通常为供电电压的 1/3~2/3），这是一个很正确的选择，因为 CMOS 输出可以摆动到两端。不过为了兼容传统的双极 TTL 输出电平（HIGH 输出远低于正电源），许多 CMOS 系列都有"TTL 阈值"变体，通常在系列名称中指定为 T：HC→HCT，VHC→VHCT。这些系列规定了 LOW 的最大阈值电

⊖ 肖特基二极管不存储电荷，因此没有反向恢复延迟，肖特基钳位可以防止晶体管饱和，否则晶体管饱和会导致截止延迟。

⊖ 对于大多数 LVC 逻辑器件，数据手册上建议的工作电压范围只到 +3.6V，但有一些 LVC 器件可以扩展到 +5.5V，指定其工作电压为 5V。

压为+0.8V，HIGH 的最小阈值电压为+2.0V。这与双极 TTL 规范相同，输入逻辑阈值大约为两个二极管的对地电压（约 1.3V）。

  3）**电压容忍度**：目前还没有统一的单逻辑电源电压（也不应该有），所以在典型的数字系统中，通常会有好几个电源电压（例如+5V 和+3.3V），因此就有这样的问题：在某个电源电压（称为 X）下运行的逻辑输出能驱动在不同的电源电压（称为 Y）下运行的逻辑输入吗？答案是需要做两件事：①X 的输出电平必须满足 Y 的输入逻辑电平要求；②如果 Y 的电源电压小于 X 的电源电压，则 Y 的输入必须能够容忍 X 的（更大的）输出电压。后者被称为输入电压容忍度，是必须遵循的！例如，在图 10.2 中可以看到，传统 HC（T）系列不允许大于其电源电压的输入 [⊖]，而新的 LVC 系列则可以接受+5.5V 的输入，无须考虑其自身的电源电压（包括无电源时）。当数字信号超过供电电压边界时，输入电压容忍度是必不可少的。由于 CMOS 的输入易受到处理过程中静电的破坏，如果某个输入端不使用，应该根据需要将其固定为 HIGH 或 LOW。

输出　CMOS 输出由一对 MOSFET 开关驱动，或者接地，或者接 V_+，也就是说，"端到端"。相比之下，TTL 输出级在 LOW 状态是一个对地饱和的晶体管，在 HIGH 状态是一个（达林顿）跟随器（比 V_+ 低两个二极管压降）。通常数据手册会给出更多的信息，指定某些典型负载电流的典型输出电压和最坏输出电压 [⊜]。一般来说，快速系列（ALVC、LVC、LCX、F、AS）比慢速系列（CD4000、HC(T)、LS）的输出驱动能力大。

速度和功率　所有 CMOS 系列标准逻辑的静态电流为零 [⊜]，但它们的功耗会随着频率的增加而线性增加，因为开关内部节点的电容和外部电容负载需要电流（$I = C\mathrm{d}V/\mathrm{d}t$）。工作在其频率上限附近的 CMOS 甚至可能比双极逻辑的功耗高（见图 10.27）。这种用有效"功耗电容"指定的动态电流很常见 [⑤]，通过它可以计算空载动态功耗 $P_{\mathrm{diss}} = C_{\mathrm{pd}}V^2 f$（每个周期有两个转换，抵消了因子 1/2）。例如，74LVC00（四与非门）的每个门对应 $C_{\mathrm{pd}} = 19\mathrm{pF}$，每个门（3.3V 电源供给下）的功耗大约为 0.2mW/MHz。因此，一个这样的集成电路，如果所有的四个门都在 100MHz 的频率下运转的话，其内部就会消耗 80mW 的功率（以及来自外部负载电容开关的附加功耗）。标准 CMOS 逻辑功能的速度范围从 2MHz（低 5V 下的高电压 CD4000 系列）到 100MHz

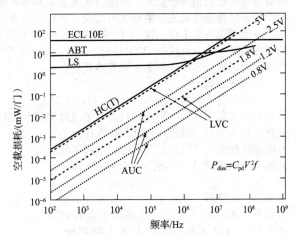

图 10.27　某些 CMOS 和双极逻辑系列的门的空载损耗与频率的关系，注意任意逻辑系列对电源电压的巨大依赖

（5V 下的 AHCT/VHCT 系列）到 150MHz（33V 下的 LVC/LCX 系列）到 350MHz（2.5V 下的 AUC 系列）。与 CMOS 零静态电流相比，双极 TTL 系列的静态电流损耗比较大，比快速系列（F 和 ABT）要大，相应的速度从大约 25MHz（LS）到大约 100MHz（AS 和 F）。

  图 10.26 中绘制了常用标准逻辑系列在最坏情况下的门电路传播延迟。

  一般来说，由于 CMOS 系列门电路的特性较好（零静态电流、端到端输出摆动、对称的输出灌拉电流及其高速特性），大多都会选择这种逻辑器件。其中，LVC 和 7SZ 系列就很不错，具有 5V 容错输入和良好的供电电压范围（1.8~3.3V [⑧] 和 1.8~5V）。在 5V 下运行的 AHC(T)、VHC(T) 或

  ⊖　更精确地说，输入不能超过 V_+ 以上 0.5V 或低于地。

  ⊜　CMOS 器件通常规定 HIGH 状态、LOW 状态时负载电流对称对（如±8mA）的输出电压。具有非对称输出的 TTL 器件，通常规定足够的灌电流，以及很小的拉电流（例如，在 8mA 和−0.4mA）。当逻辑输出被用来驱动一些外部组件（例如，一个 LED 指示灯或固态继电器）时非常重要的一点是：连接组件使逻辑输出吸收电流（如果需要，另一端通过限流电阻返回正电源）。

  ⊜　大型 CMOS 电路（例如门阵列或微处理器），相对于基本的标准逻辑功能，如门和触发器）通常具有非零（有时会相当大）的静态电流。

  ⑭　当电容在 f 频率下从 0 到 V 进行充放电时，平均电流为 $I = fCV$。

  ⑤　有些 LVC 器件建议的最大供电电压为 5.5V，而另外有些器件仅为 3.6V。尽管后者没有给出高于 3.6V 的使用规范，但所有的 LVC 器件的供电电压都勉强允许达到 5.5V。

LV 系列也是不错的选择，具有 5V 容错输入和 2.5～5V 的电压范围。这些器件都是表面安装封装，如果想要 DIP 封装的，则使用 HC(T) 或 AC(T) 系列。

对于一些特殊应用，可以选择 CD4000B 系列器件（电源电压为 15V，但速度慢）、ECL 逻辑（速度快，可以到 1GHz）或混合（BiCMOS）ABT 系列（输出电流到 64 mA，适合驱动重型负载，如总线）。

在任何一种逻辑门电路系列中，其所设计的输出都应能容易驱动其他的输入，所以不必担心门限、输入电流等。例如，双极 TTL 的任何一个输出都可以驱动至少 10 个别的输入电路（术语为扇出，TTL 的扇出为 10），所以无须采取任何特殊措施即可确保兼容性。

10.2.4　三态门和集电极开路器件

我们之前讨论的 CMOS 和 TTL 门有推挽输出电路，其输出由一个 ON 晶体管保持在 HIGH 电平或 LOW 电平。几乎所有的数字逻辑都使用这种电路（称为上拉，在 TTL 中也称为图腾柱输出），因为它在两种状态下都提供较低的输出阻抗，与具有无源集电极上拉电阻的单晶体管相比，可以提供更快的转换时间和更好的抗噪性，它还能降低功耗。

然而在某些情况下，并不适合用主动上拉输出。例如，在计算机系统中，几个功能单元需要交换数据。中央处理器单元（CPU）、存储器和各种外设都需要发送和接收 16 位字。把每个设备与其他设备连接起来是很笨拙的。解决方案是采用数据总线，一个由 16 条线组成的线组，它可以连接所有设备。这种总线系统必须有通信协议，并且还会涉及总线仲裁和总线控制等内容。

不能使用具有主动上拉-下拉输出的门（或任何其他器件）来驱动总线，因为无法将输出与共享的数据线断开（一直保持 HIGH 或 LOW）。实际需要的就是一个输出可以"断开"的门。这样的器件有两种，即三态器件和集电极开路器件。

1. 三态逻辑

三态逻辑，也叫 TRI-STATE，可以很好地解决上述问题。这个名字容易让人误解，实际上它并不是有三个数字逻辑电平。它只是有第三种输出状态的一个普通逻辑：开路（见图 10.28）。由独立的使能输入来决定输出是像一般的有效上拉输出还是进入"第三态"（开路），除了使能输入外无须考虑其他输入对应的逻辑电平。很多数字芯片都具有三态输出，包括计数器、锁存器、寄存器等，门和反相器也可以有三态输出。具有三态输出的器件在使能有效时也具有一般的有效上拉逻辑，其输出为 HIGH 或 LOW。使能无效时，与输出断开，从而使其他逻辑器件驱动同样的线路。

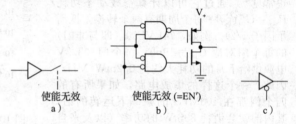

图 10.28　三态 CMOS 逻辑。a) 概念图；b) 内部 CMOS 门实现；c) 逻辑符号

2. 数据总线

三态驱动广泛应用于驱动计算机的数据总线。每一个需要在（共享）总线上放置数据的设备（内存、外设等）都是通过三态门（或更复杂的器件，如寄存器）连接到总线的。由于最多只能使一个器件的驱动程序随时使能，而其他所有器件都（使能无效）进入 open 状态（第三态），因此需要进行合理的安排。典型情况下，所选器件通过识别地址线和控制线上（见图 10.29）的特定地址"知道"其在总线上的有效数据。举个简单的示例，器件被连接到端口 6，那么当该器件在地址线 A_0～A_2 上看到它的特定地址（即 6）并且读到

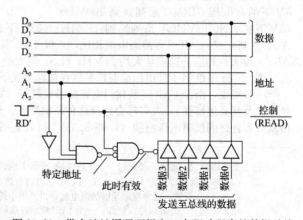

图 10.29　带有地址译码逻辑和三态驱动程序的数据总线

READ 脉冲时，就会将数据转移到数据总线 D_0～D_3 上。这种总线协议适用于很多简单的系统。在第 14 章中可以看到，大多数微型计算机都使用这种协议。

注意，必须有一些外部逻辑来确保共享相同输出线的三态器件不要尝试在同一时间"交换信息"

（称为总线竞争）。在这种情况下，只要每个器件只对唯一的地址进行响应，就不会出问题。

3. 集电极开路和开漏逻辑

三态逻辑的前身是集电极开路逻辑，它允许在多个驱动程序的输出中共享一条线路。集电极开路（或开漏）输出简单地省略了输出级的有源上拉晶体管（见图 10.30）。当集电极开路时，就必须在某处提供一个外拉电阻。这个外拉电阻的典型值为几百欧到几千欧。这样一个阻值很小的电阻就可以提高速度，改善抗噪性，当然代价是增加功耗和驱动器的负载，不过这也并不苛刻。如果想用集电极开路门驱动总线（而不是三态驱动），就要把图 10.29 中的三态驱动换成 2 输入的集电极开路与非门，让每个门的某一个输入为 HIGH，这样就可以使该门与总线相连。注意，之后转移到总线上的数据位是倒序的。每条总线线路都需要一个电阻上拉到正电源。

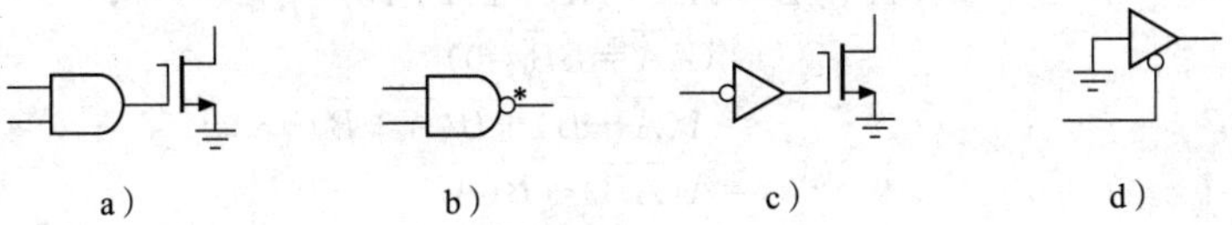

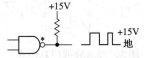

a)　　　　　　b)　　　　　　c)　　　　　　d)

图 10.30　开漏逻辑：a) 开漏 NAND；b) 符号；c) 开漏非反相缓冲器；d) 三态缓冲器实现

由于集电极开路逻辑采用电阻上拉电路，因此与有源上拉电路相比，集电极开路逻辑的缺点是其速度和抗噪性较低。这就是为什么三态驱动程序在计算机总线应用中受青睐的原因之一。不过，有三种情况必须选择集电极开路（或开漏）器件：驱动外部负载、线或和外部总线。下面对这三种情况进行简单讨论。

4. 驱动外部负载

集电极开路（O/C）逻辑适用于驱动返回高压正电源的外部负载，比如可以驱动一个 12V 的低电流灯泡或继电器，或者通过电阻使得一个门的输出为+15V，从而产生 15V 的逻辑转换，见图 10.31。一种常见的 O/C 器件为 ULN2003/4，这是一种带有内部钳位二极管（用于感应负载）的七通道集电极开路达林顿阵列，它接受直接逻辑驱动，击穿电压为 50V，灌电流可达 500mA（75468/9 与其类似，但击穿电压为 100V）。

图 10.31　集电极开路逻辑作为电平转换器

5. 线或

如果把若干个集电极开路门连接在一起（见图 10.32），就得到了所谓的"线或"——这种组合就像一个很大的或非门，任意一个输入为 HIGH，则输出就为 LOW。这时不能使用有效上拉输出，因为有效上拉输出要求所有的门都同意某个输出时才能有有效输出，否则就不会有有效输出。可以以与或非门、与非门等结合，与它们相连，当任意一个输入为 LOW 时，输出就为 LOW。这种连接方式有时被称为"线与"，因为只有当所有门的输出为 HIGH（开路）时，输出才为 HIGH。这两种命名描述的是同一件事：线与是正逻辑，线或是负逻辑。

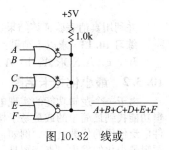

图 10.32　线或

在数字电子技术发展早期，"线或"曾短暂地流行过一段时间，但现在已经不常用了，但有两个例外：①在 ECL（发射极耦合）逻辑系列中，输出被称为"发射极开路"，可以通过线或实现；②计算机总线上有一些共享线路（典型的有中断），其功能并不是传输数据位，而是用来指示是否至少有一个器件正在请求注意，这时就可以使用线或，因为它不需要外部逻辑来阻止竞争就可以完成想完成的工作。

6. 外部总线

当速度并不太重要时，有时可以利用集电极开路驱动器来驱动总线。例如，最初用于连接磁盘和外设的 SCSI 总线，以及 IEEE-488 仪器总线（也称为通用接口总线或 GPIB）。

10.3　组合逻辑

正如我们在前面所讨论的，数字逻辑可以分为组合逻辑和时序逻辑。组合电路的输出状态只取决于当前的输入状态，而时序电路的输出状态则与输入状态和历史状态都相关。仅用门电路就可以构造组合电路，但时序电路还需要某种形式的存储器（触发器）。在后续学习组合逻辑时会继续讨论时序逻辑。

10.3.1　逻辑等式

前面章节介绍了逻辑恒等式，其中 $(A+B)'=A'B'$ 和 $(AB)'=A'+B'$ 两个恒等式就是德摩根定理，该定理在电路设计中尤为重要。

示例：异或门

下面举例来说明恒等式的用途：利用普通的门构成异或门。图 10.33 所示为异或门的真值表。由真值表可见，仅当 $(A,B)=(0,1)$ 或 $(1,0)$ 时，输出才为 1，因此可以为

$$A \oplus B = \overline{A}B + A\overline{B}$$

对应的电路实现如图 10.34 所示。该电路并不是唯一的，利用恒等式，还有

$$A \oplus B = A\overline{A} + A\overline{B} + B\overline{A} + B\overline{B}$$
$$(A\overline{A} = B\overline{B} = 0)$$
$$= A(\overline{A} + \overline{B}) + B(\overline{A} + \overline{B})$$
$$= A(\overline{AB}) + B(\overline{AB})$$
$$= (A+B)(\overline{AB})$$

第一步利用两个互补变量相与等于零，第三步利用德摩根定理。电路实现见图 10.35。当然，还有其他的方法也可以构造异或门。

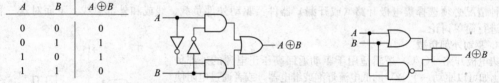

A	B	$A \oplus B$
0	0	0
0	1	1
1	0	1
1	1	0

图 10.33　异或门真值表　　图 10.34　异或门的电路实现　　图 10.35　异或门的另一种电路实现

练习 10.12　利用逻辑操作证明

$$A \oplus B = \overline{AB + \overline{A}\,\overline{B}}$$
$$A \oplus B = (A+B)(\overline{A}+\overline{B})$$

并利用真值表验证该结果。

练习 10.13　求以下结果：a) $0 \cdot 1$, b) $0+1$, c) $1 \cdot 1$, d) $1+1$, e) $A(A+B)$, f) $A(A'+B)$, g) $A \text{ XOR } A$, h) $A \text{ XOR } A'$。

10.3.2　最小化和卡诺图

由于一个逻辑功能的实现电路并不是唯一的（即使是最简单的异或），所以通常希望为给定的逻辑功能找到最简单的或最易于构造的电路。很多人都研究过这个问题，有许多可行的方法，包括软件广泛使用的代数技术。例如，所有的硬件描述语言都内置自动逻辑最小化，因此读者甚至看不到逻辑最小化的发生。卡诺图是一种简单的用于最小化四个或更少输入的逻辑表达式的表格方法，只要写出真值表，利用卡诺图就可以得到一个逻辑表达式。

下面举例说明这个方法。假设要设计一个选举投票的逻辑电路，该电路有三个正逻辑输入（每个输入要么是 1 要么是 0）和一个输出（0 或 1）且至少有两个输入为 1 时输出才为 1。

第一步：写出真值表。

A	B	C	Q
0	0	0	0
0	0	1	0
0	1	0	0
0	1	1	1
1	0	0	0
1	0	1	1
1	1	0	1
1	1	1	1

必须将所有可能的情况和对应的输出都写出来。如果两种输出状态都可以，将其标记为 X（＝无关）。

第二步：画出卡诺图。这与真值表类似，只不过变量是沿着两个轴表示，而且其排列顺序满足

相邻位置上的输入只有一位不同（见图 10.36）。

第三步：圈出图中的 1（也可以圈 0）。这里有三个圈（称为覆盖），对应的逻辑表达式为 AB、AC 和 BC。最后，写出表达式

$$Q=AB+AC+BC$$

电路实现如图 10.37 所示。与前面相比，结果显而易见。可以圈出 0 来得到

$$Q'=A'B'+A'C'+B'C'$$

如果电路中已经有了 A'、B' 和 C'，这种形式就更有用。

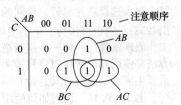

图 10.36　大数逻辑的卡诺图

✎ **练习 10.14**　绘制一个卡诺图，判断一个 3 位整数（0～7）是否为素数（假设 0、1 和 2 不是素数）。使用 2 输入门实现这个逻辑关系。

✎ **练习 10.15**　确定两个 2 位无符号数（即 0～3）相乘得到一个 4 位结果的逻辑关系。提示：每一位输出画一个卡诺图。

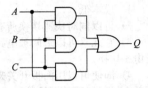

图 10.37　大数（表决）逻辑

10.3.3　用 IC 实现的组合逻辑功能

仅使用逻辑门就可以实现较为复杂的逻辑功能，如二进制加法、大小比较、奇偶校验、多路复用（从多个输入中选择一个输出，具体由二进制地址确定）等。事实上，以上这些逻辑功能正是在门阵列或其他形式的可编程逻辑中实现复杂逻辑时需要做的事情。可编程逻辑（常与微控制器结合）是构造某些数字（或模拟/数字结合）系统通常的选择。

不过，这些功能通常也以预制 MSI 芯片（中规模集成电路，一个芯片中有 100 多个门）作为标准逻辑功能使用。尽管许多 MSI 功能涉及触发器（即将讲到的时序电路），但也有一些是只涉及门的组合逻辑功能。下面就先来看一看 MSI 组合逻辑功能。

1. 2 输入选择器（多路复用器）

2 输入选择器（也称为 2 输入多路复用器或 MUX）是一个非常有用的功能。它本质上是逻辑信号的双向开关。基本电路如图 10.38 所示，包括一个分立门实现以及把四个 2 输入多路复用器（四路复用器）封装在一个集成电路中的 IC 实现。当 SEL 为 LOW 时，输入 A 通过芯片到达相应的输出 Y；当 SEL 为 HIGH 时，输入 B 出现在输出 Y 上。当 $\overline{E}$ 为 HIGH 时，器件被禁用，所有输出为 LOW。下面的真值表解释了无关项 X 的含义。

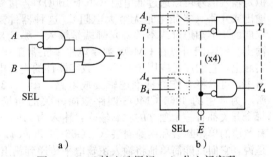

图 10.38　2 输入选择门：a) 分立门实现；
b) 四路 2 输入选择器封装

输入				输出
$\overline{E}$	SEL	A_n	B_n	Y_n
H	X	X	X	L
L	L	L	X	L
L	L	H	X	H
L	H	X	L	L
L	H	X	H	H

可以简写为

输入		输出
$\overline{E}$	SEL	Y_n
H	X	L
L	L	A_n
L	H	B_n

在硬件描述语言中，2 输入 MUX 逻辑功能（无 ENABLE 输入）可以写成 Y = ~ S & A | S & B,

有一个 ENABLE 输入的逻辑功能可以写成 Y = E & (~ S & A | S & B) [一]。图 10.38 和上表对应的是四路 2 输入选择芯片 '157。相同的功能也可以具有反相输出（'158）和三态输出（正输出 '257，反输出 '258）。它也可作为一个小型单段 MUX（无 $\overline{E}$ 输入），器件型号为 '1G157 和 '2G157。这些芯片的工作原理就像门一样——进行逻辑运算，并在输出处生成相应的逻辑电平。实现这一功能的另一种方法是使用几个传输门，只需要简单地将适当的输入信号（通过 MOS 晶体管）传递给输出，而无须重新生成，稍后将对其进行介绍。

练习 10.16 说明如何使用一对三态缓冲器及其他需要的逻辑实现一个 2 输入选择器。

虽然在某些情况下，通过机械开关也可以实现选择门的功能，但采用门电路是一个更好的解决方案，原因如下：

1) 成本低。

2) 可以同时快速切换所有通道。

3) 它几乎可以瞬间被电路中其他地方（最有趣的是，通过微处理器或其他智能设备）产生的逻辑电平切换。

4) 即使可以用面板开关来控制选择功能，为了避免电容信号退化和噪声，最好也不要在电缆和开关上运行快速的逻辑信号。

利用直流电平驱动选择门，将逻辑信号保持在电路板上，同时通过一条带上拉的单线通过 SPST 开关切换到地，简化板外布线。利用外部产生的直流电平控制电路的功能称为冷转换，这比用开关、电位器等控制信号要好得多。除了它的其他优点，冷转换可以绕过带有电容的控制线，从而消除干扰，但信号线一般不能被绕过。

2. 传输门

CMOS 可以用来构造传输门，简单地用一对互补的 MOSFET 开关并联，使地和 V_{DD} 之间的（模拟）输入信号可以通过低电阻（小于 100Ω）连接到输出或开路（本质上是无穷大电阻）。这种器件是双向的，不知道（或不关心）哪端是输入，哪端是输出。传输门可以在 CMOS 数字电平下正常工作，实际上，它们广泛应用于 CMOS 数字器件的内部电路中，可以将其作为标准逻辑集成电路。图 10.39 所示为常用的 4066 CMOS 四路双向开关的布局。

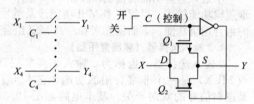

图 10.39 四个传输门，右边为一个由 MOS 晶体管实现的单传输门

每个开关都有一个独立的控制输入：输入为 HIGH 时开关闭合，输入为 LOW 时开关打开。它们也有紧凑的单路封装和两路封装（'1G66 和 '2G66）。注意，传输门仅仅是开关，因此没有扇出。也就是说，它们只能简单地将输入逻辑电平传递到输出，而没有额外的驱动能力 [二]。

利用传输门可以实现 2 输入（或更多）选择功能，适用于 CMOS 数字电平或模拟信号。为了在许多输入中进行选择，可以使用一组传输门（使用译码器生成控制信号，后面将对此进行解释）。这是一个非常有用的逻辑功能，已经被固化为多路复用器，下面将具体讨论。

练习 10.17 说明如何使用传输门构成 2 输入选择器。

3. 多输入多路复用器

多路复用器可以有 4 路、8 路或 16 路输入，利用二进制地址确定输出端出现的输入信号。例如，一个 8 输入 MUX 有一个 3 位地址输入来为所选的输入数据寻址（见图 10.40）。数字 MUX 标记为 '151。它有一个负逻辑的 STROBE'（或称 ENABLE'）输入，并提供两个互补的输出。当芯片未使能时（ENABLE' 为 HIGH），无论地址和数据输入是什么，Y 都为 LOW，Y' 为 HIGH。

最好能熟悉一门用于描述逻辑关系的语言，至少可以减少

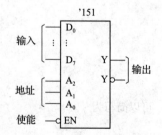

图 10.40 8 输入多路复用器 '151

[一] 出于某种不确定的原因（与逻辑竞争条件有关），在该表达式中添加冗余项 A&B 会更好，因此有 Y = E & (~ S & A | S & B | A & B)。

[二] 传输门对集成电路设计者很有用，因为它设计简单，只需要在硅模上占用很少的面积且不会引起常规门的开关延迟。

一些担忧。图 10.41 为一个简单的 4 输入多路复用器的 Verilog 代码示例。

```
wire [1:0] A; // 2 address ("select") input lines
wire [3:0] D; // 4 input data lines
wire Y, YBAR, ENBAR // outputs (true and complemented), and enable
assign Y = ~ENBAR & ( D[0] & ~A[1] & ~A[0]
                    | D[1] & ~A[1] & A[0]
                    | D[2] & A[1] & ~A[0]
                    | D[3] & A[1] & A[0] )
assign YBAR = ~ Y;
```

图 10.41　4 输入多路复用器的 Verilog 代码

在电子学中，有两种多路复用器可供选择。一种只用于数字信号，它有一个输入阈值，可以根据输入状态"无噪声"地再生出输出电平，比如'153 就是一个 MUX（可用于 CMOS 和双极逻辑系列）。另一种 MUX 是模拟双向的，实际上就是一个传输门阵列，只在 CMOS 系列中有，可以用于数字信号和模拟信号。'4051～'4053 CMOS MUX 就采用这种方式工作。记住，由传输门构成的逻辑电路没有扇出。由于传输门是双向的，因此这些多路复用器又可以用作多路输出选择器或译码器。

✏️ **练习 10.18**　说明如何使用 a）常规门、b）三态输出门和 c）传输门构造一个 4 输入多路复用器。在什么情况下 c）更可取？

读者可能想知道，如果要求的输入比多路复用器提供的输入多，应该怎么做呢？这个问题属于芯片扩展的一般范畴（由几个功能较简单的芯片构成功能更强大的芯片），适用于译码器、存储器、移位寄存器、算术逻辑和许多其他功能。在本例中，实现很简单，图 10.42 所示就可以将两个 8 输入多路复用器 74LS151 扩展为一个 16 输入多路复用器（注意，输入和输出信号名称采用小写，以防止与芯片类似命名的引脚混淆）。当然，还有一个额外的地址位，可以用来使能其中一个芯片。未使能的芯片的输出 Y 保持 LOW，最后在输出端使用一个或门就可以完成扩展。对于三态输出，实现起来更加简单，直接将输出连接在一起即可。

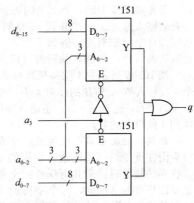

图 10.42　多路复用器扩展

4. 多路输出选择器和译码器

多路输出选择器与多路复用器刚好相反：它根据输入的二进制地址，将接收到的输入路由到几个可能的输出之一，其他的输出要么处于无效状态，要么处于开路状态，这取决于多路输出选择器的类型。

译码器与之类似，只是地址是唯一的输入，对其译码后使 n 个可能的输出之一有效。图 10.43 所示为一个 1/8 译码器'138。3 位输入数据对应（寻址）的输出为 LOW，其他的输出为 HIGH。这个特定的译码器有三个使能输入，这三个输入必须都有效（两个为 LOW，一个为 HIGH），否则所有的输出都为 HIGH。

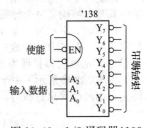

图 10.43　1/8 译码器'138

译码器的常见用途为与数据总线相连，根据地址触发不同的事件，稍后在第 13 章将详细讨论这个问题。译码器的另一种常见用途是根据二进制计数器的输出对应的地址，依次启动一系列事件。与'138 类似的还有'139，这是一个双 1/4 译码器，每个单独的译码器都有一个单独的负逻辑使能输入。图 10.44 为对应的 Verilog 代码示例。

```
wire [1:0] A; // 2-bit address: brackets show array range
wire [3:0] YBAR; // four active-LOW outputs
wire ENBAR; // active-LOW enable
assign YBAR[0] = ~(~ENBAR & ~A[1] & ~A[0]);
assign YBAR[1] = ~(~ENBAR & ~A[1] & A[0]);
assign YBAR[2] = ~(~ENBAR & A[1] & ~A[0]);
assign YBAR[3] = ~(~ENBAR & A[1] & A[0]);
```

图 10.44　双 1/4 译码器'139 的 Verilog 代码

使用一对 1/8 译码器'138 可以构成 1/16 译码器（见图 10.45）。由于'138 本身具有两个极性相反的使能输入，因此不需要额外添加门电路。

练习 10.19 进一步扩展：使用 9 个'138 设计一个 1/64 译码器。

提示：使用其中一个'138 作为其他'138 的使能转换器。

在 CMOS 逻辑中，使用传输门构成的多路复用器也可以用作多路输出选择器，因为传输门是双向的。不过这样使用的时候必须要意识到未选中的输出是开路状态，因此必须使用上拉或下拉电阻，或等效电阻，使这些输出上的逻辑电平有效（对 TTL 集电极开路门，要求也是一样的）。

还有一种译码器，如 BCD-7 段译码器/驱动器'47。它将接收到的 BCD 输入转换为 7 个输出，对应 7 段码显示的各个段，点亮这 7 段就可以显示十进制数。这种译码器实际上是一个码转换器的例子，但通常也被称为译码器。

练习 10.20 设计一个用门构造的 BCD-十进制（1/10）译码器。

练习 10.21 设计一个简单的编码器，该电路输出 2 位地址，说明 4 个输入中哪个为 HIGH（所有其他输入必须为 LOW）。

练习 10.22 使用异或门设计奇偶生成器。

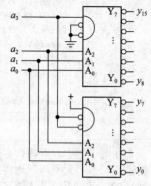

图 10.45　译码器的扩展

5. 其他运算芯片

优先编码器生成一个二进制码，该二进制码是最高有效输入地址。它在并行 A/D 转换器及微处理器系统设计中特别有用。例如 8 输入（3 个输出位）优先编码器'148，10 输入编码器'147。

图 10.46 所示为 4 位幅值比较器。它可以确定两个 4 位输入数 A 和 B 的相对大小，并通过输出具体指示是 $A<B$，还是 $A=B$，还是 $A>B$。输入还可以扩展到 4 位以上的数。

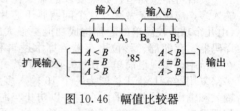

图 10.46　幅值比较器

奇偶校验发生器可以生成一个奇偶位，这个奇偶位会附在待传送（或记录）数据的字节上，而在恢复接收到的数据时校验其奇偶性。奇偶校验可以是偶数也可以是奇数（例如，每个字符的 1 的个数为奇数时奇偶校验为奇数）。例如，奇偶校验发生器'280 接收一个 9 位输入字，然后输出一个偶校验位和一个奇校验位，其基本结构是一个异或门阵列。

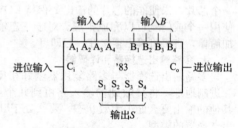

图 10.47　4 位全加器

图 10.47 所示为一个 4 位全加器。它将两个 4 位数字 A_i 与 B_i 相加，生成一个 4 位的和 S_i 以及一个进位 C_o。加法器可以扩展为更大的数相加：引入一个进位输入 C_i 来接收低一级加法器的进位。

图 10.48 中展示了一个 4 位全加器的 Verilog 代码（为了清晰，代码形式比较冗长）。请仔细理解它是如何计算出总和的。

```
wire [3:0] A;
wire [3:0] B;
wire [3:0] S; // sum bits
wire CIN, COUT; // carrys
assign S[0] = A[0] ^ B[0] ^ CIN; // recall "^" means xor
assign C01 = A[0] & B[0] | A[0] & CIN | B[0] & CIN;
assign S[1] = A[1] ^ B[1] ^ C01;
assign C12 = A[1] & B[1] | A[1] & C01 | B[1] & C01;
assign S[2] = A[2] ^ B[2] ^ C12;
assign C23 = A[2] & B[2] | A[2] & C12 | B[2] & C12;
assign S[3] = A[3] ^ B[3] ^ C23;
assign COUT = A[3] & B[3] | A[3] & C23 | B[3] & C23;
```

图 10.48　4 位全加器的 Verilog 代码

像 Verilog 或 VHDL 这样的语言的一大优点在于它们能够理解更高层次的抽象。在这个示例中，wire 声明之后的所有内容都可以简写为一行，即 assign {COUT,S} = A + B + CIN;。

一种被称为算术逻辑单元（ALU）的器件也可以用作加法器，不过 ALU 还能实现许多其他的功能。例如，4 位 ALU'181（可扩展到更大的字长）可以做加法、减法、移位、幅度比较以及其他的一些功能。加法器和 ALU 的运算时间从几纳秒到几十纳秒不等，主要取决于所采用的逻辑系列。其他专用的算术芯片包括乘法累加器（MAC），它对乘积进行累加求和；以及相关器，它可以比较一对位串的对应位，计算对应位相同的位的个数。

不过，由于大型和快速微处理器的发展，现代数字设计倾向于使用通用微处理器或更优化的数字信号处理器（DSP）来完成涉及大量代数运算的信号处理。其中 FPGA 就是一种很有潜力的替代方案，它允许用户根据需要进行编程。通过增加一个"软"处理器或其他逻辑功能，最终通过内置的优化的"硬"逻辑实现这些功能。

6. 可编程逻辑器件

通过使用具有可编程互连门阵列的 IC 芯片可以构造自定义的组合（和时序）逻辑。这样的 IC 芯片通常称为可编程逻辑器件（PLD）。主流的有 CPLD（复杂 PLD）和现场可编程门阵列（FPGA）。两者都很成功、灵活且易于使用，是每个电路设计师"工具箱"的必备工具。

10.4 时序逻辑

10.4.1 存储器件：触发器

以上所有对数字逻辑的研究都是有关组合电路（如门阵列）的，其输出完全由输入的当前状态决定。在这样的电路中，没有"记忆"，没有历史。增加存储器件后，数字应用将变得更加有趣，可以构成计数器、算术加法器，可以完成一个又一个有趣的功能电路。这种电路的基本单元就是触发器，这个名称生动地描述了这种器件，最简单的触发器形式见图 10.49。

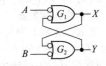

图 10.49 触发器（置位-复位型）

假设 A 和 B 均为 HIGH，那么 X 和 Y 是什么呢？如果 X 为 HIGH，那么 G_2 的两个输入均为 HIGH，从而使 Y 为 LOW。这与 X 为 HIGH 是一致的，对吗？

$$X = HIGH$$
$$Y = LOW$$

错！该电路是对称的，所以对称状态为

$$X = LOW$$
$$Y = HIGH$$

X 和 Y 同时为 LOW 或同时为 HIGH 都是不可能发生的（因为 $A = B = HIGH$），因此触发器只有两种稳定状态（有时被称为"双稳态"），处于其中哪种状态取决于其过去的历史。它有记忆功能，只需要将其中一个输入置为 LOW，就可以将该状态存储起来。例如，在某一瞬间将 A 置为 LOW，无论其先前处于什么状态，都可以保证触发器现在的的状态为

$$X = HIGH$$
$$Y = LOW$$

可以把它描述为一个 SR 触发器，即通过一个低电平输入脉冲来置位（Set）或复位（Reset）。

1. 开关消抖

这种 SR 触发器（带有置位 SET 和复位 RESET 输入，通常标记为 S 和 R）在许多应用中都非常有用。典型示例见图 10.50。假设该电路能驱动门，并且当开关打开时允许输入脉冲通过 ⊖。该电路的问题在于开关连接存在抖动。当开关闭合时，其两端实际上是分离然后重新连接，通常会在大约 1ms 的时间内重复 10~100 次。观察开关的波形图，如果输出有一个计数器或移位寄存器，波形图会如实地对所有这些由抖动引起的额外"脉冲"做出响应。

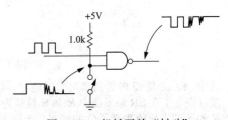

图 10.50 机械开关"抖动"

⊖ 我们通常喜欢将开关接地（而不是＋5V），原因如下：①对开关和其他控制设备来说接地是一个方便（且电"安静"）的回路；②由于（电流源）双极逻辑的特性，我们已经习惯这样接。

图 10.51 为改进的开关电路。当触点第一次闭合时，触发器改变状态，而该触点上的后续抖动对其并不产生影响，SPDT（单刀双掷）开关永远不会抖动到相反的位置。如图中的波形草图所示，输出是一个防抖信号。这种消抖电路的应用非常广泛，一片'279 中封装了 4 个 SR 触发器，当只需要一个触发器时，可以使用'1G74（一个很小的封装）。顺便说一下，之前的电路存在轻微缺陷：门电路使能后的第一个脉冲可能会缩短，主要取决于开关相对于输入脉冲串的闭合时间；对最后一个时序脉冲也是如此（当然，消抖开关同样存在这个问题）。而在某些后续抖动会造成某些差异的应用中，可以采用同步电路来防止这个问题的发生。

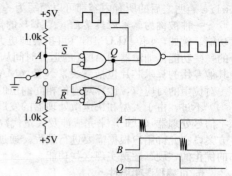

图 10.51　SR 触发器消抖开关电路。注意观察损坏的输出波形。标记为 $\overline{S}$ 和 $\overline{R}$ 的节点是触发器的负逻辑置位输入和复位输入

图 10.52a 展示了一个更简单的消抖技巧，用非反相缓冲器（可以利用一个 2 输入与门'08，或者两个级联的反相器'04）保持其最后状态（就像触发器那样）。当开关发生转换时，缓冲器的输出会瞬间被覆盖，不过缓冲器随后会很明智地接受覆盖值（无抖动），而不去做无谓的抗争。在瞬间征用期间会有较大的输出电流，不过这个电流只会在数纳秒的门转换时间内持续，因此没有什么危害。尽管有些人对这个技巧并不认同⊖，但它确实很有用。通过一对级联反相器可以不与 V_{DD} 相连，见图 10.52b。

2. 多输入触发器

图 10.53 所示为另一种简单的触发器，该触发器由或非门构成，当输入为 HIGH 时，对应的输出为 LOW。多个输入允许各种信号对触发器进行复位（清零）或置位。在该电路中，由于使用别处（通过标准有效上拉输出）生成的逻辑信号作为输入信号，因此没有上拉电路。

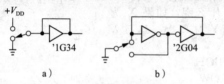

图 10.52　简单的开关消抖

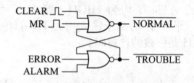

图 10.53　多输入 SR 触发器

10.4.2　带时钟的触发器

图 10.49 和图 10.53 中所示的触发器都只使用了两个门，一般将其称为 SR（置位-复位）或负载阻塞型触发器。任意时候只要设置了合适的输入信号，就可以使触发器处于其中一种状态。在开关消抖电路和很多其他应用电路中，这种触发器使用起来非常方便，不过还有一种触发器应用更加广泛，其形式与 SR 触发器略有不同。这种触发器并不是利用一对干扰输入，而是利用一个或两个数据输入以及一个时钟输入。根据时钟脉冲到达时输入数据的电平，输出可以改变状态或保持原有状态。

图 10.54 所示为最简单的时钟触发器的最初版本，它增加了一对门（由时钟控制）来完成置位输入和复位输入，其真值表为

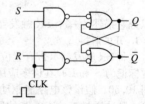

图 10.54　时钟触发器：最初版本

S	R	Q_{n+1}
0	0	Q_n
0	1	0
1	0	1
1	1	不确定

其中，Q_{n+1} 是 Q 时钟到来之后的输出，Q_n 为 Q 时钟到来之前的输出。该触发器与 SR 触发器的本质区别在于在 SR 触发器中 R 和 S 被认为是数据输入（而不是置位-复位输入）。当时钟脉冲到来时，R 和 S 的当前值决定了 Q 的状态；否则 R 和 S 上的输入将被忽略。

但这种触发器却有一个令人生厌的特性。当时钟为 HIGH 时，输出会响应输入的变化。在这个意义上，它就像一个阻塞负载 SR 触发器（也被称为透明触发器，当时钟为 HIGH 时，其输出能"看到"

⊖　众所周知，谨慎的工程师会用电阻（比如 1kΩ）来代替反馈导线，这可以消除电源线上的瞬时电流峰值。

输入)。将这种触发器的结构略微改进后，就可以得到应用更加广泛的主从触发器和边沿触发器。

1. 边沿触发器：D 触发器

这是目前最受欢迎的一种触发器。在时钟转换或边沿之前出现在 D（数据）输入端的逻辑电平决定时钟改变后的输出状态。

D 触发器的真值表如下：

D	Q_{n+1}
0	0
1	1

实际上，该触发器常用的一种用途就是对瞬时逻辑电平进行抓取和保持，非常简单，并且这可以由一个单独的时钟转换来控制。这些触发器被封装成价格低廉的 IC 进行使用。

为了了解 D 触发器的工作原理，首先来看一下它的内部结构。图 10.55 展示了两种电路结构，分别为主从触发器和边沿触发器。主从结构更易理解，其工作原理如下。

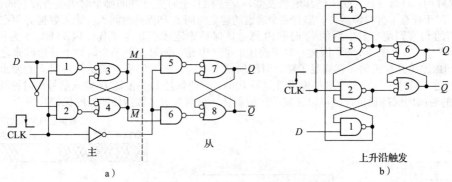

图 10.55　真正的时钟触发器：主从触发器和边沿触发器

当时钟为 HIGH 时，门 1 和门 2 使能，使主触发器（门 3 和门 4）的状态与 D 输入状态相同：$M=D$，$M'=D'$。门 5 和门 6 未使能，所以从触发器（门 7 和门 8）保持它之前的状态。当时钟变为 LOW 时，主触发器的输入与 D 输入断开，而从触发器的输入瞬间耦合到主触发器的输出端。因此，主触发器将其状态传送给从触发器。由于主触发器已被阻塞，因此它的输出状态不会再改变。在时钟的下一个上升沿，从触发器与主触发器解耦，保持其原有状态，而主触发器将再次跟随输入变化。

边沿触发器的外部特性与此相同，但内部的工作原理不同，这并不难看出。这里展示的电路恰好是流行的上升沿触发 D 型触发器 '74。触发器可以上升沿也可以下降沿触发⊖（前面的主从触发器是在下降沿将数据传输到输出端）。此外，大多数触发器还有置位和清零输入。触发器类型不同，置位和清零可能是 HIGH 有效，也可能是 LOW 有效。图 10.56 给出了 4 个触发器示例。楔形表示"边沿触发"，小圆圈表示"否定"或"补码"。因此，'74 是一种双 D 上升沿触发的触发器，具有 LOW 有效的阻塞型 SET

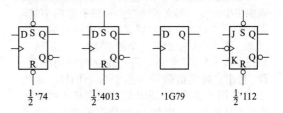

图 10.56　D 触发器和 JK 触发器

和 CLEAR 输入。'1G79 是一个单一的 D 型上升沿触发器，没有置位和清零输入，也没有 Q' 输出。'112 是一个双 JK 主从触发器，下降沿触发，具有 LOW 有效的阻塞型 SET 和 CLEAR 输入。

JK 触发器和 T 触发器　JK 触发器和 T 触发器的工作原理与 D 触发器相似，真值表为

J	K	Q_{n+1}		T	Q_{n+1}
0	0	Q_n		0	Q_n
0	1	0		1	Q_n'
1	0	1			
1	1	Q_n'			

⊖　有时也被非正式地称为正沿和负沿。

因此，当 J 和 K 互补时，在下一个时钟沿，Q 将输出 J 的输入值；当 J 和 K 均为 LOW 时，输出不变；当 J 和 K 均为 HIGH 时，输出会翻转（在每个时钟脉冲后翻转其状态）。

当 T 为 HIGH 时，T（切换型）触发器在每次时钟到来时切换；T 为 LOW 时，保持不变。

2. 二分频

在数字电路中，经常想要从某个已经存在的高频"时钟"信号中细分出新的时钟信号。例如，数字手表使用 32 768Hz 的晶体振荡器作为其时基，之所以选择这个特殊的频率，是因为它的 2^{15} 分频为 1Hz，正好适用于时钟秒针的前进（或增加其显示的数字时间）。这里可以利用触发器的翻转功能，见图 10.57，D 触发器的 D 输入端总是当前输出 Q 的补信号，所以它在每个时钟脉冲到来时进行翻转，最终以 1/2 的输入时钟频率生成输出。

图 10.58 为用于 D 触发器翻转的 Verilog 代码的核心代码。

3. 数据和时钟时序

最后这种电路有一个很有趣的问题：因为 D 输入几乎是在时钟脉冲到来之后马上就改变的，那么电路会不会来不及翻转呢？换句话说，当电路输入端发生这种快速变化时，电路会不会不知所措呢？也可以这样问：D 触发器（或任何其他触发器）是在相对于时钟脉冲的哪个时刻去查看它的输入的？实际上，对于任意一种时钟器件，都有一个确定的建立时间 t_s 和保持时间 t_h。输入数据必须在时钟跳变发生前的 t_s 直到跳变发生后的 t_h 时间内到达且保持稳定才能正常工作。以 74HC74 为例，$t_s=$ 20ns 和 $t_h=3$ns，见图 10.59。因此，对于前述的翻转电路，如果在下一个时钟上升沿到来之前至少 20ns 时间内输出是稳定的，就满足了建立时间的要求。这看起来似乎不满足保持时间的要求，但其实没有问题，从时钟到输出的最小传播时间是 10ns，只要保证 D 触发器 D 输入信号在时钟跳变后至少 10ns 的时间内保持稳定，就可以完成前述的翻转。目前，大多数器件所需的保持时间为 0。

图 10.57　D 触发器翻转

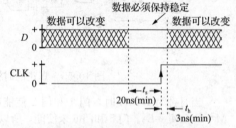

```
wire CLKIN;
reg Q;
always @(posedge CLKIN)
Q = ~Q;
```

图 10.58　D 触发器翻转的 Verilog 代码的核心代码

图 10.59　74HC74 触发器的数据建立时间与保持时间

4. 亚稳态

如果触发器 D 输入端的电平在建立时间间隔内发生改变，那么就会发生一件有趣的事情，即所谓的亚稳态，触发器无法决定进入哪一种状态。图 10.60 给出了一个故意违反 74HC74 D 触发器（＋3.3V 电源运行）建立时间的示例，D_{in} 在建立时间的最后一刻变为 HIGH，显然输出 Q 用了很长时间来决定到底要进入哪种状态[⊖]，对其进行了大约 2s 的数据跟踪，可以看出从时钟跳变到 Q 输出的延迟增大到快 50ns，而正常值大约为 16ns。当对其跟踪几分钟后，它的最大亚稳态时延为 75ns。较快的逻辑系列显示出相应较短的延迟，同时还专门设计了具有"亚稳性"的逻辑系列。对 74LVC74（＋3.3V 电源运行）进行亚稳态测试（在 t_s 大约为 0.4ns 时测试），它的传播时延大约为 2～4ns，而正常的传播时延仅为 1.4ns[⊖]。

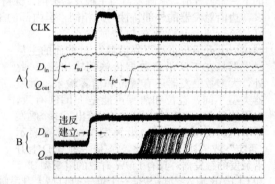

图 10.60　在时钟逻辑中时间冲突产生亚稳态。在这里，74HC74（B 组波形）的 D 输入的建立时间冲突会导致从 CLK 到 Q 的延迟输出（Q_{out}），而正常的延迟约为 16ns（A 组波形）

⊖　由于输出 Q 是在输出端进行缓存，因此就掩盖了其内部的亚稳态行为：（未缓存的）逻辑电平在 LOW 和 HIGH 之间徘徊，达到了一个精妙的平衡，试图决定朝哪一边下降。

⊖　在 1.8～3.3V 范围内，LVC 系列是一个很好的选择，不过该系列绝不是速度最快的。

我们还专门测量了 74HC74 触发器决策时间的时长，利用越来越短的建立时间对其进行测试，结果见图 10.61。

5. 多分频

通过级联多个翻转触发器（将每一个 Q 输出与下一个时钟输入相连），可以很容易地构造一个 2^n 分频器或二进制计数器。图 10.62 所示为一个三级脉动计数器，它是一个 8 分频，最后一个触发器的输出波形是方波，其频率是电路输入时钟频率的 1/8。这种电路也称为计数器，因为三个 Q 输出的数据可以当成一个 3 位二进制数，二进制序列从 0 到 7，随着脉冲输入递增（用 Q' 输出来计时，使其向上计数而不是向下$^{\ominus}$）。

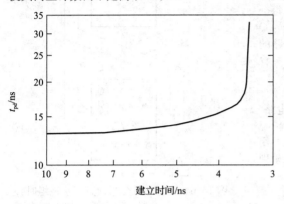

图 10.61 74HC74 亚稳态传播延迟与（非法）建立时间

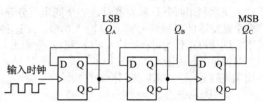

图 10.62 三级二进制脉动计数器

图 10.63 所示为该计数器以 50MHz 高速运行的测量波形（弯曲的箭头用来解释因果关系，以便于理解），可以看到 3 位数字（0～7）的二进制序列，其中 Q_A 是 LSB，Q_C 是 MSB。也可以看到从前一级到后一级有连续的延迟（因此称为脉动$^{\ominus}$）。

实际上，在简单地通过将每个 Q 输出与下一级时钟输入相连的方式构成的级联方案中，当信号通过触发器级联路径向下扩散时，就会存在与级联延迟相关的一些问题，因此一般采用同步方案（所有的时钟输入都看到相同的时钟信号）会更好$^{\ominus}$。

计数器是一个非常有用的功能，有许多标准逻辑版本，包括 4 位、BCD 和多位数计数格式。将几个这样的计数器级联，并在数字显示设备上显示其计数（例如 LED 数字显示），就可以很容易地构造出事件计数器。如果该计数器的输入脉冲序列的门控时间恰好为 1s，那么就得到了频率计数器，它通过计算 1s 内的周期数可以很简单地显示频率。

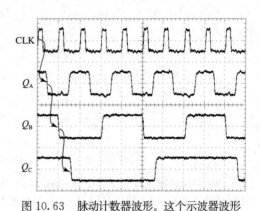

图 10.63 脉动计数器波形。这个示波器波形（垂直为 4V/div，水平为 20ns/div）显示了级联的上升沿触发的 74HC74 D 触发器，时钟为 50MHz，每级延迟约为 10ns。从最大计数 (1,1,1) 开始的计数器，由 CLK 最左边沿的上升沿触发变为全零

10.4.3 存储器和门的组合：时序逻辑

在讨论了触发器的特性之后，让我们看看将它们与前面讨论过的组合（门）逻辑相结合时能完成什么功能。由门和触发器组成的电路是数字逻辑最常用的电路形式。

$\ominus$ 向上计数器可以有两种结构：①使用 Q 输出作为连续时钟，但使用 Q' 信号作为二进制输出；②使用 Q 输出作为连续下降沿触发的时钟。

$\ominus$ 实际上，这里的脉动延迟足够大，以至于任何时刻的计数（记录中垂直方向上的痕迹）都不会正确。但是，如果计数器只用于生成分频输出或者计数器在读出之前就停止了，那么这没有关系。

$\ominus$ 不过如果需要的只是输入时钟的 2^n 分频，与输入没有特定的相位关系，脉动计数器就足以，不仅简单，还可以以很高的频率运行。

1. 同步时钟系统

正如在上一节中所提到的，由一个共同的时钟脉冲源驱动所有触发器的时序逻辑电路具有某些非常理想的特性。在这种同步系统中，所有事件都是在每个时钟脉冲之后根据脉冲到来之前的稳定电平而触发的。在下一个时钟脉冲到来之前，系统会进入一个稳定状态，显然这是一种处理反馈的好方法。而且，同时对所有触发器进行计时可以使系统充分利用时钟脉冲到来前数字噪声低的优点。

总体方案见图 10.64。所有的触发器都被组合到寄存器中，也就是一组 D 触发器，它们的时钟输入都连接在一起，各自的 D 输入和 Q 输出被引出来，每个时钟脉冲到来时 D 输入端的电平会被转移到各自的 Q 输出端，而用门组成的电路会根据 Q 输出以及电路的输入电平生成一组新的 D 输入和输出电平。该方案看似简单，但功能强大，是通用数字处理器的基础。

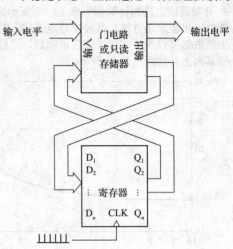

图 10.64　经典时序"状态机"：一组时钟触发器（寄存器）加上组合逻辑电路，该方案很容易用单片机可编程逻辑器件（PLD 或 FPGA）实现

2. 示例：三分频

下面利用两个 D 触发器设计一个同步三分频电路，两个触发器的时钟信号都来自输入信号。在这种情况下，D_1 和 D_2 作为寄存器输入，Q_1 和 Q_2 为输出，共用的时钟是主时钟输入，见图 10.65。若要使 D 输入呈现出期望的下一个状态，则门控电路的设计是关键。

1）从表中选 3 个状态：

Q_1	Q_2
0	0
0	1
1	0
1	1	（第一个状态）

2）找出生成此状态序列所需的组合逻辑网络对应的输入，即找出得到下面输出的 D 输入：

Q_1	Q_2	D_1	D_2
0	0	0	1
0	1	1	0
1	0	0	0

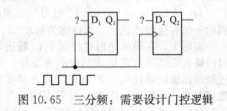

图 10.65　三分频：需要设计门控逻辑

3）利用输出选择合适的组合逻辑（门）来生成相应的 D 输入。一般情况下，可以在 ROM（只读存储器）中使用查找表（LUT），ROM 中已经保存好的下一状态的 D 值[⊖]（由当前 Q 值和任何外部输入指定）。

这个例子很简单，所以只用一个逻辑门就可以完成，通过观察可以得到

$$D_1 = Q_2$$
$$D_2 = (Q_1 + Q_2)'$$

对应的电路见图 10.66。

该电路的工作过程很容易验证。由于这是一个同步计数器，所有的输出会同时变化（不像纹波计数器）。通常都希望系统是同步（或时钟）系统，因为它可以进一步改善噪声敏感度：因为是在时钟脉冲时间内解决问题，所以只需要在时钟边沿处查看电路会不会受到来自其他触发器的电容耦合干扰等。时钟系统的另一个优势是，由于系统对时钟脉冲之后发生的事件并不敏感，因此瞬时状态（由延迟引起，因此所有输出不会同时改变）不会产生假输出。稍后会看到类似的例子。

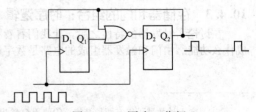

图 10.66　同步三分频

⊖　本例没有逻辑输入，就像递增/递减计数器或带有重置输入的计数器一样。

3. 无效状态

如果触发器莫名其妙地进入状态 $(Q_1, Q_2) = (1,1)$，那么三分频电路会发生什么现象呢？电路在刚开启的时候很容易发生这种现象，因为这个时候触发器的初始状态是任意的。从图 10.67 中可以清楚地看到，第一个时钟脉冲使其到达状态 $(1,0)$，然后这个电路就像前面所述的那样工作。检查这种电路的无效状态是非常重要的，因为不走运的话电路就很可能会一直停滞在无效状态之一（或者，在初始设计时就考虑所有的状态，这样的设计更好）。状态图是一种很有用的诊断工具，本例的状态图见图 10.67。如果系统还涉及其他变量，一般将转换的条件写在对应箭头的旁边。状态间的箭头可以是双向的，或者也可以从一个状态指向其他几个状态。

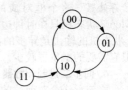

图 10.67 状态图：三分频

此电路的 Verilog 代码（这一次是一个完整的模块）见图 10.68。

```
module divideBy3(CLKIN,Q1,Q2);
    input CLKIN;
    output Q1, Q2;
    reg Q1, Q2;
    always @(posedge CLKIN)
      begin
        Q1 <= Q2;                  // the <= symbol is called a "nonblocking assignment"
        Q2 <= ~(Q1|Q2);   // it makes all steps happen at once, not sequentially
      end
endmodule
```

图 10.68 三分频电路的 Verilog 代码

练习 10.23 用两个 JK 触发器设计一个同步三分频电路，不用任何门和反相器（设计 16 种不同的方案）！提示：当构建 (J_1, K_1) 和 (J_2, K_2) 输入表时，记住 J、K 在每个点上均有两种可能。例如，如果触发器的输出从 0 到 1，则 $(J, K) = (1, X)$（X = 无关项）。最后，检查电路是否会停滞在无效状态（在总共 16 种解决方案中，有 4 种方案会停滞，12 种不会）。

练习 10.24 设计一个同步两位向上/向下计数器：有一个时钟输入，一个控制输入（U/D'），输出是两个触发器的输出 Q_1 和 Q_2。如果 U/D' 为 HIGH，则它按照正常的二进制计数顺序变化；如果为 LOW，则进行倒计数，即 $Q_2 Q_1 = 00$, 11, 10, 01, 00, …。

4. 状态图作为设计工具

当设计时序逻辑时，状态图非常有用，特别是当状态之间有多条路径时。在这种设计方法中，首先选择一组唯一状态，并依次命名（即二进制地址）。至少需要 n 个触发器或 n 位，其中 n 是可以保证 2^n 等于或大于系统中不同状态数的最小的整数。接着写出每两个不同状态间转换的规则，即进入和离开某状态的所有可能条件。之后，生成必要的组合逻辑，只需要列出每个组合逻辑对应的 Q 集合和 D 集合。这样就把一个时序设计问题转换为组合逻辑设计问题。图 10.69 所示为一个案例。注意，有些状态不会转换至其他状态，比如"有文凭"。最重要的是，可以直接在 HDL 中简单地指定状态以及状态间的转换规则，这样甚至连所需的逻辑都不必明确地找出来。

5. 状态机设计

硬件描述语言作为可编程逻辑（CPLD 和 FPGA）和专用集成电路（ASIC）的代数输入工具，可以更直接简洁地指定状态机。在给定当前状态和输入的情况下，可以使用其中的 if/elseif/else 语句指定进入下一个状态和输出的条件。HDL 软件将这些规则转换成可以用常规门和触发器实现的逻辑电路。

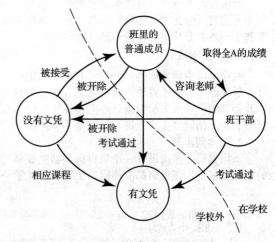

图 10.69 状态图：上学过程

关于状态机还有一点，图 10.64 中的框图有两种可能性：①输出可能只与当前状态（由 Q 定义）相关，实际上可能仅仅与 Q 本身相关；②对于 Q 的任何给定状态，输出还可能与图中"门电路或只读存储器"这个框对应的组合逻辑的输入有关。它们分别称为 **Moore** 状态机和 **Mealy** 状态机。Moore 状态机只在时钟边沿改变状态，而且如果 Q 本身就是输出的话，则它们是严格同步的。Mealy 状态机的输出是异步的，与时钟不相关，由于一个状态（由 Q 定义）可能对应多个输出，因此一般它需要的触发器较少。

6. 同步二进制计数器

之前承诺会对前述的 3 位脉动计数器进行重新设计，使其完全同步，实现电路见图 10.70。通过将 Q 反相，反馈给 D，可以很容易使 LSB 一直跳变。对于高阶位，二进制计数的规则是只当所有低阶位都为 1 时才跳变。由于异或门是一个"可选的反相器"，因此只要 D 输入是通过异或门进行输入的就可以做到，其中异或门的一个输入为对应的 Q 输出，另一个输入为对应所有低阶 Q 的和。对应的硬件描述语言为[⊖]

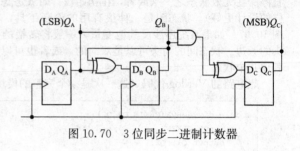

图 10.70　3 位同步二进制计数器

```
QA.d = !QA.q
QB.d = QB.q $ QA.q
QC.d = QC.q $ (QB.q & QA.q)
```

Q 的所有时钟都是同时的[⊖]，见图 10.71，图中给出了与图 10.63 的脉动计数器时钟频率相同的 3 位同步二进制计数器的波形。很容易看出，Q 的连续时钟状态就只是 3 位二进制中的数字 0～7。

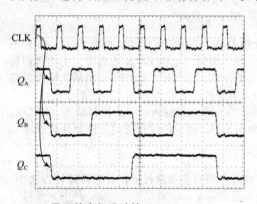

图 10.71　与脉动计数器（图 10.62）相反，同步计数器（或者任何同步系统）的触发器共用同一时钟源。这里 74HC161 4 位同步计数器（上升沿触发）对所有 Q 大约有 14ns 的延迟，延迟为常量，因而产生的变化也是同步的（与图 10.63 相同）

7. 用于状态机设计的 PLD

可编程逻辑器件恰好能满足状态机的需要——大量的触发器及逻辑电路，并且所有这些都在同一个可配置（因此"可编程"）芯片上。而编程软件中有设计状态机的便捷工具。我们会在 10.5.4 节和下一章中介绍这些性能卓越的器件。

10.4.4　同步器

时序电路中触发器的一个非常有趣的应用就是同步器。假设有一些外部控制信号进入一个有时钟、触发器等的同步系统，要利用输入信号的状态来控制某些动作。例如，利用来自仪器的信号或实验得到的信号来表示数据已经准备备好发往计算机。由于实验系统和计算机是两个系统，它们的运行节奏并不相同（正式地讲，它们是异步进程），因此需要一种方法来重建两个系统之间的秩序。

1. 脉冲同步器

下面我们来考虑设计一个消抖触发器生成脉冲序列的电路。只要开关闭合，无论门控脉冲序列的相位是多少，该电路都能使门控生效，因此第一个脉冲或最后一个脉冲可能会被缩短。问题在于

⊖ 这里用的是 ABEL，而不是像 Verilog 这样复杂的语言，因为它"更底层"，能指定 D 输入和 Q 输出等。在 ABEL 中异或写成 $ 。

⊖ 是几乎同时。不过在更精细的层面上需要考虑时间偏差，即在各个触发器中，从公共时钟边沿到 Q 的各个输出（相对很小的）传播时间的延迟。

开关的闭合与脉冲序列是异步的。在有些应用中，一个完整的时钟周期尤为重要，这就需要如图 10.72 所示的同步电路。当开关在 D 输入端生成一个消抖的 HIGH 时，Q 会一直保持 LOW，直到下一个输入脉冲序列下降沿到达。这样，只有完整的脉冲才能通过与门。波形图中用曲线箭头来表示它们之间的因果关系。例如，从图中可以看到 Q 的跳变是在输入的下降沿稍后一点发生的。

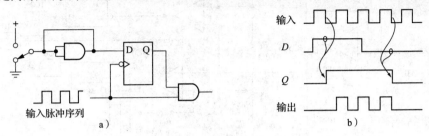

图 10.72　同步脉冲发生器

2. 逻辑竞争和毛刺

上面的例子提出了一个很微妙但极其重要的问题：如果使用上升沿触发的触发器，会发生什么情况呢？仔细分析就会发现在脉冲序列的开始部分一切都能正常运行，但在末尾部分就会出现糟糕的情况（见图 10.73），会出现一个短尖峰（毛刺或小脉冲），主要是因为最后一个与门一直在工作，直到触发器输出变为 LOW。对 HC 系列的逻辑门而言，此时大约会有 20ns 的逻辑延迟。这是一个典型的逻辑竞争的例子。不过只要稍加注意就可以避免这些情况，如示例所示。电路运行时如果出现毛刺是非常糟糕的，主要是因为很难通过示波器观察到毛刺，因此也就很难确定它们是否存在。如果存在，它们可能会不规律地对随后的触发器提供时钟，而且在通过门和反相器时，还可能会被扩大，也可能会被缩小直至消失。

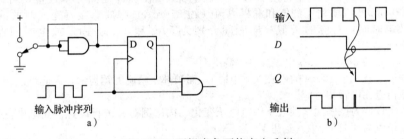

图 10.73　逻辑竞争可能产生毛刺

练习 10.25　证明上述脉冲同步电路（图 10.72）不会产生毛刺。

关于同步器还有几点说明。D 触发器的输入也可以来自其他逻辑电路，而不是只有消抖开关。在计算机接口等应用中，异步信号必须与时钟器件通信，在这种情况下，带时钟的触发器或同步器是理想的选择。在这种电路中，就像所有的逻辑电路一样，未使用的输入必须被正确处理。例如，SET 和 CLEAR 必须连接在一起才能使其无效（对于 '74，将它们置为 HIGH；对于 4013，将它们接地）。对输出没有影响的未使用输入可以随意设置。

10.4.5　单稳态多谐振荡器

虽然我们建议谨慎地考虑单稳态，但有时它们确实能满足一些设计上的需求。这里我们不再赘述，直接来看一个很好的示例，即脉冲发生器。

脉冲发生器

图 10.74 所示为一个可独立设置速率和占空比（HIGH 到 LOW 的比值）的方波发生器，该发生器具有一个允许外部信号同步启动和停止脉冲序列的输入。电流源 U_1-Q_1 在 C_1 处产生一个斜坡信号，其压摆率与可变电位器 R_2 的电阻成比例。当 C_1 的电压达到它上面的比较器的阈值 3.0V 时，触发一次，产生 100ns 的低脉冲，使 N 沟道的 MOSFET Q_2 导通，电容开始放电。C_1 两端因此产生一个从地到 +3V 的锯齿波，其速率由电位器 R_2 决定。下面的比较器在锯齿波的作用下产生一个方波，通过调整电阻 R_7 可以对占空比进行线性调节（2% ～ 98% 之间）。两个比较器都有几个毫伏的滞后（R_{10} 和 R_{11}）来防止噪声引起的多次跃迁。TLV3502 是一个快速（4.5ns）CMOS 双比较器，双轨均采用共模输入（地和 +5V），以及轨到轨输出。

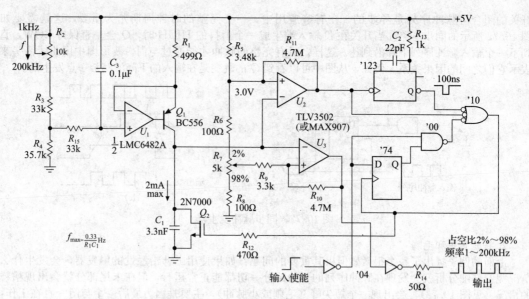

图 10.74 自动同步触发脉冲发生器，数字逻辑全部采用 LVC 系列 CMOS

该电路的一个特点是能够与外部应用提供的控制电平同步（开始/停止）。输入使能让驱动电路在一个可预测的相位（输出脉冲下降沿处）启动振荡器，并在下一个完整脉冲后停止振荡器。

- 3 输入与非门的输入来自比较器的输出，这个额外输入可以确保电路不会与 C_1 耦合充电。
- 单稳态脉冲宽度已经选择得足够长，可以确保 C_1 在脉冲期间完全放电，可以通过观察 2N7000 在 5V 门驱动下的饱和漏极电流（约 350mA）和放电接近完成时的 $R_{on}(5\Omega)$ 来估计放电时间，对应的近似放电时间分别为 50ns 和 17ns，固定放电时间保守地设置为 100ns。
- 输出端的 50Ω 电阻为 50Ω 电缆提供"源端"。
- 由于锯齿波有一个 100ns 的平底（放电时），而顶部是精确的锯齿形，因此可以使锯齿波的顶部与短占空比设置相对应。
- 注意，可以认为振荡频率独立于供电电压变化，按比例对其进行设置（充电电流和峰值振幅都可以设置为 V_+ 的分数，这里 V_+ 为 5V）。
- 施加于 U_1 的调频电压被旁路到正电源，这是电流源的参考电压；在该范围的低频端，R_{15} 处的电压仅比正轨低 5mV，因此对供电电压噪声相当敏感。
- 用于频率控制的电阻 R_2 采用对数式锥度电位器，否则频段的低频端会被压扁。

10.4.6 触发器和计数器构成的单脉冲生成器

7.2.2 节讨论了单稳态多谐振荡器产生的脉冲和时延，以及必须谨慎选择使用这类部分模拟器件的一些原因。只要存在时钟信号（几乎总是如此），就有纯数字的替代方案。图 10.75 所示为一个脉冲宽度等于一个时钟周期的无毛刺脉冲生成器。试着画出这个电路的时序图。

练习 10.26 试着完成图 10.75 所示的单脉冲生成器。

如图 10.76 所示，触发器和计数器（级联触发器）可以用来代替单稳态触发器来产生长的输出脉冲信号。'4060 是一个 14 级 CMOS 二进制纹波计数器（14 个级联触发器）。在输入的上升沿使 Q 为 HIGH，可以使计数器工作。在 2^{n-1} 个时钟脉冲之后，Q_n 变为 HIGH，使触发器和计

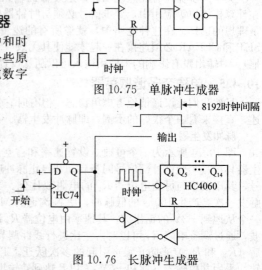

图 10.75 单脉冲生成器

图 10.76 长脉冲生成器

数器清零。该电路可以产生很精确的长脉冲，脉冲长度可以以 2 的指数倍变化。'4060 还包括一个内部振荡器电路，可以代替外部参考时钟。不过经验告诉我们，内部振荡器的频差容限很小，而且（在一些 HC 版本中）可能会发生故障。

可以利用集成电路（IC）来实现计数器计时。Maxim ICM7240/50/60 是 8 位或模 2 内部计数器且所需的延时逻辑就是整数计数器（1～255 或 1～99 计数），还可以通过硬件连接电路或外部旋转开关置数。ICM7242 类似，但预置为 128 分频计数器。

10.5　利用集成电路实现的时序功能

正如之前讨论的组合功能，可以将触发器和门的各种组合集成到单个芯片上，创建时序"标准逻辑"。下面简要介绍一些非常实用的类型。正如之前经常提及的，还可以利用未配置的门阵列和触发器阵列，其内部连接由用户编程指定，也就是非常流行的 FPGA 和 CPLD。

10.5.1　锁存器和寄存器

锁存器和寄存器即使在输入变化时也能用来"保存"一组输出位。由一组 D 触发器组成一个寄存器，但它的输入和输出比实际需要的多，因为不需要单独的时钟，也不需要对输入置位和清零，所以可以将这些输入或输出连接在一起，只需要几个引脚，因此 8 个触发器可以封装成一个 20 引脚的器件。常用的'574 是一个八进制 D 寄存器，时钟上升沿触发，三态输出。'273 与之类似，但它有一个复位端代替三态输出。还有数据宽度更宽的寄存器，比如'16374（16 位）和'32374（32 位）D 寄存器。图 10.77 所示为 4 位 D 寄存器，它具有原码输出和补码输出。对应的 Verilog 代码见图 10.78。

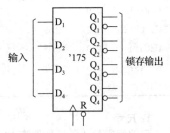

图 10.77　4 位 D 寄存器'175

术语"锁存"通常专指一种特殊的寄存器，在这种寄存器中，当使能时，输出跟随输入变化，不使能时一直保持最后的值。但从应用出发，"锁存"这个词有点模棱两可，因此专门用术语"透明锁存器"和"D 寄存器"来区分这些相似器件。例如，'573 就是一个与'574d 寄存器类似的八进制透明锁存器，也具有三态输出。16 位和 32 位的版本称为'16373 和'32373。

下面列举一些锁存器或寄存器：①随机存取存储器（RAM），该存储器允许对一组寄存器（通常很大）进行读写，但一次只能对其中一个（或最多几个）寄存器进行读写，RAM 的大小可达 1GB 或更大，主要用作微处理器系统的内存；②可多位寻址锁存器，它可以只更新其中一位而保持其他位不变；③内置于一个更大芯片（例如数-模转换器）内的锁存器或寄存器，由于内部寄存器可以保存数据，这样的器件只需要瞬时输入信号就可以（在适当的时钟边沿）。

```
// 4-bit D-register with true and complemented
// outputs, and with active-LOW asynchronous reset
reg [3:0] D;
reg [3:0] Q;
reg [3:0] QBAR;
wire CLKIN;
wire RESETBAR;
always @(posedge CLKIN)
    if (RESETBAR == 1)
        begin
        Q = D;
        QBAR = ~D;
        end
    else
        begin
        Q = 4'b0000;
        QBAR = 4'b1111;
        end
```

图 10.78　具有原码输出和补码输出的 4 位 D 寄存器

当选择寄存器或锁存器时，一般要从几个重要的特性出发对其进行选择，如输入使能、复位、三态输出和引脚排列（输入在芯片的一边，输出在另一边）等。在设计印刷电路板（PCB）时，后者更方便。

10.5.2　计数器

正如前面提到的，可以通过将触发器连接在一起构成计数器。像这样的器件（单芯片）种类繁多，表 10.4 列出了其中一些。下面是一些特性。

表 10.4　集成计数器

器件型号 (74xxx)	电源电压		位数	同步否？	U/D	BCD	同步清零	f_{max}		
	min/V	max/V						min/MHz	@	V_{CC}/V
HC4024	2.0	6.0	7	否	—	—	—	30		4.5
HC4040	2.0	6.0	12	否	—	—	—	30		5
VHC4040	2.0	6.0	12	否	—	—	—	150		5
HC4060	2.0	6.0	14	否	—	—	—	28		4.5
LV4060	1.2	5.5	14	否	—	—	—	99		3.3
HC40103	2.0	6.0	8	•	D	'102	•	15		4.5
74HC161	2.0	6.0	4	•	—	'162	'163	30		4.5
74AC161	1.5	6.0	4	•	—	—	'163	90		3.3
74LV161	2.0	5.5	4	•	—	—	'163	165		3.3
74LVC161	1.2	3.6	4	•	—	—	'163	200		3.3
74HC191	2.0	6.0	4	•	•	'192	'193	30		4.5
74AC191	1.5	6.0	4	•	•	—	—	133		5
74HC590	2.0	6.0	8	•	—	—	—	33		4.5

1. 尺寸

目前流行的 4 位计数器有 BCD（十分频）和二进制（或十六进制、十六分频）计数器。也有更大的计数器，位数可达 24 位（并不是所有的位都输出），比如 74LV8154 计数器，它有一对带有输出寄存器和独立时钟输入的 16 位同步计数器，以及一个 8 位三态输出（转发任何选择的字节）。此外，还有整数 n 分频的模 n 计数器，n 由输入指定。实际上，有些应用（例如计时）并不关心中间位，只需要像 ICM7240-60、MC14541 和 MC14536 等这样的芯片提供多个内部级，可以通过计数器（包括同步计数器）级联来获得更多级的计数器。

2. 时钟

要注意区分计数器是脉动计数器还是同步计数器，后者中所有触发器共用一个时钟，而在脉动计数器中，每一级的时钟是由前一级的输出提供的（见图 10.62 和图 10.63）。纹波计数器由于后一级会比前一级稍晚一点被触发，因此可能会产生暂态。例如，脉动计数器从 7(0111) 计数到 8(1000) 时会经过状态 6、4 和 0，在设计比较好的电路里不会产生问题，但在只利用门来查找特定状态的电路中确实有可能会引起问题（最好使用 D 触发器，这样就可以只在时钟上升沿检查计数器的输出状态）。由于传播时延累积，波纹计数器比同步计数器慢一点，也就是说，它需要更长的时间才能使所有位"稳定"到它们的下一个状态。另外，纹波计数器的最大计数率（对于相同的触发器速度而言）更高。为了便于扩展（将计数器的输出 Q 直接作为下一级的时钟输入），脉动计数器在时钟下降沿触发，而同步计数器在时钟上升沿触发。

对于没有特殊功能要求的应用推荐使用 '160～'163 系列的 4 位同步计数器（见图 10.79），它们包含 BCD 计数器和二进制计数器，都可以进行同步或异步置数⊖。它们也支持并行置数，而且通过进位输出和使能输入很容易实现级联。

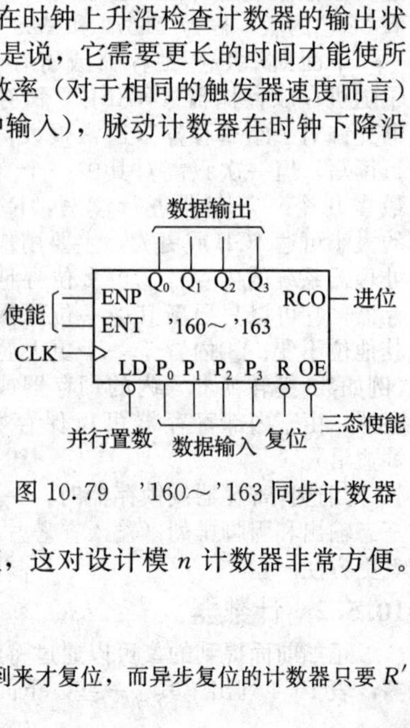

3. 向上/向下

有些计数器在某些输入的控制下，可以向上或向下进行计数。有两种方式：①U/D′输入设置计数方向；②一对时钟输入，一个用于向上计数，一个用于向下计数。例如，'191 和 '193。'579 和 '779 就是非常有用的 8 位加/减计数器。

4. 置数和清零

大多数计数器都有数据输入端，以便可以预置给定的计数值，这对设计模 n 计数器非常方便。

图 10.79　'160～'163 同步计数器

⊖　当复位输入 R' 有效时，同步复位的计数器等待下一个时钟上升沿到来才复位，而异步复位的计数器只要 R' 输入有效，不用管时钟状态就可以立刻复位。

置数功能可以是同步的也可以是异步的。例如，'160～'163 就是同步置数计数器，如果 LOAD'端为有效的 LOW，则输入数据会在下一个时钟上升沿传递给计数器；而'190～'193 是异步置数计数器，又称阻塞置数，不管时钟如何，只要 LOAD'端有效，输入数据就会立即被传递给计数器。因为所有的位都是同时加载到计数器的，所以有时也称"并行置数"。

清零（或复位）功能也是预置数的一种形式。大多数计数器都是阻塞（异步）清零，但也有一些是同步清零，例如'160/'161 是阻塞清零，而'162/'163 是同步清零。

三分频 首先来看一下同步控制信号与异步控制信号的区别。如何选择主要取决于具体应用，撇开具体应用，两者都不是最佳的（毕竟，'160～'163 系列以相同的价格提供了两种选择）。假设想要用一个'161/'163 系列的 4 位同步二进制计数器构成三分频。由于这是一个向上计数器，因此可以使用与非门来检测状态 count = 3，同时利用它的有效 LOW 输出使计数器的复位输入端有效。因此，它的计数应该是 0、1、2，下一个时钟将其计数为 3，然后会立即被重置。因为希望立即重置，所以应该选择具有异步复位端的'161（见图 10.80）。

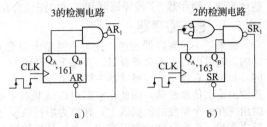

图 10.80 两个由 4 位同步计数器构成的三分频电路。a) 异步复位（'161）；b) 同步复位（'163）

这听起来可行，实际上也确实有效，但还有一个问题：图 10.81 所示的时序图对应的时钟频率大约为 12MHz，可以看到它通过状态 0、1 和 2 连续计时，然后到达状态 3（Q_A 和 Q_B 均为 HIGH），这时与非门产生一个低脉冲（$\overline{AR_1}$），该脉冲将计数器重置为 0。问题是复位脉冲将计数清零，然后迅速消失。因此，这个脉冲可能小于最小复位脉冲宽度，所以可能会导致所有计数器触发器的不完全复位。

从这个波形还可以看出使用异步复位的另一个可能的问题：当 Q_A 输出处的电容负载比 Q_B 处（39pF 接地）的大时，标记为 $\overline{AR_2}$ 的波形是与非门输出。这对输出 Q_A 造成的延迟足以在 1→2 转换过程中产生短暂的假"3"状态。在这个电路中，过早地重置计数器显然不行。这个问题确实很糟糕！

较好的解决方案是采用同步复位（见图 10.80b），计数器会在其复位输入有效后的时钟上升沿到达时复位，这意味着需要检测 count＝2 $^{\ominus}$（而不是 3，即 $n-1$，而不是 n）。波形见图 10.82，没有毛刺（即使 Q_A 处有额外的电容负载，复位脉冲波形为 $\overline{SR_2}$）。这个问题在 10.6.3 节 n 脉冲发生器的电路实现中会再次出现。

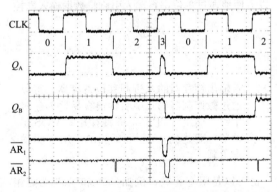

图 10.81 图 10.80a 所示三分频电路的时序图，修正的复位脉冲 $\overline{AR_2}$ 是由附加在 Q_A 上的 39pF 电容引起的。水平为 40ns/div，垂直为 4V/div

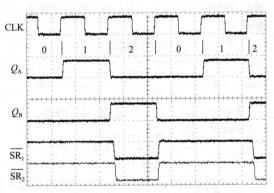

图 10.82 图 10.80b 所示三分频电路的时序图，电路条件与图 10.80a 相同

5. 计数器的其他功能

有些计数器在输出端具有锁存功能，通常它们也是透明计数器，所以计数器也可以当作没有锁

$\ominus$ 本来可以忽略 Q_A，只是简单地对 Q_B 反相，不过为了清晰起见，对同步复位信号 $\overline{SR_1}$ 做了完整的门控检测 $Q_A=0$ 和 $Q_B=1$。

存功能那样使用（记住，任何具有并行置数输入的计数器都可以作为锁存器，但不能像专门的计数器/锁存器芯片那样，在保存数据的同时进行计数）。计数器加锁存器的组合有时会很方便，例如想在一个新的计数周期开始时显示或输出前一次的计数值。频率计数器就可以实现稳定显示，在每个计数周期后更新数据，而不是通过反复使用复位端清零重新计数。

有的计数器有三态输出，对于那些需要将数字（或4位一组的数据）多路复用到总线上进行显示或传输到另一些器件上的应用来说，具有三态输出的计数器非常有用。例如'560/1、'590和'779，后者是8位同步二进制计数器，其三态输出也可以作为并行输入，该计数器通过共享输入-输出，采用16引脚封装。'593与之类似，不过是20引脚封装。如果想同时具有计数功能与显示功能，可以将些计数器、锁存器、7段译码器和驱动电路组合在一个芯片上，就像4位计数器74C926一样。

10.5.3　移位寄存器

如果将一组触发器相连，让每一级输出Q驱动下一级输入D，而且所有的时钟输入都是同时驱动的，就可以得到移位寄存器。在每个时钟脉冲，随着从左边进入的第一个输入数据D，寄存器中的0和1向右移位。与触发器一样，串行输入端的数据在时钟脉冲到来前需要就位，同时还有一个正常的输出传播时延。因此，它们可以级联而不必担心逻辑竞争。移位寄存器在并行数据（n位同时出现在n个单独的数据线上）转换为串行数据（一位接一位地出现在一条数据线上）时非常有用，反之亦然。作为存储器也很实用，尤其是在数据总是按顺序读写的情况下。与计数器和锁存器一样，移位寄存器也有多种多样的样式。

1. 特性

规格尺寸和结构　标准寄存器是4位和8位，也有更大的尺寸（高达64位或更多）。移位寄存器通常是1位的，但也有2位、4位和6位的移位寄存器。大多数移位寄存器只向右移位，但也有双向移位寄存器，如'194和'299。

输入和输出　小型移位寄存器可以支持并行输入或输出，而且通常也是这样使用的。例如，'395就是一个4位并行输入/并行输出（PI/PO）移位寄存器，而输出为三态输出。大型寄存器只支持串行输入或输出，即只能访问第一个触发器的输入或最后一个触发器的输出。在有些情况下，可以访问几个选定的中间抽头。有一种方法可以在一个小的芯片上同时支持并行输入和输出，那就是在同一个引脚上共享输入和输出（三态），比如20引脚封装的8位双向PI/PO寄存器'299。有些移位寄存器在并行输入或输出端配置锁存器，因此当数据被加载或卸载时，移位还可以继续进行。例如，'595就是这种类型的8位移位寄存器，见图10.83，该寄存器在很多逻辑系列中都存在，包括AHC(T)、F、FCT、HC(T)、LV、LVC和VHC等，非常适合从微控制器的位流中创建一个锁存的多位并行输出。同样，'597是8位并行输入移位寄存器，它可以方便地通过单位串行输入引脚将数据输入微控制器。

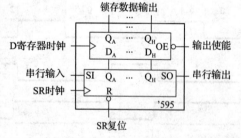

图10.83　带输出锁存器的八进制移位寄存器。可以通过微控制器的几个引脚很容易地创建多个锁存输出。TPIC6595具有开漏MOS驱动器，能达到45V和250mA，用于驱动重负载

与计数器一样，并行置数和清零可以是同步的，也可以是阻塞置数，例如'323和'299功能相同，只是'323是同步清零的。

2. 作为移位寄存器的RAM

通过利用外部计数器来生成连续的地址，随机存取存储器可以作为移位寄存器使用（反之亦然），见图10.84。一对级联的8位同步计数器为64KB×16位的静态RAM提供连续地址。这个逻辑组合电路类似于16位宽、65536长的移位寄存器，通过选择快速计数器 ⊖ 和存储器，最高能够实现27MHz时钟频率的寄存器（见图10.85所示的时序图），可以与集成的（但小得多的）标准逻辑移位寄存器相媲美。如果需要，可以利用这种技术得到超大型移位寄存器。

⊖　'579仅存在于5V逻辑系列。电路的其余部分由+3.3V供电，不过信号电平是兼容的（即运行在3.3V上的逻辑有"5V容忍度"的输入，5V逻辑接受3.3V输入电平）。

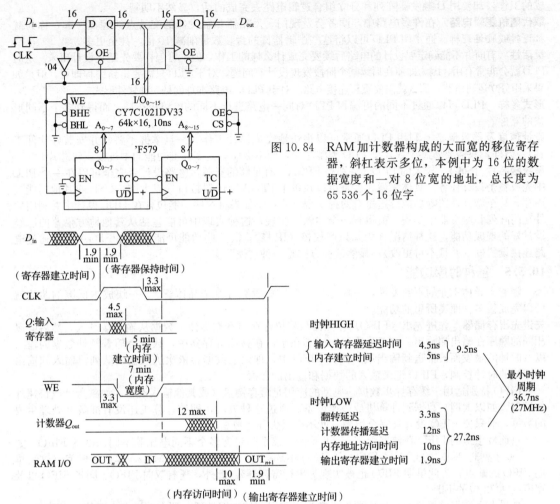

图 10.84　RAM 加计数器构成的大而宽的移位寄存器，斜杠表示多位，本例中为 16 位的数据宽度和一对 8 位宽的地址，总长度为 65 536 个 16 位字

图 10.85　在 RAM 中实现的长移位寄存器在最坏情况下的时序图（对应图 10.84 所示电路），这有助于计算最大时钟速度 27MHz

✎ **练习 10.27**　在图 10.84 所示的电路中，输入数据输入的位置似乎与读取输出数据的位置相同，但实际上该电路就是经典的 64KB 移位寄存器。试分析原因。

10.5.4　可编程逻辑器件

现代数字设计正在不断向用户可编程集成电路芯片发展，芯片中包含成百上千个门和触发器[⊖]，连接都是可编程的。设计入口用硬件描述语言完成，由软件处理生成连接网表，然后通过串行接口（通常是 JTAG）加载到芯片中。下一章会对其进行详细讨论，但由于其出色的逻辑性能，本章将对其进行简短总结。

1. 坏消息

通常，要使用这些小工具就需要学习一门 HDL，比如 Verilog 或 VHDL，还需要一个编程 pod（或其他可连接至处理 HDL 的计算机的链接）。另外，这些器件通常（几乎）都是表面安装的，这也增加了设计简单可用原型电路的难度。

2. 好消息

如果使用原理图输入，就可以不管 HDL 编程的问题，原理图输入可从 PLD 制造商或第三方供应商处获得。PLD 适用于大多数数字电路。下面是 PLD 最重要的用途和优点。

状态机　PLD 适用于任意同步状态机。如果用 PLD 在一块成本低但功能强大的集成芯片上就可以完

⊖　有时辅以 RAM、接口和处理器等特定功能。

成的工作，却要用 D 触发器阵列和分立组合逻辑电路去完成的话，显然不明智。

取代随机逻辑电路　在许多电路中，读者会发现门、反相器和触发器的交叉点纠缠在一起，称为随机逻辑或胶连逻辑。通常用 PLD 可以将这些逻辑器件的封装数量削减 10 倍，甚至更多。

灵活性　有时并不能确定要设计的电路后续要完成什么样的工作，但不管怎样要先把它设计出来。这时 PLD 就会非常有用，因为即使在后续某个阶段发现设计有问题，对于 PLD 只需要重新编程即可，但是如果采用分立逻辑电路，那么就需要重新连接电路。对于 PLD，电路本身就是一种软件形式[⊖]。

形式多样　PLD 可以通过不同的可编程 PLD 对同一电路进行不同的电路板布局，而得到多个不同形式的器件。

设计速度及器件储备　利用 PLD 通常可以很快地完成设计工作（一旦掌握了要领并安装好软件工具）。另外，只需要熟悉少数几个 PLD 类型芯片，而不必储备太多标准功能的中规模逻辑芯片。

系统级芯片（SoC）　较大的 PLD（特别是 FPGA）有足够的资源，电路设计者完全可以在一个 PLD 中完成整个设计任务。具体来说，就是可以在单个 FPGA 上内置接口（以太网、USB 或其他功能）、内存，甚至微处理器等功能。这里有两种实现方式：①如果将这些功能包含在 HDL 设计中并利用软件在门阵列和触发器中实现，就得到一个"软"实现，这种实现中可能包括从其他地方借鉴的已经设计好的现成功能，这种情况称为知识产权核（IP 核）；②这些功能可能已经在 FPGA 内部通过电路连接设置好（并且不可更改），显然这种方式是一种"硬"实现。

10.5.5　各种时序功能

随着半导体工业的不断发展，一块芯片上可以放置数百万个晶体管[⊜]，一块成本低廉的芯片就可以完成很多种匪夷所思的功能。

先进先出存储器　先进先出（FIFO）存储器与移位寄存器有点类似，数据从输入端进入，然后会以相同的顺序在输出端输出。两者最重要的区别在于，在移位寄存器中，数据会随着额外数据的输入以及时钟的触发而被推送到输出端，而在 FIFO 中，理论上数据会依次进入输出队列。输入和输出由不同的时钟控制，FIFO 记录输入的数据和输出的数据[⊜]。

FIFO 特别适用于缓存异步数据。典型的应用是缓存键盘（或其他输入设备，如磁盘；或快速外部端口，如以太网）数据到计算机或慢速设备。通过这种方法，即使计算机还没有准备好处理生成的数据，但只要 FIFO 没有被完全填满，就不会丢失任何数据。

目前较主流的 FIFO 存储器为 7201-06 系列，该系列包含多个不同电压和不同深度的 FIFO，如 7201-06 系列是 3.3V 的 CMOS FIFO，$0.5\sim16KB\times9$ 位，最大速度 40MHz，零跌落时间（这是早期 FIFO 的缺点，为此早期 FIFO 也被实现为串行寄存器）。此外，还有双向 FIFO、同步 FIFO 以及宽度高达 72 位的 FIFO。

如果发送数据的器件总能在它要发送数据之前得到该数据的话，那么就没有必要使用 FIFO。在计算机语言中，必须确保最大延迟小于两个数据字之间的最小时间。注意，如果平均起来数据接收速率跟不上数据传送速率，FIFO 也起不到作用。

数字电压表　可以在单个芯片上实现完整的数字电压表（DVM），包括参考电压、高阻抗差分输入、LCD 驱动器等。例如 MAX1495，一个完全集成的 7mm 平面封装的 $4\frac{1}{2}$（4 位半精度）电压表，它从一个 3~5V 的电源中汲取大约 1mA。另一个比较流行的通用器件是'7135，这是一个+5V 运行的 $4\frac{1}{2}$（4 位半精度）电压表，7 段 LED 显示。'7136 是 $3\frac{1}{2}$（3 位半精度）电压表，也采用 7 段 LCD 显示。

专用集成电路　许多大规模集成芯片专门用于无线电通信（例如频率合成器）、数字信号处理（数字滤波器、相关器、傅里叶变换、算术逻辑单元）、数据通信（UART、调制解调器、网络接口、数据加密-解密 IC、串行转换器、无线协议）等用途。这些芯片通常与基于微处理器的设备一起使用，它们中的大部分不能单独使用。

消费类芯片　半导体行业喜欢开发消费者市场大的集成电路，用一个芯片就可以制作出数字（或模拟）手表、时钟、锁、计算器、烟雾探测器、电话拨号器、音乐合成器、节奏和伴奏生成器等。得

⊖　更恰当地说是固件，它介于不可更改的硬件和易于更改的软件之间。

⊜　在一些更大规模的微处理器、图形处理器（GPU）和 FPGA 中会有数十亿个晶体管。

⊜　通过在 RAM 中创建一个环形缓冲区，使用一对指针（写和读），也可以在软件中实现 FIFO（通常在硬件中实现）。

益于大规模集成电路，如今收音机、电视、音乐和视频播放器、GPS 导航仪和手机等的内部电路非常简单。因为语音合成和识别技术发展迅速，所以像 GPS 导航仪这样的设备现在已经能够与人对话，并能理解我们的问题。

汽车上也装有几十个处理器，用于发动机控制、制动、防撞系统、导航等任务，甚至普通的牙刷也配备了一个要运行几千行代码的处理器芯片。

微处理器　微处理器是超大规模集成电路（VLSI）最神奇的例子，是在一块芯片上的计算机。一方面，它有强大的数字处理器，比如英特尔（Intel）的八核 Itanium 拥有超过 30 亿个晶体管，有数百个内部寄存器，支持高达 1PB 的 RAM，可以组装成 512 处理器架构。另一方面，单片处理器不仅成本低廉，而且在同一个芯片上包含了大量的输入、输出及存储功能，可以单独使用。图 10.86 所示为 NXP 公司的 ARM7 LPC2458。

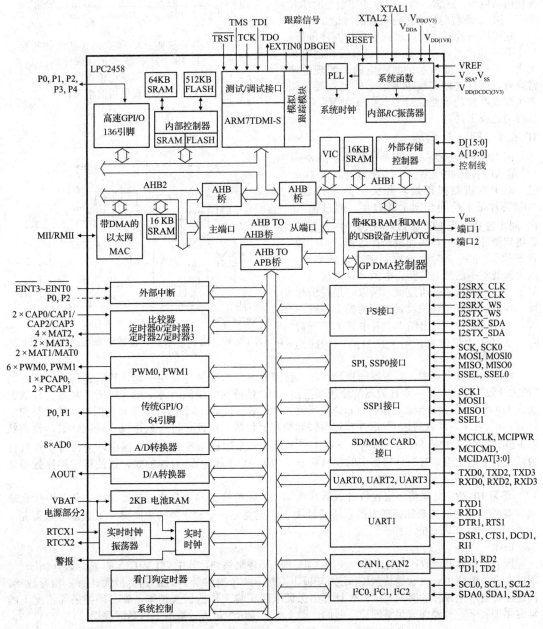

图 10.86　一个廉价微控制器完成了很多不错的功能

微处理器的发展并没有趋于放缓，每 18 个月计算机的能力和内存大小（现在是每个芯片 8GB，而在本书的前两个版本时是 1MB/芯片和 16KB/芯片）翻一番（摩尔定律）。与此同时，价格大幅下降（见图 10.87）。伴随着更大更好的处理器和存储器的更新换代，以及近来在显示设备、网络和无线数据通信方面的研究进展，这些都预示着未来几年将会有更多令人振奋的进展发生。

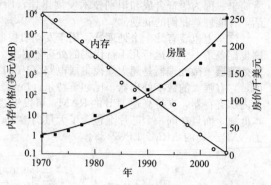

图 10.87　硅谷法则：35 年来内存的零售价格，每 18 个月下降 50%（同样的法则并不适用于美国新房价格的中间值，几十年来它一直呈指数增长）

10.6　一些典型的数字电路

半导体工业的发展使数字电路设计变得非常容易且令人愉快。与模拟电路设计中经常需要使用面包板的情况不同，数字电路设计时几乎不需要使用面包板。通常，唯一严重的问题是时序和噪声。第 12 章将对后者进行更多的讨论。

这里用一些时序设计示例来分析时序问题，其中有些功能可以用 LSI 电路或可编程逻辑来实现，不过下面所示的时序电路来实现也非常高效，而且这种实现也展示了一种直接使用多个现成器件的电路设计方法（无须掌握任何软件语言或工具）。

10.6.1　模 n 计数器

图 10.88 所示为一个模 n 计数器，每 $n+1$ 个输入时钟脉冲产生一个输出脉冲，其中 n 是一对十六进制拇指旋转开关上的 8 位数。'163 芯片是 4 位同步向上计数器，通过输入 P_n 同步置数（当 $\overline{LD}$ 为 LOW 时）。核心思想是将期望计数值的补码加载到计数器，当计数到 FF 后，下一个时钟脉冲到来时重新加载。因为预载电平已经上拉至正电源（开关接地），显示的开关设置就是负逻辑，所以与正逻辑相反，预载值就等于开关设置的值的模 1 补码。

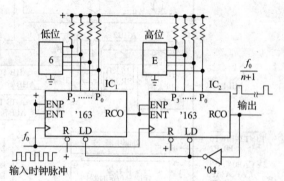

图 10.88　模 n 计数器，模数由拇指旋转开关设定

✎ **练习 10.28**　画出图 10.88 中开关设置载入的正逻辑值来证明上述最后一句话的正确性。

电路运行非常直观。要级联同步计数器，就需要将所有时钟连接在一起，然后将每个计数器的"最大计数"输出与下一个计数器的使能端连接。'163 使能时，纹波时钟输出（RCO）在最大计数变为 HIGH，通过使能输入 ENT 和 ENP 使第二级计数器使能。因此，IC_1 在每个时钟脉冲上都向上计数，IC_2 在 IC_1 计数到达 Fh 后才根据时钟脉冲向上计数。因此，这对数据以二进制计数，直到状态 FFh，这时 $\overline{LD}$ 输入有效，然后在下一个时钟脉冲到来时同步预置。在本例中，选择同步置数计数器是为了避免阻塞置数计数器中的逻辑竞争（和短 RCO 脉冲）。遗憾的是，这使得这种计数器是 $n+1$ 分频的，而不是 n 分频的。

✎ **练习 10.29**　如果将阻塞置数计数器（例如 '191）替换为同步置数计数器 '163，会发生什么现象？说明短脉冲是如何产生的。还要证明上述电路是 $n+1$ 分频的，而异步置数的计数器是 n 分频的（如果它能工作的话）。

时序

模 n 计数器的计数速度有多快？使用 3.3V 的 LV 逻辑系列，其中 74LV163A 的 f_{max} 为 70MHz [⊖]。不过在这个电路中，级联连接（IC_2 必须知道 IC_1 在下一个时钟脉冲时已到达最大计数）和置数-溢出连接都会产生额外的时间延迟。要计算出保证电路正常工作的最大频率，就必须把最坏情况下的延迟累加起来，并确保有足够的建立时间。图 10.89 所示为最大计数时的置数时序图。

⊖　LV 系列中没有 '1G04，因此使用 74LVC1G04。

任意 Q 输出从 LOW 到 HIGH 的变化都发生在 CLK 上升沿最大 15ns 处。这很有趣，但并不相关，因为置数序列使用的是 RCO 输出。IC_1 的 RCO 是在最大计数时的 CLK 脉冲上升沿最大 16ns 之后产生的，IC_2 的 RCO 是在其输入使能（当然，假设它有最大计数）最大 14.5ns 之后产生的。LVC1G04 加上 3.3ns 的最大延迟产生 $\overline{LD}$，它必须比 CLK (t_{setup}) 至少提前 9.5ns。这时下一个 CLK 才到来。因此 $1/f_{max}=(16+14.5+3.3+9.5)$ns 或 $f_{max}=23.1$MHz，远低于 74LV163A 的最大计数频率 70MHz。

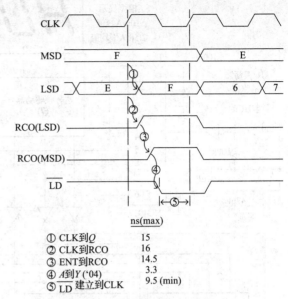

图 10.89 模 n 计数器的时序图及相关计算

练习 10.30 按照同样的计算方法，计算用一对 74LV163A（无置数溢出）级联构成的同步计数器的最大计数频率为 40MHz。所需数据请到 TI 网站上自行寻找。

当然，如果需要更快的速度，可以使用更快的逻辑。对 74F 逻辑做同样的计算（单个 74F163 的最大计数频率为 100MHz），得到 $f_{max}=29$MHz。如果使用快速 ECL 双极逻辑系列（如 MC100E016，它是一个 8 位可置数同步计数器），则 $f_{max}=700$MHz。那么，模 n 计数器的计数速度会是多少呢？因为它是 8 位的，所以不需要级联任何器件。此外，它的最大计数输出 ($\overline{TC}$) 是负逻辑，就像并行置数控制 ($\overline{PE}$) 一样，所以也不需要反相器，$\overline{TC}$ 与 $\overline{PE}$ 直接连接即可。CLK→$\overline{TC}$ 延迟仅为 0.9ns，$\overline{PE}$→CLK 建立时间为 0.6ns，计算得到模 n 计数器的 f_{max} 为 667MHz。更好的是，该芯片有一个"计数结束时置数"输入引脚可以直接用于模 n 计数器，启用该引脚就可以实现 700MHz 绝对速度（或 900MHz 典型速度）的模 n 计数器，这比 CMOS 实现快 30 倍！

模 n 计数器'HC40103 特别好用，这是一个具有并行置数（同步或阻塞置数）的 8 位同步向下计数器，并具有译码零状态输出和复位至最大输入。

10.6.2 多路 LED 数字显示

本例主要为了说明多路复用显示技术。通过在连续的 7 段 LED 显示器上快速显示连续的数字来显示 n 位数字（当然，字符不必是数字，而且显示器也可以与流行的 7 段排列的显示器不同）。多路复用显示是基于成本和简单性而设计的，连续显示每个数字需要为每个数字提供单独的译码器、驱动器和限流电阻，同时还要求从各个寄存器到其相应的译码器要单独连线（4 条线），从各个驱动器到其相应的显示器也要单独连接（7 条线），显然这样连接太乱了！

在多路复用显示中，只需要一个译码器/驱动程序和一组限流电阻。此外，由于 LED 显示器以字符的"棒状"形式出现，并将所有字符对应的段连接在一起，因此极大地减少了连接的数量。一个 8 位数字显示采用多路复用显示（7 段输入，所有数字共用，加上对应每个数字的共阴极或共阳极连接）只需要 15 条连线，而不是连续显示时的 57 条连线（而且，大多数 LED 显示器都是多路复用的，因此不管怎样最后会发现多路复用显示都是最佳选择）。

图 10.90 所示的是原理图。所要显示的数字位于底部的寄存器中，它们可能是计数器，也可能是一组从计算机接收数据的锁存器，或者 ADC 的输出等。无论哪种情况，该技术都可以依次将每个数字发送到一个内部的 4 位"总线"上（在这种情况下，有 4 个 4 位的三态缓冲区，每一个都是八进制缓冲区'HCT244 的一半），当其在总线上有效时（使用'HC4511 BCD-7 段译码器/驱动器），对其进行译码并显示。

利用一对反相器构成经典的 CMOS 1kHz 振荡器（见图 7.2），驱动十进制计数器/译码器'HC4017。当计数器的每个连续输出都变为 HIGH 时，就可以使总线上的一个数字有效，同时通过大电流开路达林顿驱动器 ULN2003 将相应数字的阴极拉低至 LOW。当'HC4017 计数到 4 时（为确保完全建立会有一点 RC 延迟）会被重置，其循环状态为 0～3。多路复用显示也可以显示更大的数字，它被普遍应用于多数字 LED 显示的仪器中。

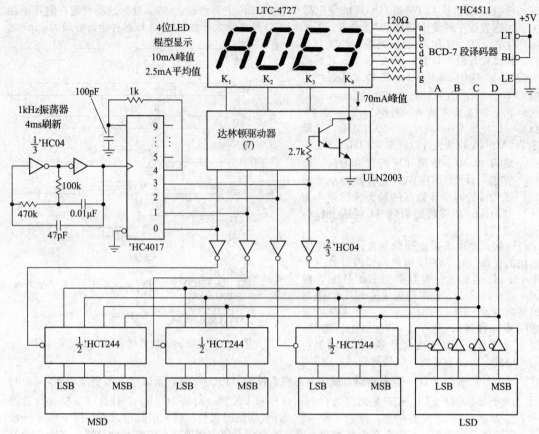

图 10.90　4 位数字多路复用显示

这里有一个与 LED "电压预算"有关的设计问题：电源为 +5V，在 10mA 的驱动电流下，LED 的各段有一个约 2.2V 的压降。这看起来似乎没有什么问题，但仔细观察（见图 10.91）就会发现一个问题，即'HC4511 阳极驱动器（PMOS-NPN 混合型）有一个 V_{BE} 压降（约为 0.7V），达林顿数字接收器 ULN2003 以 70mA 工作，还会有一个 V_{BE} 加一些饱和电压，总共约 0.9V。加上 2.2V 的 LED 压降，限流电阻上就只剩了 1.2V。因此，对于 10mA 的 LED 电流，需要 120Ω 的电阻。这样也可以工作，但可能要担心一些分散在 LED 的正向压降会对电阻上剩余的较小电压产生显著的影响，可能会观测到无法接受的数字亮度变化。进一步，考虑 +5V 电源下降 10% 对电路的影响。注意，这个 LED 驱动电路在 +3.3V 电源下根本无法工作。

在 LED 中，最大允许电流仅受过热的限制。因此，只要平均电流保持在额定值内，在多路复用显示器中使用更高的峰值电流也是可以的。但一定要注意，小型 LED 半导体芯片的热时间常数大约在 1ms 左右，因此在较长时间内，峰值电流不会超过额定的最大平均电流。另一种破坏脉冲 LED 的方法是使驱动电路处于 ON 状态时卡住，比如在调试微控制器（固件驱动）多路复用显示时程序崩溃。

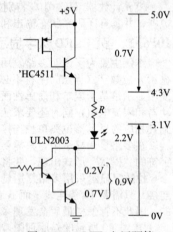

图 10.91　LED 电压预算

有很多 LSI 显示应用芯片，例如时钟、机顶盒（电视）等设备，以及片上多路显示（甚至驱动）电路等，也可以用一个独立的 6 位显示驱动多路复用器（虽然有些困难），如传统的 74C912，它接收 4 位字符的序列，并且只需要外部数字驱动程序。

10.6.3 n 脉冲发生器

n 脉冲发生器是一种实用的小型测试仪器，它在输入触发信号（或按下按键）后产生 n 个输出脉冲且脉冲重复率是可选择的。电路见图 10.92。'HC190 是十进制加/减（连线进行减法计数）计数器，由固定的 10MHz 晶体振荡器产生十分频的时钟信号，当 $\overline{\text{ALD}}$（异步置数）输入有效，$\overline{\text{EN}}$（计数使能）输入无效时禁用。当触发脉冲到来时，第一个触发器使计数器使能，第二个触发器跟随时钟的下一个上升沿同步计数。（在时钟 LOW 期间）脉冲通过与门，直到计数器计数到 0，此时 $\overline{\text{RCO}}$ 输出锁存时钟，两个触发器都复位。这种并行置数计数器从 BCD 开关上重新置为 $n-1$，不再计数，并为下一次触发做好准备。注意，在这个电路中使用下拉电阻意味着 BCD 开关必须是真值（而不是补码）。还要注意，手动触发输入必须消抖，因为它要为触发器提供时钟，而对连续/n 脉冲开关就不必如此，只需要能连续输出脉冲流即可。

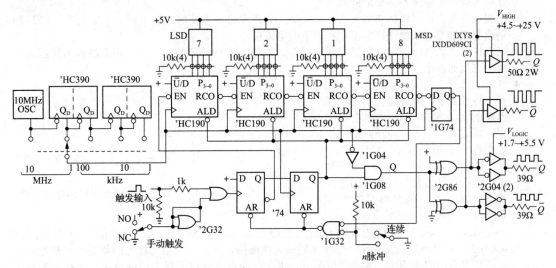

图 10.92　完美的脉冲发生器，采用 LVC 逻辑系列，+5V 电源运行

输出级产生两对真值/补码信号，异或门产生等时延的互补逻辑信号，并联的'LVC2G04 反相器提供正常的轨到轨逻辑摆动，通过外部直流电源输入可设置为 +1.7～5.5V。利用两个并联反相器来提高驱动能力（$V_+ = 3V$ 时，并联反相器部分可以驱动 32mA 的电流，端部逻辑电平在 0.5V 以内），39Ω 电阻与约 10Ω 的反相器级输出阻抗，为 50Ω 电缆提供端子。

为完成重要的驱动任务，电路增加了一对驱动器（图中加了小框），它们使用了强大的 MOS-FET 驱动芯片，旨在快速切换高电容的 MOSFET 门输入。这种专用芯片可以吸收或产生高达 8A 的电流，其切换时间优于平均水平的 10ns。它是非反相的，并接受标准的 5V 逻辑摆动，输出端采用无感 50Ω 2W 电阻串接。

10.7　低功耗数字电路设计

各种各样的小型电池供电装置需要在非常小的电流下工作，理想情况下是在微安范围内。考虑到 9V 电池的容量约为 500mAh，1mA 电流损耗下大约能续航 20 天；而像一直流行的那种小型硬币电池，在 3V 电压下可提供约 200mA 的电流。

目前已经有很多低功率芯片，无论是线性（运算放大器、电压参考器、振荡器等）芯片还是数字芯片（标准和可编程逻辑、ADC 和 DAC、微控制器等），都可以作为低功率电路设计的起点。

CMOS 低功耗电路

为了实现 CMOS 低功耗电路设计，应该采取一些常规措施和设计方法。另外还需要提高对 CMOS 缺陷的认识。

常规设计注意事项

● 尽量减少高频电路。CMOS 器件没有静态电流（除了漏电），但在开关过程中需要电流来给内部（和负载）电容充电。由于电容存储的能量为 $\frac{1}{2}CV^2$，电阻式放电电路释放等量的能量，因此开关频率 f 下的耗散功率为

$$P = V_{DD}^2 f C$$

因此 CMOS 器件的功耗与开关频率成正比，见图 10.27。在最大工作频率下，CMOS 可能比

等效的双极 TTL 逻辑器件使用更多的功率。数据手册中的有效电容 C 通常就是指功率耗散电容 C_{pd}，实际应用中，必须在上面的公式中加入负载电容 C_L。

- 如果电路中的电源电压供应有混合的话，一定要小心。否则，可能会有电流流过输入保护二极管。更糟糕的是，这可能会导致芯片进入 SCR 闭锁。
- 确保逻辑摆动能满足 CMOS 幅度要求。CMOS 输出摆动轨到轨，但其他器件如双极 TTL、振荡器、NMOS 芯片等的输出可能在两轨之间，因此会造成 A 类电流和抗噪性降低。
- 不要有悬空的输入。输入端悬空是低功耗电路工作的克星，因为当悬空的输入接近逻辑阈值时，可能会产生相当大的 A 类电流（甚至振荡）。确保将所有未使用的输入端接地（或 V_{DD}，这样可以避免很多不必要的麻烦）。
- 合理设计负载，以保证正常状态的低耗流。合理安排，连接好上拉电阻、下拉电阻、LED 和输出驱动器等，以保证正常工作状态下的电流最小。
- 避免缓变电流。A 类电流仍然是罪魁祸首。驱动 CMOS 施密特触发器的正弦波输入可能会导致大电流的产生。
- 在 V_{DD} 上设置电流感应电阻。在有些无效模式下，特别是由静态故障引起的无效模式下，可能会导致 CMOS 芯片产生过大的静态电流。如果在每个板的 V_{DD} 上串联一个 10Ω 的电阻（见图 10.93），就可以轻松地确认是否发生了这种问题。

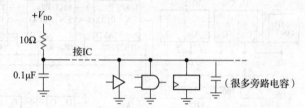

图 10.93　"电流间谍"可以很容易地定位消耗电流的问题电路部分

- 静态电流屏蔽。典型的 CMOS 逻辑芯片（任意系列，如 4000B、HC、LVC、LCX、AUC 等）都有指定的静态电流 I_Q，最大值为 $5\sim20\mu A$，典型值约为 $0.04\mu A$。显然制造商设置了一个保守的最大泄漏值，实际值可能比规定的要低，但制造商可能不想花费时间去测试。大多数情况下，很少有静态电流接近最大值的情况，但这的确有可能发生。如果开关工作频率很低（因此动态电流很小），并且需要相对较低的静态电流，那么就可能需要筛选输入芯片。建议使用如前所述的串联小电阻，它可以使这项工作变得非常简单。我们观察到，MOS LSI 芯片（如大内存）的典型静态电流可能与制造商在器件数据手册中规定的最大泄漏电流非常接近。
- 电源超时开关。在无人使用时关闭仪器可以节省很多能量。《电子学的艺术》（原书第 3 版）（上册）的第 7 章中就展示过一个简单的超时电路，该电路使用分立器件组成，会在仪器打开一小时后关闭开关处的 +9V 电源。更好的是，在任何带有嵌入式微控制器的仪器中，都可以使用控制器的内部计时器（或编程的超时循环）来执行电源切换。在电池能量有限的应用中，最好选择微功率控制器，或者让仪器大部分时间处于低功耗模式（空闲、省电、关机、待机、休眠或睡眠）。

10.8　逻辑问题

在数字逻辑设计中，可能会遇到一些很有趣的问题，其中有些问题，不管使用哪种逻辑系列都会发生，例如逻辑竞争和锁定状态。还有一些问题（如 CMOS 芯片的 SCR 闭锁）则是某个逻辑系列的"缺陷"。下面将遇到的问题进行总结，希望能帮助其他人避免此类问题。

10.8.1　直流问题

1. 锁定

设计电路时很容易遇到锁定状态。假设有一个由多个触发器构成的电路，所有的触发器都工作在正常状态，一切似乎都很顺利。但是有一天这个电路死机了，能让它继续正常工作的唯一方法是关闭电源，然后再重启。问题就出在锁定状态（一个不可避免但又无效的状态），电源转换使系统进入了这样一个禁止状态。要使电路可以自动恢复，最重要的是在进行电路设计和逻辑配置时找出这些锁定状态。至少，应该安排一个复位信号（系统启动时手动生成）使系统进入正常状态。这可能不需要任何额外的器件。

2. 启动清零

主要问题是系统启动时的状态。在启动时提供某种类型的 RESET 信号是一个好办法，否则系统刚启动时可能会发生一些奇怪的事情。一种方法是使用 RC 充电曲线（见图 10.94），由施密特触发器缓冲。不过，除了需要几个分立元器件之外，该电路的缺点是对瞬时电压下降的响应不可靠。

电源监控集成电路芯片也是一个很好的方法。这类芯片有很多种类型。最简单的就是在通电时产生复位脉冲的 3 引脚器件，例如 MC34164，该器件采用方便的 TO-92 引线晶体管封装（微型表面安装），在电源电压不高于 4.3V（34164-3 器件为 2.7V）时保持其集电极开路输出为 LOW，它还有一个内部参考电压，以及一些滞后。典型的 Maxim MAX700 则更灵活，8 针封装（DIP），并提供 RESET 输出和 $\overline{\text{RESET}}$ 主动下拉输出，允许通过外部电阻将阈值设置在 1.2～4.7V 范围内（也可以设置滞后量），同时还有一个手动 RESET 开关输入（见图 10.95）。MAX823 和 ADM823 系列也非常受欢迎。其他监控芯片还包括所谓的看门狗功能：每秒必须至少有一次脉冲，否则就复位，目的是检测处理器崩溃，并强制重启（现代微控制器中也经常集成这一功能）。

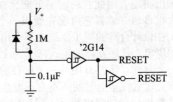

图 10.94 简单的上电复位

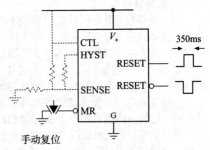

图 10.95 监控集成电路支持上电、电压监控和手动复位功能，可选电路允许阈值和迟滞调整

这些器件有很多制造商，不同制造商对应的器件名称的前缀略有不同。例如，MAX809 的前缀包括 APX、ADM、CAT、LM、STM 和 TCM 等。不过如果要进行替换，请首先仔细阅读数据手册！例如，NSC 的 MCP809 数据手册中就提到它有一个引脚与其他制造商的 809 器件不同。

有些器件非常先进，例如 ADM690 系列增加了诸如电源切换到备用电池、次低电压警告比较器、芯片启动控制等功能。表 10.5 中列出了一些常用的监控集成芯片。

表 10.5 可选复位/监控芯片

型号	引脚	封装	电压/V	看门狗	复位输入	正逻辑	供电电流/μA
MC34164	3	TO-92，SO-8	2	—	—	—	12
MAX809	3	SOT-23	7	—	—	'810	15
NCP303	5	SOT-23	7	—	—	'302	0.5
MAX700	8	SOIC-8	1	—	•	两者	100
ADM811	4	SOT-143	6	—	•	'812	5
ADM823	5	SOT-23，SC-70	7	•	•	'824	10

10.8.2 开关问题

1. 逻辑竞争

这里有很多潜在的问题。10.4.4 节已经用脉冲同步器的示例介绍了传统的逻辑竞争。通常，当门由触发器（或任何时钟设备）信号使能时，必须确保在门还没有被成功使能，然后在一个逻辑延迟时间之后立即又被禁用的情况发生。同样，还应确保触发器输入端的信号不会因为时钟而延迟（这是同步系统的另一个优点），一般情况下延迟时钟而不是数据。

竞争条件很容易被忽略。比如对于一个简单的 2 输入多路复用器，如果按照见图 10.96a 所示电路运行的话，即 Y= S&A|~ S&B，那就可能会出问题！当 A 和 B 均为 HIGH，SELECT 输入从 HIGH 变为 LOW（即从选择 A 变为选择 B）时，反相器的延迟会导致下面那个与门在上面的与门未使能之前被关闭，因此在输出端会产生瞬时 LOW 电平。解决方案是添加冗余项 A&B，见图 10.96b。

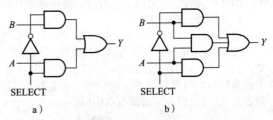

图 10.96 添加冗余项可以消除 2 输入 MUX 中的逻辑竞争

2. 亚稳态

正如之前详细讨论过的，如果输入数据在时钟脉冲之前的建立时间间隔内发生变化，触发器（或任何时钟设备）会发生混乱。在这种情况下，只要触发器能迅速做出决定，触发器就会恢复正

常。总之，有一种可能性是，输入可能在错误的时间——"关键时刻"发生了改变，导致触发器无法做出决定，因此它的输出可能会在逻辑阈值附近停留一段时间，这个时间通常比正常的传播时延要大很多倍（或者它可能先变成一个逻辑状态，然后又变成另一个状态，见图10.60）。

在设计合理的同步系统中不会出现这种问题，在这种系统中，有充分的建立时间（通过使用足够快的逻辑，使触发器的输入在下一个时钟脉冲前的 t_{setup} 已经稳定）。然而，在异步信号（例如，器件 A 用一个时钟，器件 B 用另一个单独的时钟）必须同步的情况下，它可能会出问题。在这些情况下，无法保证输入在建立时间间隔内不发生变化。实际上，可以计算它们的频率$^{\ominus}$！亚稳态问题被认为是导致计算机崩溃的罪魁祸首，尽管对此有人持怀疑态度。解决方法一般是将几个同步器级联，或亚稳态检测器触发复位。目前已经出现了"抗亚稳态"逻辑系列，例如 5V 的 AC（T）逻辑系列。

3. 时钟倾斜

当一个缓慢上升的时钟信号驱动多个互连设备时，就会出现时钟倾斜问题，见图10.97。在该示例中，两个八进制移位寄存器'595级联构成了一个16位并行锁存输出，它们的时钟是一个慢速上升沿，这个慢速上升沿是由一个乏力的时钟信号（也可能来自一个缓慢的微控制器输出）的容性负载引起的。问题是第一个寄存器的门限值可能比第二个寄存器的电压低（由于处理变化），这使得它比第二个寄存器移位早，丢失最后一位。而 CMOS 器件输入门限电压范围又很大，导致该问题更复杂（门限范围可能是三分之一到三分之二的 V_{DD}）。在这种情况下，最好的解决办法是利

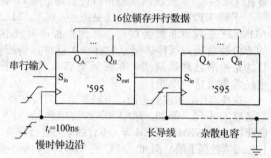

图10.97 当门限值不同时，缓慢的上升时间会导致时钟倾斜

用几乎没有容性负载的芯片以适当的速度驱动时钟输入（另一种解决时钟倾斜问题的方法是，在连续时钟芯片之间的数据线上增加一些小的延迟，但不要让它取代一个干净的时钟）。

一般来说，都希望数字 IC 采用边沿触发的时钟输入。例如，带噪声或振铃的时钟线在驱动时钟芯片之前，应该用门（可能是带有输入滞后的门）清零（但要注意不要违反建立和保持时间的要求）。特别是当还有来自另一个电路板的时钟线或有来自不同逻辑系列的器件时，这个问题就更明显。例如，慢速的 4000B 或 74C 逻辑系列驱动更快的 HC 或 AC 系列时就可能会出现时钟倾斜或多重转换的问题，HC 驱动 LVC 也是如此。

令人惊讶的是，时钟倾斜问题甚至可能会发生在可编程逻辑芯片中。之前曾碰到过这样一个实例，有一个 9500 系列 CPLD，其单个触发器可以通过芯片的分布式全局时钟信号来进行计时，或者通过内部逻辑的输出（称为乘积项）进行计时。听上去没有问题，但实际上当使用乘积项为移位寄存器中的一组触发器计时时，芯片很可能会发生故障，主要是由于时钟信号到达不同触发器的路由延迟不同。像这样的同步电路，只有在全局时钟$^{\ominus}$计时的情况下才能保证正常工作。这个"缺陷"在数据手册上并没有明确写出。

4. 窄脉冲

在模 n 计数器中，我们使用了同步置数计数器（'163），而不是阻塞置数计数器（如'191），因为后者需要添加一些延迟来防止脉冲宽度不符合标准（因为计数器的输出导致它自己提前清零）。当利用计数器或移位寄存器生成 LOAD 脉冲时同样如此。由于窄脉冲可能会导致边沿操作或间歇性故障，因此窄脉冲的危害极大。所以，在电路设计时尽量使用最坏情况下的传播延迟标准。

5. 未详细说明的规则

跟随半导体行业的发展足迹，从 20 世纪 60 年代最简单的 RTL 集成电路开始，接着是改进的 TTL 和肖特基系列，然后再到现代高性能 CMOS 系列，在引脚、规格和功能等方面缺乏标准化。例如，7400（NAND）的门指向"下"，而 7401（集电极开路 NOR）的门指向相反的方向。这就造成了很多问题，因此不得不变成 7403，它是具有 7400 型引脚的 7401。类似的还有 7490（BCD 脉动计数器），电源引脚不在角落而在中间。

$\ominus$ 在快时钟（从时钟前 t_{su} 到时钟后的 t_h）的建立时间间隔 Δt 内降落的机会是 $\Delta t/t_{clkF}$，其中 $t_{clkF}=1/f_{clkF}$ 是一对异步时钟中较快的那个时钟的周期，与此同时，较慢时钟的频率为 f_{clkS}，因此它降落在亚稳态区间，平均速率为每秒 $f_{clkS}f_{clkF}\Delta t$。

$\ominus$ 但是不能从一个乘积项驱动，除非将信号从一个引脚上带出来，然后在另一个引脚上返回（到全局时钟）。

　　早期的这种混乱遗留的一个重要问题就是没有详细说明的规则。例如，曾经流行的'74 D 触发器在每个逻辑系列中都存在，当 SET 和 CLEAR 都有效时，所有的输出为 HIGH，不过 74C 系列除外，它的输出为 LOW。这并不是一个未详细说明的规则，因为仔细观察印制好的电路板，就会发现不一致。

　　一个真正的未详细说明的规则是去除时间，实际上这是一个非常重要的规则。这是阻塞置数输入无效后，时钟设备保证正确计时之前必须等待的时间。芯片设计师一直没有明确地对这一点进行说明（尽管电路设计师总能知道），直到 20 世纪 80 年代早期出现的逻辑系列，特别是先进肖特基系列和快速 CMOS 系列。因此如果电路设计时需要用早期的逻辑系列，建议保守地假设去除时间与数据建立时间相同[⊖]。

10.8.3　TTL 和 CMOS 的先天缺陷

1. 干扰问题

双极 TTL　一定要记住 TTL 输入在 LOW 状态（例如 LS 为 0.25mA，F 为 0.5mA）时吸入电流，由于这需要低阻抗，使得很难利用 RC 延迟等，而且通常在将线性电平送到 TTL 输入接口时必须非常慎重。

　　TTL 门限值（以及 HCT 和 ACT 的门限值）与地很接近，使得整个逻辑系列很容易产生噪声。这些逻辑系列的高速使它们能够识别地线上的短毛刺，反过来快速输出转换速度又生成了短毛刺，使问题变得更糟。

　　双极 TTL 对电源有要求（+5V，±5%，具有较高的静态功耗）。由主动上拉输出电路产生的电源电流峰值通常需要自由使用电源旁路，理想情况下每个芯片有一个 0.1μF 的电容（见图 10.98）。

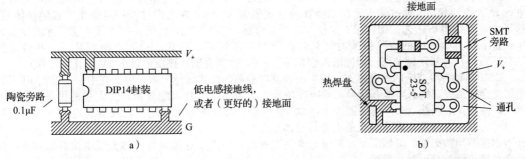

图 10.98　使用鲁棒的低电感接地布线，并大量使用旁路电容是一个好方法。a) 对于便宜的双面板，应该使用网格电源和地面轨迹；b) 使用接地面和表面安装陶瓷旁路电容则更好（在多层 PCB 中，顶层通常是信号层，电源和接地面在其下堆叠。为了清晰起见，在上面显示了地，不过也可以在两层 PCB 中进行此操作）

CMOS　CMOS 输入非常容易受到静电的影响，冬季的影响更大。较新的多晶硅门系列和具有有效输入保护网络的系列较之前的金属系列更为稳健。CMOS 输入的逻辑门限值很宽，这可能会导致时钟倾斜问题。当以缓慢上升的输入驱动时，其输出甚至会出现双重转换。CMOS 所有未被使用的输入引脚，即使是还未使用的门的输入引脚，都被要求必须连接到 HIGH 或 LOW。

　　快速 CMOS 系列的一个有趣的先天性问题是会出现地反弹问题：快速 CMOS 芯片驱动容性负载生成巨大的瞬态地电流，导致芯片的地线瞬间跳起，使同一芯片上未使用的输出也输出 LOW（见图 10.99）。请一定留意对幅度大小的影响——1～2V 都很常见！考虑一个 3ns、5V 的电压变化对 50pF 电容的影响，相当于有一个 $I = C dV/dt = 83$mA 的瞬态电流，而一个八进制缓冲器可以同时驱动 8 个这样的负载（总电流为 2/3A），这种行为并不奇怪。对于快速 AC(T) 逻辑系列，由于它采用传统的电源-地角落 DIP 封装，该问题比预期的更难解决，于是出现了新型的"中心引脚"电源-地（用于低电感）

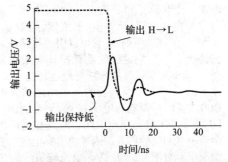

图 10.99　地反弹：74AC244 八进制缓冲器，驱动 7 个 50pF 负载 H→L，保持第 8 个输出为低

AC(T) 电路。此外，逻辑 IC 制造商为了限制峰值转换率（有时称为边缘速率）对设计进行了改进，由此产生了容性负载电流 CdV/dt，如 AC(T)Q（Q 表示静音）这样的逻辑系列，它的性能更好，而在速度上几乎没有退化。

目前已经有了更好的解决方案，即采用更小的表面贴装封装（引线电感小），并使用多层电路板（有专用电源和接地层），结合表面贴装旁路电容器。最近的逻辑集成电路有时规定了自感噪声级[⊖]。而有很多引脚的 VLSI 芯片通常有多个引脚（有时是几十个[⊖]）接地。不过，地反弹问题并没有被解决。使用者应意识到这一严重问题，并采取措施尽可能减小接地电感（见图 10.98）。最好使用带有专用电源和接地板的电路板，以及大量低电感旁路电容器。如果对速度没有要求，不使用这些快速逻辑系列则更佳。

2. 奇怪的行为

双极 TTL TTL 一般不会做奇怪的事情。但是，一些 TTL 单稳态会在电源线（或地线）出现故障时触发而导致问题。利用 LS TTL 工作的正常电路可能会在替换为 AS TTL 后出现故障，主要是由于边沿时间更快导致地线电流和振铃更大（74F TTL 在这方面似乎更好）。大多数奇怪的 TTL 行为都可以归结为噪声问题。

ECL 系列的跃迁时间非常快，超过几厘米的互连必须被视为端接传输线。

CMOS CMOS 逻辑真是会令人头大！CMOS 芯片上的开路输入是个坏消息，电路存在间歇性故障。把示波器探头放在电路的一个点上，它应该显示 0V，然后电路正常工作几分钟后再次出现故障！实际发生的是，示波器释放了开路输入端的电容，需要较长时间才能恢复到逻辑门限值。

另一个有趣的事情是，如果输入（或输出）在某一瞬间超过电源电压，那么这个 CMOS 芯片会进入 SCR 锁定状态。通过输入保护二极管的合成电流（50mA 左右）打开一对寄生连接的晶体管，这是结隔离 CMOS 工艺的副作用。这使 V_{DD} 对地短路，芯片变热，此时必须关闭电源，才能使其再次正常工作。如果这种情况持续时间超过几秒钟，芯片就会损坏，只能更换芯片。一些较新的 CMOS 设计声称对闭锁免疫，即使输入摆幅超过 5V，也能在输入摆幅超过 1.5V 时正常工作。

CMOS 有一些奇怪的失效模式。如果出现难以检测的模式敏感失效，那么其中一个输出 FET 开启可能会出故障。输入可能开始灌入或吸收电流，或者整个芯片可能开始产生大量的供电电流。在每个芯片的 V_{DD} 引线（带下游旁路）上串联 1Ω 电阻，可以很容易地定位消耗静态电源电流的故障 CMOS 芯片（对于驱动多个输出的电源驱动器或芯片，使用 0.1Ω 感测电阻器）。大多数情况下，不必考虑这种预防措施，但如果正在制作电池供电的设备，由于这类设备中微安级电流都很重要，因此考虑预防措施是很有必要的。

芯片之间除了输入门限值变化以外，单个芯片对于同一个输入作用下，不同功能可以有不同的门限值。例如，CD4013 的 RESET 输入可以在 Q 变为 LOW 之前使 $\overline{Q}$ 为 HIGH。这说明不应该基于 $\overline{Q}$ 的输出终止复位脉冲，因为生成的矮脉冲实际上可能无法令触发器清零。

不管怎样，开路输入并不是好事，即使对于未使用的门电路。因为输入可以向上浮动到中间电源，使 N 沟道和 P 沟道 MOSFET 都导通。这种"A 类电流"会产生不需要的静态电流（CMOS 是零功率的），它可以引起振荡或（在某些情况下）产生足够的功耗损坏集成电路。如图 10.100 所示，首先分别测量运行在 +3.3V 电压下的 74LVC04 反相器的一个门的灌入电流和吸收电流。只要输入电压在 0.7V 范围内，相应的 MOSFET 就会完全关闭；但是在这两者之间会有一些同时的传导，或者说击穿电流。在这种情况下，对于 $V_{in} \approx 1.4V$，电流峰值约为 20mA，导致反相器中的损耗为 28mW。如果所有 6 个反相器都浮动，可能就会有近 200mW 的损耗；如

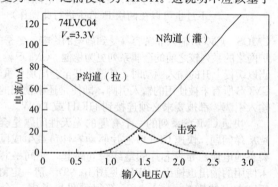

图 10.100 测量 74LVC04 反相器其中一节的灌电流和吸电流，作为逻辑输入电压功能，击穿电流是对同步传导的有趣称呼，它是由不在电源附近的数字输入电压引起的

果芯片运行在 5V 的逻辑电源，损耗可能就会达到破坏性的水平。

图 10.101 为测量数据，最大击穿电流与电源电压非常相关。在极低的电源电压下，没有可以使两个 MOSFET 同时导通的输入电压。

最糟糕的是，有时 V_{DD} 引脚与 CMOS 芯片没有相连，而电路仍然能正常工作！这是由于它是通过逻辑输入（通过芯片的 V_{DD} 与输入之间的内部输入保护二极管）供电的。可能会在很长一段时间内电路侥幸能够正常工作，但电路突然进入一种芯片的所有逻辑输入都同时为 LOW 的状态时，芯片就会没有电源且忘记它的状态。当然，这只是比较坏的情况，因为输出级供电不足，不能产生足够的电流。问题是这种情况只是偶然才出现，但要想弄清问题所在，却需要查遍整个电路。

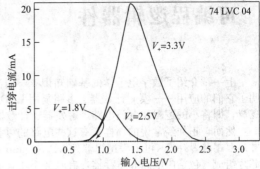

图 10.101 测量不同电源电压下的击穿电流与数字输入电压电平

附加练习

练习 10.31 利用 D 触发器和 4 输入多路复用器设计 JK 触发器。提示：为 J 和 K 提供寻址输入。

练习 10.32 设计一个电路，读出按下按钮的毫秒数并显示在 7 段 LED 上。电路应足够智能，要求每次都能自动复位。使用 1.0MHz 振荡器。

练习 10.33 设计一个反应计时器。当 A 按下按钮，LED 亮起，计数器开始计数；当 B 按下按钮，灯熄灭，LED 显示读取的时间（毫秒级）。确保电路在即使当 B 按按钮时 A 仍在按住按钮时，仍然能正常工作。

练习 10.34 设计一个周期计数器：可以测量输入波形一个周期内微秒数的电路。使用施密特比较器产生逻辑电平；时钟频率 10MHz。按下按钮启动每一次测量。

练习 10.35 向周期计数器中添加锁存器。

练习 10.36 测量 10 个周期的时间间隔。在计数时点亮一个 LED。

练习 10.37 设计一个真正的电子秒表。按钮 A 控制开始和停止计数，按钮 B 给计数复位。输出形式为 xx.x（秒和毫秒）。假定有一个 1.0MHz 的方波。

练习 10.38 只使用一个按钮控制电子秒表的开始、停止、复位等。

练习 10.39 设计一个频率计数器来测量每秒输入波形的周期数，包括很多数字、在计数下一个间隔时锁存计数，以及 1s、0.1s 或 0.01s 计数间隔的选择。可以添加一个具有多种灵敏度的输入电路，具有可调磁滞和触发点的施密特触发器（使用快速比较器）和用于 TTL 信号的逻辑信号输入。输出为 BCD 码，多路数字输出，以及并行输出。

练习 10.40 利用 3.3V 的 LVC 逻辑设计一个对高速子弹计时的电路。抛射物打断了一根在其路径上伸展的细金属丝；然后，在沿着其路径更远的一段测量距离内，它打断了第二根金属丝。注意像"接触反弹"类似的问题。假设有一个 10MHz 的逻辑方波，设计电路读出断开两条导线之间的时间间隔，以 μs（4 位数）为单位。设计一个按钮为下一次发射重置电路。

练习 10.41 设计一个电路来计算连续输入的 4 位二进制数的总和（见图 10.102），结果只保留 4 位（即执行模 16 求和⊖）。同时设计一个输出位，如果所有输入数（自上次复位输入以来）中的 1 的总数为奇数，则输出位为 1，如果为偶数，则输出位为 0。提示：利用 XOR 奇偶校验树可以确认每个数字中 1 的和是否为奇数。

练习 10.42 在练习 10.15 中，利用卡诺图给每一个输入位设计一个 2×2 乘法器。在本练习中，请用"移位和相加"完成同样的任务。首先写出这个积（见图 10.103），这个过程有一个简单的重复过程，需要 2 输入门来产生中间结果 $a_0 b_0$ 等，利用 1 位的"半加器"（有溢出但没有进位的加法器）对中间结果求和。

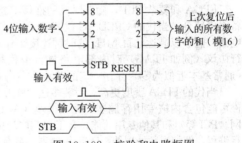

图 10.102 校验和电路框图

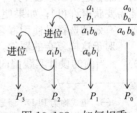

图 10.103 如何相乘

⊖ 这种"校验和"的一个更复杂的变体，例如 CRC（循环冗余校验和），可以有效地检查数据文件的有效性，防止引入错误以便存储或传输数据文件。

第11章
可编程逻辑器件

上一章介绍了数字电子学的基础知识——门电路和组合逻辑、触发器以及时序逻辑，并举例说明了它们的应用——模 n 计数器、多路复用 LED 显示屏和 n 脉冲发生器。在上一章中主要使用标准逻辑，即将小的逻辑块（门电路、触发器、计数器、寄存器等）封装为单一集成电路。

然而，正如经常说的那样，有这些电路的可替代（而且通常是更好的）实现方法，那就是应用可编程逻辑器件[一]。可编程逻辑器件（Programmable Logic Device, PLD）由具有许多逻辑（门）的芯片组成（包括门电路和寄存器，有时甚至还有更多其他的逻辑块）。其中，器件的连接关系是可编程的，但这不是电脑程序：在计算机中，程序告诉处理器做什么；而在 PLD 中，程序告诉芯片如何连接其组件部分。

11.1 可编程逻辑器件发展简史

第 1 批 PLD（1975 年）是 Signetics 公司的集成熔丝逻辑器件，包括少量的未约束的门和熔丝矩阵，使其可以通过选择性熔断留下所需的互连结构。通过形成熔丝连接图或（此后）通过在电脑屏幕上对指定保险丝进行手动定位的方式对器件进行"编程"。在后续的发展中，Signetics 公司通过将触发器引入电路，使其能够实现时序电路；同时，Monolithic Memories 公司设计了称为可编程阵列逻辑（Programmable Array Logic, PAL）的简化产品系列，而具有更高可用性的文本输入设计语言被称作 PALASM。到 20 世纪 80 年代中叶，Lattice 公司推出了通用阵列逻辑（Generic Array Logic, GAL），该器件使用电可编程存储器可以在触发器或门电路之间相互转换的输出单元。同时也问世了进一步得到改进的编程语言，即 CUPL 和 ABEL，它们以及它们的继任者一般都被称为硬件描述语言（Hardware Description Language, HDL）。

大约在同一时间，Xilinx 公司引入了现场可编程门阵列（Field Programmable Gate Array, FPGA），一种具有"细粒度"结构的可编程逻辑方案——更多的门和寄存器，组成结构逻辑块，周围围绕 I/O 模块，能够实现更灵活的互连，并可以将其配置信息编程到独立微小的非易失芯片存储设备（串行配置 ROM），并在设备上电时加载到片内的（易失的）SRAM 中。

FPGA 和复杂 PLD，随着时间的推移不断获得改进，这些器件都是电路设计工程师工具箱的必备组成部分。当代的 CPLD（C 代表 Complex）有 32～2000 个不等的宏单元，包含了数以万计的门电路，能够以高达几百 MHz 的时钟速度工作；它们使用片上非易失性程序存储器，通过使用简单串行协议（例如 JTAG）对内部电路进行编程和重复编程。不同厂商的 CPLD 在静态电流功耗方面（通常基本近似为零）存在一定的差异性[二]。这些器件具有高度可预测的时序。

当代的 FPGA 密度更高，封装多达 100 万个触发器（见图 11.1），具有高达 1738 个引脚。这些器件可能包含内嵌专用存储器、算术模块（ALU、MAC、其他 DSP 等）的逻辑块、接口（USB、以太网、PCI 等）和其他专用功能。有了如此广泛的功能，使得现在能够使用常规设计方法对大型模块进行编程，例如视频处理器、PCIe 控制器、蓝牙甚至是完整的微处理器（包含外围设备），还富余大量的可编程逻辑以形成"片上系统"。这些标准化编程的（软）设计被称为 IP（知识产权，其中的一些可能需要获得许可）；如果使用 IP 微处理器，则称为处理器软内核[三]。如果需要在 FPGA 中内嵌处理器，有效的选择是使用混合型 FPGA，其中微处理器和外围设备已通过硬布线的方式实现[四]。

对于这样复杂的器件，随着小型 PLD 演变而来的传统编程工具（CUPL 和 ABEL）是没有希望的[五]。当前的设计实践偏向于图形化原理图输入，或者是 2 种现代且功能强大的基于文本的 HDL

[一] 正式称为 PLD，但通常意味着包括 CPLD（复杂 PLD）和 FPGA（现场可编程门阵列）。

[二] 特别是 Xilinx 公司的 CoolRunner 系列和 Lattice 公司的 ispMACH 4000Z 系列。

[三] 例如 Xilinx 公司的 MicroBlaze，Altera 公司的 Nios-II，Lattice 公司的 Mico 和 Actel 公司的 ARM。

[四] 例如 PowerPC（在 Xilinx 公司的 FPGA 中）、AVR（在 Atmel 公司的 FPSLIC 中）和 ARM（在 Altera 公司的 FPGA 中）。

[五] 读者仍然可以从 Atmel 公司或 Lattice 公司获得经典的小型 SPLD（简单 PLD）：16V8、20V8、22V10 和 26V12，而 CUPL 和 ABEL 完全可以满足要求。

图 11.1　一系列的可编程逻辑器件。左上是 3 个 PLCC 封装器件（84、68 和 44 引脚），可与右上角的密集 QFP 封装系列器件进行比较（顺时针排列分别为 PQFP-208、TQFP-100、VQFP-44、TQFP-48 和 TQFP-144）。中间下方为 4 个封装密度越来越大的相同的 SPLD 类型器件（22V10）：DIP-24、PLCC-28、SOIC-24 和 TSSOP-24。底部是最密集的封装（从左到右）：FT-BGA-256、FBGA-100（与 TQFP-100 相同的 IC）、BGA-132、BGA-49（CSP-49）和 QFN-32。最后 3 个器件同时显示了器件的顶部和底部

（称为 Verilog 和 VHDL）其中之一；这里将对这两种设计方法进行说明。对于大多数数字设计而言，使用可编程逻辑通常比使用标准逻辑更好，因为①使用 1 片芯片替代了许多芯片——更少的布线，更小的成品，更少的库存，更低的成本；②如果初始设计有缺陷或者需要添加新的功能，将很容易对组件进行重新编程。

11.2　可编程逻辑器件硬件结构

当代的 PLD 非常复杂而且变得越来越复杂。高端器件已经拥有超过 50 亿个晶体管（并且还在不断增加）。为了使读者更易于理解所有的内容，本节将分几个简单的阶段进行介绍：首先是经典而简单的 PAL（例如 22V10）和更灵活的 PLA（例如 Xilinx CoolRunner-II），然后是复杂且寄存器丰富的 FPGA。

11.2.1　基本 PAL

通过了解基本 PAL 来学习可编程逻辑器件是好的开始，该器件属于简单 PLD。以经典器件 22V10 为例，其零件号表示该器件包含 22 个输入和输出引脚（最初为 24 引脚封装），整个器件包含了 10 个输出宏单元（稍后将对其进行详细的介绍）。PAL 电路结构由可编程的连接阵列组成，因此输入和反馈输出都可以选择性连接到 1 组多输入与门。固定数量的此类与门的输出随后输入到或门。它的输出可以直接作为输出使用（以组合电路形式输出），也可以输入 D 触发器（以寄存器形式输出）。包含这些输出选项的电路被称为输出宏单元。图 11.2 通过只有 4 个输入信号的简化结构显示了这一基本概念。此处，每个逻辑输出均来自以 2 个 8 输入与门作为输入的或门的输出，该输出将驱动输出宏单元（注意，图 11.2a 中用于多输入与门和或门的简写表示法在图 11.2b 中进行了扩展）。

在实际工程应用中，PAL 包含了比上述示例多得多的输入和门电路。图 11.3 显示了 22V10 的实际结构，尽管看起来结构十分复杂，但按现代可编程逻辑器件的标准来看其规模还是很小的。12 个输入（及其反码）以及 10 个输出（及其反码）的反馈（即总共 44 个信号）都被接入连接矩阵，在其中连接的任何 1 组都可以连接到任何 44 个输入的与门，然后将其输出与另外 7～15 个与门（从芯片中心向两端依次减少）的结果相或，以产生输出结果（10 个输出结果中的 1 个）。该输出结果不会直接从芯片中输出，而是在输出宏单元中得到调理，该宏单元由一些可编程逻辑组成，可将或门的输出锁存到触发器，或者直接将其直通而不进行锁存。从图 11.4 中可以看到，输出（无论是锁存的还是组合的）可以是其原值或反码，也可以是三态形式。

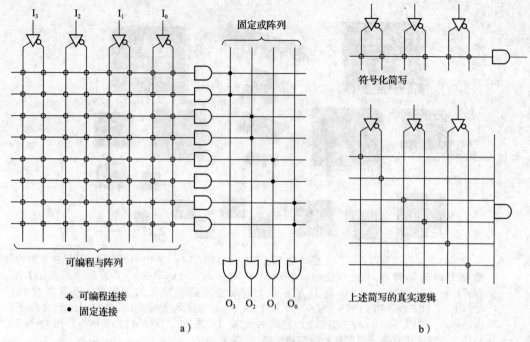

图 11.2　a）在 PAL 中，每个可用的逻辑信号（或其反码）都可以连接到多输入与门，几个这样的与门的输出进行或运算后输出，然后每个逻辑输出都通过输出宏单元到达输出引脚；b）每个与门都有多个输入引脚，以传统的简写形式和完全扩展的形式显示

22V10 足以胜任许多逻辑任务：可用来构成移位寄存器、计数器或地址解码器，或者只是所谓的"随机逻辑"的集合。但是，按照现代标准，该器件受到寄存器和 I/O 引脚数量少以及共用 CLK 信号方面的限制，例如无法构成脉冲型计数器。

一种 PAL 的演进途径是创建被称为"超级 PAL"的系统，其中的宏单元允许逻辑阵列由单独的时钟控制，并且将更多的宏单元封装在一个 IC 中。这些通常包括通过在宏单元之间共享乘积项的方式来扩展逻辑的方案。基本 PAL 结构的此类扩展被称为 CPLD（复杂 PLD），并且得到广泛应用⊖。这种器件的容量可以达到 2000 个或更多的宏单元（其中一些可能被"掩盖"，即仅用于内部互连，但无法连接到 I/O 引脚），并且该器件允许异步时钟驱动。

"可编程与门/固定或门"架构（有时也称为乘积和）也是一个可能的限制，这是因为该器件将多个与门的结果强制输出为某个固定逻辑和（或）的形式，这种输出方式给实现复杂组合逻辑带来困难。提高逻辑复杂性的下一个阶段是可编程逻辑阵列（PLA）。

11.2.2　PLA

在 PLA 中，逻辑阵列由可编程的与门将其结果输出到可编程的（而不是固定的）或门中（见图 11.5）。制造商通常不会通过将其称为 PLA 来区分这些器件，它们只是称这些器件为 CPLD（与大型 PAL 相同），只有通过查看数据手册才能了解其真正的内部结构。Xilinx 公司的 CoolRunner-II（XC2C）系列 CPLD 就是典型的例子，该器件提供 32～512 个宏单元（由于采用适当的 324 引脚封装，后半部分逻辑单元被掩盖）。

正如接下来提到的那样，针对这些器件进行编程开发的软件并不需要用户了解其内部结构，用户只需要编写 HDL 代码并运行该软件，然后查看功能是否正确，以及是否满足速度和时序延迟要求。

11.2.3　FPGA

前面提到的 PAL、PLA 和 CPLD 都是所谓的"逻辑丰富，寄存器贫乏"架构的器件示例。毕竟，即使是低端的 22V10 也包含了十多个 44 输入与门为每个或门宏单元提供输入，但是只有少数几个触发器。

⊖　例如，Altera 公司的 MAX7000 系列，Lattice 公司的 Mach4000 系列或 Xilinx 公司的 CoolRunner-II 系列。

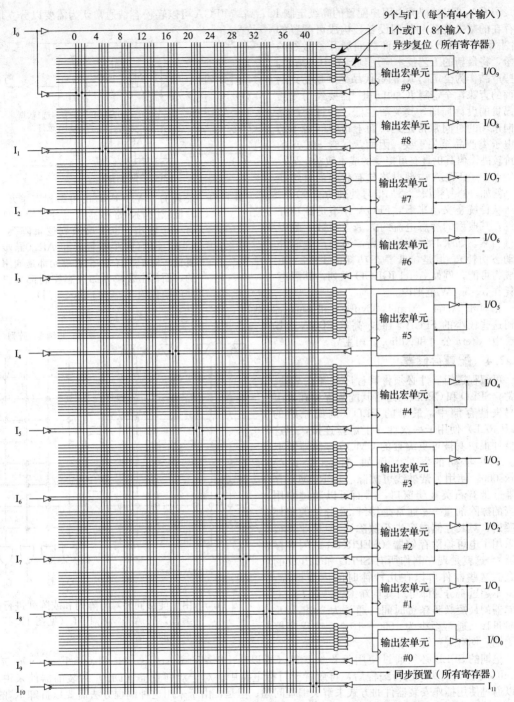

图 11.3 经典 22V10 PAL 的逻辑阵列：可编程与阵列/固定或阵列。
可以将输出宏单元编程为 D 触发器或简单的直通模式

FPGA 针对这一问题进行了改进，该改进方法引入了触发器，每个触发器都以嵌入大量互连线路具有适当位数的逻辑（通常只有 4 输入查找表或 LUT）作为输入。该器件中包含了成千上万到数百万个这样的单元，它们分别称为可配置逻辑块（CLB）或逻辑单元（LE），而且这些单元往往伴随着内存块（RAM）、算术功能模块（例如乘法器或嵌入式处理器）以及接口单元（例如 PCIe 或以太网）。这样的 FPGA 架构被称为逻辑贫乏-寄存器丰富或细粒度架构。图 11.6 显示了来自 Altera 公司的 Cyclone-II FPGA 系列的典型逻辑单元。

FPGA 可以被视为由用户配置的高级定制 IC。高端 FPGA 可以轻松容纳通常认为需要以分立形式存在的微处理器和外围设备，构成可配置的"片上系统"。FPGA 制造商之间展开了激烈的竞争，将最新的工艺技术应用到产品中。结果，这些产品作为全定制 IC 的替代品越来越受到制造商的青睐，全定制 IC 的问世⊖需要经历漫长而昂贵的设计周期，其灵活性低，并且新产品推向市场的时间常常延迟，而上市时间对于消费电子类产品至关重要。因而，尽管 FPGA 的单价较高，但其仍具有可接受的成本效益。另一个优点在于 FPGA 内部电路具有较强的升级能力（例如，修复错误、添加信号处理功能等）。

从传统意义上来看，FPGA 并不是低功耗器件，其典型的静态电流约为毫安至数十毫安级（当然，如果时钟频率很高，还会产生额外的动态功耗）。但是，低静态功耗的 FPGA 正在成为可能，例如 Actel IGLOO 系列，其静态功耗在 $5 \sim 50 \mu W$ 范围内。

相对于 Actel、Atmel、Cypress 和 Lattice 公司这些较小的 FPGA 厂商，高端 FPGA 市场主要由 Altera 公司和 Xilinx 公司主导。

11.2.4 配置存储器

可编程逻辑器件必须将其程序保存在某处。通常，SPLD 和 CPLD 始终将其配置保持在片上非易失性存储中，最早的 PLD（例如原始的 MMI PAL）使用了一次性片上熔丝连接，但这些器件很快就被可重编程的 CMOS 存储器所取代。一些早期的器件（例如 Altera 公司的 Max7000）使用了紫外线可擦除（EPROM）存储器（带有石英玻璃窗口，因而可以通过使用适当的擦除剂量——通常是持续 20 分钟的紫外线照射，对其存储内容进行擦除），但是业界很快采用了电可擦除存储器（EEPROM 或闪存存储器）。这就是现在制作所有 SPLD 和 CPLD 的方式。这些器件可以在几秒钟时间内被擦除，通常不超过 1 分钟即可对其重新编程。对于片上存储器的最短数据保留时间（通常为 20 年）及其耐用性（通常至少为 $1000 \sim 10\,000$ 个程序擦除周期）均有规范性要求。

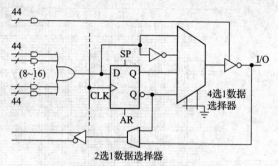

图 11.4　经典的 22V10 PAL 的可编程宏单元：原值或反码，寄存器或组合逻辑，具有三态输出，也可反馈到逻辑阵列。CLK、SP（同步预置）和 AR（异步复位）对于所有 10 个宏单元都是通用的，而每个宏单元的三态控制都可以使用乘积项（1 个 44 输入与门）

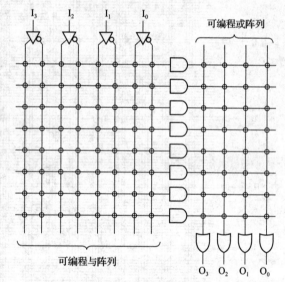

图 11.5　由于能够同时对与阵列和或阵列进行编程，PLA 具有比 PAL（见图 11.2）更高的灵活性

早期的 SPLD 必须通过使用设备编程器（可以从 BP Microsystems、Needhams Electronics 或 DataIO 等公司购买）进行编程后，再放置于目标电路中。对于双列直插（DIP）封装的器件来说，可以通过使用插座安装器件的方式来解决编程问题；但是，由于采用这种编程方法需要以拆卸 IC 的方法进行编程，因此对于直接焊接在板子上的表贴器件来说，其编程问题就显得比较尴尬。针对这一问题的解决方法是提供"在系统"编程（ISP）的能力，已经针对某些 SPLD 运用这一方法进行了改进（例如，Lattice 公司的 ispGAL22V10，这是标准 22V10 的 ISP 版本）。所有当代的 CPLD 都可以使用简单的串行数据协议（例如 JTAG 边界扫描）实现在系统编程⊖。读者可以使用下载器"盒子"连接到串行编程引脚，这个"盒子"通过 USB 方式与保存编程数据的计算机相连接。

⊖　有时称为 ASIC，专用集成电路。
⊖　IEEE 已经开发出行业标准数据格式，将 JTAG 用于系统内配置，即 IEEE 1532 协议。

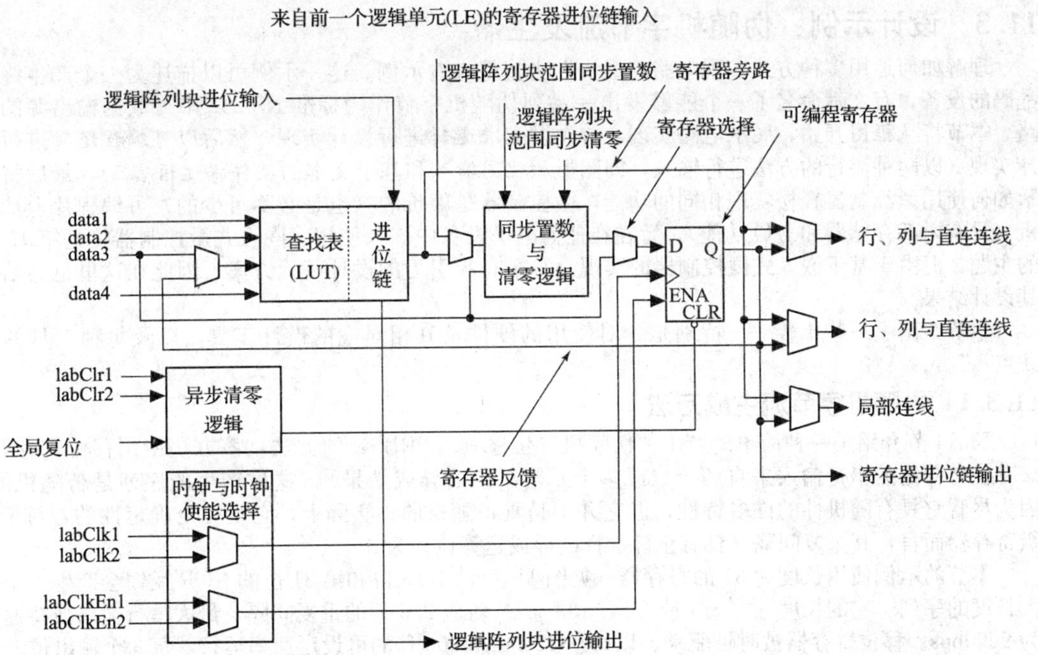

图 11.6　FPGA 逻辑元件（LE），在 Altera Cyclone-Ⅱ系列中是典型 FPGA 的几万个之一的组成部分。时钟触发器和查找表（LUT）都围绕着由较大逻辑阵列模块（LAB）组成的额外逻辑和控制信号，使其可以实现灵活扩展

对于 FPGA 来说，情况有所不同。传统上讲，FPGA 没有片上 ROM，该器件在上电时从外部串行"配置 ROM"中读取配置数据，然后将配置保存在片内静态（易失性）存储器中。尽管这仍然是许多 FPGA 的配置方式，但现在已有一些带有片上非易失性闪存的 FPGA 系列，例如 Actel、Lattice 和 Xilinx 公司。与当代 CPLD 一样，编程是通过使用下载器在电路中完成的。

11.2.5　其他可编程逻辑器件

值得记住的是，简单的数字存储器也是"可编程逻辑"，该器件为每个可能的 m 位（地址）输入产生一个存储好的 n 位输出。图 10.64 所示的通用状态机中显示了它的使用方式，并且在更简单的器件等级上，FPGA 的逻辑单元使用了小的（例如 16×1）查找表。

近年来，混合信号形态可编程逻辑也有所发展。以 Cypress 公司的 PSoC 混合信号可编程器件系列为例，该系列器件在包含微处理器的可编程芯片上集成了放大器、滤波器和其他模拟组件。

11.2.6　可编程逻辑器件开发软件

必须通过学习一些软件工具，才能有效运用可编程逻辑器件。首先，可以通过使用硬件描述语言（HDL）或原理图输入完成设计输入。其次，通过运行仿真工具，以验证设计是否达到预期效果。接下来是综合环节，通过这一环节将设计转换为描述逻辑连接的网表。然后，将网表适配至目标器件，此过程称为布局和布线。最后，将正确的设计下载到可编程逻辑芯片中，既可以下载到芯片本身（如果它有片上非易失性存储器），也可以下载到配置 ROM 中（在加电时从中加载），还可以通过热装载方式从处理器直接加载到加电的芯片中。

FPGA 制造商通常会为其中低端产品提供免费软件，但对于支持其高端产品的软件，其价格可能在数百美元至数千美元之间。后者包含了由附带的软件"核心"（创建有用的硬件块的代码模块，有时因为其具有知识产权，被称为 IP）所产生的成本。

这些软件工具具有较高的学习难度，而且这一难度具有随时间变化而提高的令人感到困扰的趋势。这些软件工具往往伴随着缺陷，需要熟练的运用能力。逻辑编程可以是一份全职的工作。因此，拥有某种程度的协同总是有助于解决问题的；这也就是说，应该与周围在这一领域见多识广的工程师保持一致，使用相同的软件工具。

本书不会尝试介绍这些工具的具体使用方法。但是，为了展示通常的开发流程，接下来将展示采用 5 种不同开发方式完成完整电路的设计示例，其中一种方法是使用 CPLD。

11.3 设计示例：伪随机字节流发生器

理解如何运用多种方式实现电路的最快方法就是查看示例。这一示例可以描述为一个产生终极乱码的设备，有文献命名了一个能够发出一系列伪随机字节作为标准 RS-232 串行数据输出源的电路。本节将从框图开始，展示电路实现，首先以标准逻辑进行设计实现，然后以可编程逻辑进行设计实现（以两种流行的方法进行输入，即图形原理图输入和基于文本的硬件描述语言⊖），最后将展示如何使用微控制器轻松实现相同的功能，微控制器是廉价的（也是必不可少的）可编程片上计算机（具有内部存储器和 I/O 功能），旨在在任何电子设备中嵌入使用。嵌入式微控制器将是第 15 章的主题，但由于基于嵌入式微控制器的实现是一个有吸引力的设计替代方案，因此在这里也会给出其设计结果。

本节给出了一些比较——特别是针对使用的硬件及其相对应的设计工具，以及每种工具的优缺点。

11.3.1 伪随机字节流生成方法

13.14 节介绍了一种简单的产生"伪随机"位序列（PRBS）的方法，该方法使用移位寄存器，该移位寄存器的串行输入来自两个（或多个）输出位的异或结果⊖。这样产生的序列是伪随机的，因为尽管它具有随机性的许多特性，但它并不是真正随机的；实际上，它是完全确定性的，对于 n 级寄存器而言，其重复间隔（具有正确选择的异或运算位）为 $2^n - 1$⊜。

本节的示例使用长度为 31 的寄存器（见图 11.7），第 28 位和第 31 位的 XOR 反馈会产生一个最大长度的序列。它的长度（$2^{31} - 1$ 或 2 147 483 647）对应 2.6 天的重复间隔，最大串行输出波特速率为 9600bps。移位寄存器被时钟驱动，以每秒 1200 或 9600 移的可设定速率运行，每 8 个输出位合成 1 字节，每个字节与 1 个 START 和 STOP 位配对。这称为异步串行通信，以熟悉的 RS-232C 串行计算机端口为代表。该电路允许选择波特率（1200 或 9600），并将输出格式转换为 8 位数据，无奇偶校验，有停止位（通常缩写为 8n1）。

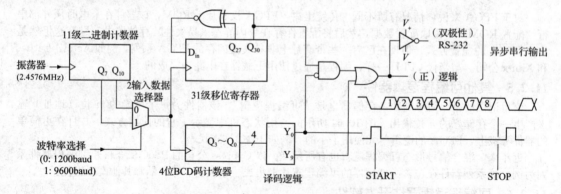

图 11.7 RS-232 伪随机字节发生器的模块框图。2 输入 MUX（数据选择器）从细分的振荡器中选择波特率。结果时钟将最大长度的线性反馈移位寄存器移位以产生伪随机位，这些伪随机位与 START 和 STOP 位一起构成 8n1 格式的串行字节

如 14.7.8 节所述，RS-232C 规范中描述的串行端口通信的实际电压电平是双极性的，±5～±15V 的电平对应两种逻辑状态。更令人困惑的是，这些输出在逻辑上是反相的，逻辑高电平对应负信号电平，反之亦然㊃。好消息是，有很多可用的 RS-232C 驱动器-接收器接口芯片，其中大多数内部包含了电荷泵负电压发生器，使其可以通过使用单个正压电源（通常为 +3.3V 或 +5V）进行工作，例如图 11.8 所示的 MAX3232。

⊖ 特别是 Verilog 和 VHDL 这两种流行的选择。
⊖ 有时称为线性反馈移位寄存器或 LFSR。
⊜ 需要指出的是，伪随机比特序列的生成有许多更好的算法，该方法只是简单易用。
㊃ 有时分别称为 MARK 和 SPACE。

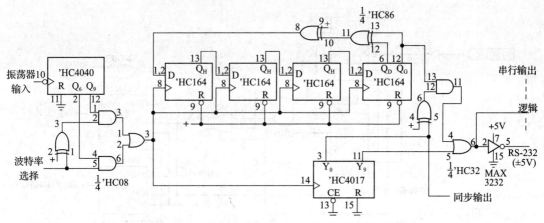

图 11.8 以标准逻辑（74HC 系列）实现电路

11.3.2 基于标准逻辑的设计实现

门电路、计数器和移位寄存器，这些是"标准逻辑"的组成部件，最著名的是 74xxx 逻辑门系列，这些分立逻辑功能电路以双列直插（DIP）或多种表贴封装形式（SOIC、SSOP、QFN、BGA 等）提供。在图 11.8 中，使用 74HC 子系列实现了随机数发生器（以广泛可用性、足够的速度、低功耗和 DIP/SMT 封装选项作为选择依据）。图中已经指出了 DIP 的引脚号，以强调这是一个已完成的完整设计。

1）使用标准逻辑存在一定的技巧，例如将未使用的异或门转换为反相器，以避免额外的组件（例如反相器）。另一个例子是对波特率选择使用分立的剩余的逻辑门（而不是集成的 2 输入数据选择器）。

2）这里使用了一些不寻常的处理技巧，例如 'HC4017 完全译码的十进制计数器，这里用于将 8 个数据位组成 10 位串行字符；更常规的方式是使用单独的计数器和译码器逻辑。另一个有效的处理技巧是使用 'HC4040 12 级脉冲型计数器（用于时钟细分），而不是级联的较小规模的同步计数器。

3）即使运用了这些技巧，该设计仍然需要相当数量的 IC（确切地说为 9 个，不包括 RS-232 驱动器），这是使用标准逻辑进行数字实现的特点。这 9 个 IC 必须相互连线，并且一旦连线后，任何更改都至少需要更改 1 根连线。此外，电路中包含了 6 种不同的 IC 类型，因此对于这种实现，必须保存大量有关不同功能 IC 的存货。

11.3.3 基于可编程逻辑的设计实现

如前所述，可编程逻辑器件通常可以提供更好的硬件数字逻辑实现，该示例也不例外。在这里，可编程逻辑是比标准逻辑好得多的选择，用 1 个芯片代替了 9 个。而且，与通常的可编程逻辑一样，可以通过对电路进行重新编程来修复错误或添加功能。

这种设计规模很小，基本适用于 CPLD，而不是通常规模大得多的 FPGA。图 11.9 显示了使用较小的 CPLD（64 个宏单元）的布线。这里选择的特定 CPLD 的内核工作电压为 1.8V，但允许输入和输出工作于 1.5~3.3V 的范围内。该任务几乎不使用芯片的 I/O 功能。30 个引脚（共 34 个可用）未使用。但是，它确实使用了 64 个可用触发器中的大多数。

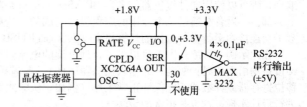

可编程逻辑设计——原理图输入方式

许多电路设计人员喜欢使用图形化"原理图输入"技术来设计可编程逻辑。图 11.10 显示了使用 Xilinx 公司提供的工具软件输入的伪随机字节流发生器的结果。

图 11.9 可编程逻辑允许更简单的电路实现。可以使用软件工具通过图形原理图设计或基于文本的 HDL 在 CPLD 中指定连接。本节对这两种实现都进行了说明。通过 4 个专用引脚（称为 JTAG，此处未显示）将所需的熔丝配置编程到 CPLD 的内部非易失性存储器中，并将 CPLD 放入其实际电路中

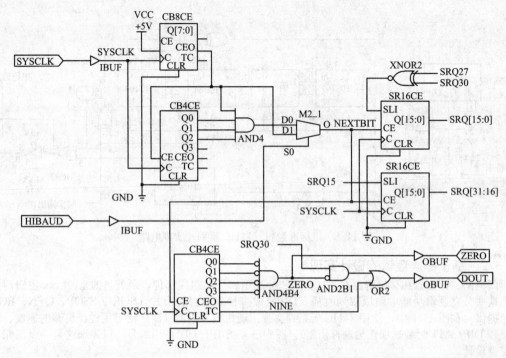

图 11.10　使用 Xilinx 工具的图形化原理图输入电路图，用于可编程逻辑设计。组件块可以是通用逻辑功能（例如，CB4CE＝计数器，二进制，4 位，带芯片使能），也可以是特定的标准逻辑部件号（例如，163＝74xx163＝具有三态输出的 4 位二进制可同步置数和清零计数器，未在本设计中使用）；或者它们可以表示由基于文本的硬件描述语言（例如 VHDL）指定的模块

　　各个符号可以是熟悉的门电路（OR2：2 输入或门）或偏斜门（AND2B1：2 输入与门，其中 1 个为反相输入）或更大规模的通用功能（CB4CE：计数器，二进制，4 位，带芯片使能）。但是，也可以绘制模块化块来表示更大的结构，例如许多互连的块。例如，在这里，整个原理图可以由一个具有两个输入（SYSCLK 和 HIBAUD）和两个输出（ZERO 和 DOUT）的块来表示。该块可以用作较大系统原理图中的组件。此外，还可以使用基于文本的 HDL 输入来定义块的内容，然后像此处的块一样以图形方式将其连接起来。甚至可以使用图形工具创建 HDL（定义了这样的块）。例如，可以通过在诸如 Xilinx 公司的 StateCAD（或 Altera 公司的 Quartus）之类的工具中输入状态转移图来实现状态机，由其生成 HDL 输出（Verilog、VHDL 或 ABEL），然后可以将其表示为带有输入和输出引脚的图形化模块。

　　图形输入软件工具可进行模拟设计，以确保设计符合预期效果，然后执行"适配"或"布局布线"以创建特定硬件 PLD（CPLD 或 FPGA）的连接模式。最后，如前所述，可以对器件本身进行编程，既可以使用器件编程器（来自 BP Microsystems 等公司），也可以使用已经安装并在电路中供电的部件。后者是通过几个专用的编程引脚完成的，这些引脚可以通过下载器盒子驱动，该下载器盒子会连接到运行设计软件的计算机上（通常通过 USB 接口）。

　　在此示例中，原理图条目提供了合理可读的电路。设计者选择了完全同步的实现方式（所有时钟设备均由同一时钟驱动，即输入振荡器驱动），有解释说，对于某些 PLD，使用派生时钟驱动时，移位寄存器或计数器不能保证正常工作（例如，从脉冲型计数器输出的），即使使用分立的标准逻辑进行设计实现，这也是正常的做法⊖。

　　关于原理图输入的一种经典的抱怨在于，软件工具往往特定适配供应商的硬件（如本例所示）。这使得很难将设计迁移到其他供应商的器件上。但是最近有一些价格合理的原理图输入和仿真软件可供选择，运用这些软件进行设计时，可以选择多家供应商的 FPGA。本书一直在尝试这种产品——Altium 公司提供的 NanoBoard 系列硬件开发板，可以与其开发的 Designer 软件配合使用，目

　　⊖　显然，由于时钟信号在 PLD 中经过很多路径而导致的信号延迟会导致不可接受的时序偏移，只有全局时钟信号可以保证可靠地工作。

前支持 Altera（Cyclone 系列）、Lattice（ECP2 系列）和 Xilinx（Spartan 和 Virtex 系列）公司的 FP-GA。如果在设计中坚持使用通用零件库，则这一设计将是可移植的。图 11.11 给出了示例，再次实现我们的伪随机字节流发生器。设计者选择将设计分组为功能模块，以保持原理图的可读性。除了输入和输出缓冲区（取自 Xilinx 公司特定的库）之外，所有其他部分都是通用的，因此设计工作轻便，而且工作量小。

波特率选择

伪随机字节流发生器

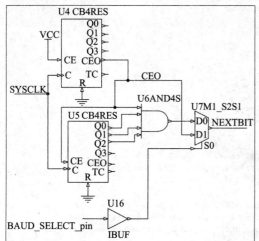
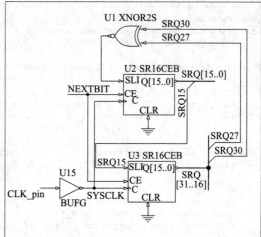

串行输出

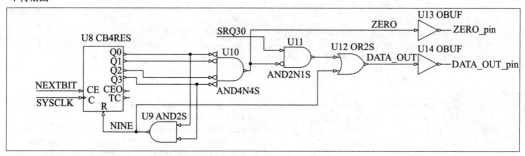

图 11.11 与图 11.10 相同的设计，使用 Altium Designer 软件实现，
并使用其 NanoBoard 开发板进行了调试

在更高级的抽象水平（和成本）下，可以从 Synopsys 获得综合软件工具集，例如 Synphony HLS（高级综合）。可以从 MATLAB 和 Simulink（来自 The Math-Works）开始设计，这可以通过使用模块工具箱（数字滤波器、FFT、采样器等）将类似于乐高积木的功能模块组合在一起。Synphony 公司采用了这种描述方式，并以 FPGA 或完整的 ASIC 实现为目标（通过 HDL），并通过 C 语言代码进行功能仿真。

原理图输入方式的优点 那些喜欢图形化原理图输入的工程师通常会这样解释他们的选择：①设计以原理图形式呈现，因此显得很自然；②这样设计简单易学，容易理解和向他人解释；③工程师偏好以图形原理图的方式进行设计；④因为模块可以用 HDL 的形式例化，所以当需要进行复杂设计时，它具有 HDL 的所有功能；⑤图形化输入适用于 LabVIEW、MATLAB 和 Simulink 等图形化编程语言。

11.3.4 可编程逻辑——HDL 输入

图形设计输入的替代方法是某种基于文本的硬件描述语言。当前最受欢迎的是 Verilog 和 VHDL，将 C 编程语言应用于高级设计的活动也非常活跃。

本书认为，首先在传统 ABEL HDL 中展示这种设计形式可能会更有助于理解 HDL 输入的设计方式，后者的描述倾向于接近硬件：在 ABEL 中，需要定义引脚（输入和输出）和节点（内部触发器或门电路），然后编写将信号连接起来的表达式，例如确定触发器的 D 输入和时钟源的门电路。与原理图输入一样，HDL 可以进行仿真模拟（带有测试向量），然后运行适配程序，该程序为特定目标的 PLD 创建连接网表（称为 jedec 文件）。最后，可以在线或（更少的）独立器件编程器中对器件本身进行编程。

1. ABEL

图 11.12 显示了用于创建伪随机字节流发生器的 ABEL 源文件，该文件使用具有 64 个宏单元的 CPLD（每个宏单元可以实现可用信号的复杂逻辑功能，以组合或在触发器中寄存的方式给出结果）。

```
// -------------------------------------------------------
module PRBYTES
title 'pseudo random byte generator - async serial
      Paul Horowitz, 10 Dec 07, rev 5'

// PRBYTES device 'XC2C64A';    xilinx zeropower cPLD

// Inputs
    osc       pin;  // 2.4576 MHz osc input (9600 baud x 256)
    rate      pin;  // LOW selects 1200 baud, HIGH selects 9600 baud

// Outputs
    serout    pin   istype 'reg_D';        // serial data
    syncout   pin   istype 'com';          // RS-232 START pulse (for testing)

// Nodes
    [sbc3..sbc0]    node   istype 'reg_D';  // serial bit counter, BCD (10 states, 0-9)
    [brd10..brd0]   node   istype 'reg_T';  // baud rate divider: divide by 256 or 2048
    [sr30..sr0]     node   istype 'reg_D';  // 31-bit shift register for pseudoran generator

// Constants & Declarations
    high = ^b1;           // high
    low = ^b0;            // low
    baudclk = rate & brd7.q # !rate & brd10.q;        // baud rate clock
    sbczero = !sbc3.q & !sbc2.q & !sbc1.q & !sbc0.q;  // serial bit counter is zero
    sbcnine = sbc3.q & !sbc2.q & !sbc1.q & sbc0.q;    // serial bit counter is nine


Equations
        // baud rate divider: 11 bit binary ripple ctr, use bits 7 or 10 for baudrate
    [brd10..brd0].t = [1,1,1,1,1,1,1,1,1,1,1]; // all flops set to toggle
    brd0.clk = osc;                            // clock lsb from external osc
    [brd10..brd1].clk = [brd9..brd0].q;        // all higher bits clock from previous Q output
                                               // i.e., brd10.clk = brd9.q; brd9.clk = brd8.q; etc

        // serial bit counter: synch BCD up-counter (4-bit, 10 states: 0-9)
    [sbc3..sbc0].clk = baudclk;    // serial bits clocked at baud rate
    sbc0.d = !sbcnine & !sbc0.q # sbcnine & low;        // lsb toggle, except reset after state 9
    sbc1.d = !sbcnine & (sbc0.q $ sbc1.q);              // toggle if lower bits set
    sbc2.d = !sbcnine & ((sbc1.q & sbc0.q) $ sbc2.q); // useless 'sbcnine & low' term of top line
    sbc3.d = !sbcnine & ((sbc2.q & sbc1.q & sbc0.q) $ sbc3.q);  // was included for clarity only

        // 31-bit xor-feedback shift register to generate pseudo-ran bits
    [sr30..sr0].clk = baudclk;      // prbs shift register clocked at baud rate
    [sr30..sr1].d = [sr29..sr0].q; // compact form for sr30.d = sr29.q; sr29.d = sr28.q; etc
    sr0.d = !(sr30.q $ sr27.q);    // xor feedback to make prbs; negation ensures startup from reset

        // append start and stop bits to generate RS-232 style async serial output bytes; do syncout
    serout.clk = baudclk;  // serial output clocked at baud rate
    serout.d = (!sbczero & sr30.q # sbcnine & low) # sbcnine & high;
        // stop bit (high) on nine, start bit (low) on zero, random on 1 through 8
        // RS-232 drivers invert; second term in parenthesis, and 'high', are both unnecessary

    syncout = sbczero;              // RS-232 start pulse


end PRBYTES
// -------------------------------------------------------
```

图 11.12　伪随机字节流发生器的 ABEL 实现代码

解释性说明如下（从上到下）：①行以分号结尾，//表示注释；②指令 istype 之后的名称 com 和 reg_D（或 reg_T）指定输出和节点为组合逻辑或寄存器（触发器），没有指定意味着这是输入；③信号数组（在 ABEL 中称为集合）写为[sr30..sr0]（我们的 31 位移位寄存器）；④取反、相与、相或和异或分别写为!、&、# 和$；⑤未声明为引脚或节点的变量名（如 baudclk）仅是定义，以简化后面的表达式（如[sr30..sr0].clk = baudclk），因此，例如 srn 是为第 n 个移位寄存器位选择的名称，而不是 ABEL 的保留名称；⑥命名触发器的几个引脚由"点扩展"指定，例如 sr0.d =!(sr30.q$ sr27.q)创建移位寄存器位 30 和 27 的 Q 引脚输出的异或并将其连接到位 0 的 D 引脚输入（这是生成伪随机位的异或反馈）。

值得花费一些时间来仔细琢磨这些代码，以感受一下如何使用基于文本的语言编写电路。这里已经对代码进行了大量的注释，以使其（某种程度上）易于理解。这不是最有效的实现方式，但它是有效的。

2. Verilog

像 ABEL 这样的简单语言可以用于简单的 CPLD 设计（上面将其用于具有多达 128 个宏单元的设计），但是当使用当代的 FPGA 进行真正复杂的设计时，运用 ABEL 进行设计的过程将令人沮丧。尽管 ABEL 和 CUPL 都从 PALASM 语言的起源发展，并且合并了更高级的结构（例如 If-Then-Else），但最终还是被现代设计语言（主要是 Verilog 和 VHDL）所取代，这两种语言具有相似的功能。

为了了解这些功能强大的基于文本的设计语言，这里基于 Verilog 和 VHDL 分别对伪随机字节流发生器设计进行了编程。这些语言中的语句可以按照结构来编写（例如，将哪些信号连接到寄存器输入），或者在某种程度上以更高级的方式，例如基于行为方式编写。这些示例主要按行为方式进行编码，这是有经验的用户通常偏爱的模式。但是这里也针对一小部分逻辑（串行位计数器）展示了其他的基于逻辑结构的编写方法。图 11.13 显示了按行为方式编程的 Verilog 设计，图 11.14 显示了用于 4 位 BCD 计数器部分的基于逻辑结构的 Verilog 的其他编程方法。

解释性说明如下：①Verilog 代码在可读性角度类似于 ABEL 代码，特别是在结构形式上；②wire 声明创建一个内部节点，并用 assign 对其进行定义；③与计算机编程语言一样，Verilog 和 VHDL 大量使用条件分支结构，例如 if、else if、else；④设计师至少在进行仿真验证的情况下倾向于支持行为描述（更紧凑、更容易理解），但是逻辑结构编程通常会产生更有效的实现结果⊖。

在该示例中，有 2 个时钟——快速的约 2.5MHz 输入时钟，以及串行位计数器的波特率（根据所选的波特率，为 1.2kHz 或 9.6kHz）细分时钟，因此系统不是完全同步的（尽管每个计数器本身都是同步的）。这对于将其实现为全定制 IC 的设计是可以的，但是如果针对 CPLD 或某些 FPGA，则可能会造成困扰⊖。一种解决方案是对两个计数器使用单个快速全局时钟，然后仅以细分的速率使能（更慢速的）串行位计数器。

3. VHDL

当今，另一种流行的 HDL 是 VHDL，它是一种更强调类型的语言，其根源于编程语言 Ada（Verilog 更紧密地源自 C 编程语言），它往往更冗长。对于伪随机字节流发生器的 VHDL 编程，这里采用了完全同步的方法；也就是说，波特率分频器和串行位计数器都使用约 2.5MHz 的输入时钟，后者仅在一个时钟周期内启用（当 nextbit 为真时）。这模仿了图 11.10 和图 11.11 所示的原理图输入示例中使用的方案。实现代码见图 11.15。

HDL 输入的优点 那些青睐基于文本的 HDL 输入的工程师通常会这样解释他们的选择：①设计输入快速，尤其是当使用先前设计的某些部分时；②设计更简洁（因此更容易知道它的正确性），并自我记录（作为文字描述）；③设计周期流水线化，因为设计在仿真和原型逻辑间迭代；④设计更容易更改参数，（与重新排列图形模块相比）仅通过调整数组即可实现（例如寄存器、ALU 等的位数）；⑤语言是标准化和通用的（与专用的原理图输入工具相比）；⑥可以免费使用优质的仿真工具；⑦HDL 最适合复杂设计（如微处理器）的高层次综合，并且 HDL 提供了预制的开源 IP 核；⑧HDL 输入非常适合实现全定制 IC（ASIC），通常用于大批量生产以及高度优化速度和功耗的电路设计（但在开发和小批量生产时以 FPGA 作为起始）；⑨对于具有编程背景的人，HDL 输入更为自然。

⊖ 例如，32 位计数器可能是行为语句，例如 count < = count + 1，可能会编译为 1 个寄存器和 1 个 32 位全加器，后者会接收 1 个常量 0000_0001 (hex) 作为它的一个输入。

⊖ 有些 FPGA 允许运用逻辑输出驱动内部时钟分配线，而有些则不能，分别例如 Virtex-5 和 Spartan-3。对于后者，将不得不将时钟信号输出到焊盘上。

```
// -----------------------------------------------------------------------
// Pseudo random byte generator - async serial
// Gu-Yeon Wei and Curtis Mead; "behavioral" coding

module PRBYTES(osc, rate, reset, serout);

// inputs
// osc: 2.4576 MHz oscillator input (9600 baud x 256)
// rate: 0 = 1200 baud, 1 = 9600 baud
// reset: active high reset to clear out counters
input osc, rate, reset;

// outputs
// serout: serial data
output serout;

// define registers
reg serout;        // a "reg" is a node that holds its value until overwritten
reg [3:0] sbc;     // RS-232 serial bit counter
reg [10:0] brd;    // baud rate divider
reg [30:0] sr;     // PRBS shift register

// define wires
wire baudclk, sbczero, sbcnine; // a "wire" is a combinational circuit node

// logic
assign baudclk = rate & brd[7] | ~rate & brd[10];        // baud rate clk, div 256 or 2k
assign sbczero = ~sbc[3] & ~sbc[2] & ~sbc[1] & ~sbc[0];  // serial bit counter zero flag
assign sbcnine = sbc[3] & ~sbc[2] & ~sbc[1] & sbc[0];    // serial bit counter nine flag

// baud rate divider: 11 bit binary ctr, use bits 7 or 10 for baudrate
always @(posedge osc)  // logic clocked by osc
 begin
   if (reset)
     brd <= 0;
   else
     brd <= brd+1;
 end

// serial bit counter: synch BCD up-counter (4-bit, 10 states:0-9)
// this is "behavioral"; see later program fragment for "structural"
always @(posedge baudclk)  // logic clocked by baudclk
 begin
   if (reset)
     sbc <= 0;
   else if (sbcnine)
     sbc <= 4'b0000;
   else
     sbc <= sbc + 1;
 end

// 31-bit xor-feedback shift register to generate pseudo-random bits
always @(posedge baudclk)
 begin
   if (reset)
     sr[0] <= 0;  // prevent stuck state of all ones
   else
     sr[30:1] <= sr[29:0];
     sr[0] <= ~(sr[30] ^ sr[27]);  // xnor makes all ones the stuck state
 end

// serial output stream comes from last SR bit, but overridden by "0" start, and "1" stop
always @(posedge baudclk) begin
   serout <= (~sbczero & sr[30]) | sbcnine;
end

endmodule //PRBYTES
// -----------------------------------------------------------------------
```

图 11.13 伪随机字节流发生器的 Verilog 行为级实现代码

```
// -------------------------------------------------------------------
// alternative structural coding of serial bit counter:
// synch BCD up-counter (4-bit, 10 stages:0-9)
always @(posedge baudclk) begin
    sbc[0] <= ~sbcnine & ~sbc[0] & ~reset;
    sbc[1] <= ~sbcnine & (sbc[0] ^ sbc[1]) & ~reset;
    sbc[2] <= ~sbcnine & ((sbc[0] & sbc[1]) ^ sbc[2]) & ~reset;
    sbc[3] <= ~sbcnine & ((sbc[0] & sbc[1] & sbc[2]) ^ sbc[3]) & ~reset;
end
// -------------------------------------------------------------------
```

图 11.14 用于 4 位 BCD 计数器的逻辑结构化编码 Verilog 片段

11.3.5 基于微控制器的设计实现

微控制器是廉价的处理器，旨在用于计算机以外的其他设备，应该将它们更多地视为电路器件，而不是计算机。与用于计算机的微处理器相比，微控制器是独立的，因此总是包含片上程序和数据存储器，以及通信接口（USB、火线、以太网、UART、CAN、SPI、I^2C）、ADC、数字 I/O、比较器、LCD 显示驱动器、脉宽调制器、计时器等。许多器件还包括内部振荡器（它们只需要直流电源），在某些情况下，其精度足以满足片上串行端口的定时要求（例如±2%）。它们通过 JTAG 边界扫描协议之类的串行连接在线编程⊖（和重新编程）。最新的设计包括内部调试电路，该电路允许当微控制器运行时进行在线调试（通过用于编程的同一 JTAG 端口）。

微控制器（有时缩写为 μC）价格便宜，并且可以从数十个制造商那里获得数千种版本。受欢迎的产品包括 PIC 系列（来自 Microchip 公司）、AVR 系列（来自 Atmel 公司）、ARM 系列（来自多个供应商），以及旧式 Intel 8051 系列（来自多个供应商）。低端 μC 通常是 8 位处理器，可能具有 1kB 的程序存储器和 128 字节的 RAM，时钟速度为 20MHz。高端 μC 有 32 位处理器，具有 512kB 程序存储器、64kB RAM 和许多集成外设。

微控制器具有出色的通用性和功能，在从烤面包机和牙刷到卡车和交通信号灯的几乎所有电子产品中都可以找到它们。它们可以轻松地做一个伪随机字节流发生器。图 11.16 显示了电路，基本上只是为芯片提供直流电源，然后字节输出。剩下的任务是编程实现的，这里将通过两种方式进行说明。

1. 汇编语言

微控制器（实际上是所有处理器）执行一系列操作，被指定为一系列的指令以某种形式存储于电子存储器中；在 μC 的情况下，程序被保存在芯片上的非易失性存储器中（因此在断电时得以保留）。指令集特定于处理器类型，并且包括诸如算术（例如 add）、逻辑（例如 shift）、数据传送（例如 mov）和分支（例如 brz）之类的操作。指令本身作为一组字节驻留在内存中，由处理器在程序执行期间获取。

与通常的计算机编程一样，程序员很少处理目标代码本身（既烦琐又容易出错），而是在更易于理解的级别上进行编程和调试：使用汇编语言或高级语言（通常是 C 或 C++）。然后将编写的代码进行汇编或编译（使用软件），以生成 μC 可读的二进制目标代码，该代码将驻留在处理器的程序存储器中。有很多不错的软件工具可以帮助程序员修正代码，例如可以通过模拟器逐步查看候选程序的运行方式，可以通过实时调试器在执行程序时基于实际电路运行观察 μC 的实际运行情况。集成开发环境（Integrated Development Environment，IDE）用于描述包括编译器、汇编器、加载器和运行时调试器的软件套件。这是进行编程总会用到的部分。

图 11.17 是在图 11.16 的微控制器电路中实现的伪随机字节流发生器的汇编程序代码清单。不用担心，接下来将在图 11.18 中看到它的 C 语言形式。

⊖ 4 线串行协议可将一系列的 IC 链接在一起，并允许在运行时加载，检查和绕开复杂 IC 中的某些内部寄存器。

```
--------------------------------------------------------------------------------
-- Pseudo random byte generator - async serial
-- Curtis Mead, modeled after Gu-Yeon Wei's Verilog
-- but implemented as a fully synchronous design
-- COMMENTS begin with two dashes (--)

library IEEE;
use IEEE.STD_LOGIC_1164.ALL;

entity PRBS is
    Port ( CLK          : in   STD_LOGIC;  -- 2.4576 MHz oscillator
           RESET        : in   STD_LOGIC;  -- Synchronous reset, active high
           BAUD_SELECT  : in   STD_LOGIC;  -- 0 = 1200 baud, 1 = 9600 baud
           ZERO_pin     : out  STD_LOGIC;  --
           DATA_OUT_pin : out  STD_LOGIC); -- Serial data output
end PRBS;

architecture Behavioral of PRBS is
    signal sbc          : STD_LOGIC_VECTOR( 3 downto 0); -- serial bit counter
    signal brd          : STD_LOGIC_VECTOR(10 downto 0); -- baud rate divider
    signal prbs_bits    : STD_LOGIC_VECTOR(30 downto 0); -- prbs shift register
    signal baudtemp     : STD_LOGIC_VECTOR( 1 downto 0); -- brd temp register
    signal nextbit      : STD_LOGIC; -- pseudo clock signal for serial bit counter
    signal sbcnine, sbczero   : STD_LOGIC;

begin

-- PRBS with 32 bit shift register, bits 27 and 30 XNOR'ed into input
process (CLK)
begin
    if CLK'event and CLK='1' then
        if RESET ='1' then
            prbs_bits(0) <= '0';
        elsif nextbit = '1' then
            prbs_bits(30 downto 1) <= prbs_bits(29 downto 0);
            prbs_bits(0) <= prbs_bits(27) xnor prbs_bits(30);
        end if;
    end if;
end process;

-- baud rate divider, 11 bit counter, synchrounous reset
-- use bit 7 for 9600 baud and bit 10 for 1200 baud
process (CLK)
begin
    if CLK='1' and CLK'event then
        if RESET='1' then
            brd <= (others => '0');
        else
            brd <= brd + 1;
        end if;
    end if;
end process;
```

图 11.15　伪随机字节流发生器的同步时序 VHDL 实现代码

```
-- shift register used to set nextbit for one clock only,
--  triggered by baudrate divider bits
-- for clocking nextbit from baud rate divider output 'baudtemp'
process (CLK)
begin
    if CLK='1' and CLK'event then
        if RESET='1' then
            baudtemp <= "00";
        else
            baudtemp(1)  <= baudtemp(0);
            baudtemp(0)  <= (BAUD_SELECT and brd(7)) or (not BAUD_SELECT and brd(10));
        end if;
    end if;
end process;
nextbit <= baudtemp(0) and not baudtemp(1); -- nextbit high for one clock cycle

-- serial bit counter, 4-bit BCD up with synchronous clear
process (CLK)
begin
    if CLK='1' and CLK'event then
        if RESET = '1' then
            sbc <= (others => '0');
        elsif nextbit='1' then
            if sbcnine='1' then
                sbc <= (others => '0');
            else
                sbc <= sbc + 1;
            end if;
        end if;
    end if;
end process;
sbczero <= '1' when sbc = "0000" else '0'; -- serial bit counter zero flag
sbcnine <= sbc(0) and sbc(3); -- serial bit counter nine flag

-- outputs synchronous with clock signal CLK
process (CLK)
begin
    if CLK='1' and CLK'event then
        if RESET = '1' then
            DATA_OUT_pin <= '0';
            ZERO_pin <= '0';
        elsif nextbit = '1' then  -- nextbit is an "enable" (at the baudrate)
            DATA_OUT_pin <= (not sbczero and prbs_bits(30)) or sbcnine;
            ZERO_pin <= sbczero;
        end if;
    end if;
end process;

end Behavioral;
-------------------------------------------------------------------------------
```

图 11.15 （续）

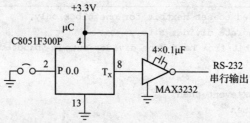

图 11.16 微控制器代表了可编程逻辑的紧凑替代品，特别是在速度不是很关键的情况下。某种特定的微控制器包括内部振荡器，因此不需要外部组件即可生成逻辑级串行位流输出

```
// -------------------------------------------------------------
;; program to send pseudo-random bytes from serial UART  rev of 12/14/07

            org 00h;          starting address at power up or reset

            mov IE, #00h;     disable interrupts
            mov SP, #90h;     init stack pointer, used for subroutine
            mov PCON, #00h;
            mov TMOD, #20h;   timer 1: 8 bit, auto reload
            mov TCON, #40h;   timer 0 off, timer 1 on
            mov SCON, #40h;   8 bit UART, tx only, set by timer 1
            mov TH1, #0FDh;   9600 baud (reload value = 253 decimal)

            clr A;
            clr TI;
            jb P1.0, makebyte; logic HIGH input on P1.0 pin = 9600 baud
            mov TH1, #0E8h;   LOW: 1200 baud (reload value = 232 decimal)

makebyte:   mov R3, #8;       setup loop counter - 8 shifts make a byte

            ; create feedback bit as XNOR of bits 27 and 30 (0..30)
makebit:    mov C, ACC.4;     that is, ACC.4 and ACC.1
            mov R2, #0;
            mov R2.1, C;      stick ACC.4 into R2.1, to XNOR with masked ACC
            anl A, #2;        mask ACC, preserving ACC.1 only
            clr C;
            cjne A, R2, loadreg;  XNOR=0, carry already cleared
            setb C;           XNOR=1, set carry

loadreg:    mov R0, #80h;     80h-83h will hold MSByte-LSByte of 32-bit SR

shift32:    mov A, @R0;       R0 points to one of 4 bytes at 80h..83h
            rrc A;            shift right through carry
            mov @R0, A;       stash it
            inc R0;
            cjne R0, #84h, shift32;   check for last byte of 4

            djnz R3, makebit; do it 8 times
            acall sendbyte;   send finished byte via serial UART
            sjmp makebyte;    and start next byte

            ; code for sending one byte
sendbyte:   jnb TI, sendbyte; wait for last tx done
            mov SBUF, A;      load transmit buffer
            ret;

            end
// -------------------------------------------------------------
```

图 11.17 伪随机字节流发生器的汇编实现代码

```
// -------------------------------------------------------
#include <avr/io.h>

#define F_CPU  20000000  // 20 MHz
#define BAUD_RATE  9600     // or 115200

void USART_Init(void) {
  UBRR0 = F_CPU/BAUD_RATE/8 - 1; // Set baud rate
  UCSR0A = (1<<U2X0);   // Change baud divisor from 16 to 8
  UCSR0B = (1<<RXEN0)  | (1<<TXEN0);    // enable Rx & Tx
  UCSR0C = (1<<UCSZ01) | (1<<UCSZ00); // 8N1, no parity
}

void putch(unsigned char ch)
{
  while ( !(UCSR0A & (1<<UDRE0)) );
  UDR0 = ch;
}


int main(void)
{
unsigned char out;
unsigned char d=0xff, c=0xff, b=0xff, a=0xff;

USART_Init();

while(1) {
out =  ( (d<<1) | (c>>7) ) ^ c;  // 31 bit, tap 24
d = c;
c = b;
b = a;
a = out;

putch(out);
}
}
// -------------------------------------------------------
```

图 11.18　伪随机字节流发生器的 C 实现代码

解释性说明如下：①所有微控制器都包含一堆内部的特殊功能寄存器，必须对其内容进行初始化以设置计时器模式、中断、初始堆栈指针的位置等，这就是这里的前 7 个 mov 操作需要做的；②程序在 org 00h 和 end 之间输入结束，告诉汇编器第 1 条指令放置的位置以及代码结束的位置，也就是说，它们不是微控制器执行的指令，而是针对汇编程序的指令，它们有时被称为伪操作代码；③其余代码由算术和逻辑运算组成，例如清除、复制（mov）、比较（cjne：不等于则比较和跳转）、循环计数器（djnz：非零则减量和跳转）、子例程呼叫（acall）等。

2. C 语言

汇编语言编程非常麻烦，很容易犯一些小错误。即使写对了，也很难进行修改，编写大程序很费力。如果要将其用于其他微控制器系列，则必须重写代码。而且，最糟糕的是，当几周后需要对程序修改时，可能原作者已经不明白自己写的是什么了。

由于这些原因，大多数程序员更喜欢使用 C 或 C++之类的高级语言进行编码[⊖]。这些编程语言更易于编写和理解，并且可以在微控制器系列之间进行移植（尽管需要进行一些更改以适应结构的差异）。图 11.18 列出了使用 C 语言编写的 PRBS 发生器。

⊖ 也许在速度至关重要的地方插入了小的汇编代码块，例如在较大的程序中插入中断服务程序。

程序员突然发现，可以将 PRBS 编码为 1 次输出所有的字节，而不是先前示例中假定的 1 次输出 1 位的编程设计形式。这是因为移位寄存器随时都有需要的所有下游位，以计算直到第 1 个反馈抽头为止的所有新位（在本例中为 27 位）。给定 8 位 μC 的字节组织，并且内置串行端口 UART 在传输之前期望完整的 8 位数量，因此明智的做法是使用字节宽的异或指令（按位）创建一个新的上游字节（位异或，不需要进位）。结果程序运行速度很快！

11.4 一些建议

前面讲了这么多的内容，那么到底该如何行事呢？以下是器件选择建议的简短摘要，本节通过这些建议阐释了在数字（和混合信号）实现中所选择的各种方式手段的优劣。下面将通过两种方式来做到这一点，首先通过技术角度，然后通过应用场合。

11.4.1 技术角度的建议

标准逻辑

1) 优点：如果想快速组装简单电路并且手边有零件。对于总线驱动器、缓冲器和小的逻辑"胶水"（用于将大芯片粘贴在一起或修复逻辑错误）很有用；可提供通孔，因此可以使用可插拔的面包板或焊接（或飞线）原型板；不需要软件设计工具。

2) 缺点：难以处理复杂的电路；所需器件库存多；不灵活。

可编程逻辑（CPLD，FPGA）

1) 优点：对于大多数数字设计，通常首选（优于标准逻辑）——减少器件类型数量，易于重新编程，灵活且价格便宜，所需库存少；对于需要可预测时序的设计或者小型设计，建议使用 CPLD；对于大型设计，则建议使用 FPGA（尽管正在出现小型 FPGA）；快速并行逻辑和状态机的最佳选择；适用于对时序要求严格的功能（例如通信协议）、位级操作（CRC、Viterbi）以及具有大量 I/O；设计可以在 PLD 系列中迁移，并迁移到全定制 IC。

2) 缺点：学习软件工具（通常是专用工具）的时间成本；仅有表面贴装器件（需要定制 PCB 或连接器）；下载器盒子和设计工具的成本；生命周期短（存在供货问题）。

3) PLD 设计——编程工具。

● 原理图设计

①优点：易于学习、理解和向他人解释；自我记录；以并行方式设计并行电路；在 LabVIEW、MATLAB 和 Simulink 等工具中使用图形编程语言。

②缺点：专有设计工具；成本高；适用性有限。

● HDL（Verilog/VHDL）

①优点：能够适于并行思维的程序员自然迁移；简洁、规范；免费的仿真和编译工具；易于重复的设计修改；可以跨 PLD 系列迁移到全定制 IC；非常适合大型复杂设计；IP 核可用性。

②缺点：需要学习的时间，并且缺乏原理图文档（尤其是对于非程序员）。

微控制器

1) 优点：可编程、灵活的嵌入式计算机；非常适合具有大量决策分支的复杂状态机；快速迭代代码和（在线）调试；许多片上外围设备（通信⊖、转换、接口⊜及其他⊝）；熟悉的编程语言（C，C++）；最适合嵌入式控制，尤其是涉及用户通信（显示和控制）的嵌入式控制。

2) 缺点：比 CPLD/FPGA 慢；不适合位操作；较差的并行性。

3) μC 编程工具。

● 汇编语言

①优点：可以手动优化代码，例如中断服务程序。

②缺点：对编程挑剔且容易出错；难以进行重大修改；无法移植到其他处理器系列。

● C，C++

①优点：标准化且可移植（尽管需要某些处理器特定的更改）；广泛的编程专业知识；结构化语言有助于更改和升级；有用的功能库；非常适合复杂的任务。

②缺点：编译后的代码在大小和速度上可能效率较低（可以将汇编代码嵌入关键循环和例程中，并可以访问特殊功能）；代码可能很难理解；需要编译器工具集。

⊖ 例如，UART、SPI、I²C、CAN、USB、以太网、IrDA、WiFi、数字音频/视频、蓝牙、ZigBee 等。
⊜ 例如，键盘、鼠标、PCI、PCIe、PWM、SIM 和智能卡、GPS、PCMCIA/CF 等。
⊝ 例如，外部 DRAM/SDRAM、MMU、GPS、CCD/CMOS 相机、LCD、图形显示器等。

● 其他（Basic、Arduino 软件；Java、Python 语言）

①优点：易于理解，适合入门级别。

②缺点：微控制器支持范围有限，通常不能跨处理器系列移植，不适用于大型项目。

11.4.2 应用场合的建议

由于低成本、易于编程和灵活性，所有应用都能得到微控制器的良好服务。在这些应用场合下，以下附加技术受到青睐。

大批量产品　在这种场合下，单位成本和上市时间至关重要。大批量使用 ASIC（独特的专用全定制集成电路）和 ASSP（通常可使用的专用标准产品）将单位成本降至最低，而使用 FPGA 可以减少 ASIC 设计的调试周期，通常可缩短产品上市时间。在大规模生产中，通常使用高密度 BGA（球栅阵列）封装和其他小间距表面贴装（SMT）器件，以及必要的多层电路板和先进的组装技术。当然，总是使用微控制器。

复杂原型与小批量产品　在这种场合下，通常无法承受与 ASIC 和高密度 BGA 封装相关的时间延迟和成本。因此，最受青睐的技术是 CPLD 和 FPGA，以及各种支持芯片，均采用表面贴装，并组装在多层板上。当然，始终使用微控制器也是一个行之有效的办法。

实验室和"一次性开发"　在这种场合下，重要的是能够相对快速地组装一台仪器，并在需要时修改和改进电路。这种场合倾向于使用通孔原型板，该板上装有通孔组件，并且（必要时）装有少量 SMT 器件（在通孔适配器上）。这将限制使用标准逻辑和接口、有限数量的微控制器（也许是某些 CPLD/FPGA）以及模拟组件（运算放大器等）。如果利用 Digilent、DLP Design 或 Opal Kelly 等公司的第三方预制子板，可以充分利用 FPGA，这些子板包括裸板（FPGA、程序 ROM，以及 USB 或 JTAG 接口）、显示器、以太网等复杂电路板。或者，可以从一个包含 PLD 在内的完全填充的微控制器套件开始，其中可能还包括用于少量其他设备的未焊接的原型焊盘。

业余爱好者　在这种场合下，重要的是享受价格低廉的乐趣。基本单元是微控制器，它既可以作为预制套件的一部分，也可以在通孔原型板上使用，也可以在定制的印制电路板上使用。通孔组件总是易于使用，微控制器套件中包含的 PLD 也很容易使用。

第12章
逻辑接口

虽然纯粹的"数字运算"是数字电子技术的重要应用，但当数字方法应用于模拟（或"线性"）信号和过程时，数字技术的威力将真正显现出来。在这一章中，首先简要介绍数字逻辑器件系列的兴衰，并回顾现存（主要是 CMOS）器件系列的输入和输出特性，这些特性可能会在电路设计中用到。这对于理解如何将逻辑器件系列相互连接，以及如何将其连接到数字输入设备（开关、旋转编码器、键盘、比较器等）和输出设备（LED、继电器、功率 MOSFET 等）至关重要。本章继续讨论重要的主题，即在电路板内、板间、仪器内外以及通过电缆传输数字信号。本章还将讨论光电设备（光纤驱动器和接收器、光耦合器、LCD 和 LED 显示器以及固态继电器）。而在下一章，将继续讨论模-数信号转换这一主要课题。最后，在理解这些技术的基础上，将探讨一些应用，其中模拟和数字技术的结合应用为有趣的问题提供了强大的解决方案。这些例子中的大多数不仅适用于"离散"数字逻辑，同样也适用于第 11 章的 PLD 和 FPGA，以及第 14 章和第 15 章的微型计算机和微控制器。

12.1 CMOS 和 TTL 逻辑接口

12.1.1 逻辑器件系列简史

在 20 世纪 60 年代早期，富有冒险精神的工程师们不想使用分立的晶体管搭建逻辑与 RTL（电阻-晶体管逻辑），于是 Fairchild 公司引入了一个简单逻辑器件系列，该系列具有较差的扇出性能和抗噪性。图 12.1 显示了这个问题，即对 V_{BE} 输入信号采用高于地电平的单一逻辑电平阈值判断和由于采用被动上拉和低阻抗沉流负载引起的可怜扇出（在某些情况下，一个输出只能驱动一个输入）。那是小规模集成电路的时代，可以实现的最复杂的功能是可以工作到 4MHz（MC790P）的双稳态触发器。运用 RTL 搭建电路的行为是非常大胆的，因为当有人在同一个房间里打开电烙铁时，该电路就可能会发生故障。

几年后，随着 Signetics 公司推出 DTL（二极管-晶体管逻辑），RTL 的警钟被敲响了。此后不久，Sylvania 公司推出了 SUHL——Sylvania 通用高速逻辑，随后被称为 TTL（晶体管-晶体管逻辑）。Signetics 公司有一个流行的器件系列，称为 8000 系列 DCL 应用逻辑。TTL 很快流行起来，特别以由 Texas Instruments 公司发明的 "74xx" 系列系统为代表（虽然双极型 TTL 器件现在已经成为历史，但是 74xx 这个名称在当代 CMOS 器件中仍然保持健康发展）。这些系列使用电流源对 V_{BE} 的输入采用双逻辑电平阈值判断，并且（通常）使用推挽"图腾柱"方式输出数字信号（见图 12.1）。DTL 和 TTL 开启了 +5V 逻辑时代（RTL 使用 +3.6V），并提供 25MHz 的速度和 10 个扇出（即一个输出可以驱动 10 个输入）。设计师对这些系列的速度、可靠性和复杂功能（例如十进制计数器）而欢呼，在当时看来，似乎对数字逻辑器件已经无法提出更多的要求，TTL 器件将永续存在。

然而，工程师们对器件性能的需要是无止境的。他们期望器件具有更高的速度和更低的功耗。某种程度上，上述愿望很快得到了实现。在高速器件的竞争领域，一个加大功率的 TTL（74H 系列，高速 TTL）以两倍的功率提供了大约两倍的速度。另一个器件系列，即 ECL（射极耦合逻辑）器件，使用负电源和相当密集的逻辑电平（0.9V 和 1.75V）提高了器件的实际速度（其原始版本为 30MHz），该器件功耗巨大（30mW/门），而且只有小规模集成电路。对于低功耗需求存在降速的 TTL 器件系列（74L 系列，低功率 TTL），该系列在消耗标准 7400TTL 系列器件 1/10 的功耗的情况下，提供了相对于标准系列 1/4 的速度。

RCA 公司开发了第一个 MOSFET 逻辑器件系列，即 4000 系列 CMOS 器件，该器件具有零静态功耗和宽供电范围（+3～+12V）。

输出端具有轨对轨输出能力，输入端不需要大电流驱动，这是个好消息。但是坏消息是速度（5V 电源供应 1MHz）和价格。尽管价格不菲，但因为没有其他选择，整整一代使用电池供电的仪器的设计者都是基于微功耗 CMOS 器件成长起来的。他们在使用容易损坏的输入进行设计的过程中真正理解了静电的影响。

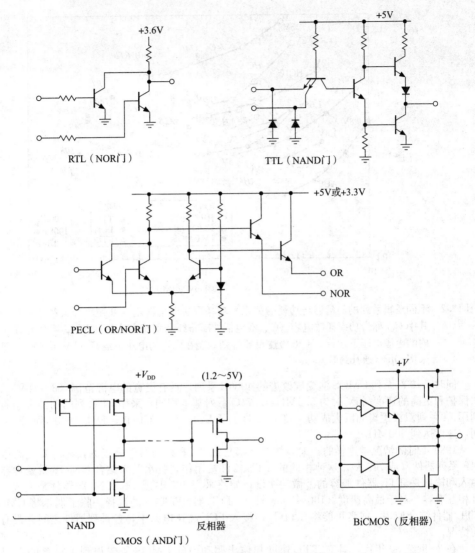

图 12.1 几个逻辑器件系列的简化结构图

　　这就是 20 世纪 70 年代初的情况——双极逻辑电路的两条主线（TTL 和 ECL）和非凡的 CMOS。TTL 器件的衍生系列基本上是兼容的，除了 74L TTL 器件的输出驱动能力较弱（3.6mA 的汇流），并且只能驱动两个标准（74 系列）TTL 器件负载（其在低位时输入 1.6mA）。主流器件系列之间几乎没有兼容性（尽管一个上拉的 TTL 器件可以驱动 CMOS 器件，但 5V 供电的 CMOS 器件只能勉强驱动一个 74L 的 TTL 器件负载）。

　　在 20 世纪 70 年代，逻辑器件在各方面都得到了稳步的改进。TTL 器件出现了抗饱和的肖特基系列：首先是 74S（肖特基）器件系列，它以 2 倍的功耗提供 3 倍的速度，使 74H 系列器件成为历史；然后是 74LS（低功耗肖特基）器件，该器件以 1/5 的功耗提供略微提高的速度，取代了标准 74 系列 TTL 器件。74LS 和 74S 系列器件具有不错的生命周期，但后来 Fairchild 公司推出了 74F（F 代表 FAST，Fairchild 改进型肖特基 TTL），该器件的速度比 74S 系列器件快 50%，而功耗只有 74S 系列器件的 1/3；该器件还有其他改进的特性，使得其非常好地使用于数字电路设计。德州仪器公司作为许多 74xx 系列器件产品线的鼻祖，推出了一对改进型肖特基器件系列家族——74AS（改进型肖特基）和 74ALS（改进型低功耗肖特基）；前者是为了取代 74S，后者是为了取代 74LS。所有这些 TTL 系列器件都具有相同的逻辑电平和足够大的输出驱动能力，因此它们可以在一个电路中混合使用。图 12.2 说明了这些系列器件的速度和功率。

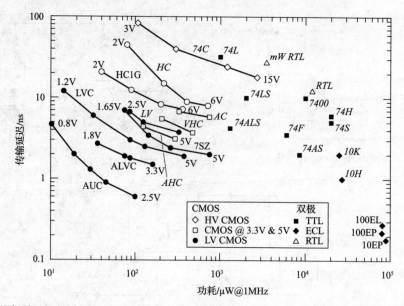

图 12.2　不同逻辑系列的门延迟与功耗的关系。功耗取决于电源电压和逻辑开关频率：$P = C_{pd}V_{CC}^2 f$，
　　　　其中 C_{pd} 称为功率耗散电容（C_{pd} 不包括外部布线和负载电容）。CMOS 系列允许在一定范围
　　　　内的电源电压下运行，而双极逻辑器件则只能在限定的电压下运行（3V 或 5V）。斜体字系列
　　　　采用 DIP（通孔封装）

　　同时，4000 系列 CMOS 演变成改进的 4000B 系列，具有更宽的电源范围（3～18V）、更好的输
入保护和更高的速度（5V 时为 3.5MHz）。74C 系列基本相同，采用 74 系列的功能和引脚布局，以
利用 74 系列双极逻辑的巨大成功。ECL 又萌生了 ECL Ⅱ、ECL Ⅲ、ECL 10000 和 ECL 100000 系
列，速度达到 500MHz。

　　1980 年时的情况是这样的：大多数设计都是用 74LS 系列器件完成的，在需要更高速度时混入
74F 系列器件（或 74AS）。这种相同的 TTL 器件被用作"胶水"来黏合 NMOS 微处理器电路，其
输入和输出是 TTL 器件兼容的。微功率设计始终采用 4000B 或 74C CMOS 器件来完成，二者等效
且相互兼容。对于最高速度（100～500MHz），ECL 器件是唯一的选择。除了偶尔将 CMOS 器件和
TTL 器件结合使用，或者可能将 TTL 接口接入 ECL 高速电路中，各系列器件之间并没有太多混用
的情况。

　　在 20 世纪 80 年代，具有 TTL 速度和输出驱动力的 CMOS 逻辑得到了显著的发展：最初的
74HC 系列器件（高速 CMOS）具有与 74LS 系列器件相同的速度，当然还有零静态电流；然后
74AC 系列器件（改进型 CMOS）具有与 74F 或 74AS 系列器件相同的速度。这种逻辑具有轨到轨的
电压摆幅输出能力，输入阈值为电源电压的一半，它结合了以前 TTL 和 CMOS 器件的优点，基本
上取代了双极 TTL 器件。然而，当两种逻辑在一个电路中使用时，存在着不兼容性的问题，因为传
统 TTL 器件标准逻辑的+2.4V（最低保证）逻辑高输出（也包括在 NMOS 中完成的更复杂的功能）
不足以驱动 HC 或 AC 器件的输入（它们要求的最低高电平保证电压为+3.5V）。

　　为了解决这个问题，每个 CMOS 系列器件都提供了一个具有较低输入阈值的改进型。这些改进
型被命名为 74HCT 系列器件和 74ACT 系列器件（具有 TTL 阈值的高速 CMOS）。在 20 世纪 80 年
代，复杂的大规模集成电路（LSI）和超大规模集成（VLSI）器件（微处理器、存储器等）也从
NMOS 发展到 CMOS（随之而来的是低功耗和通常的全摆幅输出 CMOS 兼容性），同时也提高了电
路速度和复杂度。而在追求极端高速的一端，砷化镓（GaAs）逻辑器件有了一定的发展（由 GigaBit
Logic 和 Vitesse 等公司开发），速度达到 3GHz 左右。

　　可想而知，在接下来的二十年里，逻辑器件的发展情况越来越好。最重要的发展是 CMOS 器件
性能的提高，这是由硅芯片特征尺寸的缩小（缩放）带来的。首先，随着长度尺度的缩小，可以在
一个合理大小的芯片上放置更多的晶体管，这带动了大规模处理器、存储器和其他复杂功能芯片的
发展，晶体管集成的数量从数百万到数十亿。其次，也许同样重要的是，芯片尺寸的缩放提高了速

度，同时也降低了工作电压和每个门电路的功耗[⊖]，其结果是新的低压 CMOS 逻辑器件系列的问世（74LVC、74AUC 等，见图 12.3），其引脚到引脚的速度在几百兆赫兹范围内（延迟时间降至 1ns 或更少）。

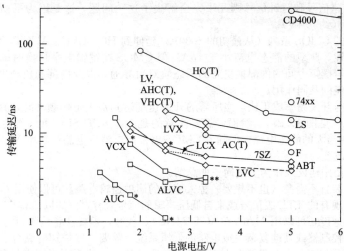

图 12.3　常用逻辑系列的门速度与电源电压的关系。图中显示了每个系列的标准电源电压下的最大典型传输延迟（$t_{pd(max)}$）（作为粗略的指导，典型延迟的范围是 $t_{pd(max)}$ 的 35%~75%）。空心圆圈表示 $V_{in(max)}$ 被限制在 V_{supply} 范围内的系列，数据是在 25℃器件运行条件下得到的；空心菱形系列有 5V 容限输入（$V_{in} \leqslant 5.5V$，与电源电压无关），数据是在工业温度范围（-40~+85℃）内器件运行条件下得到的；空心方形系列有 3.3V 容限输入（$V_{in} \leqslant 3.6V$），数据也是在工业温度范围条件下得到的。有些系列（如 LVC）具有输出级电路，以确保输出在不供电时不会加载共享信号线。所绘数据为 5V 和 3.3V 工作时的负载电容 $C_L = 50pF$，2.5V 和 1.8V 为 30pF，1.5V 及以下为 15pF（标有 ＊＊ 的数据点为 50pF，标有 ＊ 的数据点为 15pF 除外）。CMOS4000 系列逻辑运行到+15V，此时 $t_{pd(max)}$ =70ns。只有一些 LVC 系列成员的工作电压为+5V。未显示的是速度快（且耗电）的双极 ECL 系列，仅在 5V 下工作：它们的最大门延迟为 0.6ns（10E）、0.44ns（10EL）和 0.32ns（10EP）。有些系列已经进化出增强型版本，例如 LVC→LVCE，它的工作电压低至 1.4V，在低电源电压下速度快 30%

　　这些快速 CMOS 系列器件已经大量涌现，产品种类多达几十种。它们大多数在电源电压范围内工作（例如，74LVC 工作在 1.8~5V），而且在大多数情况下，输入逻辑电压的摆幅可以超过电源电压（例如，74LVC 是 5V 容限，不考虑电源电压；见图 12.3）。随着大多数所需的逻辑更好地集成到 VLSI 中，对分立逻辑器件的依赖性很小，这些标准逻辑器件主要用于特殊场合的黏合需要。为了达到这个目的，它们以小封装的形式出现，包含一个或两个门电路，或者单个触发器，被命名为 Tiny-Logic、LittleLogic、MiniGate 或 PicoGate。

　　这些封装与其他表面贴装集成电路共享低电感接地（和功率）引脚的优点，可以减少地弹和其他由快速边缘速率驱动布线和负载的耦合电容引起的瞬态问题。在 20 世纪 90 年代的十年间，随着新的 74AC 和 74ACT 系列器件的推出，地弹已成为一个令人头痛的问题，该系列器件将快速全摆幅（在+5V 和地之间）逻辑变换整合到了传统的 DIP 封装中，其电源与地引脚位于器件的边角处。一些制造商（尤其是 TI 公司）通过增加额外的电源和地引脚，并将它们移到中心位置来解决这个问题（创建新的部件编号，如 74AC11004，这是 DIP-14 封装，十六进制转换器的 DIP-20 重

　⊖ 为了了解这是如何进行的，考虑将 CMOS 芯片上的线性特征尺寸（通道长度 L 和宽度 W）缩小 k（$k<1$）倍，同时调整一些东西以保持电场强度恒定，这被称为"恒流缩放"。然后，对于 $L \propto k$ 和 $W \propto k$，恒定场缩放需要 $V_{DD} \propto k$，使绝缘栅氧化层厚度 $t_{ox} \propto k$ 规模，从而使栅极电容（与 LW/t_{ox} 成正比）变为 $C_g \propto k$。几何缩放的一个结果是，饱和漏电流 $I_D \propto k$。最后，有了这个漏极电流，栅极输入可以在时间 $\tau \approx C_g V_{DD}/I_D$，通过 V_{DD} 驱动，因此这缩放为 $\tau \propto k$。门延迟时间为 k，速度按比例增加 $1/k$。更妙的是，功率（$V_{DD} I_D$）会随着 $P \propto k^2$ 而降低，而合理的性能值 $1/P\tau$（速度/功率）会随着 $1/k^3$ 而降低。也许这就解释了半导体行业总是对下一代缩放"节点"（收缩系数为 $1/\sqrt{2}$）抱有持续强烈热情的原因。

置引脚版本）；其他制造商创建了边缘速率受控的"安静"逻辑系列（如 FSC/NSC 公司的 74ACTQ 系列）。随着器件使用更低的电源电压、低电感 SMT 封装和良好的印制电路布局设计（特别是在多层 PCB 中使用专用电源和地平面），该情况得到了显著的改善。而将低电压差分信号（LVDS）应用于快速信号和时钟信号则几乎完全解决了这一问题，这是因为平衡电流变化及其相对较小的电压摆幅（约 0.4V）。

所有标准逻辑的 CMOS 系列（从最初的 4000A，延伸到 HC、LVC、AUC 以及其他十几种）具有零静态功耗的特性，典型的静态电流小于 $1\mu A$。但 CMOS 在逻辑电平切换时确实会消耗动态电流，这是由于在逻辑摆幅中间的内部推挽对的瞬态轨对轨导通，以及内部和负载电容充、放电这两方面所需的动态电流的共同作用。

动态工作电流与开关频率成正比，当所需的开关速度达到最大工作频率时，其工作电流与双极逻辑器件不相上下（见图 10.27）。然而，需要注意的是，许多 VLSI CMOS 器件（例如 FPGA 和 CPLD）通常具有相当大的静态电流；但随着 CMOS 器件向电池供电的微功率 VLSI 应用方向发展，这种情况正在得到改变。

我们提出一些使用建议来作为上述简史的总结。

- 对于简单组装且不需要（也不想要）惊人速度的简单逻辑电路，可以使用 74HC 或 74HCT 逻辑（后者与现有的 TTL 级信号或来自低压逻辑的信号兼容，例如以 +3.3V 供电）；如果需要更高一些的速度，可以用 74AC/74ACT/74ACTQ 代替，但要注意地弹问题。
- 对于含有微控制器或其他复杂集成电路的低压系统，需要一些快速的黏合逻辑，使用 74LVC 这样的通用系列，注意它只能在表面贴装封装中使用；这些系列对于有几种逻辑电源电压的系统也很有用。
- 如果读者需要在低压系统中驱动 5V 输出（例如白光 LED 或固态继电器），请使用 74HCT 系列器件。
- 对于快速串行数据和时钟信号，使用 LVDS（或低压 PECL、LVPECL）差分驱动器、接收器或 SERDES（串行器-解串器）器件。
- 在需要扩展电源电压范围且速度不重要的情况下，选择较老的 4000B/74C 逻辑（例如由非稳压 9V 电池供电的便携式设备）。
- 最后，使用 VLSI IC（CPLD、微控制器、ASSC）而不是分立逻辑——这可以减少封装数量和布线复杂性，并增加灵活度。

12.1.2 输入和输出特性

数字逻辑器件系列的设计使得芯片的输出可以正常驱动具有相同供电电压的同一逻辑系列器件的许多输入。典型的扇出能力是至少可以驱动 10 个负载，这意味着一个门或触发器的输出，可以连接到 10 个输入，并仍然在规定范围内正常工作[⊖]。换句话说，在正常的数字电路设计中，读者可以不知道正在使用的芯片的电气特性，只要读者的电路只是以数字逻辑方式驱动更多相同类型的数字逻辑。这实际上意味着读者不必经常担心逻辑输入和输出的过程中实际发生了什么。

然而，只要读者试图用外部产生的信号（无论是数字信号还是模拟信号）来驱动数字电路，或者无论何时读者使用数字逻辑输出来驱动其他设备，读者就必须面对逻辑输入驱动和逻辑输出驱动的现实问题。此外，当混用不同系列的逻辑器件或者逻辑在不同的电源电压之间运行时，读者必须了解数字逻辑输入和输出的电路特性。不同系列逻辑器件之间的接口连接并不是一个理论问题。要利用高级 VLSI 芯片或者只有一个逻辑系列才有的特殊功能，读者必须知道如何混用逻辑类型和逻辑电压。在接下来的几小节中，我们将详细思考逻辑输入和输出的电路特性，并举例说明不同逻辑器件系列之间以及逻辑器件与外界的连接问题。

1. 输入特性

图 12.4 和图 12.5 显示了数字逻辑输入的重要特性：输入电流和输出电压（以非门为例）是输入电压的函数。我们在图中将数字电路的输入电压扩展到正常范围之外，因为对输入接口来说，输入信号可能很容易超过电源电压。如图所示，CMOS 逻辑和双极 TTL 通常在负电源引脚接地的情况下工作。

⊖ 对于直流输入电流为零的 CMOS 逻辑，过多的负载只会减慢转换速度，从这个意义上说，扇出是"无限的"。然而，如果驱动双极逻辑，则需要额外的直流输入电流（例如，74LS 系列为 1.6mA），这导致典型的扇出为 10。

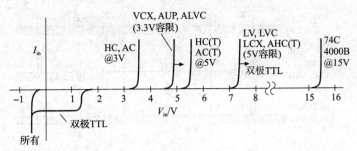

图 12.4 逻辑门输入电流与输入电压的关系图。除了双极 TTL 器件，在正常的输入电压范围内没有静态输入电流。所有的逻辑系列都包括内部保护钳位二极管接地。一些系列（例如 74HC 系列）钳位到正电源，因此当输入信号电压超过一个二极管压降 V_+ 以上时，就会产生输入电流。更新的系列（例如 74LVC 或 74AUP）使用内部的齐纳方式保护，允许输入远高于供应电压，这些被称为 5V 容限或 3.3V 容限（分别如 LVC 和 AUP 系列），即使在无电源时也允许这种输入（74HC 逻辑器件钳位在 +0.6V 或更糟糕的情况下，导致高电平输入对电源轨进行部分供电）

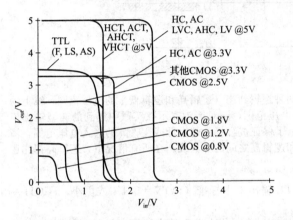

图 12.5 常用系列的逻辑非门输入-输出关系图（传输函数）。一般来说，电源电压为 2.5V 或更小的 CMOS 系列器件的阈值只有电源的一半。在更高的电压下，大多数逻辑器件系列（以及许多其他更复杂的芯片，如微控制器和可配置逻辑）都遵循 TTL 输入规范，这保证了阈值在 0.8~2.0V 之间（通常为 1.3~1.5V）。HC/AC 和 4000B 系列器件例外，它们具有高于 $V_+/2$ 电源轨的阈值

输入电流（图 12.4） 现在大多数逻辑采用 CMOS 结构，对于介于地和电源电压之间的输入电压[a]，输入保护网络不消耗电流（除了漏电流，通常为 $10^{-5}\mu A$）。对于超出电源范围的电压，输入保护网络看起来像一个接地的钳位二极管、一个能够承载 V_+ 电压的二极管（例如 74HCT 系列）或一个允许输入摆幅超过正电源的齐纳钳位（例如 5V 容限 74LVC 系列）；更多细节见图 12.3 和图 12.4。通过这些二极管的瞬时电流大于 20~50mA 时，会损坏或摧毁器件，在某些情况下会导致所谓的 SCR 闩锁。读者可以在数据手册的绝对最大额定值部分找到针对这种情况的限制。

逻辑阈值（图 12.5 和图 12.6） 逻辑阈值电压（逻辑低电平和逻辑高电平输入之间的分界线）取决于逻辑器件系列和供电电压（对于允许一定范围的供电电压的系列，见图 12.3）。最终以器件数据手册为准！但在这里我们可以提供帮助。

- 多数数字器件遵循所谓的 TTL 阈值，这是 20 世纪 60 年代的双极逻辑遗留下来的：$V<0.8V$ 被定义为逻辑低电平，而 $V>2.0V$ 被定义为逻辑高电平（该逻辑器件的输入电压应该满足这些限制，以提供抗噪性；通常应提供低于 0.4V 的低电平，高于 2.4V 的高电平）。实际的阈值电压通常在 $1.35~1.5V$[b]。带有 TTL 输入阈值的常见逻辑器件系列（除了真正的双极 TTL 器件系列，如 74F、74LS 和 74AS）有 74HCT、74ACT、74AHCT 和 74VHCT 系列；相对于以供电电压一半为阈值（$V_+/2$）的非 T 器件系列（74HC、74AC、74AHC、74VHC），具有 "T" 后缀的器件系列具有（低）TTL 阈值。有趣的是，许多当代高复杂性的数字设备，例如可编程逻辑和微控制器继续遵循 TTL 输入阈值规范（LOW＝0.8V 或更

---

[a] 注意几乎过时的双极 TTL 的特点：当保持低电平时，输入源有显著的电流（0.1~1mA），但当保持高电平时，输入源只有很小的电流（通常是几微安，从不超过 20μA）。要驱动一个 TTL 输入，必须能够在保持输入低于 0.4V 的情况下下沉 1mA 左右。如果不理解这一点，可能会导致在接口情况下广泛的电路故障！

[b] 通过测量具有 TTL 阈值的非门的阈值电压（将输出端连接到输入端）发现：7404 为 1.37V；74ACT04 为 1.48V；74AS1004 为 1.49V；74F04 为 1.43V；74HCT04 为 1.34V；74LS04 为 1.50V。

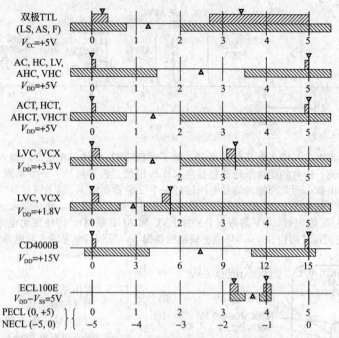

图 12.6 对于流行的数字逻辑器件系列，对应于两种逻辑状态（逻辑高和逻辑低）的电压范围。线上的阴影区域显示了逻辑低或高的特定输出电压范围，一对箭头表示在实践中遇到的典型输出值（逻辑低，逻辑高）。线下的阴影区域显示了保证被解释为逻辑低或逻辑高的输入电压范围，箭头表示典型的逻辑阈值电压，即逻辑低和逻辑高之间的分界线。在所有情况下，逻辑高都比逻辑低更积极

小，HIGH＝2.0V 或更大）和相应的 TTL 输出电平标准（LOW＝0.4V 或更小，HIGH＝2.4V 或更大）。

- 不属于 TTL 兼容类型的逻辑器件的输入阈值通常是供电电压的中间值，即 $V_+/2$。这是真正的老 CMOS 系列，例如 74HC 和 74AC（可以在 2～6V 的电源电压范围内工作）以及高压 4000B/74C 系列（可以在 3～18V 的电源电压范围内工作）。它通常也适用于大多数新的低压系列，如 74LVC 和 74AUC。然而，请注意，具有"中间阈值"的逻辑部件的实际阈值电压可能有很大的不同：数据手册规范通常允许 1/3～2/3 的 V_+ 范围（V_+ 通常称为 V_{CC} 或 V_{DD}）。

2. 输出特性

CMOS 逻辑器件的输出电路几乎总是使用一对互补的 MOSFET，一个 ON，一个 OFF（见图 12.1）。当输出低于 1V 或者参考轨时，它看起来像一个对地或对 V_+ 的 MOSFET 电阻 r_{ON}，类似于电流源，输出大量电流以至于输出被强制驱动到高于电源轨 1～2V。74HC（T）的 r_{ON} 典型值为 30Ω，74AC（T）为 12Ω，工作在＋5V；74LVC 的 r_{ON} 典型值为 10Ω/15Ω（灌/拉），工作在 3.3V；4000B 为 200Ω，工作在 15V ⊖。

双极 TTL 器件的输出电路采用一个接地的 NPN 晶体管开关和一个接 V_+ 的 NPN 跟随器（或达林顿管），集电极上装有限流电阻。一个晶体管是饱和的，另一个是关闭的。因此，TTL 器件可以以较小的饱和压降将大电流（74LS 为 8mA，74F 为 24mA）接地，但当采用饱和压降时，其输出高电压至少比供应的＋5V 低 1.5V（见图 12.7 中的 74AS 和 74LS 曲线）。输出电路设计用于驱动 TTL 输入，或具有 TTL 输入规范（<0.8V 保证低电平，>2.0V 保证高电平）的设备，扇出系数为 10。

在图 12.7 中，我们绘制了高输出和低输出状态的典型输出电压，与输出电流对应，用于选择流行的标准逻辑器件系列。为了简化图形，输出电流总是作为正值绘制。注意，真正的 CMOS 器件

⊖ 不过，要注意一些 CMOS 器件的数字功能（主要是使用＋5V 供电的老式设计，例如一些 CPLD 和微控制器），其中 P 沟道的上拉开关被 N 沟道的源跟随器所取代，对于这些器件，高状态输出达不到电源电压，而是徘徊在＋3V 左右。可以从这些器件的数据手册中的"直流特性"中获得以上信息，在数据手册中类似于 V_{OH}（min）＝2.4V 的表示形式，这是模仿传统 TTL 输出（NPN 跟随器构成输出上拉）的明显标志。

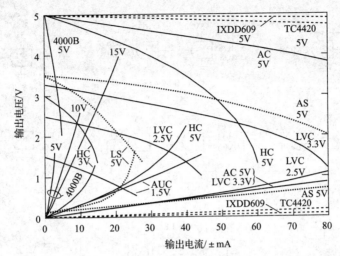

图 12.7　逻辑门输出特性。74LS 和 74AS 系列为 5V 双极 TTL 结构，采用 NPN 跟随器上拉，因此输出
　　　　为 3.5V 高电平，其他都是真正的 CMOS 结构，具有轨至轨输出摆幅。TC4420/MCP1406 和
　　　　IXDD609 是 MOSFET 驱动器 IC，其稳健的 CMOS 源极输出和漏极输出分别可达到 6A 和 9A，
　　　　它们甚至几乎不会注意到 80mA 的负载

（即一个完整的 NMOS 和 PMOS 推挽式开关对）将其输出一直拉到 V_+ 或地，除非重载，否则会产
生全摆幅；因此当只驱动 CMOS 负载（零直流电流）时，摆幅是完全轨对轨的。相比之下，当驱动
其他 TTL 设备时，双极 TTL 电平通常为 50～200mV（低电平）或 +3.5V（高电平）。使用上拉电
阻（稍后讨论），高 TTL 输出一直到 +5V。我们还绘制了两个 MOSFET 门驱动器的例子，它接受
TTL 兼容的逻辑电平输入，并使用一个高电流 CMOS 输出级产生一个摆幅在地和可选择的正 V_{DD} 电
源之间的输出；TC4420 系列为 +4.5～18V，而 IXDD509 系列的范围是 +4.5～30V $^\ominus$。

　　在当代数字电子学中，我们越来越多地
利用可编程逻辑器件和微控制器的实用功能，
所以读者需要知道它们在驱动外部负载方面
的输出能力。图 12.8 显示了几种流行的可编
程逻辑器件（Altera MAX7000A、Lattice
Mach4000、Xilinx Coolrunner）和微控制
器（Atmel ATmega、Microchip PIC16F、
TI MSP430）的输出驱动特性。这些都使
用真实的具有轨间电压摆幅的 CMOS 输
出。然而，从图中可以明显看出，并非所
有 CMOS 输出级都是相同的。

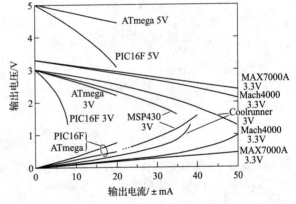

图 12.8　特定 PLD 和微控制器的输出驱动特性

12.1.3　逻辑器件系列之间的接口

　　了解如何实现不同的逻辑器件系列之
间的互连是很重要的，因为在某些情况下，
读者必须混用逻辑器件类型或不同电源电压下运行的部分逻辑器件。在典型的情况下，读者可能希
望使用运行在 +2.5V 上的微控制器的输出来驱动 5V 单栅极非门，因此，最终的 5V 全摆幅输出可
以驱动 5V 机械继电器或固态继电器（SSR）或白光 LED。或者读者可能尝试另一种方法：全摆幅
5V 逻辑输出需要达到以 1.8V 运行的低压部分。

　　能阻止读者将任何一对逻辑芯片连接在一起的三个因素是：①输入逻辑电平不兼容；②输出驱
动能力；③电源电压。我们不打算用规则和解释来烦扰读者，而是将接口问题归结为一套简单的推
荐方法（见图 12.9）。让我们来快速浏览一下。

─────────────

　$\ominus$　然而，请注意，MOSFET 驱动器并不是以全逻辑速度工作的：虽然它们的时序通常被规范为功率 MOSFET
　　的大电容负载特性，但读者通常会看到 10～25ns 或更多的传输延迟（74LVC 等标准逻辑系列约为 2ns）。

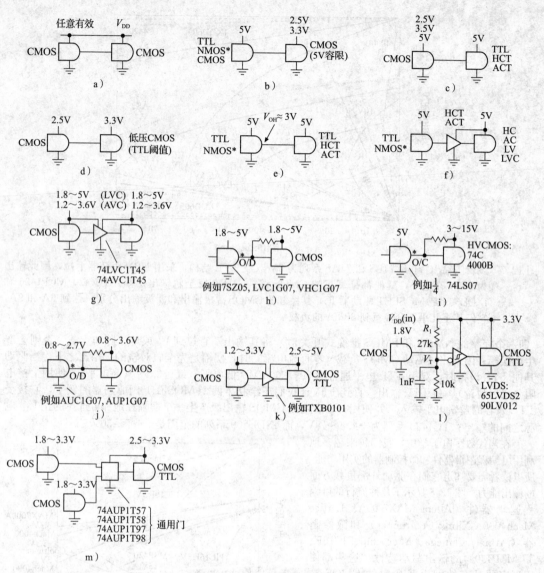

图 12.9 逻辑器件系列互连

a) 相同电压下的 CMOS 器件 读者总是可以对运行于同一电源电压的 CMOS 逻辑器件之间进行直接逻辑连接。输出是全摆幅的，因此很容易驱动另一个 CMOS 器件，不用考虑后者的特定阈值电压。

b) "5V 逻辑" 驱动低电压 CMOS 运行在 5V 的 CMOS 可以直接连接到运行在一个较低的电源电压的 "5V 容限" 逻辑（例如 74LVC 系列）。如图所示，CMOS（具有全摆幅输出）或 TTL 输出级设备（包括真正的双极 TTL 或用 NMOS 跟随器上拉的集成电路，其中任何一个具有约 3.5V 的高状态输出）满足在 2.5～3.3V 的电源电压范围内运行的 5V 容限 CMOS 器件输入电压要求。此外，还有74LV1T 电平转换器系列，它可以做到 "向下转换"（如图所示）或 "向上转换"（如图所示）。

c) 低电压 CMOS 器件驱动 5V 逻辑器件 如图所示，读者可以直接用摆幅至少为 2.5V 的 CMOS 器件输出驱动 "TTL 输入"（降低阈值）5V 逻辑器件。除了真正的双极 TTL 器件外，还有一些 5V CMOS 器件系列（如 74HC、74AC、74AHC、74VHC）包括 TTL 阈值改型（74HCT、74ACT、74AHCT、774VHCT），还有 74LV1T 电平转换器系列。

d) 工作于 2.5V 电压的 CMOS 器件驱动工作于 3.3V 电压的 CMOS 器件 几乎所有能在 3.3V 电源电压下工作的 CMOS 器件系列都具有 TTL 兼容的输入电平（<0.8V 为低电平，>2.0V 为高电平），所以使用 2.5V 电源供电的 CMOS 器件全摆幅输出驱动它们是安全的。

e) "TTL 输出"驱动降低阈值的 5V 逻辑器件 驱动在 5V 电压工作的逻辑时，这些输出——低电平接近 0V，但高电平只有约 3.5V（只保证是＞2.4V），搭配 TTL 兼容的输入，这限制必须使用真正的 5V 双极 TTL 器件（例如 74F）或 5V CMOS 逻辑器件系列（或更复杂的 5V 数字芯片）作为 TTL 兼容器件的输入（74ACT、74HCT、74AHCT、74VHCT）。

f) 5V "TTL 输出"驱动不兼容 5V 逻辑器件 如果读者遇到正常阈值 5V 逻辑（即 $V_{DD}/2$ 或 2.5V 阈值），读者可以使用带 TTL 阈值的 CMOS 缓冲器或非门（74HCT 等）将 TTL 摆幅转换为 5V 全摆幅信号。注意，读者可以使用 74LVC1T45（见图 12.9g）等特定电平转换器件。

g) 双电源电平转换器：1.8～5V 与 1.2～3.6V 一些芯片专门设计用于对两种电源电压之间的逻辑电平转换。双电源 74LVC1T45 允许转换的逻辑电平是 1.8～5V，从任意一端到另一端（它实际上是双向的，由 DIR 引脚输入控制，就像经典的'245 式 8 位双向缓冲区）。工作在更低电压的 74AVC1T45 在功能上是相似的，但两端都工作在 1.2～3.6V 电压之间。读者还可以获得另外两个类似的器件（LVC2T45 和 AVC2T45）。然而，请注意，当 LVC 器件在其输入端以 5V 运行时，有一个"中间供电"输入阈值（保证低电平低于 1.5V，高电平高于 3.5V），因此不能被 TTL 输出电平驱动（输出高电平只保证不小于 2.4V），参见 TXB0101 双电源转换器（见图 12.9k）。

h)～j) 漏极开路和集电极开路 读者可以通过漏极开路（或集电极开路）缓冲器向上或向下转换电平，尽管读者需要使用无源上拉电阻来为速度和静态电流付出代价（电阻值取折中的——越小越快，但是同时会消耗更多的功率）。图 12.9h 显示了任意一侧 1.8～5V 范围内的逻辑电平之间的转换，在宽电压范围逻辑系列（7SZ、74LVC、74VHC）中使用单栅极'07 缓冲器，支持 5V 操作，并且允许将输出上拉至 5V。如果读者想要更大的输出摆幅，可以使用高压集电极开路门 74LS07（见图 12.9i），它可以把输出上拉到＋15V。如果需要非常低的逻辑电压，可以使用 74AUC1G07 或 74AUP1G07（见图 12.9j），它们的工作电压低至 0.8V。

k) 低压 CMOS 器件驱动 2.5～5V 逻辑器件 TXB0101 是另一种双电源转换器（如图 12.9g 中的 LVC/AVC1T45），但它有一些特殊之处。首先，$V_{DD(B)}$（图中右侧电源）不能小于 $V_{DD(A)}$。其次，它是双向的（就像 1T45），但是它没有 DIR 控制输入；相反，它可以感知任何一边的变化，通过短暂地打开对端端口的 CMOS 驱动器来做出响应，然后用正反馈（对开关衰减有用）微弱地（约 4kΩ 系列输出电阻）维持该状态。

l) 超低压 CMOS 器件至 3.3V 或 5V 逻辑器件 这里有一个很好的技巧：LVDS 接收器在 0～＋2.4V 共模范围内接收差分数字信号对，并保证切换至 200mV 输入幅度。（单端）输出采用由 2.5～3.3V 供电（例如 65LVDS2）或 5V 供电（DS90C402 或 DS90C032）的全摆幅 CMOS 器件。因此，可以通过在逻辑状态之间的中间部分（带有一个小的旁路电容器）为未使用的输入提供参考直流电平，从而诱使它充当电平转换器。该转换器将工作到非常低的输入逻辑摆幅，例如低至其他电平转换器都难以达到的 0.5V。LVDS 接口芯片也非常快，通常指定为 400Mbit/s 的数据速率，典型的传输延迟小于 2ns。

m) 具有可配置逻辑的低压 CMOS 转换器 我们在第 10 章中提到的优雅的"通用"门可用于在跨逻辑电压域转换时执行某些逻辑。当以这种方式使用时，该门由与输出侧逻辑（范围为 2.5～3.3V）共用的单电源供电，接收来自可以在 1.8～3.3V 范围内供电的逻辑输入。这些门采用施密特触发器方式输入信号，具有约 0.4V 的迟滞，其中心值约为 0.7V。

动态不兼容：降低边沿速率

当读者用一个没有足够快地通过阈值转换的数字信号驱动快速数字逻辑输入时，有时会出现这样的问题：被驱动器件的突发性开关输出可以耦合回输入（通过地或电源连接，或芯片自身的内部，或只是电容），导致多个输出转换，如图 12.10 的实测迹线所示。为了处理这种不正常的问题，我们使用了 74LS05 集电极开路（OC）反相器，该反相器具有 5kΩ 上拉电阻上拉至＋5V 的电压，从而驱动 74AC04 门[注]。当快速反相器疯狂切换其输出时，读者可以清楚地看到输入波形的中断。

多重输出转换可能仅仅是不理想的，但当读者驱动边缘敏感的输入（例如触发器或计数器的时钟输入）时，这个问题就变得非常严重。触发器可能由于频繁翻转而失效；或者计数器或移位寄存器可能在一个时钟边沿内发生数次变化。为了展示这种效应，我们使用 CD4001B 与非门的方波输出驱动 74AC74 触发器的时钟输入，两者均由＋5V 供电（在下一个时钟之前，对触发器施加复位脉冲）。图 12.11 显示了混乱的结果：有时触发器会正确切换，但有时会快速连续切换两次。

⊖ 我们发现 74AC 和 74ACT 逻辑很复杂，尤其是封装在通孔 DIP 中的位于边角的电源和地引脚。远离这些东西，除非读者需要速度；一定要使用接地层，并保持尽量短的接地线。

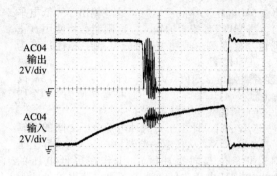 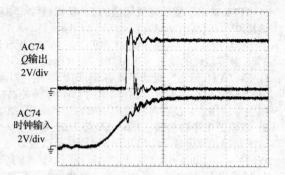

图 12.10　具有 5kΩ 上拉电阻（低跟踪）且有相对缓慢上升边缘的 LS05 集电极开路反相器驱动快速 AC04 反相器，造成多个输出的转换。因为集电极开路输出的下降沿是快速的，后沿没有表现出不良行为。水平为 40ns/div

图 12.11　缓慢的 CD4001B 逻辑门的上升沿驱动 27pF（负载电容的典型值）作为时钟驱动快速的 AC74 翻转触发器。示波器结果显示多时钟事件，结果时对时错。水平为 20ns/div

教训很明确：不要使用慢边沿来作为快速逻辑的时钟。有时用施密特触发器来清理错误信号就足够了，在大多数逻辑系列中都用到'14（如 74LVC14）。图 12.12 显示了与图 12.10 相同设置的波形，但其中一个用 74AC14（带施密特触发器的反相器）代替了 74AC04（不带施密特触发器的反相器）。现在好了，完全解决了慢边沿的影响。

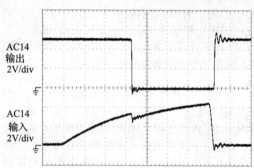

图 12.12　与图 12.10 相同，但将 AC04 反相器换成了 AC14 施密特触发反相器。与之前一样，快速切换输出耦合到输入，但由于施密特触发器的滞后效应，不足以使其回到新的（较低的）阈值。水平为 40ns/div

在电路板之间、仪器之间或通过电缆发送数字信号时，也会遇到同样的问题，这是目前将要讨论的重要主题。

12.1.4　驱动数字逻辑输入

1. 以开关作为输入设备

如果读者牢记所驱动逻辑的输入特性，就可以很容易地使用开关、键盘、比较器等设备驱动数字逻辑输入。最简单的方法是用上拉或下拉电阻产生有效的逻辑电平（见图 12.13）。对于 CMOS 逻辑，这两种方法都可以，因为输入不消耗电流，而且阈值通常在 $0.3V_{DD} \sim 0.5V_{DD}$ 范围内。通常将开关的一侧接地比较方便，但如果在开关闭合时通过输入高电平来简化电路，则采用下拉电阻的方法就完全可以了。不过对于双极 TTL 要小心：它们的输入源会产生较大的电流（例如 74F 系列在保持低电平时输入会产生 0.6mA 的电流），所以最好使用带上拉电阻的配置，并将开关接地。

2. 开关抖动

正如我们在第 10 章中所指出的，机械开关触点通常在初次闭合后会出现"抖动"，典型的时间尺度为 1ms。对于物理上的大型开关，抖动可能会持续长达 50ms。这可能会对状态变化或边沿敏感的电路产生严重影响（如果直接由开关输入提供时钟，触发器或计数器会多次切换）。在这种情况下，必须以电子方式对开关进行消抖。这里有一些方法。

- 用一对门电路做一个阻塞型 SR 触发器。当然，在消抖电路的输入端做上拉处理（见图 12.14 和图 12.15）。等效地，读者可以使用一个带有置数和清零输入的触发器，在这种情况下，将时钟输入端接地。

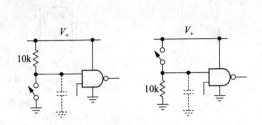

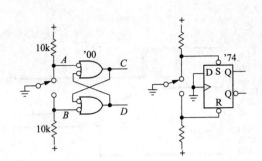

图 12.13　用机械开关驱动逻辑电路（非消抖）。如果开关与逻辑电路的距离不够接近，通常会使用一个小电容（约 100～1000pF）来抑制电容耦合噪声

图 12.14　SR 触发器开关消抖电路，由交叉连接的门实现，或使用带有异步置数和清零输入端的触发器实现

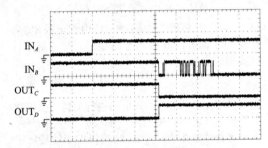

图 12.15　图 12.14 消抖电路的波形，由 3V CMOS 门（'HC00）和 SPDT（单刀双掷）按钮开关实现。注意，当开关电枢在触点之间移动时，从释放 A 触点到 B 触点第一次闭合的延迟时间。垂直为 5V/div，水平为 100μs/div

- 使用同相缓冲器环回到其输入端，以形成一个锁存"保持"电路，见图 12.16。输出环回的缓冲器或同相门工作正常的输出回路工作良好。谨慎的电路设计者会在反馈路径中加入电阻（如图所示）以限制开关改变状态时的瞬时瞬态电流，但是，请相信我们，读者可以放心地忽略它。TXB0101（见图 12.9k）是可以保持状态的"自动"双向电平转换器芯片之一，但它可能由于任意一侧的状态改变而被过驱动。
- 使用 RC 减速网络驱动 CMOS 施密特触发器（见图 12.17 和图 12.18）。低通滤波器可平滑抖动波形，以使施密特触发器门仅进行一次转换。1～10ms 的 RC 时间常数通常足够长了。由于 TTL 输入所需的驱动阻抗低，这种方法并不适用于双极 TTL。

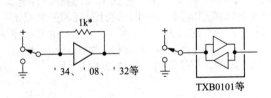

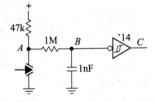

图 12.16　开关消抖器使用"保持电路"，当输入未驱动时保持其逻辑状态

图 12.17　用 RC 平滑电路和施密特触发反相器对 SPST 开关进行消抖

- 使用时钟电路以不被抖动欺骗的方式对输入电平进行采样。一种简单的方法是用周期长于开关的抖动持续时间的时钟驱动 D 触发器，例如时钟频率为 100Hz（见图 12.19）。但也有专门的消抖芯片，例如 MAX6816-8（单、双和八通道消抖器），可测试多个时钟周期（具有内部振荡器、计数器和逻辑；实际上是一个数字低通滤波器）转换为稳定状态的过程并产生干净的去抖动输出；它们包括内部上拉电阻、±25V 的输入保护，以及 2.7～5.5V 的工作电压。读者只需要将 SPST 开关从输入端接地，而不需要外部元件（见图 12.19）。类似的部件是 MC14490 十六进制（6 段）消抖器，它属于 CMOS 4000B 系列器件，可以在 3～18V 的电源电压下运行，它包括内部上拉电阻，但需要外部电容来设置时钟速率。另一种选择是所谓的电源监控芯片，通常用于检测电源不足（欠电压），并在电源恢复（或初始上电）时产生干净的复位脉冲。这些芯片中的许多芯片都包含手动复位输入，读者可以将一个按钮连接到该复位输入，从而将它们用作防弹跳器。

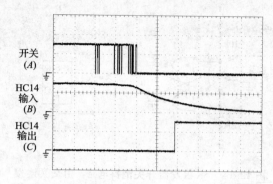

图 12.18 图 12.17 所示消抖器的波形，使用 3V
CMOS 器件和 1PB13 微型开关实现。
垂直为 2V/div，水平为 400μs/div

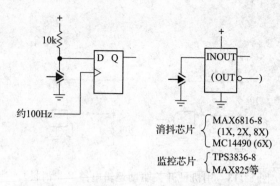

图 12.19 钟控消抖器。最简单的是慢时钟驱动的
D 触发器。还有更好的方法，例如消抖
芯片（如 MAX6816-8 和 MC14490）以
及监控芯片（如 TPS3836-8）

- 使用微控制器，用编程来进行软件消抖（见图 12.20）。大多数微控制器包括内部上拉电路，并且通过编写简单的代码（无论是中断驱动还是轮询）就可以寻找状态的稳定变化。对于任何需要微控制器的小工具，这是电路设计工程师常用的方法。

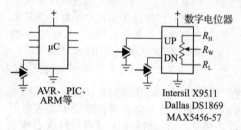

图 12.20 使用复杂的数字集成电路进行消抖：微控制
器（μC）可以使用用户编写的程序（固件）
进行"软件消抖"；接收按钮指令的特定应
用芯片（如图中显示的数字电位器，带有
UP 和 DN 输入）通常包括内部的上拉和消
抖电路

- 使用带有内置消抖器的设备。例如，键盘编码器在设计时就考虑了使用机械开关作为输入设备，它们通常包括消抖电路。另一个例子如图 12.20 所示，即由按钮控制的数字电位器（一个内部电阻序列，可通过 MOSFET 开关选择切换），每按一次按钮都会使内部计数器递增或递减，所以它必须是无抖动的，而它确实是这样的。

关于开关作为输入设备的一些一般性说明。注意，前两种方法（SR 触发器和保持器电路）需要 SPDT 开关（有时称为形式 C），而其他方法可以使用较简单的 SPST 开关（形式 A）。另外请注意，通常不必开关输入去抖动，因为它们并不总是用于驱动边缘敏感电路。另外，设计合理的开关通常都是自清洁式的，以保持接触面的清洁（可以拆开一个实物看看这代表什么含义），但最好选择电路值，使电流至少为几毫安，流经开关触点以清洁开关。如果选择适当的接触材料（如金）和机械设计，就会发现开关的设计可以避免出现这种干切换问题，即使在切换零电流时也能正常工作。

12.1.5 输入保护

在这些接口示例中，我们假设施加到逻辑输入的信号表现良好——它们没有瞬态过电压或其他破坏性趋势。但情况并非总是如此。如果读者将连接器安装在盒子上，然后随便把它挂到逻辑门的输入上，读者就会遇到很多外部信号带来的麻烦（见图 12.21a）。瞬变的常见来源是在干燥天气中容易累积的静电荷——当读者脱掉合成纤维外套时听到的那些噼里啪啦的声音可以使人体升高到 kV 或更高。这种电压存在于人体的电容上（约 100pF），当读者插入连接器或者在身体没有接地的情况下不慎触碰电路板上的元件时，它会窜入电路输入端。

这个问题在电子工业中是众所周知的，IC 在受到静电放电时，都要对集成电路进行生存测试和评级以确定其遭受静电放电时的寿命。为此对人体进行建模，如图 12.22 所示。按照物理学家的"球形牛"的方式，电气工程师将所有的人还原成一个与 $1.5k\Omega$ 电阻串联的 100pF 的电容，并以此来测试集成电路的鲁棒性。通常的充电电压是 $1\sim 2.5kV$，但读者看到的集成电路耐受静电电压高达 15kV，例如 MAX3232E RS-232 串行驱动器和接收器宣称用于 RS-232 总线引脚的 ESD 保护电压高达 $\pm 15kV$（HBM）。该图显示了带电的 HBM（人体模型）向逻辑门的输入端提供电流脉冲，该逻辑门必须承受 1A 或更大的瞬态电流。该电流被钳制在电源轨上，但钳制的内阻允许输入引脚超出轨外（或低于参考地的负瞬态）几十伏，从而将可预计的能量传递到半导体管芯上非常小的区域。

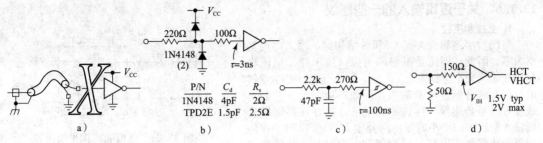

图 12.21　保护逻辑输入不受破坏性瞬态的影响：a) 无保护；b) 二极管钳制；c) RC 滤波加施密特触
发输入；d) 电缆终端和串联电阻，以稀释瞬态能量

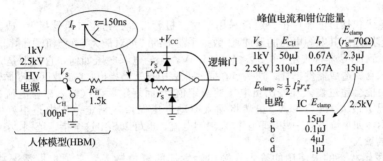

图 12.22　人体模型。集成电路在 1kV、2.5kV 或者更多电压下测试合格。
该表列出了图 12.21 中电路的钳位能量估计值

　　集成电路可以用来处理这个问题。但是，大量损坏的芯片证明了增加外部保护是明智之举，特别是在期望暴露于高瞬态电平的情况下或者面对没有经验的用户。回看图 12.21，电路 b 简单而有效。像无处不在的 1N4148 这样的普通二极管比片上钳位具有更大的结面积，因此具有更好的钳位作用；上游电阻限制了二极管的电流，下游电阻从钳位电压馈入，从而限制芯片的输入电流。读者可以得到钳位二极管阵列，这些二极管有时包括齐纳二极管，如图 12.23 所示，用于保护 LVDS 或 RS-485 等差分逻辑。

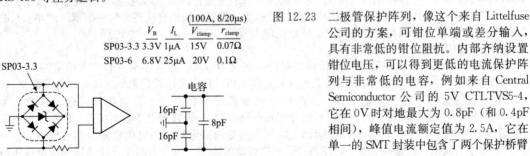

图 12.23　二极管保护阵列，像这个来自 Littelfuse 公司的方案，可钳位单端或差分输入，具有非常低的钳位阻抗。内部齐纳设置钳位电压，可以得到更低的电流保护阵列与非常低的电容，例如来自 Central Semiconductor 公司的 5V CTLTVS5-4，它在 0V 时对地最大为 0.8pF（和 0.4pF 相间），峰值电流额定值为 2.5A，它在单一的 SMT 封装中包含了两个保护桥臂

　　电路 c 使用 RC 瞬态滤波器来降低峰值输入电流。为使其有效，时间常数应该至少与 HBM 瞬态时间标度相当，比如 100ns 左右（输入电阻至少与 HBM 值 1.5kΩ 相当），因此应该采用施密特触发输入。电路 d 采用了不同的方法，它将 50Ω 同轴电缆的匹配终端与更大的串联电阻结合起来，形成分流器。这使芯片的瞬态输入电流稀释了 4 倍（对于所示的数值），即瞬态能量降低了 16 倍；并且进一步降低了 2~5 倍，因为在过电压期间，150Ω 电阻和芯片的动态电阻之间共享了被稀释的能量。在图 12.22 中，我们估算了每种方法的瞬态能量，并与 2.5kV HBM 无保护的 15μJ 估计值进行了比较。

　　最后，为了达到终极的保护效果，请使用光耦合器逻辑隔离器，见图 12.24。根本没有电连接（注意悬浮 BNC 接头），这些器件可以承受数 kV 的电压。注意限流电阻和反向保护二极管，后者经常被错误地省略。

12.1.6 关于逻辑输入的一些建议

1. 上拉和下拉

当代数字逻辑大多是 CMOS 结构的，输入电流基本为零。因此，即使是微弱的上拉（或下拉）电流也足以使输入完全达到 V_+（或地）。不过，要注意将电容瞬态耦合到这样的输入，例如，从面板开关的布线接近信号传输线。在这种情况下，最好在高阻抗逻辑输入附近加一个小容量的旁路电容（约 1nF）。在应用复杂数字集成电路（微控制器、FPGA 和其他特定

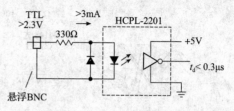

图 12.24　终极隔离：光耦合器

应用的标准产品）的情况下，来自开关内部的输入上拉是很常见的，因此不需要上拉或下拉电阻（尽管读者可能需要添加一个小的旁路电容来抑制耦合瞬变）。

2. 输入过载

数字逻辑输入包括过电压保护，通常采用钳位二极管接地、钳位二极管接 V_+ 或齐纳钳位的形式（用于输入容限超出其电源电压的器件）。数据手册上的"绝对最大"额定值告诉读者器件可承受的极限（例如，74LVC 器件规定 $-0.5V < V_{in} < 5.5V$，无论电源电压如何，它们都是 5V 容限）。然而，往往是输入电流造成器件损坏，这一点在同一张表中被适当指出："如果只是遵循输入和输出电流额定值，则可能会超过输入和输出负电压的额定值。"而规定后者（输入钳位电流、输出钳位电流）在这种情况下最大为 $-50mA$。虽然将输入驱动电压保持在指定范围内是很好的行为，但如图 12.21 中所示，如果读者有一些串联阻抗来限制电流，也可以超出这个指定范围。

3. 未使用的输入

影响芯片逻辑状态的未使用的输入（例如触发器的复位输入）必须根据情况接高电平或低电平。也许不太明显，即使没有影响的输入（例如，在同一封装中未使用的门电路部分的输入）也应接在高电平或低电平上（根据读者的选择），因为 CMOS 器件的开放输入可以浮空到逻辑阈值，在两个 MOS 输出晶体管都导通的情况下，导致输出电压降至电源电压的一半，因此汲取相当大的 A 类电流。这可能导致过大的电源电流，甚至可能导致高输出级的设备发生故障，也可能引起振荡。

12.1.7 使用比较器或运算放大器驱动数字逻辑

比较器（有时是运算放大器）与模-数转换器一起，是模拟信号接入数字电路的常用输入设备。如果读者的电路有一个微控制器（μC），那么读者可以利用内置的模-数转换器或比较器，这是大多数 μC 的共同特点。但是有时读者想从比较器（或运算放大器）输出直接进入数字逻辑。这并不是非常困难，但是读者必须遵循驱动逻辑允许的电压输入范围。让我们来看一些例子。

1. 比较器驱动逻辑

图 12.25 展示了将比较器输出连接到逻辑的一些常用方法。经久不衰并且非常便宜的 LM311（及其改进版本，如 LT1011）有灵活的集电极开路输出级，带有可以设置低电平状态（可以在 V_+ 和 V_- 之间的任何位置）的参考地引脚；如图所示设置高电平状态的上拉电阻。一些比较器（如 AD790）使用内部有源上拉，但是读者可以在逻辑电压引脚 V_L 设置高电平输出状态。许多在低电压电源上运行的高速比较器只是简单地使用 V_+ 电压作为输出高电平，同时仍然提供参考地引脚——LT1016（如图所示）就是一个例子，该器件受到工程师的欢迎，因为它的设计使其特别能抵抗多种过渡和振荡。

注意，这部分具有 TTL 输出电平，即地和近似 $+3.5V$（虽然只能保证是 $\geq 2.4V$ 和 $\leq 5V$），因此不能连接到 5V 容限逻辑器件。其次是一大类低压单电源比较器，它们的输出仅在地和 V_+ 之间摆动。最后，单电源比较器可以在较高的电压下运行，并且不能达到极快的速度（例如，经典的 LM393），如图所示，通常配置开集电极开路（或开漏）输出，并需要添加外部上拉电阻，这些比较器被标记为输出类型 O/C 或 O/D。

[⊖] 然而，请注意双极 TTL 器件并不是那么友好：它们的输入在输入低电平状态下提供显著电流（最高达毫安），在输入高电平状态下吸收小电流（但非零）（最高达几十微安）。由于这种不对称性，作为输入的外部数字信号几乎总是有一个上拉电阻，并在有源时将拉低（漏电流），这是一种方便的安排，因为开关等可以使用公共地返回。它还能带来更强的抗噪声能力，因为在 $+5V$ 的双极 V_+ 附近的线路具有 3V 的抗噪声能力，而在接近地的线路具有 0.8V 的抗噪声能力。

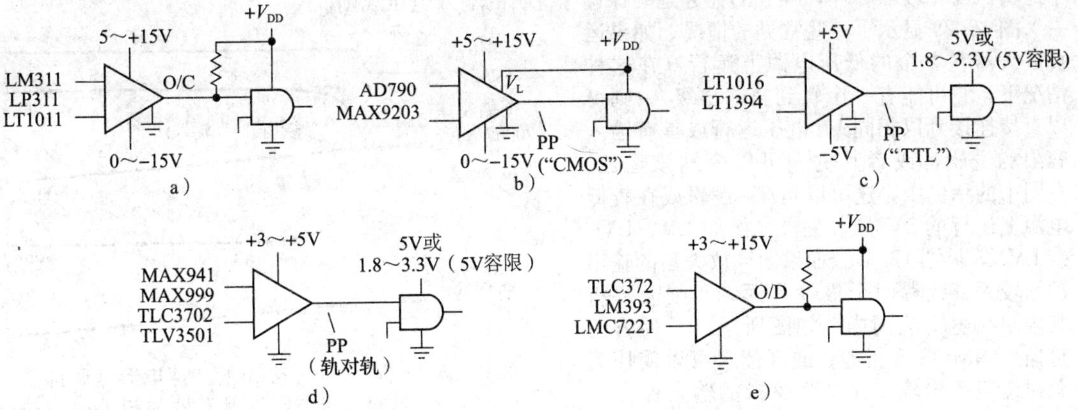

图 12.25　使用比较器驱动数字逻辑电路图

在图 12.25 中，我们忽略了像迟滞这样的电路配置细节。值得提醒的是，图 12.26 显示了经典的施密特触发阈值检测器，它配置有相当于 V_{DD} 的 1% 的迟滞量和小的加速电容器。在这个电路中，必须由一个低源阻抗（$\leqslant 1k\Omega$）提供 V_{thresh}。这可能是一个严重的缺点（尽管对于慢速或静态的 V_{thresh}，读者总是可以使用运算放大器缓冲区），在这种情况下，所示的替代电路可能正是读者想要的。它利用 LM311 的偏移微调输入端子（引脚 5 和 6）来产生滞后（通过 5MΩ 电阻）和加速（通过 3.3nF 电容）⊖。图 12.27 显示了配置为无迟滞和具有 10% 迟滞的 LM311 的测量波形。注意，在后一种情况下，会出现非对称触发点（和输出波形时序）。尽管在捕获的波形中看不到它，但是当读者将缓慢的输入波形无滞后地发送到比较器时，读者仍会遇到麻烦。

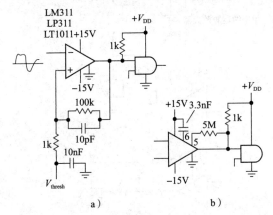

图 12.26　具有迟滞的阈值检测器：a）常规电路，适用于任何比较器；b）LM311 的替代方法

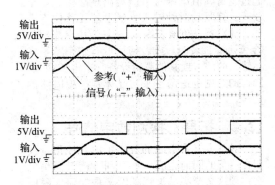

图 12.27　LM311 比较器驱动 1.5Vpp 1kHz 正弦波，输出上拉到 +3.3V。上图为无迟滞，下图为 10% 迟滞（100kΩ 反馈，11kΩ 对地）。水平为 200μs/div

最后，图 12.28 详细显示了施密特触发器的反馈支路中一个小的加速电容的影响。如果没有它，同相输入的正反馈会因输入和布线电容而变慢，因此，一个带有一些低电平快速噪声的输入信号可能会产生多个输出转换，而正反馈则会一直保持低电平。添加极小的反馈电容（这里只有 5pF）就可以解决这个问题（底部轨迹对）。不过，请不要过分使用——较大的反馈电容会产生较大的迟滞过冲，并且恢复时间较长。

2. 运算放大器驱动逻辑

有时候读者将运算放大器用作比较器，例如作为电池电量低的探测器。因此，它的输出在电压轨之间摆动，或者近似于此（如果它没有轨到轨的输出级）。读者所要做的就是把输出状态转换成数

⊖　LT1011 数据手册很好地描述了这种技巧及其变体；在 National 的 LM311 数据手册中也有一些讨论。

字逻辑。与比较器一样，唯一的任务是确保遵守逻辑的输入电压规则。

图 12.29 显示了一些常见的情况。如果运算放大器在单个的低压电源上运行（在这种情况下，它可能有一个轨到轨输出级），则可以直接连接到以相同 V_+ 电压运行或具有输入容限的逻辑，或者其输入可以容纳该运放。在图中的示例中，这可以是 5V 逻辑或在较低电源上运行的 5V 容限逻辑（例如 LV、LVC 或 LVX，见图 12.3）。如果运算放大器的输出摆幅较大，或者两个极性都摆动，则需要将其限制在逻辑范围内。如图所示，一种方法是插入 NMOS 反相器；或者读者可以使用无源钳位至逻辑轨，并结合逻辑的输入保护负压钳位二极管，如图所示。我们并不热衷于这种方法，因为它需要三个组件（并且降低了开关速度），但它确实有效。无论读者做什么，请注意（模拟和压摆率限制）运算放大器输出转换将远慢于正常的数字逻辑转换。也就是说，不要期望干净的逻辑转换，这些接口只是将运算放大器的状态转换为某种数字逻辑的一种方式。

3. 时钟输入：滞后

关于使用运算放大器驱动数字逻辑的一般建议：不要尝试从这些运算放大器接口驱动时钟输入——转换时间太长，当输入信号通过逻辑阈值电压时可能会出现故障。如果读者打算驱动时钟输入（触发器、移位寄存器、计数器、单值表等），最好使用迟滞比较器（见图 12.26），或者使用带有施密特触发器输入的门（或其他逻辑设备）来缓冲输入。同样的意见也适用于来自晶体管模拟电路的信号。

12.2 拓展：探测数字信号

对于本书中干净的数字示波器波形，我们在羡慕的同时也有一些疑问（读者们是怎么得到这么漂亮的波形的？又是如何摆脱所有的波动的？）：当读者意识到不能摆脱那些在低频下行之有效的技术，这将非常容易。

特别是，当读者尝试使用标准的×10 档无源示波器探头和它的接地引线一起使用时，数字信号的快速边沿会产生探测伪像（振铃和不陡峭的边缘）。图 12.30 显示了三种不同探测方式下同一逻辑的波形。

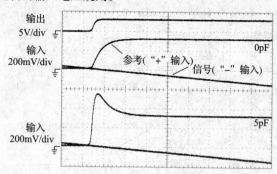

图 12.28 通过添加一个小的加速电容（底部轨迹对）对施密特触发器的输入电容造成的减速（中间轨迹对）进行补偿。电路与图 12.27 相同，但有扩展的水平和垂直刻度（以显示切换的细节），并有 10kHz 正弦波输入（这样读者可以看到输入信号的斜率）。水平为 400ns/div

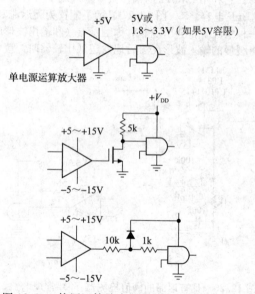

图 12.29 使用运算放大器的输出驱动数字逻辑

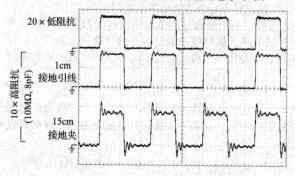

图 12.30 在泰克 TDS3044B 示波器中以三种不同的方式探测运行在 3.3V 电压下的 74AC14 反相器 10MHz 输出逻辑波形结果。垂直为 2V/div，水平为 40ns/div

这是 74AC14 反相器输出端的 10MHz 时钟信号，连接在一个无焊接原型电路板上（这是一个可疑的做法，但是不管怎么说，它在大多数情况下都可以工作）。我们采取了预防措施，即使用集成表面贴装旁路电容器的 IC 插座，使其表面朝上。底部走线与往常一样，带有一个 P6139A（500MHz）×10 档无源探头和接地引线。可以看到超调和疯狂的振铃——这是真实的还是探针感应接地路径引起的伪像？读者把地线扔到垃圾桶里，去掉塑料套筒，用一点弹性的"地尖触点"，效果会好很多。中间的迹线显示大部分的振铃都消失了。更好的是，完全抛弃×10 被动探头（无论如何，它们的速度不会超过 500MHz），并通过将系列电阻（我们喜欢 950Ω）连接到很短的 50Ω 阻抗匹配同轴接口上（我们喜欢 RG-178）来制作自己的探头；暂时将同轴屏蔽焊到附近的地上，将另一端插入"接口"（设置为 50Ω 输入），这就是一个高速的 20×探头！这种情况下得到的最上面的波形是尽可能干净的，特别是使用插在面包板上的通孔（14 针 DIP）部件。

自制 50Ω 探头具有成本低的优点，所以读者可以很容易做出四条探头；本书中几乎所有的数字测量都用到了它。但由于它的输入阻抗很低，因此不适用于通用电路探测。

在印制电路板上更常见的表面贴装元件的配置以及更快的逻辑信号，会发生什么？图 12.31 显示了用四种探测方法观察 74AUC1G04 反相器的输出结果，这次是以 4ns/div 的速度（图 12.32 展示了探头本身的样子）。

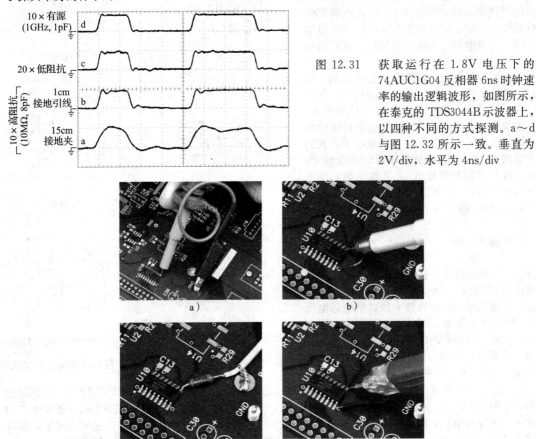

图 12.31 获取运行在 1.8V 电压下的 74AUC1G04 反相器 6ns 时钟速率的输出逻辑波形，如图所示，在泰克的 TDS3044B 示波器上，以四种不同的方式探测。a～d 与图 12.32 所示一致。垂直为 2V/div，水平为 4ns/div

图 12.32 探测数字信号：a) 传统的包括接地引线的 10 倍无源探头（泰克 P139A）；b) 10 倍无源探头上的短接地针尖触点（泰克 016-1077-00）；c) 简单的 20×被动探头 50Ω 输入：953Ω 系列电阻到同轴；d) 具有短接地尖端的主动探头（TekP6243）。当探测微调 IC 时，在探针尖端（未显示）上使用塑料包皮（例如 Tek SureFoot 适配器）是一个好主意，这样读者就不会短路相邻的接触。这里的 IC 是 SOIC-16，触点间距为 1.25mm

在这里，带接地引线的无源探头会产生糊状的波形（最下方的波形），并带有适度的过冲，这可以通过使用较短的接地引线（上一条波形）来得到显著改善。×20 无源探头看起来更好，但最好的是有源探头（FET 跟随器），典型输入电容小于 1pF，速度可高达 GHz。最顶部的波形是使用 P6243 有源探头采集到的。

12.3　比较器

正如我们在本章前面所指出的，比较器提供了模拟（线性）输入信号与数字世界之间的重要接口。在本节中，我们将详细介绍比较器，重点是比较器的输出特性、电源电压的灵活性以及输入级的维护和供电。

前文简要介绍了比较器，以说明正反馈（施密特触发器）的使用，并表明专用比较器集成电路的性能要比用作比较器的通用运算放大器好得多。这些改进（短延迟时间、高输出压摆率和对大过载的相对抵抗能力）是牺牲运算放大器的有用特性（特别是仔细控制相移与频率）为代价的。比较器没有频率补偿能力，也不能用作线性放大器。

12.3.1　输出

我们习惯了运算放大器输出可以在轨到轨之间摆动（或几乎如此），但我们通常保持在线性区域，刻意避免在输出摆动的极端情况下出现饱和。当输出饱和时，我们就麻烦了！

但比较器不同。虽然输入是模拟的，但输出是数字的——它工作在极端状态。所以读者关心的是在高、低电平输出时的作用。正如我们所看到的，输出可能会直接驱动数字逻辑（见图 12.25），在这种情况下，我们需要将其摆幅适配到被驱动逻辑的摆幅上。或者我们可能想驱动开/关负载，例如继电器（机械的或固态的）或 LED，这需要足够的输出电流，并且可能需要由外部直流电源供电。

1. 输出摆幅

图 12.33 显示了满足这些不同需求的选择。在每种情况下，比较器的模拟电路由一对电源 V_+ 和 V_- 供电（尽管对于单电源比较器，类似于单电源运算放大器，负电源电压 V_- 接地）。关于输入级，下面我们会有更多的话要说。这里有趣的是输出级，任何比较器只需要将它们的输出从一个轨摆动到另一个轨（见表 12.1 中的 RR），这样的工作状

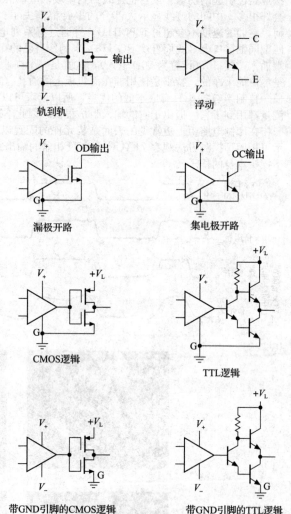

图 12.33　不要被比较器所困惑：使用这个简化的输出级

（图中标注：轨到轨、浮动、漏极开路、集电极开路、CMOS逻辑、TTL逻辑、带GND引脚的CMOS逻辑、带GND引脚的TTL逻辑、输出、OD输出、OC输出、$+V_L$）

态对设计的应用将是工作良好的（例如，如果 V_+ 是＋5V，V_- 接地，输出驱动 5V 逻辑或 5V 容限逻辑，见图 12.25d），并且主动上拉有利于提高输出速度。但是，读者可能需要在驱动数字逻辑电路的输入时（带有单正电源供电），适应性地将输出摆动到地线的两侧（双极性），在这种情况下，需要接入低于低电平的 V_-。因此，正确的选择要么是带电阻上拉的具有浮动输出的比较器（表中的 FL，见图 12.25a），要么是具有单独的 GND 和 V_L（逻辑电压）引脚的比较器（表中的 RR 和 TTL，见图 12.25b）。

表 12.1　代表性比较器

类型	t_d typ/ns	V_{OS} max/mV	输入电流 typ/nA	电源电压 V_+ max/V	电源电压 V_- max/V	总 min/V	总 max/V	电源电流 /mA	输出类型
LM393	600	5	25	36	—	2	36	0.4	OC
TLC372	650	5	0.005	18		3	18	0.15	OD

（续）

类型	t_d typ/ns	V_{OS} max/mV	输入电流 typ/nA	电源电压				电源电流 /mA	输出类型
				V_+ max/V	V_- max/V	总			
						min/V	max/V		
TLC3702	2500	5	0.005	16	—	3	16	0.02	RR
LM311	200	3	60	30	−30	4.5	36	5	FL
LT1016	10	3	5000	7	−7	5	14	25	TTL
AD8561	7	7	3000	7	−7	3.5	14	5.6	TTL
TLV3501	4.5	6.5	0.002	5.5	—	2.7	5.5	3.2	RR

注：FL=浮动 NPN 输出、集电极和发射极输出引脚；OC=集电极开路；OD=漏极开路；RR=轨到轨；TTL=逻辑摆幅，独立 V_L 引脚。

最终，如果对输入信号仅在地和正电源 V_+ 之间摆动的单电源操作感兴趣，则可以使用具有有效上拉到逻辑电压 V_L（RR 或 TTL）的比较器；或如果 V_+ 已经是低逻辑电压，则可以使用将 V_- 接地的轨到轨比较器；或者可以使用上拉至逻辑电源的具有漏极开路或集电极开路输出的比较器（表中为 OD 或 OC）。集电极开路方式的设计风格非常适合于驱动功率负载或连接到高输出电压的负载（例如，经典 LM311 可以吸收高达 100mA 的电流，其输出可以上拉至 +40V）；但是被动上拉比较慢（相对于主动上拉），因此在驱动数字逻辑时最好使用逻辑输出类型，除非对输出的速度不做要求。

2. 输出电流

比较器的输出电流能力差异很大。当驱动数字逻辑时，这无关紧要，但当驱动大电流负载（如继电器或 LED）时，这一点至关重要。图 12.34 显示了表 12.1 中大多数集电极开路比较器和漏极开路比较器的输出电流情况。可以看到一些有趣的趋势：①具有 MOSFET 输出的比较器（如 TLC393）在低电压下表现为阻性输出（R_{on}），以单位斜率向下趋向左侧；②具有双极性 NPN 输出级的比较器（如 LT1017/8）倾向有限的饱和电压；③LP393 有双极输出级，在较高的电流下（在 V_{BE} 或 0.6V 左右饱和）表现得像达林顿管，但在低电流下成为简单的接地-发射极开关，这解释了奇怪的回转曲线。

LM311 的曲线值得一提。设计师在输出级中使用了抗饱和电路（见图 12.35）：如果 Q_{15} 的集电极太接近其发射极，则 Q_{13} 和 Q_{14} 的串联 V_{BE} 压降就会抢走驱动

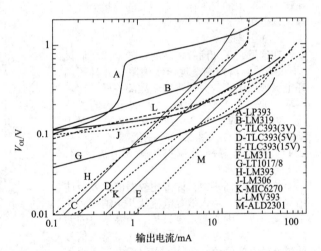

图 12.34 饱和低输出电压与输出电流的关系，集电极开路和漏极开路比较器选型。流行的 TLC372 系列类似于 TLC393。除了曲线 L 和曲线 B、J 的低电流端通过测量得到外，其他都是由数据手册图编译的

器 Q_{12} 的基极电流。如果 R_{11} 为零，这种情况会在 Q_{15} 饱和时发生（在图中找出原因）。但增大 R_{11} 会导致这种钳位作用在 Q_{15} 仍有约 20% 的 V_{BE} 时发生。这防止了深度饱和，有两个好处：①消除了输出晶体管中存储的基极电荷所引起的过大的关断延迟；②无论 Q_{15} 正在驱动何种负载，通过为 Q_{15} 提供更多的基极驱动来降低功率消耗，而不需要使它几乎达到饱和状态。

12.3.2 输入

1. 输入共模范围

就像设计运算放大器电路必须将输入电压保持在共模工作范围内一样，设计用于低压单电源工作的比较器（在 3~5V 范围内）允许输入接地（甚至低于 0.1V 的电压），有些也可以工作于正电源轨（轨到轨输入），例如 TLC372/3702 和 LMC7221/7211（每对都有 OD 和 RR 版本）。但这些输入不适用于双极性的信号（当然，除非读者将接地引脚与负电源电压相连，在这种情况下，读者可能

会对一个向下摆动到负电源的输出感到不满）。相反，读者必须使用双电源比较器（例如 LM311、LT1016），其中许多比较器在电源轨及其附近都不工作。

2. 偏移电压和调整

与运算放大器一样，普通比较器的偏移电压在 mV 范围内，使用来自 Analog Devices、Linear Technology 和 Maxim 等公司的精密比较器效果会更好。一些比较器包括外部微调引脚；但是，与运算放大器一样，廉价的微调比较器（例如 LM311）的 V_{os} 温度系数要比本质上准确（即精密）的器件高得多。例如，LT1011A——改进型 LM311 的 V_{os} 典型值为 $4\mu V/℃$（最大值为 $15\mu V/℃$），而对于通用的 LM311，六个制造商甚至没有指出这一参数。在关心输入阈值精度的应用中，最好避免比较器的输出工作于重载状态。

这里有一个关于偏移电压的有趣的小插曲：在输出级的耗散作用下，芯片上设置的热梯度会降低输入偏置电压的特性。特别是，对于接近 0V（差分）的输入信号，有可能发生低频寄生振荡（输出状态的缓慢振荡），因为在输出端产生的与工作状态相关的热量会导致输入发生跳变。

3. 输入电流

在这里，正如读者熟悉的，如果读者假设（不正确的）输入端呈现出无限阻抗并且不消耗电流那么运算放大器将出现故障一样，比较器输入的一个重要特征是输入端子的偏置电流，以及它随差分输入电压变化的方式。对于唤醒输入，请参见图 12.36，该图是在流行的 LM311 的两个输入处测得的输入电流的图，其电流值不为零！

这是怎么回事呢？许多比较器的输入级使用双极晶体管，输入偏置电流从几十纳安到几十微安不等。因为输入级只是一个高增益的差分放大器，偏置电流发生的变化使得输入信号通过比较器的阈值。此外，当偏置电流在距离阈值几伏时，内部保护电路可能会导致发生较大的变化。

要了解详细的工作原理，请看 LM311 的输入电路，我们在图 12.37 中以简化的形式绘制了该电路。输入级由电流偏置的 PNP 跟随器组成，用于驱动 NPN 差分放大器；跟随器的 $\beta\approx2000$，令人印象深刻，但即使如此，当输入达到平衡时，读者仍可获得 35nA 的输入电流。更值得关注的是，当输入不平衡时，两个输入端的电流会向相反的方向偏移大约 10%。这是因为第二级差分放大器将其工作电流转移到一边或另一边，使第一级的基极电流负载不平衡（零电压差的电流阶梯实际上是一个发生在 100mV 左右的平滑过渡，如展开的插图所示，它代表了将输入/差分放大器级从

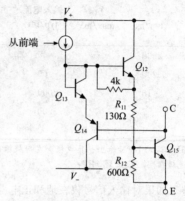

图 12.35　LM311 比较器的输出级集成了抗饱和电路，当输出晶体管接近饱和时（$V_{CE}\approx$ 100mV）限制基极驱动电流。这里我们省略了输出级限流电路。该电路图由德州仪器公司提供

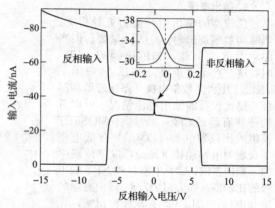

图 12.36　测量样品 LM311N 的输入电流，非反相输入保持在地。数据手册指出输入电流典型值为 60nA，最大值为 100nA

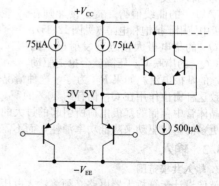

图 12.37　简化的经典 LM311 双极模拟比较器的输入级。不要被 5V 齐纳器吓到——允许的最大差分输入是 ±30V

一个状态完全切换到另一个状态所必需的电压变化）。因此，与运放不同（在运放中，反馈使输入保持平衡），双极比较器的输入电流在输入转换时发生变化，如果驱动它的信号不是低源阻抗，就会引起麻烦。

例如，想象一下，当一个缓慢上升的输入信号（有限源电阻）通过 0V 时，读者希望产生一个输出。这很简单——读者把这个信号连接到反相输入端，然后把非反相输入端接地。这样做，当输入信号穿过零点时，输出可能会出现快速的多重跃迁。问题在于输入电流在 0V 时的下降会导致输入电压逆转其上升，从而引起额外的过渡；这种过渡会持续几次，直到输入信号离开危险区域。迟滞（可能与一个小的加速电容器）通常会改善这种情况，但有必要了解其产生的原因。

图 12.36 中的图形还有一些令人惊讶的地方，即当差分输入电压达到 6V 时，输入电流的突然变化。这是由 IC 中包含的对称齐纳⊖钳位引起的，以防止第二级 NPN 对的反向基极-发射极击穿。大到足以使钳位导通的差分输入波动导致输入电压较负的 PNP 输入晶体管占用所有的发射极电流，因此它的基极电流增加了一倍，而它的孪生晶体管的基极电流降为零。图 12.36 的精确图形显示了读者在任何重要的 LM311 数据手册中都不会发现的特征，即在大的负输入电压下输入电流逐渐增加；这显然是由于在 V_{CE} 降低时输入晶体管 β 值下降所致。读者可能会问：为什么这种形状没有反映在非反相输入曲线中？

对于需要极低输入电流的比较器应用，有很多 MOSFET 输入比较器可供选择，例如 TLC372、TLC3702、TLC393 和 LMC7221。然而，这些比较器通常被限制在最大总电源电压 16V（相比之下，高压双极比较器的电压为 36V）；而且，与 CMOS 运算放大器一样，它们的精度（V_{os}）比精密双极比较器差。在需要特定比较器的特性但输入电流较低的场合，一个解决方案是在输入端加入一对匹配的 FET 跟随器。

4. 最大差分输入电压

注意这个问题！有些比较器的差分输入电压范围非常有限，在某些情况下只有 5V（例如 AD790、LM306 和 LT1016），尽管它们可以在高达 36V 的总电源电压（$V_+ - V_-$）下工作，但可能有必要使用二极管钳位来保护输入，因为过高的差分输入电压会降低 β 值，导致永久性输入偏移错误，甚至破坏输入级的基极-发射极结。可以在总电源电压高达 36V 的情况下工作的通用比较器在这方面一般较好，其典型的差分输入电压范围为 30V（如 LM311、LM393、LT1011 等⊖）。

5. 内置迟滞

有一点迟滞通常是件好事。一些比较器（特别是用于低压单电源运行的比较器）有几毫伏的内置迟滞。一些比较器（例如，来自 Analog Devices 的 ADCMP5xx 和 6xx 系列）允许调整内置迟滞的数值。

12.3.3 其他参数

1. 电源电压

我们已经看到了这一点，因为输入必须保持在共模工作范围，最多只能稍微超出电源轨范围。概括地说，有三种电压范围：①传统的双极比较器（如 LM311 和 LM393）可以接受总电源电压高达 36V，现在称为高压比较器；②一些高速 CMOS 比较器（例如 LT1016 和 CMOS TLC/LMC 部件）位于中间电压区，总电源电压高达 10～15V；③诸如 LMV、TLV 和 ADCMP600 系列的低电压单电源 CMOS 比较器大量涌现，其电压仅为 6V。在后一类中，有一些非常快的比较器（ADCMP572 为 0.15ns）和一些微功率比较器（MCP6541 为 $0.6\mu A$，ISL28197 为 $0.8\mu A$），还有介于两者之间的产品。

2. 速度

将比较器看作一种理想的开关电路是很方便的，对于这种电路，差分输入电压的任何反转，无论多小，都会导致输出的突然变化。实际上，比较器对于小的输入信号来说就像放大器，其开关特性取决于高频时的增益特性。因此，较小的输入过驱动（即超过足够的信号导致直流饱和）会导致较大的传播延迟，并且（通常）在输出端有较慢的上升或下降时间。比较器规范通常包括一个各种输入过驱动的响应时间图。图 12.38 显示了 LM311 的一些内容。特别要注意的是，输出晶体管工作于跟随器状态所带来的性能降低，也就是说，增益降低。这增加了输入驱动器的速度，因为放大器在高频下降低的增益被较大的信号所克服。此外，较大的内部放大器电流导致内部电容充电更快。

⊖ 实现为一对背靠背二极管连接的晶体管。
⊖ 它们使用集成的 PNP 输入晶体管，往往具有高的反向发射基击穿电压，通常超过 36V（典型的 NPN 击穿电压约为 6V）。

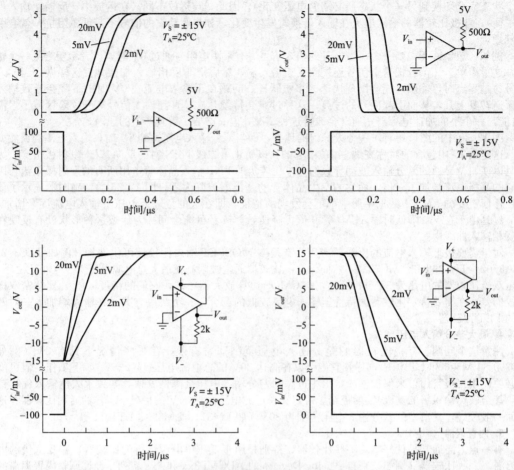

图 12.38　LM311 比较器对各种输入过驱动的响应时间。对于快速响应，
大多数比较器需要相当大的过驱动（20mV 或更多）

12.3.4　其他注意事项

关于比较器的输入环节有一些一般性的注意事项。只要有可能，就应该使用迟滞手段，否则很可能导致不稳定的开关。要知道为什么，想象一个没有迟滞的比较器，其中差分输入电压刚刚通过 0V，回转相对缓慢，因为它是模拟波形。仅仅 2mV 的输入波动就会导致输出改变状态，切换时间不超过 50ms。突然之间，读者的系统中出现了 3000mV 的快速数字逻辑转换，伴随着电流脉冲对电源产生压力等。如果这些快速波形中的一些没有与输入信号耦合，至少在几毫伏的程度上，克服 2mV 的输入波动所导致的多重跳变和振荡，那将是一个奇迹。这就是为什么要使灵敏的比较器电路工作良好，通常需要大量的迟滞（包括跨接于反馈电阻上的小电容），再加上精心的布局和旁路。避免直接使用高阻抗信号驱动比较器输入往往是一个好主意；应该使用运算放大器的输出代替高阻抗输入。如果不需要速度，那么避免使用高速比较器也是一个好主意，因为高速比较器只会加剧这些问题。然后，在这方面，一些比较器也比其他比较器更麻烦，我们在使用其他方面值得称赞的 LM311 时遇到了很多麻烦。

12.4　在逻辑层驱动外部数字负载

使用逻辑电平输出信号（来自简单的门电路或触发器，或者来自 FPGA 或微控制器等高级设备）来控制开关设备，如灯（LED）、继电器、显示器、甚至交流负载，这些并不困难。在某些情况下，读者可以直接用逻辑信号驱动此类负载；但更多情况是，读者必须添加一些元件来使其正常工作。后者的典型例子可能是开关一个负电源电压驱动的负载。

12.4.1 正压负载：直接驱动

如果负载由低电压正电源驱动且不需要太多的电流，往往可以直接使用逻辑输出驱动。图 12.39 显示了一些方法。电路 a 显示了从 3～5V 电源逻辑运行驱动 LED 指示灯的标准方法。读者可以选择限流电阻来设置 LED 电流，LED 的工作方式类似于二极管，前向下降 1.5～3.5V（取决于半导体材料和发射颜色）。当代的高效 LED 看起来相当亮，却只有几毫安，对于所有的逻辑系列输出（以及更复杂的数字芯片，如 FPGA 和微控制器）来说都很容易工作，因此即使在驱动 LED 负载时，逻辑输出也是有效的（见列出的 V_{OL}）。这里需要注意的是，基于 GaN 的 LED（蓝色、白色和亮绿色）的 3.5V 压降需要 5V 逻辑，而低电压 LED 可以由 3.3V 或 5V 逻辑驱动。

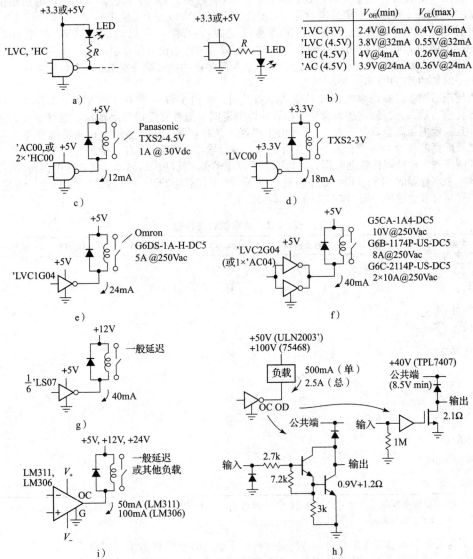

	V_{OH}(min)	V_{OL}(max)
'LVC (3V)	2.4V@16mA	0.4V@16mA
'LVC (4.5V)	3.8V@32mA	0.55V@32mA
'HC (4.5V)	4V@4mA	0.26V@4mA
'AC (4.5V)	3.9V@24mA	0.36V@24mA

图 12.39 直接使用逻辑输出驱动负载。由于继电器线圈需要大量的驱动电流，需要确保读者选择的驱动 IC 可以正常驱动

由于与早期双极和 NMOS 逻辑系列的高度不对称输出特性有关的历史原因，设计人员倾向于采用图 12.39a 的灌电流连接；但对于当代 CMOS 逻辑系列，可以采用图 12.39b 的拉电流连接方式连接 LED。拉电流输出比灌电流输出更省力一些（见列出的 V_{OH}），但它已经足够好地完成工作了。

一些面板安装的发光二极管带有内置的限流电阻，用于直接 5V 电压驱动。这节省了电阻器，但是选择是有限的，读者可能不满意制造商的工作电流的选择（例如，10～12mA 的 CML 5100H-LC 系列或 Dialight 558 系列）。

可以采用类似的方式驱动小型机械继电器，只要它们的线圈工作电压较低（Coto、Omron、Panasonic、Tyco-P&B 和其他公司提供了大量的 5V 直流单元；还可以得到工作电压仅为 1.5V 的继电器，例如 Panasonic 的 TXS2 系列），并且它们的工作电流足够低（即线圈电阻高）。图 12.39c~f 显示了几个例子。像 TXS2 系列这样的信号继电器用于开关低电压和低电流，它们的镀金触点用于干式开关；它们的线圈电流为 10~20mA，可以通过所示的逻辑系列（以及其他系列）进行灌电流操作。读者也可以买到处理电源开关的逻辑驱动继电器，例如图中所示的 Omron G5 和 G6 系列 5V 线圈继电器。这些继电器在切换 115Vac（甚至 240Vac）电源时可处理高达 5A 的电流。

对于需要较高驱动电压或电流的继电器（和其他负载），读者可以使用带有用于此类工作的集电极开路输出（见图 12.39g 和 h）的逻辑设备。74LS07 是一个 OC 十六进制反相器，输出摆幅可达 +30V，（低状态，灌电流）负载电流可达 40mA。ULN2003 是一个 7 块带有输入电阻的发射极接地的达林顿管（例如，集电极开路输出的逻辑反相器），其摆幅可以达到 +50V，灌电流能力为 350mA；类似的 75468 摆幅可以达到 +100V[⊖]。如果读者想用比较器来驱动这些负载，老式 LM311 或 LM306 可以处理这些类型的电流，尽管集电极开路输出的摆幅被分别限制在负电源以上 40V 和接地以上 +24V 的范围内。

当使用微控制器驱动继电器和其他功率负载时，值得了解一类串行输入功率寄存器。这些是 '595 8 位串行输入并行输出逻辑移位寄存器的详细说明，但具有漏极开路输出，能够灌入大量的电流，并且额定电压高达 50V。表 12.2 列出了很好的选择，图 12.40 显示了这些输出设备的内部构造，以及配套的 '597 输入寄存器（即并行输入，串行输出）。当读者有一个只有几个 I/O 引脚可用的微控制器时，这些器件特别有用，因为读者可以驱动很多高功耗的输出（例如继电器）；读者可以通过将一个寄存器的 SDO（串行数据输出）与下一个寄存器的 SDI（串行数据输入）进行链式连接，从而扩展超过 8 个输出。图 12.41 显示了基本思路。

表 12.2　功率逻辑寄存器

类型	位	数据通信	V_O max/V	I_O max/mA	R_{DS} typ/Ω	输出类型
STP08CL596	8	SR	16	90	—	CS
STP08C596	16	SR	16	120	—	CS
TPIC6B259	8	AL	50	150	5	OD
74HC595	8	SR	V_{CC}	25	30	RR
TPIC6595	8	SR	45	250	1.3	OD
TPIC6B595	8	SR	50	150	5	OD
TPIC6C595	8	SR	33	100	7	OD
TPIC6C596	8	SR	33	100	7	OD
TPIC2810	8	I²C	40	210	5	OD
TPIC6B273	8	par	50	150	5	OD
TPIC6273	8	par	45	250	1.3	OD

注：SR＝移位寄存器；AL＝可寻址锁存器；CS＝灌电流，通过外部电阻调整，范围为 15~90mA；OD＝漏极开路；RR＝轨到轨。

以下为关于继电器的几个要点，特别是这些易于驱动的小型 PCB 安装继电器。

● 注意，读者通常不使用串联电阻，因为线圈的电阻将根据额定工作电压产生工作电流；如果读者运行在较高的电源电压（例如，12V 的继电器在 15V 的电源下工作），则添加串联电阻。在任何情况下，一定要包括二极管来钳制感应尖峰[⊖]。

⊖ 在更适度的规模，读者可以使用 8 引脚封装的 75451-4 双集电极开路门（分别是与、与非、或、或非）驱动 30V 和 300mA 的负载。

⊖ 一些驱动器部分包括雪崩二极管，保护 MOSFET 输出（吸收继电器线圈的反激尖峰）。例如，'6B595 部分指定每个输出在 33V 和 30mJ（其他一些允许 75mJ），足够处理在大线圈中储存 $E = LI^2/2$ 电感能量的任务。一定要仔细阅读数据手册。

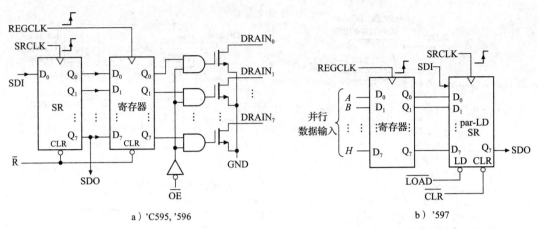

a）'C595，'596   b）'597

图 12.40   '595 和'596 串行输入功率寄存器接收逻辑电平位串行输入，时钟驱动内部移位寄存器；内容
可以锁存在具有强大驱动能力的输出 D 寄存器中。'597 的工作方式正好相反，但只接收逻辑电
平输入

- 继电器始终可用于正常的单边稳定（也称为非闭锁）配置，其中，只有当线圈被供电时，触点保持在通电状态。但是读者也可以获得闭锁继电器，在移除对线圈的驱动后，继电器保持在它们被设置的任何状态。有两种闭锁继电器：双线圈（驱动其中一个，以设置和重置状态）和单线圈（应用两个极性来设置和重置继电器状态）。闭锁继电器是一个很好的选择，像电池供电的灯定时器，因为读者只需要使用短激励脉冲（通常最少约 10ms）就可以切换负载的开闭。
- 单线圈锁存继电器显然遵循直流线圈驱动器的极性。但要知道，许多正常（单边稳定）的易于驱动的安装在 PCB 上的继电器也要求线圈电压适用于正确的极性；这些参数见其数据手册，通常在继电器上也标记了极性。

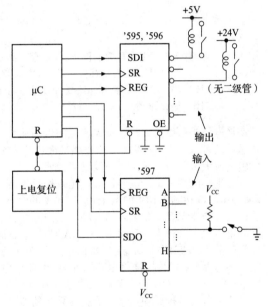

图 12.41   使用功率寄存器驱动继电器和
其他功率负载

12.4.2   正压负载：晶体管辅助

使用外部 MOSFET 或者双极晶体管，读者可以驱动任何东西。回顾一下图 3.96，一些 MOSFET 驱动电路适用于数百伏特和数十安培的负载。MOSFET（或 IGBT）是这种可靠应用的首选晶体管。正如我们在 3.5.6 节中所看到的（见图 3.106），它们对于"高边"切换也很方便。

图 12.42 显示了一些额外的配置。第一个电路的挑战在于 dc-dc 转换器启动时需要处理相对较大的涌流（5A 峰值，相对于全功率运行时 0.8A 的峰值）。强大的 FDT439，在其小巧的 SOT-223 封装下，在 $V_{GS}=2.5V$ 条件下，可保证最大 R_{ON} 为 0.08Ω（其饱和漏极电流在 20A 左右）。因此，该器件可以很容易处理涌流，其中包括较小的输入电阻和用于滤除开关噪声的下游旁路电容，可以隔离开关瞬态，最大限度地减少使用汽车蓄电池供电的电子系统收到的干扰。

电路 b 的挑战在于快速切换高功率负载（热电冷却模块），通过调整其导通脉冲的占空比（PWM）来实现。在这里，我们需要高功率 MOSFET，以及大量的栅极驱动器，以使栅极电容迅速通过其阈值（以最小化开关损耗）。TPS2816 是一款不错的栅极驱动器，输出高电压为＋10V（峰值电流能力为±2A），内置稳压器可在电源电压至＋40V 的范围内工作。功率 MOSFET 能够提供 30A 的漏极电流并提供电源表贴封装（D^2Pak、TO-252、TO-262）。

最后，电路 c 展示了一个压摆率受控的高边开关，以尽量减少瞬态的产生。在毫秒的时间尺度

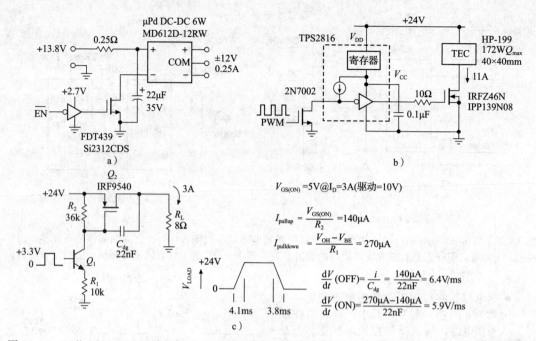

图 12.42　一些 MOSFET 开关的例子：a）存在高浪涌电流的负载（dc-dc 转换器）；b）大电流电热模块的快速（脉宽调制）开关（需要 2N7002，因为 TPS2816 的内部上拉在 V_{DD}＝24V 供电时产生12V 输入逻辑摆幅）；c）受控压摆率下的高边开关，MOSFET Q_2 在几毫秒后就有完整的10V 栅极驱动

上切换电源是可以的，只要读者不试图以高速率进行切换（如 PWM），并且只要开关能够处理瞬态热脉冲就可以了⊖。压摆率由栅极驱动电流对米勒电容 C_{dg} 的充电和放电来控制，这里设定的充电和放电电流大致相等。图中的计算结果说明了一切。

在更小的规模上，读者可以使用双极晶体管（BJT）来完成这些相同的任务，如图 12.43 所示。2N4401 可以达到＋40V 的电压和 500mA 的电流；但需要注意，在该电流下，最小 β 值下降到 40，所以读者需要调整串联电阻的大小，以向晶体管的 V_{BE} 提供高达 10mA 的基极驱动电流。即使如此，饱和电压也不会惊人。当输出 500mA 时，$V_{CE}(sat)$＝0.75V(max)，基极驱动电流为 15mA（因此晶体管耗散为 0.25W）。对于这样的电流，更好的选择是像 Zetex 公司的 ZTX851，它有一个 TO-92 改型，称为 E-line。该器件可以良好地输出 60V 电压、5A 电流，2A 输出条件下，最小 β 值为 100，$V_{CE}(sat)$＝0.15V(max)，基极驱动电流为 50mA。这和 2N4401 的耗散差不多，但负载电流是它的 4 倍。为了获得基极驱动，读者需要射频跟随器驱动器（见图 12.43b）。

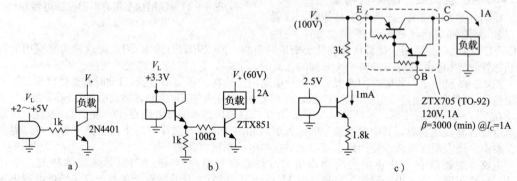

图 12.43　双极晶体管扩展电压和电流驱动能力

⊖　数据手册规定了从结到壳的"瞬态热阻"，这些晶体管的瞬态热阻在毫秒时间标度下约为 0.5℃/W，对于开关期间的 18W（最大）耗散而言是很好的。

可以通过采用逻辑开关控制的 NPN 晶体管对高边的 PNP 开关灌电流使其正偏的方式（见图 12.43c），轻松地将 BJT 配置为高边开关。在这里，我们使用了 Zetex 公司优秀的 E-line 系列 BJT 中的达林顿管，它只需要毫安级的基极驱动电流就可以切换安培级的负载电流（其中 $V_{CE}(\text{sat})=0.75V$）。

在这些例子中，我们并没有担心对开关的保护，使其免受诸如负载短路等故障的影响。这一点不应被忽略，我们将在 12.4.4 节中很快见到。

12.4.3 负压负载或交流负载

图 12.44 显示了逻辑输入可以控制负电源轨负载的一些方法，还显示了从逻辑到交流电源负载的常用接口。在电路 a 和 b 中，高电平输出状态会打开 PNP 晶体管开关，将集电极拉到高于地的一个二极管压降的饱和状态。在电路 a 中，电阻（或栅极输出电流限制）设定了发射极电流，因此也设定了最大集电极（负载）电流，而在功能更强大的电路 b 中，一个 NPN 跟随器被用作缓冲器，一个与输出串联的二极管使负载不至于在地以上摆动。在这两种情况下，最大负载电流都等于 PNP 晶

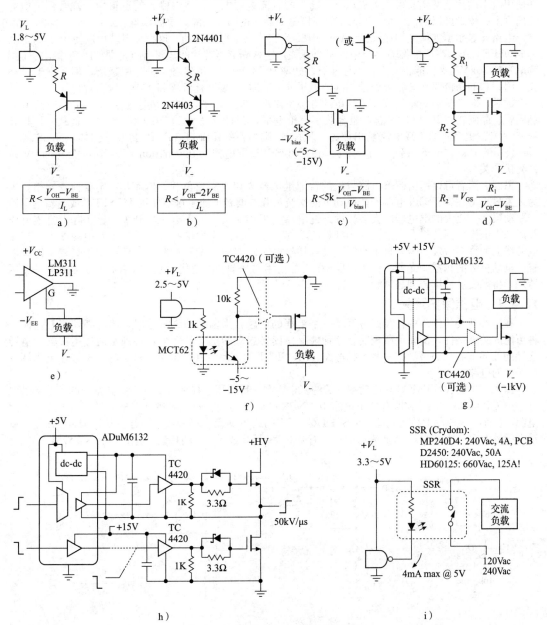

图 12.44 驱动负压负载和交流负载

体管发射极的驱动电流。电路 c 需要低压反偏电源电压（$-V_{bias}$），但它的优点是能干净地饱和到地，而且使用功率 MOSFET，它可以处理非常大的负载电压和电流，即使是由最小输出驱动电流的低压逻辑驱动时也是如此（但读者可能想添加一个 MOSFET 栅极驱动 IC，就像电路 f～h 那样，它的高电流轨到轨输出能力能够更快地对 MOSFET 中的大容量的栅极电容进行充放电）。电路 d 显示了如何将一个接地反馈负载驱动到负电压，这是不需要单独的低压负电源的令人愉快的特性。上述电路不提供负载故障保护。

具有浮动输出的比较器（LM311）可以驱动适当强度的负压参考负载，如电路 e；但负压反馈不能比比较器的负电源轨的数值更小，而且电流被限制在 50mA 以内。电路 f 显示了如何使用光耦合器将正逻辑输出转换为负向电平，从而直接驱动 P 沟道功率 MOSFET 栅极（或通过 MOSFET 栅极驱动器，实现更快的开关速度，见图 3.97）。由于 N 沟道 MOSFET 性能较好（R_{ON} 较低且可用到 1000V 的额定值，而 PMOS 的额定值为 300V），因此在可能的情况下尽量使用 NMOS。电路 g 通过使用 Analog Devices 公司的 ADuM6132 逻辑隔离器，产生了低至 V_- 电源轨的栅极驱动信号。该器件使用微小的片上变压器来产生隔离（浮动）的直流电源电压，并将输入的逻辑信号耦合到类似的隔离输出。读者可以插入一个 MOSFET 栅极驱动器，由同样的隔离电源供电。

电路 h 显示了如何使用相同的 ADuM6132 来产生高边栅极驱动，这样读者就可以使用 N 沟道功率 MOSFET 作为高压推挽输出级中的两个开关。这款隔离器芯片的显著特点是即使隔离输出的压摆率飙升到 50kV/s，仍能正常工作。注意，高边驱动 MOSFET 虽然看起来像跟随器，但实际上是开关，因为它的栅极要么与源极处于相同的电压（关断时），要么比源极高 15V（接通时）。

最后，对于驱动交流负载，最简单的方法是使用固态继电器，如电路 i。这些都是光学耦合双向晶闸管、晶闸管或 IGBT，其输入兼容数字逻辑电平，并且当开关 115Vac（或更多）负载时，具有 1～50A（或更多）的负载电流输出能力。低电流型产品采用 SMT 和 DIP 封装（例如，NAiS Aromat 公司的 PhotoMOS 系列、Omron 公司的 MOSFET 继电器和 International Rectifier 公司的 PV 系列光伏开关）。

另外，读者可以用由逻辑电路供电的普通继电器来切换交流负载。然而，一定要检查规格，因为大多数小型逻辑驱动继电器不能驱动重的交流负载，读者可能不得不使用 MOSFET 或逻辑继电器来驱动第二个更大的继电器。大多数固态继电器使用零交叉（或零电压）开关，这实际上是零电压开启和零电流关闭的组合；这是一个理想的功能，它可以防止尖峰和噪声被叠加到电源线上。交流电源线上的许多垃圾信号来自不在零交叉点切换的三端双向晶闸管控制器，例如用于灯具、恒温浴缸、电动机等的相控调光器。作为电路 i 中内部使用的光耦合的替代方案，读者有时会看到脉冲变压器用于将触发脉冲耦合到晶闸管上。

12.4.4 电源保护开关

在这些开关的例子中，我们避开了一个重要的话题：当驱动功率负载时，读者必须担心任何一种可能的故障条件，例如负载短路。这种情况比读者想象的更容易发生，特别是通过连接器和电缆连接的外部负载。如果没有一些保护电路，MOSFET 很容易（并且迅速）被破坏，也许还会损坏一些额外的电路。

图 12.45 显示了 PMOS 高边功率开关的三个版本，旨在用于接地负载，当由其额定的 +24V 供电时，该负载可消耗 3A。在所有三个电路中，NPN 晶体管 Q_1 将 +3.3V 逻辑级输入转换为 0.27mA 灌电流，从而产生驱动 P 沟道功率 MOSFET Q_2 所需的约 10V 负向栅极控制电压。IRF9540 在该栅极驱动下的最大 R_{ON} 为 0.2Ω，因此满载时最多有 0.6V 的压降或 1.8W 的耗散，并且几乎不需要散热片。

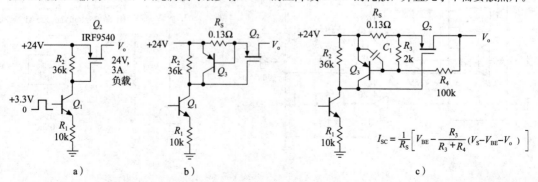

图 12.45　高边开关的电流限制：a）无保护功能；b）限定 5A 电流；c）折返电流限制

如果输出短路会怎样？电路 a 没有保护功能，因此电流受到＋24V 电源的容量或 Q_2 的饱和漏极电流的限制，以较小者为准。对于后者，数据手册显示为 50A（在 $V_{GS}=10V$ 和 $V_{DS}=24V$）。对于这个 3A 的应用来说，24V 电源很可能没有那么大的能力，也许可以达到 5～10A。取更高的值，并使用数据手册中 25℃时的 $R_{ON}=200m\Omega$，我们在 Q_2 中得到了 I^2R_{ON} 约等于 20W 的耗散（在 100℃时上升到 30W），对于一个通常耗散不到 2W 的晶体管来说，这不是一个令人愉快的情况。

好吧，就如读者所说的，我们加入限流电路（电路 b）。这就是通常的电路，电流感应电阻 R_S 的大小是在限流时产生 V_{BE} 降，从而使 Q_3 导通，抢夺栅极驱动，防止电流进一步上升。限流最好设置在正常的最大负载之上，这样 V_{BE} 随温度的变化就不会造成过早的限流。这里的限流设置为 5A。好消息是我们有了电流限制；坏消息是它使 Q_2 的情况变得更糟，其在短路中的耗散量会增加到 $I_{lim}V_{in}=120W$。

正如读者所说，简单限流的问题在于它允许的故障电流至少等于最大正常负载电流，而且是在开关晶体管全 24V 压降的情况下。换句话说，在短路情况下，将至少有 72W 的耗散（24V×3A）。因此，让我们设计一个更好的电路，当它看到负载拉低输出时，它可以减少电流限制值；换句话说，保护电路允许在额定输出电压下的全负载电流，但在较低的输出电压下减少电流输出。

如电路 c 所示，这种保护措施被称为折返电流限制。当开关上没有明显的压降时，它的行为就像简单的电流限制一样；但如果输出端保持在接地状态（举一个例子），分压电阻 R_3R_4 会在 Q_3 的基极-发射极之间产生约 0.5V 的正向偏置。因此，只需要 1A 多一点的电流就能使 Q_3 导通，将电流限制在该较低值，耗散约为 30W。电容器 C_1 在触发电流限制或折返之前提供一些延迟；1ms 的时间常数可防止过激的折返，同时保留保护功能。

图 12.46 以图形方式显示了这种情况。其中，可以看到，最坏情况下的故障条件（就晶体管耗散而言）发生在电阻很小（而不是 0Ω）的负载上。这是因为不断上升的允许负载电流超过了开关上不断下降的压降。即使采用这种折返方案，我们也再次面临开关耗散的巨大跳跃：从 1.8W（最大）进入正常负载，增加到 34W 进入短路，42W 进入 3Ω 故障条件负载。折返电路也有其缺点：如果制作得过于激进，它们可能会阻止启动到一个大的容性负载或其他具有大浪涌电流的负载（如电动机或直流-直流转换器）。

更简单的方法：受保护的开关

该怎么做呢？折返电路可以变得更加精确$^{\ominus}$，例如用差分放大器代替 Q_3，还可以通过在反馈路径中加入齐纳二极管来塑造折返轮廓，然后使用大散热片，结合温度感应，在过热时关闭电源，就可以使其可靠地工作。

但是还有一种更好的方法，那就是采用智能保护开关，其中一种是 N 沟道 MOSFET，辅以能够感应过电压、过电流和过热的内部电路，根据情况关闭栅极驱动器（并以降低栅极输入电阻的形式提供指示）。这些器件采用标准的三端晶体管封装，但它们内部有一个集成电路监测功率 MOS-FET 的集成电路（见图 12.47）。表 12.3 列出了典型器件的选型。

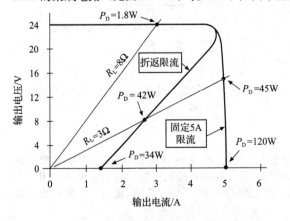

图 12.46 与简单限流方式相比，折返限流方式可将短路输出开关耗散降低 3 倍以上

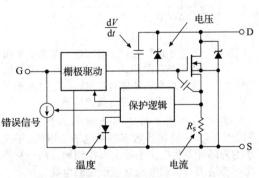

图 12.47 带保护功能的 MOSFET 的作用类似于普通晶体管，但它包括内部故障检测和关断电路

$\ominus$ 我们的电路存在 V_{BE} 的不确定性，这一点很重要：短路电流由实际 V_{BE} 和 R_3R_4 分压电阻在短路输出期间产生的 470mV 之间的差值设置。

表 12.3　一些带保护功能的 MOSFET

类型	V_{DS} max/V	I_D max/A	R_{DS} max/mΩ	Q_g typ/nC
BTS3207	42	0.6	500	—
VNN1VN04	40	1.7	250	5
VNN3VN04	40	3.5	120	8.5
IPS1041	36	4.5	100	—
BTS117	60	7	100	s
VNN7VN04	40	9	60	18
VNP10N07	70	10	100	30
VND14NV04	40	12	35	37
BTS133	60	21	50	s
BTS141	60	25	28	s
VNP35NV04	40	30	13	118

注：s＝压摆率限制为 1V/μs。

　　这些器件适用于任何使用相对低压的 N 沟道功率 MOSFET 的应用。例如，可以切换正电源供电的负载的低边，如图 12.42a 和 b 所示；或者以如图 12.44d 所示的方式，使用该器件驱动负电压负载。

　　然而，对于开关应用，仍然需要一个具有保护功能的 P 沟道 MOSFET——一个似乎不存在的品种。对于这种应用，还有另一种保护开关，专用于高边的带保护开关，这些使用了适当保护的 N 沟道功率 MOSFET，带有内部电荷泵和电平转换电路，以驱动栅极电压超过正电源约 10V 的负载（见图 12.48）。此外，还有对电压、电流和温度故障的感知和保护，有时也会对欠电压、极性倒转和失地做出响应。因此，我们有问题的 3A@24V 的开关电路变成了如图 12.49 所示的简单、便宜、可靠的新电路。

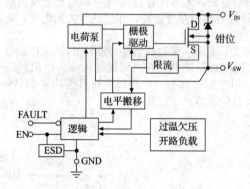

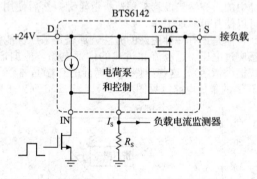

图 12.48　高边驱动智能开关具有电荷泵和电平搬移电路，以驱动 N 沟道栅极超出漏极输入电源，还能对过电压、过电流和过温等故障情况进行保护监测

图 12.49　智能高边集成开关提供简单可靠的解决方案

　　表 12.4 列出了特定高边驱动的具有保护功能的开关。在这些逻辑输入中有两种类型（见图 12.50）：一种接受数字逻辑电平，相对于接地引脚；另一种没有接地引脚，而是要求读者用一个小的外部开关将电流来源引脚拉到地。后一种提供了负载电流指示，以"传感-输出"引脚的形式输出，并给出与负载电流近似正比的电流。

表 12.4　特定的高边开关

类型	开关数量	V_{in}		I_o max/A	R_{DS} typ/mΩ	I_S typ/mA	V_L min/V	t_{ON} typ/ms
		min/V	max/V					
FDG6323L	1	2.5	8	0.6	550	b	1.5	0.01
TPS22960	2	1.8	6	0.5	435	0.00	1.6	0.08

（续）

类型	开关数量	V_{in} min/V	V_{in} max/V	I_o max/A	R_{DS} typ/mΩ	I_S typ/mA	V_L min/V	t_{ON} typ/ms
FPF2110	1	1.8	8	0.4	160	0.08	1.8	0.03
FPF2123	1	1.8	8	1.5	160	0.08	1.8	0.03
MIC2514	1	3	14	1.5	900	0.08	2.3	0.01
STMPS2151	1	2.7	6	0.5	90	0.04	2.2	1
AP2156	2	2.7	5.5	0.8	100	0.09	2.2	0.6
TPS2041	1	2.7	5.5	0.7	80	0.08	2.2	2.5
BTS452	1	6	62	1.8	150	0.8	2.5	0.08
BTS410	1	4.7	65	2.7	190	1.0	2.5	0.10
BTS611	2	5	43	2.3	200	4	4	0.20
IPS511	1	6	32	5	135	0.7	3.3	0.05
FPF2702	1	2.8	36	2	88	0.09	2.2	2.7
IPS6031	1	6	32	16	60	2.2	3.6	0.04
BUK202-50Y	1	5	50	20	28	2.2	3.3	0.14
BTS432	1	4.5	63	35	30	1.1	2.7	0.16
BTS6142	1	5.5	45	25	12	1.4	n	0.25
BTS6133	1	5.5	38	33	10	1.4	n	0.25
VN920	1	5.5	36	30	16	5e	3.6	0.10
BTS442	1	4.5	63	70	15	1.1	2.7	0.35
IPS6011	1	6	35	60	14	2.2	3.3	0.07
BTS6144	1	5.5	30	37	9	2.2	n	0.30
BTS555	1	5.0	44	165	1.9	0.8	n	0.6

注：b=晶体管对管，不是智能的，需要添加源极和栅极电阻；e=一个引脚表示负载电流和故障；n=需要 MOS-
　　FET 闭合至 GND，灌电流 I_S。

12.4.5　NMOS LSI 接口

大多数 LSI 和 VLSI 电路都有真正的 CMOS 输出驱动器，具有完全的轨到轨摆幅，并且与我们刚才讨论的 CMOS 逻辑门具有几乎相同的接口特性。这对于从 +3.3V 或更低的电源电压下工作的 IC 来说无一例外。然而，仍有一些为 5V 电源工作而设计的有用 IC，它们使用图腾柱 N 沟道 MOSFET 输出级（NMOS 开关上的 NMOS 跟随器，见图 12.51），从而产生只有 3.5V 的高电平输出电压，甚至几乎没有任何源电流能力（双极 TTL 输出也是如此，用 NPN 晶体管构建的双极 TTL 输出也是同样的图腾柱形式）。这里，还可以看一下典型的 NMOS 输入级，它仍

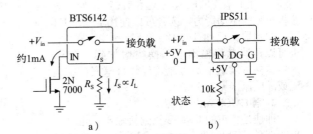

图 12.50　高边智能开关的两种类型：a）无接地引脚，通过将输入拉到地使能，输出电流通过比例电流源 I_S 引脚报告；b）参考接地引脚的逻辑电平电压驱动，低电平状态输出报告故障情况

然广泛用于 IC 中，可以在电源电压范围内运行，同时保持输入逻辑阈值满足规范的 TTL 规格（即任何小于 +0.8V 的都被解释为低电平，任何高于 +2.0V 的为高电平）。

1. NMOS 和 TTL 输出

NMOS 或 TTL 输出的问题在于它的高电平输出在 3.5V 的水平，不足以驱动 LED 或继电器等负载，它甚至不能有效地驱动 5V HC 逻辑器件的输入（有中间电源阈值）。以 Xilinx CPLD 系列的 XC95xx 为例，试图驱动一个明亮的白色 LED，图 12.52 显示了这个问题：虚线曲线显示了输出高电平的情况，其中 CPLD 的拉电流在电压升至 3.4V 左右时降低到零。我们可以通过在同一张图上

绘制 LED 的负载线来判断如果我们用它来驱动阴极接地的白色 LED 会发生什么。我们分别给出了串联 70Ω 电阻和不接入串联电阻的结果。无论哪种方式，我们都很幸运地得到 4mA 的 LED 电流，而且这一结果也存在一定的不确定性。与灌电流方式（CPLD 输出连接到 LED 阴极，阳极通过串联电阻接到＋5V）相比，逻辑低电平输出对地饱和产生了一个稳定的可预测的由串联电阻引入的 20mA 驱动电流（不要省略这个电阻）。双极-TTL 输出结构的结果是类似的（尽管其拉电流能力差得多）。

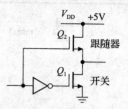

图 12.51　NMOS 逻辑图腾柱输出电路。高电平状态输出电压 V_{OH} 约为 ＋3.5V，电流源输出能力较差

结果是明显的：直接从 NMOS 或 TTL 输出去驱动要求较高的负载，需要保证低电平输出状态能完成繁重的任务。

如果坚持要通过这些弱小的输出电流驱动负载到地，这里有几种选择。错误的方法是加扩流射频跟随器（见图 12.53）。这是个不错的尝试，但额外的 V_{BE} 压降只会让事情变得更糟。图 12.54 显示了几种确实可行的方法。在电路 a 中，NMOS 输出低电平产生 2mA 的灌电流，驱动 PNP 晶体管进入导通状态；读者可以使用分立电阻加晶体管或者像 DDTA123 这样的组合数字晶体管（被称为预偏压晶体管或偏压-电阻晶体管），这种电路形式可以产生高达 100mA 的负载电流。电路 b 采用低阈值 P 沟道 MOSFET（$V_{GS}=2.5V$ 时 $R_{ON}<100\text{m}\Omega$），并采用温和的上拉电阻，以确保输出高电平时晶体管保持关闭。电路 c 做了些小手脚，通过插入具有 TTL 兼容（因此 NMOS 兼容）的输入电平的 CMOS 反相器（或无反相缓冲器），使得电路的输出可以轻松驱动 5V 负载，可以拉（或灌）几十毫安的电流（见图 12.7）。如果想获得更强的驱动能力，读者可以使用 MOSFET 栅极驱动器，比如 TC4420 系列（电路 d），它也可以让读者将输出电压摆幅增加到 ＋18V，这些器件可以毫不费力地实现数百毫安的拉电流或灌电流（见图 12.7）。

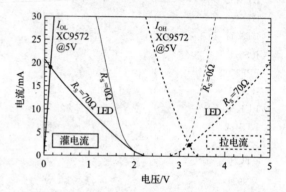

图 12.52　驱动 NMOS 输出的白色 LED。XC95005V 系列 CPLD 对地灌电流良好，但拉电流弱，仅可到约 3V。这里使用负载线来估计灌电流和（不好用的）拉电流配置下的 LED 电流，在每一种配置下都包含了有、无串联限流电阻两种结果

2. 弱 CMOS 输出

即使是真正的 CMOS 轨到轨输出，也会出现类似的驱动问题。例如，请看图 12.8 中的 PIC16F 拉电流（高输出）曲线。我们可以使用类似的负载线图来查看这样的输出在驱动像带串联基极电阻的 NPN 开关（见图 12.55）这样的负载时的表现，读者可能会用它来开关一个

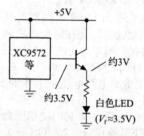

图 12.53　不要采用这样的设计！NMOS 或 TTL 设备的高电平输出电压会随着 NPN 跟随器的引入进一步降低——这将是个永远亮不了的 LED

3V 的继电器线圈（例如，松下 TXS2-3V，需要 16.7mA）。针对几种选定的基极电阻画出负载线，使我们能够通过观察常用的 PIC10F 单片机的输出-高电平曲线的交点来估计其基极电流的输出能力。在这里，一个 2kΩ 的串联电阻会产生大约 1.7mA 的基极驱动电流，这（根据晶体管的数据手册）导致集电极在继电器线圈作为负载的情况下，在低于 50mV 的情况下达到饱和。这仅仅只是微小的——不到 1mW 的晶体管耗散。但是，如果读者想驱动更大的继电器，例如欧姆龙 G6RL-1A-3VDC，它的触点额定值为 8A 和 250Vac，读者将不得不在 3Vdc 输出的条件下驱动 41Ω 阻值的线圈或产生 73mA 的电流。现在，一个 1kΩ（或更小）的基极电阻将是最佳的选择：大于 3mA 的基极电流驱动产生的集电极饱和电压约为 100mV，或 10mW 晶体管耗散。

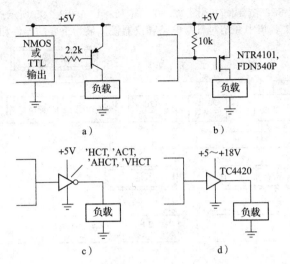

图 12.54 NMOS 逻辑输出电流驱动负载到地的几个例子

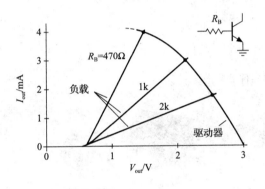

图 12.55 弱 CMOS 输出（这里选用 PIC10F 微控制器，$V_{DD}=3V$）可以开关一个继电器驱动器晶体管，如 DRDNB16W（包括一个 $1k\Omega$ 系列基极电阻和一个钳位二极管），或者可以使用无电阻 DRDNO05 与外部基极电阻，还可以考虑便宜的 3 引脚数字晶体管，其内部集成了基极电阻

3. NMOS 输入

读者可能会认为在 CMOS 器件面前，NMOS 器件已经消亡了。但是读者错了：许多需要在宽范围电源电压下工作的数字 IC 都使用如图 12.56 所示的简单的输入电路。Q_1 是反相器，Q_2 是提供上拉电流的小尺寸源极跟随器（电阻占用空间太大，所以普遍使用 MOSFET 作为漏极负载）。如图所示，Q_2 的替换表示符号受到广泛使用。输入晶体管的阈值电压在 1~1.5V 范围内，完全兼容长期以来的 TTL 输入电平规范。以这种方式工作的 IC 的经典例子是像 TC4420 这样的 MOSFET 栅极驱动器，它在 4.5~18V 范围内的单一＋V_{DD} 正电源供电。令人愉快的

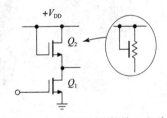

图 12.56 NMOS 逻辑输入电路

是，这样的输入特性可以完美适应读者扔给它的几乎任何的高逻辑电平（包括一直提高到正电源电压），同时基本上没有电流耗散。

12.5 光电器件：发射器

在前面的三章中，我们根据需要在不同的电路环境中选择性使用了 LED 指示灯和 LED 数字显示器件。LED 属于光电器件领域的普通器件，其中也包括基于其他技术的显示器，特别是液晶（LCD）和气体放电。它还包括用于指示器和显示器以外的光电器件：探测器（光电二极管和光电晶体管）、光电倍增管、阵列探测器（如电荷耦合器件 CCD）、光耦合器（光电隔离器）、固态继电器、激光二极管、图像传感器以及各种光纤器件。

我们会继续根据需要制作出各种器件，但是因为光电器件与我们刚刚讨论的逻辑接口问题相关，所以这将是一个很好的章节，可以完整地讲授光电器件的相关内容。

在设置阶段，我们从图 12.57 和下面的概要中简要介绍了光电器件的族谱。我们试图使其具有包容性，以提供全面的视角和方向。每一个家庭都需要代表性器件，所以我们收集了实验室现有的

光电器件，分别如图 12.58、图 12.71、图 12.80、图 12.84 和图 12.95 所示。在下面的章节中，我们将研究这些器件的子集，集中介绍对日常电路和仪器设计最为重要的器件和技术。

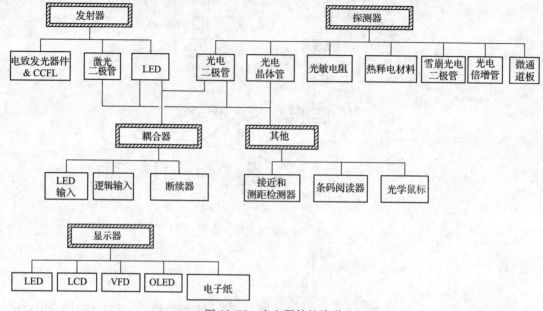

图 12.57　光电器件的族谱

图 12.58　光电器件：发射器和显示器。在前面中间的是可见光 LED 指示灯，具有流行的 3mm（T-1 规格）和 5mm$\left(\text{T-}1\frac{3}{4}\text{ 规格}\right)$面板安装方式（其中一些具有集成塑料安装座），以及单个和阵列形式的用于 PCB 安装方式的 LED。左边是三个红色激光器（裸露，3 针金属封装，包裹在圆柱形外壳中具有可调节驱动器）、几个红外发射器、一个光纤 ST 类型的发射器和一个焊接在铝散热器上的高亮白色 LED。右边是六个传统白炽灯和一个 NE-51 氖灯。沿后方依次是：7 段数码管、条形显示器、点阵显示器、4 字符点阵显示器和包含锁存-译码-驱动器的十六进制显示器

光电器件族谱

1）发射器

LED：包括可见光（红色、黄色、绿色、蓝色、白色）和红外（IR）LED；正向偏置二极管，V_F 范围约为 $1\sim3.5$V，取决于颜色；面板安装和 PCB 安装，许多配置；可作为显示灯。

激光二极管：红外、红色和蓝色激光二极管；光纤发射器、激光指示器、CD/DVD/蓝光播放器、条码读取器。

电致发光器件：夜光，Indiglo 低功率背光。

2）显示器

基于 LED：7 段数码管、字符点阵显示器和智能（解码-锁存）显示器；生成为单个字符或点阵（条状）。

基于 LCD：LCD 裸板（标准或定制）或智能（使用内存解码；使用并行与/或串行数据接口）；仅显示字符、显示字符加可配置图形或显示完整图形；背光透射或半透射半反射；不同的质量（视角和对比度）。

基于 VFD：智能 LCD 显示器，具有优越的可读性；根据大用量用户定制开发。

OLED：半导体 LED 的廉价替代品；图形显示器、手机屏幕等；尺寸较大的平板电视的最佳实现方式。

电子纸：例如电子书阅读器中使用的 E-Ink 技术；除了擦除-重写图像，可在零功率下保持图像内容。

3）探测器

光电二极管：PN（或正-固有-负）二极管结；自发生光电流进入短 ckt（光伏模式）或反向偏压（光导模式）；光纤接收器（速度达到 Gbit/s）；太阳能电池是大面积光电二极管阵列。

阵列：线性；方形；比例读出；全成像阵列（CCD；CMOS）。

集成：光→逻辑电平；光→电压；光→电流；光→频率；同步检测对管。

光电晶体管：具有基极-发射极光电二极管的晶体管；电流较高（β 系数），但较慢；光电达林顿管更是如此。

光敏电阻：光敏线性电阻值变化材料（例如硫化镉）；响应慢。

热释电材料：电阻随温度变化较大；运动探测器（PIR，被动红外）。

雪崩光电二极管（APD）：通过倍增吸收光子产生的电荷产生高的反向偏压（约 100V）；既可以是线性的，也可以是饱和的（盖革模式）。

光电倍增管（PMT）：具有光电阴极和电子倍增阵列（增益约 10^6）的真空管装置；工作电压不小于 1kV。

混合雪崩光电二极管（HAPD）：整合光电阴极和 APD 光电靶的真空管装置；工作电压不小于 5kV。

像素化 PMT：用于粗成像的多阳极 PMT、4×4、8×8 阵列。

微通道板：真空管装置，整合了光电阴极和电子倍增管阵列；成像 PMT。

4）耦合器

LED 输入：LED→光电二极管；LED→光电晶体管；LED→光电达林顿管；LED→FET（通过 PV 栈，PV＝光伏）；LED→光敏电阻；LED→晶闸管/双向晶闸管（通过光伏电池组）；固态继电器；LED→逻辑输出（有源上拉或开路集电极）。

逻辑输入：逻辑输入→逻辑输出。

断续器：使用间隙或反射方式。

5）其他

接近和测距检测器：发射器与位置或强度传感探测器的组合，用于感应水龙头、纸巾分配器、LCD 显示器等关断检测；还有读者的 iPhone（确保读者的脸颊不会误操作触摸屏）。

条码阅读器

光学鼠标：LED 或激光发射器，配合智能探测器。

12.5.1 指示灯和 LED

如果电子仪器上有漂亮的小彩灯，那么会看起来更漂亮，使用起来也更有趣。LED 已经达到了取代所有早期技术（尤其是白炽灯）的目的。读者可以得到红色、黄色、绿色、蓝色和白色的指示灯，并且可以得到多种封装形式的指示灯，其中最有用的是面板安装指示灯和 PCB 安装指示灯。手册中的指示灯种类繁多，令人眼花缭乱，主要是尺寸、颜色、效率和照明角度不同。后者值得一些解释：一个漫射的 LED 与一些产生散射的物质混合在一起，所以在一定范围内的角度内观察指示灯，其亮度看起来都是均匀的；这通常是最好的，但读者需要在亮度上付出一定的代价。

如果手册中的半光强度角（或视角）规格至少为 90°（可能写着±45°，理想情况下是 120°或更多），那么它的离轴显示效果会很好。图 12.59 以极坐标形式比较了视角为 30°、60°和 120°的 LED。这些图显示了相对光强度与视角的关系，归一化为纵轴上的单位光强度（即 0°）。如图 12.60 所示，如果未对光强度进行归一化处理，则 60°和 120°LED 的光强度图将大幅缩小。

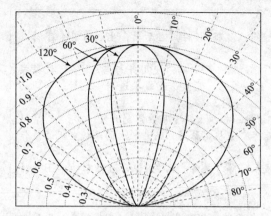

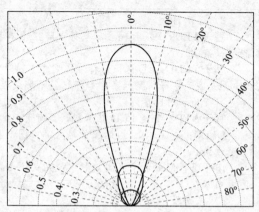

图 12.59　三个面板安装型 LED 的归一化光强度
　　　　　与角度的关系图，指定的观察角度
　　　　　（全宽到半强度）为 30°、60° 和 120°，
　　　　　在每种情况下都按照纵轴上的光强度
　　　　　作为单位光强度对光强度进行归一化
　　　　　处理（采用 Vishay TLHx460、520 和
　　　　　640 系列 LED 的手册）

图 12.60　要得到漫射 LED 的迷人外观是要付出
　　　　　代价的，因为它需要满足宽广的观看角
　　　　　度。在这里，我们使用手册数值绘制了
　　　　　图 12.59 中相同的面板安装 LED 的光
　　　　　强度与角度（30°范围内）的关系。不
　　　　　过，由于眼睛对光强度是对数敏感的，
　　　　　因此情况并不像看上去那么糟糕

　　　LED 看起来就像二极管，正向压降从大约 1.5V（红色）到 3.5V（蓝色或白色）；它们使用带隙
更大的半导体，因此前向压降比硅更大。面板安装 LED 主要有 3mm 和 5mm 直径（分别称为 T-1 规
格和 T-1 $\frac{3}{4}$ 规格），有时还有整体安装座（见图 12.58）。当典型的下沉式面板安装 LED 指示灯处于
正常工作状态时，往往具有 4～10mA 的正向电流，在仪器内部板载的 LED，其前向电流通常还可以
降低 1mA。

　　　图 12.61 显示了驱动小型 LED 指示灯的简单方法。基本上读者只需要对其正向压降（V_F）提供
几毫安的工作电流。这通常只需要串联一个限流电阻，其值为 $R = (V+ - V_F)/I_{LED}$，通常为几百欧
姆到几千欧姆。某些 LED 显示灯内嵌了限流电阻（或者甚至是内部恒流电路），因此读者可以省略
外部电阻。对于更大电流的 LED（大型 LED）则使用晶体管开关，见图 12.61c～f。

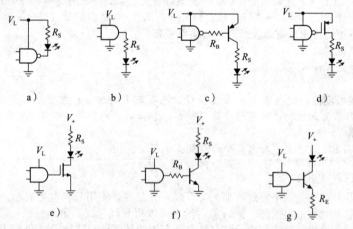

图 12.61　使用逻辑电平驱动 LED 指示灯：对于正向电压 V_F 小于逻辑电平 V_L 的 LED，可以使用电路 a
　　　　　和 b 中的简单连接来提供几毫安的驱动电流。对于需要大电流的应用场景，使用晶体管开关，
　　　　　如电路 c～f（V_+ 连接到 V_L）。如果有更高的可用电压（例如 +5V），可以使用电路 e～g 的方
　　　　　式来驱动正向电压大于逻辑电平的 LED（例如，使用 +2.5V 逻辑控制白色 LED）。电路 g 在
　　　　　$V_+ \geqslant V_L + V_F$ 的前提下，可以提供恒定的 LED 工作电流

　　　随着逻辑电平低电压化的趋势，以及氮化镓型 LED（用于蓝色、白色和亮绿色 LED）更高的正向
电压，读者有时需要较高的电源电压。例如，+3.3V 是一种常用的电源电压，但不足以驱动 GaN 型

LED。如果读者有更高的电源电压（如+5V），请使用上拉至该电压的晶体管开关（见图12.61e和f）。如果没有，读者需要产生LED所需的供电电压，图12.62显示了几种方法。

一种非常受欢迎的技术，特别是对于使用低电源电压同时驱动几个LED的应用（例如一串4个或6个白光LED用于背光），是非隔离的升压型开关电源转换器，其反馈来自LED灯串底部的电流采样电阻（见图12.62a）。许多制造商提供几十种选择，我们已经在图中列出了一些。这些电源将在低至+1V的电压下工作（即单电池供电），根据需要将电压提高到20V以上，并提供几十毫安的电流驱动能力，以满足LED工作电流 $I_{LED}=V_{ref}/R_{CS}$ 的需要，而且它们具有非常高的转换效率，通常不低于80%。一些电路的补充包括高边传感、内部电流采样（见图12.62b）、线性光强度控制、内部肖特基二极管和内部齐纳二极管钳位。请注意后者，必须强制使用齐纳二极管（D_Z）对输出电压进行钳位；否则一旦LED负载被断开，输出电压将会失控，并损坏IC。

可以得到微小的单个LED和LED阵列——2、4或10个LED排成一行，设计用于PCB安装方式。后者实际上是用于线性条形读数。该器件采用直立或直角方式安装。读者也可以在一个无颜色的包装中获得带多彩的面板安装方式的LED指示灯：红色/绿色便宜且常见，读者也可以得到红/蓝/绿和黄/蓝/绿。这些指示灯可以通过改变颜色来显示良好或异常的状态，从而使得面板令人醒目。当打开多个LED时，读者会得到加和色，例如读者可以通过红色+绿色来生成黄色或红色+蓝色+绿色来生成白色。读者既可以通过完全开或关来切换每个LED颜色，

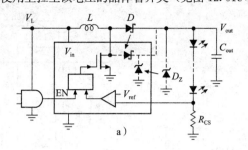

a)

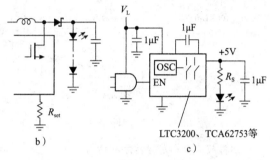

b) c)

LTC3200、TCA62753等

型号	V_{in}/V	I_{out} max /mA	C_{in}/C_{out} min /μF	V_{ref}/V	D_Z max /V	D
FAN5331	2.7～5.5	35	4.7 /1.6	1.22	20	外部
TPS61041	1.8～6	30	4.7 /1	1.22	24	外部
LT1937	2.5～10	20	1/0.22	0.095	24	外部
LT3465	2.7～16	20	1/0.22	0.20	30	内部
LT3491	2.5～12	20	1/1	0.20	27	内部
LT1932	1～10	30	2.2/1	内部	32	外部

图12.62 使用逻辑电平驱动LED指示灯：如电路a和b，有几十（可能数百）种开关升压转换器专门设计用于使用低电压电源恒流驱动LED灯串。对于单个LED，可以使用无电感（电荷泵）可调节倍压器（电路c）

也可以通过改变开关波形（PWM）的占空比（开启时间的百分比）来为每个LED产生中间状态的驱动电平。多色发光二极管有共阴极（一端）和共阳极（+端）两种结构，两色发光二极管也有背靠背二极管形式的两针封装。

1. 示例

多亏了中村修二在氮化镓技术上的突破，白色LED已经达到了令人印象深刻的光强度和工作效率，在室内照明应用中，它们正在成为白炽灯和荧光灯的首选替代品。我们有一个遗留的英特尔CPU散热器，我们陷入了思考——我们可以将什么样发热的东西贴在上面呢？当然是亮白的LED灯。

图12.63显示了该电路，一个CMOS型555振荡器以28kHz的频率运行（选择高于人耳可听范围），并以0%～100%的占空比来开关功率MOSFET，产生12V的矩形波。这将驱动四串每串三个白色LED（Philips公司Lumileds系列Luxeon Star产品，三上一下安装在六边形金属散热器上），并使用2Ω限流电阻，每串产生700mA的导通电流。几个设计细节：①振荡器频率足够高，在MOSFET完全导通和完全关断的间隔期间，会产生适量的开关损耗，如果这是一个严重的问题（并非如此），那么增加一个MOSFET栅极缓冲器（如TC4420）可减少开关时间，从而减少损耗；②在每个LED灯串中使用限流串联电阻（而不是电流源）有一个有趣的副作用——它抵消了（大约）LED发热时光强输出的减少（如果有人关心的话），这是因为LED的更低正向电压（在更高的温度下）会导致更多的电阻间的压降，导致LED的电流补偿性上升，从结果来看，这一补偿近乎完美。

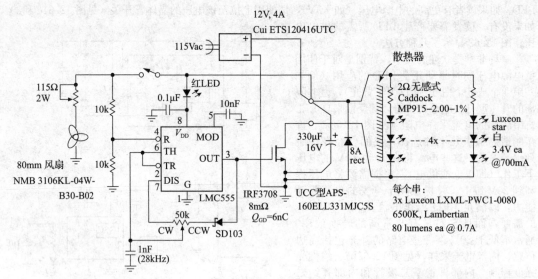

图 12.63　555 器件是这款明亮台灯的核心，具有从 0%～100%的 PWM 调光功能

读者被这个不走寻常路的台灯逗乐了。有人指出，我们的创作（见图 12.64）虽然很迷人，但完全比不上 Enfis Limited 公司辉煌的 light engines；该公司制造的密集 LED 阵列（如 quattro mini），将 144 个功率 LED 装在 2cm×2cm 的阵列中产生高达 5000lm 光强的白光（从同样的区域发出高达 24W 的其他颜色的光）。我们忠于改变用途的散热器。30W 的耗散功率对于这个 Xeon 处理器的散热器来说形同儿戏，其设计目的是在其常规的日常工作中应对四倍于 30W 的耗散功率；我们替换了一个慢得多的风扇，把它的噪声降低到相当于耳语声的程度。

2. LED 快速大电流驱动器

我们可以采用短暂的高电流脉冲（远高于其连续额定值）来驱动 LED，例如在取代灯管的应用中，利用 LED 的热质量来吸收能量。为此，可以使用串联电阻来设置电流（见图 12.62 和图 12.63），但使用有源电流调节器会取得更好的效果。例如，LTC 公司的 LT3743 展示了它的威力（见图 12.65），该器件可以以步进方式设置为 2～20A 直接的电流输出。即使 PWM 的频率仅有 500kHz，它也能在短短 2μs 内开关 LED 电流。读者看看，它的性能是不是非常惊艳？

图 12.64　用计算机 CPU 散热片来制作的台灯。我们通过减小电流，使读者能够看到四组三元 LED 以及表面安装的镇流电阻。在全亮度（1000lm）情况下，读者是不能看这些东西的！如图 12.63 所示的开关驱动电路放置在底部的盒子里

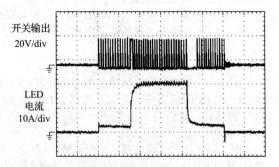

图 12.65　LT3743 大电流智能 LED 驱动器，在 3000∶1 的调光范围内允许以 2μs 的速度切换。水平为 20μs/div（改编自 LT3743 手册）

12.5.2 激光二极管

这里叙述一下半导体激光二极管。这些激光是手持式激光笔的核心。它们在光存储设备中无处不在，如 CD、DVD 和蓝光播放器和录音机，以及光纤发射器。低功率红光激光器以小模块的形式出现，其电路可在 3～5V 电压下运行（如 Quarton 公司的 VLM-650-03-LPA）；或者，对于喜欢冒险的人来说，可以采用 3 引脚晶体管金属封装（见图 12.58）的激光二极管。这些产品包括集成监控的光电二极管，它作为反馈，通过施加的驱动电流来调节光强输出。激光发生的阈值电流是可变的，一般在 20～40mA 左右，超过该阈值，光强输出迅速上升。图 12.66 是发射光强度与线性上升的激光二极管电流的特性关系曲线。输出光束直接从激光二极管上的一个小点出现，偏离的角度约为 $10°～20°$；它可以用透镜进行准直处理，形成平行光束或一个很小的焦点。

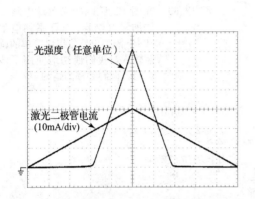

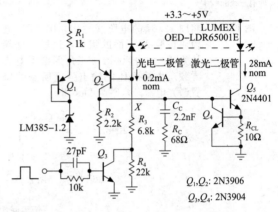

图 12.66　激光二极管输出 0～30mA 的三角形驱动电流图。水平为 $100\mu s/div$　　图 12.67　具有监测光电二极管反馈和逻辑电平控制功能的简单的激光二极管驱动电路

搭建一个像样的驱动电路是非常容易的，甚至用不到运算放大器或特殊的驱动电路，只需要将光电二极管的监测电流与某个阈值进行比较，并相应调整驱动电流。最好加入电流限制措施，这样就不会损坏二极管，而且需要添加补偿反馈回路，使其稳定。图 12.67 显示了一个足够好的驱动电路，它将监控电流转换成比例电压（通过 Q_3 可以在两级之间切换），与一个二极管补偿的 1.2V 参考电压相比较。Q_5 驱动激光器，通过 Q_4 进行限流。通过反复试算得到如图所示的补偿电容 C_C 和补偿电阻 R_C 的值，并形成补偿环路。这个简单的电路从直流到 1Mbit/s 都能工作。

对于这样的开/关控制，几乎不需要完整的回路。但是，如果读者想对激光亮度进行真正的线性控制，它是必要保留的。图 12.68 显示了在 X 点引入 NPN 晶体管实现电流阱（取代 R_3、R_4 和 Q_3）的同一个电路的波形。这里的编程电流 I_{prog} 是一个 200kHz 的三角波，峰谷电流比为 4:1；激光输出的比例准确。注意，激光器驱动电流有很大的偏置（三条曲线都相对于同一个地）。

这个电路只是一个简单的例子，并不是为了实现高性能。真正的挑战是试图以数百 Mbit/s 或更高的速度调制激光。为此，最好使用专门为快速激光调制而设计的集成电路[⊖]；更好的是，购买激光器＋驱动器模块作为完整的单元。

如果读者所需要的只是高频率的亮度调制的激光光源，而并不关心线性或直流响应，那么图 12.69 显示了简单的替代方案。被 C_{block} 隔直的输入信号叠加上的高频变化的电流上，作用于激光二极管，直流偏置于图 12.67 的反馈电路。根据最低调制频率来选择隔直电容（结果显示可低至100kHz），确保高效绕过电源轨。电感 L 隔离晶体管的分流电容，并且在所有调制频率下电抗应大于 50Ω。为了获得良好的性能，电感应该由多个串联部分构成巧妙的设计（见图 12.70 的偏置三通方式），这样自谐振就不会在感兴趣的频率范围内产生低阻抗的最小值[⊖]。

⊖　例如，Maxim MAX3735 系列、Micrel SY88722 或 ADI ADN2870 系列。MAX3975 系列和 3930-32 系列最高可达 10Gbit/s。

⊖　取代通过将电感分成多个部分来抑制谐振的方式，可以将电感绕成锥形，例如 AVX 公司的 GL 系列超宽带电感器。这些电感在 1MHz～40GHz 范围内具有优异的性能。

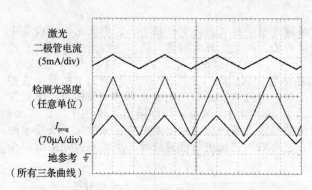

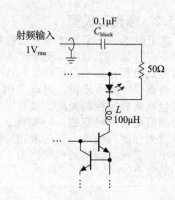

图 12.68　将图 12.67 的电路线性化，用 NPN 电流阱替换 X 下面的组件：这里，峰谷比为 4：1 的 200kHz 三角形编程电流导致产生精确比例输出强度所需的偏置激光电流。水平为 $2\mu s/div$

图 12.69　在图 12.67 的激光驱动电路中添加隔直电容、50Ω 系列电阻和 RF 隔离电感，提供简单的调制输入。我们成功地使用了该电路，调制频率高达约 1GHz

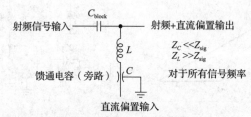

图 12.70　偏置三通可以将直流偏置叠加到从输入到输出耦合的信号上（通常是射频）。偏置三通的货架产品通常用于 50Ω 或 75Ω 的线路阻抗，它们使用精心设计的电感，在宽广的频率范围内（例如，Minicircuits 公司的 ZX85-12G 具有 $0.2MHz\sim12GHz$ 的有效工作频段）具有良好的性能

12.5.3　显示器

显示器是一种光电设备，它可以显示一个或多个数字（数字显示器）；或一组十六进制数字（$0\sim9$ 和 $a\sim f$，十六进制显示器）；或显示字母、数字和标点符号的任意组合（字母数字显示器）；或最一般的可以用点阵来表示任意图形（图形显示器）。

主要的显示技术（与电子仪器相关的尺寸）是 LED、LCD、VFD（真空荧光显示器）和 OLED（有机 LED）。图 12.58 和图 12.71 包括除 OLED 以外的所有例子。

1cm

图 12.71　一系列由于体积巨大而使得图 12.58、图 12.80 和图 12.84 容纳不了的光电器件。后面是 VFD 和 LCD 智能显示器（Newhaven 公司的 MO216SD-162SDARC-1 和 Optrex 公司的 DMC16207），前者具有 3 线制串行接口。在前面（从左到右）：测距/接近传感器（Sharp 公司的 GP2Y0D02YKOF）、50kV 逻辑输出光电隔离器（Optek 公司的 OPI155）、自制 TOSLINK 隔离器（东芝公司的 TOTX/TORX177PL）、8×8 多阳极光电倍增管（滨松公司的 R5900-00-M64）、端视的 13mm PMT（滨松公司的 R647）和 10mm PIN 二极管探测器（OSI/UDT 公司的 PIN-10D）

LED 显示器明亮、色彩鲜艳、尺寸大,但它们耗电量大,不适合用于图形。LCD 显示器相当流行,它们是单色的淡黄色或蓝色背光矩形显示器,通常显示一或两行,每行 16 或 20 个字符。根据技术的不同,背光液晶显示器在户外或高环境光条件下具备相当的可读性(透射式)。没有背光的液晶显示器(反射式)看起来相当不错。清晰度和离轴可读性也很大程度上取决于液晶技术(主动矩阵与被动矩阵、扭曲向列型与超扭曲向列型等)。除了背光之外,液晶显示器可以在极低的功率下运行(比如数字手表),读者还可以让它们具有自定义的形状和符号。VFD 显示器与它们的 LCD 同类产品类似(并模仿它们的界面),但它们是自发光的,我们认为它们看起来很棒。OLED 正在取得进展,特别是在小尺寸方面。当制造成本下降到足以使其具有竞争力时,OLED 很可能成为未来的大屏幕显示技术(目前由 LCD 和等离子技术主导)。

LED 显示器

图 12.72 显示了单字符 LED 显示器的结构(在集成多字符显示器中也使用相同的布局)。最初的 7 段显示器是最简单的,尽管有些粗糙(十六进制字母显示为 AbcdEF),但是该显示器可以显示数字 0~9 和十六进制扩展字(A~F)。我们可以得到多种颜色和尺寸的单字符 7 段显示器,以及包含 2、3、4 或 8 个字符的条状显示器,每次以快速的顺序依次显示。单字符显示器带出 7 段的引线和公共电极;因此,两个箭头是公共阴极和公共阳极。多字符条状显示器将每个字符的公共电极引出,但是将相应的端连接在一起,这就是读者想要的复用。然而,如果想显示很多字符,通常最好选择所谓的智能显示器,这些显示器接收字符(或图形符号)的输入代码,并在内部进行解码、复用和显示。

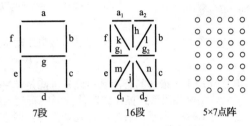

图 12.72 LED 显示器布局

原始显示 图 12.73 显示了如何驱动单数字 7 段共阴极 LED 显示器。HC4511 是一个 BCD 码 7 段数码锁存器-解码器-驱动器,当使用 +5V 供电时,能够提供 4.5V 电压,约 10mA 的电流输出。串联电阻限制端驱动电流(在 3V 或 5V 供电下,分别是 2mA 或 4.7mA)。不要试图自作聪明,只在公共端插入单电阻代替,读者可以获得方便的 SIP(单列直插式封装)、通孔或表贴封装的等值排阻。

在复用显示的情况下,即使要显示多个数字,也只需要 1 个解码-驱动芯片,即一次只点亮一个显示数字。这种用法是将段驱动芯片的输出端连接到所有的数字上,然后依次将每个数字的阴极接地,同时在解码器输入端 $D_0 \sim D_3$ 上给出要显示的数值。

图 12.74 和图 12.75 分别显示了如何驱动 16 段或 5×7 结构的单字符 LED 显示器。这些显示器的驱动器通常假定读者的电路中有微控制器,因此它们使用串行输入协议,如 SPI(串行外围接口)。它们包括内部数据寄存器,以及由单个外部电阻编程的电流源驱动器。注意,图 12.74 中的 16 段驱动器没有内部解码器,它只是驱动指定的段。因此,读者的微控制器必须确定要驱动哪些段。图 12.75 中的(更智能的)5×7 驱动器确实包括带有预设字符存储器的内部解码器。

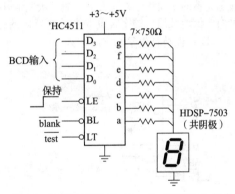

图 12.73 以 BCD 码(0~9)逻辑输入方式驱动单个 7 段 LED 显示器

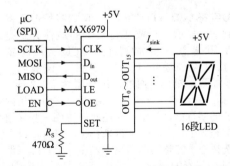

图 12.74 使用串行(SPI)数据输入接口驱动单个 16 段 LED。在这个特定的驱动芯片中没有预先存储的字符表;相反,读者可以自己制作符号,为每个段发送高、低电平

智能显示 除了在对成本敏感的大批量应用外,选择集成字符(或图形)库的显示器,并包含解码器和驱动器通常是更好的方案。这些显示器以 LED、LCD、VFD 或 OLED 结构完成动态显示。

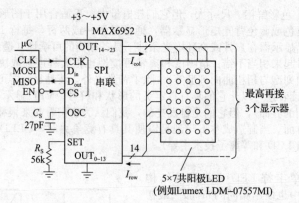

图 12.75　通过串行数据输入接口驱动多达四个点阵 5×7 LED（还可以控制亮度和闪烁）。
这个驱动器内部存储了 104 个预定义字符，允许自行创建 24 个以上的字符

单字符 LED　最初的智能显示设备可能是单字符 5×7 点阵 LED，该器件早在 20 世纪 70 年代就问世了：以 4 位代码形式操作该器件，可以看到（并锁定）结果（见图 12.76）。

多字符 LED　通常读者想显示几个字符，四字符条状智能显示器（通常的 LED 颜色）和单字符显示一样容易使用。图 12.77 显示了其中的一款产品，由惠普（现在的 Avago）推出。这些显示器可以显示完整的字符集（7 位 ASCII 码：大写和小写字母、数字和符号），用 $\overline{WR}$ 脉冲锁定，并发送到一个由 2 位地址给出的字符位置（一种简化的并行总线接口形式），还有额外的控制功能（调光、光标），$D/\overline{C}$ 保持低电平状态时写入。

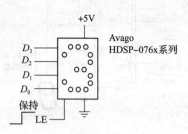

图 12.76　内置锁存-译码-驱动器的 LED 十六进制显示器

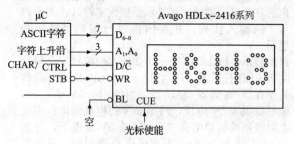

图 12.77　四字符的条状智能 LED 显示器，可以使用内置文本 ROM 显示 128 个 ASCII 字符

多字符 LCD/VFD/OLED　正如我们前面提到的，显示一行或几行文本的最佳方式是使用智慧（更加智能）LCD、VFD 或 OLED 字符模块（见图 12.78）。该领域竞争非常激烈。它们的标准配置为 1、2 或 4 行，每行 16、20 或 40 个字符。它们包括内置的字符集，其中许多还允许使用一些（通常是 8 个）自定义字符来补充。或者，可以选择一个完整的图形版本，由一个点阵（例如 64×260）组成，可以将其编程为位图。如果主要显示文本，那么这可能有些麻烦，因此出现了整合文本＋图形的显示单元，在具备完整的图形显示功能的同时，包括

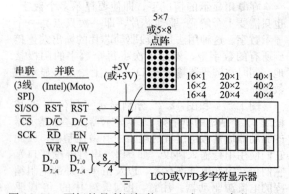

图 12.78　更好的是利用智能 LCD 或 VFD 条状显示器

了一个预存储的字符集作为补充。例如，从一家公司的产品中选择（Matrix Orbital 公司，见图 12.79），有 LK162-12（预先存储的字库，加上 8 个用户定义的符号）、GLK24064-25（完整的图形，没有内置字库）和 GLK12232-25-SM（选择预先存储的字库或用户定义的完整符号集，加上完整的图形）。

为了充分理解这些模块所提供的功能，必须了解 LCD 必须由交变波形驱动，否则它们的液晶就会被破坏。因此，LCD 驱动芯片通常有一些方法来产生方波段驱动信号，与 LCD 背板的波形同步。一个例子是用于 LCD 驱动的 'HC4543，是' HC4511 LED 7 段锁存器-解码器-驱动器的兄弟器件。当然，另一个复杂的问题是，需要不断地用要显示的图案来驱动大量的点阵。再加上需要一个界面，让读者可以通过命令改变单个显示的字符，或滚动显示，或推进光标等，可想而知，事情会变得多么复杂。幸运的是，制造商了解到这一点，因此提供了完整的显示器。

这些显示器无一例外地与单片机配合使用，单片机通过一个简单的接口进行通信。最初的条状液晶智能显示器采用简单的并行接口，有 8 根数据线（要么是字符，要么是控制信息，取决于数据/控制线，图中的 D/C 引脚）和几根控制线。现在大多数都提供了 3 线或 4 线制串行总线的选择，或者在同一个显示器上提供两种选择（通过跳线选择），见图 12.78。

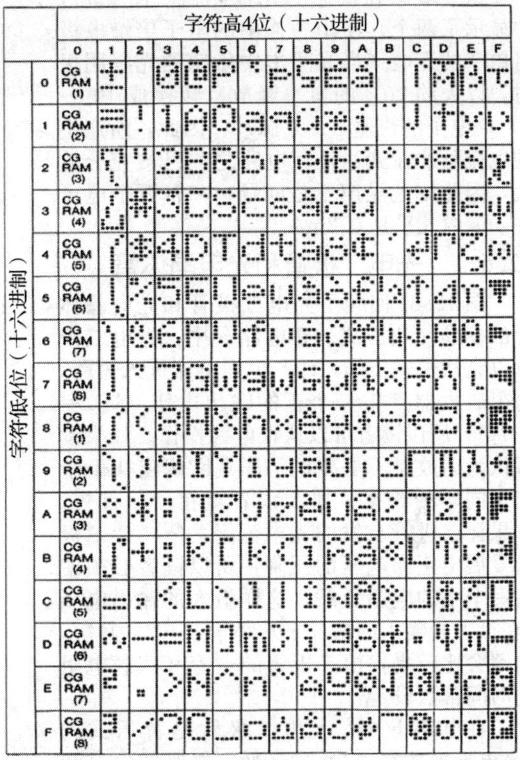

12.6 光电器件：探测器

图 12.80 显示了一些探测器，其中大部分是光电二极管或光电晶体管的变体。我们在前面的运放章节中已经看到了这些，在那里我们展示了如何使用简单的运放电流到电压（跨阻抗）电路将光电流转换成比例输出电压。在 8.11 节中，我们详细论述了特别快速和安静的光电二极管放大器的设计。

图 12.79 LCD 字母数字智能显示器（Matrix Orbital 公司 LK 系列）的显示字符符号，带有标准字符集和 8 个用户可配置字符（CG RAM）

图 12.80 光电器件：探测器。在左后方是一对硫化镉光敏传感器和一对密封的金属外壳中的光电二极管（砷化镓，硅）。下面是塑料壳二极管（顶部和底部边缘），右边是光电二极管和小型 CMOS 图像传感器（带附加柔性电路连接器），四个黑色不透明的物体是红外探测器；小的方框产生逻辑电平输出，大的方框用作频率选择（30～56kHz）"点击"接收器。右上方是 ST 型光纤接收器，下方是用于 PIR 运动探测器的热释电热红外传感器

很快我们就会看到光电二极管在光耦合器（也叫光隔离器）中无处不在的使用；再晚一点，我们又会看到它们与光纤光电的联系。在这里，我们简单地总结了早期的光电二极管和光电晶体管电路（见图 12.81），以及一些读者可以得到的器件，这些器件将光电二极管与电路集成在一起，以产

生数字逻辑输出或者电压、电流或频率形式的比例输出。

这些敏感和快速的光探测器（图 12.71 中显示了两个）使用一连串的电子倍增电极将单个的光电（当光子击中敏感的光电阴极时，以大约 20% 的概率释放）转换成 $10^5 \sim 10^6$ 个电子的快速（ns）脉冲。因此，所产生的电流脉冲在到达任何电路之前已被充分放大，因此放大噪声不是问题：一百万个电子在 1ns 内几乎是 0.2mA。

12.6.1 光电二极管和光电晶体管

图 12.81 回顾了光电二极管和光电晶体管的标准使用方式。在电路 a 中，光电二极管以光伏模式工作，即产生光电流进入短路。跨阻放大器产生一个正的输出电压（$V_{out} = R_f I_P$），所以读者可以从正电源操作。如果读者认为运放是不必要的，毕竟欧姆定律也给出了同样的答案，那么读者就错了！首先，如果让二极管自发的光电流降为零，让二极管发展出正向电压的压降，所以读者必须使用一个小的电阻负载，这样最大的输出电压（在最大光输入的情况下）小于 0.5V；其次，电路会比较慢，由二极管的电容和负载电阻的时间常数设定。

在电路 b 中，光电二极管是背压式的（光电导模式），它通过降低二极管的电容和提供电场扫除电荷来提高速度。因此，这种电路速度更快；但它的噪声也更大，而且二极管的漏电流限制了低光级性能。在这些电路中，电容可能是真正的问题，特别是当光电二极管位于连接同轴电缆的远端时。

电路 c 使用了光电晶体管，通过晶体管的 β 有效地提升了光电二极管的电流（背偏压集电极-基极结作为光电二极管，其光电流乘以 β）。因此，在普通的室内照明下，一个小的光电晶体管通常能提供 100A 的电流，而光电二极管的电流只有 1A。然而，这将产生一个阈值，因为光电二极管的电流必须在基极电阻上形成一个二极管压降，以获得 β 的电流放大系数。再往前推，读者可以得到光达林顿探测器：多了很多增益，但慢了很多。最后，图 12.81d 显示了一些集成的可能性，价格便宜，设计得很好，可以节省时间。

12.6.2 光电倍增管

光电倍增管是最受欢迎的探测器，用于光子计数应用、低光级检测和集成，以及 X 射线或伽马射线检测（通过闪烁器，将高能光子转换为可见光脉冲）。如果读者想真正认真地研究，还有很多复杂的东西，但基本的架构如图 12.82 和图 12.83 所示。

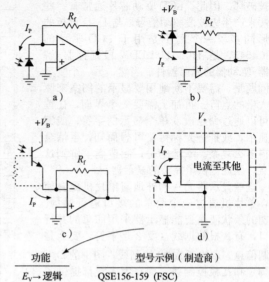

功能	型号示例（制造商）
$E_V \to$ 逻辑	QSE156-159 (FSC)
$E_V \to$ 频率	MLX75304, TSL230系列 (Melexis, TAOS)
$E_V \to$ 电流	TPS851 (Toshiba)
$E_V \to$ 电压	OPT101, PNA4603, TSL250-2(TI, Panasonic, TAOS)
$E_V \to$ 串联数字	TSL2560系列(TAOS)

图 12.81 光电二极管和光电晶体管电路。a) 光伏模式；b) 光电导模式；c) 光电晶体管；d) 其他集成模块

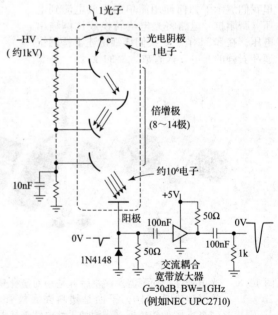

图 12.82 光电倍增管脉冲计数电路。电子倍增节点级联产生 ns 级脉冲，每个检测到的光子约有 10^6 个电子，这会产生跨 50Ω 的 mV 级负脉冲

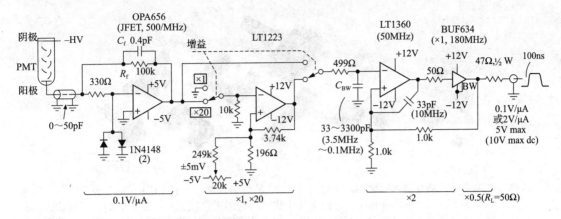

图 12.83　低噪声光电倍增管放大器，具有 3.5MHz 带宽和 2V/μA 增益

最简单的是光子计数方案（见图 12.82），其中阳极的电流脉冲产生一个（负）快速脉冲，穿过 50Ω 的负载电阻，由射频应用中使用的那种宽带放大器放大。

如果想准确地检测非常低的光电平，并且不需要 ns 级的速度，读者可能需要带宽受限的积分放大器，如图 12.83 所示，这里优秀的（几乎是独一无二的）OPA656 宽带低 I_B（JFET）运算放大器将阳极电流转换为电压波形。尽管我们的目标是只有几 MHz 的带宽，但我们需要一个快速的运放。出于带宽和噪声的原因，将输入电容保持在最小值，并谨慎选择稳定反馈电容 C_f。

其余的电路非常简单，串联输入电阻和钳位二极管保护运放不受输入尖峰的影响，例如由 PMT 击穿引起的（它使用千伏电源）。第二级是一个可选的 20 增益提升，为此我们使用了一个电流模式式运放。这些运放有一个有趣的特性，即它们的闭环带宽在很大程度上与闭环增益无关，电阻的比值设定了增益（就像我们熟悉的电压模式运放一样），但带宽仅由反馈电阻的值决定。例如，这个特殊的运放在反馈电阻为 1kΩ、$G_{CL}=1$ 的情况下，带宽为 100MHz，$G_{CL}=30$ 时，带宽会适度下降到 60MHz；相比之下，电压反馈运放的增益会随着闭环带宽的增加而反向下降。这里我们选择了较大的反馈电阻（3.74kΩ），刻意将带宽限制在 15MHz 左右，因为这就是我们所需要的全部（额外的带宽只会招来麻烦）。

这个运算放大器规格为 3mV（最大）偏移电压，当与输入级的 2mV（最大）偏移结合在一起时，可能会产生高达 100mV 的输出偏移；因此我们增加了一个偏移微调。在通往第三级的路上有一个简单的 RC 带宽限制低通；如果需要的话，可以将其细化为一组 3dB 的开关断点。但是请注意，3.5MHz 的最大带宽受到输入级滚降的限制：BW=(1/2π) $R_f C_f$。最后，输出级由一个宽频单增益功率缓冲器（好到±250mA）组成，封闭在一个增益为 2 的非反相反馈级内。读者需要运放，因为缓冲器本身没有内部反馈来约束其输出，其偏移量规格为 100mV（最大）。

12.7　光耦合器和继电器

LED 发射器与光电探测器结合在一起，形成被称为光耦合器、光电隔离器或光电耦合器的非常有用的器件（见图 12.84）。简而言之，光耦合器可以让读者在隔离地的电路之间发送数字（有时是模拟）信号。这种"电流隔离"是防止驱动远程负载的设备时出现地回路的好方法。它在交流电源的电路中是必不可少的。例如，读者可能希望通过微处理器提供的数字信号来打开和关闭加热器；在这种情况下，读者可能会使用固态继电器，它由一个 LED 与大电流三端双向晶闸管或 SCR 耦合组成。大多数交流操作的开关电源（例如，那些用于计算机、通信和仪器中的开关电源）使用光耦合器隔离反馈路径。同样，高压电源的设计者有时也会使用光耦合器将信号送到高电压的电路中。

即使在不太特殊的情况下，读者也可以利用光隔离器。例如，光耦 FET 可以让读者在切换模拟信号时基本不注入电荷（除了不到 pF 级隔离电容的影响）；同样的情况也适用于采样和保持电路与积分电路。光耦合器适合驱动工业电流回路、锤子驱动器等。最后，光电隔离器的电流隔离功能在高精度或低电平电路中非常好用。例如，要充分利用 16 位模-数转换器是很困难的，因为数字输出信号（以及连接到反相器输出的数字地线上的噪声）会反射回模拟前端。读者可以用光隔离在数字的半边区域摆脱噪声。光耦合器通常提供 2500V（均方值）的隔离、10^{12}Ω 的隔离电阻，以及输入和输出之间小于 1pF 的耦合电容。

图 12.84　光电器件：耦合器和断续器。左边的五个 IC 是光耦合器，带有 LED-光电二极管对与（在某些情况下）逻辑输入和输出。它们对几千伏左右的隔离性能很好，而相邻的具有直插引脚的圆柱形物体的额定电压为 10kV（图 12.71 中的拉伸版本的隔离性能好于 50kV）。椭圆形封装（以及上面的金属罐）是 LED 光敏电阻耦合器，它使用 CdS 电阻传感器，如图 12.80 左上方所示。中心的拉伸 IC（ISO150）也是一个数字隔离器，但它使用了电容耦合器；它不属于这个系列，但它太精致了，不能忽略！右边三个有凹槽的物体是光断续器，没有凹槽的方形物体是反射传感器（顶部的金属罐条形码阅读器也是）。顶部中心的面板控制是光学增量编码器，每转产生 120 个正交周期

　　光耦合器的种类很多，其选择取决于想要的应用场景。例如，模拟信号、数字逻辑信号或交流电源开关的耦合。在下面的章节中，我们将这些产品分为七大类，并以目前市场上比较流行（或比较有趣）的部件为例进行说明。

12.7.1　光电晶体管输出光耦合器

　　图 12.85 显示了各种双极晶体管输出的光耦合器。这些光耦合器主要用于数字逻辑电平耦合（尽管可以利用图 12.85c 中的配置来制作近似于线性的耦合器，见图 12.88 和图 12.89）。最早的（也是最简单的）以 4N35 为代表，一个具有 40%（最小）电流传输比（CTR）的 LED-光电晶体管对作为光电晶体管，并且在 100Ω 负载中的关断时间（t_{OFF}）为缓慢的 $5\mu s$。电路 a 展示了如何使用它：栅极输出和上拉电阻产生限流的 8mA 驱动，相对较大的输出侧集电极电阻保证了逻辑电平之间的饱和切换。在长开关时间情况下使用施密特触发器反相器是一个好办法。读者可以得到 CTR 为

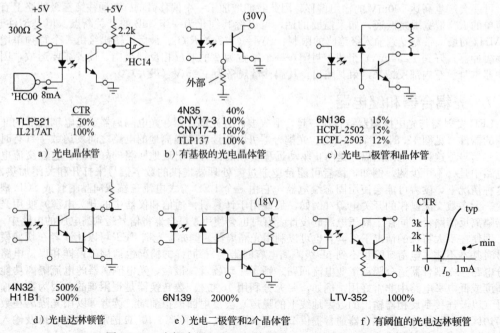

图 12.85　光耦合器：光电晶体管输出。黑体为 jellybeans

100%或更高的 LED-光电晶体管对（例如 CNY17-4 具有最小 160%的电流传输比），读者也可以得到 LED-光电达林顿放大器，如图所示；它们甚至比光电晶体管更慢！为了提高速度，厂家有时会使用独立的光电二极管和晶体管，如 6N136 和 6N139 的光电晶体管和光电达林顿管。对于提供接入基极的光耦合器，读者可以在基极到发射极之间增加一个电阻，以提高速度（电路 b 和电路 f）；然而，这将产生阈值效应（如电路 f 旁所示），即光电晶体管直到光电二极管电流大到足以在外部基极电阻上产生一个 V_{BE} 才会开始导通。在数字应用中，阈值是有用的，但在模拟应用中，它为不好的非线性。

12.7.2 逻辑输出光耦合器

前面这些光耦合器很好，但使用起来有些麻烦，因为读者必须在输入和输出端提供分立元件。此外，驱动 LED 所需的电流可能会超过一些逻辑系列的驱动能力，而且输出端的无源上拉存在开关速度慢和抗噪能力差的问题。为了弥补这些缺陷，硅专家们为我们带来了"逻辑"光耦合器（见图 12.86）。6N137 和其余器件（结构 a 和结构 b）做到了一半，在输入端有裸 LED，但在输出端有缓冲逻辑。读者仍然需要足够的输入电流（对于 6N137 来说，它的规格为 6.3mA 最小值电流，以保证输出切换），但读者可以在输出端获得干净的逻辑摆幅（尽管是集电极开路），并且速度达到 10Mbit/s。注意，读者必须为内部接收端输出逻辑电路提供＋5V 电压。不带驱动器的逻辑耦合器如下，其中包括经典的 H11L1 和 H11N1。

读者在输出端有内部逻辑电路，为什么不提供可靠的有源上拉？这就是电路 b，其中读者会发现改进的版本，有些速度更快，有些具有令人印象深刻的隔离压摆率，有些具有三态输出。

电路 c 中的光耦合器性能更好，这些光耦合器接受逻辑电平输入，并产生具有有源上拉的逻辑级输出。由于输入和输出端都有内部逻辑电路，芯片两边都需要逻辑电源电压。一些型号（如 ACPL-772L）可以在两端使用 3V 或 5V 任意组合供电运行。这些耦合器的速度相当快，最高可达 50Mb/s。

我们还列出了三种性能类似的隔离逻辑耦合器，但它们使用电容或基于变压器的隔离技术来代替光。它们的速度更快，但要注意一个复杂的问题：它们的隔离方法都是完全交流耦合的，使用短脉冲来传递间隙中的状态变化。也就是说，它们本质上并不是"正确的直流"，而且它们可能会出现诸如时序延迟偏移或者需要初始化信号来强制输出到一个已知状态。

12.7.3 栅极驱动光耦合器

隔离式光耦合使读者可以在相对于输入电压高达几千伏的隔离电压下浮动输出（同时还受到最大回转规格的限制，称为"共模瞬态抗扰度"，典型的是几千伏每微秒）。这样一个高电压和快速转换的负载能做什么？一个需要隔离和快速转换的重要应用是 MOSFET 或 IGBT 的"高侧驱动"（后者被用于高压电源开关），其中在地和高压正轨之间有一个推挽对（见图 9.73c 和 d）。读者需要的是隔离器，它能提供＋10V 或更高的相对于高侧晶体管的 MOSFET 源极（或 IGBT 发射极）的全栅极驱动，它的作用就像 NMOS 跟随器。因为它是跟随器，而不是开关，所以后者是随着输出而"飘升"的。

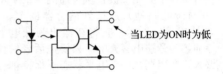

当 LED 为 ON 时为低

	I_{LED}/mA	EN	V_{CC}/V	Mbit/s
6N137	6.3	H	5	10
HCPL-2601	6	H	5	10
HCPL-061	3	H	5	10
H11L1	2	—	3～15	1
H11N1	3	—	4～6	5
HCPL-2300	0.75	—	5	8
ACPL-W60L	5	—	3～5	15
ACPL-P456	10	—	5～20	1

a）LED-逻辑（集电极开路）

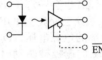

$\overline{EN}$

	I_{LED}/mA	EN	V_{out} (LED ON)	V_{CC}/V	Mbit/s
HCPL2200					
FOD2200 }	2.2	L	H	5～20	2.5
TLP2200					
HCPL-2201	2	—	H	5～20	1
HCPL-2400	4	L	L	5	40
ACPL-4800	6	—	H	5～20	3

b）LED-逻辑（主动上拉）

$\overline{EN}$

	EN	V_{CC}/V	Mbit/s
HCPL-0721 }	—	5	25
FOD0721	—	5	25
PC412S	—	5	25
ACPL-772L	—	3～5	25
HCPL-7723	—	5	50
HCPL-0900	—	3～5	100
ISO721,722	—,L	3～5	150
IL710	L	3～5	150

c）逻辑-逻辑（主动上拉）

图 12.86 光耦合器：逻辑输出

图 12.87 显示了基本的栅极驱动光耦合器。在框图中，读者可能会误认为它是简单的逻辑耦合器；但它的输出级由一个强大的推挽式驱动器组成，它可以提供和吸收安培或更大的电流，并在高达约 30V 的输出电源轨下工作。当耦合器的输出变为高电平时，它会打开 IGBT 并迅速以千伏或更高速度达到正极高压轨，带动栅极驱动器输出。这就是为什么读者需要高压隔离和共模瞬态抗干扰。

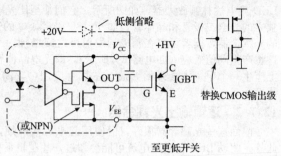

	I_o/A	max V_{CC}/V
PC924	0.5	35
ACPL-P302	0.4	30
HCPL-314J	0.4	30
FOD3184	3	30
HCPL-3120	2	30

a）推挽式栅极驱动

当然，隔离器输出侧的 20V 电源也必须是"飙升"的！这听起来是个很严重的问题，但有一个非常巧妙的解决方案，它利用了输出在地和＋HV 之间切换的性质：如果读者将一个高压二极管从普通的＋20V 电源（相对于电路地）连接到耦合器的 V_{CC} 上，如图 12.87a 所示，它将在输出为低电平时导通，为旁路电容充电。只要把后者做得足够大，在周期性的高电平状态下保持耦合器的输出放供电就可以了；这很容易，因为耦合器输出级静态电流只有几毫安。这基本上是一个高侧的"电荷泵"，有时也叫"自举电源"。读者也可以用这些耦合器来驱动低侧；在这种情况下，直接从＋20V 供电，省去二极管。

高压开关充满了危险，并不建议胆小的人使用：瞬间的输出短路会有严重的后果。读者需要防止这种"故障"，例如使用限流电路。但即便如此，读者也会毁坏 IGBT 或 MOSFET，因为负载短路会使高侧 IGBT 在该电流限制下导通全部的电源电压。读者需要做的是保证当 IGBT 的栅极被驱动时，它的输出没有及时进入电压饱和的状态。令人欣慰的是，有一些改进的栅极驱动光耦合器具有"去饱和"故障检测功能，如图 12.87b 所示：内部电路查看驱动 IGBT 的压降，并在非饱和故障期间关闭其栅极驱动[○]，它还通过隔离间隙发送故障指示。

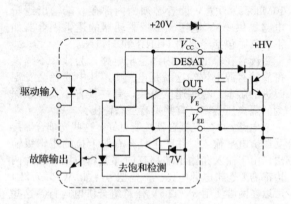

	I_o/A	max V_{CC}/V
HCPL-316J	1.5	35
ACPL-332J	2	33

b）带故障关闭的栅极驱动

图 12.87　光耦合器：栅极驱动

12.7.4　面向模拟的光耦合器

到目前为止，我们只看到了光耦合器的开关应用，但是线性特性没有太过关注。但有时读者需要隔离模拟电路。当然，一种方法是使用一对转换器，将模拟量转换为数字比特流，通过逻辑光耦合器耦合，然后再转换回模拟量。但也有面向模拟的光耦合器可以直接完成这项工作。

图 12.88 显示了其中的大部分。经典的 H11F1 是一个光电 FET，其中 LED 驱动电流对 FET 的影响与栅极驱动电压的影响方式相同（我们并不确切地知道这部分里面是什么）。因此，LED 驱动电平的增加会增加饱和电流（即通道电压大于零点几伏左右时的通道电流），对于 25mA 的 LED 驱动来说，饱和电流达到 1mA 左右。注意，输出是完全对称的，在输出端子上的工作电压高达 ±30V。而且，与普通 FET 一样，输出端子在跨通道上的小电压看起来近似为电阻；然而，这里的 R_{ON} 值是由 LED 驱动电流设定的，从大于 300MΩ（无 LED 驱动）到约 100Ω（有 16mA LED 驱动）不等。同样，这个特性在零伏的两边都是对称的，但超过约 ±50mV 后就不是特别线性了，如图 12.88a 所示。

[○] 在损坏发生之前有时间做到这一点，IGBT 的热质量在其最大传导电流下提供约 10μs 时间，并通过其提供全额定电压。

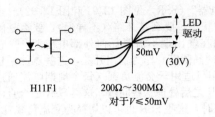

H11F1　　　　200Ω～300MΩ
　　　　　　对于 $V \leqslant 50mV$

a）光电FET

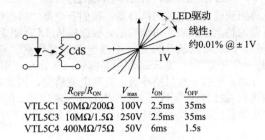

	R_{OFF}/R_{ON}	V_{max}	t_{ON}	t_{OFF}
VTL5C1	50MΩ/200Ω	100V	2.5ms	35ms
VTL5C3	10MΩ/1.5Ω	250V	2.5ms	35ms
VTL5C4	400MΩ/75Ω	50V	6ms	1.5s

b）光敏电阻

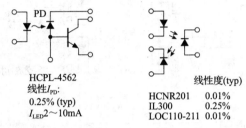

HCPL-4562
线性I_{PD}：
0.25%（typ）
$I_{LED}2～10mA$

线性度（typ）
HCNR201　　0.01%
IL300　　　　0.25%
LOC110-211　0.01%

c）光电二极管和晶体管　　d）光电二极管匹配对

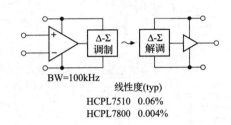

BW=100kHz

线性度（typ）
HCPL7510　0.06%
HCPL7800　0.004%

e）调制解调器

图 12.88　光耦合器：面向模拟

为了获得好的线性特性，读者可以使用光敏电阻（电路 b），这是 LED 照亮硫化镉光敏电阻。传感器的速度很慢，而且展现出记忆效应；但输出端表现得非常像线性电阻，在电压波动高达 ±1V 的情况下，其线性度约为 0.01%，这对于图 7.22 中的低失真的维恩桥振荡器来说是极好的振幅限制器。

有一小类"视频光耦合器"依靠 LED 强度与驱动电流的固有线性关系（低电流时除外），以及光电二极管电流与照度的良好线性关系。图 12.88c 展示了一个例子，在图 12.89 的电路中使用时，声称带宽为 17MHz。实现合理线性度的另一种方法是将一对匹配的光电二极管与 LED 封装在一起（见图 12.88d），然后用其中一个光电二极管在驱动侧提供反馈（见图 12.90）；远侧光电二极管就会表现出仅受匹配程度限制的线性度。图 12.88d 中列出的器件在这种情况下可实现优于 1% 的线性度。

最后，还有一类有趣的线性光耦合器，它集成了 ADC 和 DAC，并带有数字耦合。这些器件使用 Δ-Σ 转换（有时也称为 1-bit 转换）。图 12.88e 显示了该方案。这些都是极其线性的，但 Δ-Σ 过程会导致显著的输出噪声（3V 满量程输出约为 30mVrms），以及一些信号延迟（约 5μs）。这些部件广泛应用在半桥三相变频驱动电动机动力系统中，在该系统中，它们用来测量每个桥的电流。因此，它们的满量程一般只有 300mV。

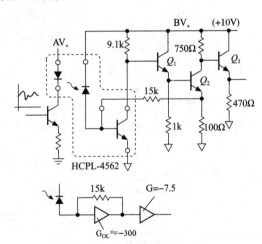

图 12.89　在数据手册推荐的跨电阻配置中使用 HCPL-4562 视频光耦合器（大约 -3dB 时为 17MHz 带宽）

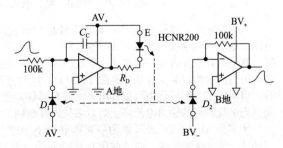

图 12.90　用光电二极管对使光耦合器线性化

12.7.5　固态继电器（晶体管输出）

再回到输出为开关的耦合器，我们有一类"固态继电器"（SSR，见图 12.91 和图 12.92）。这些继电器的特点是隔离的两端输出，根据输入 LED 驱动的状态，要么是开路（不导通），要么是闭路（导通），因此可以被认为是机电继电器的替代品。它们在输出端不需要任何外部电压源——它们"只是一个开关"。一类 SSR 使用晶闸管（SCR 和三端双向晶闸管）作为输出开关，这些器件一旦被触发导通，就会一直保持导通，直到电流消失，因此它们只适用于交流负载（每个周期电流通过零点两次）。我们将在研究以 MOSFET 作为输出开关的 SSR 之后处理这些问题，这类 SSR 适合直流负载（正如我们将看到的那样，当作为一对 MOSFET 串联时，这些 SSR 也可以切换为交流负载）。

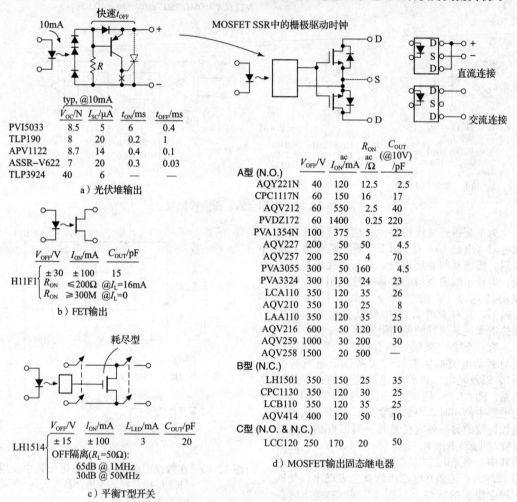

a）光伏堆输出

typ, @10mA	V_{OC}/N	I_{SC}/μA	t_{ON}/ms	t_{OFF}/ms
PVI5033	8.5	5	6	0.4
TLP190	8	20	0.2	1
APV1122	8.7	14	0.4	0.1
ASSR-V622	7	20	0.3	0.03
TLP3924	40	6	—	—

b）FET输出

H11F1
V_{OFF}/V	I_{ON}/mA	C_{OUT}/pF
±30	±100	15

R_{ON} ≤200Ω @I_L=16mA
R_{ON} ≥300M @I_L=0

c）平衡T型开关

LH1514
V_{OFF}/V	I_{ON}/mA	L_{LED}/mA	C_{OUT}/pF
±15	±100	3	20

OFF隔离（R_L=50Ω）：
65dB @ 1MHz
30dB @ 50MHz

d）MOSFET输出固态继电器

	V_{OFF}/V	I_{ON} ac /mA	R_{ON} ac /Ω	C_{OUT} (@10V) /pF
A型 (N.O.)				
AQY221N	40	120	12.5	2.5
CPC1117N	60	150	16	17
AQV212	60	550	2.5	40
PVDZ172	60	1400	0.25	220
PVA1354N	100	375	5	22
AQV227	200	50	50	4.5
AQV257	200	250	4	70
PVA3055	300	50	160	4.5
PVA3324	300	130	24	23
LCA110	350	120	35	26
AQV210	350	130	25	8
LAA110	350	120	35	25
AQV216	600	50	120	10
AQV259	1000	30	200	30
AQV258	1500	20	500	—
B型 (N.C.)				
LH1501	350	150	25	35
CPC1130	350	120	30	25
LCB110	350	120	35	25
AQV414	400	120	50	10
C型 (N.O. & N.C.)				
LCC120	250	170	20	50

图 12.91　光耦合器：直流固态继电器（晶体管输出）

为了使输出晶体管导通，MOSFET 输出 SSR 使用十几个或更多光电二极管串联来产生所需的栅极电压。这个"光伏堆"受到 LED 光照，产生 5～10V 的栅极偏置电压。它只能为栅极提供几微安的电流，其电容导致开启和关闭时间通常在 0.1～5ms 之间。不过，读者不必打开 SSR 来完成这部分的级联，因为读者可以买到成品（见图 12.91a）。这些器件的数据手册并没有告诉读者太多关于内部的内容，但从快速关断规范中可以看出，大多数器件都使用辅助电路使栅极放电以实现快速关断。这可能是当光接收器组的输出电流停止时，被拉入导通的 PNP 晶体管，也可能由 SCR（用虚线表示）辅助。

大多数 MOSFET SSR 使用一对串联的 N 沟道 FET，如图 12.91d 所示，由光伏感应堆（PV）驱动⊖。对于交流负载，应该使用顶部和底部（漏极）端子。当继电器关断时，一个晶体管或另一

⊖　一些 SSR 仅用于直流负载，仅使用单个 MOSFET，例如松下的 AQV100 和 AQZ100 系列。

个晶体管作为开路开关,这取决于极性;读者需要串联对,否则反向(体)二极管将导通。当继电器导通时,两个晶体管都作为开关。

当然,读者也可以将这种相同的连接方式用于直流负载,但读者可以通过将晶体管并联使用(如图所示,将漏极连接在一起)来实现更好的效果,这样可以将 R_{ON} 降低 4 倍(如果这对读者来说很重要,则需要增加输出电容)。注意,增强型 MOSFET 可提供常闭(A 型)继电器,而耗尽型 MOSFET(栅极连接到 PV 的负端)可提供常开(B 型)继电器。

记住,这些继电器的电流范围非常大,小的继电器可以有效地用于低电平开关,例如 AQY221N3 或 NEC/CEL PS7801-1A 这样的部件,其 R_{ON} 为 10Ω 或更小,而输出电容仅为皮法级。与 CMOS 模拟开关不同的是,它们的电荷注入为零(除了隔离电容外,大多数器件约为 1pF,PS7801A 电荷注入电容仅为约 3pF)。即使在不需要隔离的情况下也可以使用它们。例如,在采样和保持电路或积分器电路中使用其中的一个继电器。

图 12.91b 和 c 中列出了几个特殊的 FET 继电器:H11F1 既是快速的(约 15μs)又是对称的(关断时 ±30V,导通时 ±100mA)。LH1514 有一个有意思的应用,用于平衡交流信号,它使用 T 型开关布置,每条线路上有一对常开串联开关,用一个常闭开关桥接(一个耗尽模式 MOSFET,由同一 PV 驱动)。这样在关断时,即使在射频信号时信号也会有很好的衰减(1MHz 时为 65dB)。

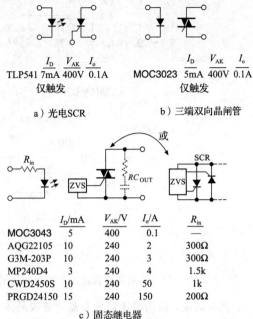

	I_D/mA	V_{AK}/V	I_o/A	R_{in}
MOC3043	5	400	0.1	—
AQG22105	10	240	2	300Ω
G3M-203P	10	240	3	300Ω
MP240D4	3	240	4	1.5k
CWD2450S	10	240	50	1k
PRGD24150	15	240	150	200Ω

c)固态继电器

图 12.92　光耦合器:交流固态继电器(双向晶闸管/晶闸管输出)

12.7.6　固态继电器(双向晶闸管/晶闸管输出)

对于电力线交流开关,通常使用带有三端双向晶闸管或一对晶闸管(统称晶闸管)的固态继电器作为开关器件。图 12.92a 和 b 中所示的低电流 SSR 主要用作触发器件以激活高电流晶闸管,如图 12.93 所示。但性能最好的是集成栅极 SSR,它包括光耦合器和零电压开关(ZVS)触发电路,以及输出晶闸管或 SCR 对。当驱动交流负载时,最好在交流波形的过零期间接通负载,以避免使电源线上有尖峰,而且三端双向晶闸管或晶闸管在零电流时会关闭⊖,所以我们有 ZVS/ZCS。

图 12.92c 只列出了数百种可用类型中的几个。大电流 SSR 并不便宜,但它们使用起来非常方便。较大的(10A 或更大)有砖头一样大的封装(用于散热⊖),而较小的有多种尺寸的 PCB 安装的单列直插封装(SIP)。

12.7.7　交流输入光耦合器

最后,还有一类光耦合器用于交流输入驱动(见图 12.94)。有些使用一对背靠背的 LED,耦合到光电晶体管或光电达林顿管。输出的光电晶体管根据 LED 电流的大小导通,典型的电流传输比为 20%~100%,这对于交流电源线的过零检测非常有用。

输入-输出模块　有一类用于工业环境的光隔离输入-输出模块:输入模块检测交流或直流信号(可选择额定电压,最高可达电源电压),产生一个隔离的低压集电极开路逻辑输出到计算机或其他工业控制器;输出模块使用来自计算机或控制器的低压逻辑信号来切换交流或直流负载,通常为电源电

⊖ 一个例外是在变压器初级转换为交流电力线时:ZVS 是最坏的情况,因为施加的全单极性半周期电压使磁心最接近(或达到)饱和状态,并具有巨大的峰值电流。理想情况下,读者应该将交流电切换到接近其峰值电压。我们在实验室中遇到了这种效应,在为 20A 自耦变压器供电时——大约是读者打开它时的一半时间,墙上的 20A 断路器会突然断开(即便自耦变压器已关断);读者必须很幸运并在峰值附近捕捉到交流波形才能成功打开它。

⊖ 参阅 12.4.3 节中关于散热器的警告。在将 SSR 设计到系统中时,请务必查阅数据手册以了解导通电压降。

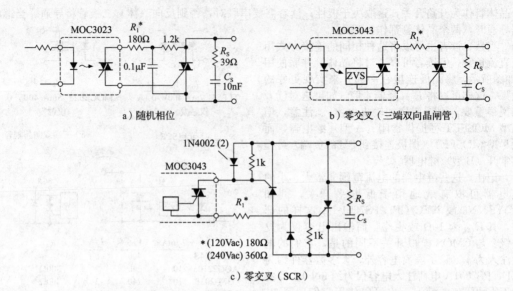

a）随机相位　　　　　　　　　　　b）零交叉（三端双向晶闸管）

c）零交叉（SCR）

图 12.93　小的光双向晶闸管触发大的双向晶闸管或一对晶闸管，根据交流线路电压选择电阻器 R_1

压。换句话说，输出模块是具有晶闸管或晶体管输出（分别为交流和直流）的 SSR，输入模块是具有开集电极输出的交流输入光耦合器。因此，这些是使用交流电源线输入来创建一个隔离的逻辑电平转换（或更高，因为集电极开路输出通常可以到＋30V）的简单方法，如图所示。注意，这些包括内部 RC 滤波器，所以输出指示是否存在交流波形，但不会捕捉单个周期。输入-输出模块有几种标准的直插模块封装尺寸，有螺钉旋紧固件装置，（通常）顶部有一个 LED 指示灯。

12.7.8　断续器

读者可以使用 LED 光电晶体管对来感应距离或运动。光断续器由 LED 通过缝隙和光电晶体管耦合。例如，它可以感知遮光带的存在或带槽圆盘的旋转。另一种形式是 LED 和光电探测器面对同一个方向，它能感应到附近有一个可感物体的存在。与光耦合器一样，读者可以在接收侧使用简单的光电晶体管，也可以使用逻辑电平输出（集电极开路或有源上拉）。读者可以在图 12.84 中看到一些例子。光断续器用于机械装置中（如打印机），以感应移动组件的运动。当环境光照水平较高时，光断续器可能会出现问题。在这种情况下，使用同步检测很有效，使检测器有选择地感应发射器被驱动的频率。滨松提供了（S4282/89、S6809/46/86 和 S7136 系列）具有内置前置放大器和信号处理电子器件的探测器。读者可以买到光学旋转编码器，当轴旋转时产生正交脉冲序列（两个输出，90°相位偏移），图 12.84中有一个例子。

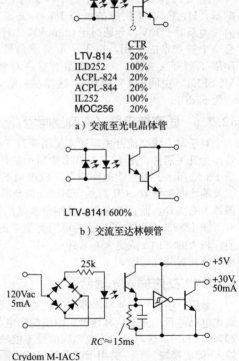

	CTR
LTV-814	20%
ILD252	100%
ACPL-824	20%
ACPL-844	20%
IL252	100%
MOC256	20%

a）交流至光电晶体管

LTV-8141 600%

b）交流至达林顿管

Crydom M-IAC5
Omron G3TC-IAC5
Tyco IAC-5

c）交流输入模块

图 12.94　光耦合器：交流输入

在读者考虑使用光断续器或反射传感器的任何应用中，请将霍尔效应传感器（图中没有展示）作为一种替代方案；它们使用固态磁场传感器来指示距离。它们通常用于汽车点火系统（作为机械断路器的替代品）、防抱死制动器（感应车轮旋转）和无刷直流电动机等应用中。

12.8 光电器件：光纤数字链路

数字信号的光纤传输提供了一个方便的电隔离链路，能够以 10Gbit/s 的速率传输数字通信，传输距离可达 10km，不受任何干扰，甚至在电磁噪声最大的环境中（工厂车间、汽车、山顶天文台等）。虽然富有经验的用户可能想设计 10Gbit 的以太网光纤电路，但我们主要是对更小的目标感兴趣，例如简单地将一些距离超过 10m 的仪器连接在一起（或可能为 1km），数据速率为 Mbit/s（或可能用快速以太网，为 100Mbit/s）。让我们看看有哪些现成的元器件可以完成这项工作。

12.8.1 TOSLINK

TOSLINK 系列的发射器-接收器对（一般称为 EIAJ 光缆、JIS F05、ADAT 光缆或数字音频光缆）提供了一种非常简单和廉价的短距离数字光纤链路，见图 12.95。TOSLINK 标准是由东芝公司提出的，广泛用于数字音频的连接，例如音频和视频组件之间的连接。它是读者可以在 DVD 和蓝光播放器的背面看到的两个"数字音频"插孔之一，有时被称为"数字光纤"（另一个是同轴电子音频插座，物理上与常见的 RCA 插孔相同，通常放置在 TOSLINK 连接器旁边，并在电气上传输相同的数字流作为光纤端口）。TOSLINK 使用可见的红色 LED 灯，波长为 650nm，很容易看到它的工作状态以及哪一端是发射器（不像红外光纤模块那样看不见）。

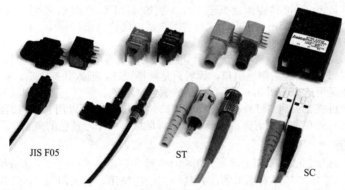

图 12.95 一些流行的光纤格式。TOSLINK 设备广泛应用于消费类音频中，此处显示的是带快门的 PC 安装版本（右）和面板安装的未带快门的版本（左）。其他连接器格式可以现场端接（显示的裸连接器用于测试和多功能链接），但购买免端接光缆更容易

TOSLINK 的魅力在于它的简单和低成本：东芝 TOTX147 和 TORX147 是一对典型的发射器-接收器对，它们运行在 2.7～3.6V 逻辑电源上，发射器接受逻辑电平输入，接收器在其输出端输出对应逻辑电平。也就是说，所有的逻辑接口电路都是内置的，读者所要做的只是把它连接起来（见图 12.96）。它们用于短距离链路，在 5m 或更短的距离内运行速率可达到 15Mbit/s。读者使用廉价的 1mm 塑料光纤可以得到一条 2.2mm（或更粗）的带护套的电缆，两端都有 TOSLINK 插口。图 12.97 显示了 TOSLINK 对运行在 +3.3V 的逻辑输入和输出，用 15Mbit/s 的数据流驱动。读者也可以买到 5V 的版本，例如东芝的 TOTX/TORX177（类似夏普的 GP1FA351TZ/RZ 和 GP1FA551TZ/RZ，用于 3V 和 5V 发射器-接收器对）。

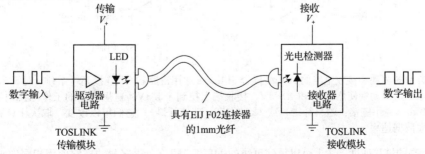

图 12.96 廉价的 PC 安装 TOSLINK 型光纤模块包括所有驱动和接收电子设备，它们以 15Mbit/s 的速率在 10m 的范围内接受并转换标准逻辑电平

这些数字音频 TOSLINK 组件的一个缺点是，接收器的带宽不能延伸到直流，并且只能在 0.1Mbit/s 的最小数据速率下正常工作 ⊖。注意，发射端是直流耦合的；问题是在接收端，光信号的摆幅被用来建立接收器的阈值。这样做是为了最大限度地减少脉宽失真：如果使用固定的阈值（与其他光纤协议一样，例如通用链路设备），接收器的输出将显示重建数据位的扩大或缩小，根据接收光信号的振幅（即取决于光纤长度和其他损失）。

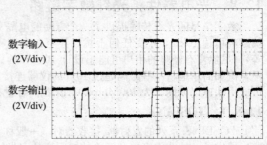

图 12.97　使用 TOSLINK 数字音频组件（东芝 TOTX141FPT、夏普 GP1FA352RZ），以 15Mbit/s 的速度发送和接收数据。水平为 200ns/div

如果需要低至直流电的响应，读者可以使用真正的直流电耦合的 TOSLINK 式接收器，其性能得到了广泛证明。例如，TOTX197 和 TORX198 一对"通用"（与"数字音频"相反）模块在 40m 或更短的距离内在直流电达到 6Mbit/s，使用相同的塑料光纤电缆和连接器。TOTX/TORX1350 系列规定距离为 100m 的数据速率为直流达到 10Mbit/s，同样使用全塑料光纤（APF）。通过使用低损耗的塑料包覆玻璃光纤（PCF，光纤直径为 0.2mm）可将距离延长至 1km，例如 TOTX/TORX196 对。这些器件表现出更大的脉冲宽度失真（通常为±55ns，而音频式器件的自适应阈值为±15ns）。

无连接器塑料光纤组件

如果不喜欢连接器，读者可以从工业光纤公司得到无连接器的光纤发射器和接收器。这些接受 1mm 的塑料光纤，在 PCB 安装的螺栓接口，读者只是剪掉光纤，插入并拧紧它。它们提供一系列的功率和速度等级，最高可达 155Mbit/s，还有漂亮的颜色（红色、绿色、蓝色和红外线色调）。当读者购物的时候，读者可能会买到"红外检测卡"（IF-850052），读者可以用它来判断红外 LED（或激光）是否在工作。把它放在发射器前面，就会看到目标区域有一个橙黄色的斑点。

12.8.2　通用链路

通用链路（Versatile Link）系列的光纤发射和接收模块是由惠普公司（后来分拆为安捷伦公司，最初为 Avago 公司）在 1990 年左右推出的，并且仍被广泛使用。它采用与 TOSLINK 相同的 1mm 塑料光纤，但采用了不同的连接器形式，即连接一对塑料钳子的圆柱形插入连接器（见图 12.95）。这些模块使用类似的可见光红波长度（660nm），有几种型号，大多数使用 5Mbit/s 直流耦合对（HFBR-1521Z/2521Z），可达到 20m 的工作距离，以及 40kbit/s 直流耦合对（HFBR-1523Z/2523Z），可达到 100m。接收端提供一个逻辑电平输出（使用外部或内部上拉电阻）；但发射端是一个裸 LED，所以读者必须提供一个限流电阻和一个接地饱和开关，或等效电阻（见图 12.98）。这提供了一些传输光电平的灵活性，但需要额外的元件。

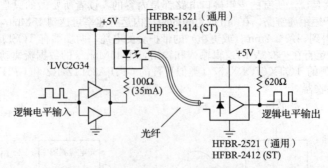

图 12.98　典型的驱动和接收电路的 Avago 耦合 5Mbit/s 通用链路和 ST 连接光纤系列。对于 3.3V 的逻辑电平，驱动端使用 50Ω 和＋3.3V，接收端上拉到＋3.3V。这里显示的工作电流适用于长度为 10m（通用链接：塑料纤维）或 1km（ST：玻璃纤维）；它们可以改变，取决于链接长度和最大数据速率

对于更高的链接速度，读者可以得到更快的 HFBR-1527Z/2526Z 模块，它使用相同的光纤和连接

⊖　不要求数据流具有平衡的 1 和 0 数量，只需要以足够频繁的间隔进行转换。

器几何形状，并允许信号速率达到 125Mbit/s（但不允许直流耦合）。这些器件和类似的器件（例如，TOSLINK 系列中的 TODX2402 或 TOTX/RX1701；Avago 820nm ST/SC 连接器中的 HFBR-1424/2426，使用全硅级折射光纤）作为基于光纤的快速串行链路很受欢迎，例如用于传输以太网信号或 SERDES（串行器-解串器）对之间的串行化数据。

12.8.3　ST/SC 玻璃光纤模块

多年来，我们一直在使用 Avago 公司的 HFBR-14xx/24xx 系列光纤发射器和接收器。这些设备比上面的塑料光纤设备更贵，但通过使用 820nm 波长的分级折射率硅包层硅光纤〔有时称为 ASF（全硅光纤）或 AGF（全玻璃光纤）〕，即使通过 1km 或更长的光纤，它们也能良好地工作。另一个额外的好处是坚固的光纤电缆，它们非常薄的玻璃芯/包层（最常见的为 $62.5\mu m/125\mu m$）和坚韧的外壳可以承受很大的弯折和拉伸而不损坏。

与通用链路组件一样，读者可以得到直流耦合的低速接收器，例如 HFBR-2412Z，它可以在 2km 的距离上达到 5Mbit/s。它的集电极开路输出只需要一个上拉电阻就可以产生转换后的数字逻辑电平。对于高速，则使用 HFBR-2416Z，它在距离 0.6km 时可达到 155Mbit/s。后者从其内部的 PIN-二极管检测器和前置放大器提供了一个高带宽的模拟输出，读者可以交流耦合到外部放大器-比较器电路，以产生快速的 LVDS 或 ECL 转换过的数字流。对于这两种接收器，读者都可以使用 HFBR-1414Z 发射器，它与类似的通用链路器件一样，看起来就像一个裸露的 LED；读者必须提供必要的驱动，要么使用晶体管开关和电阻，要么使用像 LVC2Q34 这样的驱动能力强的逻辑门。

12.8.4　完全集成的高速光纤收发器模块

为什么不将所有的逻辑级接口集成在光纤模块本身呢？确实，随着双工光纤传输快速串行数据的广泛使用，例如作为光纤快速以太网（125Mbit/s），或光缆（速率达到 250Mbit/s），或仅仅是在一对 SERDES 并行-串行芯片之间，现在有很多易于使用的光纤收发器（FOT）模块。这些设备具有发射器和接收器光模块和连接器（通常为双工 SC 或 ST 格式，用于玻璃光纤；或作为双工 SMI 连接器用于塑料光纤），以及使用快速差分信号（通常为 5V 或 3.3V PECL）的驱动器和接收器电路，见图 12.99。

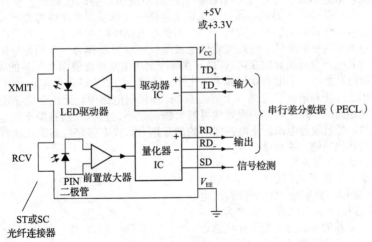

图 12.99　高速集成光纤收发器，如 Avago AFBR-5xxx 系列，采用行业标准 1×9 SIP 封装，包括所有驱动器和接收器电路，通过 3V 或 5V 串行差分 PECL 直接连接

同样的例子是 Avago AFBR-5xxx 系列，它有双工 SC 或 ST 连接器样式，可以处理 100Mbit/s 的数据速率，用于快速以太网（100Base-FX）或 ATM（异步传输模式）。读者可以将收发器的 PECL 端口直接连接到以太网、火线或 ATM "PHY"（物理层 IC）上的相应输入或输出。该系列的典型成员 AFBR-5803 可达到 125Mbit/s；速度更快的 AFBR-53D5 可处理千兆以太网。读者可以使用快速的光纤收发器连接到 SERDES，如 Cypress CY7C924 或 HDMP-1636，以连接一对稀疏的并行端口，数据速率为 20～100MB/s。

对于短链路，可以使用与塑料光纤相配的快速收发器，例如东芝 TODX2402（PECL 输入-输出，双工 SMI，速率为 250Mbit/s）。

12.9　数字信号和长导线

当读者试图通过电缆在仪器之间发送数字信号时，就会出现某些特殊的问题，诸如快速信号的容性负载、共模干扰改善和重要的传输线效应（阻抗不匹配造成的反射），并且为了确保数字信号的可靠性，通常需要特殊的技术和接口集成电路，其中有些问题甚至会出现在单块电路板上，所以了解数字传输技术的知识通常会很方便。我们首先考虑的是板上的问题，然后我们继续考虑当信号在电路板之间、数据总线上以及最终在仪器之间通过双绞线或同轴电缆发送时出现的问题。

12.9.1　板上互连

1. 输出级电流瞬态

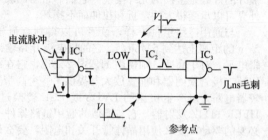

图 12.100　接地电流噪声，也称为地弹

逻辑 IC 的推挽输出电路由一对从 V_+ 到地的晶体管组成。正如我们前面所说的，当输出改变状态时，有一个短暂的间隔，在此期间，两个晶体管都是导通的；在这段时间里，一个"射穿"电流脉冲从 V_+ 流向地，在 V_+ 上出现了一个短暂的负尖峰并且在地上有一个短暂的正尖峰。这种情况如图 12.100 所示。假设 IC_1 做出转换，沿着所标示的路径，从 +5V 到地的瞬间大电流；如果是 74Fxx 或 74AC（T）xx 电路，电流可能达到 100mA。这个电流加上地线和 V_+ 引线的电感，造成如图所示相对于参考点的短电压尖峰。这些尖峰可能只有 5～20ns 宽，但它们可以引起很大的麻烦：假设 IC_2，一个被附近芯片影响的芯片，有一个稳定的 LOW 输出并在一段距离外驱动 IC_3。IC_2 地线的正向尖峰也出现在它的输出端，并且如果它足够大，就会被 IC_3 认为是一个短的高尖峰。因此，在 IC_3 上，离干扰制造者 IC_1 有一段距离，一个正常的大小的真实的逻辑输出脉冲出现了，准备扰乱正常工作的电路。翻转或复位触发器并不费力，这种对地电流尖峰可以很好地完成工作。

对于这种情况，最好的改善方法是：①在整个电路中使用足够的接地线，或者最好是接地面（双面 PCB 板的一面）或多层 PCB 的内层；②在整个电路中大量使用旁路电容器。大接地线意味着较小的电流感应尖峰（较低的电感和电阻），从 V_+ 到整个电路中的旁路电容意味着电流尖峰通过最短回流路径，并且随着电感的降低，电流尖峰值也被降低（电容器作为一个局部电压源，因为在短暂的电流尖峰期间其电压没有明显的变化）。最好在每个集成电路附近使用 $0.1\mu F$ 的陶瓷电容，尽管每 2 个或 3 个集成电路使用一个电容就足够了。此外，使用一些更大的电解电容器（$10\mu F$ 左右）散布在整个电路中用于储能和谐振阻尼是一个好主意 $^{\ominus}$。在任何电路中，无论是数字电路还是线性电路，从供电线路到地面的旁路电容器的重要性再怎么强调也不为过。它们有助于使电源在高频率下变为低阻抗电压源，并且通过电源防止电路之间的信号耦合。没有旁路电容的电源线会引起特殊的电路故障、振荡和其他问题。不要这么做！

2. 驱动容性负载引起的尖峰

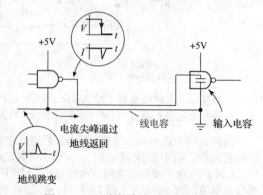

图 12.101　容性负载接地电流噪声

即使解决了电源，读者的问题也没有结束，图 12.101 展示了原因。数字输出将杂散布线电容和它所驱动的芯片的输入电容（通常为 5～10pF）视为其整体负载的一部分。为了在状态之间进行快速转换，它必须根据 $I = C(dV/dt)$ 将一个大的电流驱动这样的负载。例如，考虑一个 +3.3V 逻辑系列中的 74LVCxx 芯片，驱动总负载电容为 25pF（相当于三或四个用短导线连接的逻辑负载）。在典型的输出上升和下降时间为 2ns 时，逻辑转换期间的电流为 40mA。这个电流通过地回流（高变为低）或 +3.3V 电平回流（低变为高），在接收端依旧会产生那些小尖

峰。要了解这种电流瞬变的影响，得明白布线电感大约为 5nH/cm 这一事实。一英寸（2.54cm）的地线承载这种逻辑过渡电流，会有 $V=L(dI/dt)=0.2V$ 的尖峰。如果芯片恰好是一个八进制缓冲器，在六、七个输出端上同时进行转换，那么接地尖峰将超过 1V；请参考图 10.99。在被驱动芯片附近也会产生类似的（虽然一般较小）接地尖峰，驱动电流尖峰通过被驱动器件的输入电容回到地。

在同步系统中，由于有许多器件同时进行输出转换，噪声尖峰情况会变得非常严重，以至于电路不能可靠地工作。在一个大的印制电路板中，尤其是在互连线较长的情况下，这种情况更为严重。当整组数据线同时进行从高到低的转换，产生瞬间非常大的接地电流时，电路偶尔会发生故障。

这种码型敏感性是噪声引发误差的特性，并且这也是我们需要在微处理器系统上运行大量的内存测试的原因（在这种系统中，读者通常有 16 或 32 条数据线和 32 条地址线以极高的模式跳动）。

最好的设计方法是在多层电路板上使用内部地平面层，或者至少在较简单的双面电路板的两边垂直"网格化"地排列。必须大量使用旁路电容。这些问题已经通过以下措施得到了很大程度地缓解：①分立逻辑器件的低电感表面贴装封装；②在复杂的逻辑器件上使用多个接地引脚[⊖]；③几乎普遍采用具有专用电源层和接地层的多层 PCB，并大量使用 SMT 芯片旁路电容；④控制边沿速率芯片设计（如 74ACQ、74ACTQ 或 Gunning 收发器逻辑）和冗余的中心引脚电源-地引脚布局，以适应快速逻辑芯片采用较不利布局的情况（例如通孔封装、两层 PCB 等）。

由于这些噪声问题，通常最好不要使用比需要的更快的逻辑系列[⊖]。

12.9.2 板间连接

随着逻辑信号在电路板之间传递，出现故障的机会将迅速增加，有更大的布线电容，以及更长的地线路径通过电缆、连接器、转接板等，所以逻辑转换时驱动电流引起的地线尖峰通常更大、更麻烦。如果可能的话，最好避免在板卡之间发送扇出较大的时钟信号，各个板卡的地线连接也要牢固。对于快速信号（特征时间为几 ns 或更小），必须把互连当作恒阻抗传输线，可以是单端（同轴电缆）或差分（双绞线）。关于这一点，我们很快就会有更多的说明。

如果在板间发送时钟信号，那么在每块板上使用门（用于单端信号）或差分接收器（用于 LVDS 等差分信号）作为输入缓冲器是很重要的。在某些情况下，最好使用线性驱动器和接收器芯片，我们将在后面讨论。在任何情况下，最好尽量将关键电路集中在一块卡上，在这里读者可以控制地线的电感，并将布线电容保持在最低限度。快速信号（边沿时间为 1ns 或更少），特别是时钟信号，如果在单板上的电路之间传输，通常会以"带状线"或"微带线"的路径传播[⊜]。这可以采取在 PCB 表面（微带线）或板间（带状线）的走线的形式；也可以是差分对，两个导线并排或垂直堆叠。这样的恒阻抗线路将以其特性阻抗进行端接，通常为 50Ω（单端）或 100Ω（差分），或者在驱动端进行反向终端匹配，或者进行远端端接，或者两者兼而有之。在几块电路板之间来回发送快速信号的过程中所遇到的问题不容小觑，它们可能会变成整个项目中最令人头痛的问题！

12.10 驱动电缆

读者不能仅仅通过在两个仪器之间连接一根导线就将数字信号从一个仪器传到另一个仪器，因为这样的方式容易产生干扰（同样会产生对自身的干扰），并且会导致数字信号本身质量的严重恶化。

相反，数字信号通常是通过同轴电缆、双绞线、扁平带状电缆（有时带有接地面或屏蔽）、多线捆绑电缆，以及越来越多的光纤电缆传输的。让我们来看看在电子设备盒之间发送数字信号的一些方法，因为这些方法构成了数字接口的重要部分。在大多数情况下，有特殊用途的驱动器-接收器芯片使读者的工作更容易。

12.10.1 同轴电缆

如果读者从来没有处理过通过电缆的快速信号，读者将会得到一个惊喜。

错误的方式

这里有一个典型错误：读者有一些数字信号从数字 I/O 接口卡中出来，例如美国国家仪器公司生产的流行系列数据采集产品 PCI-6509。这个小东西可以插入计算机主板的 PCI 插槽，并提供 96 位双向数字 I/O，分成 12 个字节，每个字节可以作为输入或输出。作为输出，每个位都能产生全回转

⊖ 例如，我们实验室使用的 Virtex-5 FPGA 有 197 个引出的接地引脚；更大的 FF1760 封装版本有 322 个！

⊖ 这个建议也适用于模拟电路：当读者不需要高速时，不要使用 100MHz 运算放大器或 2ns 比较器。

⊜ 这是强制性的，例如对于 ECL-100K、ECL-100E、ECL-100EL 和 ECL-100EP 的快速逻辑系列。

的 5V CMOS 逻辑电平（即 0V 和+5V），具有足够的驱动能力（24mA 灌或源），足以轻松驱动固态继电器、小型机械继电器、明亮的 LED 等负载。

错误是将这个数字输出连接到同轴电缆的长度，并期望它安全地到达远端，如图 12.102a 所示。我们的想法是这样的：我们至少有 24mA 的驱动器，它应该能够驱动 2m 长的同轴电缆（$C=100pF/m$）的 200pF；毕竟，$I=CdV/dt$ 预测上升时间为 20ns，假设典型的开关输出电流为 40mA 到容性负载，那么问题是什么呢？

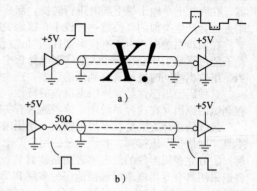

问题在于，当处理与电缆的往返延迟时间相当（或短于）的时间尺度上变化的信号时，我们必须将同轴电缆作为传输线，而不是作为块状电容的低频近似。如果读者试图用逻辑输出直接驱动电缆，则会在远端得到混乱的波形，有过冲和极性反转，产生不正确的波形恢复（甚至破坏远端门）。但读者只需要在驱动端增加一个 50Ω 的串联电阻，就能化解这个问题（见图 12.102b）；远端波形变成了驱动波形的良好复制。

图 12.102　a) 用逻辑输出驱动一段电缆会产生过冲和极性反转的扭曲波形；b) 添加约 50Ω 串联电阻产生固化效果

让我们更详细地看看这种情况，从错误的方式开始，然后通过解决问题的三种配置进行处理，每种配置都有优点和缺点。我们最终将得到图 12.102b 中的修复，称为串联终止，它非常适合数字逻辑信号[⊖]。

为了说明这个问题，我们连接了图 12.103 的电路，并通过它运行脉冲模式。读者可以在图 12.104～图 12.106 中看到测量结果。在图 12.104 中，远端一直没有连接：第 1 个过渡在 12ns 后到达远端，在那里它从开路端反弹（极性不变），产生了一个几乎是步长两倍的输出电压；当信号来回反弹时，事情变得很混乱，每次从源端反弹时极性都会反转，每次反弹都会慢慢衰减，但总是会增加新的源信号过渡。远端的信号看起来很糟糕，它摇摆到+8V 和 6V，即使我们只用 0V 和+3.3V 驱动电缆。想象一下，当我们在远端连接逻辑反相器时，会发生什么。

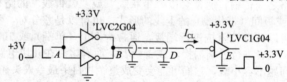

图 12.103　一种试图通过一段远端"无端"的电缆直接发送数字逻辑信号的测试电路。灾难性的结果可以在图 12.104～图 12.106 中看到。不要这样做！

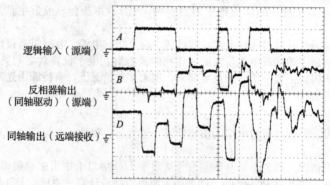

图 12.104　图 12.103 电路中所示的波形，当脉冲模式时钟为 20ns 且 8ft（2.4m）RG-58 同轴电缆远端未连接时驱动。电缆的 3.3V 逻辑电平驱动器产生近 15V 峰间的远端摆动！水平为 40ns/div，垂直为 3V/div

⊖　但并非所有信号都适用，在射频和视频领域，"双端终端"的方法被普遍使用。

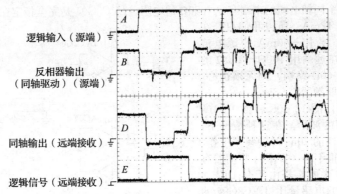

图 12.105 与图 12.104 相同，但在远端连接 LVC1G04 反相器。反相器输入保护二极管的钳位效应减少了同轴输出的摆动。这种不健康的情况会在输出端产生一些错误的转换，它也会破坏输出反相器

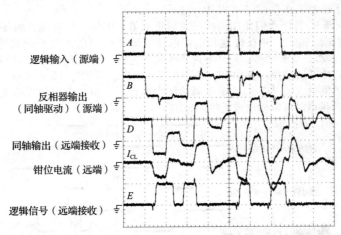

图 12.106 与图 12.105 相同，但具有 5V 逻辑（'LVC2G04 驱动器，'HCT04 远端接收器）。注意大量的钳位电流和容易出错的信号恢复。水平为 40ns/div，垂直为 5V/div 和 20mA/div

读者不需要想象。在图 12.105 中，我们已经连接了远端反相器，同样从 $+3.3V$ 运行。它的输入保护二极管钳制了波形，将负波动限制在大约一个二极管压降的范围内，但允许正波动偶尔到 $+8V$（'LVC1G04 有 5V 兼容输入，无论电源电压如何）。这是一个丑陋的情况，恢复的逻辑输出有一些错误的过渡也就不足为奇了。

现在回到最初的场景，一条 2m 长的电缆将一个数字 I/O 卡连接到某个仪器上，驱动信号来自一个巨大的 5V 逻辑输出，而接收器（在某个商用仪器内）很可能是类似于 HCT04（5V 逻辑，TTL 阈值为 1.4V）的器件。图 12.106 显示了发生的事情。这不是一幅漂亮的图形：远端信号再次被部分钳位，但达到 $+10V$ 和 $-5V$ 的峰值，相应的钳位电流为 $\pm25mA$。这超过了绝对最大值输入钳位电流规范的 $\pm20mA$，而且恢复后的输出也是一团糟。很明显，读者不能用这种方式将仪器连接起来。

12.10.2 正确的方式：远端端接

解决的办法是在电缆的特性阻抗 Z_0 中进行端接，对于大多数同轴电缆来说，Z_0 的特性阻抗为 50Ω（电阻），有三种不同的安排方式，即远端端接、双端端接（两端）和近端端接（串联端接、源端端接或背端端接）。

远端端接是最容易理解的，见图 12.107。关于传输线的事实是，在远端增加一个值为 $R=Z_0$ 的简单电阻，可以抑制所有的反射，而且使电缆输入看起来像一个纯电阻，等于 R。令人惊讶的是，所有的电容消失了。

好消息是这解决了问题。坏消息是 Z_0 很低，通常是 50Ω，这需要相当高的驱动器输出电流（驱动器 20mA/V）。图 12.107 展示了一种方法，利用'LVC04 或'AC04 的几个部分并联驱动 50Ω 的同

轴电缆的近端，这个同轴电缆的末端有一个 50Ω 的电阻。'LVC2G04 是完全指定在 24mA 输出电流和 3V 电源；'AC04 是 12mA。所以我们只是在这里推动一点点，要求 +60mA 的源电流（不过，如果我们在远端用 100Ω−100Ω 的驱动器取代单一的 50Ω 终端，则无须担心，这将需要 30mA 的驱动器⊖）。

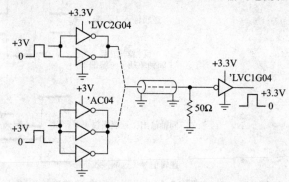

图 12.107　数字逻辑电平驱动端端接 50Ω。除了损失之外，接收到的信号是驱动信号的完全复制

但它是有效的。图 12.108 和图 12.109 显示了得到的漂亮的波形，在这种情况下，10m 的长度，以同样的 20ns 时钟频率工作。注意，整个波形都很干净（'AC04 驱动器有一点明显的环形，这可能是由于其 DIP-14 封装的电源和地线的电感比 'LVC2G04 的紧凑 SOT23-6 表面贴装封装大所造成的）。

如果担心将完整的轨至轨逻辑电平波动推入 50Ω 负载所需的大量驱动电流，并且如果不是以最大逻辑速度工作，读者可以用 MOSFET 低端驱动器 IC 替代我们使用的并联逻辑反相器。例如，久负盛名的 TC4420 系列 MOS-FET 驱动器接受逻辑级输入，并在接地和电源电压之间产生稳健的轨至轨输出摆动，其范围为 +4.5~+18V。这些都是双驱动器，有许多封装样式（包括 DIP）和倒置或非倒置的型号。有数百种 MOSFET 驱动芯片可供选择，其中有一些来自 Fairchild、IXYS、Microchip、ST 和 TI 等公司，大多数都从 5V 电源供电（虽然它们的输出驱动能力降低了，但它们仍然很强大，例如 9A 的 IX-DD609 在从 5V 电源供电时可以输出或吸收 2A）。

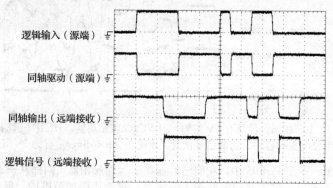

图 12.108　图 12.107 电路的波形（'LVC2G04 驱动器），具有与图 12.104~图 12.106 相同的 20ns 时钟脉冲模式，但同轴电缆长度为 10m。水平为 40ns/div，垂直为 3V/div

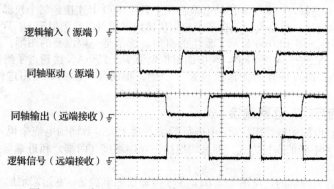

图 12.109　与图 12.108 相同，但使用了 'AC04 驱动器

⊖　一个将所需的驱动电流减少 2 倍的好方法是在远端使用一对 100Ω 电阻，作为电源和地之间的分压器。

不要被数据手册上相当宽松的速度规格（例如，20ns 或更多的上升和下降时间）所吓倒，因为这些通常被规格化为开关功率 MOSFET 的容性负载（1000~10000pF）。当驱动 50Ω 远端端接的同轴电缆时，读者会做得更好，因为它为驱动器提供了一个纯电阻负载。例如，IXYS IXDD509 9A 非反相驱动器规格为 25ns 的上升和下降时间，但这是进入 10000pF。然而，从数据手册中稍后的曲线来看，读者会发现在 +5~+30V 之间的电源电压下，上升和下降时间为 4ns 或更少⊖。

1. 正确的方式：双端端接

通过在电缆的输入端增加一个串联电阻，其值等于其特性阻抗（即 50Ω，见图 12.110），可以在一定程度上弥补驱动末端 50Ω 同轴电缆所需的高电流。然后，驱动器看到的是 100Ω 的负载（串联电阻加上电缆输入端的 50Ω）。这有时被称为双端端接。它有一个额外的优点，即任何从远端重新发射的信号都会被输入电阻所吞噬，它有效地充当了向后传输信号的终端。

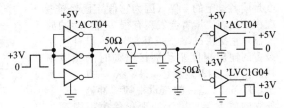

图 12.110　数字逻辑驱动双端端接 50Ω 的同轴电缆。接收到的信号幅度是驱动器逻辑输出的一半，因此在本例中为 2.5V

它是有效的，但现在输出信号的振幅是驱动器的一半，因为电缆的输入电阻与输入端的串联电阻形成了分压器。这就是为什么我们在输入端使用 5V 逻辑，并在输出端结合阈值在 1.2~1.4V 范围内的反相器：要么是 TTL 阈值 'ACT04（见图 12.111），要么是从较低的 +3V 电源运行的逻辑（见图 12.112）。'ACT04 的输入逻辑电平规格为 <0.8V 和 >2.0V，'LVC1G04（从 +3.0V 供电）的相应参数为 <0.8V 和 >1.7V。

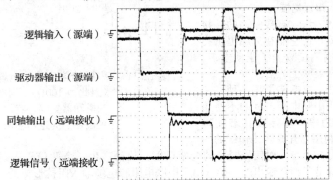

图 12.111　图 12.110（'ACT04 接收器）的电路波形，与图 12.104~图 12.109 相同的 20ns 时钟脉冲模式，同轴电缆长度为 10m。水平为 40ns/div，垂直为 3V/div

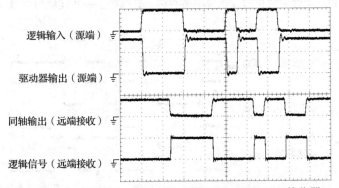

图 12.112　与图 12.111 相同，但使用了 'LVC1G04 接收器

⊖ 尽管有良好的上升和下降时间，但在低电源电压下，无论负载电容如何，都会有大量的延迟时间；对于这个 IXYS 部分，当电源为 +5V 时，延迟时间为 30ns 级，当 V_S=10V 时，延迟时间下降到一半。从实用的角度来看，这将运算速度限制在几 MHz。在高频率下，一个更严重的问题是，由于大输出 MOS 器件的高内部电容，在频率高于 MHz 时，轨对轨电源电流不断上升，从而导致功率耗散。有些部件在其数据手册中显示空载电源电流与频率的关系图。

用于射频和视频的选择方法 因为双端端接会导致接收信号的幅度只有未加载驱动器的一半，所以它不太适合这样的数字逻辑应用。最好使用串联端接。然而，为了避免我们留下错误的印象，我们注意到，双端端接的使用在射频和视频领域是通用的。

所有这类信号源的输出阻抗与电缆阻抗相等（RF 为 50Ω，视频为 75Ω），每根电缆的远端都用同样的电阻端接。而通过将每个信号源的开路幅度安排为（适当端接的）远端最终需要的 2 倍，来解决 2 倍的幅度降低问题。读者可以在信号和函数发生器中看到这一点，用范围探头测量的输出幅度是读者设定的 2 倍（因为它假定已经连接了一个 50Ω 的负载电阻或一条 50Ω 远端端接的电缆）。

在视频领域，读者会发现有很多视频缓冲放大器，它提供的增益正好是 ×2，以补偿所设置的输出幅度驱动端接电缆时的相应损耗。图 12.113 显示了 LTC 公司的一个例子，LT6553 是一款三重视频缓冲器（三个独立的放大器，用于处理彩色模拟视频），内部设置增益为 2，旨在驱动 75Ω 视频电缆，如图所示。它具有令人印象深刻的带宽（650MHz）和压摆率（2500V/μs），并能在由 ±5V 电源供电时，将 ±3.5V 摆幅驱动到它在此电路中看到的 150Ω 负载中，其配套的 LT6554 具有相同的规格，但具有统一的增益。

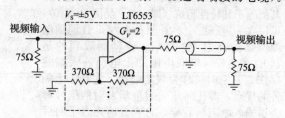

图 12.113 视频缓冲区放大器驱动 75Ω 加载到 75Ω 的同轴电缆，$G_V = 2$ 的电压增益补偿了放大器输出端串联电阻引起的 ×2 信号衰减

2. 正确的方式：串联端接

总结一下前面的方法：直接驱动的端接需要大量的驱动电流，但它能在远端提供完整的驱动信号；双端端接减少了驱动电流，但将驱动信号的幅度衰减了 2 倍。

还有第三种方法，它抓住了每一种方法的优点：在源端使用串联电阻，远端不使用端接。这有时被称为串联端接或背端端接（见图 12.114）。它利用了开放式传输线的一

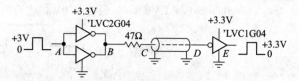

图 12.114 串联端接负载为电缆特性阻抗的 2 倍（因此为 100Ω），同时在远端提供完整的驱动器振幅，我们推荐这种方法用于仪表板上的逻辑输出

个特性，即从远端有一个与入射信号同号的全幅反射，从而产生一个两倍于入射幅度的输出幅度。但是，由于入射振幅是驱动器输出的一半（由于串联电阻和电缆输入阻抗形成的分压器），净结果是输出刚好等于驱动器的输出——充分的输出摆动，而不需要驱动电缆的低阻抗，而且我们不会出现信号来回跳动的情况（见图 12.105 和图 12.106），因为串联电阻作为后向信号的适当端接。取而代之的是，读者会得到一个远端的反射，在源端被吞噬，近端产生一些陡峭的波形（见图 12.115）。

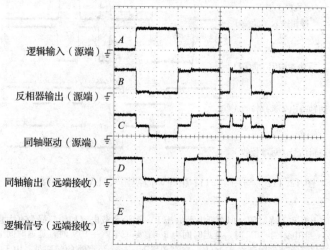

图 12.115 图 12.114 电路的波形，与图 12.104~图 12.112 具有相同的 20ns 时钟脉冲模式，同轴电缆长度为 2.4m。水平为 40ns/div，垂直为 3V/div

　　串联端接是通过电缆输送逻辑信号的首选方法。这种技术具有以下令人愉快的特性：①提出一个（不太严重的）负载阻抗，相当于电缆特性阻抗的 2 倍；②在逻辑电平变化向下和向后传播后，不需要持续的驱动电流。扩展一下后一点：在阶跃变化之后，电流立即从驱动门流出，$I = V_{\rm CC}/2Z_0$，或者说对于驱动 50Ω 电缆的 5V 逻辑来说，电流为 50mA；但这在往返传播延迟之后就停止了。我们有 +50mA 用于从低到高的步长，50mA 用于从高到低的步长。通常我们会估算出驱动门的路径，并相应地减少所加源电阻的值。但如果总的源电阻太低（小于 50Ω），返回的回波将过冲 $V_{\rm CC}$（对于从低到高的步长）或欠冲地（对于从高到低的步长），时间等于传播延迟。如果过冲足够高（例如，对于 5V 电源，超过 10%），将导致栅极输出钳位二极管的电流上升。

　　被称为 AUC 小逻辑的逻辑系列（TI 的低压逻辑系列之一，一个或两个门，采用 5 引线或 6 引线 SMT 封装）具有不同寻常的输出结构，非常适合驱动 PCB 线或同轴电缆。它的输出阻抗是串联端接的合理近似，因此读者可以直接从逻辑门输出驱动 50Ω 的传输线，而不需要任何串联电阻。该系列针对 +1.8V 电源电压进行了优化，输出级由三个并联的反相器组成，因此在逻辑转换期间，驱动阻抗会发生变化：它开始时为低电平（用于高驱动电流），然后变得与传输线近似匹配，抑制振铃或反射。另外，从输出到正电源没有钳位二极管，所以输出具有 3.6V 容限，不会因开路传输线的回流而损坏。

　　虽然建议电缆或线长度只到 15cm 左右，但我们发现，这些设备对于实质上较长的电缆运行工作良好。图 12.116 显示了用 100MHz NRZ 数据（图 12.104～图 12.112 和图 12.115 中所用速率的两倍）驱动 30cm 长的 50Ω 电缆（RG-316 瘦同轴电缆）时的信号。使用这个驱动器，在这些速度下，信号能传输多远？图 12.117 显示了逻辑输入模式，以及当驱动长度为 50Ω 的同轴电缆至 5m 长时的（开端）同轴电缆输出（图 12.114 中的 A 和 D 点）。对我们来说，这看起来很不错！

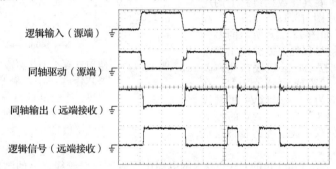

图 12.116　来自工作在 1.8V 的 74AUC1G04 反相器的波形，直接驱动 30cm 长的同轴电缆，具有与之前相同的脉冲模式，但时钟速率为 10ns。这 4 条轨迹（从上到下）对应图中的点 A、C、D 和 E，但没有电阻。同轴电缆近似半步输入确认驱动阻抗接近 50Ω。水平为 20ns/div，垂直为 2V/div

3. 驱动器预加重和接收器均衡

　　上面测量的波形看起来还不错。但我们并没有真正突破极限，在 50～100Mbps NRZ 的这些数据速率下。当读者试图每秒发送几百兆的数据时，事情就会变得非常混乱，因为同轴电缆本身就会变得有损耗，并且会衰减较高的频率。例如，流行的 RG-58A（用于 BNC 跳线）在 500MHz 时，每 30m 衰减约 10dB。当然，读者会做得更好，通过低损耗的电缆（例如，RG-8 衰减约 5dB/30m），但这些电缆比较笨重，RG-8 电缆直径为 10mm，是 RG-58 的两倍。

　　以下是可以做的替代方法：在驱动端或接收端（或两者），读者可以补

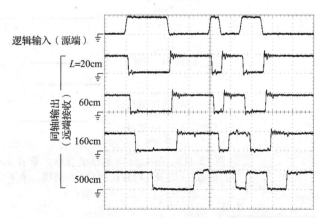

图 12.117　设置与图 12.116 相同，显示同轴电缆远端接收到的波形。水平为 20ns/div，垂直为 2V/div

偿电缆在较高频率下的损耗（和相移）。这分别叫作预加重和均衡。本章后面的图 12.130～图 12.132 显示了在差分双绞线或印制电路差分线的情况下是如何进行的。对于（单端）同轴线，读者可以使用像 NSC 的 DS15BA101 和 DS15EA101 这样的芯片组；后者是一个带有自适应均衡器的接收器，它可以在 750MHz 的频率下应用高达 35dB 的提升。它的效果相当好，因为这些大的信号波动在屏蔽（或双绞线）传输线上运行时的信噪比非常好。我们接下来将看到这一点，这与差分对上的 LVDS 信号传输有关。

12.10.3　差分对电缆

还有另一种在电缆上传输数字信号的方法，即使用差分信号，最常见的是通过双绞线[注]。后者的一个常见例子是 Cat-5（或 Cat-6）以太网电缆，它是一种非屏蔽电缆，包含 4 个独立的双绞线，阻抗为 100Ω。差分信号传输的一些优点是抑制共模干扰和接地噪声，能够使用较小的信号波动（因此驱动电流较小），以及大幅降低辐射噪声和信号率接地电流波动（来自平衡的差分波动以及较小的振幅）。两种流行的差分信号标准是 RS-422 和 LVDS。它们有几种不同的方式。粗略地讲，RS-422 用于数据速率高达 Mbit/s，电缆长度可达 1km。它使用差分电压驱动，并且在工业控制应用中很常见。相比之下，LVDS 用于 Gbit/s 的数据速率，在几米的距离上。它使用差分电流驱动，在短距离高速率应用中很常见，如背板（如 PCIe）和传输串行数据（如 SATA、火线）。两者都是点对点连接，但提供了多种变体（RS-422→RS-485，LVDS→M-LVDS）。

1. RS-422 和 RS-485

这些构成了流行的工业数据总线，提高了工业数据的质量，在 RS-232 数据链路标准的基础上，大大扩展其在数据链路上的应用。后者的功能见图 12.134。RS-422 和 RS-485 标准规定了如图 12.118 所示的差分电压驱动中使用的信号属性。差分输出通常在地和 +5V 轨之间摆动，虽然规格允许差分输出波动小到 ±2V 或大到 ±10V。在 −7～+7V（RS-485 为 −7～+12V）的共模范围内，接收器必须对小至 ±0.2V 的差分输入进行响应。差分双绞线电缆的特性阻抗为 100～120Ω。

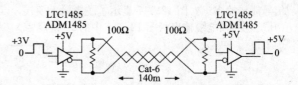

图 12.118　使用具有 3 个状态输出的收发芯片（每个芯片有一个单独启用的 Tx 和 Rx，共享一个公共的差分对），在一段长度的非屏蔽双绞线上使用 RS-422/485 差分电压信号

图 12.119 显示了在 140m 长的 Cat-6 以太网电缆中穿越四对双绞线之一的测量信号，其时钟频率为 10MHz（即 NRZ 速率为 10Mbit/s），现在大家都熟悉的比特模式。虽然这比 RS-422 规范允许的速度快 10 倍，但接收信号的差分性质还是允许干净的逻辑恢复。注意，传播延迟为 700ns（主要由电缆中 4.7ns/m 的信号速度引起）。

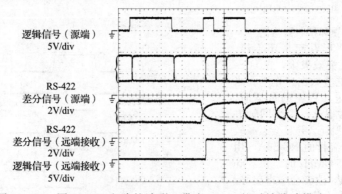

图 12.119　图 12.118 电路的波形，带有 100ns 的时钟脉冲模式，以及 140m 长的 Cat-6 网线。水平为 200ns/div

---

⊖　可为屏蔽双绞线（STP）或非屏蔽双绞线（UTP）。它不需要被扭曲，但是读者会看到相邻的线对在扁平的带状电缆用于差分信号，以及平行跟踪对（微带或带状线）在印刷电路板上。

　　差分信号提供了令人印象深刻的抗共模干扰能力。这可能来自附近的信号传输线或辐射信号（来自无线电/电视、无线网络等发射器）。

　　我们通过图 12.120 中的电路来说明 RS-422 信号传输中的共模抑制。从目的端看，伪随机噪声发生器向信号源的（浮动）地加 15Vpp 噪声电压，结果如图 12.121 所示，从目的端看，5V 逻辑信号和 RS-485 差分对信号都被噪声化了，达到了 7V 和 +12V 的峰值电平（规范的接收器共模范围）。但是，共模抑制功能可以完整地恢复原始逻辑。

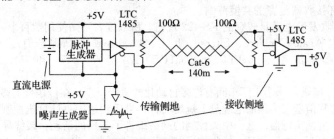

图 12.120　RS-422 共模噪声抑制测试。我们浮动驱动侧电路，并以相对
于远端地约 15Vpp 幅度的带限噪声驱动其"地"

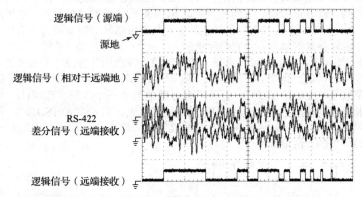

图 12.121　图 12.120 电路的波形。从远端看，输入逻辑信号被埋没在噪声中，从 −7V 延伸到 +12V。
　　　　　个别的差分信号同样是混乱的，但恢复的逻辑输出是无错误的。信号模式包括宽度从 $5\mu s$
　　　　　到 $200\mu s$ 的脉冲。水平为 $100\mu s$/div，垂直为 10V/div

压摆率限制　　如果不需要速度，明智的选择是低压摆率的驱动器芯片，因为读者得到较少的信号耦合相邻对。RS-422 和 RS-485 驱动器可以选择压摆率，例如 Maxim MAX3293-95 系列，指定速率为 250Kbit/s、2.5Mbit/s 或 20Mbit/s。其他例子包括 MAX481-489 和 1481-1487 系列、LTC2856-2858 系列和 65ALS176 及 75ALS176B。

RS-422 与 RS-485　　RS-485 基本上是 RS-422，但增加了一些功能，使几个驱动器共享一个信号对成为可能：这要求驱动器有 ENABLE 输入，因此它们可以进入高阻抗（非干扰）状态，类似于在共享（单端）上使用三态驱动器。RS-485 接口芯片（例如经典的 75ALS176 或 LTC1485）通常组合收发对，共享相同的差分信号线（半双工⊖），具有互补的 ENABLE 引脚（称为 DE 和 RE），这样的收发芯片如图 12.122 所示。

　　除了多个驱动器所需的 ENABLE 功

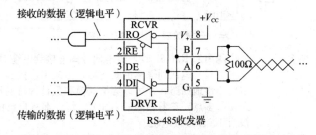

图 12.122　RS-485 收发器将驱动器和接收器组合在一
个封装中，共享一个双绞线对。分开的
ENABLE 引脚（通常绑在一起）允许在任
意方向操作。所示的引脚编号是行业标准

⊖　将 RS-485 驱动器和接收器分别成对输出的接口芯片被称为全双工。

能（称为多点），RS-485 规范加强了其他一些 RS-422 规范。它扩大了接收器共模输入范围（7～
＋12V），从而允许围绕传统的电源和信号电平 0V 和＋5V 进行对称的共模波动（高达 7V）；它降低
了负载电阻（至 54Ω），这是必要的，因为任何一端的驱动器都需要在另一端进行端接（因此两端都
需要 100～120Ω）。RS-485 规范还扩大了可应用于驱动器输出（在禁用状态下）的允许共模范围，从
超出轨的二极管压降（RS-422）到 RS-485 输入的全部 7～＋12V 范围。当然，这是必要的，因为在
典型的双向（或多点）安排中，驱动器和接收器都永久连接到信号线上；如果驱动器的输出钳位到
地或正轨，就会破坏接收器更宽的共模范围。

　　大多数 RS-485 收发器也满足较窄的 RS-422 规格，所以读者不妨使用数百个可用的 RS-485 接口
芯片中的一个（来自 Analog Devices、Intersil、LTC、Maxim 或 TI 等制造商）。一些常见的选择是
'ALS176（及其许多模仿者——65LBC176、65HVD1176 等）、75176 和 75ALS180、LTC1480/5
和 ADM1485。

隔离的 RS-422/485　场景：一个工厂车间有许多自动化的机床，产品在传送带上移动。传感器通过电
缆发送数字信息，这些信息在头顶的电缆盘上蜿蜒而行，最后到达中央计算机控制中心；同样的电缆
或不同的电缆将指令传回执行器。这个中央控制的网络编排了工厂的活动，最终导向了实际的（和可
实现的）目标：制造东西。常见的是，这些信号以差分 RS-485 或过程现场总线（PROFIBUS [⊖]）这样
的变体传输。

　　这些活动可能分布在数百英尺的距离上，并可能在建筑物之间进行。让我们面对现实吧，随着
所有重型机械的轰鸣，读者很可能会看到甚至超过 RS-485 的规格的共模瞬变。这里的解决方案是使
用隔离接口芯片，其中 RS-485 信号有自己独立的地，与逻辑信号的地电隔离。当然，这需要第二个
直流电源，相对于逻辑信号的地而言，它是浮动的。

　　有许多隔离的 RS-485 接口芯片可供选择。聪明的设计者利用各种技巧使快速的数字信号穿过一
个可以承受千伏左右的间隙。例如，LTC1535（或 MXL1535）隔离式 RS-485 收发器使用小电容来
耦合（调制）数字信号（见图 12.123）。它还很有帮助地包括一个高频（420kHz）振荡器，读者可
以用变压器隔离和整流其输出，使 RS-485 的信号侧隔离直流。TI 公司的 ISO15/35 是一种价格较低
的替代产品，它省去了振荡器；读者必须从头开始提供隔离的直流电（可以用隔离的 dc-dc 转换器，
也可以用交流线路供电的直流电源）。

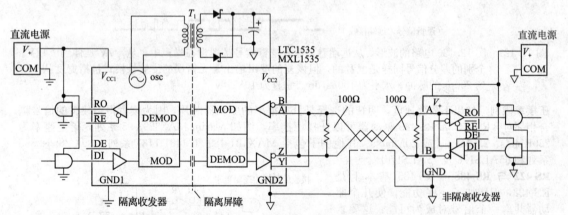

图 12.123　一个隔离的 RS-485 收发器电偶分离连接到电缆对的电路与逻辑级电路。远端地（GND2，三
　　　　　角形符号）返回到隔离的收发器，但从不连接到本地地（GND1，普通符号）。这样的安排可
　　　　　以防止接地回路，并可以容纳共模和数百伏特的接地偏置电位。附加的隔离收发器可以沿着
　　　　　跨接（多点）参考相同的 GND2，每个都有自己的隔离 RS-485 侧电源；必须保持短的长度，
　　　　　没有 100Ω 端接电阻

　　另一种方法是用小型（芯片级）变压器进行耦合。模拟器件公司的 ADM2485 系列隔离收发器
就采用了这种技术，它还提供了一个振荡器输出，可用于生成隔离的直流电（如 LTC1535）。或者，

⊖　PROFIBUS 收发器具有更高的最大数据速率，通常为 30Mbit/s 或 40Mbit/s，并通常满足 RS-422 和 RS-485 的
　　规格，如 65ALS1176、ADM1486、ISO1176 或 ISL4486。其他一些使用 RS-485 的工业总线包括 BITBUS、
　　DH-485、INTERBUS-S、DIN66348、Optomux、P-NET 和 90 系列（SNP）。

读者也可以添加流行的 MAX845 或 MAX253 芯片，它们在 0.75MHz 时产生一对互补方波输出，适合直接驱动小型隔离电源收发器。电工行业使得使用这部分很容易，主要的变压器公司甚至提供 MAX845 变压器。

NVE 公司的 IL3485 采用了一种有趣的技术，即巨磁阻效应（GMR，广泛用于硬盘驱动器，以感应旋转盘上的磁网存储位）。NVE 采用 GMR 直接感应光纤，而不是传统的变压器耦合，即次级绕组感应磁通变化。

最后，像 MAX1480/90 这样的隔离式收发器使用光耦合器来接收数字信号。而且，为了让读者的生活变得非常简单，它们包括一个内部变压器来产生隔离的直流电源。这些混合型 IC 还包括二极管和电容来完成电源电路，因此读者只需要提供+5V 逻辑侧电源。

以太网 PHY 当考虑跨越隔离障碍移动数字数据时，不要忘记本章前面的光耦合器和光纤，也不要忘记通过脉冲变压器进行隔离，例如，在以太网等局域网中使用。图 12.124 显示了一个以太网链路的物理层（PHY），其中有脉冲隔离变压器。如图所示，它们同时使用变压器和共模扼流圈，提供了很好的共模干扰抑制能力[⊖]（当然也包括两端的电位差）。而且，如果需要更远的距离，读者可以使用媒体转换器来传输以太网信号的正常运转。看看像 Allied Telesis 这样的制造商提供的产品。

2. LVDS

与 RS-422 相比，LVDS（低压差信号传输，又称 RS-644）标准的目的是在较短的电缆（10m）或较短的电路板线路上实现更高的数据速率（1Gbps 及以上）。LVDS 不是用几伏幅度的交错电压驱动线对，而是切换电流：LVDS 驱动器将 3.5mA（标称值）灌或拉入线对，并将其远端端接在其特性阻抗（通常为 100Ω）上。这就会在远端产生 350mV 的差分电压。驱动器有义务维持共模电压，名义上是+1.2V；因此接收器看到的交错电压约为+1.0V 和+1.4V。我们特意选择相对较低的共模电压是为了适应在低电源电压下工作的驱动器和接收器芯片。这一点很重要，因为数字芯片正稳步向低电压发展，而 LVDS 接口通常被集成到希望在低电压下运行的复杂芯片中。

我们通过图 12.125 中的电路（类似于图 12.120 和图 12.121）以说明 LVDS 对共模干扰的抑制。我们将一个 30MHz 的梯形波形注入未使用的网络电缆对中，并调高

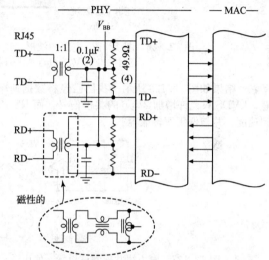

图 12.124 以太网使用变压器耦合和共模扼流圈对其差分信号进行鲁棒隔离。最靠近线路的是物理层（PHY），其次是媒体访问控制层（MAC，如 MAC 地址）

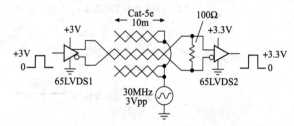

图 12.125 抑制 LVDS 共模干扰的试验。我们在一根 10m 长的 Cat-5e 网线的远端，对两对未使用的网线施加一个约 30MHz 的信号，同时通过另一对不同的网线发送脉冲序列（时钟为 20ns）

振幅，直到接收到的信号达到 0V 和+2.4V 的规范共模接收器极限，结果如图 12.126 所示。读者可以看到两个接收到的信号电压在输入信号的指令下（当然是被那个光速的干扰所延迟），互相交织，被 LVDS 接收器干净利落地恢复。

为了说明在地线相差很小的 60Hz 交流电仪器之间传递数字信号的问题，我们建立了图 12.127 的电路，我们浮动源设备的地，类似于前面 RS-422 的安排（见图 12.120），然后用 2Vpp 正弦波驱

⊖ 通过添加电涌保护组件，特别是 Bourns 的瞬态阻塞单元（TBU），读者可以获得额外的健壮性。这些小的二端元件与变压器的信号引线串联在一起：它们像一个低电阻，直到临界电流，这时它们进入高电阻状态。

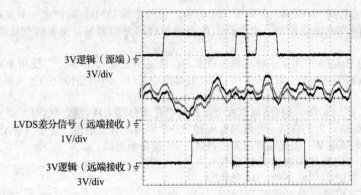

图 12.126　图 12.125 电路的波形。这个注入信号总计达到 ±1V 共模干扰
到约 400mV 差分 50Mbps 接收信号。水平为 40ns/div

动它。结果如图 12.128 所示。我们已经将数据速率时钟化，所以读者可以看到电源线的频率。注意，LVDS 只允许增加 2Vpp 的共模信号，而 RS-422/485 则为 14Vpp；但使用 LVDS，读者可以得到速度，并与低压逻辑兼容[⊖]。

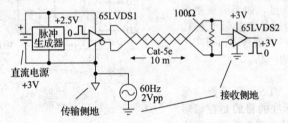

图 12.127　电力线共模测试设置，使用浮动 LVDS 信号源（包括脉冲生成器和电源）

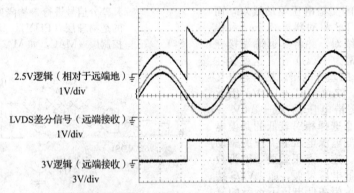

图 12.128　图 12.127 的电路波形。将约 400mV 差分信号叠加在添加的 2Vpp 60Hz
正弦波上，达到指定的接收器共模 0V 和 +2.4V 极限。水平为 4ms/div

　　LVDS 协议广泛用于串行器-解串器链路，其中快速串行链路连接一对分离的并行寄存器。在每一端，认为正在与并行端口对话，但在两者之间，数据以串行位的形式传输。常见的数据宽度是 10 位，这让读者可以发送一个字节加上两个额外的位来表示任何想要的东西（一个新的字节，或者一个新的字节帧的开始）。图 12.129 显示了它是如何进行的，在这种情况下，SERDES 对具有相对宽松的速度规格——传输时钟，它是 10 位数据符号进入的时间，可以在 16～40MHz 的范围内。在 LVDS 链路上传输的序列化数据位的速度是该速度的 10 倍，即高达 400Mbps[⊖]。读者只需要一个 LVDS 差分对，因为解串器从传输的比特流执行"时钟恢复"。在图中，我们省略了一些与模式和同步有关的额外细节。

⊖　读者可以获得具有扩展共模能力的 LVDS 接收机，例如 65LVDS34，它指定工作共模范围为 −4～+5V（它们使用电阻输入分压器，因此 $R_{in}=250k\Omega$）。

⊖　串行比特率实际上是时钟比特率的 12 倍，因为串行器增加了两个时钟比特。

LVDS 信号调理　正如我们前面所说，使用发射预加重和接收均衡可以补偿连接电缆的频率相关损耗。这些信号调理技术大大降低了数据依赖性抖动的影响，也就是所谓的符号间干扰或 ISI。

这种 ISI 效应值得解释一下：由于电缆或印制电路线迹中的损耗的低通滤波器效应，特别是在非常高的比特率（Gb/s）下工作时，每个比特单元开始时的初始接收信号电压取决于前一个（或多个）比特，因此，根据前一个（或多个）比特，跨越阈值的时间将有一定的变化。符号间干扰困扰着各种形式的高速通信。读者可以在图 12.132 中的 1.5Gbps 恢复的 LVDS 波形中看到这种效果，其中由干净的时钟信号触发的痕迹显示了携带伪随机数据模式的数据线上信号电平的散乱。这被称为眼图，它是评估时钟数据流中信号质量时可视化噪声和抖动的标准工具。使用预加重和均衡可以显著地延长比特率和传输距离。图 12.130 显示了该方案，图 12.131 显示了预加重如何提升每个转换后的电平；当与接收器均衡（高频提升）相结合时，结果是原始输入信号的干净复制。这样的信号条件在各种驱动器和接收器 IC 中都有应用，例如 NSC 的 DS25BR100/200/400 和 DS25CP102 系列；详情和说明性波形见其应用说明 AN-1957。

12.10.4　RS-232

这是一种可以追溯到 20 世纪 60 年代的信号格式，最初是用于字母数字终端（如传说中的 DEC VT-100）和计算机之间的低速（<19.2kbit/s）串行链接。RS-232 经过多次修订，现在被称为 EIA232；虽然 RS-232 二端口仍然出现在一些计算机和仪器上，但该标准被认为是老式的。它仍然和我们在一起。虽然不是标准的一部分，但数据通常是作为异步的 8 位串行数据字节发送的，有一个同步的 START 位和一个或两个 STOP 位（这些额外的位允许接收器在每个字节后重新同步）。通常的比特率（在 RS-232 标准中也没有规定）是 300bit/s 的 2 幂倍数（因此 300、600、1200、2400、4800、9600 和 19 200bit/s，辅以 14.4kbit/s、28.8kbit/s、57.6kbit/s 和 115.2kbit/s）。因此，例如当读者设置一个串行端口为 9600 8N1 时，读者将以 9600bit/s 的速度发送 8 比特组，其中有一个 START 和一个 STOP 位，并且没有奇偶校验。注意，同步位（START 和 STOP）包含在总的比特率测量中；那么，对于这个例子，读者发送的有效载荷是 960byte/s。

标准规定的是信号电压、负载电阻和电容、压摆率，以及连接器的引脚布局。我们将在第 14 章中再次看到 RS-232，在计算机通信的背景下。但在这里，我们坚持使用 RS-232，在物理层面

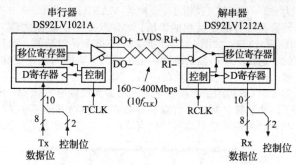

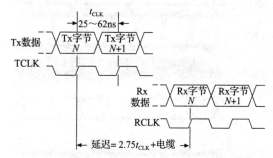

图 12.129　串行器-解串器对允许读者在发送端将并行数据时钟化到寄存器；它神奇地出现在接收端，作为并行数据。有几个时钟周期的延迟，但没有什么值得称道的

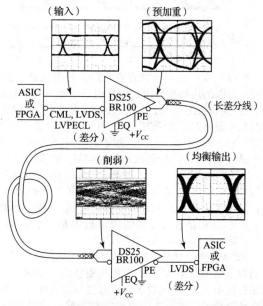

图 12.130　驱动器预加重、接收机均衡或两者都可以补偿在有损媒质中高速传输的电缆损耗

（PHY），作为一种方式来驱动电缆与数字数据。RS-232 的电平是双极性的，合规的驱动器输出电压为 −5～−15V（逻辑 1，也称为 MARK），或 +5～+15V（逻辑 0，也称为 SPACE）。RS-232 驱动器和接收器都是反相的，所以 MARK 在驱动器的输入端或接收器的输出端对应逻辑 HIGH（见图 12.135）。如图 12.135 所示，RS-232 是单端的，而且由于信号传输速率相对较低，电缆是未端接的。这是一个可怕的事情，正常情况下，因为快速变化的信号（即在一个时间尺度上比往返信号传输时间短）重新从开放的一端。RS-232 通过规定最大压摆率（30V/μs）来解决这个问题，对于典型的 5m（最初的最大规格，后来用最大负载电容代替）或更少的电缆运行来说，这个速度已经足够慢了。为了符合标准，负载电容必须为 2500pF 或更小$^{\ominus}$，负载电阻为标称的 5kΩ（±2kΩ）。RS-232 驱动器必须能承受对地或任何直流电压的连续短路在 ±25V 范围内。

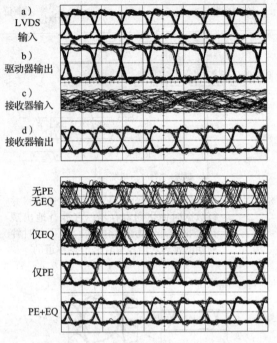

图 12.131　1.5Gbit/s 伪随机 LVDS 信号穿过印刷电路板上 2.5m 长的差分带状线的波形。a）DS25BR120 驱动器输入；b）驱动器输出，有预加重；c）DS25BR110 接收器输入；d）接收器输出，有预加重和均衡功能。垂直为 500mV/div，水平为 500ps/div

图 12.132　图 12.131 相同设置下的接收器输出波形（眼图），显示了不同数量的驱动器预加重和接收器均衡的影响。底部轨迹表示 1.5GHz 时 PE = +9dB，EQ = +8dB。垂直为 500mV/div，水平为 500ps/div

　　所以，RS-232 的发展速度很慢。好消息是，它可以在多线非屏蔽电缆中运行，而不需要作为传输线；有限的压摆率使串扰和反射最小化。坏消息是，驱动器需要至少 5V 的正负电源电压。最初的驱动器-接收器芯片（1488/1489，以及它们的 CMOS 后续产品 DS14C88/89 和 MC145406）需要这样的双电源（9V，标称值），这对于一个仅靠正极电压运行的数字系统（如计算机主板）来说要求很高。Maxim 是第一个推出带有片上电荷泵电压倍增器和电压反相器的 RS-232 驱动器，从单一的 +5V 产生 10V，并命名为 MAX232。现在有几十种这样的芯片（有些芯片的封装中包含了电容，如 MAX203 或 LT1039），涵盖了最大速度、功率总和、电源电压、驱动器和接收器的数量等范围。例如，MAX3232E 是一款双收发器（两个驱动器，两个接收器），可在 +3～+5.5V 的单电源下运行，需要 4 个 0.1μF 的外部电容，并保证满足 RS-232 规格至 120kbps；它有五种不同的封装（SMT 和 DIP）。E 规格表示增强的静电放电稳健性，即 15kV ESD 保护，规格为人体模型（HBM）的 100pF 带电电容与 1.5kΩ 电阻串联。

　　RS-232 接口规范包括一些额外的控制信号，用于终端连接到计算机时的硬件流控制；这些信号包括数据终端就绪（DTR）、数据集就绪（DSR）、请求发送（RTS）和清除发送（CTS）。如果读者只是想使用 RS-232 接口芯片对通过导线连接发送低速数字数据，则可以忽略所有这些。事实上，即使在计算机串口中，这些也经常被忽略：读者可以简单地使用发送数据（TD）和接收数据（RD）线，再加上地线，然后用软件来进行流控制（更多信息见第 14 章）。然而，请注意，实际信号线 TD 和 RD 的奇怪（和混乱）的命名：读者会期望 TD 是驱动器的输出，它应该连接到（远距离）接收器的 RD。不是这样的！在 RS-232 命名法中，设备要么是数据通信设备（DCE），要么是数据终端设备（DTE）；后者发送的信号在链路的两端都称为 TD（同样也是 RD）。在实践中，大多数工程师都会忽

$\ominus$　对应 50m Cat-5 双绞线（50pF/m）或 25m 50Ω 同轴电缆（100pF/m）。

略这种混淆；他们把出站信号称为 TD，把入站信号称为 RD，无论信号发送发生在哪一端。

图 12.133 显示了接收到的 RS-232 信号和恢复的＋3.3V 逻辑级数字数据。我们使用了一对 MAX3232E 双 RS-232 收发器，并由一个随机字节发生器驱动，以 115.2kbaud 的速度发射标准串行格式的数据。范围捕获在从负 STOP 位到正 START 位的转换时触发，显示许多这样的字节叠加，因此数据位达到两个值。恢复的逻辑信号在 10m 的双绞线后是干净的（大约是其额定极限），但在 140m 后，恢复的数据的边沿时序有明显的扩散，这是由慢转换 RS-232 信号中的符号间干扰引起的。在这里，慢速过渡时间与一个比特的时间相当（1 个 UI，或单位间隔），导致越过 0V 阈值的时间根据前面的比特值有一定的变化。读者可以在图 12.133 中的长电缆数据中看到这种效果，其中接收到的电缆信号与它的渐变电平（约±4.5V）相差 1V 之多[⊖]。

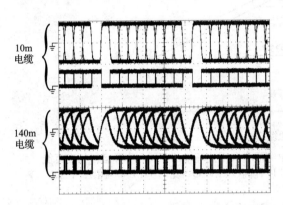

图 12.133　RS-232 信号使用单端电压驱动，在正电压和负电压水平之间交替。这些范围捕捉显示在通过两个长度的 Cat-5e/6 网线传输后以 115kbaud（每对的顶部轨迹）接收的随机字节（8N1）；驱动器和接收器是倒置的，可以看到恢复的逻辑信号（每对的底部轨迹）。较长的电缆的边际性能与图 12.134 所示的该电缆长度约 10kbaud 的极限一致。驱动/接收器：MAX3232E 在＋3V。水平为 20μs/div，垂直为 5V/div

当在长距离的电线上发送数字信号时，或在电噪声环境中，总是存在着接地电流和注入噪声的问题。电隔离是最好的解决方案。虽然 RS-232 不像 RS-422/485 那样受到关注，但至少有一款好的隔离驱动器，即 Analog Devices 公司的 ADM3251E。它使用内部变压器耦合（与调制器–解调器对）发送和接收数据，利用额外的变压器（加上整流器和调节器）产生隔离的直流电，唯一的外部组件是（内部）电荷泵的 5 个 0.1μF 电容。

我们一直在讨论的主要是 RS-232 物理层（电缆上的实际电压）及其尴尬的双极性信号，作为一个简单的工具，用于数字数据的直接传输。在现实世界中，RS-232 通常与异步串行数据源配合使用，例如在主机的串行 COM 口与调制解调器等设备之间。在这种作用下，读者需要在两端使用驱动和接收接口芯片（如 MAX3232），在逻辑级信号和 RS-232 信号之间进行转换。虽然我们对 RS-232 信号不那么热衷，但我们相信，使用简单的异步串行数据协议，而不转换为 RS-232 电平，将继续发挥作用。这是因为它是最后一种不复杂的串行接口标准，后来的串行协议如 USB、Firewire 和 SATA 需要大量的脑力来协商和操作链接。大多数微控制器都包含一个或多个串行端口（称为 UART 或 COM 端口），这些端口使用起来很方便，可以通过一个串行到 USB 的转换器（如流行的 FTDI TTL-232R-3V3）与任何计算机对话。这个方便的设备一端插入 USB 主机，另一端提供＋3.3V 逻辑电平的串口（用于直接连接到微控制器或其他）。

12.10.5　总结

在当代的实践中，LVDS 相当流行，因为它结合了高速（到 3Gbit/s 及以上）、低干扰、低功率和在低压逻辑系列中的兼容性[⊜]。读者可以在小封装中得到分立的驱动器和接收器（如 65LVDS1/2），以及许多复杂的 IC 包括用于串行化数据的 LVDS 驱动器/接收器，例如像 DS92LV1023/1224 这样的 SERDES 对，或者像 Xilinx Spartan-3 或 Altera Stratix 系列这样的复杂 FPGA。

RS-422/485 用于较长时间的运行，通常是在工业环境中，在这种环境中，数据速率较低（至 10Mbit/s），但共模噪声较高。而 RS-232 尽管经常有人预测它将消亡，但它仍能生存，用于低速率的简单数据链路。对于信号必须隔离干扰（包括输入和输出）的应用，读者会看到屏蔽电缆，或者作为屏蔽双绞线用于差分信号传输，或者作为同轴电缆用于单端（或模拟）信号传输。还经常看到电隔离的 RS-485 接口芯片，采用静电（通过电容）、磁力（通过变压器或 GMR）或光学（通过

⊖　RS-232 的用户通常使用较慢的数据速率，其中最流行的是 9600baud，在这个速率下这些影响是微不足道的。

⊜　有几个密切相关的协议，即 PECL（Positive Emitter-Coupled Logic）、LVPECL（低压 PECL）和 CML（Current-Mode Logic）。例如，后者用于 DVI 和 HDMI 等数字视频链接。

LED）技术将数据带过几千伏的隔离屏障。最后，光纤提供了一个完全不受噪声影响的电隔离的数字链路，能够实现非常高的数据速率和长距离运行，但却换来了驱动器-接收器组件的较高成本。

图 12.134 是 LVDS、RS-422/485 和 RS-232 信号传输的速度和长度的粗略指南。图 12.135 总结了这些链路标准的信号特性。图 12.136 比较了它们的驱动器功率要求（即驱动器芯片的电源电压乘以电流）以及 50Ω 同轴电缆的功率要求 ⊖。

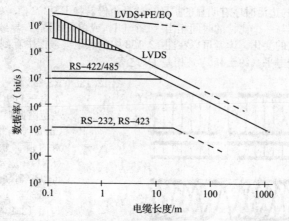

图 12.134　近似的数据率限制与电缆长度。根据电缆质量和干扰环境的不同，实际运行长度可能有所不同。注意通过预加重和均衡获得的速度提高（PE/EQ，见图 12.130～图 12.132）

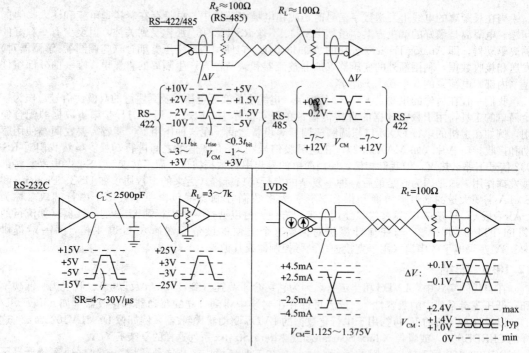

图 12.135　LVDS、RS-422/485 和 RS-232 允许的驱动器和接收器信号电平。除了双极性（和单端）RS-232，驱动器的输出电压只有正极性。LVDS 输出为电流模式驱动（在电缆终端电阻处转换为差压信号），共模电压为 +1.25V，其他是电压模式输出。所有接收器响应电压，无论是单端（RS-232）或差分（LVDS、RS-422/485）

⊖　我们用于这些功率测量的驱动 IC 为同轴电缆——74LVC2G04（两个并联部分），LVDS——65LVDS1，RS-232——MAX3232E，RS-422/485——LTC1485（5V）或 LTC1480（3.3V）。

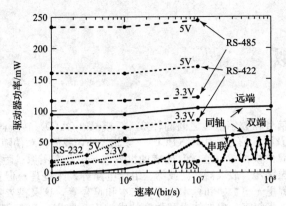

图 12.136 对于几种单端（同轴）和差分（双绞线）电缆驱动配置，测量驱动器功率与比特率的关系。所有测试都使用 10m 长的 RG-58A 同轴电缆或 Cat-5e 网线，由交替的 1 和 0 驱动（即频率为比特率一半的方波）。同轴电缆的远端端接电阻为 50Ω（除串联端接的开路），双绞线电阻为 100Ω（除 5kΩ 的 RS-232），源端为 100Ω 的 RS-485。注意与 RS-232 不匹配的远端端接（5kΩ）反射的影响，由于单频方波驱动器，这里尤其明显

第13章
数字与模拟

本章的主题是模拟信号和数字信号之间的转换——模-数（A/D）转换器和数-模（D/A）转换器（ADC 和 DAC），以及混合信号锁相环（PLL）。除此之外，我们将对伪随机噪声进行讨论。

我们生活在一个主要由模拟量（连续）构成的世界——声音、图像、距离、时间、电压和电流等，这需要模拟电路（振荡器、放大器、滤波器、组合电路等）来处理；但我们同时也生活在部分是数字量（离散）的世界里——数字和算术运算、文本和符号等，这又需要数字电路（算术逻辑器件、存储器等）来处理。多年来，模拟技术和数字技术被广泛使用：音频和视频使用模拟放大器和滤波器；广播和电视使用模拟振荡器、调谐电路和混频器；甚至使用模拟计算机来求解微分方程或用于飞机和武器的实时控制。与此同时，数字技术常用于计算任务（最初是机械装置和继电器，然后是真空管，接下来是分立晶体管、小规模 IC，最后是普遍使用的具有 10 亿多晶体管的大型快速微处理器），比如记录收支和记单词。

但如今，纯数字电路的速度和密度都在奇迹般地提高，这使得信息的处理范式发生了重大转变，即几乎每一个模拟量都使用数字化处理。例如，音频工程师在录制的同时将单个麦克风信号数字化，并将后续的混合和调整使用数字运算来处理（例如加入混响），数字视频也是如此。在日常生活中，数字技术无处不在，例如，浴室秤能够显示 0.1 磅（有时令人不满），即千分之一的分辨率；门廊灯是用墙壁上的数字开关打开和关闭的，它可以跟随黄昏和黎明的周期性变化自动调节；汽车主要使用数字总线系统，与其连接的 50 个或更多的嵌入式数字控制器用于发动机的控制和诊断，以及刹车、安全气囊、娱乐和空调控制等功能的实现。

归根结底，A/D 和 D/A 转换技术已经成为模拟测量和控制各个方面的核心。这些技术在今天的生活中很重要，也是本章讨论的重点。接下来就让我们进入本章的内容。

注意，我们对各种转换技术的讨论并不是为了提高转换器设计能力，而是要总结每种方法的优缺点，因为在大多数情况下，只需要购买商业芯片或模块，而不是从零开始设计转换器。因此，对转换技术的理解可以指导我们从成千上万个可用器件中选择合适的器件。

13.1 基础知识

13.1.1 基本性能参数

在详细介绍之前，先总结一下在选择 ADC 和 DAC 时需要了解的主要性能参数。我们首先要搞清楚需求，这样才能更容易地找到想要的器件。

数-模转换器

分辨率：位数

精确度：单调性；线性；直流稳定性

基准：内部或外部；乘法 DAC（MDAC）

输出类型：电压输出或电流输出

输出标定：单极性或双极性；V_{out} 范围；I_{out} 合规性

速率：建立时间；更新率

数量：单个或多个 DAC/封装

数字输入端：串行（I^2C、SPI 或其他形式）或并行

封装：模块、直插或各种表面贴装器件

其他：毛刺能量；通电状态；可编程内部数字标定

模-数转换器

分辨率：位数

精确度：单调性；线性；直流稳定性

基准：内部或外部

输入标定：单极性或双极性；V_{out} 范围

速率：转换时间和延迟

数量：单个或多个 ADC/封装

数字输入端：串行（I²C、SPI 或其他形式）或并行

封装：模块、直插或各种表面贴装器件

其他：内部可编程增益放大器（Programmable Gain Amplifier，PGA）；无杂散动态范围（Spur-Free Dynamic Range，SFDR）

13.1.2 编码

关于编码，建议回顾 10.1.3 节中用于表示有符号数的各种编码方法。在 A/D 转换方案中，常用的是移码和补码，原码和格雷码也常有出现，简要回顾如下。

	偏移二进制码	二进制补码
+满量程	11111111	01111111
+满量程−1	11111110	01111110
↓	↓	↓
0+1 LSB	10000001	00000001
0	10000000	00000000
0−1 LSB	01111111	11111111
↓	↓	↓
−满量程+1	00000001	10000001
−满量程	00000000	10000000

13.1.3 转换器误差

ADC 和 DAC 误差是一个复杂的问题，这个问题甚至可以写出一卷内容。根据 Analogic 公司工程师 Bernie Gordon 所述，如果读者认为一个高精度的转换器符合其声称的规格，那么读者可能还没有真正弄清楚。我们先不讨论能够支持上述论断的应用场景，而是首先看一下四种最常见的转换器误差类型：偏移误差、定标误差、非线性误差和非单调性误差（如图 13.1 所示）。接下来直接介绍 D/A 转换器技术和功能，而不是进行无聊的长篇大论，然后再重新讨论转换器误差，此时根据上下文能够更好地理解该问题。

13.1.4 分立与集成

有时，ADC 或 DAC（或两者）被集成到一个高端 IC 中。最常见的是微控制器（第 15 章），在这一章能经常看到 ADC 和 DAC 与处理器及其他 I/O 外设集成在同一芯片上。据我们所知，最便宜的独立 ADC 比最便宜的带 ADC 的微控制器要贵得多。微控制器倾向于集成许多带有程序和数据存储器的外设，这样基本上就得到了一个"系统级芯片"。不过，请注意，这些转换器与廉价的通用微控制器捆绑在一起并不能获得独立转换器的卓越性能，例如读者可以获得 8 位甚至 10 位的性能，但是无法达到 16 位，更不用说获得接近高质量音频 ADC 的 24 位[⊖]。

不过，对于某些类型的集成电路，集成转换器也提供了优异的性能。例如直接数字合成（DDS）芯片，其中片上相位计数器和正弦查找表创建合成正弦波输出的数字值，可以工作在 1GHz 或更高时钟频率，同时使用片上 14 位（例如）DAC 生成模拟输出信号；在视频处理领域，数字视频处理和转换功能集成在一个高性能集成电路芯片上的情况是很常见的；在音频领域，像 Cirrus CS470xx 系列器件（一体式音频 IC 系统芯片）具有多个动态范围为 105dB 的 24 位 ADC 和 DAC，它们集成到一个具有 32 位 DSP（带 32kB RAM）、音频编解码器、采样率转换器、数字音频端口（SPDIF）和 SPI/I²C 控制端口的芯片上。

然而，在高精度和高线性度需求的应用中（电压表、高质量音频设备等），分立转换器则占据主导地位，与微控制器中的片上转换器相比，它们在参数选择方面具有更大的灵活性。

⊖ Analog Devices 的模拟微控制器系列是一个例外，它可以达到 16 位或 24 位的性能。读者可以认为这些组成了一个高质量的转换器核心，并带有微控制器。

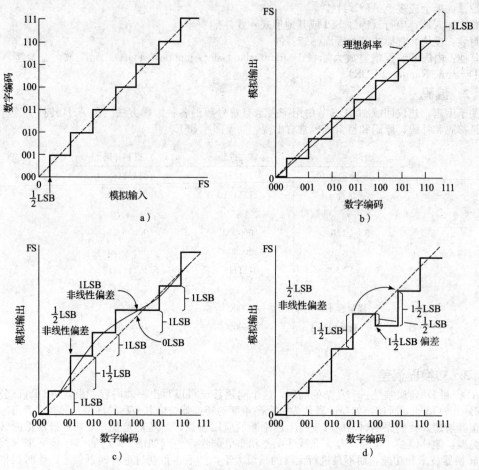

图 13.1　图示说明了从 0 到满标度（FS）的 8 级 3 位转换器的四种常见数字转换误差的定义。a）转换曲线的 $\frac{1}{2}$LSB 零偏移；b）1LSB 线性定标误差；c）$\pm\frac{1}{2}$LSB 非线性（意味着可能存在 1LSB 误差）和 1LSB 非线性偏差（代表单调性）；d）非单调$\left(\text{必须大于}\pm\frac{1}{2}\text{LSB 非线性}\right)$。经德州仪器公司许可使用

13.2　数-模转换器

　　DAC 的目的是将二进制（或多位 BCD）数字量转换为与数字输入值成比例的电压或电流。以下是几种常用的方法：①权电阻网络；②R-$2R$ 梯形网络；③权电流网络；④Δ-Σ 转换器（和其他脉冲平均）。接下来我们将依次进行介绍。

13.2.1　权电阻网络 DAC

　　这个方法很直观，它在一个稳定的基准电压和地之间连接 2^n 个等值电阻，形成一个非常长的分压器，并且使用一组 MOSFET 模拟开关将所处支路的节点电压输出至电压缓冲器（见图 13.2）。图中所示为 TI 的典型转换器 DAC8564 内部电路，它是一个四通道 16 位 DAC（四个独立的 DAC 在一个模块中），每个转换器将 2^{16}（65 536）个电阻串联在一个精密＋2.5V 内部基准电压和地之间。引用数据手册中的说法，加载到 DAC 寄存器的编码用来控制连接到放大器的开关，从而确定将电阻串上哪个节点电压馈送到输出放大器。

　　该方法能够保证单调性。正如数据手册中所说（比以前更简洁），它是单调的，因为它是一串电阻。而且该 DAC 还表现出其他优点，特别是低干扰量（在数字信号转换的过程中，输出端会出现尖峰）、良好的精度和稳定性（误差为±0.02% 的初始精度和 5ppm/℃ 的温度系数）、单正电源（＋2.7～5.5V）轨对轨输出（RRO）以及低功率（1mA，典型值）。该方案也用于性能适中的

DAC，例如 National 的 DAC121：12 位、电压输出、微功耗（150μA）单电源供电以及轨对轨输入和输出（RRIO）。它是一个没有内部基准（满标度是正电源）的单通道 DAC，而且电阻串只有 4096 个电阻。这两种转换器（以及现在的大多数其他转换器）都使用串行 3 线 SPI 数字输入。

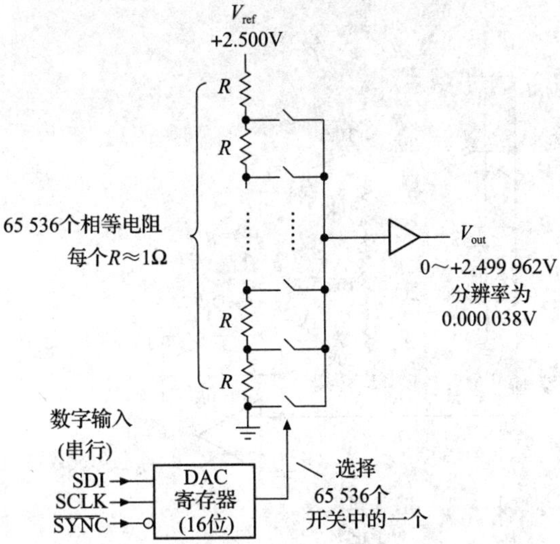

13.2.2 R-2R 梯形网络 DAC

形成 2^{16} 个匹配电阻和开关是一项令人称赞的工程，但是大量的组件最终击垮了这项工程。取而代之的是 R-2R 梯形网络，对于一个 n 位 DAC，它将组件减少到只需 $2n$ 个匹配电阻阵列（相对于 2^n）。

首先，考虑图 13.3 所示的简单方案：电阻值按二进制顺序排列，在求和节点处的二进制加权电流将产生二进制加权电压输出。此方案简单，但是位数较多时就变得不太实用，因为电阻值必须跨越很宽的范围，并且对小电阻值的精度要求越来越高，更要注意的是与低电阻值相对应的开关也须具有极低的 R_{on} ⊖。

✎ **练习 13.1** 设计一个 2 位 BCD DAC。假设输入为 0 或 +1V，输出应为 0~9.9V。

因此我们使用图 13.4 所示的方案。这种方案也会产生二进制加权电流并输入到运算放大器的求和节点，以此来生成相应的输出电压，这里只需要两种电阻值（R 和 2R，然而这两种电阻值在电路中必须严格一致，并确保阻值比例为 2:1），而且不需要考虑位数。

目前已有许多出色的 R-2R DAC。例如，TI 的 DAC9881 是一个 18 位电压输出 DAC，使用 SPI 串行输入，它保证单调⊖，具有 ±2LSB 的积分线性度。同时它需要外部基准电压（V_{ref}）来设置满量程电压（对于正输出极性，非反转输入偏置为 V_{ref}/2），而且它在精确度和低噪声方面表现出色。

✎ **练习 13.2** 证明 R-2R 梯形网络具有上述优点。

实际上，大多数 R-2R DAC 使用图 13.5 的配置，在该配置中，R-2R 网络的输出本身就是电压。例如，TI DAC7611 是一款 12 位电压输出数-模转换器（+4.095V 满量程输出，适用于运行电压为 +5V 的 DAC），具有串行 SPI 输入和片上基准电压源，它是线性的，并且 12 位都是单调的，采用8 针封装。

13.2.3 权电流网络 DAC

前面的转换器均产生电压输出，这通常是最方便的，但是运算放大器往往是转换器电路中最慢的部分。此时若是使用电流输出的转换器，将会得到更快的速度，以及更低的价格。同时电流输出 DAC 还有一些其他优点：①灵活选择电流-电压运算放大器，例如减小噪声或产生更大的输出电压摆幅；②能够直接组合几个 DAC 输出；③提供乘法 DAC（见下一小节），它的输出电流是数字输入信号和施加到 V_{ref} 输入的模拟信号的乘积。

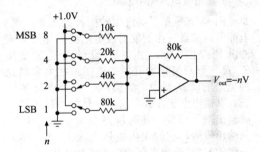

图 13.2 一个易于理解的 DAC：数字输入选择分压器上相应的 MOSFET 开关，在DAC8564 中存在四个这样的电路

图 13.3 电流按比例求和生成的 DAC，简单易懂，但从未在实践中使用，转而使用的是 R-2R 梯形网络

⊖ 然而，这种方法确实具有任意配置位权重的灵活性。
⊖ 注意，与权电阻网络 DAC 不同，当考虑电阻公差时，R-2R DAC 不能保证是单调的。然而，半导体行业做得很好，大多数 R-2R DAC 对于 1LSB 是单调的。

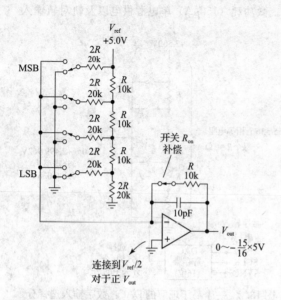

图 13.4   R-2R 梯形网络在运算放大器的求和节点形成二进制位加权的输出电流，最终形成电压输出 DAC

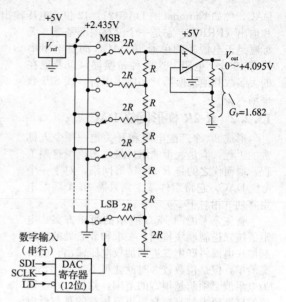

图 13.5   R-2R 电压输出 DAC，采用更常见的电压配置

图 13.6 显示了电流型转换器的工作原理。电流可以由具有比例发射极电阻的晶体管电流源阵列产生，在这里，IC 设计者通常使用 R-2R 梯形网络作为发射极电阻。在大多数这种类型的转换器中，电流源一直处于导通状态，其输出电流在数字输入信号的控制下切换到输出端子或地。此时应注意电流输出 DAC 的输出规格，它的输出电压低至 0.5V，尽管一般的 DAC 输出电压的典型值是几伏。

电流型 DAC（带串行数字输入和内部基准电压源）包括 LTC1668（16 位，50Ω 负载的电压输出，建立时间为 20ns，输出范围为 ±1V）和 TI DAC568（双通道，16 位，10ns

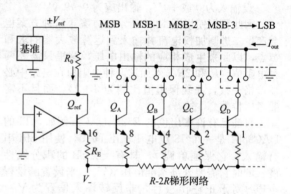

图 13.6   电流型转换器的工作原理

的建立时间，输出范围为 $V_+ \pm 0.5V$）；对于高速器件，有 AD9739（14 位，2500Msps）；更常见的有工业标准 DAC/LTC8043（外部基准电压输入，12 位，100Ω 负载的建立时间为 $0.25\mu s$）；还有类似的并行输入器件 AD/LTC7541。

13.2.4 乘法 DAC

注意，后两个转换器需要外部基准电压源，这一明显的劣势可以转化为优势，即它们可以接受任意极性的连续 V_{ref} 输入电压。换句话说，（电流）输出与数字输入和模拟基准电压的乘积成正比，即它是一个乘法 DAC（MDAC）。此外，乘积可以是正的，也可以是负的，所以它的全称是四象限乘法 DAC。高分辨率的四象限 MDAC 有 16 位 DAC8814（串行输入）和 16 位 DAC8820（并行输入）。乘法 DAC 规定了它们的转换精度（线性、单调性）和模拟乘法输入的带宽（即 V_{ref}）；对于这两个转换器，基准最大带宽分别为 10MHz 和 8MHz。

注意，并不是所有的 DAC 都针对这种方式进行了优化，因此最好查看转换器的数据手册以了解详细信息。一个性能优越的乘法 DAC（模拟输入范围宽、速度快等），通常在数据手册顶部标注了"乘法 DAC"。

注意：由于电容馈通的影响，指定的带宽可能会产生严重误导。正如这两个 MDAC 各自的数据手册中描述的一样，图 13.7 显示了这个问题。

乘法 DAC（以及等效的 ADC）可以实现比率测量和转换。如果某种类型的传感器（例如，热敏电阻之类的可变电阻传感器）与 ADC 基准电压使用同一电压供电，则基准电压的变化不会影响测

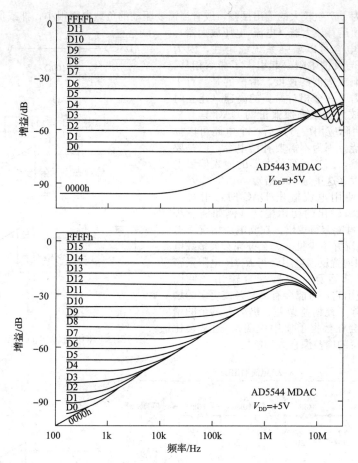

图 13.7　数据手册中列出的 MDAC 的模拟基准带宽通常仅针对最大数字输入；对于 ADI 公司的 MDAC，这
些值分别为 2MHz 和 10MHz。这些图可以在数据手册中找到，它们说明了整个问题。虽然
AD5544 和 AD5443 使用类似的设计且具有相似的部件号，但后者在 0～−40dB 范围内（10MHz）
的性能要好很多

量。这个特性很有用，因为它确保了测量和控制的精度不受基准电压或电源稳定性的影响，因此它
放宽了对电源稳定性和精度的要求。比率测量原理最简单的形式是电桥电路，在该电路中，通过在
两个分压器输出之间取差分信号并将其置零来将两个比率调整为相等。像 555 这样的器件通过使用
基本的比率方案在电源电压变化较大的情况下确保输出频率稳定：将 RC 网络的电容电压与固定比
例的电源电压$\left(\frac{1}{3}V_{CC}\ \text{和}\ \frac{2}{3}V_{CC}\right)$进行比较，给出的输出频率仅取决于 RC 时常数。本章后续内容将对
这个问题与 ADC 的联系进行更多讨论。

13.2.5　产生电压输出

如果已选择使用了电压输出 DAC，那么本节内容可以忽略了。然而对于电流输出 DAC，必须使
用一种方案来产生电压输出。如图 13.8 所示，如果负载电容很低，并且不需要很大的压摆，那么使
用简单的接地电阻就可以了，这种方案常用于视频处理的 DAC。例如，THS8133 型 10 位视频数-模
转换器会产生 26.7mA 的满量程输出电流，双端接 75Ω 同轴电缆以产生标准 1.0V 模拟视频信号。
此方法也适用于一般应用，通常 1mA 满量程输出电流，50Ω 负载电阻将提供 50mV 满量程输出，输
出阻抗为 50Ω。如果 DAC 的输出电容与负载电容之和不超过 100pF，同时假设 DAC 的处理速度快，
上述方法的建立时间为 50ns。当考虑到 RC 时常数对 DAC 输出响应的影响时，这时候需要更大的
RC 时常数才能使输出稳定到最终电压的 $\frac{1}{2}$LSB 以内。例如，对于 10 位转换器来说，输出达到最终
电压的 $\frac{1}{2048}$ 需要的时间为 RC 时常数的 7.6 倍。

如图所示，为了产生较大的输出摆幅，或者当需要驱动的负载电阻很小，抑或负载电容很大时，可以使用电阻转换运算放大器（电流-电压放大器）。反馈电阻两端的电容可以增强系统稳定性，因为 DAC 的输出电容与反馈电阻一起引入了滞后相移，但缺点是这会影响放大器的速度。滑稽的是，对于这个电路，我们需要一个相对昂贵的高速（建立时间足够短）运算放大器来确保廉价的 DAC 具有较高的速度[⊖]。在实际应用中，最后一个电路可以提供更好的高速性能，因为不需要补偿电容。但是要注意偏置电压误差，因为运算放大器的输入偏置电压被电压增益放大（这里是 100 倍）。

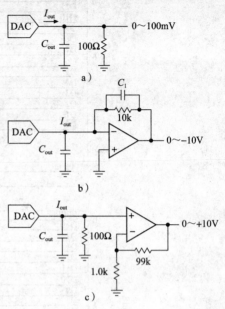

图 13.8　将电流输出的 DAC 转换为电压输出

重要警告：使用电流输出 DAC 时，相对于 DAC 分辨率，电流输出的初始精度（例如满量程 I_{out}）和稳定性都可能差得离谱。在满电流情况下差距达到 2∶1 的情况并不少见。怎么办呢？大多数电流输出 DAC 使用内置反馈电阻，与 R-$2R$ 电阻紧密匹配，旨在与外部运算放大器配合输出（见图 13.9）。如果不使用它，可能会有 ±25% 或更多的增益误差；即使剔除了此增益误差，仍会有剩余的增益漂移（通常不会在数据手册中说明），通常会比使用内部电阻获得的增益漂移大 100 倍。

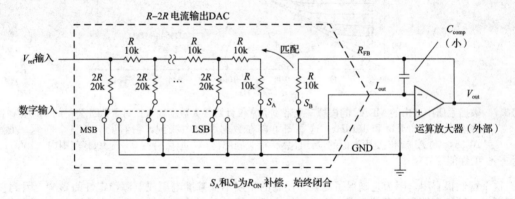

S_A 和 S_B 为 R_{ON} 补偿，始终闭合

图 13.9　具有内部反馈电阻的电流输出 R-$2R$ DAC 在初始电阻和温度系数上
都与精密网络电阻匹配，如果忽略 R_{FB}，后果很严重

举个例子，LTC8043 是 DAC8043 12 位乘法 DAC 的改进版本，在最佳等级中（E 后缀），它指定增益误差为 ±1%（最大值），增益温度系数为 5ppm/℃（最大值），最大积分非线性和微分非线性为 ±0.5%。然而，请注意，增益规格说明为"使用内部反馈电阻"。如果没有呢？这在数据手册上没有说！但可以从它确有的描述中得出答案，即 R-$2R$ 网络的输入电阻（从 V_{ref} 输入端看）是 11kΩ（标称），限制范围为 7kΩ（最小值）和 15kΩ（最大值）。也就是说，当匹配的内部反馈电阻与外部运算放大器配合使用时，这种数-模转换器可保证的增益精度为 ±0.024%，但作为电流输出器件，其绝对增益误差将达到 ±35%，或与外部反馈电阻器和运算放大器配合使用，用于电压输出[⊖]。

结论是：如果电流输出 DAC 有内部反馈电阻，那么在决定不使用它之前，读者需要深思熟虑。

⊖　某些电流输出 DAC 具有令人惊讶的高输出电容 C_{out}，例如对于 LTC7541 12 位 MDAC 而言高达 200pF。我们需要一个稳定电容器 C_1，其值如 $C_1 > \sqrt{C_{out}/2\pi f_T R_f}$。然后，选择一个具有足够高 f_T 的运算放大器，使 C_1 足够小以达到所需的速度。一些快速电流输出 DAC 会竭尽全力将 C_{out} 减小至 5pF。

⊖　读者可能会问，为什么一个芯片精度出众的 IC 制造商在制造绝对精度"相当好"的电阻时会遇到问题。这个问题很好，这说明该过程对于最佳跟踪是经过优化的，总体电阻定标仅处于次要地位。

另一个结论是：如果想要双极性输出的电压范围，那么读者可能会使用图 13.9 中求和节点处的基准电流（源自 V_{ref}）。不要这么做！应给 V_{out} 增加差分放大器，此时在另一个输入加入偏置 $V_{ref}/2$。

13.2.6 6 种 DAC

为了进一步理解结论，让我们看几个相对简单但性能一般的 DAC。所谓"一般"，指的是这些转换器不会接近速度或精度的极限；相反，它们便宜、小巧、易于使用。读者可以把它们安装到电路板上，这样就搞定了。稍后，我们将介绍一些高性能 DAC 的应用，在这些情况下，读者需要仔细设计周围电路以充分利用转换器的卓越性能。

参照表 13.1，查看图 13.10。这些器件是我们从数千个可用的 DAC 中任选出来的，我们尽量从多个制造商的器件中选择，它们的分辨率为 8~14 位不等，建立时间为 4~10μs，除 e 外均为电压输出器件。

表 13.1 6 种 DAC

	位数	通道数	输出	t_{settle}/μs	总电压 min/V	总电压 max/V	I_s/μA	总线/Mbps	基准 type	基准 误差	输出 Z_{out}/Ω	输出 I_{out}/mA	封装	引脚数
DAC7571	12	1	V	10	2.7	5.5	140	I²C/4.8	V_{DD}	0.2%	1	±15	SOT23	6
AD5641	14	1	V	6	2.7	5.5	75	SPI/30	V_{DD}	0.04%	0.5	±5	SC70	6
LTC2630	12	1	V	4.4	2.7	5.5	180	SPI/50	2.5	0.8%	0.08	±15	SC70	6
MAX5222	8	2	V	10	2.7	5.5	380	SPI/25	外部	10mV	50	±1	SOT23	8
DAC7621	12	1	V	7	4.7	5.3	500	并行	4.096	0.4%	0.2	±7	SSOP	20
C8051F412	12	2	I	10	2	5.3	I_{out}	μC 内部	2mA	2%	CS	NA	LQFP	32

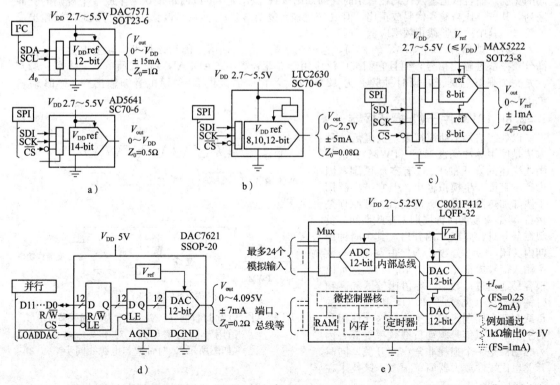

图 13.10 6 种 DAC，其规格如表 13.1 所示。第一行的 DAC7571、LTC2630 和 MAX5222 是典型的小封装廉价串行输入转换器；DAC7621 使用并行输入，而 C8051F412 是一种通用微控制器，其众多内部资源中包含了 2 个电流输出 DAC

从图 13.10 的第一行可以看出，图 13.10a～c 是串行接口的单电源低压器件，可以集成在小型 SOT23 或（甚至更小的）SC70 封装中。图 13.10a 中的两个器件使用电源电压作为基准，满量程输出电压 V_{FS} 等于电源 V_{DD}，其中一个使用 SPI 接口（采用普遍的芯片选择方式），而另一个使用 I^2C 接口⊖（输入引脚 A_0 将在出厂预设总线地址 76 或 77 之间进行选择）。如果想要固定且稳定的基准电压，而不是使用 V_{DD}，则图 13.10b 中的 LTC2630 是不错的选择。它的内部基准电压源对于这种精度的转换器（±10ppm/℃，典型值）有足够的稳定性，虽然其绝对精度一般（全量程误差为 ±0.2%，最坏情况为 ±0.8%）。LTC2630 系列有一个 4.096V 内部基准电压源的高电压版本（即 1.0mV/LSB），其 V_{DD} 分布范围缩小到 4.5～5.5V（额定 5V），它还包括 8 位和 10 位分辨率的版本。

虽然可以将两个转换器集成到 6 引脚的封装中（例如，使用具有 I^2C 的 2 线接口且不选择地址），但图 13.10c 中的转换器添加两个引脚，使得这些引脚既可以提供 SPI 端口（三线，包括 $\overline{CS}$），又允许外部基准输入⊖。通过减小引线间距（从 0.95mm 减小到 0.65mm），可使此 8 引脚器件具有与 6 引脚 SOT23-6 相同的封装尺寸（1.6mm×2.9mm）。

第二行显示了具有并行输入端口的转换器 DAC7621，并行接口除了速度非常高的转换器（例如 2500Msps 的 AD9739）使用外，已基本上不使用了。但在有些中等速度的应用中，并行接口仍是较好的选择，例如如果读者想要直接使用计数器的 n 位输出，不需要微控制器，也不需要编程，只需要连线即可。

最后一个转换器 e 实际上只是一些多功能微控制器的附属配件，配有片上程序存储器（闪存）、SRAM、定时器、端口（并行、SPI、UART）、高精度振荡器，甚至还有一个 24 通道输入的 12 位 200ksps ADC。双 DAC 使用内部基准电压源，形成电流源输出（具有 0.25～2mA 的可编程满量程范围，倍数为 2），符合 1.2V 以下电源供电要求（在 2.0～5.25V 的宽范围内运行）。

13.2.7 Δ-Σ DAC

最后一种 DAC 技术有点奇怪，它的内容并不那么容易理解，我们将在本章后面的部分详细介绍它。大体上说，该技术在单个输出线上以高时钟速率产生一串固定幅度的脉冲，这些脉冲都具有相同的宽度，而且依据输入代码在每个时钟周期出现或不出现（可以简单地认为生成一个规则的脉冲序列，其占空比与输入代码成正比，但 Δ-Σ 过程要复杂得多）。然后，该脉冲串进行低通滤波输出模拟信号，其中滤波器截止频率应低于时钟频率。

它有时被称为"1 位 DAC"。然而，这个名字容易使人误解，因为该技术实际上提供了出色的高分辨率线性输出信号，而且它们被广泛应用于专业音频中。ADI AD1955 双通道（立体声）ADC 就是一个很好的例子，当时钟频率为 12MHz 时，它能够提供 20 位模拟音频输出⊜（120dB 动态范围）。

13.2.8 PWM 用于数-模转换器

以数字信号驱动模拟系统的最后一种方法是使用脉冲宽度调制（PWM）。这与刚才描述的真正的 DAC 有本质区别，因为它不直接产生模拟输出，但它被广泛用于诸如加热器之类的电源负载。其原理是运行 N 个重复的时钟周期，在此期间，负载在部分时钟周期 k 内开启，其余时钟周期内关闭，最终分数 k/N（占空比）与数字输入信号成正比（见图 13.11）。这可以很容易地通过计数器、幅值比较器和高频时钟来实现（见练习 13.3），响应较慢的负载在整个周期内均匀工作，这比使用相对平滑的模拟信号驱动负载效率更高，因为驱动器是一个损耗非常小的开关，同时开关也比线性放大器简单很多。该技术在

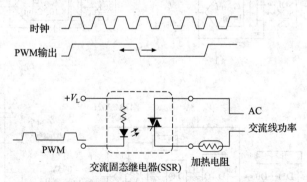

图 13.11 脉宽调制器（PWM）作为时间平均 DAC，适用于低功率负载。对于交流电源负载（如图所示），时钟应与电源线同步

⊖ 同一制造商的 DAC7512 用 SPI 代替 I^2C；而 AD5601/11/21 则是价格较低的 14 位 AD5641 的 8～12 位版本。
⊜ 这里的一个小问题是缺少双缓冲和 8 位数据有效负载，因此两个通道不能同时更新。
⊜ 然而，它确实容易使人误解，因为其内部生成了几个并行的 1 位数据流，它事实上是一个"多位" Δ-Σ ADC。

D类音频功率放大器和其他功率控制应用中很常用，如步进电机和直流伺服电机。许多微控制器都配置了内部 PWM 定时器模式；即使没有，读者也可以用软件对其进行编程。

虽然可以使用简单的低通滤波器产生与处于高电平的平均时间成正比（即与数字输入信号成比例）的输出电压，但是当负载本身是慢响应系统时，通常使用脉宽调制技术，脉宽调制器会产生精确的瞬时能量，由连接负载的系统均匀使用。负载可以是电容型（如开关调节器，见第 9 章）、热型（带加热器的恒温槽）、机械型（带速伺服、变速电机或步进电机）或电磁型（大型电磁铁控制器）。

PWM 输出因其简单性和与计数器及功率驱动开关（MOSFET）等数字器件的天然匹配性而颇具吸引力，但也存在一些严重的权衡问题。例如，要获得 k/N 的高 PWM 分辨率，我们需要较大的 N；但是定时器具有最大时钟速率 f_{clk}，这将会得到较低的周期速率 $f_{\text{c}} = f_{\text{clk}}/N$，而对于处于反馈环路内的 PWM，这意味着环路带宽和增益的降低。

在实际应用中，微控制器中使用的数字 PWM 有时可以根据 PWM 的性能参数选择特定的微控制器，但更多情况下不是这样。例如，在 13.9.11 节中，我们选择 TI 的 MSP430F2101 是因为它有一个模拟比较器，那么 MSP430x2xx 系列拥有哪种 PWM 呢？数据手册中查不到相关信息，因此我们必须查阅 MSP430x2xx 系列用户指南，其中有 40 页专门介绍定时器 A 和 B。

图 13.12 为微控制器 MSP430F2002（具有 10 位 ADC 而不是比较器）驱动直流力矩电机的电路图，通过四个 H 桥驱动器的 MOSFET 和控制器的 PWM 信号来设置电机电流。有时读者会天真地认为 50% 的占空比对应于零电机电流；但其实只有在电机停止时才是这样，因为电机的"反电势"会造成一定的影响。在这里，我们使用了两个检测电阻来测量正向或反向电流，并使用一对 $G=80$ 的仪表放大器将结果传递给微控制器的模-数转换器，以便它可以伺服脉宽调制来设置所需的电机电流和转矩[○]。如果放大器的输出参考引脚电压至少为 +0.8V，则放大器可以在单个电源上运行；这里我们使用了 1.25V 齐纳型 IC 基准电压源。

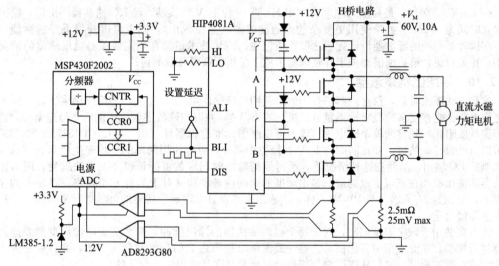

图 13.12 脉宽调制控制力矩电机

该微控制器具有一对 16 位定时器，以及可编程的输入选择器和分频器。它们的运行速度高达 16MHz，如果我们使用完整的 16 位分辨率，则周期频率 $f_{\text{c}} = 244$Hz。读者可以将长度 N 设置为小于 2^{16}，但请记住，使用计时器的其他模块必须能够匹配该设置。定时器 A 有两个捕获/比较寄存器（CCR1 和 CCR2），可在比较模式下用于生成两个 PWM 输出（CCR0 已用于设置 N）。例如，假设我们需要更快的周期速率 $f_{\text{c}} = 10$kHz，并且仍使用最大 16MHz 时钟，应设置计数器的模数为 $N = f_{\text{clk}}/f_{\text{c}} = 1600$，此时实现的 PWM DAC 将仅限于大约 10 位分辨率，只有 10bit 吗[○]？

这个例子说明，PWM 的有利替代方案是将数个外部 DAC 连接到微控制器上。另一种可行方案是使用 Δ-Σ DAC 的内部比特流（如果在外部引脚上提供）来驱动 MOSFET 开关，这是利用其出色

○ 读者可以在两个感测电阻之间使用差分放大器，用一个 ADC 通道将产生的双极性信号数字化。

○ 在电机驱动应用中，通常需要保持驱动频率高于可听到的频率，这样就不会让人难受。在这个例子中，我们必须使用系数 $N=800$ 或更小，丢掉一位控制分辨率。

的分辨率但在带宽上进行妥协的特性$^{\ominus}$（与简单 PWM 的 $f_{\mathrm{c}}=f_{\mathrm{clk}}/N$ 相比）。

> **练习 13.3** 设计一种电路，以生成宽度与8位二进制输入码成比例的10kHz脉冲串。尝试使用计数器和幅度比较器（适当扩展）。

特殊的 PWM DAC

我们以凌力尔特的一款特殊的 DAC 来结束 PWM 的讨论。它们的 LTC2644（双通道）和 2645（四通道）是 PWM DAC（带数字 PWM 输入的 DAC），在每个输入 PWM 周期期间，每个通道都会测量占空比（高电平时间段），立即提供并保持相应正确的输出电压。这种器件能够提供8位、10位或12位分辨率，内置10ppm/℃基准电压源和单调轨对轨电压输出。与传统的 PWM 输入低通滤波技术相比，这是一个很大的改进。

13.2.9　频率-电压转换器

在转换应用中，数字输入可以是某一频率的脉冲串或其他波形，在这种情况下，直接转换成电压有时比在预定时间内计数，然后像前面的方法那样转换成二进制数更简便。在直接 F/V 转换中，每个输入周期内生成标准脉冲，它可以是电压脉冲或电流脉冲（即固定电荷量）。

然后，RC 低通滤波器或积分器对脉冲串进行平均，得到与平均输入频率成正比的输出电压。当然，保持输出纹波小于 D/A 精度$\left(\text{例如，}\frac{1}{2}\text{LSB}\right)$所需的低通滤波器通常会导致输出响应缓慢。为保证输出纹波小于$\frac{1}{2}$LSB，RC 低通滤波器的时间常数 τ 必须至少为 $\tau \geqslant 0.69(n+1)T_0$，其中 T_0 是对应最大输入频率的 n 位 F/V 转换器的输出周期。该 RC 网络的输出将在输入端以 $0.69(n+1)$ 个滤波时间常数进行满标度变化后稳定到 $\frac{1}{2}$LSB。换言之，到 $\frac{1}{2}$LSB 的输出建立时间将大约为 $t=0.5(n+1)^2 T_0$。例如，最高输入频率为 100kHz 的 10 位 F/V 转换器，经 RC 滤波器平滑后，输出电压建立时间为 0.6ms。如果使用更复杂的低通滤波器（尖锐截止），读者可以获得更好的性能，然而，在读者被花哨的滤波器设计迷惑之前，请记住，F/V 技术最常在不需要关心电压输出的情况下使用。相关讨论，请参阅前面关于脉宽调制本质上是用于缓慢负载的讨论。

13.2.10　平均比例乘法器

这种方法不太常见，仅在一些场合中偶尔使用（很少使用）。事实上，平均比例乘法器是同步时序逻辑电路，它接受多位数字输入量（二进制或 BCD），并以与该数字量成比例的平均速率将时钟脉冲传递（或阻止）到它的单个输出线。读者可以使用标准逻辑器件（CD4089、CD4527 或 SN7497），也可以自己设计。然后，如在前面的 F/V 转换器中那样，可以使用简单的平均来生成与数字输入码成比例的 DC 输出，虽然在这种情况下，所得到的输出时间常数可能长得令人无法忍受，因为比例乘法器的输出必须在其可生成的最长输出周期的时间内被平均（对于具有 n 位速率设置输入的速率倍增器，时间为 $2^n/f_{\mathrm{clk}}$）。与 PWM 一样，当输出由本身具有慢响应特性的负载进行平均时，平均比例乘法器最合适。

该方案适用于数字温度控制，对于每个比例乘法器的输出脉冲，整个交流电源周期都要通过加热器进行切换。在此应用中，比例乘法器的最低输出频率是 120Hz 的整数次倍数，并且使用固态继电器（或三端双向可控硅）从逻辑信号切换交流电源（在其波形的零交叉处）。

注意，后四种转换技术均涉及时间平均，而电阻网络和电流源的方法是"瞬时"的，这一区别也存在于模-数转换的各种方法中。无论转换器是对输入信号求平均值还是转换其瞬时值，都会产生很大差异，我们很快就会在一些示例中看到这一点。

13.2.11　选择 DAC

在寻找适用于某些应用的 DAC 时，以下需要牢记：

1）分辨率。
2）速度（建立时间、更新率）。
3）精度（线性、单调性；是否需要外部微调）。
4）输入结构（并行或串行；是否锁存；CMOS/TTL/ECL 兼容性）。

$\ominus$　有一些 IC 系列，作为扬声器驱动音频功率输出级，它们接受标准音频格式（如 I^2S）的数字输入流，并创建 $\Delta\text{-}\Sigma$ 型开关波形作为输出，以驱动 MOSFET H 桥。其中一些包括芯片上的 MOSFET——一种单芯片 PCM 到扬声器的解决方案。

5) 基准电压源（内部提供还是外部提供；如果是外部，是否为 MDAC）。
6) 输出结构（电流输出；合规性；电压输出；范围）。
7) 所需的电源电压和功耗。
8) 每个封装中有一个或多个 DAC。
9) 封装形式。
10) 价格。

13.3　DAC 应用示例

通过实际应用示例，我们可以理解其中的细节。组装一个性能远不及转换器所能提供的性能的电路是非常容易的，而本节中的四个示例说明了使用 DAC 时需要注意的一些事项。

13.3.1　实验室通用电源

在我们的研究实验室中，用低噪声模拟电压来控制实验参数是很常见的，这需要在温度和时间上保持高度稳定。例如，离子和分子的电磁陷阱需要在静电板对上施加精确的电压，并通过线圈施加精确的电流。考虑到应用的多样性，输出范围应该在极性和跨度上都具有选择性。

图 13.13 为我们大学电子仪器设计实验室的一款常用产品（BabyDAC）的内部结构。核心是 AD5544，这是一组四个 16 通道电流输出乘法 DAC，它使用外部基准电压，并将一组四个电流输出到一个接地的外部节点。读者可以通过匹配内部反馈电阻，使得外部运算放大器生成电压输出。每个通道的内部结构是一个由 V_{ref} 驱动的 R-$2R$ 梯形网络，以及一组将每个 $2R$ 支路连接到 I_o 输出或地的开关。外部基准电压可以是 $\pm 10V$ 范围内的任一极性。实际上，它可以是瞬时电压乘以数字输入代码产生的输出信号（因此是乘法 DAC），在这种应用中，它具有音频甚至更高的信号带宽[⊖]。

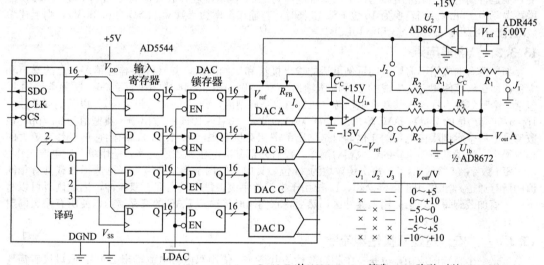

C_C: 10nF (约1kHz); R_1, R_2: 精确10.0kΩ阵列，例如PRA10014

图 13.13　通用可编程实验室电源，采用四通道 DAC5544 设计，噪音低，稳定性好。使用 SPI 数字链路信号隔离器将耦合的数字噪声降至最低

在此应用中，设计人员使用了静态 V_{ref}，它来源于标准 BJT 带隙基准的 JFET 模拟低噪声 ADR440 系列产生的基准电压源。外侧电路使用单极性和双极性的跳线来选择输出电压范围，J_1 用来选择 +5V 或 +10V 的基准电压；跳线 J_3 用来选择输出放大器的增益为 −2，使 U_{1a} 的输出范围加倍；跳线 J_2 利用选定的 V_{ref} 值对输出进行偏移。使用这三条跳线，读者可以选择图中列出的六个 V_{out} 范围中的任意一个。

这是基本的电路。有了理想的元件，输出将是精确的、无噪声的且无漂移的。然而，我们生活在一个现实世界中，必须在可用的组件中进行选择，以适当的妥协达到最佳的平衡。对于实验室应

⊖ 注意，数据手册列出了 2MHz 的基准倍频带宽，但这是在满标度数字代码下测量的。如果想要 0~−50dB 的数字控制，带宽要求为 20kHz。

用，稳定性和低噪声是最重要的，在噪声方面，基准电压通常是最大的麻烦，因此选择超低噪声的 ADR445，它具有约 2μVpp 的超低频（0.1～10Hz）噪声，同时它也具有出色的漂移参数$^{\ominus}$（1ppm/℃的典型值，3ppm/℃的最大值）。基准电压源噪声可以通过 RC 滤波来降低，或者可以通过并联多个基准电压源的输出（带小镇流电阻，以确保均流）来降低基准噪声。相比之下，较小的运算放大器噪声——0.1μVpp（最大值）的低频噪声是很安静的，数-模转换器产生的噪声可以忽略不计。

在该电路中，运算放大器增益稳定在 1kHz 左右，以最大限度地减少输出端的高频噪声（源自基准电压源和 DAC 数字信号转换的毛刺）。这个带宽是在假设输出不会快速变化的情况下选择的。如果 DAC 被设置接近其最大速率，则输出带宽可以延长十倍，而对于基本上是准静态的应用，读者可以进一步限制带宽。

为了保证输出的稳定性，通常会查阅温度随时间漂移的规范参数。这里使用温度系数为 1ppm/℃的电压作为基准电压、DAC 电压（增益对应的满量程温度系数为 5μV/℃或 10μV/℃）、以及 0.3μV/℃运算放大器的电压（范围根据增益跳线为×1 或×2）。对于 BJT 输入运算放大器，读者必须考虑输入偏置电流及其温度系数。对于这些运算放大器，偏置电流为 3nA（典型值），手册中没有列出温度系数，但是从 I_B 与温度的关系图中可得出温度系数需要在 5pA/℃的范围内。运放输入端等效阻抗为 5kΩ，这会造成 25nV/℃的漂移，但是在电路运行中可以忽略不计。

制造商往往不愿具体说明随着时间的推移而产生的漂移。对于该电路中的元器件，没有说明 DAC 或运算放大器的长期漂移规范参数。ADR445 基准电压源手册中的描述说明了超过 1000 小时会产生 50ppm 典型漂移，但有一个有趣的脚注，上面写着"长期稳定性规范是非累积的，随后 1000 小时期间的漂移明显低于前 1000 小时期间的漂移"$^{\ominus}$。

正如我们在开始时所说的，对于预期的应用来说，噪声和漂移是最重要的。相比之下，绝对精度并不是特别重要，该电路最差情况的基准电压为±200ppm，运算放大器为±75μV，数-模转换器增益误差为±3mV。当转换为 16 位 LSB 步长时，若输出范围为±10V（LSB 为 0.3mV），则上述参数对应±13LSB、±0.5LSB 和±10LSB。

13.3.2　八通道电源

如果读者的应用不需要上述示例灵活的输出极性和比例因数，并且能够容忍稍多一点的噪声和漂移，那么推荐使用完全集成的多段电压输出 DAC，例如图 13.14 中的 LTC2656。这种类型的 IC 包括一个稳定性良好的内部基准电压源（±2ppm/℃典型值，±10ppm/℃最大值），以及温度系数为 1ppm/℃典型值的全量程 DAC 输出。其中 DAC 的低频（0.1～10Hz）输出噪声典型值为 8μVpp，该数值是上一个示例噪声电压的 4 倍，但是输出范围相对更有限（0～2.5V），因此它仍然具有更大的相对噪声。好消息是该电路的组成相对简单，没有外部基准电压源或放大器，采用单一正电源工作。

SPI 数字接口简单明了，每次传输均为 24 位，其中 4 位用于指定通道号（可选择加载具有相同值的所有通道），4 位用于指定操作，16 位用于携带数字值。每个通道都有双缓冲，因此读者可以将下一个值加载到每个通道的输入缓冲区，然后将它们同时传输到 DAC 的寄存器，以便所有输出同时更新。

13.3.3　纳安级宽泛双极性电流源

这是一个特殊的应用，也是一个相当微妙的电路，它使用双电源电流输出 DAC：假设读者需要一个可编程电源，该电流源可以在宽电压范围（比如±10V）下工作，同时提供（或吸收）非常小的电流（比如在纳安范围内）。读者可能需要它来测量半导体在其电流范围的低端的伏安特性，或者可能用于研究应用，例如纳米纤维的电特性，也可以用来消除高阻抗测量设备的输入泄漏电流，例如具有 JFET 前端（离散匹配的 JFET 对或精密 JFET 输入运算放大器）的 8 位数字万用表，它的漏电流会随温度快速（但可预测地）增加$^{\ominus}$。该仪器保存了初始校准期间测量的漏电流与温度关系表，并与温度传感器配合使用，在正常操作期间根据温度消除漏电流的影响。但是电流输出 DAC 在这些电流下不能正常工作，而且它们通常不能在数字输入信号的控制下既产生电流又吸收电流。

　⊖　使用同类产品中最好的 MAX6350，在 1ppm/℃的最大温度下，漂移较小，但具有较大的 3μVpp 的噪声。
　⊖　奇怪的是，一些制造商更喜欢指定每平方根时间的长期漂移，暗示要么随着零件老化而漂移减小，要么漂移随机。一个例子是恒温齐纳基准源 LTZ1000，其规定的长期漂移为 2μV/$\sqrt{\text{kHr}}$（典型值），标称的典型温度系数为 0.05ppm/℃。
　⊜　正是安捷伦 34420A 万用表中的类似电路启发了这个例子。它的电路使用了一个电压基准来代替 R_3，允许使用单个 DAC 输出。它还使用了较小的 R_s，因此输出范围为±2nA。

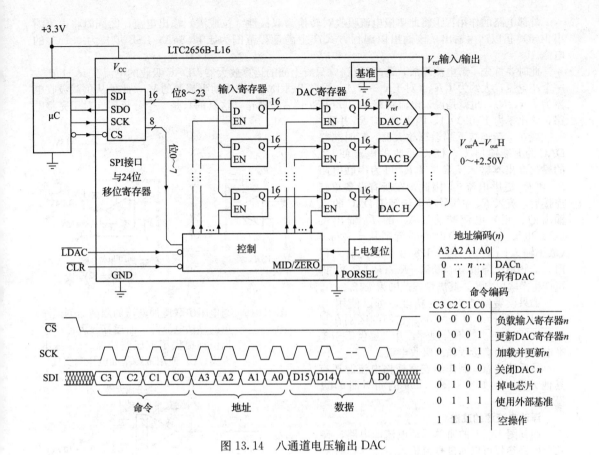

图 13.14　八通道电压输出 DAC

这个电路（见图 13.15）一开始很棘手，也很容易混淆。其中最基本的组件是简单的浮动电流源电路（见图 13.16），在该电路中，输出端带有附加电压 V_0 的电压跟随器通过反馈电阻 R 来产生电流 V_0/R，如图所示，V_0 可以通过偏置齐纳型基准电压来产生，或者可由流经电阻的电流返回到运算放大器的输出来产生。

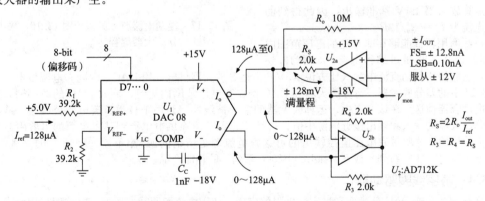

图 13.15　宽兼容可编程纳安电流源/接收器。输出电压在 U_{2a} 的输出端进行缓冲，以用于源测量（即源电流，测量相应的电压）。对于 2nA 范围，设置 $R_S = R_3 = R_4 = 316\Omega$（或增加 R_o）

现在来看图 13.15 的完整电路。DAC08 是一款老式芯片，具有一对反向迭代电流吸收的输出，其总和为恒流 I_{ref}（由 R_1 提供的电流设置，此处等于 5V/39.2kΩ）。8 位偏移二进制输入信号用来设置各个输出电流。例如，最小码（00h）导致 I_o' 吸收 128μA，I_o 吸收 0；对于四分之一刻度码（20h 或十进制 32），对应的电流为 96μA 和 32μA，以此类推。若使用 +18V 和 -15V 电源，输出规格会从 -12V 扩展到 +18V。

外部电路的作用：①将此单极电流吸收对转换为双极性（拉或灌）输出电流；②同时将电流缩小 10 000 倍以产生输出，该输出以编程方式产生满量程范围为 ±12.8nA，LSB 步长为 0.1nA 的电流。

此时要首先了解电流缩放，请断开 U_{2b}，只看上面的运算放大器：DAC 吸收的电流在 R_S 上产生一个小电压，大约为 I_oR_S（对于 $R_o \gg R_S$），相当于图 13.16 的浮动电流源的 V_o，此处从负载吸收电流为 I_oR_S/R_o，也就是说，电流将缩小 5000 倍。读者没猜错，这真的只是一个分流器（对于完整电路，该比率为 10 000∶1，因为 R_4 与 R_S 并联）。

现在重新连接下端运算放大器，暂时忽略 DAC 的上端输出 I'_o。DAC 吸收的电流使 U_{2b} 的输出高出其输入 I_oR_3，I_oR_3 可为串联电阻 R_4 和 R_S 提供电流⊖，因此，在所有设备重新连接后，流入 R_S 左侧的净电流等于 DAC 的 I_o 输出的（正）电流减去 DAC 的 I'_o 输出的（负）电流。因此，净电流的范围从 $-128\mu A$（最小输入码 00h）到 $+128\mu A$（最大输入码 FFh），该电流除以 10 000 倍 $[R_o/(R_S \| R_4)]$ 即可产生净输出电流，其满量程范围为 ±12.8nA。

如果读者需要更高的精度，可以使用 10 位 DAC10 替换 8 位 DAC08。它们的区别在于 DAC10 具有更少的不合规性，并且提供等于基准电流两倍的满量程输出吸收电流。

最后请注意，制作纳安宽规格电流源还有其他方法，例如参见图 5.69a 的相对简单的设计。

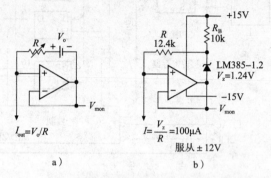

图 13.16　与电阻串联施加电压的跟随器创建简单的浮动电流源，而运算放大器的输出引脚提供了电压监控器。a）基本方案；b）使用带隙基准电压源实现

浮动电流源的改进

回到图 13.16 的简单浮动电流源电路，有几个电路参数可以通过直流输入电压（相对于地）或通过数字代码进行控制。图 13.17 显示了如何用差分放大器的浮动输出代替图 13.16b 的齐纳偏置。这里，$G=0.1$ 的差分放大器将相对于地的 ±10V 范围内的编程电压转换为运算放大器 ±1V 基准输出，因此得到的输出电流为 $I=V_{prog}/10R$。

一些商用器件能够在非常宽的电压范围内（比如 ±200V）提供可编程电流。如图 13.18

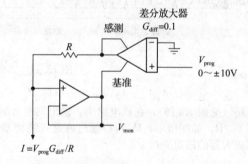

图 13.17　浮动电流源，类似于图 13.16，采用差分放大器编程

所示，它们使用浮动直流电源（比方说 ±5V）为运算放大器供电，用 DAC（由同一电源供电）代替图 13.17 中的差分放大器。运算放大器和 DAC 都在宽电压范围内运行，同时 DAC 的数字输入数据由光电耦合器馈送。在该方案中，运算放大器的输出被缓冲，并用于自举直流电源公共端，从而保持运算放大器的输入和输出接近电源中值；自举还起到了消除供电电源到其主电源的电容引起的动态电流的作用。这些带有电压监控输出的可编程电流源是所谓的源-测单元（SMU）的典型例子，例如 Keithley（2400 系列）或 Keysight（B2900 系列）的相应产品。

13.3.4　精密线圈驱动器

这是一个突破 DAC 分辨率和稳定性极限的应用：使用电流源驱动器通过一对线圈提供可设定的稳定电流（任意极性），以削减磁共振设备中的磁场。这种应用可能需要百万分之几（ppm）的分辨率和较高的稳定性。接下来让我们对其进行深入探讨。

⊖　这种运算放大器的配置实际上是一个镜像电流源，在节点的非反相输入端将一个与反向输入端产生的电流成比例的电流输入到节点中，其输出电阻与 R_3 成比例。

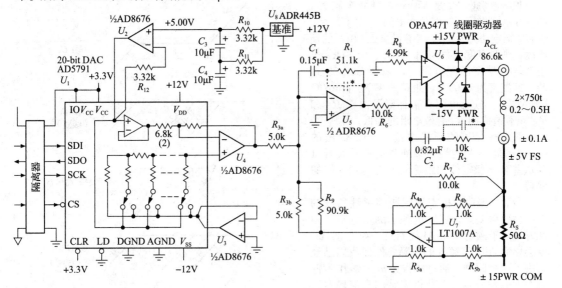

图 13.18　源-测单元中的高压浮动电流源方案。单位增益高压缓冲器可以是一个简单的推挽跟随器，因为它的工作只是自举 ±5V 的浮动电源。向 V_{mon} 输出添加分频器和缓冲器会产生低压输出

1. DAC 和基准电压

图 13.19 显示了一个以 AD5791 20 位 DAC 为核心的驱动器。首先看一下 DAC 周围的电路，我们再次选择了 ADR445 作为基准电压源（性能最好的 B 级），因为它噪声低、稳定性好（另一种选择是 MAX6350，在降噪引脚处使用推荐的接地电容达到降噪效果）。我们还增加了一个 10Hz RC 低通滤波器来抑制宽带噪声，根据数据手册，ADR445 的 0.1～10Hz 频段的噪声约为 2.3μVpp，当该频带扩展到 10kHz 时，噪声将增加到 66μV。

图 13.19　采用 AD5791 20 位 DAC 的精密可编程亥姆霍兹线圈驱动器。高电流路径用粗线表示。电阻器 R_3～R_5 是 Vishay MPM 匹配电阻对（2ppm/℃ 跟踪），R_S 是 Vishay VPR221（Y0926）体箔功率电阻器（温度系数为 2ppm/℃），具有散热功能

当工作在 ppm 级别的误差时，读者必须考虑任何影响！例如，10μF 滤波电容器（C_3）中仅 1.5nA 的泄漏电流就会在驱动 DAC 的 +5.0V 基准电压中造成近 1ppm 的误差（来自 R_{10} 上的 IR 压降）。图中所示的噪声过滤器采用了一种巧妙的方法来消除该误差，最下方的支路（$R_{11}C_4$）作为 C_3 的自举电路，因此基本上没有直流电压通过它，也就没有泄漏电流；这类似于保护电极技术，该技术用于消除测量敏感小电流时的泄漏电流（或在有信号的地方消除寄生电容的影响）。

AD5791 可以在单个正基准电压源下工作，也可以在正基准电压源和负基准电压源同时存在的情况下工作。在这个应用中，我们需要 ±5V 的输出范围，但如果利用 DAC 的内部精密匹配电阻对（用来返回到正基准电压），就只需要一个正基准电压。DAC 产生来自两个内部基准电压源节点的"检测"输出，与图中所示的反馈一起作用，以消除 IR 误差。注意 U_2 输入端的匹配输入电阻，用于输入电流匹配（$\Delta I_B < 1nA$）；根据数据手册中的图表估计，输入电流的温度系数小于 10pA/℃。运算放大器偏置电压的典型值为 12μV（最大值为 50μV），偏置电压温度系数的最大值为 0.6μV/℃（典型值为 0.2μV/℃）。

在缓冲运算放大器的 +5.0V 基准电压范围内，这些参数分别为 0.7ppm、0.007ppm/℃、

2.4ppm 和 0.12ppm/℃。换句话说，偏置电流和偏置电压误差加起来约为 3ppm 或 3 LSB；但温漂仅为 0.13ppm/℃（最大值）或温度变化 8℃时产生 1 LSB。此时，我们关心的稳定性得以解决，约 3ppm 刻度误差并不重要，因为我们实际上会调整电流，直到线圈电流正确为止。最后，我们必须考虑数-模转换器本身造成的误差和漂移，类似地，其满标度和零标度误差最大值为 ±2ppm（2 LSB），其输出温度系数典型值（零标度、中标度或满标度）为 ±0.05ppm/℃，最大值为 ±0.5ppm/℃，其典型的低频输出噪声在中标度下为 0.6μVpp，大约是基准电压的一半。

2. 放大器环路

该部分使用 DAC 的稳定输出电压在 ±0.1A 的范围内控制线圈[一]电流保持百万分之几的直流稳定性和噪声，或者以另一种稳定形式存在——无振荡。

我们暂时不考虑后者（即忽略电路中的所有电容），首先，放大器环路的工作方式如下：温度稳定的电流检测电阻 R_S＝50Ω 产生 ±5V 的满量程电压，匹配电阻对 R_{3ab} 从数-模转换器的输出中减去该电压。误差放大器 U_5 提供环路增益，将放大的误差施加到线圈驱动器 U_6，线圈驱动器 U_6 作为单位增益反相器。其中相位是正确的，流经 R_S 的电流过大会使 U_7 的输出下降，U_5 上升，U_6 下降。

其次，需要考虑直流精度和漂移问题。我们再次选择了精密 BJT 运算放大器，其中 AD8676 用于误差放大器，老式的 LT1007A 用于单位增益差分放大器。后者以较高的输入电流为代价，具有较低的噪声和偏置电压；我们通过降低输入端阻抗来避免后一个问题，因为电源阻抗较低（50Ω），所以这种方法可行。功率运算放大器 U_6 不需要精密，因为它在总体反馈环路内，环路增益随频率的降低而增加。

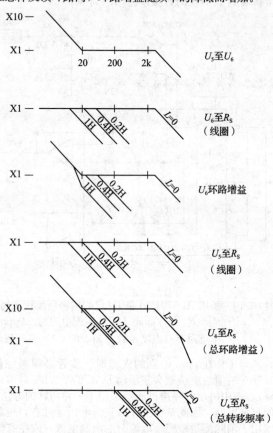

检测电阻器 R_S is Vishay 的块状金属箔 4 线（开尔文连接）精密功率电阻，采用 TO220 封装，额定功耗为 8W，具有最高 ±0.01% 的精确度，典型温度系数为 2ppm/℃。$R_3 \sim R_5$ 电阻对均为精密匹配电阻对，采用 SOT23 封装，匹配率为 0.05%，跟踪速率为 2ppm/℃（典型值）。分流电阻 R_{3b} 补偿了由于 R_7 和 R_{4b} 负载造成的 R_S 有效电阻的降低。

假设有足够的环路增益，DAC 输出的 ppm 级的直流稳定性可以通过运算放大器以及这些利于稳定性和跟踪的电阻得到很好的保持。

最后，振荡的稳定性问题因感性负载的存在而变得复杂。在感抗等于测量电阻的频率时（对于额定 400mH 线圈对，约为 20Hz）就会导致 6dB/倍频程的滚降。然而我们已经解决了这个问题，通过将误差放大器作为低频率下的积分器（以获得充足的直流增益），可以在 20Hz 时将增益升到 ×10 [二]。这样可以防止整个环路增益随频率的曲线下降超过 6dB/倍频程，至少直到远远超过单位增益频率为止。这种方式同样适用于输出放大器 U_6，横跨 R_1（以及横跨 R_2）的小电容在较高频率下仍然会降低本地增益，以使系统稳定在高频振荡中。该电容合适的值应为 150pF 和 4.7nF（分别在 20kHz 和 3kHz 滚降）。

与其不断地谈论这一点，我们不如通过图 13.20 显示的伯德图直观地理解这个问题，这将对可能遇到这种情况的读者有所帮助。

图 13.20　图 13.19 中线圈驱动器的伯德图，其中显示了几个负载电感值

[一] 我们以一对线圈作为参考设计，每个线圈的直径为 30cm，共 500 匝，在所谓的亥姆霍兹配置中轴向间隔 15cm，使用 20 号规格的导线，总直流电阻为 30Ω，电感约为 400mH，0.1A 的电流会产生 3 高斯的中心场（约为地球场的 6 倍）。

[二] 用奇特的语言来说，极点为直流，零点为 20Hz。

13.4 转换器线性问题

在 13.1.3 节中，我们简要地提到了影响 DAC（以及 ADC）的各种误差。这里我们对线性度误差的问题进行进一步讨论。

先看看图 13.21 和图 13.22。两个 3 位 DAC 都存在线性误差，但是有一些细微差别。首先进行两个定义：积分非线性（INL）是整个转换范围内模拟输出相对于数字输入的理想直线的最大偏差[⊖]；微分非线性（DNL）是任何单个数字步长（在本例中，从 $n=2$ 到 $n=3$）与其实际步长 1LSB 之间的最大误差。

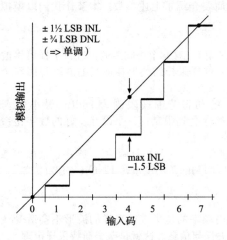

图 13.21 DAC 既可以表现出单调性（DNL< 1LSB），也可以表现出相对较大的积分非线性（这里 INL=1.5LSB）

图 13.22 与图 13.21 相比，该转换器的 INL （0.75LSB）较少，但其较大的 DNL （1.25LSB）会导致非单调性，哪个更重要取决于应用场景

什么时候会考虑 INL 和 DNL 的影响呢？如果读者需要一个 DAC 以最小的误差达到所需的电压，INL 和增益误差将占主导地位，然而此时读者可能不关心单调性。但是，如果读者要关闭一个控制回路，情况正好相反：回路的伺服动作将移除 INL，但较大的 DNL 可能会导致隐藏的不稳定区域，这种情况尤其难以调试。

DAC 的结构会影响 INL/DNL 两个参数，参考如下两个 16 位 DAC——DAC8564 和 AD5544。第一个使用一串电阻，所以读者必须做许多优化才能避免大于 1LSB 的 DNL，而且必须确保是单调的。然而，除了电阻值的统计分布之外，没有什么能控制 INL，因此 INL 为±8LSB 也就不足为奇了，而且较低的 INL 参数导致价格昂贵。廉价的有 12LSB 的器件。

相比之下，在 R-2R 架构中，较大的 INL 通常会转换为较大的 DNL，控制 DNL 的过程在某种程度上也会降低 INL，因此 AD5544 的 INL 规格为±4LSB，DNL 为 1.5LSB。因此，在所有其他规格相同的情况下（事实并非如此），可以选择 AD5544 来精确设置电压，选择 DAC8564 用于控制环路。

一定要注意不要在非音频应用中使用音频 DAC。如果 DAC 没有提供 DNL 规范，那是因为它大得离谱。而这在音频中通常是可以接受的，但对于控制环路使用或电压设置都是不能接受的。同样，音频 DAC 的增益漂移规格通常太大，无法用于设置电压的场合。

13.5 模-数转换器

回顾前面的"基本知识"部分，提醒读者在选择转换器（无论是 DAC 还是 ADC）时要考虑的一些事项。在应用层，读者关注的不是事物实际如何进行转换的细节，而是性能（速度、精度等）、数字接口（并行或串行、单端或低电压差分信号（LVDS）等）和集成（单个或多个单元、独立或集

⊖ 这里有一些摆动的空间，因为读者可以将直线定义为通过原点（此处使用的原点线性），也可以使用最适合的直线使其看起来更好。

成到微控制器或其他复杂功能）等主要问题。在大多数情况下，读者将直接使用商业 ADC 芯片或模块，而不是构建自己的 ADC 芯片或模块。但重要的是要了解各种 A/D 转换方法的内部工作原理，这样才不会被它们的特性所蒙蔽。

13.5.1 数字化：混叠、采样率和采样深度

接下来，我们就对模-数转换的实质进行讨论，但首先简要介绍一下采样问题，在即将讨论的各种 ADC 方法时，这个问题会反复出现。

当读者将模拟信号（例如音频波形）转换为一系列数字信号（即对应于连续时刻的瞬时电压的数字）时，需要选择电压测量的精度（采样深度）和采样方式的速率（采样率）。《电子学的艺术》（原书第 3 版）（上册）的第 6 章结合抗混叠低通滤波器简要介绍了上述参数，本节让我们以模拟波形的 ADC 采样为背景更深入地了解一下这些参数。

1. 采样深度

首先让我们看一下位深度的影响（因为它们更容易理解），对 n 个等间距的位进行采样可将波形样本量化到 2^n 级，从而有效地将动态范围限制在 $6ndB$。这样采样的波形在适当缩放以利用整个转换范围时，会表现出 2^{-n}（即 $100/2^n$%）的量化失真。

例如，16 位量化音频（CD 音频中使用的标准）的动态范围被限制为 96dB，最小失真为 0.0015%。当然，信号本身通常在动态范围和失真方面都会受到限制；一个设计良好的数字化系统应该有足够的位深度（和采样率），这样才不会降低信号的质量。

在更深的层面上，考虑的就不仅仅是位深度，还有非线性（甚至非单调性）、噪声、杂散等，所有这些都有助于数字化信号的保真度，其中大部分内容所用到的常用度量是 ENOB（有效位数），后面的章节将看到更多这方面的内容。

2. 采样率和滤波

这里讨论的问题复杂且有趣。以至少两倍于当前最高频率的速率进行采样的波形不会遭受任何信息损失，即在两个样本之间的波形未采样部分不会丢失任何信息，这就是奈奎斯特采样定理[○]。

好奇的读者可能想知道，如果一个人因抽样不足而违反了采样定理，会发生什么？这很容易验证，请看图 13.23，其中我们以采样频率为 90sps 对 100Hz 正弦波进行采样（理论上需要 $f_{samp} \geqslant 200sps$），这严重违反了奈奎斯特定理。此时采样点就会跟踪出错误的信号，在本例中为 10Hz，这称为混叠，然而大多数情况下这是读者不想要的。简单地说，对于给定的采样率 f_{samp}，模拟输入信号必须经过低通滤波（使用抗混叠滤波器），以便没有有效信号保持在 $f_{samp}/2$ 以上。相反，对于扩展到某个最高频率 f_{max} 的模拟信号，最小采样率为 $2f_{max}$（当然，读者可以以比奈奎斯特极限 $f_{samp} > 2f_{max}$ 更高的频率进行采样，事实上，进行适度的过采样是明智的，因为这允许对模拟信号进行更宽松的低通滤波，正如我们即将看到的那样）。

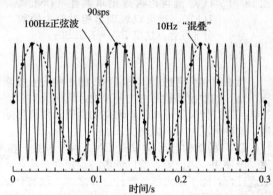

图 13.23 低于奈奎斯特速率的数字化会产生"混叠"。以 90sps（远远低于 200sps 奈奎斯特速率）采样的 100Hz 正弦波（实线）会产生 10Hz 混叠（由虚线连接的点）

研究频域中的混叠问题对于后面的讨论是很有意义的。在图 13.24a 中，我们在宽带信号上附加了一个简单的 2 阶 RC 滤波器，将每阶的 −3dB 点置于奈奎斯特极限（$f_{samp}/2$）。禁区中的频率分量如图所示被错误地数字化[○]，这干扰了感兴趣的信号频带，而且它们不能通过后面的滤波消除，在数字输出中，它们位于感兴趣的频带内。

更陡峭的抗混叠滤波器会产生更好的效果，如图 13.24b 所示，它使用了一个 6 级巴特沃思滤波器，其−3dB 点设置为 $f_{samp}/2$。但情况仍不理想，仍旧存在大量混叠信号，尤其是在高频区。

○ 从数学上可以证明，原始信号（不包括异常波形）可以精确恢复：$v(t) = \Sigma v_i \mathrm{sinc}\pi(f_s t - i)$，其中 f_s 是采样率，v_i 是第 i 个采样的幅度。

○ 要绘制这些"高程图"，只需要镜像奈奎斯特频率倍数的等高线即可。

此时，读者要做的就是使采样时钟的运行速度略快于奈奎斯特最小值，如图 13.24c 所示，它对信号频带进行的 25％过采样。这为抗混叠滤波器提供了从通带到阻带的过度保护带。注意，我们已将滤波器的−3dB 点设置在频带边缘，而不是奈奎斯特频率。

在信号精度很重要的应用中，它的做法如下，再次以 CD 音频为例，如果使用 20kHz 的理想矩形低通滤波器对 20kHz 音频频段进行滤波，则可以在 f_{samp}＝40ksps 的奈奎斯特极限下进行采样；但是 CD 标准将速率设置为 44.1ksps（10％过采样），从而允许 20％的滤波器保护带宽[⊖]。稍后，在图 13.60 中，我们将使用混叠的频域视图来了解 Δ-Σ 转换的一些优点。

注意，抗混叠滤波器设计中涉及一些妥协问题。例如，理想的模拟多段滤波器（例如切比雪夫滤波器）在时域的性能较差（过冲和振铃、相位特性差、对分量值的灵敏度等），见《电子学的艺术》（原书第 3 版）（上册）的图 6.25 和图 6.26。

13.5.2 ADC 技术

有 6 种基本的 A/D 转换技术，每一种都有其独特的优点和局限性。在接下来的章节中，我们将依次介绍每种技术，以及一些应用示例。以下是这些技术的简要概述。

闪速或并行（13.6 节） 模拟输入电压与一组固定基准电压进行比较，最简单的方法是驱动 2^n 个模拟比较器阵列以生成 n 位结果。这个方式的变体包括流水线或折叠架构，在这些架构中，转换分几个步骤完成，每个步骤都转换前一个低分辨率转换的"残留物"。

逐次逼近（13.7 节） 内部逻辑生成连续试验码，内部 DAC 将其转换为电压并与模拟输入电压进行比较。进行 n 位转换只需要 n 个这样的步骤。内部 DAC 可以使用传统的 n 级 R-2R 梯形网络，或者使用一组 2^n 个二进制比例排列的电容，该类型称为电荷再分配 DAC。

电压-频率（13.8.1 节） 输出是脉冲序列（或其他波形），其频率与模拟输入电压成比例。在异步 V/F 中，使用内部无源振荡器，相比之下，同步 V/F 需要外部时钟脉冲源，通过选通其中的一小部分，使平均输出频率与模拟输入成正比。

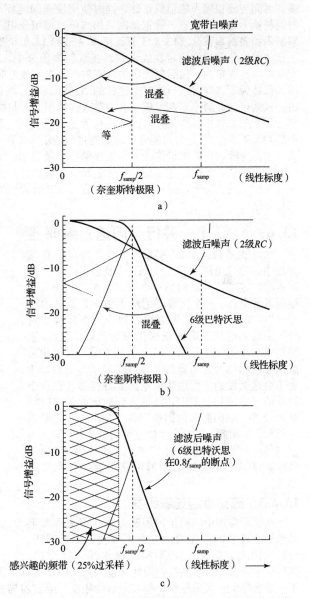

图 13.24 欠采样、过采样和混叠。a) 对频率分量高于奈奎斯特频率（f_{samp}/2）的信号进行采样会产生频率混叠的数字量，这些混叠的数字量落入合理采样的信号范围内，这里，2级 RC 衰减导致大量带外信号能量，严重干扰了期望频带的信号；b) 更陡峭的滤波器更有效，但是混叠仍然会干扰奈奎斯特频带边缘的信号成分；c) 过采样（将奈奎斯特频率设置在感兴趣的频带之上，这里高出 25％）为抗混叠滤波器提供了一个用于衰减的保护频带，从而极大地减少了混叠

⊖ Δ-Σ 转换技术中利用了更高的过采样率（高于奈奎斯特速率许多倍）。

单斜率积分（13.8.2节） 内部产生的模拟斜坡（由电流源充电的电容）从零伏到模拟输入电压所需的时间与模拟输入的值成正比，同时使用快速固定频率时钟，并对时钟脉冲数进行计数，从而将时间转换为输出。注意，脉宽调制采用与单斜率积分相同的斜坡比较器方案来生成每个周期的脉冲。

双斜率和多斜率积分（13.8.3节、13.8.4节和13.8.6节） 这些是单斜率积分的变体，有效地消除了比较器偏移和组件稳定性的误差。在双斜率积分中，电容以与输入信号成比例的电流进行充电，充电时间是固定的；然后以固定的电流进行放电，放电时间与模拟输入成正比。在四次斜率积分中，输入保持为零，同时进行第二个这样的"自动调零"周期。所谓的多斜率技术略有不同，单个转换由一系列快速双斜率周期组成（其中输入连续积分，与减法固定电流周期相结合），以及基于两端的部分周期残差校正。在某些方面，它与 Δ-Σ 方法属同一类型。

Δ-Σ（13.9节） 它分为两部分：调制器将模拟输入电压转换为串行位流；然后数字低通滤波器接受该位流作为输入，产生最终的 n 位数字输出。最简单的调制器由积分器组成，通过模拟输入电压和 1 位输出串行位流值之间的区别来确定下一个输出位。变体包括高阶调制器（一系列加权积分器），或者几位宽的比特流，或者两者同时存在。Δ-Σ 转换器既常用又令人头疼，将在本章后面的章节中进行介绍。

13.6 ADC Ⅰ：并行（闪速）编码器

这可能是最简单的 ADC，也是最快的。在该方法中，输入电压同时馈送到 n 个比较器中的一个输入端，这些比较器的另一个输入端连接 n 个等间距的基准电压。n 个比较器的输出电平形成"温度计码"，该码流（在优先级编码器中）被转换成对应于由输入电压激活的最高比较器的 $\log_2 n$ 位二进制输出。图 13.25 显示了概念上的方案，这里用离散比较器和标准逻辑器件简单地实现了。当然，读者不会这么做的，使用集成电路要好得多。在这个简单的（单级）方案中，从输入到输出的延迟时间是比较器、编码器和输出锁存器（如果提供）延迟的总和。使用此方案的商用快速编码器是 MAX1003，它在每一个通道上进行 6 位转换，采样率为 90Msps，采样后仅需一个时钟周期即可获得数字化和锁存结果。

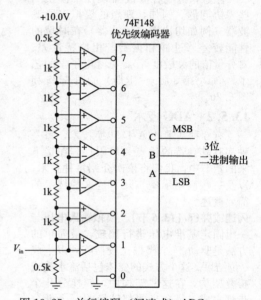

图 13.25 并行编码（闪速式）ADC

13.6.1 改进型闪速编码器

在实际应用中，简单的闪速方案在很大程度上已经被改进后的闪速变体方案所取代，如半闪速、分段式闪速、折叠/内插架构或流水线闪速结构。

这些通常涉及分阶段转换，因此从输入采样时刻到有效数字输出存在一定的延迟（或等待时间）。这不一定会降低最大采样率，事实上恰恰相反，通过将转换细分为一系列更粗略的量化，这些转换器可以实现非常高的采样率，随着较新的样本开始转换，部分量化的模拟"残留物"在基于电容的线路中传播。在此类转换器中，初始粗略转换（比方说到 2 位分辨率）后对残差（模拟输入和粗略估计之间的差值）进行运算，ADC10D1500 就是一个例子，它是双 10 位 1.5Gsps ADC（这两个部分可以交错，以实现 3Gsps），它的延迟为 35 个时钟周期。

这些转换器架构中最简单的也许是半闪速架构，其转换过程分为两步：首先将输入快速转换为最终精度的一半；其次内部 DAC 将此数字近似值转换回模拟，并将其与输入之间的差值误差进行快速转换，以获得最低有效位（见图 13.26）。这种技术产生了相对低功率的低成本转换器。例如 TI 的 TLC0820、ADI 的 AD7820 和 TI 的 TLC5540，这些廉价的 8 位 ADC 的延迟为 2 个或 3 个时钟周期，转换速度适中（后者为 40Msps）。

如上所述，更复杂的 ADC 架构使用多级流水线方案执行转换，其中模拟残差通过一系列相对粗略的量化器来处理。ADI 公司的 AD9244 就是一个例子，它使用 10 级流水线以 65Msps 的速度实现 14 位转换，延迟为 8 个时钟周期。它们的 AD9626 为速度牺牲了一些精度，具有 12 位和 250Msps，但仅有 6 个时钟周期的延迟。它的数据手册有如下说明：

流水线结构允许第一级对新的输入样本进行操作，而其余的级对先前的样本进行操作。流水线的每一级（不包括最后一级）由一个连接到开关电容 DAC 和级间残差放大器（MDAC）的低分辨率闪速 ADC 组成。残差放大器放大 DAC 输出与流水线下一级的闪速输入之间的差值……最后一级简单地由闪速 ADC 组成。

TI 的 ADS5547 也提供了类似的技术，这是一款 14 级流水线 ADC，在 210Msps 下实现 14 位转换，延迟为 14 个时钟周期。它在写入时最快的高分辨率 ADC 具有 14 位 400Msps（ADS5474）和 16 位 370Msps（ADC16DX370）。

折叠架构（通常实现为组合的折叠/内插方案）实现了类似的目标（通过粗略和精细量化实现最终转换），但采用了一种包含连续流水构架的巧妙方法。模拟输入通过模拟折叠电路（由一串交叉连接的差分对组成），该电路将整个输入电压范围映射到由一组重复折叠组成的输出。输出经过闪速转换以产生低位，而全量程输入信号的粗略闪速转换同时确定信号位于哪个折叠处（即高位），见图 13.27。例如美国国家半导体公司的超高速 ADC 系列就使用了这些技术，目前提供的 12 位分辨率器件（ADC12D1800）的速度为 3.6Gsps。

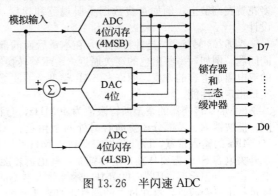

图 13.26　半闪速 ADC

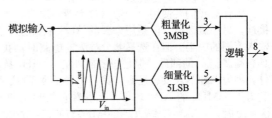

图 13.27　闪速 ADC 的折叠架构

即使在转换速率相对较慢的情况下，并行编码器在波形数字化应用中也值得考虑，因为它们的高速（或更准确地说，它们的短孔径采样间隔）有效地确保了输入信号在转换过程中不会改变。另一种选择——我们接下来描述的较慢的转换器——在转换进行时，通常需要模拟采样-保持电路来冻结输入波形。注意，转换器的延迟可能重要，也可能无关紧要，具体取决于应用场景：在示波器前端或"软件无线电"中，延迟不是问题；但在快速数字控制环路中，问题就很大了。

13.6.2　驱动闪速、折叠和 RF ADC

今天的模-数转换器不再是以前的简单转换器了。诚然它们比前几代的器件性能更好，但它们并不容易使用，它们可能对资源，特别是电源和数字信号的要求非常高，尤其是具有差分输入的高速低压转换器。因此再也不能指望简单地采用运算放大器连接到 ADC 就能让它工作起来。

为了举例说明，图 13.28 显示了一个双通道 16 位闪速 ADC，能够工作在低 RF 频段，非常适合软件无线电的 I、Q 信号数字化。它采用 5.17 节中讨论的差分放大器 IC，用来执行图 5.102 和

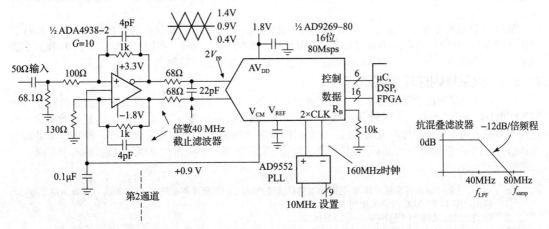

图 13.28　高速 ADC 通常采用差分驱动，如双通道 16 位 80Msps（40MHz）射频数字化仪。像这样的射频应用需要一个与转换速率成倍数的准确稳定的时钟源，这由锁相环提供

图 5.103 所示的任务。当我们绘制这些电路时，乍一看它们可能看起来很相似，但我们发现时间更多花费在细节上，例如查找数据手册规范和建议，考虑使用新规则的替代元器件，然后仔细进行设计。

AD9269 转换器⊖是并行结构，在本章后面的部分中，我们将讨论的其他 ADC 类型也会具有相同问题。例如，一些出色的逐次逼近（SAR）转换器（以及许多 Δ-Σ 转换器）的输入端将需要独特的双电阻加电容的方案。而许多 SAR 类型会有更多的问题，比如电路需要使用哪些 R 值和 C 值来实现指定的性能。

80Msps 转换器的奈奎斯限值为 40MHz，与我们的 $2R+C$ 差分低通输入滤波器的设置大致相同。滤波器 R、C 部分还扮演着另外两个角色：ADC 对噪声（白色和其他）的响应一直持续到其 700MHz 的输入带宽，因此我们需要在 40MHz 以上努力让放大器的输出平静下来；同时 ADC 的输入开关电容 S/H 需要从输入电容捕获一些电荷才能正常工作。两个 R 还用于将电容与运算放大器隔离，这一点很重要，因为 1000MHz 运算放大器不能允许直接连接电容负载。因此，我们对这些新部件进行了三个改进，这在过去的器件里是看不到的。

为什么我们要使用差分输出放大器？通常，当驱动提供差分输入的器件时，我们可以选择一侧接地，另一侧馈电。但是用今天的 ADC 来做这件事会让我们付出相当大的失真代价，而且是满量程输入范围的一半。但在选择差分放大器电路时，我们迷茫了，在 500～1500MHz 区域，我们找不到具有高 $Z_{in(diff)}$ 的部件。但是想要额外的 40MHz 抗混叠滤波，这排除了带有内部增益设置电阻的器件，因为求和节点没有显露。我们想要至少 10 或 20dB 的增益。因此，最终选择了 ADI 公司额定带宽为 1000MHz 的 ADA4938 ⊜。查看它的频响曲线，我们可以看到它的 GBW=800MHz，因此当 $G=10$ 时，$f_{-3dB}=GBW/G=80MHz$，所以在 40MHz 还有一些环路增益。

这样的全微分放大器（见图 5.96 的配置 d）具有相当低的输入阻抗，特别是在高增益时，因为 $Z_{in}=2R_g$，$R_g=R_f/G$。在高输入阻抗方案无法进行的情况下，我们选择匹配宽带信号普遍存在的 50Ω 源阻抗。如果我们选择 $R_g=100Ω$，其中两个的约翰逊噪声将为 $1.8nV/\sqrt{Hz}$，略低于放大器的额定 $e_n=2.6nV/\sqrt{Hz}$。

我们必须为输入提供 50Ω 的负载，并且意识到 Z_{in} 不完全是 R_g ⊜，我们根据数据手册中提供的公式 $Z_{in}=R_g/[1-R_f/2(R_g+R_f)]$，最终确定我们需要 68Ω 的负载电阻；然后，我们在反相输入端和地之间使用 130Ω 的电阻来匹配驱动同相输入的阻抗。这一增加的电阻扰乱了通常的 $R_f=GR_g$ 关系，因此被迫将 R_f 提高 11% 以维持 $G=10$。最后，我们通过检查数据手册的 V_{ocm} 规范来评估单端到差分的转换。$V_{ocm}-3dB$ 规范为 230MHz，这意味着在我们的反馈衰减下，当 24MHz 时，全差分 ADC 驱动器将降低 3dB ⊛。

我们的 AD9269 ADC 需要一个采样时钟，为此，我们选择了功能强大的 AD9552 PLL 升频器。利用 ADC 的内部电路除以 2 来确保内部 50% 的占空比，因此我们需要 160MHz 时钟来进行 80Msps 的采样；因此，如果我们使用 10MHz 基准电压源，我们可以将 PLL 倍增设置为 16。如果我们需要其他采样率，可以使用 AD9552 强大的 Δ-Σ 调制器的小数频率合成功能，也可以选择其他 ADC 分频比。

最后一个需要考虑的问题是时钟抖动。AD9269 数据手册显示，要获得所需的最佳 75～78dB 信噪比（SNR），时钟抖动应该不超过 0.2ps（约为采样周期的 15ppm）。我们的 AD9552 PLL 数据手册规定了抖动参数（对于 4～80MHz 基准输入为 0.11ps），因此能满足要求（但并不宽裕）。

13.6.3　欠采样闪速转换器示例

图 13.29 以某种简化形式显示了一种欠采样转换器应用，在该应用中，以某个相当高的频率（例如 500MHz）为中心的输入信号使用远低于奈奎斯特标准所需的速率（例如 200Msps）进行数字化。该过程如果满足两个条件则可以成功运行：①信号的带宽必须满足奈奎斯特采样标准，即采样率必须至少是信号占用带宽的两倍；②信号的全频谱（包括高载波频率）必须落在 ADC 的模拟输入带宽内。

⊖　AD9269 是一款具有常规 CMOS 逻辑输出的双通道 ADC，但数据速率稍快的 ADC 通常可升级为差分 LVDS 输出，即 16 位 ADC 的输出使用 32 条线。

⊜　我们也可以选择 TI LMH6552 或 LMH6553。

⊜　一部分差分输出电压以共模信号的形式出现在输入端，部分自举了输入电阻 R_g 两端的电压。

⊛　如果不能接受该规格，我们需要将放大器增益降低一半，或者寻找速度更快的放大器 IC，例如 ADA4937，其 V_{ocm} 规格为 440MHz。

第一个条件要求输入信号在带宽上受到严格限制，通常使用带通滤波器；第二个条件意味着ADC是为欠采样而设计的。例如，图中的 ADC08200 指定的全功率带宽为 500MHz，尽管其最大采样率为 200Msps（通常仅适用于 100MHz 的信号）。读者可以将其视为利用欠采样产生的混叠频谱，只要没有其他频谱部件竞争该基带频谱就可以了[⊖]（见图 13.30）。

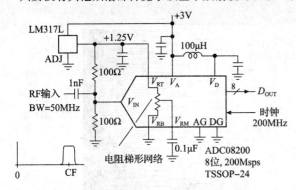

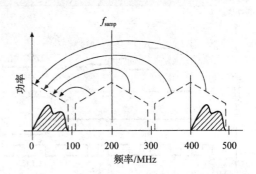

图 13.29 使用廉价闪速 ADC 将远高于奈奎斯特截止频率的带限信号数字化，传统的解决方法需要使用本地振荡器（LO）和混频器进行频率下变频

图 13.30 使用混叠：200Msps 的采样率可以正确地对延伸到 100MHz 的基带中的信号进行采样，但它会产生连续 100MHz 频段的混叠。读者可以通过过滤掉除 400～500MHz 频段之外的所有输入信号（例如）来利用这一点，然后该频段将被正确数字化，并显示为 0～100MHz 信号流

在示例电路中，我们使用了速度相对较慢的国家半导体的闪速转换器系列的器件。这个器件采用+3V 单电源供电，通过简单的并行输出端口以字节宽度输出，这样可以将速率转换到 200Msps[⊖]。读者可以自行设置转换范围的最大值和最小值（这里是接地和+1.25V），但是数据手册建议避开256 抽头电阻网络的中点。100μH 扼流圈将模拟引脚与噪声较大的 V_D 数字电源引脚进行解耦。如图所示，对于仅为正的转换范围，需要将输入信号偏置到转换范围的一半，这两个 100Ω 的电阻将终止期望 50Ω 阻抗的射频信号输入。

13.7 ADC Ⅱ：逐次逼近

在经典逐次逼近技术（有时称为 SAR）中，通过将各种输出码送入 DAC 并将结果与输入比较器提供的模拟输入进行比较来尝试各种输出码（见图 13.31）。通常的做法是将所有位初始设置为 0。然后，从最高有效位开始，依次将每个位临时设置为 1。如果 D/A 输出未超过输入信号电压，则该位保留为 1；否则设置回 0。对于 n 位 ADC，需要 n 个这样的步骤。在计算机科学领域中，该过程称为二分搜索。逐次逼近 ADC 有一个开始转换输入和一个转换完成输出。数字输出可以为并行格式（同时在 n 个单独的输出线上输出所有位）、串行格式（n 个连续的输出位，MSB 优先，在单个输出线上）或一起使用。

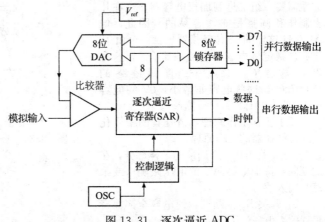

图 13.31 逐次逼近 ADC

⊖ 有时称为超级奈奎斯特操作。例如，见 Analog Devices 的 AN-939 应用说明。

⊖ 一个类似器件——ADC08B200 包括 1024 字节的输出缓冲区，这是一件方便的事情，如果读者需要突发采样或者低于全速读取输出。

在我们的电子学课程中，学生们构建了一个逐次逼近 ADC，包括 DAC、比较器和控制逻辑。图 13.32 显示了当试验模拟输出汇聚到输入电压时，DAC 的连续输出以及 8 个时钟脉冲。图 13.33 显示了完整的 8 位"二叉树"，当使用一个满标度模拟输入的慢斜坡信号来作为输入激励信号时，我们就可以观察到 DAC 输出的完美波形。

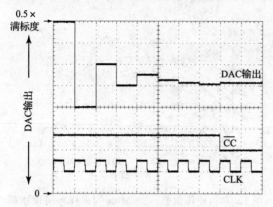

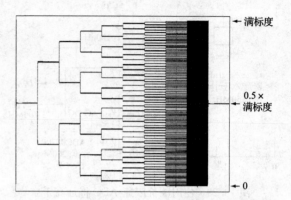

图 13.32　8 位逐次逼近 DAC 的模拟输出收敛到最终值的示波器轨迹。这是一个二分搜索，第一次猜测等于全范围的一半。图中记录时钟波形和转换完成标志

图 13.33　累积的 8 位 SAR 全树的作用域轨迹

逐次逼近 ADC 在速度和精度方面居中（与更快的闪速转换器或 Δ-Σ 转换器和多斜率积分转换器中使用的更精确但速度更慢的技术相比），它们需要 n 个 DAC 建立时间才能达到 n 位精度，典型的转换时间约为 $1\mu s$，通常精度为 8~18 位。这种类型的转换器处理很短时间的电压采样值，如果输入在转换过程中发生变化，则误差不会大于转换期间的变化量，但是输入尖峰会对结果产生糟糕的影响，尽管总体来说还是相当准确的，但是这些转换器仍需要仔细地修改电阻网络，而且它们可能会产生奇怪的非线性和遗漏信号的问题。防止遗漏信号的一种方法是使用 2^n 个电阻和模拟开关，以 13.2.1 节中的电阻串网络的方式生成试验模拟电压，例如 NSC 的 ADC0800 系列 8 位 ADC。

在如今的逐次逼近 ADC 中，传统的电阻式 DAC（R-$2R$ 或电阻串，内部用于产生试验码的模拟电压）通常会被电荷再分配 DAC 架构所取代[⊖]（见图 13.34）。该方案需要一组二进制加权电容器，这在片上制作和调整是非常容易的（因此，像 AD7641 这样的 18 位转换器包含一个由 18 个二进制定标电容器组成的集合[⊖]，这些电容器是 $C_0, 2C_0, \cdots$，直到最终的 $131\ 072C_0$，这些电容非常小，C_0 的电容以 fF 或 0.001pF 为单位测量）。

要了解其工作原理，请查看图中简化的 3 位转换器的工作原理。

1）开关用在一个周期的采样部分，在此期间，每个电容两端的电压跟随（或跟踪）输入信号。

2）开关 S_{SAMP} 断开，使电容全部保持采样输入电压。

3）打开 S_{CHG} 开关，以便在将尝试码作用于位开关 S_1~S_3 时，比较器的输入可以移动，例如如果位开关都接地，则比较器输入 X 的电压为 $-V_{in}$。

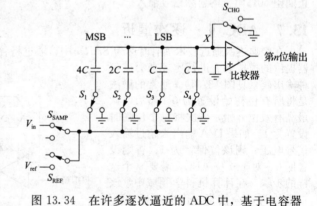

图 13.34　在许多逐次逼近的 ADC 中，基于电容器的"电荷再分配"方案取代了 R-$2R$ 电阻梯形网络。超出 LSB 的电容器不用于比特测试，但需要保持精确的分数比

⊖　也有混合设计，其中电荷再分配 DAC 是用来细分粗权电阻网络 DAC 的步骤。

⊖　实际上，有两个这样的集合，因为它的输入是微分的。

4）为了测量 V_{in} 的保持值，依次对位开关进行操作：首先将 MSB 开关 S_1 切换至 $+V_{ref}$（ADC 的满量程范围），而 S_2、S_3 和 S_4 接地。这会给 $-V_{in}$ 增加 $V_{ref}/2$ 的偏移量（这是一个电容分压器，也称其为"电荷再分配"）。

5）比较器的输出表示 MSB 的值：如果 $V_{in} > V_{ref}/2$，则为高电平；否则则为低电平。

6）与经典的逐次逼近过程一样，该开关会重新接地或保持 V_{ref}；然后测试下一个低位的值，此过程分 n 步进行（此处 $n=3$），从而确定完整的 n 位转换值。

13.7.1 简单 SAR 示例

如图 13.35 所示，逐次逼近 ADC 可能非常易于使用，因为 SPI 串行接口本身就比较简单：设置 $\overline{CS}$ 端口开始进行转换，连续的位码由 SCK 端口逐次输出（因为每个时钟脉冲会触发新位码的 SAR 转换）。如图所示，该时序使读者能够在设置 $\overline{CS}$ 之前使两条串行线保持稳定，以最大限度地减小耦合的数字噪声。该相对低速的转换器系列集成了片上采样-保持功能，包括 3 种速度等级、3 种分辨率（8、10 和 12 位）和 4 种封装选项（单、双、四和八），一共有 36 种选择（该图显示了零件编号的具体含义）。单个单元（如图中的 12 位 1Msps 样本）采用小型 SOT23-6 封装。

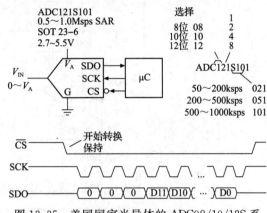

图 13.35 美国国家半导体的 ADC08/10/12S 系列具有 SPI 串行输出的易于使用的逐次逼近 ADC

ADC 的输入通常没有运放那么简单，运放通常期望高阻抗（非常低的输入电流）和低电容。图 13.36 显示了该转换器的等效输入电路，其输入信号必须能够驱动其 26pF 的采样电容。若频率较低，则这不会有太大的问题，但当 ADC 具有很高的分辨率（如 18 位）和较高的速度时，这个问题就需要注意了。

13.7.2 逐次逼近转换器的变体

一种称为跟踪 ADC 的变体方案使用上/下计数器来生成连续的试验码。它对输入信号跳变的响应速度很慢，但随之而来的平滑变化比逐次逼近转换器要快一些。对于较大的变化，其转换速率与内部时钟速率成正比。上/下连续的数位本身是串行的，它是 Δ 调制的一种简单形式。

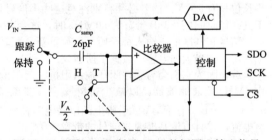

图 13.36 图 13.35 所示 ADC 的框图，输入信号在采集期间驱动采样电容 C_{samp}

另一个变体是 CVSD（连续可变斜率增量调制），这是一种简单的方案，有时用于语音的 1 位串行编码，例如在无线电话中。使用 CVSD 调制时，1 和 0 代表输入波形的阶跃（上或下），但阶跃大小会根据信号的过去样本而自适应地变化。例如，根据预设规则，如果最后几位都为 1，则对应于 1 的步长会增加。解码器知道该规则，因此可以重建（量化）原始模拟输入的近似副本。在过去读者可以获得 CVSD 芯片，但是在当今应用中，这种方案是通过微控制器或 DSP 芯片中的软件程序实现的。

13.7.3 A/D 转换示例

在继续介绍重要的积分转换技术（V/F、多斜率和 Δ-Σ）之前，让我们看一下使用逐次逼近 ADC 的应用：低噪声、高稳定性、转换率为 2Msps 的 18 位转换器。

图 13.37 显示了一个典型的高性能 ADC，在本例中为 Analog Devices 的 18 位 2Msps PulSAR 系列 AD7641 转换器。AD7641 使用三个正电源⊖，其特点是可以按任意顺序打开和关闭它们。

⊖ 单独的 $+2.5V$ 引脚用于模拟和数字部分，数字 I/O 引脚可接受 $+2.3 \sim +3.6V$。低压 IC 通常需要多个电源电压，均需要单独的调节器。

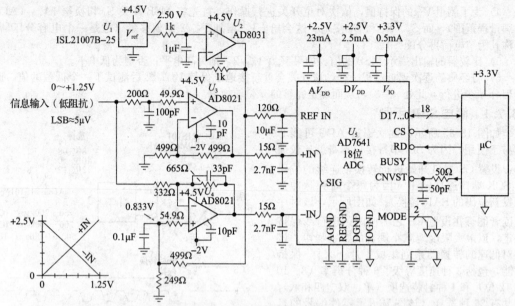

图 13.37　AD7641 是 18 位逐次逼近 ADC，并配置快速运算放大器，可进行 2Msps 的转换

AD7641 的满量程范围为 $\pm V_{\text{ref}}$，这在低压 ADC 中很常见。为了保持稳定的转换，最好使用较大的基准电压和信号电压范围。AV_{DD} 为 2.5V，因此（差分）模拟输入范围为 0～+2.5V。如果使用允许的最大+2.5V 基准电压，则满量程可达 ±2.5V（差分）：+IN 从 0V 变为 +2.5V，−IN 则必须从 +2.5V 变为 0V（否则我们只获得了一个 17 位转换器）。对于 18 位转换器，这相当于差分 LSB 步长位只有 19μV。读者必须特别注意这些小信号，尤其是当转换器的采样率为 2MHz 时，并且对应于其孔径时间的−3dB 带宽为 50MHz 时，这会存在大量模拟噪声⊖以及由输出端产生的数字噪声。

信号和基准电压输入都经历了电荷重新分配转换过程中的电荷注入脉冲，因此我们在这些引脚上使用了相当大的电容（数据手册建议 2.7nF）来保持平稳的电压⊖。运算放大器不喜欢直接使用容性负载，因为它们会与感性闭环输出阻抗一起引起振荡，因此需要 15Ω 串联电阻。该 RC 电路还用作 4MHz 低通滤波器，以减少带外噪声。在该带宽中，LSB 对应于更宽松的噪声密度，其值为 9.6nV/$\sqrt{\text{Hz}}$。注意，V_{ref} 引脚上的串联电阻较大（120Ω），因为我们需要在电源启动过程中限制峰值电流，并且直流基准源与信号的带宽无关。

该电路显示了针对宽带操作进行了优化的放大器设置，其单端输入范围为 0～+1.25V。AD8021 是 ADC 数据手册中建议的宽带低噪声运算放大器。这可能不是最好的方案⊜，但我们将先介绍制造商建议的运算放大器。放大器使用单极性单端输入，生成准确的单极性差分输出，上方放大器具有+2 的同相电压增益，而下方具有−2 的反相增益。需要注意低电阻值，以保持带宽并降低约翰逊噪声。为了确保具有相等的时间延迟，我们使用单独的信号路径，而不是级联放大器的替代方法。请考虑反相运算放大器该如何在 $V_{\text{ref}}/3$ 处偏置以产生所需的+2.5～0V 信号。两条运算放大器路径具有不同的噪声增益，但是 AD8021 允许我们在其补偿节点上添加一个 10pF 电容来降低响应，以实现近似相等的带宽。为了应对运算放大器的 7.5μA 高输入偏置电流，我们在反相和同相输入端使用相等的直流电阻，这在这里很有效，因为典型的失调电流（0.1μA）比偏置电流本身小 75 倍。

Intersil 公司的 ISL21007/9BFB825 基准电压源采用了浮栅技术，可长时间保持极低的温度漂移（<10ppm/$\sqrt{\text{kHr}}$）。它具有出色的初始精度（0.02%）和低温度系数（3ppm/℃）。同时我们添加了降噪滤波器，并使用运算放大器来缓冲 3.3mA 负载电流，以最大限度地降低参考 IC 的功耗。运算

⊖　在 50MHz 带宽中，19μVrms 噪声对应的 e_n 仅为 2.7nV/$\sqrt{\text{Hz}}$。

⊖　考虑一下当以 2Msps 的全扭曲模式速度运行时，这种逐次逼近 ADC 的内部情况：它的比较器必须每 20ns 做出一个新的 19μV 输出。

⊜　选择是有点奇怪，因为这种运算放大器不是精确的，其最大偏移电压为 1mV，其输入偏置电流为 7.5μA，显然设计权衡需要实现远远超过这里需要的速度（100MHz 带宽，20ns 稳定时间）。

放大器由 +4.5V 和 −2.0V 供电，来自为 ADC 提供稳定直流电（见图 13.38）的 ±5V 电源，因此，运算放大器可在该电源下与 ADC 同时上电，从而最大限度降低启动时转换器输入二极管中的钳位电流。防止 ADC 输入过载的另一种方法是使用钳位运算放大器，例如 AD8036，而该器件的直流误差比 AD8021 大，但是有一个很好的解决方案，即用一对低电容（2pF）SD101 肖特基二极管保持 AD8021 运算放大器的 C_{COMP} 引脚，两个二极管一个接地，另一个连接至 ADC 的 +2.5V 电源，如图 13.39 所示[⊖]。

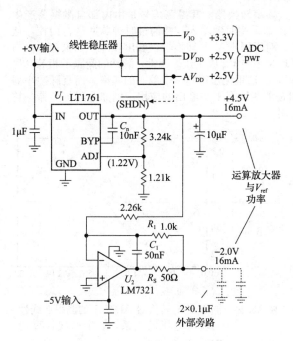

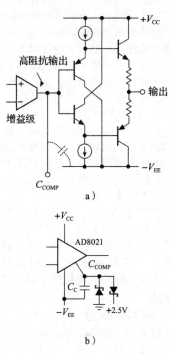

图 13.38 线性稳压器为运算放大器和 ADC 提供低噪声直流。LM7321 是一款大电流运算放大器，适合 50mA 的输出电流。分流反馈路径（在约 3kHz 处分频）使它稳定进入运算放大器旁路电容的容性负载，同时保持直流精度

图 13.39 一些运算放大器的补偿引脚可用于钳位输出信号。a) AD8021 的输出级为零偏移互补跟随器的推挽式布置，C_{COMP} 引脚连接在高增益跨导级的高阻抗输出端；b) 用肖特基二极管钳位该节点可将输出摆幅限制为基准电压，此处将其设置为 ADC 的转换范围

图中的 AD7641 转换器通过将两个 MODE 引脚接地来选择 18 位并行数据模式。如 ADI 公司所建议的那样[⊖]，$\overline{CNVST}$ 的起始转换信号经过 RC 滤波（2.5ns），是为了降低其下降时间且有助于防止下冲等。直到转换完成，$\overline{CNVST}$ 信号才返回高电平状态，在其高速模式下约为 400ns。

13.8 ADC Ⅲ：积分

13.8.1 电压-频率转换

我们将继续使用 V/F 转换器进行 A/D 转换技术的介绍。在这种方法中，模拟输入电压被转换为输出脉冲序列，其频率与输入电平成正比，只需要用与输入电平成正比的电流对电容充电，并在斜坡达到预设阈值时其放电即可轻松实现。为了提高准确性，通常使用反馈方法。将 F/V 电路的输出与一个模拟输入电平进行比较，并以足够的速率生成脉冲，以使比较器输入达到相同的电平。如在稍后将更详细描述的方法中，通过使用"电荷平衡"技术来达到上述目的（特别是"电容器存

⊖ AD8021 数据手册没有告诉读者这个技巧。但它显示了一个简化的原理图，从中可以看出，C_{COMP} 引脚处的信号是增益级的（高阻抗）输出，在通往零偏移互补射极跟随器的途中构成输出级，即它是输出信号的可钳位高 Z 副本。

⊖ 其他选择是 16 位并行（两个读取周期）、8 位并行（三个读取周期）或 SPI（在 18 个时钟周期内时钟输出）。

储的电荷分配"方法）。

对于满量程输入电压，典型的 V/F 输出频率在 10kHz 至 1MHz 的范围内。商用 V/F 转换器的等效分辨率为 13 位（精度为 0.01%），它们可以作为高质量压控振荡器。例如，ADI 公司出色的 AD650 在 0~10kHz 的工作频率下典型的非线性为 0.002%，它们价格便宜，当输出通过电缆以数字方式传输或需要输出频率（而不是数字代码）时，它们非常方便。如果速度不重要，则可以通过对固定时间间隔内的输出频率进行计数，从而获得与平均输入电平成比例的数字计数值。该技术在中等精度（3 位）的数字面板仪表中很流行。

压控振荡器（例如 AD650）是一种异步电压-频率转换器，其振荡信号是由内部自激振荡产生的，没有时钟输入。但是完全可以不这样使用，比如采用时钟输入，并通过时钟脉冲进行门控，从而使输出信号的平均频率与模拟输入电压成正比。对于同步 V/F 转换器，输出脉冲（如果存在）与输入时钟一致，但脉冲或有或无，需要保持其平均频率与 V_{in} 成正比。通常，脉冲的间隔不相等（尽管它们的间隔是输入时钟周期的倍数），也就是说，在这里无法得到一个单一的频率。而且脉冲序列具有抖动问题，这对于某些应用来说很好，特别是那些固有平均输出的应用，例如电阻加热器，它可能在带有模拟温度传感器的温度控制环路中使用。

我们搭建了一个同步 V/F 转换器 AD7741 电路，时钟频率为 5MHz，并测量了其输出频率（取几秒内的平均值）与输入电压的关系，结果相当精确（见图 13.40）。

同步 V/F 转换器是 1 位 ADC 的简单示例，还有更好的方法来生成比特流，比特流的平均值表示模拟输入信号的转换。特别是使用所谓的 Δ-Σ 转换器，将获得更好的效果，但是获得更好的效果往往比较困难，需要绞尽脑汁。

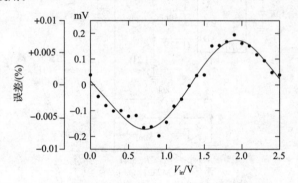

图 13.40 同步 V/F 转换器 AD7741 的测得非线性与输入电压的关系，规定的线性度为 ±0.015%

13.8.2 单斜率积分

在此技术中，启动内部斜坡发生器（电流源＋电容器）开始转换，同时启用了计数器以对来自稳定时钟的脉冲进行计数。当斜坡电压等于输入电平时，比较器将停止计数器。计数与输入电平成正比，即数字输出。图 13.41 显示了这个想法。

当转换结束时，电路使电容放电并使计数器复位，转换器准备好进行下一个工作周期。单斜率积分很简单，但由于需要对电容和比较器的稳定性和精度提出严格的要求，因此不能用于要求高精度的场合。双斜率积分方法消除了这个问题（以及其他几个问题），目前通常用于需要精度的电路。

特别是在不需要绝对精度但需要良好分辨率和相邻量级具有均匀间距的应用中，单斜率积分仍然有效。例如脉冲幅度分析，其中脉冲的幅度被保持（峰值检测器）并转换

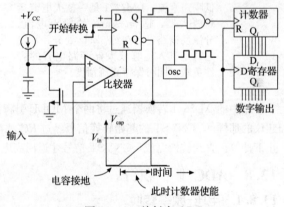

图 13.41 单斜率 ADC

为一个地址。通道宽度一致性对于此应用至关重要，而逐次逼近转换器完全不合适上述应用。单斜率积分技术还用于时间-幅度转换（TAC）。

13.8.3 积分转换器

有几种共同使用电容的技术来跟踪输入信号电平与基准电平的比率。这些技术都在固定时间间隔内对一次测量的输入信号进行平均（积分），有两个重要的优点。

1）因为它们将相同的电容用于信号和基准，所以它们相对地避免了电容的稳定性和准确性，同时对比较器的要求也降低了。结果是对于同等质量的组件而言，精度更高，或者在降低成本的情况下，等效精度更高。

2）输出与（固定）积分时间内的平均输入电压成正比。通过选择该时间间隔为电源频率的倍数，可以使得转换器对输入信号上的 60Hz 电源线"嗡嗡声"（及其谐波）具有抑制能力（见图 13.42）。

消除 60Hz 干扰需要精确控制积分时间，因为即使在时钟时序中只有百分之几的误差也会导致工频噪声的不完全消除。一种解决方案是使用晶体振荡器；另一种替代方案是使用锁相环将积分转换器的工作同步到电源频率的倍数，从而使抑制效果更好。

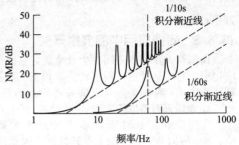

图 13.42　具有集成 A/D 转换器的正常模式抑制

与逐次逼近相比，这些积分技术的缺点是速度慢，但是它们在精度方面表现出色，特别是双斜率或多斜率，或者更复杂的 Δ-Σ 转换器。

13.8.4　双斜率积分

这种非常流行的技术消除了单斜率积分固有的电容和比较器问题。图 13.43 显示了这个想法。首先，与输入电平成正比的电流为电容在固定的时间间隔内充电；然后电容以恒定电流放电，直到电压再次达到零。电容放电的时间与输入电平成正比，计数器以固定频率运行相同时间，使得最终计数与输入电平成正比，即数字输出。

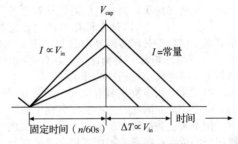

图 13.43　双斜率转换周期

双斜率积分实现了非常好的精度，而对组件稳定性没有极端要求。特别地，电容的值不必特别稳定，因为充电周期和放电周期都与 C 成反比。同样，通过以相同的电压（在某些情况下，以相同的斜率）开始和结束每个转换周期，可以消除比较器中的漂移或比例误差。在最精确的转换器中，转换周期之前是自动调零周期，在该周期中，输入保持为零。因为在此阶段使用了相同的积分器和比较器，所以从后续测量中减去所得的"零误差"输出，可有效消除零点附近测量的相关误差，但是它不能纠正整体的误差。

注意，即使在双斜率转换中，时钟频率也不必具有很高的稳定性，因为在测量的第一阶段，固定的积分时间是通过对用于递增计数器的同一时钟进行细分产生的。如果时钟速度降低 10%，则初始斜坡将比正常情况下高 10%，需要长 10% 的斜坡下降时间。由于以时钟来衡量，因此会比正常情况下慢 10%，最终计数将保持不变！在具有内部自动归零功能的双斜率转换器中，只有放电电流必须具有高稳定性。精密的电压和电流基准相对容易产生，并且（可调）基准电流可以在这种类型的转换器中设置比例因子。

当选择用于双斜率转换的器件时，应确保使用具有最小介电吸收的高质量电容器——聚丙烯、聚苯乙烯或特氟隆电容器效果最好。尽管这些电容没有极性，但读者应将外部箔片（用带表示）连接到低阻抗点（积分器运算放大器的输出）。为了最大限度地减少误差，请选择积分器的 R 和 C 值，以使用积分器的几乎整个模拟范围。高时钟频率可提高分辨率，但如果时钟周期变得比比较器响应时间短，读者将得不到任何收益。

当使用精密双斜率转换器（以及任何一种精密转换器）时，必须将数字噪声排除在模拟信号通道之外。为此，转换器通常提供单独的"模拟接地"和"数字接地"引脚。进行数字输出缓冲（例如，使用'541 三态八进制驱动器，仅在读取输出时置位）通常是明智的做法，这样可以解除转换器与微处理器总线的数字信号传输间的耦合。在极端情况下，可以使用光耦合器隔离特别强的总线噪声。确保使用宽电源供电，正好使转换器芯片避开噪声。注意不要在积分关键端点处引入噪声，因为斜坡信号会到达比较器跳变点。例如，某些转换器可以通过读取输出字来检查转换结束：不要这样做！相反，请使用适当隔离的单独 BUSY 线。

双斜率积分被广泛用于精密数字万用表。对于速度不重要的应用，它以低成本提供了良好的精度和高稳定性，并具有出色的电力线（和其他）工频干扰抑制能力。随着输入的增加，数字输出码需要严格单调。

精度最高的替代方法是 Δ-Σ 转换器。这种高端的技术引起很多疑惑。在下一节中，我们旨在吹散迷雾，并为这些事物的工作原理提供一些直观解释。不过，首先要看一下在转换应用中模拟开关的使用，其次来看一看集成转换器的终极技术——多斜率技术，并以世界一流的商业化 $8\frac{1}{2}$ 位数字万用表为例

13.8.5 转换应用中的模拟开关

模拟开关在转换应用中十分重要，它既是转换器本身的组件，又是外部辅助组件。之前介绍的应用中，它们是精密多斜率转换器和 Δ-Σ 转换器的重要组成部分。在这里，我们简要地探讨了一些转换器应用，特别是分立逻辑系列 CMOS 模拟开关。

1. 逻辑系列模拟开关

广泛使用的'4051 至'4053 CMOS 开关系列在模拟应用中特别有用，这些部件具有用于开关的负 V_{EE} 电源线以及内部逻辑电平转换器，因此能够在 $-V_{EE}$ 至 $+V_{DD}$ 的模拟电压范围内工作且实际上超出了电源轨大约 0.25V 左右。该系列包含三个器件：'4053 具有三个独立控制的 SPDT 开关，'4052 有两个 4 选 1 开关，而'4051 是单个 8 选 1 开关。这些开关之所以很受欢迎是因为它们价格便宜并且可以从六家公司购买，而且它们对设计者更具吸引力，因为它们速度非常快且电容低。

例如，74HC4053 通常具有 40Ω 的导通电阻，能够在 20ns 内切换，并具有 8pF 的接地电容。与正式用于模拟开关和多路复用的 IC 相比，'4053 的电压摆幅更加有限，并且没有静电放电（ESD）保护。与 CMOS 电源开关相比，它具有更高的导通电阻，但不能承受高电容。它非常适合作为同一电路板上电路之间信号切换的开关。

单 SPDT 版本提供节省空间的 SOT23 和其他 SMT 封装。这些部件（例如'1G3157 类型）不包括负电源功能，因此它们不能在名称中使用'4053。

接下来让我们看两个示例，第一个示例的'4053 型开关在模拟世界和数字世界之间搭建起了一座很好的桥梁；第二个示例（带有电流控制开关的锯齿发生器）将直接带领我们进入多斜率转换器和 Δ-Σ 转换器。

2. 可编程高压脉冲发生器

该器件能够产生一个由逻辑信号控制的脉冲且其振幅能够进行单独设置。对于后者，读者可以在计算机控制下使用 DAC，或者仅使用面板旋钮来进行设置[一]。使用图 13.44 中的简单电路即可完成工作，在这种情况下，允许输出幅度高达 +100V。

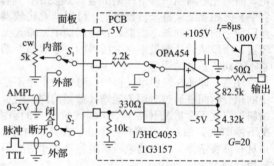

图 13.44 简单的高压脉冲发生器，具有可编程的脉冲幅度和波形。'4053 开关包括用于双极性信号切换（至 ±5V）的一 V_{EE} 引脚，而'3157 仅以正极性工作

'4053 型模拟开关将面板开关 S_1 选择的电平作用于 OPA454 高压运算放大器，此处配置为 20 的同相增益。该运放的运行速度并不快（约 10μs 的切换时间），但价格却很便宜，它可以提供 100mA 脉冲输出来为电容负载充电。当然读者可以用更快的运算放大器代替，以利用模拟开关的快速开关功能（约 20ns）[一]。中置面板开关 S_2 可让读者打开或关闭脉冲，或启用连续开关导通以读取和设置数字万用表等的高压（HV）电平。

3. 电流控制的锯齿发生器

这个电路（见图 13.45）利用了'4053 型模拟开关的出色开关特性，与我们将在下一节中介绍的多斜率转换器中使用的电流控制装置相同。运算放大器 U_1 是积分器，其求和点的偏置电压为电源电压的一半（对于 +5V 单电源工作）。开关 S_1 和 S_2 是'HC4053 的一部分，工作电压为 +5V，它们分别由电阻 R_1 和 R_2 编程控制上升和下降斜率。闭合 S_1 将提供电流 $V_{CC}/2R_1$，从而使积分器根据 $dV_{ramp}/dt = I/C$ 的斜率下降，S_2 将导致类似的斜率上升。比较器的阈值为 V_{CC} 的 1/3 和 2/3，在经过 $\Delta V = V_{CC}/3$ 之后，将斜率改变。很容易看出，得到的斜坡间隔由 $t_{rise} = \frac{2}{3}R_2C$ 和 $t_{fall} = \frac{2}{3}R_1C$ 以及 $f = 1.5/C(R_1+R_2)$ 给出。

[一] 《电子学的艺术》（原书第 3 版）（上册）的第 5 章展示了一种生成可编程高压波形的方法（见《电子学的艺术》（原书第 3 版）（上册）的图 5.47），但是没有门控功能。

[二] 例如，Cirrus/Apex PA85 以 1000V/μs 的速度旋转（闭合环路增益为 100），可在 450V 总电源下运行。这里，读者可以从 +400V 和 -15V 轨道供电。

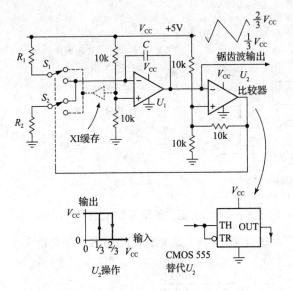

图 13.45　带有电流控制开关的锯齿发生器。比较器 U_2 被配置为施密特触发器，其阈值分别为 $V_{CC}/3$ 和 $2V_{CC}/3$，因此，合适的比较器（具有有效的轨到轨输出）是快速 TLV3501（$t_p = 4.5ns$），CMOS 555 也可以对其代替，尽管速度不快（$t_p = 100ns$）

✏ 练习 13.4　来吧，搭建它！

开关和比较器都非常快，允许工作在至少几 MHz 的范围内，为此，合适的电阻值可能是几 kΩ，并且 C 的范围为 100～500pF。使用如此小的积分电容，读者就必须担心开关电容 C_{sw} 的影响，通常在 5～10pF 的范围内。例如，在图中所示的位置考虑开关 S_1；其电容充电至 +5V，因此当开关移动到下端时，它会将一小段电荷 $\Delta Q = C_{sw}\Delta V$（其中 $\Delta V = V_{CC}/2$）转移到求和点。电荷转移使积分器的输出发生变化，如图 13.46 所示。解决方法（接下来将在多斜率 ADC 中看到）是使用另一个开关端子保持在与求和点相同的电压。

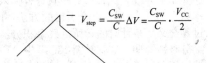

$$V_{step} = \frac{C_{sw}}{C}\Delta V = \frac{C_{sw}}{C}\cdot\frac{V_{CC}}{2}$$

图 13.46　当处于不同电压的（电容 C_{sw} 的）电路节点导通时，电荷注入会在积分器输出中产生阶跃变化

13.8.6　大师级设计：世界一流的安捷伦多斜率转换器

参考这些模拟开关应用，我们可以很好地理解 Keysight 的 34420 $7\frac{1}{2}$ 位和 3458A $8\frac{1}{2}$ 位数字万用表等仪器中使用的多斜率技术。这是安捷伦最顶级的仪器，目前为止已有二十多年的历史。Keysight 的现代高性能 DMM 系列仪器（34420A 7.5 位纳伏和微欧表、34401A 6.5 位数字工业标准 DMM 和 34970A 6.5 位数据采集系统）使用了简化的变体方案（Multislope III），接下来我们将详细介绍 Multislope III 的工作原理，并简要介绍下一代 Multislope IV（于 2006 年推出）。

1. 基本技术

综上所述，多斜率技术是双斜率积分器的演进，它采用了多周期电荷平衡积分方案，该方案更能容忍电容缺陷，并考虑了积分的最后一个周期后残留的电荷量。它融合了双斜率转换和 Δ-Σ 转换的各个方面，能够作为后者的基础。

基本电路非常简单（见图 13.47），并且大部分使用低成本部件（基准电压和精密电阻器除外）。电路有一个积分器 U_1，逻辑组件用于在每个 375kHz 时钟跟踪积分器输出（通过比较器 U_2）；还有一对开关（S_1 和 S_2），它们由逻辑组件同步操作以保持积分器近似平衡（通过积分器吸收或提供准确的电流）；还有一个低精度（12 位）的 ADC，用于在多周期测量的开始和结束时读取积分器的输出电压。

基本操作如下：开始测量时，闭合开关 S_3 ⊖使得积分器上升或下降（根据 $dV/dt = -I_{in}/C_1 = -V_{in}/R_{in}C_1$）。逻辑组件在每个连续的时钟使开关 S_1 或 S_2 闭合（取决于积分器输出的极性），从而增加或减少相应的基准电流（±10V/30kΩ）来使积分器接地。这会持续多个时钟周期（为了最大限度地抑制电源线工频噪声，最好使用与整数倍的电源线周期相对应的测量时间，例如 6250 个时

⊖　我们使用术语"闭合"表示将开关连接到求和点。

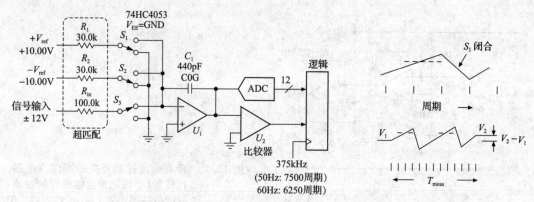

图 13.47　Keysight 的 Multislope III 转换器，时钟电荷平衡积分器通过低精度 ADC 进行端点校正

钟等于 1/60s），然后对正（n_+）和负（n_-）周期数进行逻辑相加。这里给出了测量期间平均输入电压的一阶估计为

$$V_{sig}(1) \approx V_{ref} \frac{n_- - n_+}{N_{cycles}} \frac{R_{in}}{R_1} = V_{ref} \frac{n_- - n_+}{6250} \frac{100k\Omega}{30k\Omega}$$

这并非十分准确：±12V 的满量程输入会产生 ±2250 的净计数（$n_- - n_+$）（找出原因），因此分辨率约为 12 位。现在有个不错的方法，因为测量是通过整数个时钟周期（而不是像双斜率方法那样通过零交叉）来计时的，所以残余积分器电平中就会包含其他信息。它使我们可以像游标一样有效地细分时钟周期。这就是图 13.47 中 ADC 的原理，该 ADC 用于在测量周期的开始和结束时测量积分器电压。对于图中的 12 位 ADC，这提供了一阶 LSB 约 512 级细分，在 12 位一阶估计中增加了 9 位，最终结果为 21 位分辨率[⊖]。

更准确地说，二阶（也是最终的）结果为

$$V_{sig}(2) = V_{sig}(1) + \frac{R_{in}C_1}{T_{meas}}(V_f - V_i) = V_{sig}(1) + 0.002\,64(V_f - V_i)$$

其中，ΔV "游标" 项的系数表示端点校正随着测量时间的增加而减小。更具体地说，很容易证明，对于持续时间等于单个时钟周期（即 $T_{meas} = 1/f_{clk}$）的测量，ΔV 项本身会产生正确的输入电压。

✎ **练习 13.5** 挑战：证明这是正确的。

2. 细节

这是多斜率转换技术的人体框架。对于它我们还有很多话要说——细节上通常问题更多，并且有很多可能的改进，但是我们可以从该核心思想中获得最大的性能。在这里，我们将讨论限制在更有趣和更具启发性的方面。

非关键组件　对于 $S_1 \sim S_3$，安捷伦使用标准的 74HC4053 开关阵列（来自 NXP），对于 C_1 使用稳定的 NP0/C0G 商用陶瓷片状电容器（来自 AVX）。这种类型的电容器价格便宜得惊人且具有较低的温度系数（±30ppm/℃），它的介电吸收可忽略不计，此处的切换时间无法测量。同样，比较器或端点量化 ADC 也不需要很高的精度或稳定性。

关键组件　电压基准确定了测量范围，并且必须高度稳定。实际上，这些仪器使用单个 7.0V 齐纳型基准电压源和一对精密运算放大器来产生 ±10.0V 基准电压。10.0V 电压不需要精确到能够经过工厂校准仪器进行校准的最终精度。当然，它确实需要维持稳定才能保证校准后的精度[⊖]。

另外两个关键元器件是匹配的电阻器阵列（$R_1 \sim R_3$，以及基准电压中的增益设置电阻）以及积分运算放大器。后者实际上是一个复合放大器（OP27＋AD711），可实现高压摆率和高环路增益以及非常低的失调电压（见图 13.48）。电阻是专门配置的阵列，用于紧密匹配和跟踪。此处重要的是电阻比的漂移（随时间和温度变化），因为初始电阻比的微小失配在工厂校准中得到了解决。可选增

⊖　ADC 的转换范围与积分器的转换范围匹配，但是当输入信号为 ±满量程时，二者的转换幅度都比积分器在一个时钟周期内的斜坡大约大 8 倍。这就是为什么在数字化残差为（$V_f - V_i$）时 ADC 会失去 3 位分辨率的原因。

⊖　例如，对于 34401A 标准台式数字万用表，初始出厂校准的 dc 精度在 2ppm 之内，并规定在 24 小时内漂移不超过 ±0.0015%，一年后漂移不超过 ±0.0035%。

益输入放大器未展示，但同样重要，它必须具有精确和稳定的增益，并具有进行校准和校正的手段。

开关　74HC4053 开关用于如图 13.45 所示的
电流控制方案，使得所有 '4053 开关引脚上的
电压始终保持接近零伏的状态。开关仅用于控
制电流，给积分器的输出增加或减少压摆率，
使其与输入电压产生的压摆率保持精确的比例
关系。开关的导通电阻会影响这些电流的值，
但是，只要开关的 R_{on} 与 $R_1 \sim R_3$ 匹配良好，
稳定且较小，就可以通过仪器在每次测量之前
自动执行的校准周期来校正。例如，是德科技
仪器中使用的 NXP ' HC4053，R_{on} 通常为
85Ω，匹配电阻为 8Ω。这些开关必须进行"先断后合"操作，以确保其输出端子对不会瞬间短路
（可能会将积分器求和点接地，就像差分输入信号一样，等于运放的偏置电压）。一些制造商提供了
这样的规范，而另一些制造商则没有进行规范。例如，恩智浦数据手册中规定了导通和断开时间，
其差值表示先断后合的间隔为 4ns，但它没有直接指定该间隔，而 Siliconix 的 DG4053 数据手册列出
了先断后合延迟时间 t_D 的典型值为 6ns（最小值为 2ns）。

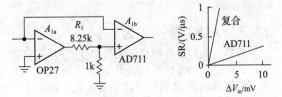

图 13.48　复合放大器大大提高了压摆率，选择
级间衰减器的 8.25kΩ（标称值）足够
大，以确保 U_1 的稳定性

校准　简单的电流开关输入拓扑结构非常适合校准和消除电阻比失配、电压基准不匹配、运算放大
器偏移以及开关延迟等问题。例如，当 S_3 关闭（即没有输入信号）并且 S_1 和 S_2 在一定数量的连续
周期内交替闭合时，端点处的 ΔV 能够反映正负基准电流的不匹配性。同样，通过将 V_{ref} 输送到信
号输入并执行电压测量，读者可以测量信号和基准电流的失配情况。是德科技的设备会在每次测量之
前以其高分辨率参数设置（会有所不同）执行一系列此类校准。当然，它无法确定其主要基准电
压的漂移，为此，需要外部已知电压源。这是校准实验的工作流程。

测量间隔　我们以测量时间 T_{meas} 为例，它等于一段电力线的周期（PLC），该周期为 6250 个
375kHz 周期，或 1/60s。PLC(NPLC) 的整数倍的测量时间可以有效地消除工频干扰，更长的测量
时间可以提高结果的精度。但是，若进行更快速的测量，则会牺牲工频抑制能力和精度⊖。读者也
可以进行连续的测量，其中信号开关 S_3 始终闭合（在这种模式下，端点 ADC 必须采取准确计时的
样本）。

Multimultislope　可以追溯到最初的 HP3458A 8.5 位数字万用表，它使用了一些巧妙的方案：它具
有四组输入电阻和开关，因此可以大大降低积分器的压摆率（约 600 倍）。但奇怪的是，这种方案忽
略了一个非常重要的问题，即它没有测量最终剩余的电荷量，而是直接下降到 0V。

其他　如在服务手册、HP 期刊文章以及相关专利中所述的那样，该转换技术的最终实现存在很多
细节。例如，我们仅需要防止积分器饱和，这样读者就可以使用多个比较器，并仅在需要时才接通
基准电流开关（S_1 和 S_2），以使积分器保持在工作范围内，这样可以最大限度地减少切换周期以及
随之而来的误差。还有一些奇怪的电路，例如 '4053 模拟输出上有损耗的铁氧体磁珠，并且在积分
器求和点与地之间有一个电容器。

技术的发展　2006 年，安捷伦推出了速度更快的 Multislope IV 版本⊖，即 34410A、34411A 和
34972A，均具有 USB 和以太网数据链路。它们的价格更高，使得经典的 34401A 和 34970A 的价格
降低。随后，它们推出了 34460A 和 34461A 具有其他功能，例如信号处理的显示面板和传感器接口
（34461A 具有与 34401A 相同的测量速度和功能）。而 34420A 仍然是该系列中唯一的 7.5 位
（20ppm）仪表，并且未升级。

3. 从多斜率到 Δ-Σ

多斜率转换器自然而然地将我们引入广受欢迎的 Δ-Σ 转换技术，该技术与多斜率具有很多共同
点。在最基本的层面上，两者都使用积分方法，基于积分器的输出电平，以周期性的间隔将离散的

⊖　最新的 Keysight 34411A 台式数字万用表在基本的多斜率技术上进行了改进，表现更好：6.5 位数分辨率下
　　为 1000 读数/秒，4.5 位数分辨率下为 50 000 读数/秒。

⊖　用示波器观察 Multislope IV 波形，读者会看到一个完全不同的性能。A_{1b} 被更快的 AD829 运算放大器
　　（120MHz，230V/μs）取代，积分电容 C_1 减少了 5 倍。硬件引擎强制误差积分器使用 80MHz AD9283 转换
　　器以 14ns 的间隔数字化 10V 斜坡的粗略数据，同时 AD9200 10 位转换器以 2V 的有限范围以 75ns 的间隔数
　　字化接近零伏的精细数据，最终以 2μs 的周期产生一致的 10V 斜坡。斜率变化和计数器记录以 75ns 的间隔
　　进行，AD9200 以 0.02% 的分辨率进行起始和结束读数。因此，Multislope IV 转换器可以在 20μs(0.001
　　PLC) 内测量 4.5 位数字量，比 Multislope III 快 20 倍。

偏移量应用于输入。但是，正如我们将看到的那样，Δ-Σ 技术具有许多巧妙的技巧，使其能够提供惊人的性能。

13.9 ADC Ⅳ：Δ-Σ

最后，我们来介绍目前成为最受欢迎的 A/D（有时是 D/A）转换技术的 Δ-Σ 转换器，其中的细节让人困惑，但是值得读者认真努力地理解，因为它们在使用音频分辨率以及更高分辨率的电压表（例如单调的 31 位或更高分辨率）上提供了一流的分辨率和精确度性能。它们的"过采样"结构极大地简化了输入抗混叠低通滤波器，并且在将噪声频谱移出通带方面表现出奇迹般的力量，最重要的是它们以惊人的低成本提供了这种性能。在接下来的小节中，首先我们将着重介绍基本概念，然后我们将认真看一下这些转换器如何提供更好的性能，最后我们以一些应用结束这个话题。

13.9.1 使用简单 Δ-Σ 技术的日照监视器

首先，让我们回顾一下日照监视器（4.8.4 节），这次是使用最简单的 Δ-Σ 数字积分器实现的。图 13.49 显示了使用时钟电荷分配积分器的实现方式，该积分器的工作方式与多斜率积分器相同。实际上，它更简单，因为它不用担心分数周期终点校正，它通过计算注入基准电流的时钟周期（此处为 V_{CC}/R），对累积的日照剂量求和，以平衡光电二极管的当前 I_{PD} 输出。此处未显示当达到预设计数时会发出警报的电路。

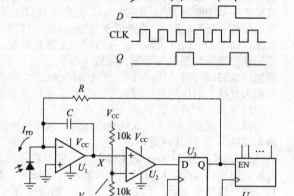

这是最简单的 Δ-Σ 积分器，它累加（Σ）模拟输入与在求和点处测量电流之间的差（Δ）。如果添加一些电路来清除计数器以开始转换，并且在比时钟周期长的固定时间间隔后读取计数器的值，则可能会成为一个完整的模-数转换器（而不是单纯的积分器）。实际上，该方案可以用作 ADC，但是在应用中，读者可以通过将数字计数器替换为数字滤波器来获得更好的性能，同时，通过级联几个差分放大器和积分器，就可以进一步改进性能。

图 13.49 离散 Δ-Σ 光电流积分日照监视器

接下来我们将尽快解决这些问题。不过，首先让我们花一些时间来理解这个最简单的示例。

在该电路中，U_1 是单电源运算放大器，在负电源（并略有超出）输入下工作，而 U_2 是具有有源上拉功能的比较器。对于像这样的低速应用，读者可以使用双 RRIO 运算放大器，例如我们最喜欢使用的 LMC6482，它在与数字逻辑相同的 +3.3V 或 +5V 电源上运行。积分器上升（斜率与光电二极管电流 I_{PD} 成正比）直到下一个时钟上升沿，其输出大于 $V_{CC}/2$，此时积分器斜率与求和点 V_{CC} 的净电流 $V_{CC}/R - I_{PD}$ 成正比。最终结果是在多个周期内平均的占空比（U_3 的 Q 输出为高电平的时间分数）为 $D = I_{PD}R/V_{CC}$，此时 $I_{PD} = DV_{CC}/R$。在时间间隔 T 期间，从 U_4 中的计数 N 获得的占空比 $D = N/f_{clk}T$。注意，该结果不取决于比较电压 $V_{CC}/2$（或 X 点的电压）。

具体设计如下。

1）选择比预期时间短得多的时钟周期，例如 $f_{clk} = 10Hz$；更快也可以，但是读者需要更大量程的计数器。

2）选择电阻 R，以提供比预期的满量程输入电流更多的电流；对于 $I_{FS} = 1\mu A$ 和 $V_{CC} = 5V$，电阻 R 必须小于 5MΩ。

3）选择电容 C 能够在一个时钟周期内将积分器最大偏移稳定地保持在 $V_{CC}/2$ 以下。

在这里，我们可以选择 $f_{clk} = 10Hz$，$R = 3.3MΩ$ 和 $C = 100nF$。积分器在每个时钟周期内最多升高 1.5V（最小 I_{PD}），因此它不会饱和。峰值计数速率等于时钟频率（平均计数速率稍低一些，在这种情况下为 $0.6f_{clk}$），因此保守地讲，一个 16 位计数器足以进行 2 小时全日照。

其中一些重要的点。

1）整体校准取决于电源电压 V_{CC}，我们假定该电压为 +5V 的稳定电压；而且我们利用了 CMOS 逻辑的饱和特性。

2）注意，积分器波形不是精确周期性的，它在 $V_{CC}/2$ 阈值之上和之下的偏置会有些漂移，只能保证它会在阈值过后的下一个时钟转换。但是，这并不会降低其在许多周期内平均后得到的整体精度，因为 Δ-Σ 系统的集成性质能正确地跟踪亏欠和溢出，正是如此，该积分器获得了广泛的称赞。

3）转换器的动态范围受运算放大器偏置电压的限制，这会导致等效输入电流误差为 V_{os}/R；对于该设计，A 级约为 0.2nA（最坏情况下），因此动态范围为 5×10^3。相比之下，运算放大器的偏置电流可以忽略不计（在整个温度范围内，最大值为 4pA）。

4）如果假设输入信号保持为电流形式，则用开关电源代替 R 可以大大扩展动态范围。

5）在该电路中，比较器 U_2 不需要十分准确；实际上，可以完全忽略它，而触发器的逻辑阈值将取代它。类似地，该操作不需要精确的比较阈值电压。为了方便起见，我们选择了 $V_{CC}/2$。

13.9.2 Δ-Σ 转换器

如前所述，如果读者捕获在固定测量时间 T_{meas} 上累积的计数，则 Δ-Σ 积分器将成为平均模拟输入电压的转换器。当然，为了获得良好的分辨率，测量时间必须比时钟周期长得多，因为最大计数为 T_{meas}/T_{clk}。因此，如果读者要设计一个以 100ksps 的速度进行转换的 ADC，则可以使用 10MHz 的时钟，在每次转换开始时将其清除，然后在 $10\mu s$ 后读出，满量程计数将为 100，读者可以将其描述为（接近）7 位转换器。若要达到 16 位，读者需要 $2^{16}\times100kHz$ 或 65 536GHz 的运行时钟！

这听起来并不乐观。设计一个"1 位"转换器似乎是一个坏主意，即用来驱动该设计中计数器工作的位流中的东西。因此，完成不可能完成的事情是令人惊讶的，目前有许多以音频采样率（例如 96ksps）进行转换的 16 位 Δ-Σ ADC，实际上，有些 ADC 可以达到 20 位或以上分辨率。怎么会这样呢？

在 20 世纪 90 年代，面向消费级 CD 音频播放器的宣传材料开始宣传 1 位数-模转换器，好像将分辨率从以前的 16 位降低到某种程度是一件好事。这让我们许多人感到疑惑，但是我们没有抱怨，因为，播放器听起来确实不错。

正如鲍勃·皮斯（Bob Pease）所说，这些 1 位转换器到底是什么？

13.9.3 Δ-Σ ADC 和 DAC

就像我们将看到的那样，Δ-Σ（也称为 Σ-Δ）转换技术可以采用两种方式——D/A 或 A/D。在如今的应用中，Δ-Σ DAC 主要用于音频应用，在线性、单调性和低成本方面表现出色。典型的音频 Δ-Σ DAC 能够集成六个具有 114dB 有效动态范围的 24 位 192ksps 采样率的转换器[⊖]。相比其他技术，Δ-Σ ADC 涵盖了广泛的应用范围，从精密（24 位）直流慢速转换器到高分辨率（例如 24 位，96ksps）的音频采样率转换器，以及比读者想象的精度更高的快速 ADC（例如 16 位，20Msps）。

在下面的讨论中，我们主要讨论 Δ-Σ ADC，这不仅仅是因为其重要性，而且还因为其架构利用了数字滤波的理想特性。

在此过程中，我们会尽力弄清以下问题，即如何以适度的"过采样"频率（例如普通奈奎斯特采样率 $2f_{max}$ 的 64 倍）完成 1 位转换，从而产生高精度的数字化输出样本（例如 16 位样本）。我们天真地以为没有比以 64 倍的过采样率进行 1 位转换并以 6 位分辨率（因为 $2^6=64$）恢复最终的数字输出更好的方法[⊖]。接下来我们将看到其中的秘密，但是有可能（并且对于音频应用是一定的）做得更好。

13.9.4 Δ-Σ 过程

图 13.50 显示了基本的 Δ-Σ 过程。带宽限制为某个最大频率 f_{max} 的输入信号（通常由抗混叠滤波器[⊜]）被调制器转换为比特流[⑭]。后者以最小奈奎斯特采样率 $2f_{max}$ 的倍数进行时钟控制，生成速率为 $f_{bit}=OSR\times2f_{max}$ 的输出比特流，其中 OSR 称为过采样率。该比特流是整个转换器的中间步骤，要获得转换后的输出，必须对比特流进行低通滤波。注意，基于转换器的类型，调制器和低通

⊖ 对于音频应用来说，直流电性能是不相关的，甚至通常没有规定。一个例外是来自 TI 公司的 DAC1220 20 位 Δ-Σ DAC。

⊖ 事实上，这就是滤波 PWM 的情况，例如用于电机控制或 LED 调光，可以将奈奎斯特周期划分为 64 个时隙，将前几个时隙设置为 1，其余的时隙设置为 0。Δ-Σ 更巧妙、更好，0 和 1 以产生高精度滤波输出的方式散布在奈奎斯特周期。

⊜ 正如我们将在后面看到的，由于过采样的有益影响，不需要大幅切断它。

⑭ 为简单起见，这里显示为 1 位宽，但实际上它可能是几位宽（即超过 2 级）。

滤波器都可以是模拟或数字的：Δ-Σ ADC 由模拟调制器组成，后跟数字滤波器；而 Δ-Σ DAC 由数字调制器组成 ⊖。接下来，我们将主要讨论整个转换器中的调制器部分。

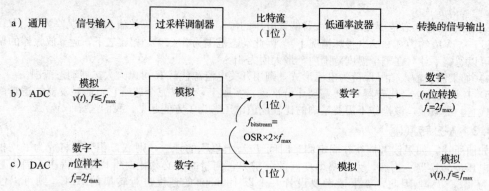

图 13.50　Δ-Σ 转换器，无论是 A/D 还是 D/A，都由两部分组成：一个是产生
中间比特流的过采样调制器，另一个是恢复转换输出的低通滤波器

1. 调制器

无论哪种情况，低通滤波器都只是滤波器，它简单地限制了输入比特流的带宽 ⊖。有趣的事情发生在调制器中。图 13.51 给出了一阶过采样调制器的框图，该调制器接受 $-1 \sim +1V$ 之间的模拟输入电压，其带宽限制为最大频率 f_{max}，并以高于临界奈奎斯特采样率 $2f_{max}$ 的 OSR 倍率产生 1 位输出比特流。

在每个时钟周期，从模拟输入中减去转换为模拟电压（在这种情况下为 $\pm 1V$）的当前比特流值，并积分差分信号（在标准运算放大器模拟积分器中，此处假定为同相），提供给锁存的比较器。积分器使得在一个时

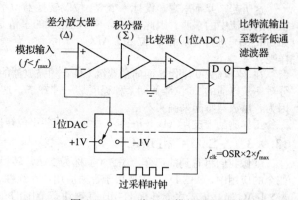

图 13.51　一阶 Δ-Σ 模拟调制器

钟周期后，积分器的满量程模拟输入（即+1V）在积分器的输出中也产生满量程（+1V）变化。也就是说，读者可以将积分器视为模拟累加器，对于（固定）输入电压 V，其输出电压会在一个时钟周期内增加电压 V。

结果是 1 和 0 的快速比特流（例如，是通常采样率 $2f_{max}$ 的 64 倍），响应输入信号中相对较慢（例如，慢于 64 倍）的变化。将这些位视为 $\pm 1V$，调制器会产生一个平均值与输入信号匹配的比特流。我们可以通过将调制器电路看作负反馈环路来理解这一点，该环路努力使输入信号和输出流之间的平均（即积分）误差最小化（已通过 1 位 DAC 转换为模拟信号）。不过，更仔细地观察，我们可以看到它其实很糟糕：一个样本接着一个样本，它的输出比特流只是在极大和极小之间反弹。正如鲍勃·亚当斯（Bob Adams）颇具讽刺意味地指出，过采样转换器不是通过减少模拟输入与数字输出之间的误差，而是通过使误差更频繁地发生来提高分辨率的。

2. ADC 的动态范围（分辨率）

输出低通数字滤波器（通常是 FIR 数字滤波器，见图 13.52；在这种情况下是一个 1 比特移位寄

⊖　有趣的第三种可能性（模拟/模拟）以 Avago HCPL-7800A 模拟光隔离器为例，其内部输入调制器创建与内部模拟输出解调器光学耦合的位流，以提供高稳定性（3ppm/℃增益变化，典型值）的精确模拟（0.004% 非线性），具有千伏级隔离以及 100kHz 带宽。Δ-Σ A/A 的另一个例子是超级音频 CD（SACD）——一种类似 CD 的音频存储格式，其中 2.8Mbit/s 中间（加密）比特流本身被记录并分发给用户，在回放时应用低通滤波。

⊖　比特流可以被认为是数字的（1 和 0），然后由数字滤波器（如果这是 ADC）滤波，或者是在两个固定电压电平之间切换的模拟波形（如果这是 DAC）。还要注意的是，"只是滤波器"并不意味着滤波器的设计是简单的或琐碎的。特别是，数字滤波器设计是一门复杂的艺术，涉及窗口函数、响应中的空值等问题。

存器，具有 1 位和 0 位步进值，来打开或关闭一组固定数字系数[⊖]，这些系数以数字方式相加来创建多位输出样本）创建 n 位数值，该 n 位数值是转换器的输出。由于它们以完整的过采样率从滤波器中输出，因此要经过"抽取"，最简单的方法是丢弃多余的输出，并且每个 OSR 时钟周期仅输出一个转换后的输出[⊖]。

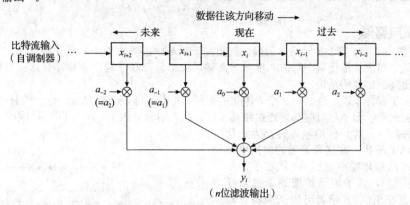

图 13.52 数字滤波器使用数字存储器和算术元素生成数字输出序列，该序列表示数字输入序列的滤波版本。此处的移位寄存器、数字乘法器和加法器构成一个对称的非递归（有限脉冲响应，FIR）滤波器，适合作为 1 位 Δ-Σ ADC 中的输出低通滤波器

因此，对于输入波形中最高频率的每个半个周期，我们需要进行大量的 1 位采样平均，从而提高分辨率。因为比特流的平均值能够跟踪输入信号，所以我们理解 Bob Adams 的说法。

思考这样一个例子：假设我们正在数字化音频，f_{max} 为 20kHz。传统的 ADC（例如逐次逼近转换器）可能简单地就以高于 40kHz 的临界最小值的 48ksps 的采样率进行转换。想象一下，假设我们组装了一个 Δ-Σ ADC，其典型过采样率为 64；也就是说，我们以 3.072Msps（64×48kHz）的速率运行调制器，以该速率创建（1 位）比特流。现在，我们对比特流进行滤波，例如通过对一次捕获到的 64 个连续比特位计算得出一次运行平均值[⊜]。此时输出是什么样的？好吧，当读者取 64 位的平均值时，只有 64 个可能的值。因此，我们发明了 6 位 ADC。

按照这种逻辑，我们需要对 2^{16}（即 64K）进行过采样才能实现 16 位转换，这将需要大约 3GHz 的采样率！这种情况下 Δ-Σ 转换效果并不好。

3. 这是怎么回事？（时域直觉）

这个矛盾的答案可以用不同的方式解释。在文献中，通常的方法是 1 位数字转换器的操作为一次完美的转换，但是增加了宽带"噪声"（由实际模拟波形和 1 位量化样本之间的差异组成）。这种"注入的量化噪声"具有较宽的频谱（由于过采样的时钟频率），能够扩展到时钟频率甚至更高。更为重要的是，所得的"输出量化噪声"（残留在输出上）在低频时最低，通过调制过程"成形"，使得大多数输出量化噪声都远高于 f_{max}。由于这种所谓的"噪声整形"过程，最终的低通滤波器用于选择性地消除比特流中的大多数量化噪声，同时保留转换后的信号——分辨率和动态范围远远优于我们上面的估计。

这一切都是完全正确的，但对我们来说并不令人满意。我们想在时域理解 ADC 动态范围的秘密，而不必求助于频域。

以下是从时域中的理解。首先，低通滤波器并不仅仅是获取比特流的滑动平均（加窗），而是用精心配置的系数对单个 1 位样本进行加权，以产生更好的低通滤波器特性。由于各个位的权重不同，因此有 64 种以上的可能结果（以上述示例为例）。此外，典型的 FIR 数字滤波器将对更多的位进行加权求和，并且在时间范围内（采样）将比过采样率长得多（即超出我们所谓的单个奈奎斯特间隔的范围，其间隔等于 f_{max} 的一半）。对于 64 倍过采样 ADC，数字低通滤波器可能使用大约 1000 个"抽头"（沿比特流的采样），每个抽头对应相乘的系数，并可能跨越 10~20 个奈奎斯特间隔，最终生成每个输出数字。因此，利用简单平均获得更高的分辨率至少是合理的。

⊖ 首次近似时，时间序列系数是（有符号）sinc 函数，即矩形框低通函数的傅里叶变换。
⊖ 在实际的实现中，使用多速率抽取滤波器将滤波和抽取结合在一起。
⊜ 而不是更复杂的 sinc 函数加权平均值，因为它用于实现理想的低通滤波。

继续沿此思路，值得注意的是，比特流中的每个比特都对许多最终的 n 位输出数字有贡献（抽取后）。因此，一个精心设计的调制器可能会产生一个比特流，在经过低通滤波后，它可以产生一个 n 位数字输出，并具有相当大的动态范围。以这种方式思考，我们得出结论"魔法存在调制器中"是没有错的。因此，问题就变成了这样一个简单的设备（见图 13.51）如何表现得如此智能？

13.9.5 噪声整形

如前所述，通常对于 Δ-Σ 转换器的描述都是关于频域中的噪声整形，量化器（图 13.51 的比较器）中引入的平坦谱"量化噪声"被"推向"高频，大部分都高于输出采样率，这就导致更少的带内噪声等于更高的精度的结论。

对于许多工程师来说，这是一个令人满意的解释。但是，即使读者对这个论点没有特别的信服，也值得认真去理解。为了尽可能简单地揭秘其工作原理，请参见图 13.53，其中调制器由一个模拟积分器构成，并将（连续）模拟输入转换为 2 状态模拟（±1V）输出。在这个等效的模拟模型中，我们用加法量化噪声电压 v_{qn} 代替了 1 位量化器（比较器），其平坦谱扩展到了过采样时钟频率⊖（甚至更高）。读者可以认为积分器位于信号输入回路的正向路径（因此为低通），而在噪声输入回路的反馈路径（因此为高通）。在这个简单的模拟回路中，我们可以轻松地得出输入信号和量化噪声信号的频率响应。这之中只有一个增益参数，即积分器的增益参数，我们将其写为 $G = \omega_0/j\omega$，也就是说，积分器增益（与 $1/\omega$ 成正比）的大小应等于 ω_0。根据我们前面的讨论，$\omega_0 \approx 1/2\pi f_{\text{overclock}}$ 为转换器过采样输入时钟的频率。

接下来，我们不得不处理复数问题来弄清楚这个增益。首先为了获得输入信号增益 G_{sig}，我们设置 $v_{qn}=0$，然后

$$v_{\text{out}} = \frac{\omega_0}{j\omega}(v_{\text{sig}} - v_{\text{out}})$$

所以

$$\frac{v_{\text{out}}}{v_{\text{sig}}} = \frac{\omega_0/j\omega}{1 + \omega_0/j\omega}$$

$$|G_{\text{sig}}| \equiv \left|\frac{v_{\text{out}}}{v_{\text{sig}}}\right| = \frac{1}{\sqrt{1 + (\omega/\omega_0)^2}}$$

这是一个低通滤波器，断点位于 $\omega = 2\pi f = \omega_0$⊖（见图 13.54）。

同样，对于量化噪声增益 G_{qn}，我们设置 $v_{\text{sig}}=0$，然后

$$v_{\text{out}} = v_{\text{qn}} - \frac{\omega_0}{j\omega}v_{\text{out}}$$

所以

$$\frac{v_{\text{out}}}{v_{\text{qn}}} = \frac{1}{1 + \omega_0/j\omega}$$

$$|G_{\text{qn}}| \equiv \left|\frac{v_{\text{out}}}{v_{\text{qn}}}\right| = \frac{\omega/\omega_0}{\sqrt{1 + (\omega/\omega_0)^2}}$$

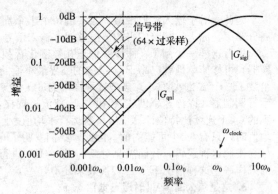

图 13.53 一阶 Δ-Σ ADC 中的噪声整形：一种全模拟模型，量化器被加法量化噪声源替代

图 13.54 一阶 Δ-Σ ADC 的信号增益和量化噪声增益与频率的关系。时钟频率 $\omega_{\text{clk}} = \omega_0 = 2 \cdot \text{OSR} \cdot \omega_{\text{max}}$，这里等于 128 倍的 ω_{max}

⊖ 通常认为加法"噪声"与错误信号相比是很小的。此处的量化噪声（模拟信号与 2 级输出电压 v_{out} 之差）实际上大于信号本身。

⊖ 直觉告诉我们，在低频处（远低于 ω_0），积分器具有很大的增益，因此环路以足够的环路增益闭合，从而产生了单位增益输出（尽管内部有积分器）。实际上，输入加法器和积分器的组合与标准运算放大器的 $1/f$（补偿）处滚降没有什么不同。但是在高频下没有环路增益，此时将获得约 $1/f$ 的积分器衰减。

这是一个具有相同断点的高通滤波器[⊖]。

　　因此，在这个最低阶的 Δ-Σ ADC 中，量化噪声在低频下会衰减，其频谱则线性升高至过采样时钟频率。但这是一个超频 ADC，因此有效输入信号频率范围位于该频谱的低端（通过过采样率），换句话说，量化噪声主要在信号频带之外。而且，对于高阶调制器，效果更加明显：对于二阶调制器，噪声曲线是二次方的；对于三阶调制器，则是三次方的；依此类推。因此，读者通常会看到这样的结论：Δ-Σ 转换器通过将噪声整形为更高的频率来达到其精度[⊖]。读者可能不会对这小小的算术印象特别深刻。但是，至少读者已经简单明了地看到了它的完成过程。

13.9.6　底线

　　从时域的合理性参数以及频域的显式计算来看，似乎调制器电路都是 Σ-Δ ADC 性能的关键。就是说，它具有以远远大于过采样率的分辨率对模拟输入信号进行量化的能力。此外，该品质因数（$N_{eff}/\log_2 OSR$，其中 N_{eff} 是量化数字输出中的有效位数）随着调制器复杂性的增长而增长，现今的 ADC 采用高阶调制器，这意味着单级差分放大器和积分器已被替换。差分放大器和积分器使用几个级联级，每个级均由公共比特流驱动[⊜]（见图 13.55）。如今高阶调制器被广泛使用，因为它们扩展了动态范围而不必增加过采样率，而且它们还在很大程度上抑制了影响一阶调制器的空闲音。

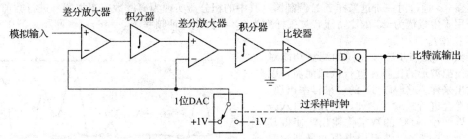

图 13.55　二阶 Δ-Σ 模拟调制器，低通滤波器可以替代一个或多个积分器

　　尽管我们上面的时域思考可能会对读者有所帮助（如果只是为了使所要求的出色动态范围合理），但还是必须进行认真的频域分析。后者表明，高阶调制器（由 m 个积分器构成）可进行噪声整形，从而将带内量化噪声（即 dc 至 f_{max}）抑制为 $OSR^{m+0.5}$，其中 m 是调制器的阶数（图 13.51 中的 $m=1$）。换句话说，过采样率每增加一倍，抑制量化噪声的能力就会成比例地提高，从而使动态范围增加 $m+\frac{1}{2}$ 位；或者，以调制器阶数来表示，有效位数（ENOB）是过采样率（例如，对于 OSR=64，有效位数为 6 位）的 $\log_2$ 乘以 $m+\frac{1}{2}$（因此，对于具有 64 过采样率的二阶调制器来说 ENOB≈15）。图 13.56 显示了

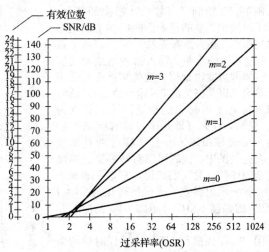

图 13.56　1 位过采样 ADC 的动态范围（SNR）和有效位数（ENOB）作为过采样率（OSR）和调制器阶数（m）的函数（对于 2 位调制器，斜率加倍）

⊖　直觉再次告诉我们，这一次，"信号"（即量化噪声 v_{qn}）的作用就像是对闭环单位增益放大器的附加输出干扰。因此，它被环路增益去除，环路增益在低频时较高（幅度为 ω_0/ω），但在 ω_0 以上无效。

⊖　有时被描述为将噪声推向更高的频率。在我们这里的线性模型中，没有什么被推动；它只是在低频端被衰减，在高频端被无衰减地传递。然而，一个完全精确的量化噪声模型必须考虑到两态比特流具有的单位振幅（总是±1），从而降低低频端的量化噪声功率，使其在高频端上升。

⊜　一个简单的积分器级联最多可以使用二阶，但不能超过二阶（因为它们累积的相移会产生不稳定）；而更高阶的调制器使用级联积分器输出的加权。现代音频 Δ-Σ ADC 通常使用五阶调制器和 64 倍过采样来实现 20 位有效的动态范围。

Δ-Σ ADC 的理论最大动态范围与过采样率和调制器阶数的关系[⊖]。

扩展动态范围或速度或同时扩展的另一种技术是设计调制器，该调制器生成超过 1 位宽的调制"字流"。例如，在图 13.51 中，1 位 ADC、1 位 DAC 和 1 位寄存器将替换为类似的 2 位（4 级）组件。有很多巧妙的方法可以解决调制器内多位转换器中存在的缺陷（例如，循环交换位位置以求出由偏移引起的非线性误差），但是这远远超出了本书的范围。

13.9.7 模拟

我们想了解信号如何通过 Δ-Σ ADC 传递，特别是某些看似随机的模拟输入信号产生的比特流，当然还有输出结果（在模拟输入波形旁边绘制为离散点）。我们还想了解频域中的情况，那里噪声整形应该会很明显。

该模拟在 Mathematica 中编码，步骤如下。

步骤 1：产生具有高斯振幅分布的平坦的伪随机波形，并在 8192 个连续的时间步长处进行评估。

步骤 2：用近似理想的矩形低通滤波器对该波形进行滤波，截止频率为最大频率的 1/8，然后对其进行归一化，以使其幅度限制为 ± 1，从而生成模拟输入信号，该信号中出现的最大频率定义为奈奎斯特频率 f_{nyq}。

步骤 3：通过对一阶过采样 Δ-Σ 调制器（其中的积分器实现为离散数字累加器）进行数值模拟，该信号用于生成值为 ± 1 的比特流，过采样率为 $8\times$，因此时钟频率 $f_{clk} = 16 f_{nyq}$（回顾一下 $1\times$ 采样需要 $f_{clk} = 2 f_{nyq}$）。

步骤 4：用与步骤 2 相同的滤波功能对被视为模拟波形的比特流进行低通滤波，以产生输出采样，它们以 $8\times$ 的过采样率出现，并且通常会进行抽取（例如，仅保留每八分之一）以产生 ADC 的数字化输出，使得其输出率为 $1\times$（输入波形中出现的最高频率的 2 倍）。

图 13.57 绘制了（较长）模拟的部分，显示了时域中发生的情况。时间轴上的刻度线对应 $1\times$（临界奈奎斯特）采样，各个点以 $8\times$ 过采样率绘制。输入信号是摆动的实线，由离散点紧密近似，这些离散点是数字化的输出（以其完整的 $8\times$ 速率绘制）。读者可以看到幅度相同的比特流波形，其点为 ± 1。最后，误差（即每个过采样点的数字化输出减去模拟输入）是小幅度的点状波形。在这些图中，读者可以对转换器的精度进行全面评估，对我们来说，它似乎表现出 $\pm 6\%$ 的峰-峰值误差，该误差转化为 16：1（24dB）的幅度 SNR，与图 13.56 的曲线非常吻合。

图 13.58 频谱[⊖]扩展到过采样时钟频率的一半，这相当于最高输入频率的 8 倍。顶部显示了输入频谱，在单位频率处急剧下降（接近矩形）。中间的图显示了原始比特流本身的频谱，被认为是波形，在该频谱中，我们期望输入的近似样本以及额外的噪声能够扩展到过采样时钟频率。实际上，我们只看到几乎相同的输入频谱，直到单位频率，以及额外的量化噪声，这些噪声与频率成正比

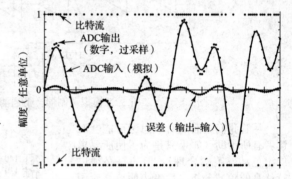

图 13.57　$8\times$ 过采样一阶 Δ-Σ DAC 的数值模拟

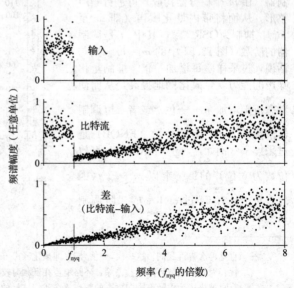

图 13.58　模拟的 $8\times$ 过采样一阶 Δ-Σ ADC 的频谱

增加。通过获取这两个频谱的差，读者可以近似提取通过量化引入的额外噪声的频谱（底部的图），它显示出从零到至少过采样时钟频率的一半的线性增长。当然，通过数字低通滤波器可以消除单位频率以上的量化噪声，该滤波器接受比特流作为输入并完成转换（见图 13.50）。

对于该一阶调制器，量化噪声频谱的线性形状将由用于二阶调制器的二次形状代替，以此类推，将得到更高阶的调制器。高阶噪声整形对应于提高的精度（或 SNR，或有效位数），如图 13.56 所示。

13.9.8 DAC 如何呢

如我们一开始所指出的，对上述调制器产生的比特流进行低通滤波的相同方案也同样能用于制造 Δ-Σ 数-模转换器。如图 13.59 中的电路，调制器接受代表输入信号的 n 位数字输入样本，与用于 ADC 的调制器进行比较（见图 13.51），Δ-Σ 数-模转换器将差分放大器替换为数字减法器，并将积分器替换为时钟数字累加器（在每个时钟，累加器将其当前锁存值替换为该值和输入值的总和），用数字比较器替换模拟比较器，最简单的方法是传递符号位（或 MSB，用于无符号偏移二进制），根据累加器的值是高于还是低于中点值来创建 1 位比特流，最后将 1 位 DAC 替换为 n 位 ADC，该 ADC 响应 1 位比特流的输出，仅生成一个满量程 n 位中的最低值或最高值。例如，对于 16 位无符号（偏移）二进制，这些值将是 0000h 和 FFFFh $^{\ominus}$（所有位为低或所有位为高）。

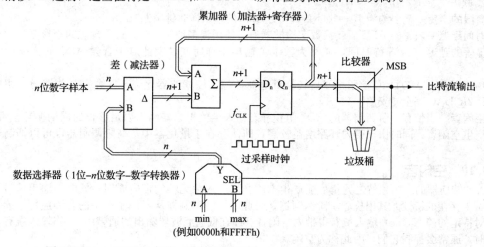

图 13.59   Δ-Σ DAC 中的一阶数字调制器，加法器输出移位一位以防止字增长

如同在 Δ-Σ ADC 中使用的模拟调制器一样，用于 DAC 的数字调制器可以具有更高阶，即具有几级减法器和累加器（或数字低通滤波器）。同样，数字调制器不限于 1 位输出流，可以（而且经常）生成几位字流，在这种情况下，几个最高有效位既能形成输出字流，又能形成数字反馈。以 2 位（4 级）调制器为例，将 2 位输出流都通过电阻梯形网络并转换为 4 级模拟电压，然后使用模拟低通滤波以形成（模拟）输出信号，并同时映射到跨越整个输入范围（例如 0000h、5555h、AAAAh 和 FFFFh）的 4 个 n 比特码之一，然后在输入时用作 n 位数字减法器的输入。

与 ADC 一样，Δ-Σ DAC 的输出级也是低通滤波器。但是，这里是模拟滤波器，它使读者无法使用复杂的数字滤波。最终结果是在滤波器特性（包括时钟馈通）和（使用模拟或"连续时间"的滤波器）对时钟时序抖动的敏感性方面有一些折中 $^{\ominus}$。

13.9.9 Δ-Σ 过采样转换器的优缺点

1. 优点

线性，单调，精确   Δ-Σ 1 位转换器保证单调；它们本质上是线性的，并且在音频速率及以下时可以达到 24 位分辨率。

廉价   Δ-Σ ADC 使用便宜的（准确的）数字低通滤波器，并且（由于过采样）在输入端仅需要一个低阶模拟抗混叠滤波器（见图 13.60）。

$\ominus$ 对于 2 的 16 位补码，相应的值为 8000h 和 7FFFh（分别对应最低值和最高值-32 768 和+32 767）。

$\ominus$ 低通滤波器可以被实现为开关电容（或离散时间）滤波器，该滤波器共享相同的时钟信号，可以有效地抑制时钟抖动。

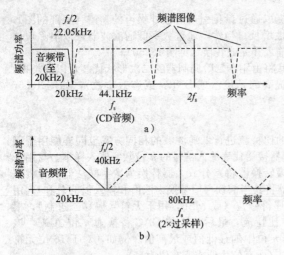

图 13.60 已经以采样频率 f_s 周期性地数字化（采样）的模拟信号的频谱包括以 f_s 的倍数为中心的镜像副本（图像）。在采样之前，必须对模拟信号进行低通滤波，以消除高于 $f_s/2$（奈奎斯特频率）的分量，否则镜像的频段会创建无法随后删除的频段内混叠。传统的 CD 音频采样（约 10% 过采样）和 2 倍过采样相比，过采样降低了这种抗混叠 LPF 所需的陡度

2. 缺点

有限的带宽 最多约为 $10 \sim 100$Msps（受 GHz 的过采样时钟限制）。

时间延迟 内置的 ADC 后转换数字滤波器通过使用许多抽头来达到近乎理想的矩形截止，从而导致显著的延迟⊖（或等待时间，通常为数十个输出采样时间，因此对于音频 ADC 约为毫秒级的延迟）。

DAC 噪声 Δ-Σ DAC 使用模拟后转换低通滤波器，该滤波器允许某些数字开关馈通（相比之下，R-$2R$ DAC 完全"安静"）。

空闲音 当带有一阶调制器的 ADC 阻止静态输入导致积分器输出以足够长的周期循环至带内，就会产生空闲音；同时由于带内环路增益较高，即使存在于量化器中，高阶调制器也可以抑制这种伪像。

13.9.10 空闲音

Δ-Σ 转换器的一个独特之处是可能产生空闲音——一种无端的带内周期性低电平输出信号。这种不希望存在的特性尤其困扰着一阶调制器，因此，一阶调制器从不用于严苛的音频应用。读者可以针对特定的静态（dc）输入值获得带内空闲音（即在低通滤波器输出的通带中），当输入端有信号输入时，通常会抑制它们，因此称为空闲。

要理解这个问题，请参考图 13.51 的一阶调制器，其满量程输入范围为 ± 1V。如果施加 0.625V 的固定直流输入，观察连续的时钟周期会发生什么，则会得到如图 13.61 所示的状态。调制器（以及输出比特流）周期性地经过一个长度为 16 个时钟的周期。这种重复模式会持续很久，导致在最终的低通滤波输出中产生信号。在此示例中，如果过采样率是 4 倍，则空闲音将落在输出频带的中点频率。

如图 13.62 所示，我们已经计算并绘制了这个空闲音的两个完整周期。特别要注意矩形低通滤波输出，在该输出中可以清楚地看到正弦曲线的空闲音，其幅度（118mVpp）约为满刻度的 6%，仅有 25dB 的微弱抑制，即使对于廉价的消费类音频设备也完全无法接受。

用于音频应用的 Δ-Σ 转换器通常使用三阶（或更高阶的）调制器，以抑制⊖空闲音并增加动态范围。

13.9.11 Δ-Σ 应用示例

理论已经足够多了！接下来让我们看一些简单的 Δ-Σ 应用示例。我们希望读者在阅读大量的示例时能够获取相关的数据手册。

⊖ 但是请注意，此处的时间延迟与带有传统的（零延迟）ADC 的输入抗混叠滤波器（与 Δ-Σ 的转换后数字滤波器的截止特性相似）相同。

⊖ 高阶调制器并不能消除空闲音，它们只是将其抑制得足以使它们几乎无用。正如 Δ-Σ 专家 Bob Adams 所说，高阶调制器不太可能陷入简单的重复模式，但仍有可能。高阶调制器的真正好处在于它们具有出色的量化噪声抑制能力（因为低频处的环路增益非常高），因此，即使量化器陷入空闲音产生模式，但是由于噪声过大，淹没进了热噪声中，它也将被抑制。

输入	Δ	Σ	位	反馈
5/8	0	0	0	−1
5/8	13/8	13/8	1	1
5/8	−3/8	10/8	1	1
5/8	−3/8	7/8	1	1
5/8	−3/8	4/8	1	1
5/8	−3/8	1/8	1	1
5/8	−3/8	−2/8	0	−1
5/8	13/8	11/8	1	1
5/8	−3/8	8/8	1	1
5/8	−3/8	5/8	1	1
5/8	−3/8	2/8	1	1
5/8	−3/8	−1/8	0	−1
5/8	13/8	12/8	1	1
5/8	−3/8	9/8	1	1
5/8	−3/8	6/8	1	1
5/8	−3/8	3/8	1	1
5/8	−3/8	0/8	0	−1
5/8	13/8	13/8	1	1
5/8	−3/8	10/8	1	1
5/8	−3/8	7/8	1	1

（16 周期）

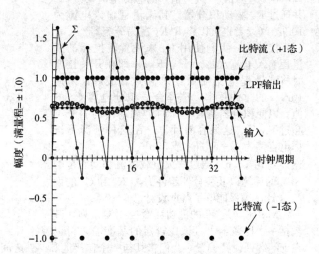

图 13.61　一阶 Δ-Σ 调制器的状态序列（见图 13.51），固定直流输入为 625mV。"Δ"和"Σ"分别是积分器的输入和输出，"位"是比特流的输出，"反馈"是反馈 DAC 的输出电压

图 13.62　对于图 13.61 的空闲音示例，调制器信号以及经过时间校准的滤波输出波形。我们进行 4 倍过采样，相对于满量程，该空闲音降低了约 25dB，并且会在中频带（奈奎斯特频率的一半）下降

1. 更简单的 Δ-Σ ADC

在 13.9.1 节中，我们通过集成的电荷分配日照监视器介绍了简单的 Δ-Σ。通过前面几节的详细介绍，我们现在可以将该示例重建为具有 1 位比特流的简单累加器的一阶 Δ-Σ 调制器。如果需要的话，读者可以使用微控制器来更加轻松地实现。

微控制器（第 15 章）是高效的电子设备，可以使用它们轻松替换上一示例的逻辑部分，如图 13.63 所示。此处标记为 Q 的引脚是输出端口位，可在轨到轨之间摆动，而 A_{IN} 用来设置阈值的输入，类似图 13.49 中的 U_2。它可以是许多微控制器中提供的内部比较器，或者是微控制器内部的低分辨率 ADC（也很常见），或者大概来说，它是逻辑输入，其阈值电压（不准确）代替了精确的比较器。

微控制器可以让读者做更多的事。最简单的，读者可以编写实现计数器和完成日照监视器所需的其他逻辑的程序（包括进度显示、剩余时间、时钟时间和日期、下次计

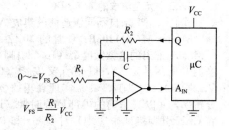

$$V_{FS} = \frac{R_1}{R_2} V_{CC}$$

图 13.63　微控制器可以替代离散的 Δ-Σ ADC 的逻辑部分

划等功能）。或者，读者可以采用完全集成的 Δ-Σ ADC 来实现数字滤波器，以创建一系列转换后的值。即使可以这样做，但并不建议，因为许多高技能的设计人员正在开发出色的 Δ-Σ ADC，我们将尽快对其进行介绍。使用微控制器来控制积分器的充电周期是存在危险的，因为 Σ-Δ 积分的精度取决于稳定的开关导通时间，同时转换器的稳定性还取决于稳定的采样时钟频率，读者必须确保控制器能够为读者控制该时间；即使这样，读者也可能会发现编写固件会十分不方便。这些示例仅用于说明最简单的 Δ-Σ 电路。如果读者想要的是高质量的转换器，则应从数百种可用的、易用的且非常便宜的产品中选择一种，其中一些介绍如下。

2. 库仑计数器

这是一个具有低静态电流和宽动态范围的微控制器协助转换示例。坦白地说，我们先设计了转换器，然后寻找适合的应用。图 13.64 为我们设计的一个低边感应电池电量表，用于跟踪为便携式仪器供电的锂电池的放电状态。

其工作原理如下。我们使用了一个较小的（10Ω）电流检测电阻，在以最大预期负载电流 25mA 运行时，将电压负载限制为 0.25V（例如，由诸如 350Ω 应变仪之类的开关负载引起）。然后，我们选择了单电源斩波运算放大器（最大失调电压为 10μV），以最小化低电流条件下的误差。此时，失

调电压对应 $1\mu A$（最大值）的感测电流误差，或 25 000∶1 的动态范围。检测电阻两端产生的电压，并通过 R_2 驱动积分器，其满量程输入电流为 $100\mu A$（读者也可以将 R_1R_2 视为分流器）。

接下来，我们使用 R_3 来设置转换器的满量程输入电流（$I_{FS}=V_{CC}/R_3$），即在开关接通时将满量程电流提供给求和点。最后，采用 10kHz 的时钟频率，选择合适积分电容 C_1 的值，以便积分器能在一个时钟周期内的斜升不超过 $V_{CC}/5$。这很容易计算，在这种情况下选择电容值为 $C=5/fR_3$ 或 15nF。

✎ **练习 13.6** 通过最大负载电流和动态范围的计算以及积分器组件 R_2、R_3 和 C_1 的设计，确保能够了解此设计。

MSP430 是 TI 的低功耗微控制器系列，其包括一个比较器，且该比较器的基准输入可以

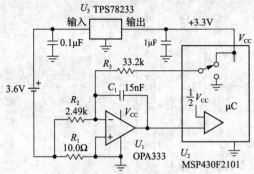

图 13.64 使用离散的 Δ-Σ 电荷积分器跟踪电池容量

在 $V_{CC}/2$ 处设置偏置，我们将其与一个在接地和 V_{CC} 之间切换的数字输出位配合使用⊖。当时钟频率为 1MHz 时，微控制器在工作时消耗 0.3mA，在"低功耗模式 2"下运行时为 $25\mu A$，可以将后者视为睡眠模式，在此模式下，内部计时器继续运行，处理器可以在一个时钟周期内唤醒至完全警戒状态。这很重要，因为通常会将便携式设备置于低功耗模式以节省电池电量。

此库仑表会记录所有负载的电流，包括稳压器的静态电流、微控制器的工作电流、由稳压 V_{CC} 供电的负载电流，甚至 Δ-Σ 积分器中运算放大器本身的电流。除负载外，功率主要由处理器决定，其次是斩波运算放大器（典型值为 $17\mu A$）和调节器（最大值为 $1.3\mu A$），对于一个典型值为 1Ah 可充电锂离子电池，这相当于能使用几个月（处理器处于活动状态）。过多外围负载可能会大大减少电池寿命，通常由处理器进行电源开关管理⊜。

即使在睡眠模式下，与系统电流相比，$1\mu A$ 的零误差（来自运放的最大偏差）也可以忽略不计。25 000∶1 的动态范围对于该应用来说是完全足够的。

3. 三个完全集成的 Δ-Σ ADC

我们以三个来自不同制造商的集成 ADC 对这些 Δ-Σ 转换器示例进行总结。

Maxim MAX11208B：便宜的 20 位 ADC

Maxim 推出的这款紧凑型（10 个引脚）转换器（见图 13.65），既便宜又安静（0.7μ V_{rms} 噪声）。它以 13.75sps 实现真正的 20 位分辨率，并以其精确的内部系统时钟（通过将 CLK 引脚接地来实现）对 50Hz 和 60Hz 工频噪声进行 80dB 抑制⊜。满量程转换范围在 0 至 $+AV_{DD}$ 的共模范围内，差分输入的误差为 $\pm V_{ref}$。它在上电时执行增益和失调校准，也可以通过代码（在常规串行读数的末尾附加两个额外的 SCLK）进行请求。与大多数转换器一样，它具有独立的数字电源引脚，以兼容低压数字逻辑。

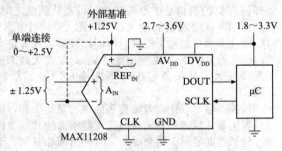

图 13.65 Maxim 的 MAX11208B 20 位低噪声 ADC，带有内部时钟。通过将 A_{IN} 连接至基准电压，可以将差分输入重新配置为 0 至 $+2V_{ref}$

AD7734：ADI 公司的多功能 24 位 ADC

该模块带有一个 4 通道多路复用的 24 位转换器（见图 13.66），它具有非常规的微调电阻输入结

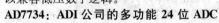

⊖ 该处理器提供了几个捕获控制寄存器，通过它们我们可以确保这些脉冲具有准确且稳定的持续时间，这是 Δ-Σ 积分的必要条件。

⊜ 如果使用较小的电池，则也可以使处理器进入睡眠模式，仅唤醒一次就足够了，以确保睡眠期间的系统电流不会导致积分器的斜坡在两次睡眠之间达到饱和。对于该系统，每 80ms 需要约 $45\mu A$ 的总睡眠静态电流，以将未观察到的斜坡幅度限制为 1V。该微控制器可以轻松做到这一点，因为它具有在单个 $1\mu s$ 时钟周期内唤醒的良好特性。

⊜ 后缀为 A 的版本以 120sps 的频率运行，对工频噪声的抑制较差，但在 120Hz 及其谐波时的抑制较深。

构，可提供 ±10V 的完整输入范围（以单个 +5V 电源工作），并且实际上带有一个超量程位，可将转换范围扩展到 11.6V，从而允许在满量程输入时进行准确的增益校准。它对输入过载的承受能力极高，在不影响其他输入精度的情况下能够达到 ±16.5V，并且在不损坏自身的情况下能够达到 ±50V。

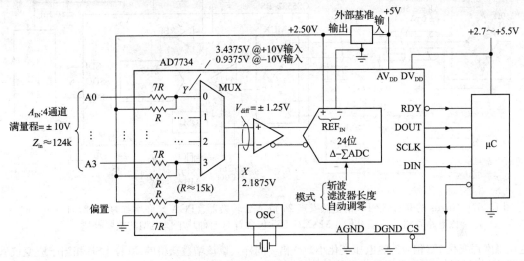

图 13.66　AD7734 多路复用 4 通道 24 位转换器（21 位 ENOB）
具有宽输入电压范围和强大的过驱动容限

　　转换过程具有很大的灵活性，可以通过编程进行参数选择，例如滤波器长度、自动调零和斩波等模式。后者包括连续转换的差分输入反转，其输出取平均值以抵消缓冲器和 Δ-Σ 调制器中的失调。启用斩波模式并使用最长的滤波器，转换器可提供 ±10V 的满量程输入信号，在 372sps 时具有 21 位有效转换，上述条件下噪声为 9.6μVrms（21 位是 ±10V 范围与约 10μV 的比）。数据手册将分辨率指定为峰-峰分辨率（以位为单位），在相同条件下能达到 18.1 位分辨率。事实证明，这是更为保守的规定，可以解释为在 6-Σ 限制内不会出现编码的突变。换句话说，考虑到给定均方根噪声电压的信号偶尔出现峰值偏移明显大于 $V_{\rm rms}$，可以依靠任何单个转换将其精确到 18 位[⊖]，如果知道均方根噪声电压 $V_{\rm rms}$，则可以通过 $\text{ENOB}=\log_2(V_{\rm span}/V_{\rm rms})=1.44\log_e(V_{\rm span}/V_{\rm rms})$ 来计算噪声限制下的有效分辨率，可以通过减去 2.7 位来获得峰-峰分辨率。

　　该转换器可以以高达 12ksps 的转换速率工作，但是分辨率会相应降低。它的最大失调和增益漂移分别为 ±2.5μV/℃ 和 ±3.2ppm/℃，并采用 28 引脚封装。

　　Cirrus CS5532 高性能工业 ADC　由 Cirrus Logic（前身为 Crystal Semiconductor）长期制造生产（约于 1999 年）的 CS5532-BS 24 位 Δ-Σ 转换器（见图 13.67）具有斩波稳定的 PGA（增益为 2、4、8、16、32 和 64），并具有十分优秀的噪声、漂移和线性特性：在 0.1Hz 时，$e_{\rm n}=6.4$nV/$\sqrt{\text{Hz}}$（典型值），$G=64$[⊖]，$i_{\rm n}=1$pA/$\sqrt{\text{Hz}}$（典型值）；在 $G=64$ 时，$\Delta V_{\rm os}=15$nV/℃（典型值），2ppm/℃（典型值）的满量程漂移和 ±0.0015%（最大）的非线性度。它可以从 6.25sps 转换到 3.8ksps，并以最低的采样率提供从 20 位（对于 $G=64$）到 23 位（$G\leqslant8$）的无噪声分辨率；或者，如果读者愿意，也可以提供 23 位和 24 位的有效分辨率（ENOB）。

　　该转换器具有低噪声、高增益 PGA 的特性，并能够使用 ±3V 分离电源供电[⊜]，因此可以用来处理来自热电偶（约 40μV/℃）或应变仪（电桥激励的每伏满刻度 $\Delta V\approx\pm2$mV）的低电平信号。PGA 增益为 64 时，满量程跨度为 ±2.5V/64 或 ±40mV，而 LSB（在 20 位分辨率下）对应 80nV，

⊖　Cirrus 的 CS5532 的数据手册以这种方式进行了解释："无噪声分辨率与有效分辨率不同。有效分辨率基于 RMS 噪声值，而无噪声分辨率则基于峰-峰值。峰值噪声值为 RMS 噪声值的 6.6 倍。"

⊜　ADI 公司的 AD7190 接近 8.5nV $\sqrt{\text{Hz}}$。

⊜　其他允许双极性输入电源和信号的高分辨 Δ-Σ 转换器包括：①32 位 ADS1281 具有 ±2.5 模拟电源和输入信号，这些限制相同（但遗憾的是，没有达到 ±3V，其总电源限制为 5.25V）；②三个 24 位转换器：16 通道的 ADS1258、具有 2ppm 基准电压的 ADS1259 和具有 PGA 的 ADS1246 系列。

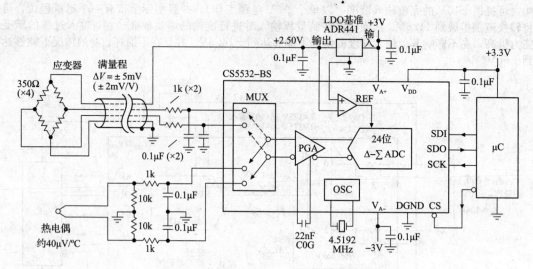

图 13.67　Cirrus 的 CS5532-BS 精密低噪声 24 位 Δ-Σ 转换器。PGA 允许增益为 1，2，4，…，64。
该电路省略了冷端补偿。MAX31 855 包含针对七种热电偶类型的重要补偿

这比温度每变化 1℃相应的热电压变化小 500 倍。同样，以该增益获得的 20 位 LSB 相当于应变仪满量程的 0.0008％。以这种增益，传感器的满量程输入就会保持在转换范围内，显然，我们不需要外部前端增益级等。

在我们的电路中，我们参考地对热电偶信号进行了平衡，以最小化导线中的共模拾取效应，而引线通常是无屏蔽的。对于这两种传感器，我们都添加了一个简单的 RC 滤波器（时间常数为 0.1ms），以抑制尖峰并保护输入。之所以选择 ADR441，是因为我们需要一个低压差基准电压源，该基准电压源应具有 500mV 的裕量。

4. 专业音频 ADC

Δ-Σ 转换器因其高分辨率、固有的抗混叠、噪声整形和单调性而受到专业音频界的青睐。如果读者拆开了所有人的高质量音频设备，就可能发现基于 24 位，192ksps 128 倍过采样 Δ-Σ ADC 的电路，并且很可能是 Cirrus（例如 CS5381）或 AKM（例如 AK5394A）的产品。这些电路组件似乎涉及了很多领域——它们已经存在了很多年，而且性价比很好。

音频 ADC 普遍使用 Δ-Σ 技术，但与商用 ADC 同类产品存在很大差异。它们通常具有较差的增益精度（5％～10％）和直流偏移（约 25mV），部分原因是这些参数在音频领域并不重要。另外，它们确实提供了 0.1dB 或 1％的立体声通道增益匹配，通常采用交流耦合接线，还具有内部数字高通滤波器⊖（通常约为 1Hz）。它们旨在以特定的音频采样率工作，并且它们采用专用的音频 PCM 数据输出接口（I²S、TDM 等）。与商用 ADC 相比，它们具有 12～63 个采样间隔的高延迟（数据输出延迟），即使它们可能宣传"低延迟"（相对于例如 1ms 的时间延迟而言，也意味着较小的延迟）。同时，它们具有独特的音频规范，例如 A 加权 SNR 和频谱分析衍生的 THD＋N 失真规范。

图 13.68 显示了一个简单的信号调理电路，该电路是根据 AKM 的评估板改编而成的，与许多商用音频数字化仪的内部结构相同。'5534 运算放大器似乎是多年来最喜欢使用的器件（至少存在了三十年），价格便宜且足够好。尽管读者可以在失真方面做得更好，但对于发烧友而言，最重要的是动态范围（由 ADC 分辨率和噪声水平设置），其中 0.001％的谐波失真是听不到的。但是，对于高性能音频 ADC，我们更喜欢使用全差分信号调理电路⊖。

⊖ 如果读者绕过耦合电容器，读者会发现这一点。然而，许多转换器提供直流模式，一些（如 CS5381 和 AK5394A）提供逻辑触发直流自动归零功能，这对于非常缓慢或直流的应用非常方便。

⊖ 有趣的是，AKM 和 Cirrus 在 ADC 评估工具中都使用了这个简单的方案和廉价的'5534 放大器。不过，Cirrus 参考设计套件替代了低噪声 LT1128 运算放大器。相比之下，TI 在评估套件中使用了一个真正的差分放大器（OPA1632），用于与之类似的 PCM4222 音频 Δ-Σ 转换器。

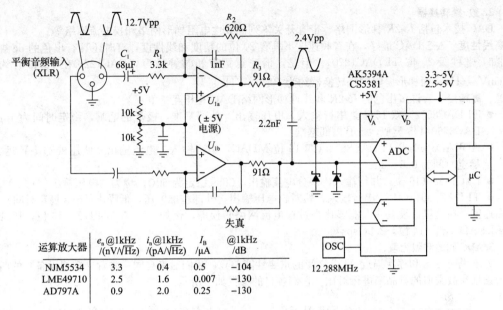

图 13.68 AKM 和 Cirrus Δ-Σ ADC 在专业音频数字化仪中无处不在，它们通常使用
这样的简单模拟前端来实现，尽管更好的方法是利用真正的差分放大器

表中内容：

运算放大器	e_n@1kHz /(nV/√Hz)	i_n@1kHz /(pA/√Hz)	I_B /μA	@1kHz /dB
NJM5534	3.3	0.4	0.5	−104
LME49710	2.5	1.6	0.007	−130
AD797A	0.9	2.0	0.25	−130

13.10 ADC：选择和权衡

关于 ADC 的选择，优势是 ADC 的世界里充满了丰富的选择，劣势是 ADC 的世界是一个充满选择的丰富世界。在以下各节中，我们将提供一些指导，以帮助读者进行各种选择。

13.10.1 Δ-Σ 与竞争

1. 模-数转换器

Δ-Σ 转换是几种 ADC 转换技术之一，它还包括双斜率和四斜率积分转换器、逐次逼近转换器、闪速转换器和流水线闪速转换器等。

低速 对于电压表-速度（例如 10/s），多斜率积分转换器一直是人们的最爱，但是它们的优势正受到 LTC（例如 LTC2412 为 24 位）和 ADI（例如 AD7732 为 24 位，±10V 电压范围）的出色 Δ-Σ 转换器的挑战。

中速（约一百多 ksps） Δ-Σ 转换器 IC 在 16 位以上的分辨率中占主导地位，Cirrus 和 AKM 等公司就有许多出色的产品（例如 AK5384 为 24 位，96ksps，4 通道或图 13.68 中的转换器）。有许多不错的 Δ-Σ 音频 ADC，但它们的 dc 规格往往很差（百分之几）或根本不存在。对于 16 位分辨率或少于 16 位分辨率的应用，请考虑使用逐次逼近转换器。

中高速（达到几 Msps） 在这里，Δ-Σ 与使用开关电容充电分配 ADC 的逐次逼近 ADC 之间存在激烈的争夺：相当的精度，但 SAR 更快（例如 ADI AD7690 为 18 位，400ksps；它是 AD76xx/79xx PulSAR 系列的成员）。

高速（高达几百 Msps） 对于这种速度，读者可以选择流水线闪速转换器（以前称为半闪速），低级闪速转换在前一级的模拟残差上运行，或者选择折叠放大器架构（见图 13.27）。流水线转换器可实现高吞吐量，但通常会有 10 个采样间隔的延迟，例如 ADI AD9626（12 位，250Msps）和 TI ADS6149（14 位，250Msps）。

极高速（＞250Msps） 基本上闪速转换器的变体（例如折叠/插值）占据了主导地位，但是只有中等分辨率（6～10 位）。美国国家半导体有一些不错的产品，例如 ADC08D1520（8 位，3000Msps）、ADC10D1500（10 位，同上）和 ADC12D1800（12 位，3600Msps）。这类转换器广泛用于示波器前端⊖和数字广播中。在极端情况下，富士通会使用 56 000Mbit/s、8 位转换器。

⊖ 目前可用的数字示波器可实现 32GHz 的模拟带宽，采样率为 80Gsps（例如，安捷伦 90000X 系列），这些性能数值必定会随着时间的推移而增加。

2. 数-模转换器

DAC 技术包括 R-2R 梯形网络、带有开关阵列的线性电阻梯形网络和权电流网络等。

最高线性度　Δ-Σ DAC 最好，在音频速度下具有 20 位的精度和线性度，有时还具有出色的 dc 规格（例如，毫秒级 20 位 TI DAC1220）。但是，请注意宽带和时钟噪声（DAC1220 在 1kHz 时约为 $1000nV/\sqrt{Hz}$，而梯形电阻网络转换器约为 $10nV/\sqrt{Hz}$）。

中速，高精度　有许多出色的 R-2R 和线性梯形网络 DAC 在相互竞争。

- TI DAC8552（双 16 位，串行输入，电压输出，外部基准，极低的毛刺，稳定时间为 $10\mu s$；DAC8560/4/5 类似，带有内部基准）。
- ADI AD5544 或 TI DAC8814（四 16 位 MDAC，串行输入，电流输出，使用外部 I-V 运放，稳定时间为 $0.5\sim 2\mu s$）。
- LTC1668（16 位，并行输入，差分电流输出，20ns 稳定为 50Ω，称为"电压输出"）。
- TI DAC9881（18 位串行输入，轨对轨电压输出，外部基准电压，低噪声，$5\mu s$ 稳定时间）。

最高速度　在这里，没有什么能够比得过权电流网络转换器，例如 TI DAC5681/2（16 位，1Gsps）或 ADI AD9739（14 位，2.5Gsps）。

3. ADC 间的激烈竞争

为了说明 Δ-Σ 和逐次逼近 ADC 之间的重要性能差异，我们对来自同一阵营（模拟设备）的两个能力强且参数类似的竞品来进行对比。它们各自的参数如下所示。

	SAR AD7641	Δ-Σ AD7760	单位
发行时间	2006	2006	年
转换速率	2.0	2.5	Msps
采样率	2	40	MHz
分辨率	18	24	位
零偏	60	200	ppm(max)
温度系数	0.5	0.1	ppm/℃(typ)
增益偏差	0.25%	0.016%	max/typ
SNR	93	100	dB(typ)
THD	−101	−103	dB(typ)
INL	±7.6	±7.6	ppm(typ)
数据延迟	0.5	12	μs
基准	内部	外部	
供电数	1	3	
功率	75	960	mW

Δ-Σ 以其出色的分辨率以及用户可轻松设计一个输入带宽限制（抗混叠）低通滤波器（由于其 8 倍过采样率）略胜一筹。SAR 回应说，位数并不重要，真正重要的是线性度（两者相等）。顺便说一下，SAR 产生的输出位数要快 25 倍，且延迟时间短。Σ-Δ 凭借其出色的 SNR 优势进行反击，SAR 认为 Δ-Σ 需要至少两个电源和一个外部基准，并消耗 13 倍的功耗，而对其进行声讨。Σ-Δ 虽然有些劣势，但反弹时声称能够将增益误差减小 15 倍，为此 SAR 认为 Δ-Σ 是作弊的，因为它依靠增益校正寄存器进行"智能"校准，从而对 Δ-Σ 进行了最后的反击，即我们认为 SAR 还不够聪明，无法达到作弊的程度。最后两位角逐者都宣称自己的胜利（当它们回到各自的领域时），但围观者认为这是一场紧张的比赛，双方都表现出色。

13.10.2　采样与平均 ADC：噪声

Δ-Σ 转换器本质上是积分。也就是说，在整个转换时间内的测量都要考虑变化的信号；读者可以认为这是简单的平均。相比之下，对于 SAR 转换器，在触发转换器时，输入信号的瞬时电压被捕获并保持（在所谓的孔径时间内）。这种区别产生了一些重要的后果，其中当以较慢的速率采样时，SAR 转换器就会具有极低的平均功耗。

另外的重要参数是对输入信号进行有效带宽的采样。短孔径对应较宽的带宽，反之亦然。直观上很容易理解，在这里，高频信号在很长的平均间隔内会被冲掉，而快速采样可以记录信号在快速变换时的幅度。换句话说，在某个时间间隔 τ 上对信号求平均就像低通滤波器，其带宽大约为 $1/\tau$。从数学上讲，它们是通过傅里叶变换关联的 $^{\ominus}$。

为了使这些陈述能够量化，请参见图 13.69，该图说明了持续时间 T 的平均窗口的低通滤波功能。低频能够通过，但高频会被平均输出，频率为 $f = 1/T$ 的信号在窗口的持续时间 T 内具有完整的周期，因此平均为零。其他零信号在 $1/T$ 的倍数处出现，对应频率信号的整数个周期 $^{\ominus}$。因此，较短的窗口允许存在可能的宽带噪声，这会降低平均速度所带来的固有慢信号的准确性。设计转换电路时，请牢记这一点，尤其是对缓慢变化的信号进行间歇性采样（例如，温度传感器或应变仪）的电路。只要读者愿意在输入端添加一个低通滤波器，就可以使用快速采样的逐次逼近 ADC，也可以直接使用平均转换器（Δ-Σ、双斜率或多斜率）。

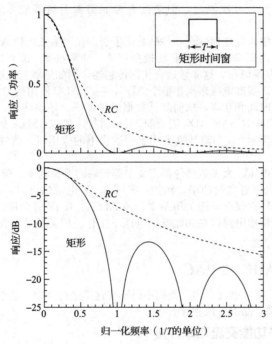

图 13.69 长度为 T 的矩形脉冲的频谱。输入信号［由 $\Pi(t)$ 选通（加窗或乘以）］实际上由指示的功率谱进行低通滤波。为了进行比较，显示了在 $f = 1/2T$ 时具有 3dB 衰减的 RC 低通滤波器

13.10.3 微功耗 ADC

小型电池供电的设备通常需要一些真实世界的模拟信号，这些信息可以从传感器信号和低功耗 ADC 获得。通常，微控制器 IC 中包含一个简单的 8 位或 10 位 ADC，但是对于那些需要更好性能的用户，则需要微功耗 ADC。

SAR 类型以快速的转换速度而闻名，但这是以更高的功耗为代价的。SAR ADC 触发时会捕获信号样本，使读者可以立即关闭传感器，例如当使用高功耗的应变计电桥时，这样的做法可以节省电力。快速 SAR 转换器消耗的电流更多，但它们的完成速度也更快，之后便进入睡眠状态。例如，AD7685 在以 200ksps 的速率连续 16 位转换期间，消耗 2.7mW 的功率（在 3V 电源上运行时，最大值）。但是对于传感器应用，我们可以不进行频繁的测量，例如以每秒 100 个样本的速度进行测量，而平均功耗仅为 1.4μW（减少 2000 倍）。对于大多数 SAR 类型，功耗与采样率成正比。

如上所述，Δ-Σ 转换器本质上是积分式的，因此执行转换需要更长的时间，例如 16 位转换所需的时间比 12 位转换所需的时间长 16 倍。但是，Δ-Σ ADC 通常比 SAR 消耗更少的功率。当以最大

$\ominus$ 特别是通过卷积定理，其中采样间隔由时间上的单位幅度矩形窗口表示。它的傅里叶变换是 sinc 函数 $(\sin t)/t$，在 $f = 1/\tau$ 处有第一个零。

$\ominus$ 正是这种对 $1/T$ 处信号频率及其所有谐波的完全抑制，才能使用台式数字式万用表测量，而不必担心电力线拾取：数字式万用表的积分间隔被选择为工频周期（PLC）的整数倍。

15 次采样/秒（对于 16 位转换）连续工作时，Δ-Σ MCP3425 的功耗为 0.44mW，比以最大 200ksps 速度运行时的 SAR 小 6 倍。此时，读者可能会得出结论，Δ-Σ 是低功耗的佼佼者，但是这种比较是不正确的，因为采样率相差了 10 000 倍以上。请注意，这些功率比读者在数据手册上可能找到的数字要大得多，例如 MCP3425 声称能够以平均低至 1.8μW 的功率工作，但有一个问题，因为这个数字仅适用于 12 位模式下的操作，并且每秒仅采样一次。

低功耗 ADC 对比　为了公平地比较这两个转换器，假设我们要在 16 位分辨率下每秒进行十次测量，并且我们希望选择一种功耗最小的转换器。以这种速率，与 SAR 所需的 0.14μW 进行比较，Δ-Σ 转换器则需要 290μW 的平均功耗。SAR 仅消耗了 Δ-Σ 的 1/2000 的功率！单就这一功绩而言，SAR 完胜 ⊖。但还有更多需要考虑的地方，Δ-Σ 积分转换需要 66ms，这比 13.10.2 节中所述的 SAR ADC ⊖ 在 1μs 内对信号进行采样的测量更安静，相比之下，上述 AD7685 SAR 可以对一次 Δ-Σ 测量的相同总量进行 2000 次测量，但是读者可能需要对所有能量进行取平均值，以降低噪声。

我们始终建议读者仔细研究任何候选零件的数据手册。在评估微功耗 ADC 时，还应考虑它们是否包括片上输入放大器、内部基准电压源和转换振荡器。如果没有，就可能需要额外的外部电源。一些 ADC 使用电源作为基准电压，这非常适合比例传感器，例如热敏电阻或应变仪。对于其他传感器，读者可能必须通过外部基准电压来操作整个 ADC，一些 ADC 使用接口数据移位作为转换时钟，这可能会迫使控制器浪费时间和功率，从而降低数据时钟速率。还要注意，某些外部时钟转换器需要很高的频率，例如 AD7091R SAR ADC 需要 50MHz 时钟才能以 1Msps 的最大速度运行。此类要求可能会对功耗产生严重影响 ⊜，当将转换器用于间歇供电的应用时，请注意某些转换器从睡眠模式到启动的延迟时间很长。

最后要考虑的是电源电压。大多数部件都需要中等较高的电源电压，例如 2.7V。但是能够在较低电压下工作的 ADC 可以节省大量功率，例如，采用 3.0V 电源供电时，AD7466 在 100ksps 时的功耗为 620μW，而在 1.6V 它仅仅消耗 120μW ⑱。该 ADC 在 1.6V 时会遭受适度的性能损失，但更大的问题可能是如何设计模拟电路以在如此低的电压下工作。但是从另一面看，简化的电池布置可能会给读者带来好处。

13.11   不常用的 ADC 和 DAC

这些有趣的转换器 IC 既巧妙又有用，我们不得不在这里进行介绍。这些都来自 ADI 公司，它是转换 IC 和其他高性能模拟产品的传统领导者。

13.11.1   ADE7753 多功能交流功率计量 IC

在工业环境中（以及越来越多的在具有能源意识的住宅环境中），重要的是要以传统的带旋转盘的电表和累积的电度表的方式跟踪电能的使用。同样重要的是需要监视和减小无功功率，也就是说，为了补偿无功负载（例如电动机），以使功率因数接近 1，而电力公司在意无功功率，并确实以附加费的形式向工业用户传达这种理念，因为即使它没有向负载提供有用的功率，它也会在其线路和变压器中产生 I^2R 热损耗。如果我们能够监视瞬时功率（有功和无功）也是很不错的，而且可以看到电压骤降（欠电压）或峰值（电涌）的存在。

Analog Devices（见图 13.70）的 ADE7753 ® 是 A/D 转换的一个很好的例子，是专门针对该应用而定制的。它通常与微控制器配合使用，如图 13.71 所示。在这里，我们将直观地欣赏其许多周到的设计功能。

⊖　当然，如果外部传感器是功率开关的，还可以省电。

⊖　回想一下，带宽与脉冲宽度成反比，如 BW≈1/τ，噪声功率随带宽而增长（对于白噪声，$P_n = e_n \cdot BW$）。因此，较慢的测量对应带宽的减少，即它平均了高频噪声。

⊜　以 AD7091R 为例，SCLK 驱动器消耗 $P = CV^2f$；以 $C = 5pF$ 为例，在 50MHz 下 3V 逻辑摆幅相当于 2.25mW，这明显大于转换器自身规定的 1mW 功耗。令人高兴的是，SCLK 引脚上的 50MHz 时钟仅在输出数据的 12 或 13 个移位期间需要，从而将平均 SCLK 功率降低到 0.6mW（即比例因子 13/50），但仍然是总功耗的主要成分。

⑭　5.2 倍的功率比比 1.9 倍供电电压比的平方还要大，这表明工作电流比电源电压的线性下降更快。考虑到 CMOS 逻辑中 A 级直通电流的影响，这并不奇怪，见图 10.101。

⑮　为了简单起见，我们选择了单相器件 ADE7753 处理三相电源。

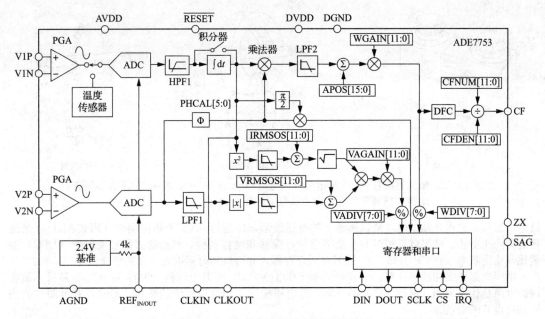

图 13.70 ADI ADE7753：一款出色的交流电源监控器 IC，由 ADI 公司提供

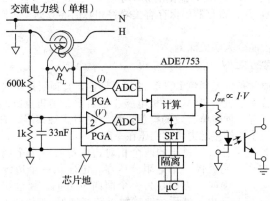

图 13.71 基本电力线连接，电流互感器可感应交流线电流。脉冲序列以
传统的转盘式功率计的方式提供了运行中的能量使用计数

概述 该芯片从提供线电压和线电流样本的模拟输入信号对中，使用纯数字技术（在前端放大器之后）连续计算有功功率、无功功率和伏安乘积（视在功率）的值。它还能累积有功功率和视在功率，并检测电压骤降和峰值。通过简单的 3 线 SPI 总线即可进行配置，这就是嵌入式微控制器与芯片的64 个内部寄存器进行通信的方式，这些寄存器既用于设置操作模式，又用于报告测量值。它还提供脉冲串输出，其速率与有功功率（机械功率计中的转盘）成比例。因此，一旦校准，如果读者想要的只是运行中的能源累计使用量，就可以在独立模式下使用（无微控制器）。

细节 该器件使用一对可编程增益差分放大器接受来自线路电压和电流采样的低电平（±0.5V）信号输入，可以通过三种方法得到（见图 13.72）：①小值校准 4 线串联电阻（分流器）；②具有电阻负载的环形电流互感器（见图 13.71）；③罗氏线圈。罗氏线圈产生的电压信号与 dI/dt 成正比，而其他两个信号则与 I 成正比，因此需要附加积分环节，但是它们具有线性（无磁心）和易于安装⊖（不需要中断电源）的优点。放大器具有数字可调整的偏置，它们的输出通过一对二阶 16 位 Δ-Σ ADC进行数字化，从而产生约 28ksps 的 V 和 I 采样数字流。

通过图 13.70 的框图的顶层电路进行有功（真实）功率计算：通道 1 是线电流信号，去掉了直

⊖ 它甚至比图中所示的要好，因为实际上一根导线穿过线圈，使两根导线在同一个端部引出。

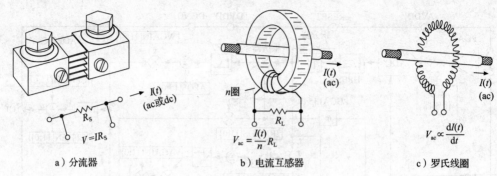

图 13.72　电流感应技术。4 线电阻分流器可与 ac 或 dc 一起使用，但不提供隔离；
电流互感器和罗氏线圈方法仅适用于交流

流电，为可选的积分器供电，乘以通道 2 的电压波形，即进行 0.05°的相位调整（PHCAL）以保证精确的同相乘法。结果就是瞬时有功功率会进行偏移和增益调整，然后通过数字变频器（DFC）生成比例输出频率（在 CF 引脚上），同时存入寄存器，并可以随时读取它（及其累计值）。

中间电路是无功功率计算：与有功功率计算电路类似，但其电流路径中有 90°相移。最后，最底端的电路是伏安乘积（视在功率）的计算，是电压幅度与均方根电流的乘积，通常具有可调整的偏置和可设置的增益。

标有"寄存器和串口"的模块十分有用。它实际上由所有这些调整和增益设置、峰谷和峰值检测器的模式设置、可选的积分器以及 CF 输出的频率定标负责。它还包含 49 位的能量（功率×时间）累加器（实际的和视在的），并且寄存器中保存有关峰谷和峰值的数据。我们可以在发生不良情况时对处理器进行中断。

总体而言，该产品的性能令人印象深刻。

13.11.2　AD7873 触屏数字仪

触摸屏是显示设备（通常是背光彩色 LCD）的常见器件，其顶层是对接触压力（指尖或触控笔）敏感的覆盖层。这些用在智能手机、PDA、平板电脑、柜员机、销售点终端等中，以允许对显示的对象进行简单的数字操作。有一种简单有效的类型，称为电阻式触摸屏，有两层薄透明材料，每层材料都带有导电涂层，通过手指的接触力将它们压在一起。

读者如何弄清楚其中发生了什么？每层的两个相对边缘都有一个金属条电极；因此，如果读者在一块薄片上施加直流电压，它就像一个电阻分压器，电压从一个边缘到另一个边缘呈线性增加。触摸屏夹层成对堆叠，一个面向 x 方向，另一个面向 y 方向。要读出接触位置，读者首先要用直流电压给一层（例如 x 层）通电，然后读取接触点转移到另一层（y）非驱动层上的电压，就可以产生按下位置的 x 坐标。然后，读者也可以将上述工作颠倒，为 y 层通电并读取传输到 x 层上的电压。

AD7873（见图 13.73）可满足读者的所有需求。它通过 3 线 SPI 串行端口与常用的嵌入式处理器进行通信，设置和读出数据。它包括内部 MOSFET 开关，用于交替为 x 和 y 层供电；内部基准电压；内部温度传感器；具有输入多路复用器的 12 位 SAR ADC。这些模块用于在以下各项中进行选择设置以及数字化：①未经驱动的屏层；②使测量结果成比例地驱动电压；③电池电压；④温度；⑤读者选择的其他模拟输入信号。该产品采用单电源供电（+2.2~+5.25V），功耗仅为几毫瓦。

另一种触摸屏技术是用电容替代电阻，并采用各种方案确定触摸点。读者可以获得完整的电容转换器，包括片内基准电压源、激励、Δ-Σ 转换器和串行接口，例如 ADI 公司的 AD7140/50 和 AD7740 系列。它们有单通道和多通道两种，分辨率从 16 到 24 位。它们的速度不快（约 100sps），但价格却很便宜。

13.11.3　具有定序器的 AD7927 ADC

许多 ADC 都包含片上模拟多路复用器，因此读者可以采样和转换一系列模拟输入。AD7927（见图 13.74）使读者可以进行此操作，但它增加了可编程的定序器模式，因此读者可以指定输入通道的一个子集（实际上是两个子集），一遍又一遍地依次转换。采样和转换由芯片选择引脚触发，而没有 Δ-Σ 转换器的流水线延迟特性。它使用 SPI 串口进行控制/编程和数据读取。

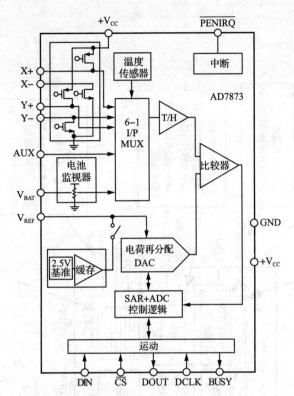

图 13.73　电阻式触摸屏数字转换器 AD7873。指尖的 x 和 y 位置可以分为两个阶段来确定，通过依次激励每层并读取来自另一层的分压输出来实现

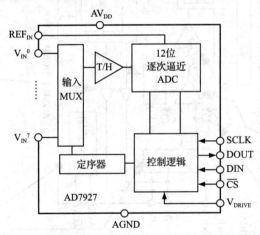

图 13.74　AD7927 多路复用逐次逼近 ADC，采用灵活编程的定序器模式，由 ADI 公司提供

13.11.4　AD7730 精密电桥测量子系统

精密电桥测量子系统见图 13.75，它的目标市场是使用电阻桥式传感器（应变仪）的电子秤市场。它的数据手册整理规范，可以轻松浏览其众多巧妙功能。它具有可编程增益前端差分放大器，具有足够的增益用于 10mV 满量程输入，以及一个差分基准输入，用于完全比例式测量。它可以在斩波模式下工作，以最大限度地减小偏置电压误差和漂移。它还具有内部校正模式以校正刻度误差。因此，读者可以将应变计端子直接连接到该芯片，而不需要任何外部前置放大器。

特别要注意的是内置的交流激励信号，它可用于在连续测量中反转电桥驱动的极性，从而消除残余偏移，包括外部偏移，例如由不同金属节点处的热电电压引起的外部偏移。手册宣称失调漂移为 5nV/℃，增益漂移为 2ppm/℃。在数字化方面，通过 SPI 串口控制 24 位 Δ-Σ 转换器和数字滤波器在编程方面是很灵活的。该器件采用＋5V 单电源供电，它有 DIP 和 SMT 两种封装形式。

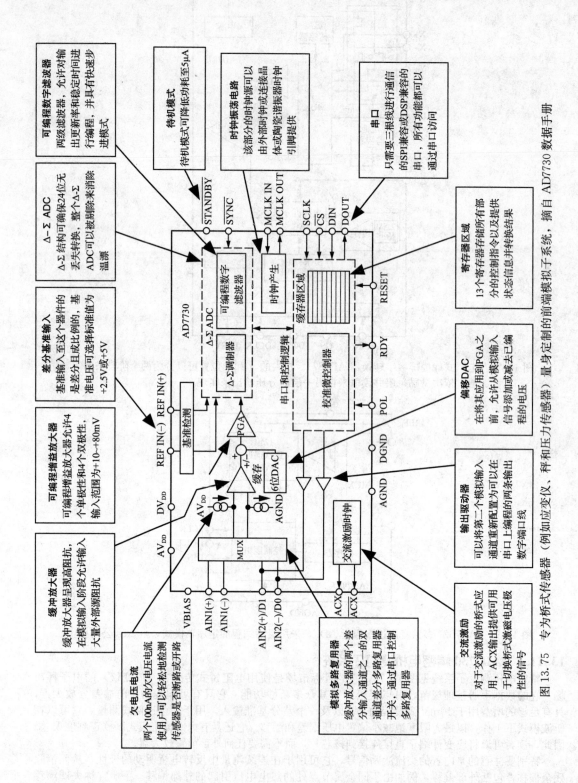

图 13.75 专为桥式传感器（例如应变仪、秤和压力传感器）量身定制的前端模拟子系统，摘自 AD7730 数据手册

可编程数字滤波器
两级滤波器，允许对输出更新率和稳定时间进行编程，并具有快速步进模式

待机模式
待机模式可降低功耗至5μA

时钟振荡电路
该部分时钟源可以由外部时钟或石英晶体或陶瓷谐振器时钟引脚提供

串口
只需要三根线进行通信的SPI兼容或DSP兼容的串口，所有功能都可以通过串口访问

Δ-Σ ADC
Δ-Σ结构可确保24位无丢失转换，整个Δ-Σ ADC可以被剔除来消除温漂

差分基准输入
基准输入至这个器件的，基是差分且成比例的，基准电压可选择标准值为+2.5V或+5V

寄存器区域
13个寄存器存储所有部分的控制指令以及提供状态信息并转换结果

可编程增益放大器
可编程增益放大器允许4个单极性和4个双极性，输入范围为+10-+80mV

偏移DAC
在将其应用到PGA之前，允许从模拟输入信号中添加或减去已编程的电压

缓冲放大器
缓冲放大器呈现高阻抗，在模拟输入阶段允许输入大量外部源阻抗

输出驱动器
可以将第二个模拟输入通道重新配置为可以在串口上编程的两条输出数字端口线

欠电压电流
两个输出100nA的欠电压电流使用户可以轻松地检测传感器是否断路或开路

模拟多路复用器
缓冲放大器通过分输入差分多路复用器，通道差分多路复用器开关，通过串口控制多路复用器

交流激励
对于交流激励的桥式应用，ACX输出提供可用于切换桥式激磁电压极性的信号

STANDBY
SYNC
MCLK IN
MCLK OUT
SCLK
CS
DIN
DOUT

RESET
RDY
POL

AD7730

Δ-Σ ADC
可编程数字滤波器
Δ-Σ调制器

时钟产生
缓冲器区域

串口和控制逻辑

校准微控制器

REF IN(−) REF IN(+)
基准检测

PGA
6位DAC
缓存

DV_DD
AV_DD
AV_DD

VBIAS
AIN1(+)
AIN1(−)
AIN2(+)/D1
AIN2(−)/D0

MUX

交流激励时钟

ACX
ACX

AGND
DGND
POL
AGND

13.12 A/D 转换系统示例

在本节中，我们看一些完整转换系统的例子。这些说明了在大型系统中使用集成转换器时需要担心的设计折中和子电路之间的相互作用，该转换器包括前端放大器、电压基准和数字接口。

13.12.1 多路 16 通道数据采集系统

本应用示例使用逐次逼近 ADC 来创建 16 通道多路复用 A/D 数据采集系统（DAQ）。图 13.76 为该电路结构，通过它可以在嵌入式微控制器的控制下对 16 个差分模拟输入（或 32 个单端输入）的任何组合进行数字化。例如，可以将各种输入通道动态配置为单端或差分，并设置不同的前端增益（由 PGA 设置），以及每次测量的时间间隔，并且可以以可编程的采样间隔以任何顺序对通道进行采样（或跳过）。像这样的子系统可以构成微处理器控制的数据采集实验的前端，在该实验中，编程进行 12 个电压的快速扫描，并以 100ms 左右的间隔进行连续扫描。

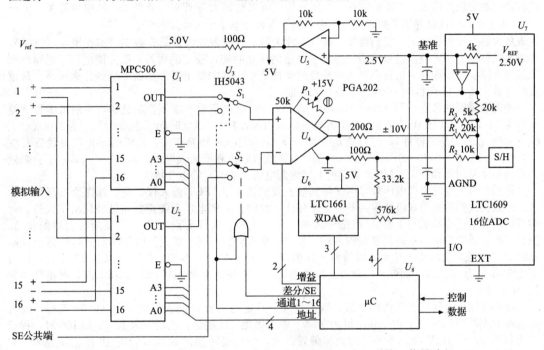

图 13.76 16 位 16 通道（差分）或 32 通道（SE）逐次逼近 ADC 系统。信号路径（$U_1 \sim U_5$）中的模拟 IC 由 ±15V 供电，其他 IC 由 +5V 单电源供电

尽管从表面上看它很简单，但是像这样完成的电路通常是许多功能和折中的结果，因为读者很难找到具有正确特性的组件，这个例子也不例外。让我们进行一次"设计演练"，以了解我们所做的各种选择以及由此产生的性能。

输入多路复用器 模拟多路复用器很多，但能够处理整个 ±10V 模拟输入范围的产品很少。在允许摆幅超过 ±15V 电源轨的设备中，或者在不加电时不钳位输入的设备中，情况更是如此。TI 的 MPC506 [注]使用寿命长（最初是模拟 IC 的领导者 Burr-Brown）且在这方面很出色，尽管是以相对较高的导通电阻（1.5kΩ）为代价的，其介电隔离的 CMOS 工艺允许输入摆幅超出电源轨 20V，而不会出现 SCR 封锁或输入之间的串扰。其开关是"先断后合"的，这意味着在 MUX 中更改地址时，各种输入通道不会一起短路。购买线性开关时，请注意此类注意事项，有时会涉及妥协的情况。例如，"先合后断"会导致较慢的开关时间规格（此处为 0.3μs 典型值），因为必须延迟"先合"（此处延迟 80ns）以允许开关断开。

注意，如果模拟输入的摆幅超出 MUX 的电源轨 20V，则会发生什么？会有一些输入电流，其起始电压超出电源轨约 15V，而当超出电源轨 40V 时将增加至约 20mA。除此之外，还有损坏零件

⊖ 或 Intersil 的早期型号 HI-506A，它通常与零件号 HI3-0506A-5Z 一起列出。或者普通的不具备变轨功能的 ±15V 开关，例如编号为 DG506、HI-506 或 ADG1206 的器件。

的风险。如果读者期望输入过电压并进行真正的保护，则可以在其中添加一个输入电流限制电路，见图 13.77，背对背耗尽型 MOSFET 采用 TO-92 或 SOT-23 封装，可以保持 500V 的电压，并将电流限制为约 1mA [一]。

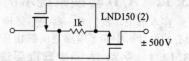

图 13.77　输入限流电路，过载至 ±500V

差分/单端选择器开关　双 SPDT 模拟开关用于控制多路复用器的输出，在 16 通道差分模式下，S_1 和 S_2 选择 U_1 和 U_2，在 32 通道单通道中信号端（SE）模式 S_2 选择公共信号，而 S_1 选择通道 1～16 或 17～32 的 U_1 或 U_2（由于公共端由所有 SE 通道共享，因此通常称为伪差分输入）。模式和通道切换可以在逐个通道的基础上进行。请注意，没有抗混叠滤波器会限制多路复用速度，我们假设输入信号在多路复用器的上游受到适当的频带限制。

选择 IH5043 [二] SPDT 模拟开关 S_1 和 S_2 是因为它们具有低泄漏、低电容和低电荷注入的特性，这些是以相对较高的 R_{on}（最大 80Ω）为代价的（可以获得大量具有非常低 R_{on} 的模拟开关，低至 0.5Ω 或更小；但这里并不需要，而要考虑泄漏、电容和电荷注入的问题 [三]）。

仪表放大器　理想情况下，我们需要一种仪表放大器，该仪表放大器具有数字可编程增益（PGA），可以容纳整个 ±10V 模拟信号范围，并具有快速的建立时间，稳定的增益，低失调电压，低噪声和低偏置电流。可以选择一份符合要求的特性的器件清单，其中每个器件都需要达到什么水平？最重要的是放大器的局限性不会降低整个系统的性能。

考虑到周围的系统，TI（Burr-Brown）的 PGA202 在这里是一个不错的选择，它的可编程增益分别为 1、10、100 和 1000（由一对逻辑电平输入引脚设置），建立时间（至 0.01%）为 2μs（对于 $G_V=1000$ 以外的所有器件），足以满足下游 ADC 的 200ksps 转换速率。最低的三个增益设置对应 ±10V、±1V 和 ±0.1V 的满量程输入范围。其高输入阻抗和低输入电流（10GΩ，50pA）不会降低上游的多路复用器和开关（MUX 规定的典型泄漏电流为 2nA）的组合特性。

最后，放大器的失调电压和噪声又如何呢？我们选择了 JFET 输入仪表放大器作为其高阻抗输入。但是，我们发现与双极性输入 PGA204 相比，我们在失调电压和噪声方面已经付出了代价。此时我们需要将这些影响与下游 ADC 的分辨率（LSB 步长）进行比较，该 ADC 要看放大器的输出。但是，放大器的失调和噪声总是由输入端（RTI，指的是输入端）指定。因此我们需要计算出转换器的 RTI 步长，这取决于放大器的增益。这很容易，±10V 转换器输入范围除以其 2^{16} 步长，相当于 LSB 步长为 0.3mV。因此，针对放大器的输入，步长分别为 300μV、30μV 和 3μV，增益分别为 1、10 和 100。

我们在这里也面临着严峻的挑战，因为放大器规定的典型 RTI 偏移电压为 $(0.5+5/G)$ mV，即前端放大器为 0.5mV，内部输出级为 5mV。没有其他方法的话，当增益为 1、10 和 100 时，我们将面临 5.5mV、1mV 和 0.55mV 的典型偏置误差，分别是转换器 RTI 步长的 18 倍、33 倍和 180 倍。显然，我们需要手动调整其偏置，并使用一些电子调零电路 [四]。即使如此，我们最终还是会受到放大器的温度系数和漂移的限制。

在我们的设计中，建议使用手动调整（以最大增益设置一次），并让 10 位 DAC 的失调设为零，后者具有 0～5V 输出且放大器输出（RTO）的调整范围为 ±7.5mV。考虑到转换器的 LSB 步长为 300μV，其 10 位分辨率可提供 15μV 的步长，远胜于所需。

因此，要将其用于全精度测量，我们需要在一系列测量的开始将偏移误差（通过 ADC）归零，并且希望短期失调漂移较小。我们具有坚实的基础吗？放大器指定的典型失调漂移为 $(3+50/G)$ μV/℃、50μV/月和 $(10+250/G)$ μV/V（电源）。我们使用受约束的电源，并且仅关注短期漂移；因此一般都可以，因为热漂移仅在最高增益（$G=100$）时才是潜在的问题，其中 1℃ 的变化会导致

　　[一]　在正常条件下，串联电阻为 $2R_{on}+R_s$ 或大约 2.7kΩ。增加的 1kΩ 串联电阻并不是什么折中；当然也可以省略电阻，饱和 $I_{DSS} \approx 2mA$ 仍然可以保护 MUX，但是晶体管的耗散极限意味着需要将持续的输入过电压限制在 100V 左右。

　　[二]　替代零件号为 HI5043 和 DG403。

　　[三]　例如，ADG884 模拟开关的 $R_{on}=0.4Ω$（最大值）非常低，但其并联电容 C_S 为 295pF，而我们选择的 IH5043 为 22pF。它也是低压元件，最大模拟电压摆幅为 5Vpp。ADG1413 在整个 ±15V 范围内工作，R_{on} 仅为 1.5Ω，但其电荷注入（±300pC）是 '5043/DG403 的 5～10 倍。

　　[四]　或通过软件偏移减法：我们可以将一个（短路）通道专用于零误差测量。我们也可以使用另一个通道来测量基准电压，以进行满量程校准。零偏移误差校正通常存储为在校准期间测量的参数。

1LSB 的误差。放大器增益也会随温度而漂移。在这里，$G=1$ 或 10 时为 3ppm/℃（典型值），而 $G=100$ 时为 40ppm/℃。一个 LSB 在 ±满量程下对应 30ppm，因此我们再一次在最高增益（$G=100$）以外获得了良好状态，除了在 1℃ 温度变化时，放大器的增益温度系数也会导致 1 LSB 的误差。

最后，放大器的电压噪声如何？对于 $1/f$ 频响的 0.1~10Hz 低频段，RTI 的指定值为 $1.7\mu Vpp$（典型值），在 10kHz 时 $e_n=12nV/\sqrt{Hz}$（典型值）（$1/f$ 大约为 100Hz）。因此，从 0.1Hz 扩展到约 10kHz 的频带才会具有约 $3\mu V$ 的 RTI 噪声电压，与 $G=100$ 时的 RTI 步长相当；在较低的增益下可以忽略不计。

模-数转换器 我们需要一个转换器来处理整个 ±10V 信号范围，并具有足够的速度以 100kHz 或更高的速率进行扫描（有些 ADC 具有输入多路复用器和定序器逻辑，例如 8 通道 16 位 500ksps AD7699，但是它们限制读者只能使用有限的输入范围，例如 0~5V 或 ±2.5V）。LTC1609 能够完成这一工作，并在 +5V 单电源上运行，我们可以对其进行单独调节和滤波以使其保持平稳。它在 $2\mu s$ 的采集（输入建立）时间内有高达 200ksps 的速度转换，并具有多种模式的串行接口（内部或外部时钟串行数据等）。同时必须校准其最坏情况下的零偏移（±10mV）和增益（±1.5%）误差（在此处用双 DAC U_6 完成），此后它具有可接受的偏移和增益漂移（典型值为 ±2ppm/℃ 和 ±7ppm/℃）。

基准电压 大部分增益误差和漂移是由于内部 +2.5V 基准电压造成的，其精度为 ±1%（最坏情况），温度系数为 ±5ppm/℃。实际上，对于内部基准 ADC 而言，这是非常好的漂移指标。但是，如果要获得更好的性能，应该使用精密的外部基准，其中最好的基准具有 ±0.02%（最坏情况）的精度和 ±1ppm/℃ 或更好的温度系数。LTC1609 的 REF 引脚使用外部基准，该外部基准仅使用 4kΩ 内部源过载。有了这样的外部基准电压源，未调整的增益误差减小到 ±0.5%（我们可以用 DAC 进行修整），增益漂移减小到 ±2ppm/℃（典型值）。但除了以最高增益（$G=100$）工作外，这些增益漂移与上游放大器的增益漂移相当，若在最高增益下工作，漂移会大一个数量级并成为严重的问题。

编程和操作 对于包含微控制器的系统，仍需要做大量工作！在这里，将运行一个校准设置，将 ADC 调整值存储在非易失性存储器中。然后在启动时，读者需要对 DAC 以及 ADC 范围和通信模式进行编程。参考 15.9.2 节以及图 15.23 中的时序图，查看如何处理单个 ADC 转换。但是，控制这样的完整数据采集系统涉及更多的工作，需要预先配置好详细信息，例如有效的输入通道及其顺序、每个通道是单端输入还是差分输入、增益设置等，通常使用在运行时访问的查找表来完成这些操作。读者还需要指定扫描速率、中断模式、运行时要存储哪些数据（通道号、模式、增益、时间戳等），以及数据文件（如计算机）的头信息（ID、实验类型、日期、操作员、传感器配置等）。我们可以继续讨论其他问题，但是读者会发现还有大量的后续编程工作才能使系统运作起来。

13.12.2　并行多通道逐次逼近数据采集系统

前面的示例是多路复用，其中单个 ADC 按某个编程顺序将输入通道连续数字化。在许多应用中都可以这样做，但是有时候同时捕获多个模拟输入上的输入电平也是很重要的。一种方法是在其自己的采样-保持（或保持-采样）时间内捕获每个模拟输入，然后将这些稳定的模拟电压多路复用到单个 ADC 中。但是 ADC 价格便宜，因此使用一组 ADC 同时对输入进行数字化通常会更好（并且更快）。在本示例中，我们使用逐次逼近 ADC 对此进行了说明，在 13.12.3 节中，将使用 Δ-Σ 转换器进行此操作。

图 13.78 显示了其中一种实现方式，使用了 ADI 公司的一组芯片，这些芯片在本应用中可以很好地进行协同工作。

输入放大器 问题：读者想接受双极性输入信号，例如在 ±10V 范围内，但是这里只有一个由正电源供电的 ADC。解决方案：使用运算放大器输入级来补偿信号并减小其摆幅。虽然可以这样做，但是读者需要匹配高精度电阻，以免影响 ADC 的精度。

在这里，我们利用出色的 AD8275 电平转换 ADC 驱动器，该驱动器可以满足以下要求：它基本上是单电源差分放大器，$G=0.2$，具有输入失调端。按照此处的配置，它将双极性输入范围（±10.24V）转换为以基准电压的一半为中心的纯正输出，即 0~4.096V。同时它具有足够的带宽（$0.45\mu s$ 稳定至 0.001%，该值比 LSB 更小）、轨到轨输出（因此它可以在与转换器相同的 +5V 电压下运行，防止 ADC 过载）、准确和稳定的增益（$G=0.2$，最大温度系数 1ppm/℃），以及可接受的低失调和漂移（最大 $V_{os}<0.5mV$，最大温度系数为 $7\mu V/℃$）。

两个要点：第一，偏移和漂移规范是指输出（RTO），而不是输入。换句话说，输入偏移量要大 5 倍，即 ±2.5mV（最大值），同样对于漂移。这样的偏移并不小，16 位转换器的 LSB（以放大器的输入为基准）相当于 $2\times10.24V/2^{16}$，或 0.31mV，因此放大器的最坏情况偏移约为 8LSB。相比之

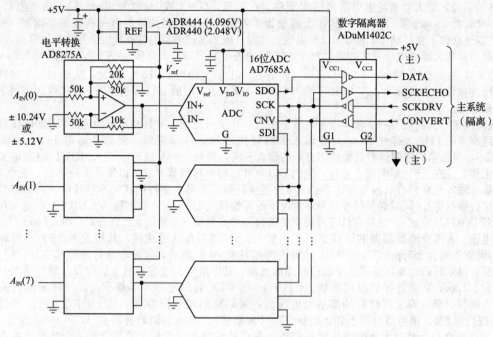

图 13.78　具有隔离的 SPI 串行输出端口的多通道并行逐次逼近 ADC

下，这种漂移就十分小：移动 1LSB，温度变化需要 45℃。因此，通道应在零输入（以及满量程输入）处进行校准。第二，非圆整基准电压（4.096V）之所以受欢迎，是因为它产生了一个整数转换增益，即在 11 位电平上精确到 10.0mV 的步长（读者可以认为在 16 位全电平上进一步进行 2^5 的细分）。另外，由于满量程范围扩展到 ±10.24V，因此可以使用 10.0V 基准电压来校准系统，而不需要将其驱动到超范围。

ADC　AD7685 是一款单电源 16 位逐次逼近转换器，其 SPI 串行输出的速度足以应付其最大 250ksps 的转换速率。SPI 接口允许与其他转换器进行菊花链连接，如图所示；串口允许采用 10 针小型封装。它具有良好的线性度和准确性，±3LSB（最大值）积分非线性，±0.3ppm/℃（典型值）增益漂移[⊖]。

基准　ADC 需要外部基准，该外部基准可设置正满量程范围。ADR440 系列 XFET 电压基准利用一对 JFET 的夹断电压，以巧妙的配置实现了低噪声和低漂移：1.8μVpp（典型值）和 3ppm/℃（最大值）。

串口隔离器　如果允许数字散列和地电流进入模拟端口，则系统会产生噪声。在这种情况下，通过 3 线接口，使用 ADuM1402C 4 通道隔离器可以轻松地实现完全电隔离。这个器件使用片上变压器耦合，速度高达 90Mbit/s。同时请注意 SPI 时钟信号的回读，这是必需的，因为通过隔离器的信号延迟（典型值为 27ns）与最大读出时钟速率（约 50Mbit/s）的时间相当，通过回送 ADC 接收到的 SCK，主系统可以看到与该回送时钟精确同步的输出数据。这仅在隔离器延迟时间在通道之间变化（偏斜）的范围内才是不准确的，对于该隔离器而言，2ns（最大值）的延迟时间是极大的。

集成的并行多通道 SAR 解决方案

为什么要建造它，何时可以购买？碰巧的是，Maxim 公司已经在芯片上集成了同步 8 通道 16 位逐次逼近 ADC 系统，其性能可与上一节相媲美：250ksps，＋5V 单电源，双极性转换范围（±5V），良好的精度和线性度（最大失调为 ±0.01％，典型失调温度系数为 ±2.4μV/℃，无丢失，最大积分非线性为 ±2LSB）。MAX11046 使用并行数据接口，带有独立的数字电源引脚，与低压微控制器兼容。该方案如图 13.79 所示。

⊖　这是一个电荷分配 ADC，有时建议在模拟输入上放置一个电容，并通过一个小电阻将其与驱动放大器隔离开，如图 13.37 所示，此处合适的选择是 2.7nF 和 33Ω。

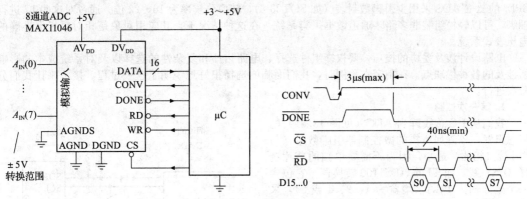

图 13.79　MAX11046 在单个芯片上集成了一个 8 通道并行逐次逼近 ADC

这部分以一个正电源供电却实现双极性输入电压范围是不寻常的[⊖]。一个 CONV 脉冲可在所有通道上同时启动转换。同时信号在 CONV 的上升沿采样，典型的时序偏斜为 0.1ns，转换在 3μs 之后完成，并作为 16 位并行字读出，每个 RD 脉冲使用一个通道，如图所示。

图 13.80 更详细地显示了片上的内容。模拟输入的钳位电压超出转换范围（即 ±5.3V）约 0.3V，但必须使用限流串联电阻以将钳位电流限制为 20mA。其使用一组快速（BW＝4MHz）跟踪保持电路捕获输入信号，然后是锁存 ADC 阵列和输出多路复用器。数字端口可通过 4 条低阶双向数据线进行一些配置：内部或外部基准、偏移二进制或二进制补码，以及单或连续转换模式。读者可以考虑向数字线路添加电隔离，但必须使用 21 个隔离通道且必须在 4 条低阶数据线 D3...D0（方向由 WR 设置）。

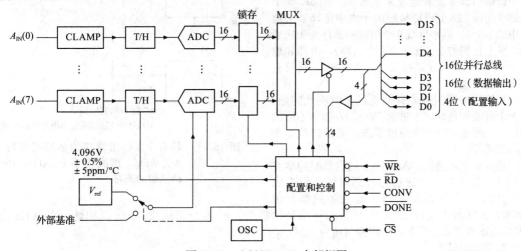

图 13.80　MAX11046 内部框图

正如人们可能在竞争激烈的硅片世界中所期望的那样，Maxim 在集成同时采样多通道 ADC 的道路上并不孤单。ADI 公司的 AD7608 提供 8 个 T/H 通道（跨越整个 ±10V 范围），多路复用到一个 18 位 ADC，能够在所有通道上实现 200ksps 的速度，并具有片上数字滤波器以及并行和串行输出。注意它们之间不同的方法：后者使用单个快速 ADC 转换在 8 个 T/H 上捕获的电平，而 Maxim 则使用 8 个 ADC。

13.12.3　并行多通道 Δ-Σ 数据采集系统

这是多通道同时采样系统的另一个示例，利用了 Δ-Σ 转换的优点：高精度、低成本以及对抗混叠滤波器极其宽松的要求（其滚降由更高的过采样频率决定）。具有集成 PGA 和串行输出（I²C 或

⊖　数据手册没有说明这是如何完成的，但很可能是片上电荷泵负电源发生器。很高的输入阻抗取代了以前的电压转换方案。

SPI）的 Δ-Σ ADC 采用少引脚数封装（如 SOT23-6），转换分辨率为 16～22 位。通过对这些 IC 进行捆绑，可以轻松组装非多路多通道数据采集系统，在这种情况下，其应用对象是相对缓慢但准确的电压表式系统。

电路设计涉及妥协的技巧，要权衡组件选择、电路拓扑和复杂性的选择以及对系统成本的影响所涉及的各种优缺点。在制定本示例时，我们面临的选择很好地说明了这一过程。接下来让我们分阶段进行。

1. 第一次试验

我们从 I²C 总线阵列 ADC（见图 13.81）的概念出发，该阵列所需的微控制器引脚数量（与 SPI 接口相比）最小，因为不需要单独的芯片选择（CS）线，如 TI 的 ADS1100 转换器。它包含一个差分输入 PGA（增益为 1、2、4 或 8），采用 +2.7～+5.5V（在 90μA 时）的单电源供电，以及一个内部时钟，并在以最低的 8 样本/秒的转换速率编码时能够保证 16 位转换而不会丢失数据。它的最大积分非线性（INL）为 0.013%，典型增益误差为 0.01%（正电源 V_{DD} 为基准，满量程为 $\pm V_{DD}/G$）。

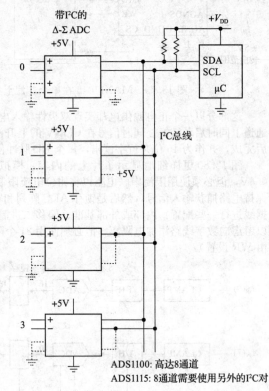

图 13.81 具有 I²C 输出端口的多通道并行 Δ-Σ ADC，虚线仅显示 ADS1115 转换器的连接

上述是好消息，但是也有坏消息：I²C 协议要求每个总线连接的设备都具有唯一的地址（可能有 128 个地址），这就是读者为没有单独芯片选择线的 2 线总线付出的代价。这通常是通过指定几个设备引脚来设置地址来实现的（例如，3 个引脚在全部 128 个可能地址的子集中选择 8 个地址中的 1 个）。但是只有 6 个引脚的部件则无法适用：算上它们的差分输入（2 个引脚）、电源和地（2 个引脚），以及 I²C 总线（2 个引脚），就没有引脚了！

ADS1100 通过预先分配地址来解决此问题，每 8 个可能的地址（十进制 72～79）都有不同的部件号。那么，对于 8 通道系统，必须订购 8 个不同的零件。

还有一个坏消息：ADS1100 的内部时钟精度很低（±20%）且无法选择外部时钟（没有引脚）。因此，无法使用采样率是工频的整数倍（例如，正好是 10 次转换/秒）的高采样率来抑制工频频率（60Hz 或 50Hz）。因此，在 50Hz 或 60Hz 的正常模式信号中，平均抑制约为 30dB。

2. 第二次试验

ADS1115 是同一制造商的零件，它采用 10 引脚封装，其中一个附加引脚允许一定程度的地址选择。同时它可以巧妙地选择地址：单个引脚根据是高电平、低电平还是连接到两个 I²C 串口线之一来设置四个地址之一（十进制 72～75）。这是对 6 针 ADS1100 的改进，但是只有 4 个 I²C 通道，读者必须使用第二个 I²C 通道才能获得 8 个输入通道。

还有就是第二个输入通道也可用于多路转换。但是我们希望在所有通道上同时进行转换，因此，如图所示，我们将第二个通道用于零位校准，读者可以在两次有效转换之间进行此操作。该芯片的其他一些不错的功能包括：它的工作电压为 +2.0～5.5V，PGA 范围很广（从 1 倍到 16 倍），转换范围也很广（8～860sps 的全 16 位分辨率），以及一个内部时钟和基准电压。

与 ADS1100 一样，内部时钟的精度也很低（±10%），因此，电源线抑制比仅为 30dB ⊖。同样，内部基准电压精度不高，并且无法选择外部基准，这被称为增益误差，其误差为 0.01%（典型值），

⊖ 读者需要在此处仔细阅读数据手册，它列出了在 50Hz 和 60Hz 时 105dB 的典型共模抑制，但没有列出正常模式（即差分）电力线信号的值。后面有一张图显示了大约 30dB 的值。

0.15%（最大值）。从另一个角度看，最低有效位（16 位分辨率）为 0.0015%（15ppm），因此最坏情况下的满量程误差对应 100LSB 步长。此外，增益漂移（温度系数）指定为 40ppm/℃（最大值），相当于 3LSB/℃。

3. 第三次试验

若是对这些选择不满意，我们接下来试用具有 SPI 数字接口的转换器，读者需要为每个转换器提供一条单独的片选线，而不是 I²C 的总线地址（见图 13.82）。

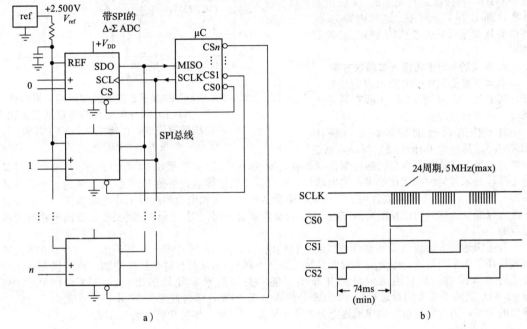

图 13.82　具有 SPI 输出端口的多通道并行 Δ-Σ ADC（例如 CS5512 或 MPC3551）。该时序图适用于 MCP3551 系列，对于该系列，CS 的第一个断言启动转换（在所有通道上同时进行），随后在 CS 重新置位期间由 SCLK 为后续的（单个通道的）串行数据读出提供时钟

我们看了很多候选器件，第一个是 Cirrus Logic 的 CS5512。这是一个采用 8 引脚 SOIC 的单电源（+5V）20 位 Δ-Σ 转换器。外部时钟源（标称值为 32.768kHz）对转换和 SPI 时钟进行计时。准确的时钟频率可用于正常模式的工频抑制，该芯片的数字滤波器配置了从 47Hz 到 63Hz 的 80dB（最小）陷波幅度，在 50Hz 和 60Hz 均具有约 90dB 的抑制能力。

该芯片还具有出色的线性度（最大为最大量程的 $\pm 0.0015\%$），并提供 20 位分辨率而没有数据丢失。它的典型失调电压和增益漂移分别为 $0.06\mu V/℃$ 和 1ppm/℃。

阶跃基准通常是个好功能（因为读者可以使用高质量的基准，其电压也可以设置模拟刻度）。想象一下，当我们阅读数据手册中的满量程模拟输入规格为 $V_{FS}=0.8V_{REF}$ 时，读者会感到惊讶。换句话说，这是一个高度线性且稳定的转换器，但转换增益误差达到 $\pm 10\%$。

4. 第四次试验

最终选用 Microchip（一家以微控制器而闻名的公司）的 MCP3551，它是采用 8 引脚 SOIC（或更小的 MSOP）的 22 位 Δ-Σ 转换器，具有准确的（$\pm 0.5\%$）内部时钟，可提供出色的工频抑制性能。同时它采用 $+2.7\sim +5.5V$ 单电源供电，耗电约 0.1mA。它需要一个外部基准电压源（与先前的转换器不同），该基准电压源可以准确地设置模拟比例因子且允许 12% 的超量程和欠量程输入，并通过两个附加数据位发出信号。它执行单周期转换时没有数字滤波器的建立时间，在此期间它还进行偏移和增益校准 ⊖。图 13.82 的时序图显示了同时进行多通道转换的方案，随后进行顺序数据读取。

⊖ 用数据手册的话来说，偏移和增益的自校准发生在每次转换的开始。通过这个过程，设备输出端可用的转换数据总是针对偏移和增益进行校准。这种偏移和增益自动校准是在内部执行的，对转换器的速度没有影响，因为偏移和增益误差在转换过程中是实时校准的。实时偏移和增益校准方案不会影响转换过程。

其规格令人印象深刻：22 位分辨率，无数据丢失，V_{os} 为 $\pm 12\mu V$（最大值），满量程误差为 $\pm 10ppm$（最大值），INL 为 6ppm（最大值），在 50Hz 和 60Hz 时的正常模式下的工频抑制为 85dB $\ominus$（典型值）（见图 13.83），典型的失调和增益漂移分别为 0.04ppm/℃ 和 0.028ppm/℃。我们唯一真正遗憾的是缺少 PGA，转换器需要完整的 22 位功能才能达到 1.2μV 分辨率，这与内置 16 位转换器且具有 64 倍增益的 PGA 的参数相同。

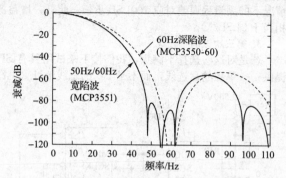

图 13.83 MCP3551 的数字滤波器经过配置，可创建覆盖 50Hz 和 60Hz 电力线频率以及更多频率范围的宽陷波。相比之下，MCP3550-60（或-50）配置为单个深陷波

5. 集成的并行多通道 Δ-Σ 解决方案

永远不要低估集成电路可以完成的工作，其中几个多通道 ADC 在所有通道上都具有同步转换功能。

对于相对低速的转换，可以使用 AD73360，其包含 6 个 16 位 64ksps Δ-Σ 转换器，每个转换器都有自己的可编程增益放大器（0～38dB）。它采用 28 引脚 SOIC 封装，同时具有可编程的采样时钟和优化的串行输出端口，可自动将数据传输到下游 DSP 芯片（多达 8 个级联转换器）。它的 6 个通道非常适合用于三相电机驱动器中的电压和电流测量或工业电源监控，但是需要系统内校准（±10% 的增益精度），并且通常与交流耦合一起使用（最坏的情况下，直流偏移约为满量程的 10%）。

真正快速的多通道 Δ-Σ 转换如何实现？我们设计以每秒仅 15 个样本的转换速率运行（AD73360 将其提高了三个数量级，但分辨率较低且精度有所下降）。如果要将这个任务增加一百万倍左右，则会变得异常困难。虽然困难但显然并非不可能：美国国家半导体的出色的 ADC12EU050（见图 13.84）集成了 8 个同时运行的 12 位差分输入 Δ-Σ ADC，运行速度为 50Msps。这就会产生数字输出的冲突，为此它在每个输出通道上分配了 LVDS 对，全工作时功耗约为 0.4W。

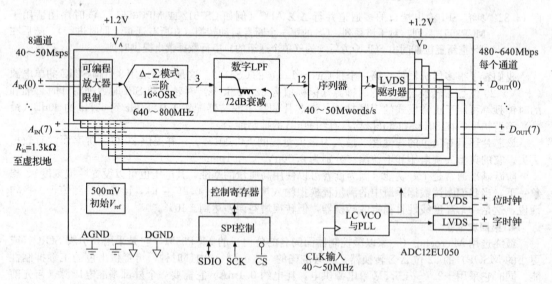

图 13.84 ADC12EU050 是一款快速的 8 通道 Δ-Σ 转换器，具有由三阶调制器生成的 3 位字流，其 PLL 包括一个片上 LC VCO，可从 40～50MHz 采样率时钟输入产生 16 倍过采样时钟

$\ominus$ 它们如何在两个频率上同时实现抑制？根据数据手册，数字抽取 SINC 滤波器已被修改，以便在其传递函数中提供交错零点。此修改旨在加宽主陷波，以便对振荡器偏差或线频率漂移不太敏感。MCP3551 滤波器具有交错的零点分布，以便同时抑制 50Hz 和 60Hz 的线路频率。对于单个电源线频率的最大抑制，使用 MCP3550-50 或-60，在相应频率下提供 120dB（典型值）的正常模式抑制，并再次使用了内部时钟。

13.13 锁相环

13.13.1 锁相环简介

锁相环（PLL）是一个使用模块，可以使用分立模块，通常也可以包含在更复杂的 IC 中。PLL 包含鉴相器、放大器和压控振荡器（VCO），并具有数字和模拟的混合（有时称为混合信号）。我们将在稍后讨论的几种应用是倍频和频率合成、时钟生成和时钟恢复、音频解码以及 AM、FM 和数字调制信号的解调。

过去，人们不愿使用 PLL，部分原因是分立 PLL 电路的复杂性，另一部分原因是无法依靠它们来可靠地工作。随着廉价且易于使用的 PLL 现已广泛普及，使得接受它们的第一个障碍已经消失。通过适当的设计应用，PLL 与运算放大器或触发器一样，已然成为可靠的电路器件。

图 13.85 显示了典型的 PLL 配置。鉴相器用来比较两个输入频率，生成一个输出，以测量它们的相位差（例如，如果它们的频率不同，则以差频给出周期性的输出）。如果 f_{in} 不等于 f_{VCO}，则相位误差信号经过滤波和放大后，会导致 VCO 频率朝 f_{in} 方向偏移；如果条件合适，则 VCO 将迅速锁定到 f_{in}，与输入信号保持固定的相位关系。

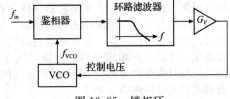

图 13.85 锁相环

以前，鉴相器的滤波输出是直流信号，VCO 的控制输入是输入频率的量度，在音频解码（有时通过电话线使用）和 FM 解调中较为常用。VCO 输出频率由本地产生且等于 f_{in}，因此提供了准确的 f_{in} 副本，其本身可能会有噪声。由于 VCO 输出可以是三角波、正弦波或任何其他形式，因此这提供了一种生成正弦波（例如锁定到输入脉冲序列）的好方法。

PLL 最常见的应用之一即在 VCO 输出和鉴相器之间接一个模 n 计数器，从而生成输入基准频率 f_{in} 的倍数。这是一种理想的方法，用于以倍数电源线频率生成时钟脉冲给积分式 ADC（双斜率，电荷平衡），以便抑制工频频率及其谐波的干扰。它还作为频率合成器的基本技术。

13.13.2 PLL 组件

1. 鉴相器

让我们从鉴相器（PD）开始介绍。有两种基本类型，有时也称为 I 型和 II 型。

I 型鉴相器适用于模拟或数字输入信号，并对输入进行简单的乘法运算。对于数字信号，这只是一个异或门（见图 13.86）。使用低通滤波，对于占空比为 50% 的输入方波，输出电压与相位差的关系曲线如图所示，它是一个斜坡。对于模拟信号，I 型线性鉴相器是真正的模拟乘法器（称为四象限乘法器或平衡混频器），具有与数字 XOR 鉴相器类似的输出电压与相位特性。这种高度线性的鉴相器对于同步检测（也称为锁定检测）至关重要。

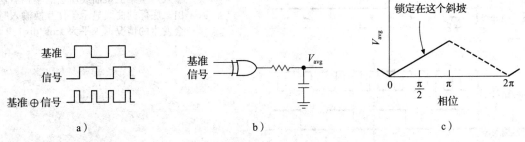

图 13.86 异或门鉴相器（I 型）

另外，II 型鉴相器是纯数字器件，由数字边沿驱动。它仅对信号和 VCO 输入之间的边沿相对时序敏感，如图 13.87 所示。相位比较器电路产生超前或滞后的输出脉冲，其依据是 VCO 输出信号的变化是发生在基准信号变化之前还是之后。如图所示，这些脉冲的宽度等于各个边沿之间的时间。然后，输出电路吸收这些脉冲期间分别产生的电流，以产生平均输出电压与相位差，否则输出电路开路，如图 13.88 所示。与 I 型鉴相器的情况不同，它与输入信号的占空比没什么关系。

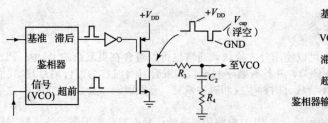

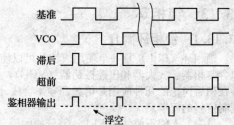

图 13.87 边缘敏感的超前-滞后鉴相器（Ⅱ型）

该鉴相器的另一个功能是当两个信号锁定时，输出脉冲将完全消失。这意味着与Ⅰ型鉴相器一样，在环路中的输出端不存在"纹波"以产生周期性的相位调制。尽管我们对Ⅱ型赞不绝口，但需要指出的是，它具有出色特性，可以产生平均的直流输出，从而指示频率误差的正负（见图 13.89～图 13.91）。因此，有时将其称为相位-频率检测器（PFD）。接下来我们将看到如何确保快速锁定 PLL。

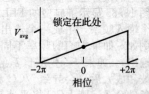

图 13.88　Ⅱ型鉴相器输出

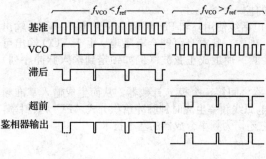

图 13.89　Ⅱ型鉴相器产生的平均直流输出指示频率误差的符号

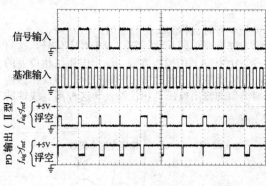

图 13.90　来自以严重失配频率驱动的Ⅱ型鉴相器的测量波形。当驱动一个浮空为＋2.5V 的 10kΩ-10kΩ 电阻分压器时，所示的 1kHz 信号输入和 πkHz 基准输入产生第三条曲线所示的鉴相器输出。底部的曲线显示了在互换输入时会发生的情况。水平为 1ms/div

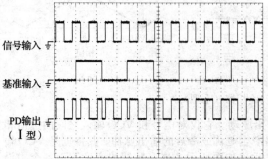

图 13.91　相比之下，具有图 13.90 的信号频率和基准频率的Ⅰ型（XOR）鉴相器会产生轨对轨输出，其直流平均电压为 $V_{DD}/2$。水平为 0.4ms/div

经典的 74HC4046 PLL（包括振荡器和鉴相器）是用来比较的很好的选择（它同时包含两种鉴相器）。以下是两种基本类型的鉴相器的属性比较。

参数	Ⅰ型（异或门）	Ⅱ型（边缘触发）
输入占空比	最好50%	无所谓
是否锁定到谐波	是	否
抗噪声	优	差
残留纹波置 $2f_{in}$	高	低
锁定范围（L）	整个 VCO 电压范围	整个 VCO 电压范围
捕获范围	fL（$f<1$）	L
不锁定时的输出频率	f_{center}	f_{min}

　　两种鉴相器之间存在额外的区别。Ⅰ型鉴相器始终会产生输出波，然后必须由环路滤波器对其进行滤波（稍后将对此进行详细介绍）。因此，在具有Ⅰ型鉴相器的 PLL 中，环路滤波器充当低通滤波器，从而平滑全摆幅逻辑输出信号。Ⅰ型鉴相器总会残留纹波，并具有随之而来的周期性相位变化。因此在使用 PLL 进行倍频或合成的电路中，我们会在输出信号上添加相位调制边带。

　　相比之下，Ⅱ型鉴相器仅在基准信号和 VCO 信号之间存在相位误差时才产生输出脉冲。由于鉴相器的输出有时看起来像是开路，因此环路滤波器电容器将充当电压存储设备，并保持给出正确VCO 频率的电压。如果基准信号的频率偏离，则鉴相器会产生一串短脉冲，将电容器充电（或放电），使 VCO 重新锁定至新电压。因此它是一个相位误差积分器。

死区和反冲　早期使用Ⅱ型鉴相器的 PLL 存在一个老大难问题，就是存在死区，即在接近零相位误差的情况下，相位脉冲逐渐消失，因此此电路趋于"振荡"（反弹）并产生相位调制和抖动。鉴相器输出端的容性负载效应加剧了这种情况。在需要纯净信号的应用中（例如手机、通信接收器或 RF 频率合成器中的合成振荡器），这以前是（现在也是）一个严重的问题。现在几乎普遍采用的解决方案是在信源和信宿输出脉冲间故意引入重叠。为此，读者需要重新配置鉴相器以产生电流脉冲（而不是电压脉冲）。

　　图 13.92 显示了此操作的工作流程。电流源或电流吸收器在被比较信号的第一个上升沿（分别是基准信号或信号）被激活，但是直到互补信号之后的电流源完全打开一小段时间才被关闭。这种"防反冲"电路可确保输出脉冲永不消失。当两个信号完全同相（环路被锁定）时，电流脉冲很短（对于 74HCT9046，这是经典'4046 的改进版本，约为 15ns），并且符号相反，因此它们相互抵消（见图 13.93）。若远离锁定状态，则很小的相位差就会产生不平衡的电流脉冲。零相位邻域内的线性特性解决了这个问题，在这里容性负载不会造成麻烦，因为它就像一个完美的积分器。

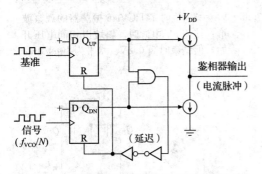

图 13.92　改进的Ⅱ型鉴相器（此处显示的是'9046 版本），用电流源代替了开关，并通过故意使相位脉冲重叠来防止死区和反冲

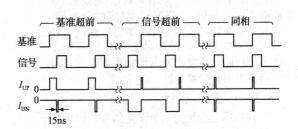

图 13.93　图 13.92 的鉴相器的电流脉冲（拉电流和灌电流），15ns 脉冲由防反冲电路产生

　　如果需要的话，还有一种解决偏移问题的简单方案，就是在环路滤波器电容（图 13.87 中的 C_2）两端放置一个大电阻，这会使环路偏离死区。折中一下考虑，这就是引入一个不需要精确计算的非零相移，这样至少消除了抖动。

2. VCO

　　PLL 的主要组成部分是振荡器，其频率可以由鉴相器输出控制。我们在《电子学的艺术》（原书第 3 版）（上册）的第 7 章中讨论了 VCO，在 PLL 设计示例中，我们将再次看到它们。现在，让我们看一下使用在'4046 及其后续产品中简单的 RC 压控振荡器（见图 13.94）。

操作很简单，触发器的输出将外部定时电容器 C_1 的一侧保持接地（通过 NMOS 开关），而将充电电流 I_{osc} 耦合到另一侧（通过 PMOS 开关）。当上升电压达到反向器的阈值（约 +1.1V）时，该周期反向。图 13.95 显示了使用 +3.3V 供电的 74HC4046 的测量波形，其中 $C_1 = 10nF$，$I_{osc} = 0.85mA$。注意，每个周期均始于 -0.7V 左右，当高端切换至地时，钳位在低于地的二极管压降。

在 PLL 中，通常希望限制振荡器的调谐范围，以覆盖以频率为中心的适度频率范围所需的输出频率。例如，FM 收音机中的 PLL 需要在大约 100MHz 的中心频率附近跨越 ±10MHz。稍后我们将看到一些示例，其中该范围可以缩小至 ±0.01%（压控晶体振荡器）。通过一对电阻，'4046 中的振荡器就可以很简单地适应这种情况（见图 13.96），R_1 设置跨度（$f_{max} - f_{min}$），R_2 设置最小频率。在该电路中，Q_1 是一个可编程的电流吸收器，它反射 PMOS 镜像电流，从而产生充电电流 I_{osc}。

我们将很快看到具有和不具有片上集成振荡器的其他 PLL。不过，首先我们希望使用'4046 来尝试进行 PLL 设计。但是请注意，不必限制 PLL（及其 VCO）为数十 MHz，实际上，可以说世界上大多数 PLL 都使用数百至数千 MHz 的频率，在这些频率下，不需要使用 RC 振荡器，而使用 LC 电路（通过电压可变电容器进行调谐），或通过调整工作电流（逆变器链）对环形振荡器调谐（一串逆变器），或更多不常用的技术，例如表面声波（SAW）延迟线振荡器或由硅微机电系统（MEMS）制成的谐振器。锁相环中使用的 VCO 的频率与控制电压特性不必高度线性，但如果它是高度非线性的，则环路增益将根据信号频率而变化，最终会损害回路的稳定性。

13.13.3 PLL 设计

鉴相器会给我们一个误差信号，该误差信号与信号和基准输入之间的相位差有关。VCO 允许我们通过电压输入来控制其频率，可以像任何其他反馈放大器一样对待 VCO，即以某些增益闭合环路，就像我们对运算放大器电路所做的那样。

但是，有一个本质区别。以前，通过反馈调整的量与为生成误差信号而测得的量相同，或至少成比例。例如，在电压放大器中，我们测量了输出电压并相应地调整了输入电压。但是在 PLL 中有一个积分环节，我们测量相位，但调整的是频率，而相位是

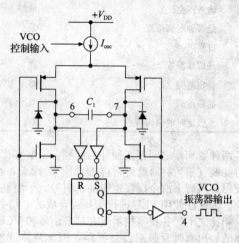

图 13.94 经典'4046 PLL 中使用的 RC 压控振荡器。输出频率大约与受控电流 I_{osc} 成正比，受控电流 I_{osc} 通过 PMOS 开关为外部电容器 C_1 交替充电

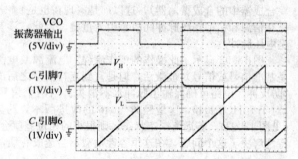

图 13.95 $V_{CC} = 3.3V$ 时 74HC4046 振荡器的观察波形；使用 5V 电源时，斜坡以相同电压开始，但结束时高 0.2V。水平为 $10\mu s/div$

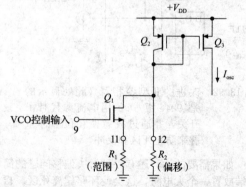

图 13.96 外部电阻器设置经典高压 CD4046 VCO 中以接地为基准的编程电压的范围和偏移。74HC4046 类型使用运算放大器来更严格地控制 R_1 和 R_2 电流

频率的积分,这在环路中引入了 90°滞后相移。

反馈环路中包含的该积分器具有重要的意义,因为在环路增益为 1 的频率上额外的 90°滞后相移会产生振荡。一种简单的解决方案是,至少在环路增益接近单位的频率上,避免在环路内出现任何进一步的滞后分量。毕竟,运算放大器在大多数频率范围内都有 90°的滞后相移,并且工作得很好。上述是一种方法,它会产生所谓的一阶环路,看起来就像前面显示的 PLL 框图,省略了低通滤波器。

虽然一阶环路在许多情况下很有用,但它们不具备"惯性轮"的理想特性,无法使 VCO 消除噪声或平滑输入信号的波动。此外,由于鉴相器输出直接驱动 VCO,因此一阶环路将不会在基准信号和 VCO 信号之间保持固定的相位关系。二阶环路在反馈环路中具有附加的低通滤波(如前所述),经过精心设计以保持稳定,此时就提供了惯性轮操作,还减小了捕获范围并增加了捕获时间。此外,对于 II 型鉴相器,二阶环路可确保在基准电压和 VCO 之间具有零相位差的锁相,这将在后面解释。二阶环路被普遍使用,因为 PLL 的应用通常要求输出频率具有低相位噪声和一些"记忆"或惯性轮作用。二阶环路允许在低频下获得高环路增益,从而获得很高的稳定性(类似反馈放大器中高环路增益的优点)。接下来让我们直面问题,通过设计示例说明锁相环的使用。

13.13.4 设计示例:倍频器

产生输入频率的固定倍数是 PLL 最常见的应用之一,这是在频率合成器中完成的,它能生成稳定的低频基准信号(例如 1Hz)的整数 n 倍作为输出,n 可以通过数字接口轻松控制,以提供灵活的信号源。更普通的应用可以使用 PLL 生成时钟频率,该时钟频率锁定为仪器中已有的其他基准频率。例如,假设我们要为双斜率 ADC 生成 61.440kHz 的时钟信号。频率的这种特定选择允许每秒进行 7.5 个测量周期,从而允许 4096 个时钟周期用于斜坡上升(请记住,双斜坡转换使用恒定的时间间隔),4096 个计数则用于恒定电流斜坡下降。PLL 方案的独特优点在于可以将 61.440kHz 时钟锁定到 60Hz 电源线频率(61 440 = 60×1024),从而抑制任何输入到转换器的信号上存在的 60Hz 工频噪声。

我们从标准的 PLL 方法开始,在 VCO 输出和鉴相器之间添加一个 n 分频计数器(见图 13.97)。在此图中,我们指出了环路中每个功能的增益单位,这对于我们的稳定性计算很重要。特别要注意的是,鉴相器将相位转换为电压,而 VCO 将电压转换为相位关于时间的导数(即频率)。重要的结论是,VCO 实际上是一个积分器,相位表示频率曲线下方的面积。固定的输入电压误差会导致 VCO 输出产生线性上升的相位误差。低通滤波器和 n 分频计数器均为无单位增益。

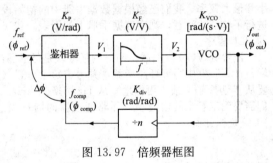

图 13.97 倍频器框图

1. 稳定性和相移

图 13.98 中环路增益的伯德图显示了稳定二阶 PLL 的技巧。VCO 充当积分器,具有 $1/f$ 响应和 90°滞后相移(即电流源驱动电容响应与 $1/\mathrm{j}\omega$ 成正比)。为了获得可观的相位裕度(180°和单位环路增益频率下环路周围的相移之间的差),低通滤波器具有一个与电容串联的附加电阻,以在某个频

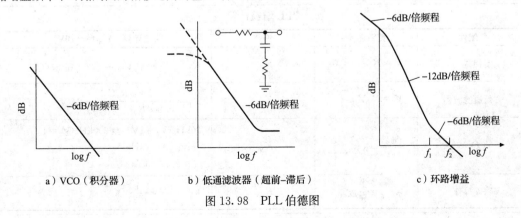

a) VCO(积分器)　　　b) 低通滤波器(超前–滞后)　　　c) 环路增益

图 13.98　PLL 伯德图

率下停止滚降。这两个响应的组合产生所示的环路增益，只要环路增益在单位环路增益附近以 6dB/倍频程衰减，环路将保持稳定，如果正确选择其特性，超前-滞后低通滤波器就可以解决问题（这与运算放大器中的超前-滞后补偿相同）。接下来，我们将看到它是如何完成的。

2. 环路增益计算

图 13.99 显示了 61.440kHz PLL 合成器的原理图。鉴相器和 VCO 都是 HC4046 CMOS PLL 的一部分。我们在该电路中使用了边沿触发（II 型）鉴相器，其输出来自一对 CMOS 晶体管，它们产生饱和脉冲至 V_{DD} 或地。如前所述，它实际上是三态输出，因为除了在实际的相位误差脉冲期间，它均处于高阻抗状态。

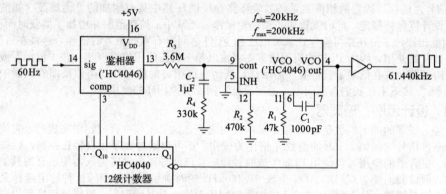

图 13.99　使用 PLL 乘法器来生成锁定到 60Hz 交流线路的时钟，
器件参数适用于 TI 的 CD74HC4046A

根据一些设计图，通过选择 R_1、R_2 和 C_1，VCO 允许分别设置与零和 V_{DD} 控制电压相对应的最小和最大频率。我们已经根据数据手册中的初始设计做出了如图所示的选择，并通过一些基准测试进行了验证。注意，观察数据手册上的图表，'4046 具有严重慢性电源敏感问题，其余的环路是标准的 PLL 程序。

配置好 VCO 范围后，剩下的任务就是低通滤波器的设计。这部分至关重要。我们首先在 "PLL增益计算" 框中写下环路增益，并考虑每个分量（见图 13.97）。这里要特别注意单位保持一致，不要从 f 切换到 ω 或（更糟地）从 Hz 切换到 kHz。在选择了振荡器组件、分频比和电源电压后，我们需要确定剩余的增益项（环路滤波器的增益项）K_F。为此，我们要记录整个环路增益，并记住 VCO 是积分器：

$$\phi_{out} = \int V_2 K_{VCO} \, dt$$

因此，环路增益为

$$环路增益 = K_P K_F \frac{K_{VCO}}{j\omega} K_{div}$$

$$= 0.40 \times \frac{1 + j\omega R_4 C_2}{1 + j\omega(R_3 C_2 + R_4 C_2)} \times \frac{2.26 \times 10^5}{j\omega} \times \frac{1}{1024}$$

PLL 增益计算			
组件	传输函数	增益	增益计算 $(V_{DD} = +10V)$
鉴相器	$V_i = K_P \Delta\phi$	K_P	$K_P = \dfrac{V_{DD}}{4\pi}$（0 到 $V_{DD} \leftrightarrow -360°$ 到 $+360°$）
低通滤波器	$V_2 = K_F V_1$	K_F	$K_F = \dfrac{1 + j\omega R_4 C_2}{1 + j\omega(R_3 C_2 + R_4 C_2)}$ V/V
VCO	$\dfrac{d\phi_{out}}{dt} = K_{VCO} V_2$	K_{VCO}	20kHz$(V_2 = 1V)$ 至 200kHz$(V_2 = 4V)$ $\rightarrow K_{VCO} = 60$kHz/V $= 3.77 \times 10^5$ rad/(s·V)
除 n 操作	$\phi_{comp} = \dfrac{1}{n}\phi_{out}$	K_{div}	$K_{div} = \dfrac{1}{n} = \dfrac{1}{1024}$

现在，需要选择能使环路增益为 1 的频率点。思路就是选择一个足够高的单位增益频率，以使环路可以跟随输入频率变化，但该频率又要足够低，确保提供惯性轮作用，消除噪声并在输入频率中跳变。例如，设计用于解调 FM 输入信号或解码快速输入音序列的 PLL 需要具有快速响应，对于FM 输入信号，环路应具有与输入信号一样大的带宽，即响应达到最大调制频率，在解码输入音调时，其响应时间必须比音调的持续时间短。另外，设计生成稳定且缓慢变化的固定倍数的输入频率的此类环路，应具有较低的单位增益频率。这将减少输出端的相位噪声，并使 PLL 对输入端的噪声和毛刺不敏感，甚至几乎不会注意到输入信号的短时丢失，因为滤波电容器上的电压将指示 VCO 继续产生相同的输出频率。

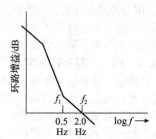

图 13.100　稳定二阶 PLL，在单位增益频率附近，环路增益为 −6dB/倍频程衰减

在这种情况下，我们选择单位增益频率 f_2 为 2Hz 或 12.6rad/s。这远低于基准频率，最好不要使工频变化幅度小于此范围（请记住，60Hz 的功率是由具有大量机械惯性的大型发电机产生的）。根据经验，低通滤波器的截止频率应降低至少 3~5 个因子，以获得较好的相位裕度。请记住，在 −3dB 频率点（其极点）的 0.1~10 倍频率范围内，简单 RC 电路的相移在 0°~90° 之间，在 −3dB 频率点的相移为 45°。在这种情况下，我们将零频率 f_1 设置为 0.5Hz 或 3.1rad/s（见图 13.100）。断点 f_1 确定时间常数 $R_4C_2 = 1/2\pi f_1$。暂时取 $C_2 = 1\mu F$ 和 $R_4 = 330k\Omega$。现在，我们要做的就是选择 R_3，以使环路增益的幅度在 f_2 时等于 1。在这种情况下，$R_3 = 3.6M\Omega$。

练习 13.7　证明这些选择的滤波器组件实际上在 $f_2 = 2.0$Hz 时具有 1.0 的环路增益。

有时滤波器参数不合适，因此必须重新调整它们，或稍微移动单位增益频率。对于 CMOS 锁相环，这些值是可以接受的（VCO 输入端子的典型输入阻抗为 $10^{12}\Omega$）。对于具有低输入阻抗的 VCO，可能需要使用外部运算放大器缓冲器。

由于此电路示例简化了环路滤波器，因此在此电路示例中使用了边沿触发（Ⅱ型）鉴相器。实际上，由于 60Hz 信号上存在相对较高的噪声，因此对于锁定至 60Hz 工频的 PLL 而言，这不是最佳选择：许多工程师在这一点上迷失了方向，有噪声的基准信号导致了错误的Ⅱ型触发。经过精心设计的模拟输入电路（例如低通滤波器后接施密特触发器）使得Ⅱ型鉴相器的性能令人满意；否则，应使用异或（Ⅰ型）鉴相器。

3. 试一试

对于某些人来说，电子技术就是摆弄滤波器组件的值，直到起作用为止。如果读者是其中之一，我们将以另一种方式要求读者。我们之所以详细介绍这些环路计算，是因为我们怀疑 PLL 的不良声誉很大程度上是由于太多人"另辟蹊径"造成的。不过，我们不能不为疯狂尝试的人进行一些提示：R_3C_2 设置环路的平滑（响应）时间，R_4/R_3 确定阻尼，即频率阶跃变化是否没有过冲。读者可能以 R_4 的值开始，取值介于 R_3 的 10% 到 20% 之间。

4. 环路阻尼和抖动

非零阻尼电阻器 R_4 的副作用是在 PLL 输出中产生了一些抖动。一种简单的观察方法是，即使在高频下，环路滤波器也允许原始鉴相器输出的一部分 $R_4/(R_3+R_4)$ 到达 VCO。对于典型的比率 $R_3 \approx 10R_4$，这会给 VCO 输出增加很多抖动。通常的解决方案是在 VCO 控制输入端与地之间增加一个小电容（约 $C_2/20$），最好靠近 VCO 引脚以滤除高频噪声。

5. PLL 实际设计

我们以这个设计示例为例，确信所选择的 IC（流行的 HC4046）的数据手册中的信息是可靠的。为了让大家对此警告部分有所了解，下面是图 13.99 中我们进行的振荡器组件的选择流程。

我们希望 61kHz 中心频率有 3 倍的安全裕度，因此我们设置 $f_{min} = 20$kHz 以及 $f_{max} = 200$kHz。我们选择 TI 的 CD74HC4046A 是因为它是 RCA 经过时间验证的原始设计组件。根据数据手册的设计图，定时电容器 C_1 的标定值为 1000pF。对于定时电阻，我们中的一个人从 R_1 开始，得出 R_1 和 R_2 分别为 30kΩ 和 300kΩ，并据此进行了配置。另一位作者从 R_2 开始（这是两个制造商的建议，但应该没关系），得出 40kΩ 和 410kΩ。我们担心这些和其他会产生不一致的情况（例如，TI 数据手册中的规格给出了 $f_{osc} = 400$kHz 的典型值，对于 $C_1 = 1$nF 和 $R_2 = 220$kΩ，建议更应该是 33kHz），因此我们来到工作台上，发现对于所需频率范围的实际值为 45kΩ 和 482kΩ。尽管与实际情况相差 1.5 倍，但它们会用掉我们 3 倍安全裕度的一半。

那么，这是怎么回事？每个 HC4046 器件的 VCO 设计[⊖] 使用了不同的电路。尽管设计上 VCO 控制是可预测的和线性的，但实际上它是非线性的，其参数随控制电流、电源电压和工作频率（尤其是 10MHz 以上）而变化。尽管可以找到 VCO 频率的解析表达式，但推荐的方法仍然是从数据手册图表中的时序分量值（R_1、R_2 和 C_1）开始。然后建议设计者在投入生产之前，先通过仔细的实验测量来调整和验证这些值。

这种可变性和缺乏自信的可预测性使我们提出以下建议：

1）为读者的生产设计选择一家制造商，并且不允许存在替代品。

2）为 f_{min} 和 f_{max} 选择较宽的安全裕度，例如图 13.99 中的 3 倍因子。

3）用测得的基准值代替最初手册中给出的计算值进行生产。

第 1 条适用于逻辑 IC 中的任何线性功能，例如混合信号功能（如相位比较器、振荡器、VCO、混频器、施密特触发器、单稳态或比较器等）。

13.13.5　PLL 捕获和锁定

一旦锁定，只要输入频率不徘徊在反馈信号范围之外，并且 PLL 的变化速度不会超过环路带宽的跟踪速度，PLL 就会保持锁定状态。一个值得思考的问题是，PLL 如何首先锁定。毕竟，初始频率误差会导致鉴相器以差频的形式进行周期性输出。经过低通滤波器滤波后，它被减小为小幅度摆动，而不是一个干净的直流误差信号。

1. 捕获瞬态

其中的答案有点复杂。一阶环路将始终锁定，因为误差信号没有低通衰减。根据鉴相器的类型和低通滤波器的带通，二阶环路可能会锁定也可能不会锁定。此外，异或（I 型）鉴相器的捕获范围有限，这取决于滤波器的时间常数（如果想要一个仅在特定频率范围内锁定信号的锁相环，则可以利用这一事实）。

对于 I 型鉴相器，读者可能会想知道环路如何完全锁定，因为在鉴相器的输出以差频为周期性的情况下，VCO 的频率应该永远来回摆动。但是更仔细地观察，捕获瞬态过程如下：当（相位）误差信号使 VCO 频率更接近基准频率时，误差信号波形变化得更慢，反之亦然。因此，误差信号是非对称的，在 f_{VCO} 接近 f_{ref} 的那部分周期内变化较慢。最终结果是非零平均值，即最终使 PLL 锁定的直流分量[⊖]。如果在捕获暂态过程中仔细测量 VCO 控制电压，将会看到类似图 13.101 的内容。最终的超调有一个有趣的原因，即使 VCO 频率达到正确的值（如正确的 VCO 控制电压所示），由于相位可能不正确，环路也不一定处于锁定状态，因此可能会过冲，每个捕捉瞬态都是一个个体，使得每次看起来都有些不同。

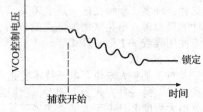

图 13.101　PLL 捕获瞬态

对于带有 II 型鉴相器的 PLL，情况要简单得多，因为这种鉴相器产生指示频率误差方向的直流分量（称为鉴频-鉴相器），所以 VCO 的频率能够快速锁定到正确的方向。

2. 捕获和锁定范围

对于异或（I 型）鉴相器，捕获范围受到低通滤波器时间常数的限制。这是有道理的，因为如果十分远离频率，误差信号将被滤波器衰减太多，以至于环路永远不会锁定。显然，较长的滤波时间常数会导致捕获范围变窄，环路增益也会降低。边沿触发的鉴相器则没有此限制，因为它的作用就像是相位误差电荷脉冲的积分器。给定可用的控制输入电压，这两种类型的锁定范围都可以扩展到 VCO 的极限。

3. 捕获时间

使用 II 型（集成）鉴相器的 PLL 将始终锁定（当然，假设 VCO 具有足够的调谐范围），并且具有环路带宽的时间常数特性。

如果是 I 型（乘法器或混频器）鉴相器，后面加上积分环路滤波器，也会锁定，但如果环路带

⊖　例如，TI 将 R_2 从 $V_{DD}-0.7V$ 偏置，而 ON Semi 将其从 $V_{DD}/3$ 偏置。它们的镜像电流源的标称增益分别为 7.5 和 25。我们认为 NXP 的 74HCT9046 可以说是目前使用最好的 '4046 零件，并且 NXP 数据手册中的图表更好理解。

⊖　另一种看待它的方式是认识到误差信号以差频 $\Delta f=|f_{ref}-f_{VCO}|$ 弱调 VCO。该频率调制将弱对称边带置于 f_{VCO} 上，相隔 Δf。其中之一恰好是 f_{VCO}，从鉴相器产生平均 dc 输出分量，环路滤波器对其进行积分（II 型）以将系统锁定。

宽很窄，则可能会花费很长时间。可以看出，锁定时间大约为 $(\Delta f)^2/BW^3$，其中 Δf 为初始频率误差，BW 为环路带宽。因此，如果 VCO 的初始频率距离锁定具有 10% 的偏移，那么具有 $100\mathrm{Hz}$ 环路带宽和 $100\mathrm{kHz}$ 比较频率的 PLL 可能需要一分钟才能锁定。

在这种情况下，有时会使用一个小技巧：将缓慢的全范围锯齿施加到解锁环路的 VCO 控制电压上，直到发生锁定为止。例如，作者手中有一个 Efratom 模型 FRS 铷的频率标准，该标准使用了光泵浦蒸气室中的微弱但极其稳定的原子共振作为高质量晶体振荡器被锁相的基准。$20\mathrm{MHz}$ 恒温晶体振荡器（XO）受电压控制（VCXO），调谐范围窄（$\pm1\mathrm{kHz}$ 量级），它是低带宽 PLL 中的惯性轮（环路积分器的 $R = 2\mathrm{M\Omega}$，$C = 1\mu\mathrm{F}$）。

没有一些外部干扰，它将永远被锁定。工作手册解释了它们的工作方式：当没有锁定信号时，晶体控制电压大约每秒降低 $250\mathrm{mV}$。之后将继续进行扫描，直到发生锁定为止。然后，锁定通过断开 U_3 引脚 13 和 14 并连接 U_3 引脚 12 和 14 并禁用扫描电路。此开关电路将积分器置于基本环路控制之下。

如上所述，由于 II 型鉴相器既可以指示相位也可以指示频率差，因此不需要使用这种方法。但是无源混频器型鉴相器（I 型）在非常高的射频通信系统中很普遍，而数字鉴频器是不合适的。

13.13.6 PLL 应用

我们已经介绍过锁相环普遍使用在倍频中。就像前面的示例一样，之后的一个应用是比较简单的，以至于不用犹豫地去使用这些 PLL。在简单的倍频应用中（例如，在数字系统中生成更高的时钟频率），基准信号上甚至没有任何噪声问题，因此使用一阶环路就足够了。

显而易见，在 PLL 中关心的内容取决于应用：在宽调谐范围、高质量传输（低相位噪声、低抖动、低杂散频率分量）、频率步长、环路带宽（和切换速度）以及较低的外部组件数量之间存在权衡。例如，对于微处理器或存储器时钟应用，不需要高质量的波形，而仅需要粗略的调谐；对于手机合成器，需要低相位噪声和杂散，调整范围和步长与手机频段和信道匹配；对于通用正弦波合成器，需要低相位噪声和杂散、小的调谐步长和宽泛的调谐范围；对于高速串行链路，需要关心抖动，就像为高质量 ADC 计时一样（抖动会转化为失真）；对于主板时钟发生器，需要单芯片解决方案，该解决方案可以生成一组标准时钟用于处理器、内存、视频、内部总线（例如 PCIe 和 SATA）和外部串口（例如 USB 和以太网等），而不需要担心信号质量。

现在，我们要介绍在此基本倍频方案上的两个重要变体应用（称为"n/m"和"分数 n"合成）之后，我们将继续进行锁相技术的其他一些有趣应用，以了解 PLL 使用的多样性。最后，我们以现代 PLL IC 的示例结束对锁相环的讨论，该示例使用各种巧妙的技巧来创建高性能的片上振荡器。

1. 分数 n 合成

图 13.97 的倍频方案生成的输出频率被限制为基准输入的整数倍：$f_{\mathrm{out}} = n \cdot f_{\mathrm{ref}}$。这适用于图 13.99 所示的应用，但是对于通用正弦波合成器之类的应用来说，它并没有太多用处，在该应用中，若想生成任意输出频率，也许可以将其设置为 1Hz，甚至 0.001Hz。

输入预定标器 分几步进行操作（见图 13.102a），可能要做的第一件事就是将基准频率降低至分辨率步长，例如 1Hz。这可以通过使用模数 r 计数器对基准输入频率进行"预缩放"来实现：r 是一个

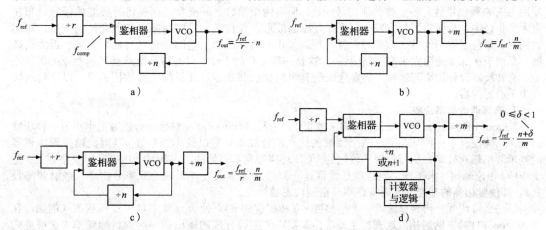

图 13.102 求分数 n。a)~c) 带输入预定标器、输出定标器和两者都有的的整数 n；d) 分数 n 允许反馈分频器有效地采用非整数值。为简单起见，已省略了鉴相器和 VCO 之间的环路滤波器

整数，选择该值以使 $f_{comp} = f_{ref}/r$ 等于所需的步长，例如如果我们有一个 10MHz 的输入基准（一个通用标准），并且希望设置分辨率为 1Hz，则可以选择 $r = 10^7$。输出频率为 $f_{out} = n \cdot f_{ref}/r$。

但是，鉴相器现在正在处理的是一对 1Hz 信号，这需要非常长的环路时间常数（几秒）。因此这种情况具有缺陷，锁定新的频率设置需要花费很长时间，并且存在更多的相位噪声，因为 VCO 的固有不稳定性无法在短时间内进行校正（在这些频率下无环路增益），并且鉴相器对 VCO 的校正脉冲处于低频，从而会产生杂散调制边带（杂散），这些杂散边带的频率接近所需的输出频率（准确地说，它们是通过 f_{comp} 隔开的，在 f_{out} 处上下移动）。

输出定标器　接下来，读者可能想要尝试输入较高的基准频率，并对输出频率进行分频（见图 13.102b）。现在输出频率为 $f_{out} = f_{ref} \cdot n/m$，因此我们可以保持足够的环路带宽（因为鉴相器工作在高频 f_{ref} 上），并且可以通过选择较大的输出分频器模数 m 来获得所需的步长。

只要读者对低输出频率感到满意，此方法就可以正常工作。但是问题在于 VCO 现在必须以高出分辨率步长 m 倍的频率运行才能生成给定的 f_{out}。例如，在 10MHz 基准输入和 $m = 10^7$（对于 1Hz 步长）的情况下，VCO 必须运行在 1GHz 才能产生 100Hz 输出频率（$n = 100$）。这显然不可靠。

输入和输出定标器　有一个折中的办法，在输入和输出端都使用整数分频器（见图 13.102c）。这样，我们可以将鉴相器的比较频率设置在输出步长（太小）和输入基准频率（超出必要）之间的某个位置。此时输出频率为 $f_{out} = (f_{ref}/r) \cdot (n/m)$。这是整数 n 锁相环的标准输出（因为所有三个分频器均以整数分频比运行）。

以基准频率为 10MHz 的标准示例为例，我们可以选择 $r = 10^4$（此时 $f_{comp} = 1$kHz）和 $m = 10^3$，最终输出步长为 1Hz，输出频率为 nHz，我们可以使用 100MHz 的 VCO 生成 100kHz 的输出频率（分辨率为 1Hz）。

最重要的部分：分数 n　我们在步长、环路带宽、最大输出频率和最大压控振荡器频率等竞争因素之间做了折中。在上面的例子中，我们可以在相同的 1Hz 步长和 10MHz 输入频率下获得更高的输出频率（即保持乘积 $m \cdot r$ 恒定），但只能以较小的环路带宽（较小的 m，较大的 r）或降低的最大输出频率（较大的 m，较小的 r）为代价。

能做得更好吗？答案是肯定的，如果我们能以某种方式让其中一个分频器（比方说第 n 个分频器）按非整数分频比工作。如果我们能够改变模数，使其部分时间为 n，其余时间为 $n+1$，即可实现上述目的。因此我们可以用整数 n 除法器平均的方案，这就是分数 n 合成（见图 13.102d）。输出频率仍然是 $f_{out} = (f_{ref}/r) \cdot (n/m)$，但是现在允许 n 采用分数值。对于分数 n 合成，其（基本上）兼具两者的优点：高分辨率（小步长）的宽输出频率范围，同时保持高 f_{comp}（这允许大量环路带宽，因此能够快速锁定和快速跟踪，以及来自合成频率的广泛偏移的杂散）。分数 n 需要一些额外的计数器和逻辑器件，以计算出在 n 和 $n+1$ 之间交替的频率。

细节　分数 n 合成$^{\ominus}$是一种很好的技术，但它也有其自身的问题。例如，鉴相器周期性地呈现出相位不连续的情况（即每次模数交替），如果不校正或以其他方式滤波，这在输出处就会产生周期性相位调制。有几个方法可以解决这个问题，要么在鉴相器的电荷泵输出端注入补偿电荷脉冲，要么（可能更好）对输出波形进行预先计算的校正，以创建等间距的输出周期。不过，也许最好的技术是使用 Δ-Σ 来调制模数：不是简单地在（分数）所需两个模数之间交替，而是将分频器的模数分布在更大的集合中，从而使调制边带产生更高频率的波形，并且最大限度地减少离散杂散的产生。正如我们在本章前面看到的 Δ-Σ 调制器一样，可以使用高阶环路和一些随机化（抖动）来减少离散杂散（类似于在那里使用它来抑制空闲音）。这是一项复杂的工作，最好将其留给真正的专业人员。注意，将转换器设计留给其他人，但要意识到其中的优点和缺点，并仔细检查数据手册，以了解在应用中关心的内容。

2. 有理逼近频率合成

Stanford Research Systems 的约翰·威里森（John Willison）在整数 n 合成方面做出了一种巧妙的变体，他设计了一种结合了这两个领域的优点的合成器，它以较小的整数 r（因此输入到鉴相器的基准频率相对较高，从而实现了较宽的 VCO 环路带宽和较低的噪声和抖动边带）以及整数 n（避免 VCO 相位调制）来工作，但是就是凭借这一点，它基本上允许无限的频率分辨率（微赫频率设置），即使鉴相器的基准输入通常在兆赫范围内也是如此。

这怎么可能呢？诀窍是选择一个小整数 r（和相应的 n），使合成频率接近目标频率（例如，在 ±100ppm 以内），然后相应地调整主基准振荡器，使整数合成的输出频率达到目标频率。这项他们

$\ominus$　一些 PLL 在输入基准（r）分频器上执行分数 n 分频，它们仍然被称为分数 n。

称为有理逼近频率合成（RAFS）的技术是在 SRS 的 SG380 系列射频信号发生器中引入的，目前该系列射频信号发生器可提供 DC 至 6GHz 输出，同时可设置为微赫兹分辨率，并使用具有宽带环路的整数锁相环合成产生极好的输出纯度，例如可以在 116dBc 的相位噪声规范中看到（相对于载波，即信号幅度），其 1GHz 输出信号会偏移 20kHz；以及使用低噪声基准振荡器（OCXO），在距 1GHz 输出仅 10Hz 的偏移处，将近距离相位噪声保持 −80dBc。

图 13.103 显示了该方案。微控制器从 r 和 n 的选择开始⊖，会在系统上运行，以接近所需的 f_{out}。微控制器还根据所得到的鉴相器输入频率（这里称为 f_ϕ）来调谐环路滤波器。最后，它通过以纯净的固定频率输入时钟运行的 64 位（因此为有效的无限分辨率）直接数字合成器，在所需的 ±100ppm 范围内微调主时钟。DDS 输出不像其基准输入那样纯净（由于 DDS 过程中固有的不规则相位跳变），因此其输出通过锁相高质量晶体振荡器来清理，其频率可以通过变容二极管（因此是 VCXO——电压控制晶体振荡器）"拉"到 ±100ppm 范围内。之后我们可以看到，VCXO 的调谐范围限制了 r 和 n 的初始选择。

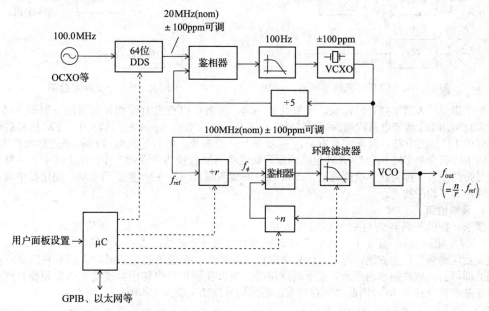

图 13.103 SRS 合成器中采用的有理逼近频率合成方法，通过对其干净的晶体振荡器基准时钟进行微小的频率调整，使其锁相环鉴相器工作在 MHz 频率时，达到了微赫兹的分辨率。由此产生的输出具有极好的纯度和非常低的相位噪声，并且没有频谱杂散

为了举例说明，假设我们希望合成 1234.567 89MHz 的输出。读者可以不停地使用便携计算器，不断递增连续的整数 r 值，直到读者发现 $r=26$ 给出的分数（320.987 651 4）有一个整数（$n=321$）在 100ppm 以内。所以我们选择 $[r, n]=[26, 321]$，然后将主时钟偏移 −38.469ppm（到 99.996 153 1MHz）以获得我们想要的。通过这种选择，鉴相器的基准频率 f_ϕ 非常高（约 3.85MHz），从而在合成 PLL 中提供了充足的环路带宽（因此边带噪声较低，并且没有低 f_ϕ 引起的近距离杂散）。

实际上，在此简化描述中，有许多细节（与任何复杂和精心设计的系统一样）没有体现。例如，①输出合成器仅在倍频程（2∶1 频率范围）上调谐，来驱动一组二进制除法器和低通滤波器以生成最终输出；②实际生产仪器使用几个交错的微调 VCXO，大大放松了对 r 和 n 的限制（并且导致 f_ϕ 的值通常大于 10MHz，最坏情况为 2.4MHz）；③在系统中存在附加的 DDS 和 PLL，并使用它们来创建合适的时钟频率（其通常没有选择这里所示的那种"四舍五入"频率来防止时钟冲突）；④通过抖动 64 位 DDS 以减少固定频率的伪边带（杂散）；⑤存在提供调制、幅度控制等的附加子电路。这些都是实际中挑战仪器设计者的问题，当找到一个好的解决方案时，他们会非常满意。

3. 调频检测

在频率调制中，通过改变与信息波形成比例的频率，将信息编码到载波信号上，且有两种利用

⊖ SRS 使用迭代方法来计算 r 和 n，微控制器沿着各个块进行分段，尝试连续的小整数对，直到符合为止。这大约需要 1ms。

鉴相器或 PLL 恢复调制信息的方法。同时检测这个词用来表示一种解调技术。

在最简单的方法中，PLL 锁定到输入信号，控制压控振荡器频率的电压与输入频率成正比，来产生所需的调制信号（见图 13.104）。在这样的系统中，可以选择足够宽的滤波器带宽来通过调制信号，也就是说，与恢复的信号变化的时间尺度相比，PLL 的响应时间必须较短⊖。这种 FM 检测方法要求压控振荡器具有高度的线性度，以最大限度地减少音频输出中的失真。

第二种调频检测方法使用鉴相器，尽管它不是锁相环中的一步，如图 13.105 所示。输入信号和信号的相移都被施加到鉴相器，产生输出电压。相移网络被故意布置成具有在输入频率区域内随频率线性变化的相移（这通常是利用谐振 LC 网络来实现的），从而产生与输入频率线性相关的输出电压。这就是解调后的输出。这种方法被称为双平衡正交调频检测，并在一些中频放大器/检波芯片中使用。

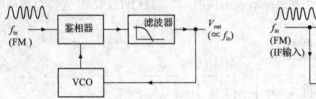

图 13.104　锁相环调频鉴频器

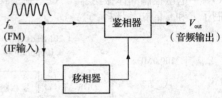

图 13.105　正交调频检测

为了避免给人留下错误的印象，这里补充一句，读者可以在没有锁相环的帮助下解调 FM。经典技术是利用 LC 调谐电路陡峭的幅频特性。在其最简单的形式（斜率检测器）中，FM 信号被调谐到一侧的 LC 谐振电路，因此它具有响应随频率上升的曲线，然后输出幅度随频率近似线性变化，最终将 FM 转变为 FM+AM。AM 包络检测器完成将 AM 转换为音频的工作。在实践中，一种使用稍微复杂的配置（称为比率检测器或 Foster-Seeley 检测器），另一种（更简单的）使用在中频的相同脉冲序列平均的技术。

4. 调幅检测

要求：提供与高频信号的瞬时幅度成正比的输出信号的一种技术。通常的方法是整流（见图 13.106）。图 13.107 显示了一种使用 PLL 的奇特方法（零差检测或同步检测），其中 PLL 以与调制载波相同的频率产生方波，将输入信号乘以该方波产生一个全波整流信号，该信号只需要一些低通滤波即可去除载波频率的残余，留下调制包络。如果在锁相环中使用异或类型的鉴相器，则输出相对于基准信号移位 90°，因此必须在到乘法器的信号路径中插入 90°相移。

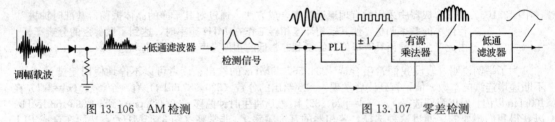

图 13.106　AM 检测　　　　　　　　　　图 13.107　零差检测

5. 数字解调

锁相环是从已被数字信号调制的载波恢复（解调）数据的基本部件。在一种简单的数字调制形式（二进制相移键控或 BPSK）的恒幅载波的相位（见图 13.108）中，要传输的每个比特要么反转，要么不反转。通过将接收到的 BPSK 调制载波乘以相同载波频率的信号，在接收端恢复这些编码比特。第一个想法可能是使用 PLL 来恢复信号副本，但这是行不通的，因为 BPSK 调制的频谱在载波频率上没有分量。

有一种巧妙的解决方案⊖是，我们注意到发送信号的平方就能够忽略相位反转，从而产生载波频率两倍的信号。按照这个想法，就得到了图 13.108 中的"平方环"方案。混频器 M_1（混频器是

⊖　施加到 PLL 的信号不必是远距离发射机发送的射频信号，它可以是通过混频在接收机中生成的中频（IF）信号。这种超外差技术是由 Edwin H. Armstrong 发明的，他还发明了 FM。

⊖　还有一种更微妙的 BPSK 解调方法，同样使用 PLL，称为 Costas 循环。它的性能跟此处是相当的，但是很难理解发生了什么。

乘法器）产生倍增载频 $2f_c$，该倍增载频 $2f_c$ 由带通滤波器处理并用于锁定 PLL，其中 VCO 充当惯性轮（低环路带宽）；然后通过 2 分频器创建载波副本 f_c，并通过相位修整使其与（抑制的）底层接收载波对齐。最后，乘法器 M_3 用低通滤波器同步恢复调制比特以消除 $2f_c$ 纹波。

如果每个周期的信号相位变化被认为是码元，则 BPSK 对每个码元编码一位。通常使用的数字调制方案对每个符号编码几个比特。例如，读者可以通过发送载波周期迸发对每个 2 位的符号进行编码，根据 2 位符号，每个载波周期的相位分别为 0°、90°、180° 或 270°。这称为正交相移键控（QPSK），也称为 4-QAM（正交幅度调制）。更广泛地说，读者可以创建一个符号的"星座"，每个符号都是一个具有一定幅度和相位的（锥形）脉冲串。例如，有线电视通常以 256-QAM 的形式传送，每个符号携带 8 比特的信息。对

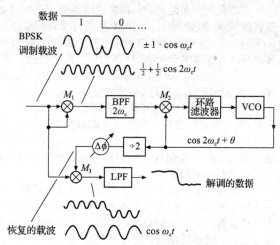

图 13.108　BPSK 数字信号的"平方环"解调

于所有这些调制方案，仍然需要载波频率（或它的频移副本，"中频"），因此锁相环是必不可少的。有时使用的一个方案是以载波频率传输微弱的"导频"信号，这样就不需要平方环这样的方案。例如，这在美国的数字电视广播中使用，其中 3 位符号被编码为幅度调制（4 个幅度级别，在 0° 或 180°），这具有轻微的 DC 偏移，以使接收机的锁相环可以锁定到导频。

6. 其他通信应用

正如我们前面提到的，PLL 在通信的许多方面起着至关重要的作用。信道发射机（比如手机）必须将它们的信号保持在规定的频率上且具有足够的信号纯度，以防止信道外干扰。而接收机（手机或者调频收音机、电视、卫星接收器等）使用本地振荡器（LO）来确定它们的接收频率（这是阿姆斯特朗的超外差技术，已有近一个世纪的历史）。LO 中的信号杂质（抖动、杂散）会导致接收信号的降级，就像它是发射机一样。对于这样的应用，信号质量是最重要的，需要比简单的电容式充电电路（如 '4046）更好的压控振荡器。

对于这类应用，可以使用专用于外部 VCO 且不包括片上振荡器的 PLL 芯片，例如 NSC LMX2300 系列或兼容的 ADI ADF4116-18。这些系列带有可运行到 6GHz 及更高频率的鉴相器。有了这样的 PLL 芯片，就可以使用任何商用压控振荡器，当然也可以自己制作（例如，JFET LC 振荡器使用变容二极管进行电调）。后者的一个例子是图 7.29 的 PLL 约束 JFET 振荡器，其噪声频谱如图 7.30 所示。

最近有许多人努力将高质量的压控振荡器直接集成到 PLL 芯片上，因此就不必装配单独的振荡器。其中一些需要外部电感（所需电感的集成是最困难的部分，并且具有足够的品质因数 Q），例如 ADF4360-8。其他包括所有片内元件，例如 LMX2531 或 ADF4360-3，后者用于手机且 VCO 振荡器的调谐范围相对较窄，约为 5%。用于片上振荡器的其他技术包括微机电系统（MEMS）谐振器（例如 SiTime SiT3700、8100、9100 系列）和表面声波（SAW）谐振器（例如 IDT M680 系列）。这些振荡器的调谐范围非常窄（约 100ppm），但相位噪声和抖动非常低，与具有类似窄电压调谐范围的晶体振荡器（例如在 IDT 810252 锁相环中使用的 VCXO）一样。

7. 脉冲同步和清洁信号再生

在数字信号传输中，包含信息的比特串使用通信信道发送。该信息本质上可以是数字的，也可以是数字化的模拟信号，如脉冲编码调制（PCM）。一种密切相关的应用是对来自磁带或光盘存储的数字信息进行解码。在这种情况下，可能存在噪声或脉冲率变化（例如来自磁带拉伸），并且希望具有与读者试图读取的位相同速率的干净时钟信号。PLL 在这里就能够大展拳脚，PLL 低通滤波器将被设计为跟随数据流中固有速率变化的形式（例如磁带或磁盘速度的变化），同时消除来自不太理想的接收时钟信号的周期间抖动和噪声。这种广泛的应用通常被称为时钟和数据恢复（CDR）。在音频领域的一个应用是 Burr-Brown（TI）DIR9001 数字音频接口接收器，它包括一个低抖动的片上 PLL/VCO 时钟恢复子系统以及数据解调。它可灵活编程以处理多种数据速率（28~108ksps）和数字格式（如 S/PDIF、AES3、IEC60958 和 CPR-1205）。

8. 时钟发生器

正如我们前面提到的，很多应用需要一套标准的时钟频率，它们从单个振荡器输入合成，其中低相位噪声和杂散等细节以及最小部件数与在几个标准频率之间编程相比没那么重要。IDT 8430S010i 就是一个例子，它是一种用于嵌入式处理器应用的具有多个合成输出的单芯片锁相环。当读者连接单个 25MHz 晶振时，就会进行①两个处理器时钟频率的选择；②四个 PCI 或 PCIe 时钟频率的选择；③四个 DDR DRAM 时钟频率的选择；④千兆以太网 MAC 时钟和 PHY 时钟的选择；⑤三个 SP14.2 链路频率的选择。

这样的芯片可以使用简单的类似于片内 SPI 的串行编程协议，也可以通过引脚选择（就像这个），或者两者都允许，例如久负盛名的 NBC/MC12430 （或相当于 MPC9230），这是一个简单的整数 n 锁相环，具有 9 位 n 计数器和 3 位 m 计数器，可从 50~800MHz 编程。芯片上的压控振荡器调谐范围为 400~800MHz，很可能使用了逆变器链环振荡器（数据手册没有说明）。

9. 激光偏置锁定

在某些科学应用中，能够控制可调谐激光器，使其光发射的频率与"基准"激光器的频率相差一个特定的频率。例如，在激光冷却行业中最受欢迎的一种技术是使一束原子束受到频率略低于原子自然共振的激光束的会聚，多普勒效应使朝某一激光移动的原子看到光的频率上移，因此被原子强烈吸收，传递的动量使原子速度减慢。

锁相环非常适用于这种偏移量锁定。图 13.109 显示了这是如何进行的，来自可调谐二极管激光器对的一部分光被组合并发送到宽带 PIN 二极管检测器/放大器模块。在那里会产生有趣的事情，工作流程分为两步：①在完全线性的过程中，两束组合的激光束产生一个波形，该波形由平均激光频率的正弦波组成，再被差频率一半的正弦波调制（乘以）（见图 13.110）；②探测器不能跟随频率为约 10^{14}Hz 的光波，它只对光的强度做出响应，与图 13.110 中所示的"包络"的平方成正比。正弦波的平方就是频率的两倍，加上直流偏移量，使得它位于水平轴的顶部，如图所示。

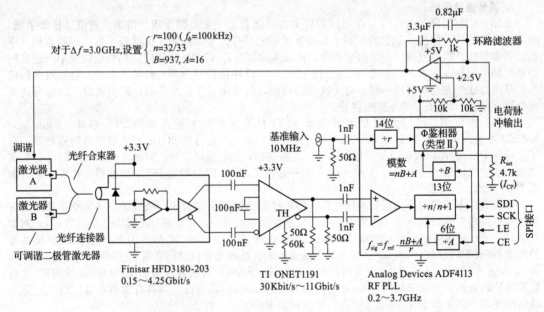

图 13.109 控制半导体激光器以保持相对于基准激光器的期望光频差

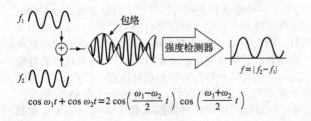

$$\cos \omega_1 t + \cos \omega_2 t = 2 \cos \left(\frac{\omega_1 - \omega_2}{2} t \right) \cos \left(\frac{\omega_1 + \omega_2}{2} t \right)$$

图 13.110 两个正弦波的线性组合在中频产生具有正弦振幅包络的波。光电探测器不能捕获光学频率本身（约 10^{14}Hz）；它对强度（包络的平方）做出响应，从而产生等于激光器差频的输出"拍频"

换句话说，在探测器模块的输出端，读者会得到激光器差频（也称为拍频）的信号：$f_{PDout} = |f_2 - f_1| \equiv \Delta f$。电路的其余部分的功能只是将控制信号反馈给激光器 A，使得差频 Δf 等于所需的偏移量。这是用分数 n 锁相环实现的，在这里有一个限制放大器，它产生了一个干净的探测器输出，信号的饱和电压为 0.6Vpp，在 10mV 和 1V 之间。

对于激光冷却/捕获应用，相对于高得多的光学谐振频率，频率偏移 Δf 在 10MHz 左右；对于铷原子，频率偏移 Δf 是 3.85×10^{14} Hz，对应 780.24nm 的波长。就像通常一样，这个问题有更多的爱（和恨）。事实证明，Rb 的基态有一种"超精细分裂"的情况产生，所以读者需要踢出（礼貌地说是"光学泵浦"）那些碰巧落到底部的原子，此时一些激光被这种能量差所抵消。这大约是 3GHz ⊖，这就是为什么该电路设计用于千兆赫兹范围内的偏移，如图中的符号所示。

13.13.7 总结：PLL 中的噪声和抖动抑制

我们已经看到基准是较高质量信号的应用（例如，从单个稳定晶体基准导出的多个时钟信号），以及相反的应用，即 PLL 生成的信号比基准更干净（例如，在噪声信道中的时钟恢复时，其中 VCO 的惯性轮会清除输出）。

当读者在设置环路带宽等参数思考这些问题时，能够帮助读者了解源自不同位置（基准输入、鉴相器或压控振荡器）的噪声或抖动是如何通过 PLL 的动作过滤的。在这一点上，读者可以写出很多方程式，但是只需要查看环路图就不难直观地理解（见图 13.85）：①基准输入端的抖动经过低通滤波滤除，因为 VCO 跟踪 PLL 环路带宽内的变化，而 VCO 惯性轮会忽略快速的变化；②VCO 本身的固有抖动是高通滤波滤除，因为环路会检测并消除环路带宽内的变化；③鉴相器引入的抖动被带通滤波滤除，这是因为（环路带宽内的）慢变化被检测并去除，而快变化被（低通）环路滤波器和压控振荡器的积分作用（$f \to \phi$）抑制。

因此，具有干净基准输入的 PLL 受益于宽环路带宽，而具有在传输中获得加性噪声的固有稳定基准的 PLL 将受益于窄环路带宽（和固有干净的 VCO）。而且噪声可能更微小，分数 n 锁相环中鉴相器的压控振荡器信号有抖动（由有意改变的模数引起），而窄环路带宽也平滑了这个抖动。

当然，如果 PLL 输出需要具有灵活性（如音频解码或 FM 解调），则环路带宽必须相应调整，这是完全独立于噪声和抖动的妥协。

13.14 伪随机位序列和噪声生成

13.14.1 数字噪声生成

数字和模拟的有趣混合体现在伪随机位序列（PRBS）中。⊖事实证明，生成具有良好随机性的位（或字）序列非常容易，即具有与理想抛币机相同类型的概率和相关属性的序列。因为这些序列是由标准确定性逻辑器件（准确地说是移位寄存器）生成的，所以生成的位序列实际上是可预测和可重复的，尽管这样的序列的任何部分看起来就像 0 和 1 的随机串。只需要几个芯片，就可以生成真正持续几个世纪而不重复的序列，这使其成为生成数字位序列或模拟噪声波形的一种非常容易获得且极具吸引力的技术。当生成眼图（例如图 12.132 和图 14.33）或测试串行链路的误码率（BER）时，通常使用 PRBS 源。PRBS 还用于对千兆以太网通信中的串行数据进行（确定性地）加扰，以便为 AC 耦合（变压器）的物理链路生成位模式，通过与运行相同序列的同步 PRBS 进行异或运算，能够在接收端解调。

1. 模拟噪声

对 PRBS 的输出位模式进行简单的低通滤波会产生带限白高斯噪声，即功率谱平坦至某个截止频率的噪声电压，或者，移位寄存器的加权和（通过一组电阻）执行数字滤波，结果相同。平坦的噪声谱可以很容易地达到几兆赫兹。正如稍后将看到的，与噪声二极管或电阻等纯模拟技术相比，这种数字合成的模拟噪声源具有许多优势。

2. 其他应用

除了作为模拟或数字噪声源外，伪随机位序列在许多与噪声无关的应用中也很有用。如前所述，它们用于串行链路测试中的模式生成（眼图、误码率等）、以太网等串行网络协议中的比特加扰（而不是真正的加密）、直接序列扩频数字通信（其中要发送的每个比特作为较短的"码片"以预定序列

⊖ 实际上是 3.035 732 439GHz，如果读者真的需要知道的话。
⊖ 这是我们在第 11 章中用来说明可编程逻辑的例子，我们对比了离散逻辑、可编程逻辑和微控制器中的 PRBS 实现；也可参见 8.12.4 节中用来作为模拟噪声发生器的例子。

进行发送）等。例如，在CDMA（码分多址）蜂窝电话系统和GSM蜂窝标准的空中链路保密密码中使用这样的技术，同时它们也用于数字电视广播。这些序列被广泛用于错误检测和纠错码中，因为它们允许以这样的方式转录数据块，即有效消息被最大的汉明距离（测量比特错误的数量）分开。它们良好的自相关特性使其成为雷达测距码的理想选择，在雷达测距码中，返回的回波与传输的比特串进行比较（准确地说是互相关），它们甚至可以用作紧凑的模n除法器。

13.14.2　反馈移位寄存器序列

最常用（也是最简单）的PRBS发生器是线性反馈移位寄存器（LFSR，见图13.111）。长度为m比特的移位寄存器以某一固定速率f_0计时。异或门根据移位寄存器的第n位和最后位（第m位）的异或组合生成串行输入信号。这样的电路经历一组状态（由每个时钟脉冲之后寄存器中的位组定义），最终在K个时钟脉冲之后重复其自身，即它是周期K循环序列。

m位寄存器的可能状态的最大数目是$K=2^m$，即m位的二进制组合的数目。但是，全0的状态在此电路中会"卡住"，因为异或会在输入端重新生成0。因此，使用此方案可能生成的最大长度序列是2^m-1。结果表明，如果正确选择m和n，并且生成的位序列是伪随机的，则可以生成这种最大长度移位寄存器序列 ⊖。以图13.112中的4位反馈移位寄存器为例，从状态1111开始（可以从0000以外的任何位置开始），我们可以写出它经历的状态如下：

$$
\begin{array}{c}
1111 \\
0111 \\
0011 \\
0001 \\
1000 \\
0100 \\
0010 \\
1001 \\
1100 \\
0110 \\
1011 \\
0101 \\
1010 \\
1101 \\
1110
\end{array}
$$

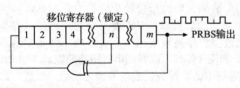

图13.111　伪随机位序列发生器

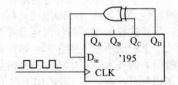

图13.112　4位反馈移位寄存器
（$m=4$，$n=3$，15个状态）

我们将状态记为4位数字$Q_A Q_B Q_C Q_D$，具有15个不同的状态（2^4-1），之后又重新开始，因此它是最大长度的寄存器。

练习13.8　证明在第2和第4位具有反馈抽头的4位寄存器不是最大长度。有多少个不同的序列？每个序列中有多少个状态？

1. 反馈抽头

最大长度移位寄存器可以使用来自两个以上抽头的异或反馈（这种情况下，在标准奇偶校验树配置中使用多个异或门，即数位的模2加法）。事实上，对于某些m值，最大长度寄存器只能使用两个以上的抽头。表13.2列出了到167为止的所有m，对于这些值，只需要两个抽头即可实现最大长度寄存器，即如前所述来自第n位和第m位（最后）的反馈。以时钟周期为单位，给出n和周期长度K的值。在某些情况下，n有多种可能性，并且在每种情况下都可以使用值$m-n$来代替n，因此

⊖　最大长度的判据是多项式$1+x^n+x^m$在Galois域GF（2）上是不可约素数。

前面的 4 位的示例可以在 $n=1$ 和 $m=4$ 时使用抽头。由于移位寄存器长度为 8 的倍数是常见的，因此可能需要使用这些长度中的一个。那样的话，需要两个以上的抽头，表 13.3 给出了这些抽头数字。

表 13.2 单抽头 LFSR

m	n	长度	m	n	长度	m	n	长度
3	2	7	49	40	5.6e14	108	77	3.2e32
4	3	15	52	49	4.5e15	111	101	2.6e33
5	3	31	55	31	3.6e16	113	104	1.0e34
6	5	63	57	50	1.4e17	118	85	3.3e35
7	6	127	58	39	2.9e17	119	111	6.6e35
9	5	511	60	59	1.2e18	121	103	2.7e36
10	7	1023	63	62	9.2e18	123	121	1.1e37
11	9	2047	65	47	3.7e19	124	87	2.1e37
15	14	32 767	68	59	3.0e20	127	126	1.7e38
17	14	1.3e5	71	65	2.4e21	129	124	6.8e38
18	11	2.6e5	73	48	9.4e21	130	127	1.4e39
20	17	1.0e6	79	70	6.0e23	132	103	5.4e39
21	19	2.1e6	81	77	2.4e24	134	77	2.2e40
22	21	4.2e6	84	71	1.9e25	135	124	4.4e40
23	18	8.4e6	87	74	1.5e26	137	116	1.7e41
25	22	3.4e7	89	51	6.2e26	140	111	1.4e42
28	25	2.7e8	93	91	9.9e27	142	121	5.6e42
29	27	5.3e8	94	73	2.0e28	145	93	4.5e43
31	28	2.1e9	95	84	4.0e28	148	121	3.6e44
33	20	8.6e9	97	91	1.6e29	150	97	1.4e45
35	33	3.4e10	98	87	3.2e29	151	148	2.9e45
36	25	6.9e10	100	63	1.3e30	153	152	1.1e46
39	35	5.5e11	103	94	1.0e31	159	128	7.3e47
41	38	2.2e12	105	89	4.1e31	161	143	2.9e48
47	42	1.4e14	106	91	8.1e31	167	161	1.9e50

表 13.3 8 的倍数长度的 LFSR

m	抽头	长度	m	抽头	长度
8	4, 5, 6	255	96	47, 49, 94	7.9e28
16	4, 13, 15	64K	104	93, 94, 103	2.0e31
24	17, 22, 23	16M	112	67, 69, 110	5.2e33
32	1, 2, 22	4G	120	2, 9, 113	1.3e36
40	19, 21, 38	1.1e12	128	99, 101, 126	3.4e38
48	20, 21, 47	2.8e14	136	10, 11, 135	8.7e40
56	34, 35, 55	7.2e16	144	74, 75, 143	2.2e43
64	60, 61, 63	1.8e19	152	86, 87, 151	5.7e45
72	19, 25, 66	4.7e21	160	141, 142, 159	1.5e48
80	42, 43, 79	1.2e24	168	151, 153, 166	3.7e50
88	16, 17, 87	3.1e26			

很少需要使用比 32 位长得多的寄存器，当时钟频率为 1MHz 时，重复时间约为 1 小时；而到 64 位，读者可以以 1GHz 的频率计时六个世纪，直到它再次出现。

2. 最大长度移位寄存器序列的性质

我们通过对这些寄存器之一进行计时并从其中一个寄存器生成一串伪随机位。输出可以从寄存器的任何位置获取，通常使用最后（第 m）位作为输出。可以发现，最大长度移位寄存器序列具有以下性质：

1）在一个完整周期（K 个时钟周期）中，1 的个数比 0 的个数多 1。额外的 1 是因为全 0 的排除状态而产生的。这说明头部和尾部的可能性相等（额外的 1 对于任何合理长度的寄存器都是完全无关紧要的，17 位寄存器在其一个周期内将产生 65 536 个 1 和 65 535 个 0）。

2）在一个完整周期（K 个时钟周期）中，半个周期的 1 的长度为 1，四分之一周期的长度为 2，八分之一周期的长度为 3，依此类推。0 的游程数与 1 的游程数相同，同样是缺少 0。这就是说，正面和反面的概率并不取决于过去翻转的结果，因此在下一次翻转中终止连续 1 或 0 的概率是 1/2（与普通人对"平均定律"的理解相反）。

3）如果将 1 和 0 的一个完整周期（K 个时钟周期）与循环移位任意数量的位 n（其中 n 不是 0 或 K 的倍数）的相同序列进行比较，则不一致的数量将比协议的数量多 1。专业地说，自相关函数在延时为零时取单位脉冲函数，其他延时均为 $-1/K$。自相关函数没有旁瓣，这是 PRBS 在雷达测距中广泛使用的原因。

练习 13.9 证明前面列出的 4 位移位寄存器序列（$n=3$，$m=4$ 处的抽头）满足这些性质，将 Q_A 位视为"输出"：100010011010111。

13.14.3 从最大长度序列生成模拟噪声

如前所述，最大长度反馈移位寄存器的数字输出可以通过低通滤波器转换为带限白噪声，低通滤波器的截止频率远低于寄存器的时钟频率。在进入细节讨论之前，我们先指出数字产生的模拟噪声的一些优点。此外，它还允许使用可靠且易于维护的数字电路，以可调带宽（通过时钟频率调整）生成已知频谱和幅度的噪声。二极管噪声发生器没有什么多样性，也不存在干扰和拾取问题，但是这些问题困扰着与二极管或电阻噪声发生器一起使用的敏感低电平模拟电路。最后，它产生可重复的"噪声"，并且当用加权数字滤波器（稍后详细介绍）进行滤波时，产生与时钟速率（输出噪声带宽）无关的可重复噪声波形。

13.14.4 移位寄存器序列的功率谱

最大长度移位寄存器生成的输出频谱由从整个序列的重复频率 f_{clock}/K 延伸到时钟频率甚至更高的噪声组成。它在 ± 0.1dB 至时钟频率的 12% 范围内是平坦的，在 44% f_{clock} 处很快就下降到 -3dB 点以下。因此，高频截止为时钟速率 5%～10% 的低通滤波器将把未滤波的移位寄存器输出转换为带限模拟噪声电压。即使使用简单的 RC 滤波器也足够了，但是如果需要精确的噪声频带，可能需要使用具有尖锐截止特性的有源滤波器。

为了使这些陈述更精确，让我们看看移位寄存器输出及其功率谱。通常需要消除数字逻辑电平的直流偏移特性，从而产生双极性输出，1 对应 $+a$ 伏，0 对应 $-a$ 伏（见图 13.113）。这可以通过各种方式来完成，例如参考图 13.114，a 使用具有 'HC4053 线性 CMOS 开关，进行双电源操作，并且输入能够接到 $\pm a$ 伏；b 具有进入求和点的 DC 偏移电流的快速运算放大器；c 具有在 $\pm a$ 伏分离电源之间运行的快速轨对轨比较器；d 具有由 $\pm a$ 伏电源供电的 CMOS 逻辑门，由适当移位和缩放的逻辑摆幅驱动；e 具有相同的逻辑门，由二极管钳

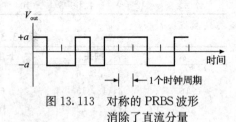

图 13.113 对称的 PRBS 波形
消除了直流分量

位（和限流）逻辑摆幅驱动。最后一种方法有点奇怪，仅当总电源电压（$V_{total}=2a$）在标准逻辑系列的范围内（例如 1～5V）时才有效，但它的速度更快，同时它不是直流耦合的，所以它需要一个快速的逻辑输入，这里可以使用循环的 PRBS，但不能休息超过 m 个时钟周期。

如前所述，输出位串在其自相关中具有单个峰值。如果输出状态表示 +1 和 -1，则数字自相关（位串与自身的移位比较时相应位的乘积之和）如图 13.115 所示。

不要将其与我们稍后讨论的连续自相关函数混为一谈。该图仅为对应于整数个时钟周期的移位定义。对于不是总周期 K 的零或倍数的所有移位，自相关函数均具有恒定的 -1 值（因为序列中有额外的 1），这与 K 的零偏移自相关值相比可以忽略不计。同样，如果我们将未滤波的移位寄存器输出视为模拟信号（其波形恰好采用 $+a$ 和 $-a$ 的值），则归一化的自相关变为连续函数，如图 13.116 所示。换句话说，当向前或向后移动多于一个时钟周期时，波形与其自身完全不相关。

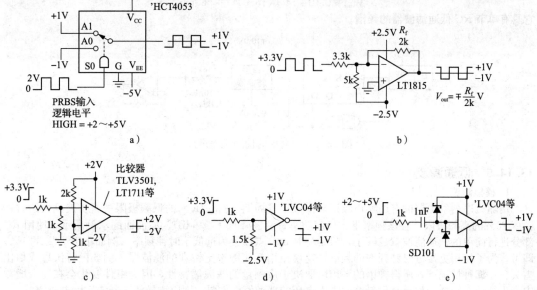

图 13.114 将仅为正的逻辑摆幅转换为对称电压波形

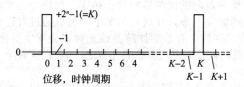

图 13.115 最大长度移位寄存器序列的
全周期离散自相关

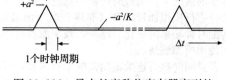

图 13.116 最大长度移位寄存器序列的
全周期连续自相关

可以通过标准数学理论从自相关中获得未经滤波的
数字输出的功率谱。最终结果是一组等距的尖峰（增量
函数），从整个序列重复的频率 f_{clock}/K 开始，然后以
相等的间隔 f_{clock}/K 上升。频谱由一组离散频谱线组成
反映了移位寄存器序列最终（并周期性地）会自身重复
的事实。但是不要被这个奇怪的频谱吓到了，对于任何
比寄存器周期时间短的测量或应用，它看起来都是连续
的。未滤波输出频谱的包络如图 13.117 所示，包络线
与（$\sin x$）/x 的平方成正比。注意，时钟频率或其谐
波没有噪声功率。

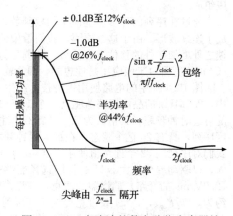

图 13.117 未滤波的数字移位寄存
器输出信号的功率谱

噪声电压

当然，对于模拟噪声的产生，读者仅需要使用频谱
低频端的一部分。事实证明，以半振幅（伏特）和时钟
频率来计算每赫兹的噪声功率是很容易的（f_{clock}）。它
表示为均方根噪声电压，即

$$v_{rms} = a\left(\frac{2}{f_{clock}}\right)^{1/2} \quad V/\sqrt{Hz} \quad (f \leqslant 0.2 f_{clock})$$

这是频谱的最底端，也是通常使用的部分（可以使用其他位置的包络函数查找功率密度）。

例如，假设我们在 1.0MHz 处运行最大长度的移位寄存器，并对其进行排列，以使输出电压
在 $+10.0 \sim -10.0$V 之间摆动。输出通过一个简单的 RC 低通滤波器，该滤波器在 1kHz 处具有 3dB
点（见图 13.118）。此时我们可以精确计算输出的均方根噪声电压。从前面的方程式我们知道，电平
转换器的输出具有 14.14mV/$\sqrt{Hz}$ 的均方根噪声电压。从 8.13 节可以知道，低通滤波器的噪声带宽

为（π/2）（1.0kHz）或 1.57kHz，所以输出噪声电压为

$$V_{rms} = 0.014\ 14 \times (1570)^{1/2} = 560mV$$

它具有单节 RC 低通滤波器的频谱。

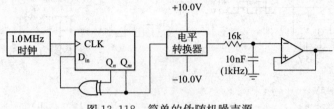

图 13.118　简单的伪随机噪声源

13.14.5　低通滤波

1. 模拟滤波

伪随机序列发生器的有用噪声频谱从倒数重复周期（f_{clock}/K）的低频极限一直扩展到大约时钟频率 20% 的高频极限（在该频率下，噪声功率每赫兹降低了 0.6dB）。如前面的示例所示，使用 RC 部分进行简单的低通滤波就足够了，只要将其 3dB 点设置为远低于时钟频率（例如小于 f_{clock} 的 1%）即可。为了使用更接近时钟频率的频谱，建议使用截止频率更锐利的滤波器，例如巴特沃思或切比雪夫。在那种情况下，所得频谱的平坦度取决于应测量的滤波器特性，因为组件变化会在通带增益中产生纹波。同样，如果每根赫兹的噪声电压的精确值很重要，则应测量滤波器的实际电压增益。

2. 数字滤波

模拟滤波的缺点是如果时钟频率变化很大，则需要重新调整滤波器的截止频率。在想要更改时钟频率的情况下，离散时间数字滤波提供了一种方便的解决方案，在这种情况下，可以通过对连续输出位进行模拟加权求和（非递归数字滤波）来实现。这样，有效的滤波器截止频率会发生变化，以匹配时钟频率的变化。此外，数字滤波可以具有极低的截止频率（赫兹的几分之一），在该频率下无法使用模拟滤波。

若要同时执行连续输出位的加权求和，可以简单地查看连续移位寄存器的各种并行输出，使用各种值的电阻在运放求和点。对于低通滤波器，权重应与（$sinx$）/x 成正比。请注意，由于权重是双符号，因此必须反转某些电平。由于在该方案中不使用电容，因此输出波形由一组离散的输出电压组成。

通过在序列的许多位上使用加权函数，可以改善高斯噪声的近似度。此外，模拟输出实际上变成了连续波形。由于这个原因，我们希望使用尽可能多的移位寄存器级，如果需要，可以在异或反馈之外增加额外的移位寄存器级。如前所述，应使用上拉或 MOS 开关来设置稳定的数字电压电平（CMOS 逻辑对于该应用是理想的，因为输出在 V_{DD} 和地上完全饱和）。

图 13.119 中的电路使用这种技术产生了伪随机模拟噪声，其带宽可以在很大的范围内选择。其中，2.0MHz 的晶体振荡器驱动一个 14 536 的 24 级可编程分频器，产生从 1.0MHz 下降到 0.12Hz 的可选时钟频率，其倍数为 2。一个 32 位移位寄存器与级 31 和 18 的反馈相连，从而产生最大的长度序列，具有 20 亿个状态（在最大时钟频率下，寄存器在半小时内完成一个周期）。在这种情况下，我们对序列的 32 个连续值使用了（$sinx$）/x 加权和。运算放大器 U_{1a} 和 U_{1b} 分别放大反相和同相输入，以驱动差分放大器 U_2。我们选择能够产生 1.0Vrms 的输出，而没有直流偏移到 50Ω 负载阻抗（2.0Vrms 的开路）的增益。注意，该噪声幅度与时钟速率即总带宽无关。该数字滤波器的截止频率约为 0.05f_{clock}，以 24 级带宽提供从直流到 50kHz（在最大时钟频率下）到直流到 0.006Hz（在最小时钟频率下）的白噪声输出频谱。该电路还能够输出未经滤波的输出波形，介于 +1.0V 和 −1.0V 之间。

关于此电路有一些有趣的观点。请注意，异或非门用于反馈，因此可以通过将寄存器置于全零状态来简单地初始化寄存器。这种反转串行输入信号的技巧排除成为全 1 的状态（而不是通常的异或反馈为全 0 的状态），但是它不影响其他属性。

有限数量的位的加权永远不会产生真正的高斯噪声，因为峰值幅度受到限制。在这种情况下，可以计算出峰值输出幅度（对于 50Ω）为 ±4.34V，波峰因数为 4.34。顺便说一句，该计算很重要，因为必须将增益 U_1 和 U_2 设置得足够低，以防止削波。注意，要仔细查看用于从 +6.0V 平均值（LOW=0V，HIGH=12.0V）的 CMOS 电平生成零直流偏移输出的方法。

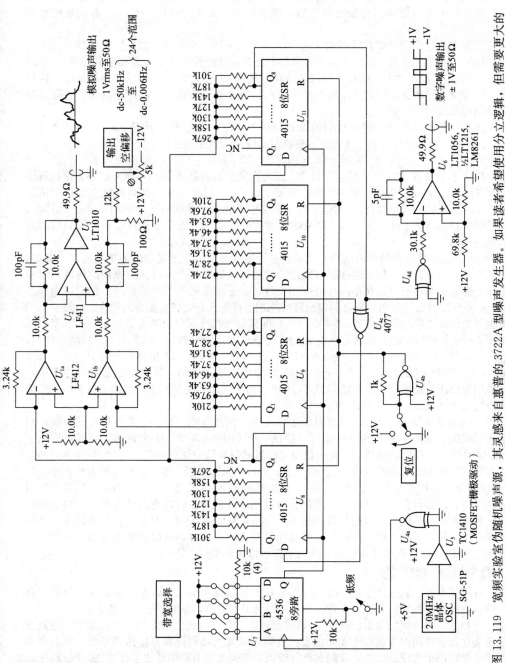

图 13.119 宽频实验室内随机噪声源。其灵感来自惠普的 3722A 型噪声发生器。如果读者希望使用分立逻辑，但需更大的带宽，则可以替换 74LV164A 8 位移位寄存器（使用 5V 电源保证时钟高达 125MHz），并在整个过程中进行相应的电路更改。或者，可以使用快速的 CPLD 或 FPGA，还可以在 DSP（数字信号处理器）芯片中实现数字低通滤波器。进一步执行此线程后，就可以在快速的微控制器中进行编码，并使用其片上 DAC 生成带限模拟噪声输出

13.14.6　总结

　　关于移位寄存器序列作为模拟噪声源的一些讨论。读者可能会从前面列出的最大长度移位寄存器的三个性质中得出结论，即在给定长度的运行次数等参数下，会输出确定的数字，因此输出是"随机的"。真正的随机抛硬币不会产生正面比反面多一个的情况，对于有限序列，自相关也不会绝对平坦。换句话说，如果使用移位寄存器中出现的 1 和 0 来控制"随机移动"，则向前移动 1 步，向后移动 0 步，即相当于寄存器运行完整的周期后，读者从起点走了完整的一步，结果就是任意且"随机"的。

　　但是，前面提到的移位寄存器性质仅对于整个 2^n-1 位序列是正确的。如果仅使用整个位序列的一部分，则随机性性质将近似逼近随机抛硬币。打个比方，就好像读者是从最初总共包含 K 个球（一半是红色，一半是蓝色）的缸中随机抽取红色球和蓝色球一样。如果在不替换它们的情况下执行此操作，则可能希望一开始就发现大约随机的统计信息。随着缸中的枯竭，需要红色和蓝色球总数的统计数字必须相同。

　　读者可以再次思考随机移动。如果我们假设移位序列的唯一非随机性质是 1 和 0 的完全相等（忽略单个多余的 1），那么可以证明，所描述的随机移动应该达到距起点的平均距离为

$$X=[r(K-r)/(K-1)]^{1/2}$$

式中，r 可从 $K/2$ 个 1 和 $K/2$ 个 0 的总数中得出。因为在完全随机移动中 X 等于 r 的平方根，所以因子 $(K-r)/(K-1)$ 表示有限的含量的影响。只要 $r \ll K$，则移动的随机性就从完全随机的情况（无限的含量）中稍微降低了，伪随机序列生成器与真实的事物是无法区分的。我们用几千个 PRBS 推导的序列的随机移动测试了这一点，每个移动的长度为几千步，并发现根据该简单标准测得的随机性基本上是完美的。

　　当然，PRBS 生成器通过此简单测试并不能保证它们能够满足某些更复杂的随机性测试，例如，使用高阶相关性进行测量。这种相关性也影响通过滤波后这样的序列产生的模拟噪声的特性。尽管噪声幅度分布是高斯分布，但可能存在高阶幅度相关性，这是真正随机噪声的特征。据说使用许多（最好是 $m/2$ 个）反馈抽头（使用异或奇偶树运算来生成串行输入）会产生更好的噪声。

　　噪声发生器的构建者应注意，4557 CMOS 可变长度移位寄存器（六个输入引脚设置其长度，可以设置从 1 到 64 级的任何数量），读者必须将其与并行输出寄存器（例如'4015 或'164）结合使用，才能进行 n 分接，另一个有用的芯片是 HC(T)7731，它是一个四通道 64 位移位寄存器（总共 256 位），运行速度为 30MHz（最小值）。正如我们在第 11 章中说明的那样，噪声发生器的构建者应该更加意识到我们可以很容易地将可编程逻辑器件（CPLD 或 FPGA）使用到 PRBS 的工作中，虽然微控制器也可以完成这项工作，但是 PLD 更快。

　　但是，当要达到绝对最大速度时，可能需要依靠良好的离散逻辑。有一个值得思考的示例，斯坦福研究系统公司的 CG635 合成时钟发生器可以提供 7 级 PRBS（即 2^7-1 个状态）且其速率高达 1.55GHz [⊖]。它采用了一些巧妙的技巧：在一组独立时钟的触发器中使用 MC100EP 发射极耦合的差分逻辑，它很快，其中 MC100EP52D 的建立时间为 0.05ns，保持时间为零，传播时间为 0.33ns（典型值）；它使用差分时钟和数据线（安静，快速）；速度瓶颈是 XOR 传播时间（0.3ns），所以它使用了一个巧妙的技巧，即将触发器排列成一个圆圈，数据顺时针旋转，时钟逆时针旋转。相对于后两级的时钟，这种方式影响了到第一级的时间，约为 0.25ns，从而使 XOR（延迟）输出满足第一个触发器的设置要求。这种几何形状使连续触发器的时钟各提前约 0.05ns，从而有效地将触发器均等地分布在阵列周围。图 13.120 显示了如何布置印刷电路板以实现全部功能。

13.14.7　真随机噪声发生器

　　我们从一开始就指出，算法产生的"噪声"不是真正的随机噪声——毕竟，如果读者得到了真随机算法，就可以准确预测即将发生的事情。如果想要真正的噪声，就需要寻找其他方法。

　　首先是一些物理过程（例如放射性衰变），该过程理论上是随机的，当然是不可预测的。电路设计人员一般不会在其工具箱中存放放射性同位素，其实还有其他物理过程可以做到随机，例如在双极结中雪崩传导期间产生的噪声电压。我们在负责随机字节收集的电路中使用了此方法，*Numerical Recipes* 一书的光盘中附带了随机字节收集的有关内容。电路如图 13.121 所示，这就是光盘上对其进行的描述，里面还可以发现作者 William Press 谨慎地指出其仍然是目前最随机的位。

⊖　通常用于误码测试的其他序列长度为 $2^{23}-1$ 和 $2^{31}-1$。

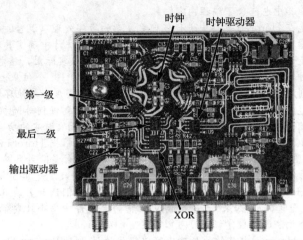

图 13.120　快速（高达 1.55Gbit/s）7 位 PRBS 的布局，采用 100EP 系列离散
LVPECL 触发器和门实现。数据顺时针旋转，时钟逆时针旋转

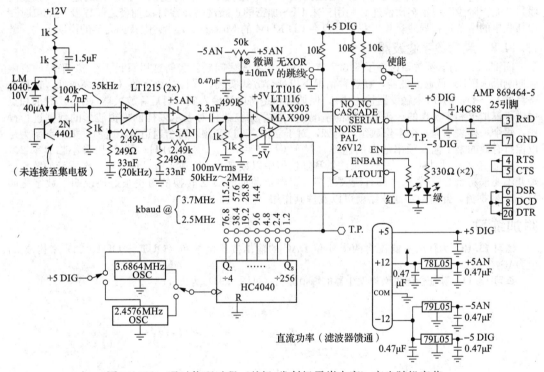

图 13.121　通过物理过程（基极-发射极雪崩击穿）产生随机字节

　　哈佛大学的 Paul Horowitz 教授为我们提供了有关物理随机性的电子资源。模拟噪声源是一个偏置的晶体管结，用作雪崩二极管。从物理上讲，由于热噪声（以及最终的量子力学过程），该结中的噪声电流是通过在结中随机创建电子-空穴对而产生的。从实验上看，用频谱分析仪观察到的设备输出从直流到 50MHz 几乎都是平坦的。

　　Hororan 电路（图 13.121）以 8 倍于所需的输出波特率（后者通常为 38.4kbit/s 或 115.2kbit/s）的速率采来自噪声结点的放大模拟电压，该采样持续时间（孔径）非常短，对于 LT1016 锁存比较器来说约为 2ns，因此较高的频率在采样值中有很多混叠。如果采样电压为正，则生成数字"1"；否则为"0"。收集到的位会连续地进行异或运算（XOR）并存储到寄存器中。每收集八位后，寄存器的状态会在原始文件中输出一位。每隔八个输出位之后，在格式化所需的 RS232 停止和启动位时，将丢弃下两个输出位。数字异或和开始/停止格式化功能由

26V12PAL 执行，其中也包含了编程内容。

我们有意避免在 Hororan 电路中进行任何更复杂的数字处理（混合、加扰、加密等），因为我们希望能够测量和表征随机出现的程度。该电路在其 1 点统计中确实具有可测量的非随机性。也就是说，输出 1 和 0 的数量不完全相等，但通常相差 10^4（实际上，该电路具有调整功能以最大限度地减少这种非随机性）。请注意，它甚至需要多次收集 10^8 个位来测量这种偏差，但我们仍对它的存在感到满意，偏压随时间缓慢漂移，大概是由于温度和其他环境变化。

数值实验中，我们无法在原始采集比特的多点统计中找到任何非随机的痕迹。尤其是无论在较小时延的自相关中，还是在可能的频率，如 60Hz 或其低次谐波的功率谱中，我们均无法找到（在几次进行 10^9 个收集的位中）任何两点的非随机性。根据 Hororan 电路的物理结构，我们相信 M 点统计量（1 点偏置的缓慢漂移结果对应的高点统计量除外）应随着 M 大大降低，其本质原因是晶体管结没有"记忆"，并且晶体管结的内部时间尺度是其 50MHz 带宽的倒数。

因此，尽管 Hororan 电路的输出显然是非随机的，但我们认为其真正的"每比特熵"一定会无限接近 1（完全随机）。如果 $1-e$ 表示 N 比特的大文件中每个比特的熵，则我们通过高度可靠的实验（这个无法通过数学证明）可以确定 $e < 0.01$。

顺便说一句，Hororan 电路的原始输出可以轻松通过 Marsaglia 的 Diehard 测试系列中的所有测试。

回到 CD-ROM：硬件的输出仅仅是最终发布字节过程中涉及的复杂操作流程的起点（收集阶段），"完善阶段"包括多次传递和利用三重 DES 加密的重新洗牌，在每次加密之间以及在结束时使用新收集的字节进行异或运算。我们可以在 CD-ROM 的 Museum 文件夹中找到完整的说明。

13.14.8　混合数字滤波器

图 13.119 的示例重新讨论了 6.3.7 节有趣的数字滤波问题。我们这里只是一个 32 采样的有限脉冲响应（FIR）低通滤波器，在这种情况下以混合方式实现，采样是数字的（逻辑高或低，在移位寄存器 $U_8 \sim U_{11}$ 的 32 个触发器输出中），但加权和是将电流输入到一对运算放大器（U_{1ab}）的求和点中进行模拟求和来实现的。在更一般的情况下，数字滤波器将对表示采样的模拟波形的数据进行操作，每个采样表示为一个多位数组（例如，对于立体声 CD 音频，每个通道为 16 位），采样频率为足以保持有效的整个输入频率范围的速率（对于 CD 音频，$f_{samp} = 44.1kHz$，大约比最小临界率 $2 \times f_{max}$ 高出 10%）。加权和将完全在乘法器和加法器中以数字方式完成。但是请注意，高质量的数字处理并不要求初始的模-数采样具有较大的字长，本章前面的 Δ-Σ 转换的讨论很好地说明了数字化的"1 位"数据流，此时数字滤波器就可以发挥其作用。

附加练习

练习 13.10　为什么不能仅将两个 n 位 DAC 的输出按比例求和（$OUT_1 + OUT_2/2^n$）来构成 $2n$ 位 DAC？

练习 13.11　验证伪随机噪声发生器的峰值输出（见图 9.94）为 ±8.68V。

第14章
计算机、控制器和数据链路

在本章和下一章中，我们会介绍一些关于计算机和控制器的相关知识。计算机和控制器理论涉及的内容很多，我们很难在这两章中把这些内容全部讲完，因此在电子电路设计的背景下，我们主要介绍的是：①如何将外部电子设备连接到计算机；②如何使用微控制器制作嵌入式电子设备或仪器。

本章将介绍计算机和数据总线的基本工作原理，以及如何创建数据接口。在本章中，我们会简要地回顾一些计算机的基础知识：计算机的体系结构、处理器和存储器等硬件设备，以及总线时序和指令集，并讲解硬件接口，以及利用连接到并行总线上的端口⊖完成数据输入/输出的程序设计。最后，我们回顾了一些常用的串行数据总线——FireWire、USB、CAN 总线、以太网，以及无线连接技术（WiFi、蓝牙、Zigbee 等）。

第 15 章将介绍嵌入式微控制器，这种芯片价格低廉且功能强大，可以使日常生活中几乎任何电子产品智能化。

基本术语

大型机、CPU、小型计算机、微型计算机、微处理器、微控制器等术语都代表什么意思？这些专业术语的混乱在一定程度上归咎于历史，人们曾使用"微型计算机"来描述将中央处理器集成到单个芯片的计算机，而不是用它来描述全部由较小的逻辑芯片构成的电路板。

名称上的差别并不重要，重要的是计算机和嵌入式控制器用途的区别：前者主要用于对数据进行运算处理，而后者往往被整合到其他非计算机的电子设备中。前者主要体现为个人计算机、笔记本计算机，以及大型服务器；后者体现为运行在电动牙刷、浴室秤、电视和立体声等设备上的主控芯片。一般来说，计算机中使用的微处理器是专门针对计算性能进行优化的，它们往往价格昂贵，并且需要支持复杂的"芯片组"才能正常工作。相比之下，用于嵌入式设计的微控制器为了独立运行而牺牲了计算性能，在同一芯片上集成了尽可能多的外围设备；它们往往价格便宜，功耗低，而且不需要协同其他芯片组工作。图 14.1 形象地说明了用于嵌入式应用的计算机处理器的小型化进程。

实际上，我们在本章中谈到的计算机，其本身的设计，如存储器、磁盘和 I/O 端口的集成、系统程序设计和应用程序的开发等，已经由设备制造商设计完成；使用者只需要考虑一些专用接口和用户编程的工作。相比之下，在嵌入式控制器中，电路的设计和硬件的选择，以及所有的编程工作，全部都是由设计者完成的。计算机制造商通常致力于把计算机系统和应用软件作为一个整体提供给用户；而微控制器制造商（半导体公司）则侧重于设计和销售一些更新、更好的芯片。

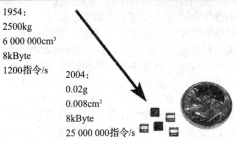

1954:
2500kg
6 000 000cm³
8kByte
1200指令/s

2004:
0.02g
0.008cm³
8kByte
25 000 000指令/s

图 14.1　从大型机到微控制器：50 年的计算机发展历史

14.1　计算机架构：CPU 及数据总线

尽管计算机和微处理器领域技术变革很快，但计算机的架构仍可以广泛应用到整个数字电子学领域。图 14.2 中显示了传统的面向总线的计算机架构。

⊖　我们之所以选择 PC104/ISA 总线，是因为其简单性和稳定性已被多数嵌入式开发人员熟知。

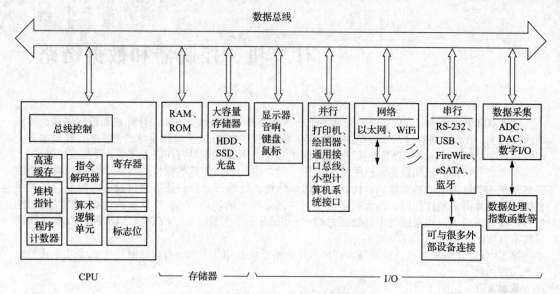

图 14.2　传统的面向总线的计算机架构

　　这个思路是通过一组共享的连接线（即数据总线）来连接所有设备的，而不是各个设备点对点连接。总线的方式可以使用更少的连接线，而且通常由 CPU 负责处理大多数事务，所以没有必要使用单独的数据链路把计算机内部各部分相连以实现最理想的性能⊖。例如，如果 CPU 想要在随机存取存储器（RAM）中的某个地址存储一个字节，它会把地址信息和数据放到一组总线上（称为地址总线和数据总线），然后发送一个写信号，接下来 RAM 就会开始识别地址，并接收数据。如果 CPU 想要读取存储在 RAM 中某地址的一个字节，它会把地址信息放到总线上，然后发送一个读信号，此时 RAM 就会识别对这个数据的读请求，并将相应地址的字节放在数据总线上。综上所述，我们可以用同样的方式与总线连接的其他设备进行双向通信。

　　如图 14.2 所示，让我们从左至右仔细研究一下面向总线的计算机架构。

14.1.1　CPU

　　中央处理器（CPU）是计算机的核心。CPU 对计算机中某一字长的数据块进行计算，字长的范围可以从 4 位到 64 位或更多，当代计算机中最常用的字长是 32 位或 64 位。一个字节是 8 位（4 位有时也被称为半字节）。CPU 中的指令译码器可以从内存中读取指令并对其译码，进而得出计算机在不同场合下应该做什么。CPU 有一个算术逻辑单元（ALU），可以对寄存器或内存中存储的数据执行指令规定的操作，如加法、求补、比较、移位、传送等。程序计数器能够跟踪正在执行的程序的当前位置，它通常在每条指令之后递增，但是在执行"转移"或"子程序调用"指令之后，它会跳转到新的值。CPU 中的总线控制电路用来处理 CPU 与存储器和 I/O 接口之间的通信。CPU 中还有一个堆栈指针寄存器（稍后详细介绍）和一些用于测试条件分支的标志位（如进位、零、符号）。同时，所有的高性能处理器还包括高速缓存存储器，它保存最近从内存中提取的数据和指令，以便 CPU 可以更快地访问这些数据和指令。

　　当代高性能微型计算机通常会采取"并行处理"技术来提高性能，通过几个 CPU 相互连接，每个 CPU 都有多个 ALU；之后由高密度芯片将多个 CPU 集成到"多核"架构中，来获得更大的运算能力。然而，为了便于大家理解，也为了描述清楚计算机与接口的基本原理，本节只讨论串行执行指令的单 CPU 计算机：仅做读、写、执行指令等操作。

⊖　这种多点并行总线在小型计算机时代（例如 DEC 的 Unibus）和微型计算机时代被广泛使用（以 IBM 的"工业标准架构"总线或 ISA 的形式，这种形式目前仍是 PC104 嵌入式设备的标准形式）。但是现在总线已经演变为更复杂的形式，当代 PC 具有多样的总线和连接桥，例如前端总线、PCI 和 PCIe、北桥和南桥等，旨在优化高速通信（例如内存传输），而且不会因低速通信（例如外围设备）影响传输速度。此外，正如我们稍后将要看到的，尽管共享线路优雅又经济，但对于高速通信而言，采用"点对点"连接方案比多点多总线方案更为适合。

14.1.2　存储器

计算机有一些快速的随机存取存储器[⊖]，称为 RAM。一台普通的计算机的内存通常有几 GB，而一个嵌入式微控制器通常只有 $4\sim 64\text{KB}^{\ominus}$。RAM 在进行读和写时，其消耗的时间大约为 100ns。在计算机中使用的高密度 RAM 模块（DRAM[⊜]）通常是易失性的，这意味着当电源断电时，它存储的信息会丢失。因此，所有的计算机都使用一些叫作 ROM（Read-Only Memory）的非易失性存储器（如 flash ROM）来引导计算机，即打开电源后通过执行该存储器存储的指令引导计算机开始工作。对嵌入式控制器而言，它的全部指令都保存在非易失性存储器中。

为了在存储器中存取信息，CPU 需要进行寻址。大多数计算机按字节寻址，从第 0 字节开始，按顺序寻址一直到存储器中的最后一个字节。因为大多数计算机字长是几个字节，所以以字节为单位进行存取操作，这通常通过使用宽度为多个字节的数据总线加速完成。

在程序执行期间，程序和数据都保存在存储器中。CPU 从存储器中获取指令，并根据指令的要求，对存储在存储器其他地方的数据进行相应的操作。传统的计算机通常将程序和数据存储在同一存储器中（冯·诺依曼架构），但计算机本身不知道其存储内容的区别。如果程序出错，而此时我们正在处理数据，可能会产生严重的后果。相比之下，嵌入式控制器通常使用哈佛架构，数据和程序分开存储，后者存储在非易失性存储器中（闪存或 EEPROM）。

由于计算机的大部分时间花在处理相对较短的指令序列上，因此可以通过使用一个容量小且存取速度快的高速缓存来提高性能，在高速缓存中通常存储内存中使用最频繁的内容。CPU 从速度相对较慢的主存储器存取数据前，会先查询这个高速缓存，通常 CPU 所需信息中超过 95％的内容都存储在这里，这可以极大地提高程序的执行速度。

14.1.3　大容量存储器

与嵌入式控制器相反，用于程序开发或计算的计算机通常使用非易失性大容量存储设备，如硬盘（HDD）、固态硬盘（SSD）和可移动光盘（CD、DVD、蓝光光盘）；可移动光盘有只读和可重写两种形式，而硬盘和固态硬盘总是可重写的。电子产品更新换代的速度很快，脱离时代背景去谈产品性能是很荒唐的，因此，我们只对当代产品性能做简要描述：我们现在正处于 TB 级别的硬盘、16GB ROM 和 1GB RAM 的时代，这比我们上一版讲的大 $10^3\sim 10^4$ 倍。

14.1.4　显示端口、网络端口、并行和串行端口

显示端口、网络端口、并行和串行端口是大多数计算机都有的标准接口，它们用于计算机与用户、网络和外部硬件的通信。我们假定读者对它们有基本的了解，但是值得注意的是，并行接口（如内部 IDE 和 SCSI，以及外部 LPT 打印机接口）如今已经逐渐过时，取而代之的是快速串行接口（如 SATA、USB、FireWire、以太网等）；与并行接口相比，串行接口的性能更好，电路布线更为简洁，电噪声更小。我们将从 14.5 节开始讨论并行接口和串行接口通信。

14.1.5　实时 I/O

对于实验、过程控制以及数据记录的场合，或者语音和音乐合成等一些特殊的应用，往往需要 A/D 和 D/A 设备与计算机进行实时通信。通过一套通用的多路复用 A/D 转换器（ADC）、一些快速 D/A 转换器（DAC）和一些用于数据交换的数字串行或并行接口，可以做很多有意义的事情[⊗]。从美国国家仪器公司提供的大量产品可以看出，这种通用外设在商业上可用于大多数常用的计算机总线，包括计算机内部的 PCI 和 PCIe 以及外部的 USB、以太网等。外部端口具有简单、灵活和数字噪声污染小等特点，在现在的应用中使用得越来越多。我们还可以自行设计来满足定制化需求，比如更高的性能，更快的速度，更多的通道或是一些特殊用途的功能（如音调产生、频率合成、时间间隔产生等）。以上就是总线接口知识和编程技术的用途，在生活中处处可见，因此它的重要性不言而喻。

⊖　之所以如此命名，是因为用户可以访问任意地址的数据，这与移位寄存器或 FIFO 等有所不同。

⊖　当用来描述内存大小时，K 并不代表 1000，而是 1024 或 2^{10}；因此，16K 字节（16KB）实际上是 16 384 字节。通常我们使用小写字母 k 表示 1000。

⊜　动态 RAM：一种存储器类型，其中的数据位作为电压状态被短暂存储在微型片上电容器上，其电荷必须定期刷新。相比之下，静态 RAM（SRAM）将每个位保持为翻转状态，不需要刷新。DRAM 更紧凑，每位仅需一个晶体管（1T），而 SRAM 需要六个（6T）。相较于闪存 ROM 或 EEPROM，SRAM 和 DRAM 都是易失的。

⊗　而且不要忽略不起眼的声卡（通常集成在主板上），它常用于实验室中不需要直流耦合的非临界音频速率应用中。最好的声卡可以在 16 位分辨率下进行 192kb/s 的多通道采样。

14.1.6　数据总线

CPU 和内存或外设之间的通信是通过总线实现的，总线是用于交换数据的一组公用导线。相比用导线把每一个外设都与 CPU 连接，使用公用导线极大地简化了内部线路[⊖]。只要在总线的设计和实现上稍加注意，CPU 和外设都可以正常工作。

随着技术的演变，总线已经有了很高的速度和复杂程度，因此现在需要相当多的专业知识来建立接口。为了便于讲解总线的原理，我们将以一种更简单的 PC104/ISA 总线来讲解总线与接口的基本原理。

一般来说，数据总线包含一组数据线、一组地址线以及一组控制线。数据线的位数通常与计算机字长相同，一般小型处理器和控制器为 8 位，较复杂的微型计算机为 16～64 位；地址线一般用来确定数据交换双方的地址；控制线用来确定需要进行的操作，如与 CPU 交换数据、中断处理、直接内存访问传输等。所有的数据线，以及一些其他的总线信号是双向的，它们由三态设备驱动，或者在某些情况下通过带有上拉电阻的集电极开路门（OC）来驱动（通常在总线的末端用作终结器，以减小反射）。如果总线长度较长，则三态驱动器也需要上拉电阻。

使用三态或集电极开路门是为了使连接到总线的设备可以禁用其总线驱动器；因为在正常操作中，在同一时刻只有一个设备在总线上发送数据。每台计算机都有明确的传输协议，用于确定哪个设备发送数据以及何时发送。如果没有明确的协议，多个设备在同一时刻发送数据，就会造成数据传输的混乱。

我们将以 8 位 PC104 为例详细介绍总线，但首先我们需要了解 CPU 的指令集。

14.2　计算机指令集

14.2.1　汇编语言和机器语言

为了理解总线信号和计算机接口，必须理解 CPU 在执行各种指令时的操作。这里我们介绍 PC104 计算机中使用的 Intel x86 系列处理器配套的指令集。当然，现实中大多数微处理器的指令集往往更为复杂且包含很多其他特性（包含对之前处理器的兼容），Intel x86 系列也不例外。由于我们的目的仅仅是讲解总线信号和接口的基础知识，并非讲解复杂的编程，因此我们将通过讲解更有代表性的 x86 指令集的子集来讲述总线信号和接口的相关知识。通过去掉额外的指令，我们可以得到一组紧凑的指令集，这些指令集既方便理解，又足够完整以完成大多数编程任务。然后我们将通过这个指令集来展示一些接口和编程的例子。这些示例将有助于在更底层的机器语言级别上帮助大家理解编程思想，这与 C 或 C++ 等高级语言中的编程思想截然不同。

首先来看一下"机器语言"和"汇编语言"。我们之前提到过，计算机的 CPU 可以将特定的代码解释为指令，并执行指令指定的操作。机器语言由一组二进制指令组成，每个指令可能占用一个或多个字节。例如，对 CPU 寄存器的内容递增 1 是一条单字节指令，而把某个存储器地址存储的内容装载到寄存器中通常需要至少两个字节，甚至可能多达五个字节——第一个字节确定操作类型和目的寄存器，还需要另外四个字节来指定内存单元。不同的计算机有不同的机器语言，而且没有统一的标准。

因为计算机最终要处理的是二进制数，采用机器语言编程必须编写计算机可识别的二进制指令，且二进制指令的每一位都必须完全合乎规范，所以直接用机器语言编程是非常烦琐的。相反，我们可以使用汇编语言，通过容易读懂的文本形式编写每条指令，使用简单的助记符表示指令，并对内存位置和变量使用自己选择的符号名。这种汇编语言程序由一个纯文本文件组成，然后由一个称为汇编处理的程序进行汇编处理，生成计算机可以执行的机器语言指令。汇编语言代码的每一行对应一条机器语言指令，每条机器语言指令将转换为几个机器语言字节（对于 x86 来说是 1～15 字节）。值得注意的是，计算机不能直接执行汇编语言指令。为了使编程更加具体，我们先介绍一下 x86 汇编语言指令子集，然后给出几个编程示例。

14.2.2　简化的 x86 指令集

x86 系列处理器（Intel、AMD 和 VIA）拥有丰富且特殊的指令集。当初指令集设计的目标是保持与原始 8 位 8080 处理器的兼容，这导致了该指令集的复杂性。之后 x86 家族中更复杂的处理器，例如

⊖　在 CPU 内部也采用了这种设计，在 CPU 内部，有一组内部数据总线用于算术逻辑单元（ALU）与寄存器之间的通信，而且对于将 A/D 转换器和 USB 端口等外围设备集成到同一芯片上的微控制器而言，其外部总线的工作是借助片上总线来实现的。

奔腾、Core 2、i3/i5/i7、Xeon 等虽然增加了许多额外的指令，但仍然保留了对原始的 x86 指令集的兼容性。在这里我们去掉了一些复杂的指令，只保留了 10 个算术操作和 11 个其他操作，见表 14.1。

1. 总览

表 14.1 中的前 6 条算术指令作用于两个操作对象，我们将其缩写为 b、a，m 表示存储器某单元的内容；r 表示 CPU 寄存器的内容，在原始的 8086 CPU 中为 8 位；imm 表示立即数，它是一个数值，存储在指令之后的 1~4 字节的内存单元中。例如指令：

```
MOV   count,CX
ADD   small,02H
AND   AX,007FH
```

参数的形式分别为上表中的 m、r，m、imm 和 r、imm。第一条指令把寄存器 CX 的内容复制到一个我们命名为 count 的内存单元；第二条指令给命名为 small 的内存单元的内容加 2；第三条指令清除 16 位寄存器 AX 的高 9 位，同时保留低 7 位不变，这就是所谓的屏蔽操作。这里注意 Intel 规定的参数修改规则：总是前一个参数被后一个参数替换或被后一个参数修改。

该表中的最后四个算术操作指令仅针对单个操作对象，该操作对象可以是寄存器或存储器单元。例如

```
INC   count
NEG   AL
```

第一条指令给名为 count 的存储单元内容加 1；第二条指令求寄存器 AL 的相反数。

2. 寻址

在讲下面的内容之前，我们先说一下寄存器寻址和存储器寻址。如图 14.3 所示，原始的 8086 具有 8 个通用寄存器，大多数寄存器都有特殊用途。

表 14.1　简化的 x86 指令集

指令操作	指令名称
算术指令	
MOV b,a	传送字或字节
ADD b,a	加法
SUB b,a	减法
AND b,a	与运算
OR b,a	或运算
CMP b,a	比较
INC rm	加 1
DEC rm	减 1
NOT rm	取反
NEG rm	取补
堆栈指令	
PUSH rm	把字压入堆栈
POP rm	把字弹出堆栈
控制指令	
JMP label	无条件转移指令
Jcc label	条件转移指令
CALL label	过程调用
RET	过程返回
IRET	中断返回
STI	中断标志置 1 指令
CLI	中断标志置 0 指令
输入/输出指令	
IN AX, port	I/O 端口输入
OUT port, AX	I/O 端口输出

寄存器（AX~DX）既可以用作单个 16 位字寄存器（例如 AX），又可以用作一对字节寄存器（例如 AH 和 AL），它们分别表示一个字的高 8 位和低 8 位⊖。BX 和 BP 寄存器可以用来保存地址，SI 和 DI 寄存器也可以保存地址，它们通常用于寻址。循环指令通常使用寄存器 CX，乘/除和 I/O 指令会使用寄存器 AX 和 DX。

指令中使用的操作数可以是立即数、寄存器中保存的值或存储器中的值。如上例所示，立即数直接给出，寄存器中的数值以寄存器名给出。x86 提供了 6 种对存储器的寻址方式，图 14.4 中描述了其中三种寻址方式。汇编语言可以直接命名变量，在指令中使用该变量时，变量的地址将在紧随指令的两个字节中给出。我们还可以将变量的地址放入寄存器（BX、BP、SI 或 DI）中，然后可以使用指令通过寄存器间接找到该变量的地址。我们也可以在基址寄存器的值上添加位移量以获取所需变量的地址。如果地址已经加载到基址寄存器中，使用寄存器间接寻址比直接寻址速度更快；如果要对整个数据集（字符串或数组）执行某些操作，使用间接寻址会更加便利。下面给出一些寻址示例：

```
MOV   count,100H   (direct,immediate)
MOV   [BX],100H     (indirect,immediate)
MOV   [BX+1000H],AX (indexed,register)
```

⊖ 后来 x86 CPU 将这些寄存器扩展到 32 位，并有额外的 64 位寄存器。

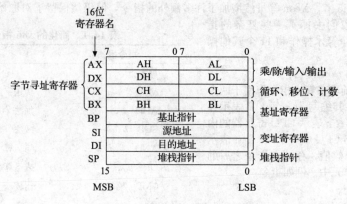

图 14.3　8086 的通用寄存器

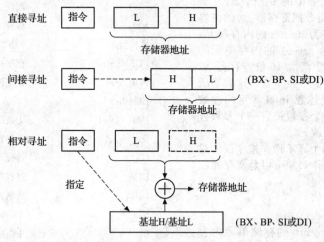

图 14.4　部分寻址方式

注意，在执行后面两个指令时，假定我们已经在 BX 寄存器中存储了地址。最后一条指令将 AX 的内容复制到比 BX 指向的内存单元高 4K 字节（1000H）的内存地址。在后面我们还会给出一个示例，介绍如何利用这些指令来复制数组。

x86 存储器寻址还有更多内容没有介绍，上述任一寻址方式生成的地址都不是实际物理地址，这点从基址寄存器 BX 就可以看出，BX 仅有 16 位，只能寻址 64K 字节的存储器。实际上，上述地址称为偏移地址；要想获得物理地址，还需要在偏移地址上加上 20 位基数，这个基数是通过将 16 位段寄存器（CS、DS、ES 和 SS）的内容左移 4 位而形成的。换句话说，由于 16 位段寄存器的限制，x86 允许我们一次访问 64K 字节的存储器，所有"段"的总内存大小为 1MB。8086 中使用 16 位寻址是从早期的微处理器继承来的，现在看来，使用这种寻址方式并不方便。好在后续推出的处理器如 80386 及更高版本进行了改正，整个过程都使用 32 位或 64 位寻址[⊖]。为了不使示例变得复杂，我们将忽略所有段地址；但在实际操作中，必须考虑段地址的存在。

3. 指令集总览

接下来讲解堆栈操作指令 PUSH 和 POP。堆栈是内存的一部分，它以一种特殊方式分配内存：当数据压入堆栈时，堆栈指针将指向下一个可用单元（堆栈的顶部）；当弹出数据时，数据首先从顶部取出，虽然堆栈顶的数据是最后压入堆栈的。因此，堆栈是一个连续的数据列表，存储方式是后进先出（LIFO）。

图 14.5 显示了堆栈是如何工作的：堆栈位于普通 RAM 中，CPU 的堆栈指针（SP）始终指向堆栈当前"顶部"的位置。8086 的堆栈以字为单位存储数据，并且在将数据压入时，堆栈占用的内存

⊖　在通往实际物理内存的途中，还增加了一个间接层（使用页表实现的虚拟内存）。

会向低地址扩展。在每次 PUSH 之前，SP 的值会自动减 2，在每次 POP 之后，SP 的值会自动增加 2，从而达到它始终指向堆栈顶的目的。在该示例中，寄存器 AX 中的 16 位数据通过指令 PUSH AX 复制到堆栈的顶部，SP 指向最后被压入的字节；POP 指令刚好可以实现该过程的逆过程。下面我们将介绍堆栈在子程序调用和中断中的作用。

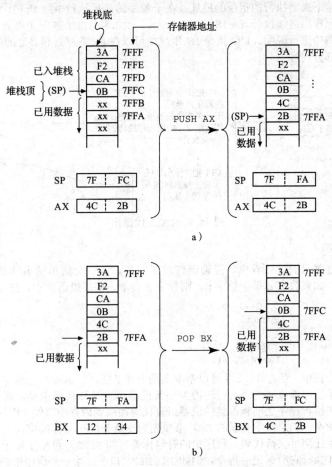

图 14.5　堆栈操作：a）PUSH 操作，用寄存器 AX 做演示；
b）POP 操作，用寄存器 BX 做演示

　　JMP 指令可以使 CPU 不按顺序执行指令，遇到 JMP 指令后，CPU 转向 JMP 指示的指令去执行。条件跳转有十种不同的情形，通常用 Jcc 表示，它将测试位于 CPU 中的状态标志寄存器，并根据设置条件的满足情况决定是否跳转。程序 14.1 给出一个例子，这个例子是将 100 个字从以 1000H 开始的数组复制到以 1400H 开始的新数组。

程序 14.1

```
        MOV  BX,1000H      ;put array address in BX
        MOV  CL,100        ;initialize loop counter
LOOP:   MOV  AX,[BX]       ;copy array element to AX
        MOV  [BX+400H],AX  ;then to new array
        ADD  BX,2          ;increment array pointer
        DEC  CL            ;decrement counter
        JNZ  LOOP          ;loop if count not zero
NEXT:   (next statement)   ;exit here when done
```

　　由于 8086 不允许从内存直接到内存的操作，因此存储器中数组的值必须通过寄存器（这里用 AX）传递。在第 100 次循环结束时，CL＝0，此时非零转移（JNZ）指令不进行跳转。这个示例的代

码可以实现数组的复制，但是在实际中，我们还可以用其他高级 x86 指令来实现数据的传递，从而使传递的速度和效率更快，在此不做赘述。此外，在编程的过程中，使用变量名来代替常数（例如 400H 和 1000H）和数组是一种好的编程习惯。

CALL 语句是子程序调用指令，与跳转不同的是，它将程序返回地址压入堆栈；返回地址是程序不进行跳转时系统接下来要执行的指令的地址。在子程序的最后执行 RET 语句，把返回地址从堆栈中弹出，以便返回原程序继续执行（见图 14.6）。STI、CLI 和 IRET 这三个语句与中断有关，我们将在本章后面的示例中进行说明。I/O 指令 IN 和 OUT 可以在 AX 寄存器和寻址的端口之间传输数据，后续会详细介绍这部分内容。

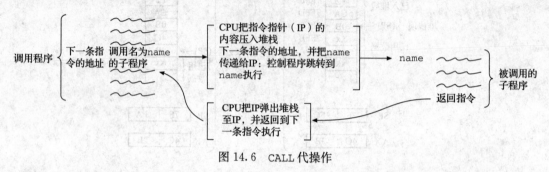

图 14.6　CALL 代操作

14.2.3　编程示例

从上面的数组复制示例可以看出，汇编语言过于冗长，做一个简单的事情都需要烦琐的步骤。这里还有一个例子：如果数字 n 等于数字 m，则数字 n 自增。在高级语言中，这只是一条语句。

```
if (n==m) n++;        (C, C++, Java)
if n==m:              (Python)
 n+=1
IF (N.EQ.M) N=N+1     (FORTRAN)
if n=m then n:=n+1;   (Pascal), etc
```

而在 x86 汇编语言中，程序 14.2 才可以基本实现上述功能。汇编程序会将这组助记符转换为机器语言，通常将汇编程序源代码的每一行转换为一条机器语言目标代码指令，每条指令占用多个机器语言字节；并且在执行程序之前将得到的机器语言代码加载到内存中以便 CPU 执行。我们可以使用汇编语言中的伪指令（如定义字变量的 DW）来预先为变量分配一些存储空间，之所以称它为伪指令，是因为它不产生任何可执行代码。程序中的符号标签（如 NEXT）可用于标记指令，通常只有在跳转到该位置时，才执行它所标记的指令，例如 JNZ NEXT 指令。给一些程序中的某些位置添加注释（以分号开始）可以方便编程，后面再回顾这段程序时，之前写的注释会给我们一些提示，让我们能很快想起这段程序所实现的功能。

程序 14.2

```
n   DW 0    ;n (a "word") lives here, and
m   DW 0    ;m lives here, both initialized to 0
     MOV  AX,n  ;get n
     CMP  AX,m  ;compare
     JNZ  NEXT  ;unequal, do nothing
     INC  m     ;equal, increment m
NEXT:   (next statement)
      o
      o
      o
```

使用汇编语言进行编程很麻烦，但有时可以使用汇编语言编写一些让高级语言调用的子程序，以便实现紧凑的循环程序，或处理输入/输出异常。汇编语言通常比高级语言编写的程序运行更快，常常在速度要求较高的场合使用它们。目前 C 和 C++ 等高级语言正不断发展，在很多场合都可以替代汇编语言进行编程。但是如果我们不了解汇编语言与 I/O 接口的本质，就无法真正理解计算机接口。

14.3　总线信号和接口

典型的微型计算机总线具有 50～100 条信号线，专门用于数据、地址和控制信号的传输。PC104/ISA 总线是典型的小型机总线，它有 53 条信号线以及 8 条电源线和地线。下面我们将从建立总线开始逐步讲述总线的相关知识，首先从最简单的数据交换所需的信号线开始，并逐渐引出其他信号线。本章还将介绍一些实用的接口示例。

PC104 总线信号通过 64 针（每排 32 针，共 2 排）堆叠式连接器在板间传递，它作为上层板的插座，同时作为下层板的插头。图 14.7 显示了一个 PC104 堆叠连接器，CPU 位于高分辨率的高速 ADC 外围板之上。

图 14.7　一个 PC104 CPU 主板（顶部），并具有快速 ADC（底部）。该 CPU 包括串行和并行 I/O、USB、视频、键盘、鼠标、硬盘以及网络端口，还包括一对 14 位 10Msps ADC、数字端口和存储器。可以在右下角边缘看到 PC104 堆叠式总线：8 位总线为 2×32 引脚；16 位总线再扩展 2×20 引脚，共有 104 个引脚

14.3.1　基本总线信号：数据、地址和选通

要在公用总线上传输数据，我们必须首先明确数据的接收方以及数据传递的有效时间。因此，总线必须有用于传输数据的数据线、用于传输 I/O 设备地址或存储器地址的地址线以及一些用于指示何时传输数据的选通线。通常，计算机中的数据线条数与数据位数相同，可以一次传输整个数据；但是在 8 位 PC104 中[⊖]，只有 8 条数据线（D0～D7），只可以在一次传输中传送一个字节，如果想要传输一个 16 位的字，必须进行两次传输。地址线的数量决定了可寻址设备的数量，CPU 通常有 16～32 条地址线，对应 64KB～4GB 地址空间；通常用于 I/O 端口的地址总线可能只有 8～16 位，对应 256～64K 个 I/O 设备。PC104/ISA 通过总线与存储器和 I/O 端口进行通信，并具有 20 条地址线（A0～A19），对应 1MB 的地址空间。

最后，数据传输通过总线上附加的"选通"的脉冲进行同步。可以通过两种方式完成此操作：第一种是使用单独的 READ 和 WRITE 线，通过读写脉冲同步数据传输；第二种是使用一根数据选通线（DS）和一根 READ/$\overline{\text{WRITE}}$ 线（R/$\overline{\text{W}}$），在 DS 上的选通脉冲使数据传输沿 READ/$\overline{\text{WRITE}}$ 线上的电平指定的方向同步。PC104/ISA 使用第一种方案，它具有 $\overline{\text{IOR}}$、$\overline{\text{IOW}}$、$\overline{\text{MEMR}}$ 和 $\overline{\text{MEMW}}$ 四条读/写线（低电平有效），分别代表 CPU 与存储器和 I/O 端口的读/写操作，即它们都有单独的一对 READ/WRITE 选通脉冲。

这些总线信号（数据、地址和四个选通脉冲）通常是进行简单数据传输所必备的。但是，在 PC104 总线上，我们还需要一个称为 ADDRESS ENABLE（AEN）的信号线，以区分正常的 I/O 传输和直接内存访问（DMA）方式。我们将在 14.3.10 节中介绍 DMA，现在只需要知道 AEN 对于 I/O 传输为低电平，对于 DMA 传输为高电平。下面将介绍 PC104 的 33 个总线信号：D0～D7、A0～A19、$\overline{\text{IOR}}$、$\overline{\text{IOW}}$、$\overline{\text{MEMR}}$、$\overline{\text{MEMW}}$ 和 AEN。

14.3.2　I/O 编程：数据输出

在计算机总线上最简单的数据交换方法称为 I/O 编程，数据是通过程序中的 IN 或 OUT 语句传输的，IN 和 OUT 的方向是所有计算机制造商共同规定的——IN 始终指向 CPU，而 OUT 始终来自 CPU，因此数据输出的整个过程（和内存写入）简单且清晰（见图 14.8）。CPU 把接收方的地址和要发送的数据放在相应的总线上，并把写数据的选通脉冲 $\overline{\text{IOW}}$ 声明为低电平，以向接

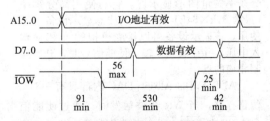

图 14.8　I/O 写周期时序图。计时单位为 ns。注意，时序图可能未按比例绘制

⊖　PC104/ISA 规范允许 8 位和 16 位总线。为了简单起见，我们将使用 8 位版本。

收端发送信号。在 PC104/ISA 8 位总线上，要保证地址在 $\overline{\text{IOW}}$ 变为低电平之前约 100ns 时有效，并且保证数据在 $\overline{\text{IOW}}$ 变为高电平前约 500ns 内有效，并在其变为高电平后数据应再保持 25ns。外设会不断查看地址和数据线，当看到自己的地址被选通时，它把 $\overline{\text{IOW}}$ 脉冲的后沿用作时钟信号，将信息锁存到数据线上。以上就是数据输出的全部过程。

1. 示例：8 位寄存器

图 14.9 展示了这种简单的逻辑过程。当地址线输出的地址 A15..0 为该外设分配的地址时，地址译码将产生高电平的地址匹配输出，这使与非门在 $\overline{\text{IOW}}$ 变为低电平（CPU 向外设发送写信号）时产生一个输出脉冲。脉冲后沿就会将传出数据锁存到一个字节宽的 D 锁存器中。上述过程我们可以简单地总结为"数据通过写信号锁存到由地址译码确定的锁存器中"，其中一定要注意，我们使用 $\overline{\text{IOW}}$ 的后沿实现 D 锁存器锁存操作，这是因为数据在它的前沿尚未有效，但在后沿可保证有效。实际上，数据相对于该边沿具有充足的建立时间，它的建立时间 $\geqslant$ 474ns（保持时间 $\geqslant$ 25ns）。我们以前还介绍过摩托罗拉用传输方向线和选通线（R/$\overline{\text{W}}$ 和 DS）传输总线信号的过程，它使用这两个信号线替代了英特尔的 $\overline{\text{IOR}}$ 和 $\overline{\text{IOW}}$ 线。

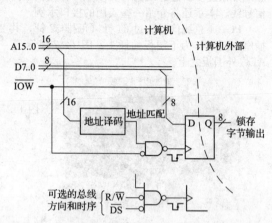

图 14.9 编程数据输出：如果地址线出现了外设的分配地址，则由 CPU 在数据线上发送的字节将通过写脉冲锁存到外部设备。为简单起见，我们忽略了 PC104 的 AEN 信号（图 14.10 为带有 AEN 信号的传输）

这个接口的汇编代码非常简单。如果我们想发送的数据已经存放到了寄存器 AL 中，只需要编写如下代码：

```
OUT 3F8h, AL ; (send to port adr =
3F8 hex)
```

接下来处理器开始执行代码，产生的总线信号如图 14.8 所示。首先，CPU 把特定地址 3F8h（十六进制）[⊖]发送到地址线 A9..0 上，然后发送 $\overline{\text{IOW}}$ 高电平信号，并将 AL 中的字节放入数据线 D7..0，最后它把 $\overline{\text{IOW}}$ 置为低电平，并开始传输数据和地址。传输完成之后，处理器获取并执行下一条指令。

2. 示例：16 位 xy 矢量图形显示

图 14.10 显示了一个更完整的示例，在该示例中我们将一对高分辨率（16 位）D/A 转换器连接到 PC104 上的 8 位总线，以驱动高分辨率矢量图形显示屏。它与使用高分辨率（最大 64k×64k）的 XY 示波器显示设备一起使用，该显示设备可以接受模拟的 x 和 y 输入电压，并在收到 z 输入使能信号时，开始绘制相应的点。

ADI 公司的 AD660 DAC 内部具有一对 8 位寄存器，当 $\overline{\text{WR}}$ 线被触发时，通过使能信号 $\overline{\text{HBE}}$ 和 $\overline{\text{LBE}}$（对应高字节和低字节）来把数据写入这对寄存器；之后，将这对寄存器内

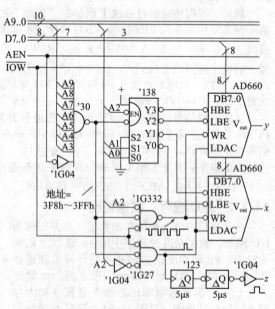

图 14.10　PC104 8 位总线上的双通道 16 位 DAC 接口

⊖ 3F8h 是 x86 的默认串行端口。

容传输到内部 16 位寄存器，该寄存器保存要转换为输出电压的值（见图 14.11）。这种方案可以防止错误输出，这使得我们可以先将 16 位数据按字节先后传输，然后将它们同时传递到 DAC 输出。但是，与图 14.9 的单字节宽寄存器输出端口相比，它确实要复杂一些。

对于此接口，我们以 8 个连续的字节（地址 3F8h～3FFh 或二进制 1111111xxx）为例，选择基地址为 3F8h（二进制 1111111000）。8 输入与非门检测到此地址范围，并且此时 AEN 为低电平时⊖，它的输出使 3-8 译码器使能，该译码器通过两条低位地址线（A1 和 A0）选择有效输出，以便通过对地址 3F8h、3F9h、3FAh 和 3FBh 进行写操作，将 x 和 y 数据写入对应 AD660 芯片的 $\overline{\text{HBE}}$ 和 $\overline{\text{LBE}}$ 端口。传输完成后，这些字节通过写 3FCh 端口即可产生有效的 LDAC 信号，从而将加载的字节传送到数据端。请注意，最后可"写入"任意数据，因为该电路会忽略 D7..0，而仅使用 $\overline{\text{IOW}}$ 信号和 3FCh 端口地址⊜。LDAC 脉冲还会生成一个延迟的 z 轴消隐脉冲，从而为 DAC 和矢量屏幕显示每个（x, y）点提供时间。

实际上，我们可以将所有逻辑（包括地址译码）组合到一个可编程逻辑器件中，如图 14.12 所示，我们还需要使用跳线来设置基地址。

14.3.3　xy 矢量显示程序

该接口的编程非常简单（程序 14.3 可以提供参考）。第一个点的 x 和 y 地址以及要绘制的点数必须作为参数传递给程序。显示程序可以作为一个子程序，这些参数可以传递到子程序进行调用。这段程序将 x 和 y 数组的首地址（即第一个 x 和 y 的地址）放入地址指针寄存器 SI 和 DI 中，并把绘制点的数量放入 CX。然后进入绘制程序的循环体，在该循环中，把 x 和 y 这一数据对分别发送到 I/O 端口 3F8h 和 3FAh。通过 x 和 y 数组的地址指针遍历该数组，并且 CX 计数器递减，当计数器减到 0 时，说明全部点被绘制完毕；然后将指针和计数器重新初始化，该绘制过程再次启动。其中 x 和 y 均为 2 字节（16 位）整数，代码使用 MOV 指令，并使用 16 位 AX 寄存器通过寄存器间接寻址获取每个字，然后在两个连续的写周期用 8 位数据总线把这个字发送出去。x86 处理器按照先低字节后高字节的顺序将多字节数据存储在连续的内存单元中⊜，并且起始地址总是从一个偶数字节开始，这就是为什么我们需要分配 LBE 和 HBE 这对地址的原因。

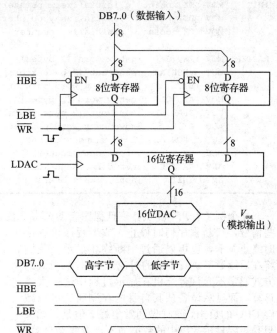

图 14.11　具有字节宽并行数据输入的双缓冲 AD660 16 位 DAC 的框图和时序图

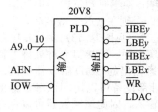

```
DACSEL=A9 & A8 & A7 & A6 & A5 & A4 & A3 & !AEN;
WR_BAR=DACSEL & IOW_BAR & !A2;
LDAC=DACSEL & IOW_BAR & A2;
LBEx_BAR=DACSEL & !A2 & !A1 & !A0;
HBEx_BAR=DACSEL & !A2 & !A1 & A0;
LBEy_BAR=DACSEL & !A2 & A1 & !A0;
HBEy_BAR=DACSEL & !A2 & A1 & A0;
```

图 14.12　图 14.10 的逻辑电路很容易装入 Lilliputian PLD，如 20V8。假设在 HDL 的头文件中定义了有效低电平，该代码是用逻辑声明编写的

⊖　将 AEN 置为高电平以发出 DMA 传输信号，因此对于普通的已编程 I/O，它必须为 LOW。
⊜　实际上，由于 3 输入门忽略了 A1 和 A0，我们称之为粗地址译码，因此该译码电路对于 3FCh～3FFh 范围内的任一地址均输出有效。
⊜　被称为小尾数，与"大尾数"的方案有所不同，后者的字节顺序在连续的内存位置中是从大到小的。

程序 14.3

```
                      ;routine to drive 16-bit xy DAC port
INIT:     MOV   SI,xpoint    ;initialize x pointer
          MOV   DI,ypoint    ;initialize y pointer
          MOV   CX,npoint    ;initialize counter

RASTER:   MOV   AX,[SI]      ;get x word (2 bytes)
          OUT   3F8H,AX      ;send out (2 byte xfers)
          ADD   SI,2         ;advance x word pointer
          MOV   AX,[DI]      ;get y word (2 bytes)
          OUT   3FAH,AX      ;send out (2 byte xfers)
          ADD   DI,2         ;advance y word pointer
          OUT   3FCH,AL      ;load x and y to DAC
          DEC   CX           ;decrement counter
          JNZ   RASTER       ;not done, send more
          JMP   INIT         ;done, start over}
```

这个例子有几个要点。一旦程序启动，将一直显示 (x, y) 数组。现实中程序应该可以检测某些信号，判断程序何时停止，或者程序可以定时终止显示，也可以通过中断终止显示（我们将在后续章节进行中断的讨论）。这种刷新式的方式通常不允许计算机在显示过程中进行大量计算，而显示设备从其自身内存刷新就可以减轻 CPU 的负担，这样做通常更好。但是，如果只是想要显示数组中的数据而不涉及复杂计算，那么上述程序和接口就是一个好的选择⊖。

14.3.4　I/O 编程：数据输入

I/O 编程的另一个方向是*数据输入*，它与数据输出过程类似。外设接口会像数据输出一样不断查看地址总线，如果看到自己的地址信息（且 AEN 为低电平），则在 $\overline{\mathrm{IOR}}$ 有效期间，它会把数据放入数据总线（见图 14.13）。图 14.14 是一个简单的硬件实现图，该接口允许处理器读取锁存在具有三态输出的 374D 触发器中的一个字节⊖。由于外部设备可以访问该触发器的时钟输入和数据输入，因此该触发器可以保存几乎所有种类的数字信息（如数字仪器的输出、A/D 转换器等）。图中地址＝200h 线的信号来自地址译码器（例如 PLD 或门电路，当 A9..0 包含二进制 1000000000 时会产生高电平）；为了方便说明原理，我们后续讲述的时候不再讲解这些次要的信息。

当执行 IN AL,200H 指令时，CPU 把 200H（十六进制 200，有时写为 0x200）发送到 A9..0 上，等待一段时间后，把 $\overline{\mathrm{IOR}}$ 线置为低电平并

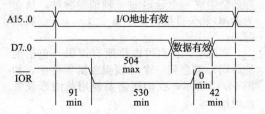

图 14.13　I/O 读时序，计时单位为 ns

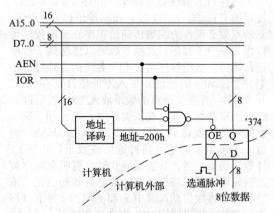

图 14.14　编程数据输入：如果地址线出现分配给外设的地址，则外设在 $\overline{\mathrm{IOR}}$ 脉冲低电平期间在数据线上发送其数据。'374 是具有三态输出的八进制 D 触发器

⊖ 在更复杂的实现中，读者可能会生成软件 z 轴脉冲，给一个触发器分配端口地址（例如 3FDh），并向其中写入一个 HIGH 位，经过一定的延时后再写入一个 LOW 位。脉冲宽度和延迟将由 CPU 计时器产生。另外，读者可以使用带有字节宽寄存器的端口地址，为电路添加可编程的硬件 z 轴脉冲发生器，以便软件可以设置硬件的延迟和脉冲宽度。

⊖ 正是由于共享（总线）数据线的普遍使用，许多芯片都具有三态输出，并由一个输出使能（$\overline{\mathrm{OE}}$）引脚控制。

持续 530ns。CPU 在 $\overline{IOR}$ 的后沿锁住它在数据线（D7..0）上读取的内容，然后置 A9..0 为无效。外设的职责是在 $\overline{IOR}$ 信号结束至少 26ns 之前将数据保存到 D7..0 上；这是一个相当宽松的时间，因为它接收信号到准备数据的时间至少为 504ns，而典型的逻辑门信号传递时间为 10ns，故 500ns 看起来非常宽松。

总线信号：双向与单向

在之前讲的两个示例中我们可以看到，一些总线是双向的（例如数据线），它们在写操作期间由 CPU 激活，而在读操作期间由外设激活。CPU 和外设都使用三态驱动器来驱动这些总线。其他的如 $\overline{IOW}$、$\overline{IOR}$ 和地址线，总是由带有标准高低电平的（主动上拉）驱动器芯片的 CPU 驱动。数据总线通常具有两种类型的线路，双向线路用于双向数据传输，而单向线路用于始终由 CPU 生成（或更准确地说，由关联的总线控制逻辑生成）的信号。对不同的传输过程有不同的传输协议，利用这些协议在 $\overline{IOW}$、$\overline{IOR}$ 和地址线有效时将总线激活，以防止总线竞争。

到目前为止，在 PC104 总线信号中，只有数据线是双向的，而地址线、AEN 和读/写选通线与 CPU 之间都是单向的。为了不给读者产生错误认识，请注意，对于更复杂的计算机系统，其允许总线上的其他设备成为总线的主控设备。显然，在这种系统中，几乎所有总线信号都必须是共享的并且是双向的。而 PC104/ISA 总线仅仅是一个简化的模型。

14.3.5　I/O 编程：状态寄存器

在上面最后一个示例中，计算机可以随时从接口读取一个字节，但是计算机如何知道什么时候应该读取呢？在某些情况下，我们可能能希望计算机以相等的时间间隔读取数据，这个时间间隔是由时钟决定的。也许计算机通过 OUT 指令控制 ADC 以规则的间隔开始转换，然后通过 IN 指令在几微秒后读取转换结果。这在一些数据采集的应用中是合适的，但是有些外部设备有特殊的需求，例如实时性要求，在这种情况下如果接口能与 CPU 通过沟通完成数据传送，CPU 就不需要空等，这样数据传输速率就会更高。

一个典型的例子就是通过键盘输入字母和数字。我们不希望输入的字符丢失，计算机必须获取所有输入的字符，并且不能有太多延迟。对于像磁盘或高速串行接口这样的快速设备，实时性就更为重要了，数据必须以高达 MB/s 的速率无延时传输。实际上，有三种方法可以解决这个问题：状态寄存器、中断和直接内存访问。我们首先介绍最简单的状态寄存器，如图 14.15 的键盘接口电路所示。

在此示例中，这种原始的 ASCII 码键盘原理很简单，敲击某个键时，它将相应的字节放入其数据输出线（KQ7..0）并在 STB 上生成一个短输出脉冲，如图 14.15 所示[○]。我们使用 STB 作为选通信号，将单字节宽的

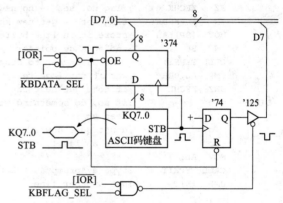

图 14.15　具有状态位的键盘接口，带括号的表示 PC104 总线信号

字符代码传送到 8 位 D 触发器中。如图所示，我们使用 8 位 D 触发器的三态输出来直接驱动数据总线，从而形成了标准的编程数据输入电路。KBDATA_SEL 引脚的输入来自前面示例中使用的常规地址译码电路，当 AEN 为低电平时，若此接口的地址出现在地址总线上，则它变为低电平。

此示例的独特之处在于它的触发器，触发器是一个 1 位状态寄存器，它会在键入字符时被置位，并在计算机读取字符时清除。如果有新的可用字符，则置为高电平，否则为低电平。计算机可以通过 IN 指令读取该设备相应端口来查询该状态位，并将其译码作为 KBFLAG_SEL 信号（使用门电路、译码器等）。我们只需要 1 位就可以传送设备的状态信息，因此接口的有效数据位仅为数据总线最高位。在这种情况下，状态信息通过 74LS125 三态缓冲器连接到数据总线（注意，双向总线不能使用有源上拉），三态缓冲器符号侧面的信号线为三态输出使能控制线，低电平有效。

○　该键盘缺少现代键盘的智能功能，现代键盘通常包括一个板载处理器，用于将键码转换为二进制格式，并通过 USB 硬件接口传递。它非常缺乏智能，但体现了我们自己的设计特色。

正如前文所述，此电路可以用标准逻辑电路来实现。此外，它与地址译码器也可以在可编程逻辑器件中实现，例如 XC2C32、XC9536、ATF2500、Mach4032，甚至是低端的 22V10 等。

1. 程序示例：键盘终端

现在我们知道通过查询状态标志位，计算机可以知道新数据何时准备就绪。程序 14.4 说明了计算机如何进行操作。这是一个从键盘上获取字符的示例，该键盘的数据端口地址为 KBDATA（在程序开头定义一些实际的数字端口地址是一种良好的编程习惯，其命名应与硬件译码地址 KBDATA _SEL 对应，如图所示）；每个输入的字符都在计算机的显示设备（端口地址为 OUTBYTE）上"回显"。当出现空白行时，它将控制权交给行处理程序，该程序可以根据其指令的内容执行规定的操作。当准备输入下一行时，该程序会在显示设备上显示星号提示。如果经常使用计算机，这种显示方式显得更自然。

程序 14.4

```
            ;keyboard handler -- uses flags
KBDATA  equ ***H     ;put kbd data port adr here
KBFLAG  equ ***H     ;a different port for kbd flag
KBMASK  equ 80H      ;kbd flag mask
OUTBYTE equ ***H     ;put disp port adr here
OUTFLAG equ ***H     ;another for disp port flag
OUTMASK equ ***H     ;disp port busy mask

charbuf DB 100 dup(0)  ;allocates buffer of 100 bytes

INIT:   MOV  BP,offset charbuf   ;init char buf pntr
KFCHK:  IN   AL,KBFLAG  ;read kbd flag
        AND  AL,KBMASK  ;mask unused bits
        JZ   KFCHK      ;flag not set -- no new data
        IN   AL,KBDATA  ;flag set -- get new kbd byte
        MOV  [BP],AL    ;store it in line buffer
        INC  BP         ;and advance pointer
        CALL TYPEIT     ;echo last char to display
        CMP  AL,0DH     ;was it carriage return (0Dh)?
        JNZ  KFCHK      ;if not, get next char
LINE:   o               ;if so, do something with line
        o               ;keep at it
        o               ;don't quit now
        o               ;done at last!
        MOV  AL,'*'
        CALL TYPEIT     ;type a "prompt" -- asterisk
        JMP  INIT       ;get another line

                        ;routine to type character
                        ;types and preserves AL
TYPEIT: MOV  AH,AL      ;save the char in AH
PCHK:   IN   AL,OUTFLAG ;check printer busy?
        AND  AL,OUTMASK ;printer flag mask
        JNZ  PCHK       ;if busy check again
        MOV  AL,AH      ;restore char to AL
        OUT  OUTBYTE,AL ;type it
        RET             ;and return
```

该程序首先把字符缓冲区的地址传送给地址寄存器 BP，用来初始化字符缓冲区指针（BP）。在这个过程中值得注意的是，我们不能用指令 MOV BP,charbuf，因为那样会复制 charbuf 单元的内容，而不是其地址；在 x86 的汇编语言中，我们可以在变量名前面使用单词 offset 来表示其地址。然后，程序通过 IN 指令读取键盘状态位，并将其与 80h 进行"与"运算从而仅保留状态位（这被称为屏蔽操作），并测试该状态位是否为零。如果为零，则表示键盘未设置该位，进而程序开始循环运行并不断查询该位的状态。当检测到一个非零的状态位时，它将读取键盘数据，并将其存储在行缓冲区中，然后递增指针 BP，并调用子程序将该字符回显到屏幕。最后，检查数据最后一个字符是否为回车符（CR），如果不是回车符，则返回主程序并且再次循环，不断查询键盘状态标志；如果是回车符（CR），则将控制权交给行处理程序，然后打印星号并重新开始整个过程。

子程序是用来显示字符的程序，即使是这种简单的操作也需要进行一些状态位检测和屏蔽操作。该程序先将字节保存到 AH 中，然后通过读取和屏蔽操作检测屏幕的 busy 标志位。若该标志位非零，则表示屏幕正忙，然后它会不断检测；若该标志位为零，则将字符存储到 AL 中，并将其发送到显示设备的数据端口，然后返回到主程序。

该程序的一些注意事项：①我们可以省略屏蔽键盘标志位的步骤，由于 MSB（我们在硬件中放置标志位的地方）是符号位，因此我们可以直接使用指令 JNS KFCHK，但是这个特殊的技巧仅适用于测试 MSB 这一位；②为了保持良好的编程习惯，回车符（0Dh）和星号最好先定义为常量，类似于 KBMASK；③行处理程序也可以是子程序；④如果行处理程序花费的时间太长，最新输入的字符可能会丢失；⑤键盘和终端处理程序的使用频率很高，因此微处理器操作系统提供了内置的处理程序（即软件中断），甚至不需要再编写额外的程序。

2. 更一般的状态位

这个键盘示例介绍了状态标志位的基本原理；但是这个例子过于简单，仅使用单个状态标志位，这可能会使我们对状态位产生误解。实际上在复杂的外围接口中，通常会有几个标志来表示各种情况。例如，在以太网接口中，通常用单独的状态位指示数据包传输成功，或传输过程可能发生的各种传输故障。举一个具体的例子，Microchip 公司的 ENC28J60 以太网控制器芯片具有 56 位传输状态寄存器，其中第 20 位表示传输 CRC 错误，意思是为数据包中附加的 CRC 与固有的 CRC 不匹配。

对于复杂程度不高的外设，通常程序会把所有状态位放入一个字节或字，以便数据输入命令可以一次性获取状态寄存器的所有位，并且通常用 MSB 位来表示这些状态位中是否有错误，所以通过检查 MSB 位可以告诉主机是否有错误产生，如果有错误，我们可以通过掩码进行"与"运算测试特定位，以找出具体问题所在。此外，复杂接口与简单接口有所不同，它不能像简单接口那样使多个状态位自动重置，但是我们可以借助 OUT 指令对其进行重置，每条语句可以清除一个特定的状态标志位。

练习 14.1 使用上述键盘接口，计算机无法知道它是否漏掉了我们输入的字符。请修改电路，设置两个状态位：CHAR_READY 位表示字符已准备就绪，LOST_DATA 位表示字符丢失。LOST_DATA 位与 CHAR_READY 位通过同一个状态端口读入，LOST_DATA 位为 D6 位；如果在当前字符被计算机取走前按下，则 LOST_DATA 位为 1，否则为 0。

练习 14.2 给程序 14.4 中添加一段用于检测数据是否丢失的代码。如果检测到有数据丢失，则调用一个称为 LOST 的子程序，否则继续执行原程序。

14.3.6 I/O 编程：命令寄存器

总而言之，外围设备的状态位或状态寄存器可以在 CPU 查询时将状态信息读回 CPU。相反，CPU 可以向外围设备发送一个比特位或一组比特位，从而命令它执行某项操作，这就是命令位（或命令寄存器）。例如操纵 xy 定位台的命令，把一个命令位传递给 xy 定位台，它就会移动到我们用 OUT 指令输出的数据对应的坐标处。以以太网控制器为例，CPU 将要传输的数据包的开始和结束地址存入芯片中的一对寄存器；然后它会在芯片的 ECON1 寄存器中设置一个特定的命令位（准确地说是第 3 位），该命令通过命令芯片在以太网端口上发送数据包来快速传递数据。芯片按照命令开始工作，在这种情况下可以使用 DMA 以获得最高存取速度，并通过状态寄存器向 CPU 报告（被 CPU 检测，或主动向 CPU 发出中断）。

14.3.7 中断

上面讲的状态标志位方法是外围设备请求计算机做出特定响应的三种方式之一。尽管在许多简单的应用场合下使用这种方法就足以完成任务，但是它有一个严重的缺点，即外设无法要求 CPU 立刻做出响应，它必须等待 CPU 通过查询状态寄存器中的状态标志位来做出响应。对于某些需要快速响应的设备，例如磁盘或某些对延迟敏感的实时 I/O 端口，如果采用这种方法，CPU 必须不断查询它们的状态寄存器，如果在计算机系统中同时存在多个这样的设备，CPU 需要花费大量的时间来检查各个设备的状态标志位。

此外，即便计算机不间断地进行状态标志位查询，我们也可能会遇到一些其他问题。例如在上面的键盘示例中，CPU 在主循环检测键盘输入时一般不会遇到问题，但是如果 CPU 在行处理程序处多花费了 0.1s，或者接口设备是慢速设备（即程序必须等慢速设备忙标志位清除后才能继续执行），这样就会导致无法满足实时处理的要求。

当外设需要执行某些操作时，可以使用一种机制暂时中断 CPU 的工作。然后，CPU 去检查状态寄存器查看需要做什么操作，处理完需要做的事情后再恢复原始正常工作。

要向计算机添加中断功能，必须增加一些新的总线信号，至少应为外设提供中断请求信号，通常还需要 CPU 给出中断响应信号。对此，PC104/ISA 并不是一个很好的例子，因为它不能实现完整的中断功能。虽然它缺乏完整的中断能力，但是它的中断过程非常简单，同样可以给我们提供参考。

PC104 中断工作原理如下。PC104 总线有六个中断请求信号，为 IRQ3～IRQ7 和 IRQ9，高电平有效。因此要产生中断，我们只需要将其中一根线置为高电平。如果我们通过某个特定 IRQ 位启用了中断，则 CPU 将在下一条指令后进入中断，将其状态标志位和当前指令地址保存到堆栈，然后跳转到内存中某个地址执行中断处理程序。我们可以编写中断处理程序使 CPU 执行我们需要的操作（例如获取键盘数据），并且可以将中断处理程序放置在任何我们需要的位置，因为 CPU 可以在存储器低地址区中的特定位置查找中断处理程序的入口地址，以此来确定跳转到哪里执行。这个位置取决于 CPU 所响应中断请求的 IRQ 信号。对于 x86 类型的计算机，中断向量存放在 $20+4n$ 的低地址区域，其中 n 是中断类型号。例如，CPU 会从地址 28h～2Bh 取出 4 字节中断向量，然后转移到由中断向量指出的中断程序处，来完成 IRQ2 的中断处理，就像间接寻址一样，不同的是该地址存储在内存中而不是在寄存器中。在处理程序的最后，可以执行一条 IRET 指令，该指令可以使 CPU 恢复之前存储在堆栈中的标志寄存器和中断前即将执行的指令的地址，从而返回到中断发生时的位置，继续执行程序。

示例：带有中断的键盘接口

首先我们在图 14.15 的键盘接口电路中添加中断（见图 14.16）。我们保留了标志位（字符准备就绪），并像以前一样对 I/O 接口电路进行编程，只是我们用了一条新的信号线 RESET 与清除标志进行了"或"操作，当计算机打开时，该总线信号立即被置为高电平。该信号通常用于在加电时强制将触发器和其他顺序逻辑电路变为已知状态。显然，在这里它用来重置该字符准备就绪标志位。如果该字符准备就绪标志位有效，则必然会在新的键盘接口中产生中断。

新的中断电路由一个三态驱动器组成，可以在字符准备就绪时向 IRQ3 发送中断请求信号。我们可以通过向 KBFLAG 端口地址发送 D0 为低电平的数据，添加禁用中断驱动程序缓冲区的功能。尽管在此处非必要，但如果我们想插入另一个具有相同 IRQ 优先级别的中断的外设，而任何给定时间仅允许一个外设的中断得到响应，则可以使用此方法屏蔽其中一个中断（稍后我们将对这个方法的缺点做进一步说明）。

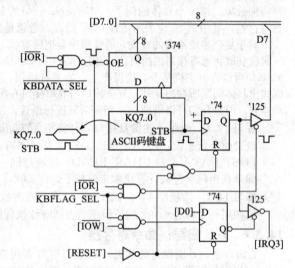

图 14.16　具有状态位和中断的键盘接口

14.3.8　中断处理

PC104 总线信号源自原始的 IBM PC，它实现简单的中断处理特别容易，但与 14.3.9 节讲的方法（以及更复杂的方法）相比，它灵活性不高。除了 CPU 本身，总线上的中断信号的产生，还需要主板上的一些中断控制电路[注]。这些电路完成了大部分重要工作，其中包括确定中断优先级、中断屏蔽和发送中断向量（这部分知识我们后面会讲）。CPU 识别中断后，保存当前指令地址和标志寄存器并禁用其他的中断响应；然后通过存储在存储器低地址区的中断向量跳转到中断处理程序。中断处理程序执行后续的操作：①把中断处理程序要使用的寄存器的当前状态压入堆栈，需要注意的是，被中断的程序无法为中断做准备，因为中断可能发生在程序中的任何位置；②如有需要，可以读取状态寄存器，找出需要执行什么操作；③执行中断处理程序；④从堆栈中恢复保存的寄存器；⑤通过向地址为 20h 的 I/O 端口寄存器发送代表"中断结束"的 20h 字节，告知中断控制电路已完成中断处理程序；⑥执行中断返回指令 IRET，CPU 恢复保存在堆栈中的原标志寄存器状态，并通过保存在堆栈中的中断断点跳转到中断前的位置。

○　这是通过原始 PC 主板上的 8259 中断控制器芯片实现的。

程序 14.5 是含中断功能的键盘输入程序。总体方案如下：主程序先进行设置，然后执行一个能完成结束标志检查的程序，该标志在中断处理程序识别出回车符时被置位；当主程序看到该标志置位时，它将退出循环，并对该行执行某些操作，之后再次返回到这个循环程序。在每次中断发生时，中断处理程序将一个字符放入行缓冲区，如果是回车字符，则设置行结束标志，然后返回主程序。

程序 14.5

```
        ;keyboard handler -- uses interrupts
KBVECT equ word pntr 002CH   ;INT3 vector
KBDATA equ ***H         ;put kbd data port adr here
KBFLAG equ ***H         ;put kbd flag port adr here


buflg   DB   0          ;allocates "end-of-line" flag
charbuf DB 100 dup(0) ;allocates 100-byte char buf

        CLI ;disable interrupts
        MOV  SI,offset charbuf    ;initialize buf pntr
        MOV  buflg,0   ;clear end-of-line flag
        MOV  KBVECT,offset KBINT ;hndlr adr->vec area
        IN   AL,21H    ;existing int ctrl int mask
        AND  AL,0F7H   ;clear bit 3 to enable INT3
        OUT  21H,AL    ;and send back to intctrl OCW1
        STI            ;enable interrupts
        MOV  AL,1
        OUT  KBFLAG,AL ;enable hardware 3-state drvr

LNCHK:  MOV  AL,buflg
        JZ   LNCHK     ;loop til end-of-line flag set

LINE:   MOV  SI,offset charbuf   ;reset pointer
        MOV  buflg,0   ;clear line flag
        MOV  AL,'*'
        CALL TYPE      ;type prompt "*"
          o            ;do something with line
          o
          o
        JMP  LNCHK     ;and wait for another line

; *** this ends the main program. ***
; *** the code below is completely independent ***


        ;keyboard interrupt handler
        ;an INT3 lands you here, via vect we loaded
KBINT:  PUSH AX        ;save AX register, used here
        IN   AL,KBDATA ;get data byte from keyboard
        MOV  [SI],AL   ;put it in line buffer
        INC  SI        ;and advance pointer
        CALL TYPE      ;echo to screen
        CMP  AL,0DH    ;check for carriage return
        JNZ  HOME      ;not a CR -- return
        MOV  buflg,0FFH  ;CR -- set end-of-line flag
HOME:   MOV  AL,20H
        OUT  20H,AL    ;end-of-int signal to int ctlr
        POP  AX        ;restore old AX
        IRET           ;and return
```

下面我们详细讲解这个程序。在为 IRQ3 定义了端口地址和中断向量之后，程序为字符缓冲区分配了 100 个初始值为零的字节空间。程序执行时先将缓冲区首地址放入地址寄存器 SI 中，将行结束标志置为零，并将中断处理程序的地址（KBINT）存于 2Ch 单元。要在中断控制器中启用 3 级中断，我们需要清除其现有掩码（IN、AND 和 OUT 三条指令）的第 2 位；然后启用 CPU 中断，并向

KBFLAG 发送 1，打开三态驱动器。然后，该程序开始循环运行，并在主程序中发生中断，直到发现 buflg 被置位后，退出循环。退出循环后，为防止很快发生另一个中断，程序会立即重置指针和行结束标志，然后清除该行。因为可能会在几毫秒内出现另一个中断，即在缓冲区中出现新的字节，我们最好把缓存区的数据快速移出或者复制到另一个缓冲区；不过，几毫秒的时间足够 CPU 执行数十万条指令，这对于复制该行来说绰绰有余。

中断处理程序是一小段独立的代码，这段程序没有设置主程序的入口。在 3 级中断产生时，CPU 通过我们最初加载到 2Ch 的地址进入这段程序。它执行的操作如下：先保存 AX 内容（因为此程序需要使用这个寄存器），从键盘数据端口读取字符，将其放入缓冲区，缓冲区地址指针自增，将字符回显到屏幕；如果读取的是回车字符，则设置行结束标志位，发送中断结束命令到中断控制器，还原 AX 的内容，然后返回主程序。

与上面的中断处理程序可以执行的任务列表对比，可以发现我们省略了一个步骤，即读取状态标志位以确定需要执行什么操作。在这里没有必要这样做，因为这里只有一个中断，即读取键盘字符，但程序员必须了解在什么条件下硬件会产生中断，以及需要做什么中断服务。

关于这段程序的几点注意事项。第一，尽管我们在程序中使用了中断，但由于它在读取行结束标志后还会继续循环，因此该程序看起来和不使用中断时一样。但实际上，如果此时 CPU 有其他事情要做，它也可以去做其他事情。程序从语句 LINE 开始，处理写入的行；在这段时间内，中断程序可以确保将新字符放入缓冲区，而在前面不含中断的示例中，这些字符可能会丢失。

这就引出了第二个关键点，即使有中断，如果程序在下一行输入完成时仍在处理前一行，程序就会出现问题。当然，一般来说，程序能跟上键盘输入即可；但是可能会遇到需要花费大量时间处理的行，这种情况下需要临时增加多个缓冲。一种解决方案是将此行的副本复制到第二个缓冲区或在两个缓冲区之间切换。另一种较好的解决方案是将输入设计为一个队列，实现为环形缓冲区（或循环缓冲区），该缓冲区使用两个指针分别跟踪下一个输入的字符和输出的字符，中断处理程序更新输入指针，而行处理程序更新输出指针。这样的环形缓冲区可能通常为 256 字节，从而允许行处理程序落后几行。

第三个关键点涉及中断处理程序本身。通常中断处理程序应尽量简洁，它可以设置标志位来告知主程序需要进行复杂的操作。如果一段中断处理程序过于冗长，CPU 有可能会丢失其他设备的数据，因为当 CPU 执行中断处理程序时，更低级别的中断（在该级别及以下级别）被禁用。这种情况的解决方案是在完成这段中断程序的关键操作之后，使用 STI 指令重新打开中断；如果此时再次发生中断，则中断处理程序本身将被中断。由于各状态标志位和返回地址存储在堆栈中，中断程序将找到之前程序的地址，先返回上一层中断处理程序，最后返回到主程序。

14.3.9　普通中断

上面键盘的示例说明了中断的本质，即外围设备向 CPU 发出中断请求，并使主程序跳转到中断处理程序执行，执行完后返回被中断的代码。中断设备的另一个例子是实时时钟，其中周期性中断发出计时信号，使时间流动。另一个示例是打印机端口，每次准备好接受新字符时都会发出中断请求。通过使用中断，这些外设可以使计算机同时交叉处理多个任务，这就是为什么我们在电脑打印文件的同时还可以打字（当然，整个打印过程都应保持时间正确）。

但是，PC104/ISA 总线不能很好地描述中断的一般性。正如我们所看到的，它在 8 位总线上有 6 条 IRQ 线（在其 16 位扩展上增加了 5 条），每条仅可用于单个中断设备，它根据优先级对 IRQ 线编号，如果同时有多个中断，则 CPU 首先处理编号最小的中断，而且一些 IRQ 已预先分配给一些基本的外围设备，留下的可用线路很少。此外，它的中断是边沿触发的，这导致多个外设不能共享一条 IRQ 线。显然，IBM PC 设计人员最初没有预料到需要使用共享中断，设计了一种并非最佳的中断方案。

1. 共享中断线

在微型计算机上实现的通用中断协议突破了这些限制，如图 14.17 所示。有几条（优先的）中断请求信号线，它们是低电平有效的。

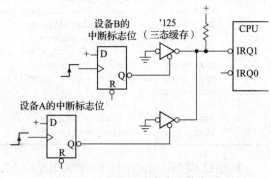

图 14.17　通过"线或"共享对电平敏感的中断线

要请求中断，可以使用集电极开路门（三态）电路将 $\overline{IRQ}$ 线拉低，如图所示（请注意这里使用了三态门代替集电极开路门）。$\overline{IRQ}$ 线通过上拉电阻实现共享，因此我们可以根据实际需要在每个 $\overline{IRQ}$ 线上连接多个设备。在我们的例子中，两个端口共享 IRQ1。通常，我们可以将对延迟敏感（要求较高）的设备连接到优先级较高的 $\overline{IRQ}$ 线。

因为 $\overline{IRQ}$ 线是共享的，所以总是有不止一个设备在同一条线路上同时产生中断。CPU 需要知道哪些设备产生了中断，以便可以跳到正确的处理程序。有一种简单的方法和一种复杂的方法。简单的方法称为自动矢量轮询，目前被广泛使用（尽管没有在 PC104 总线上使用）。它的工作方式如下。

自动矢量轮询　CPU 上的一部分电路能够实现自动矢量轮询，其工作方式与 PC104 类似，每个优先级的中断都会通过存储器低地址中的中断向量实现跳转。就像我们前面的示例一样，提前将处理程序的地址放在这些位置。

进入处理程序后，我们需要知道要处理的中断优先级；这时候我们不知道哪个特定设备产生了中断，若想找出具体发出中断请求的设备，只需要检查连接到该中断级别的每个设备的状态寄存器（如果没有设置一个或多个可读状态位来指示其需要，则该设备永远不会请求中断）。如果某位被设置，表明需要完成某些操作时，CPU 就会读取该信息，并执行此操作，这些操作包括使设备取消声明 $\overline{IRQ}$：某些设备（如键盘）会在读取时清除其中断，而其他设备则可能会执行将字节传输到某些 I/O 端口的特定操作。

如果发出中断的设备是该优先级上唯一的中断设备，那么中断返回程序会把 $\overline{IRQ}$ 置为高电平，继续执行原程序。但是如果在同一优先级上不止一个中断设备，那么从中断服务程序返回时，可以通过对共享 $\overline{IRQ}$ 线的"线或"操作，使 $\overline{IRQ}$ 仍保持低电平，然后 CPU 轮询将找到另一个中断设备，执行它需要的操作，然后再返回。请注意，除了多个 IRQ 级别的硬件优先级之外，轮询状态寄存器还设置了"软件优先级"对中断排序。

中断确认　这里我们有一个相对复杂的办法，即中断确认。在这种方法中，CPU 不需要在状态寄存器中轮询可能产生中断的状态寄存器，因为请求中断时，中断设备会告诉 CPU 它的名称。中断设备通过在数据线上放置中断向量来响应 CPU 在中断处理过程中生成的中断确认信号，该中断向量通常是该设备特有的 8 位量。

几乎每个微处理器都能生成所需的中断确认信号。整个过程的顺序如下：①CPU 接收到一个待处理的中断；②CPU 完成当前指令，然后发送中断的总线信号、正在服务的中断级别（在低位地址线上），以及类似于 READ 信号的选通脉冲，使中断设备发送自己的身份信息；③中断设备通过在数据线上声明其身份（中断向量）来响应此总线活动；④CPU 读取中断向量，并转入中断设备对应的处理程序；⑤如上例所示，中断处理程序会根据需要读取状态标志，获取和发送数据等，除其他任务外，还必须确保中断设备取消其中断请求；⑥中断处理程序将总线控制权返回给被中断的程序。

细心的读者可能已经注意到上述过程中的一个缺陷，因为在同一 IRQ 级别可能有多个设备发出中断请求，所以必须有一种协议来保证只有一个设备发送其中断向量。通常解决此问题的方法是使用一个总线信号（称为中断优先级，INTP），这个信号不被总线上的设备共享，通过每个设备的接口电路传递，从最接近 CPU 的设备的高电平开始，依次穿过每个接口，在电子学充满艺术的语言中，这被称为菊花链。INTP 硬件逻辑的规则如下：如果在被确认的中断级别上没有中断请求，则 INTP 不变，并传递到下一个设备；如果我们已在此处中断，则将我们的 INTP 输出保持为低电平。向量的发送规则如下：仅当在响应的级别上有待处理的中断，以及输入的 INTP 为高电平时，才在 CPU 请求时将向量编号放到数据总线上。这样可以保证只有一个设备声明其向量；这种方法在每个 IRQ 级别内建立了串行优先级链，与 CPU 最接近的设备会首先得到服务。

串行菊花链也是一种实现中断确认的方法，与其让中断设备直接向 CPU 发送中断请求，不如将中断请求信号输入到优先级编码器，优先级编码器将优先级最高的中断设备的中断请求发送给 CPU，CPU 按优先级由高到低的顺序轮流对设备进行响应。该方案避免了菊花链转移的不便。

在大多数微型计算机系统中，没必要使用上面讲的中断确认方法。毕竟，有了 8 级的自动向量，我们可以在不轮询的情况下处理多达 8 个中断设备，而在轮询的情况下可以处理数倍于此数量的设备。只有在需要快速响应的大型计算机系统中，存在数十个中断设备时，使用中断确认的方法才更为合适。值得注意的是，即使是简单的计算机也可能会在内部使用向量中断确认。例如，PC104 的简单 6 级自动向量中断方案实际上是由一个位于 CPU 附近的中断控制器支持芯片生成的，并生成刚刚描述的中断确认序列。

2. 中断屏蔽

我们在简单的键盘示例中放置了一个触发器，以便它可以禁用其中断，我们那样做是为了让其他设备可以使用 IRQ3；其实中断控制器芯片本身允许我们分别关闭（屏蔽）每个中断级别。对于具有共享（电平敏感）IRQ 的总线，使用 I/O 端口中的某一位对每个中断源进行屏蔽是非常重要的。例如，打印机端口通常在其输出缓冲区为空（需要上传数据）时产生中断；但是，当我们打印完成时，就不必理会该中断。因此最简单的解决方案是屏蔽打印机中断，但是由于可能还有其他设备连接到相同的中断级别，因此我们不能屏蔽整个中断级别。相反，我们只需要向打印机端口发送一个位就可以禁用它的中断。

3. PC104/ISA 中断如何工作

ISA 总线是由 IBM PC 的设计人员创建的，并由 PC104 联盟采用而未做任何更改（但它有一个不同的连接器）。原始 IBM PC 中使用的 8086/8 微处理器实际上有完整的向量中断确认协议，但是为了简单起见，PC 设计人员在主板上使用 8259 中断控制器芯片。它在 PC 中的使用方式是：它具有来自 I/O 总线（在其中发出中断请求的位置）的一组 IRQ 输入卡槽，并且已连接至微处理器的数据总线和信号线。当它收到来自外围设备的 IRQ 线上的请求时，就确定出了优先级，并将相应向量传送到数据总线。同时，它具有中断屏蔽寄存器，可通过 I/O 端口的 21h 地址访问，因此我们可以禁用任何指定的中断组。

8259 允许我们（通过软件）根据控制寄存器（I/O 端口为 20h）的命令字选择 IRQ 的触发方式（电平触发或边沿触发）。PC 设计人员往往倾向于使用边沿触发，可能是因为它使中断的实现更加容易（例如，我们可以将实时时钟的方波输出直接连接到 IRQ0）。如果选择了对电平敏感的中断，则可以通过上述软件轮询每条 IRQ 线上连接的多个中断设备。

上述问题的一部分可以得到解决。只要有一条 IRQ 线可用，我们就可以在一块 PC 板上连接多个中断设备，并在该 IRQ 线上结合逻辑来产生边沿触发的中断。但是，此方案必须明确相互干扰的设备，因此不能用于独立的可插拔外围设备；此外，这种方法会占用所有的 IRQ 线，因此在复杂的系统中不适合用这种方法。

4. 软件中断

Intel x86 系列 CPU 有一条指令，它使我们可以像处理硬件中断一样采用中断向量进行程序转移。实际上，在其 256 个跳转向量中，有 8 个级别的进行 IRQ 请求的硬件中断（准确地说是 INT 8~INT 15）的副本。因此，我们可以在程序中进行软件中断。

请勿将其与我们一直讨论的硬件触发中断相混淆。事实证明，软件中断是一种实现从用户代码到系统软件跳转的简便方法。但是，从某种意义上来说，它们并不是真正的中断；相反，将软件中断写入程序，我们就可以知道什么时候会产生中断（这就是为什么可以通过寄存器传递参数的原因），这只不过是 CPU 在执行指令。因此，我们可以认为软件中断是一种扩展指令集的有效方法。

14.3.10　直接内存访问

在某些场合，例如磁盘和光盘驱动器等快速大容量存储设备或网络连接等，必须快速地将数据移入或移出设备。在这些示例中，采用中断控制的数据传输操作复杂且速度慢，难以满足高速传输的需求。例如，来自磁盘驱动器的数据，其数据传输速率高达 500MB/s，即使磁盘是系统中唯一的中断设备且 CPU 不间断地处理中断，数据传输也无法达到这么快的速度。磁盘和磁带之类的设备以及一些实时信号和数据，其数据传输不能中途停止，即使对一些低速外围设备，有时候也需要较短的等待，即从开始请求到实际进行数据传输的时间。因此，必须提供一种方法来实现可靠的快速响应和较高的传输速率。

解决这些问题的方法是直接内存访问（DMA），这是一种外设与存储器直接通信的方法。在某些微型计算机中，一部分通信是由 CPU 处理的，但这并不是主要的方式，更主要的方式是 DMA 数据传送，在该方法中数据传输不需要编程，即数据传输不需要 CPU 干预，数据可直接通过总线在存储器和外设之间移动。由于 DMA 工作会占用访问内存的总线周期，因此采用这种方式会导致某些程序执行速度减慢。DMA 的使用会造成接口的硬件电路比原来复杂，因此非必须时，通常我们不使用 DMA，但是了解 DMA 的工作方式是很有意义的，因此下面将介绍如何创建 DMA 接口。与中断类似，PC104/ISA总线使用了简化的 DMA 协议，主板上的 DMA 控制器芯片完成了大部分工作，从而使 DMA 接口的使用相对简单。下面我们首先讲解 DMA 常见的总线主控方法，然后再讲解 PC104 的简化版 DMA 协议。

1. 典型的 DMA 协议

在 DMA 传输中，外设通过总线上一部分特殊的"总线请求"信号线（优先级像 IRQ 线）来请求访问总线。CPU 收到请求后，授予许可并释放相应的地址、数据和选通线的控制权；然后，外设把存储器单元目的地址传递到总线上，并一次发送或接收一个字节的数据。换句话说，DMA 控制器成为总线主控器并接管了总线，同时可以像 CPU 一样做出控制，指导数据传输。DMA 总线控制器负责生成地址，这些地址通常是由二进制计数器生成的连续地址块，能记录所传输的字节数；传输的字节数和地址是通过 CPU 对 I/O 端口编程写入的，用来指导 DMA 传输。在 CPU 通过设置好的 I/O 向 DMA 主控器写入初始数据并发出命令后，外设或存储器就可以发出 DMA 请求并开始传输数据。DMA 控制器可以释放字节之间的总线控制权，或者可能会采取更激进的方式，来保持总线控制权，用来完成批量数据传输。所有数据传输完成后，它会释放总线，通过设置状态位并发出中断请求来通知 CPU 完成了传输，然后由 CPU 决定下一步的操作。

从磁盘存取数据或程序是 DMA 传输的常见应用，即程序按要求从磁盘中读取文件；操作系统将此任务转换为一组数据输出命令，通过这些命令把 DMA 总线控制器的参数发送到磁盘接口的控制寄存器、字节计数器和地址寄存器中，以此来确定数据在磁盘上的位置、读取多少字节，以及将它们放在内存中的位置。然后，磁盘接口找到数据在磁盘上的位置，发出 DMA 请求，然后开始将数据块移动到内存中指定的位置。当传输完成后，DMA 控制器会在其状态寄存器中设置一些状态位以表示传输完成，然后申请中断。此时，CPU 对该中断做出响应，并读取磁盘接口的状态寄存器信息，得知数据现在已在内存中，然后继续执行下一个任务。因此，DMA 全部流程如下：首先使用设置好的 I/O 接口来建立 DMA 传输，其次使用 DMA 来快速传输数据，最后使用中断让 CPU 知道数据传输任务已完成。这种 I/O 结构非常常见，特别是在大容量存储设备中，在 PCIe 这样的现代微机总线上，DMA 传输速率可能达到每秒几百兆字节。

2. PC104/ISA 总线上的 DMA

较早的 PC104 总线具有更简单的 DMA 协议。主板上附带了 DMA 控制器芯片，它内置地址和字节计数器，主板上还有部分逻辑电路，完成总线的仲裁，可以使 CPU 释放总线，从而让 DMA 接管。以 I/O 端口请求的 DMA 过程为例，想要进行 DMA 的外设不必自己生成地址并驱动总线，而是通过 3 个 DMA 请求线 DRQ1～DRQ3 向控制器发出 DMA 请求信号，该控制器返回相应的 $\overline{DACK0}$～$\overline{DACK3}$ 信号对外设的请求做出响应，完成 DMA 确认。然后，DMA 控制器控制传输，发送地址和选通信号，接下来就可以进行外设与存储器之间的数据交换。在整个过程中，存储器不会意识到系统正在进行 DMA 传输，因为通常由 CPU 提供的地址信息和内存读写命令（$\overline{MEMW}$ 或 $\overline{MEMR}$）此时由 DMA 控制器提供。另外，外围设备知道系统正在进行 DMA 数据传输，因为是它在请求 DMA 访问，并通过 $\overline{DACK}$ 接收确认信号。因此，当 DMA 控制器发送 $\overline{IOR}$（或 $\overline{IOW}$）选通信号时，外围设备将发送（或接收）连续的字节。读者可能想知道为什么一些无关的外设在 DMA 操作过程中不受影响，虽然 I/O 选通信号和地址是同时输出的，但该地址事实上是存储器单元的地址，它与 DMA 控制器给出的存储器读写命令配合使用。解决这个问题的方法是使用我们之前提到的 AEN 信号，在 DMA 传输期间，AEN 被置为高电平，CPU 对 I/O 端口的操作是在 AEN 为低电平时完成的，以防止产生对 DMA 存储器地址的误响应。

即使使用单独的控制器芯片，CPU 也必须为 DMA 传输设置起始地址、字节数和传输方向。这些数据通过 I/O 编程进入 DMA 控制器，存储到 DMA 控制器内对应的寄存器中。除了一些附加的模式（如单次传输、块传输等），基本的数据传输过程非常简单。PC104/ISA 总线具有足够的 DMA 能力，单个字节传输大约只需 $2\mu s$，而且与中断类似，PC104 总线的 DMA 通道数量很少。

14.3.11　PC104/ISA 8 位总线信号汇总

通过上面的示例（I/O 编程、中断和 DMA），我们已经看到了 PC104 总线的大部分信号，这些信号可以通过扩展插槽被多个外设使用，如图 14.18 所示。本节对总线的所有内容进行总结，并以此引出后续内容。

A19～A0：地址线　三态，由总线主控设备输出。所有的 20 条线都可用于寻址存储器（使用 $\overline{MEMR}$ 和 $\overline{MEMW}$ 引脚作为选通，类似于 $\overline{IOR}$ 和 $\overline{IOW}$），但在 I/O 访问期间只使用低 16 条线（64K 端口地址）；I/O 设备应在 AEN 为低电平时使用地址。

D7～D0：数据线　三态，双向。CPU 在存储器或 I/O 写期间，将数据置入数据线；CPU 对内存读或内存到 I/O 端口的 DMA 操作期间，数据从内存输出；在 CPU 对 I/O 读或从 I/O 端口到内存的 DMA 操作期间，数据由 I/O 端口输出。

$\overline{IOR}$、$\overline{IOW}$、$\overline{MEMR}$、$\overline{MEMW}$：数据选通　三态，输出，低电平有效。在读或写期间由总线主控器输出；写入时，数据应在后沿被锁存到合适的地址单元，读取时，相应地址单元应在选通信号有

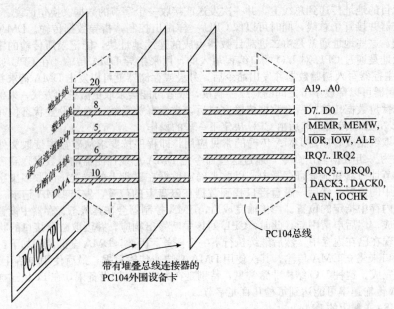

图 14.18　PC104 并行多点总线结构展示

效期间准备好数据。

AEN：地址使能　两态，输出，高电平有效。在 DMA 操作时，CPU 将 AEN 置 1。在其有效期间，对 CPU 发出的 $\overline{\text{IOR}}$ 和 $\overline{\text{IOW}}$ 信号，I/O 端口操作无效；若 I/O 端口接收到 $\overline{\text{DACK}}$ 信号，则根据 $\overline{\text{IOR}}$ 或 $\overline{\text{IOW}}$ 命令，将数据字节放入数据线或从数据线取走。

IRQ7～IRQ2：中断请求　两态，输入，上升沿触发。由中断设备发出。优先级 IRQ2 最高，IRQ7 最低。CPU 通过对 21h 端口的写入操作，可在中断控制器中屏蔽某些中断级。每个 IRQ 级仅对应一个中断设备。

RESET：复位信号　两态，输出，高电平有效。上电时由 CPU 输出。用于对 I/O 设备初始化。

DRQ3～DRQ1：DMA 请求　两态，输入，高电平有效。由请求 DMA 通道的 I/O 设备发出。优先级 DRQ1 最高，DRQ3 最低，对应信号 DACK1～DACK3。

DACK3～DACK0：DMA 确认　两态，输出，低电平有效。由 CPU（DMA 控制器）发出以指示相应 DMA 请求的授权。

ALE：地址锁存使能　两态，输出，高电平有效。8088 使用了多路复用的数据/地址总线，该信号与 8088 的选通信号相对应，主板电路利用该信号来锁存 CPU 输出的地址信息。I/O 设备通常忽略该信号。

CLK：时钟　两态，输出。这是 CPU 的时钟信号，占空比为 33%。最初 PC 使用 4.77MHz 时钟，但是现在通常采用更高速的时钟。CLK 用于同步等待状态请求（通过 IOCHRDY），以延长慢速设备的 I/O 操作周期。

OSC：振荡器　两态，仅输出。这是一个 14.318 18MHz 方波，可以用作（除以 4）彩色显示的色同步振荡器。

TC：终端计数　两态，输出，高电平有效。通知 I/O 端口 DMA 数据传输已完成。由于任何 DMA 通道完成传输时都将置位 TC，因此 DMA 设备必须通过 $\overline{\text{DACK}}$ 指出使用中的 DMA 通道。

$\overline{\text{IOCHK}}$：I/O 通道检查　集电极开路，输入，低电平有效。可产生最高优先级的中断（非可屏蔽中断，NMI）；用于通知 CPU 某些外设发生错误。CPU 通过设备轮询来找出谁遇到了问题；因此，每个可以声明 $\overline{\text{IOCHK}}$ 的外设必须设置一个可被 CPU 读取的状态位。

IOCHRDY：I/O 通道就绪　集电极开路，输入，高电平有效。如果在总线周期的第二个 CLK 上升沿（通常为四个 CLK）之前，慢速的外设发出（将其拉低）请求，此时处理器会进入等待状态，为慢速 I/O 或存储器延长总线周期。

GND、+5Vdc、-5Vdc、+12Vdc、-12Vdc：接地和直流电源　供外围接口卡使用的稳定直流电压。检查主机处理器的规格是否有功率限制，不同机器有不同限制。一般来说，系统需要有足够的功率来驱动 PC104 总线上的所有设备。

14.3.12　PC104 作为嵌入式单板计算机

PC104 标准化总线已在众多单板计算机（SBC）中实现，这些计算机有各种兼容的外设插槽，由 100 多个制造商共同生产，而且这些小电路板通常会做成嵌入式系统，即作为智能设计的一部分放入仪器中。图 14.19 显示了天文望远镜上一个复杂的光学探测器系统内部结构，有一台 PC104 SBC，它从搭载的闪存磁盘上运行嵌入式 Linux 系统。该特定的 SBC（来自 Diamond Systems）包括以太网和串行端口（以及这里没讲过的一些知识）。左侧的盒子是一个以太网媒体转换器，利用它可以使用光纤把信息传递回控制室；当天文台建在山顶上时，这是个好主意（那是人们建造它们的地方），因为夏天看到的那些闪电会摧毁所有通过电线连接的物体。

图 14.19　嵌入天文学仪器中的 PC104 单板计算机

14.4　存储器类型

正如我们在 14.1.2 节中所提到的，计算机需要快速的可随机访问的存储器（与顺序访问磁带上存储的数据相比，可以直接获取存储器上任意位置存放的数据），这种存储器通常采用动态 RAM 模块。这些模块是插入计算机主板上内存插槽中的窄电路板，在其边缘通常有 240 个触点。当前最常见的类型是 SODIMM（3cm×13.3cm 小型双列直插式内存模块），它上面安装了一组独立的 DRAM 芯片，该模块容量高达几个 GB（支持 64 位或 32 位宽的并行数据传输）。

如果我们只是想安装一个商用的主板，只要确保从众多存储器产品中选择与我们设备兼容的内存模块（可以通过海盗船、Crucial 或金士顿等制造商的在线搜索找到我们计算机的主板规格）。但是，如果我们想了解存储器的原理，或是想设计属于自己的计算机系统，还需要了解更多知识。在本节中，我们将介绍各种类型的存储器：静态 RAM、动态 RAM 以及非易失性存储器等。

14.4.1　易失性和非易失性存储器

对于许多应用程序而言，电源关闭时不需要保存其内容。例如，计算机在引导过程中需要将其操作系统、应用程序和数据重新加载到内存中，这部分内存就可以使用易失性存储器。但是，有些程序和数据必须在断电时被保存，以便下次继续使用；这部分通常采用非易失性大容量存储器，通常是硬盘（旋转磁存储）或固态硬盘的形式[⊖]（这种说法不太恰当，因为它是由闪存芯片组成的阵列，包装在磁盘状外壳中以确保兼容）。目前易失性存储器在速度、密度、耐用性以及价格方面相比非易失性存储器有很大优势。我们常见的静态 RAM（SRAM）和动态 RAM（DRAM）都是易失性的[⊖]，而闪存和 EEPROM（以及一些新技术）都是非易失性的。

14.4.2　静态与动态 RAM 的关系

SRAM 将数据存储在一个触发器阵列中，而 DRAM 利用充电的电容器存储数据。在 SRAM 中数据一旦写入，就会一直保留，直到重写或电源关闭。在 DRAM 中，通常数据会在不到 1s 内消失，除非不断刷新，即不断为电容器充电。换句话说，DRAM 总是忘记数据，因此必须对数据按行进行周期性刷新。例如，我们必须每 64ms 访问 1Gb DRAM 中的 8192 个行地址（平均速率为每 $7.8\mu s$ 一行）。

DRAM 有很多优点，由于不使用触发器，DRAM 节省了许多空间，可以在单个芯片上存储更多的数据，并且成本大约只有 SRAM 的十分之一。

同样，SRAM 也有它的优点，SRAM 的主要优点在于它的简单性，不需要担心刷新时钟或时序复杂性（DRAM 的刷新周期可能与正常的内存访问周期不一致，必须同步它们）；因此，对于只有少数存储芯片的小型系统而言，SRAM 显然更合适。此外，SRAM 的零静态电流（与标准 DRAM 中明显的空载电流相比）使它成为电池供电设备的理想选择。实际上，CMOS 静态 RAM 具有掉电保护功能，在主电源关闭时由备用电源为其恢复供电，这样可以构成一种非易失性存储器，这样构成的非易失性存储器在速度和寿命方面相比传统的非易失性存储器具有明显优势。SRAM 的另一个

⊖　在较小的系统中，例如我们将在下一章中看到的嵌入式处理器，大容量存储器通常采用单个闪存芯片的形式，或是（最好）微处理器（微控制器）芯片本身具有的片上闪存。

⊖　易失性的存储器没有磨损机制，读者可以随心所欲地读和写。

优点是它的读写速度很快，可以用于一些对速度要求较高的场合（异步中的访问时间≤8ns，同步中的时钟速率≥400MHz）。现在有一类称为伪静态 RAM（PSRAM）的存储器，它结合了 DRAM 的低成本和高密度以及 SRAM 的低功耗和接口简单的优点，它被誉为穿着 SRAM 外衣的 DRAM。下面我们来详细介绍 SRAM 和 DRAM。

14.4.3 静态 RAM

静态 RAM 将每个位存储在触发器中，如图 14.20 所示，触发器本身由一对交叉连接的反相器组成（每个反相器由一对互补的 PMOS 和 NMOS 场效应晶体管制成），并外加两个 NMOS 作为传输门将其与外部连接。在读期间，两个 NMOS 门导通，将触发器的状态传送到一对互补位线，位线驱动一个差分锁存传感放大器，它可以根据电位差读取触发器的状态。在写期间，根据位线的电平状态，改变触发器的状态。这就是所谓的 6T（六晶体管）SRAM 单元。

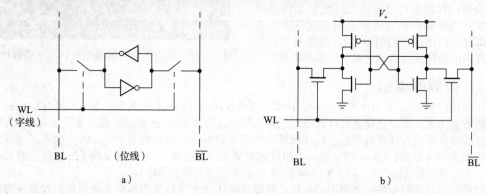

图 14.20   静态 RAM 将每个位保存在一个四晶体管 CMOS 触发器中，
并由一对单晶体管控制读取或写入。WL 为字线；BL 为位线

与大多数类型的存储器相同，芯片上的多个 SRAM 单元集成一个"字"，作为一个整体被读/写。字的数据宽度范围一般是 8～32 位，但通常会增加一些奇偶校验位，因此字的总宽度通常是 9 位、18 位或 36 位。如图 14.21 所示，这些字进一步被处理成具有行和列的阵列，从而使阵列中每个字的位单元根据该字的二维地址，耦合到相应的位线和传感放大器中。该图表示一个 4Mb 的 SRAM，它具有 512k 个 8 位字[⊖]；这些字被组合为 1024 行和 512 列的八个平面，每个位对应一个平面。

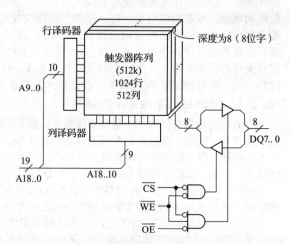

图 14.21   异步 SRAM 结构：具有 n 位并行地址的 SRAM 阵列，每个位都是一个 6T SRAM 单元，可以通过 $\overline{\text{WE}}$、$\overline{\text{CS}}$ 和 $\overline{\text{OE}}$ 对其进行简单控制，其中 8 位和 16 位的字宽是最常见的

1. 异步 SRAM 时序

传统的 SRAM 是异步的，因此没有时钟输入；与之相反，如果地址、数据和控制信号配合适当的时钟信号来使用，数据可以按照一定的时钟节拍被读取或写入。使用异步 SRAM 非常简单，如果要读取一个字，先选择读取的地址，并让芯片使能（$\overline{\text{CE}}$ 置低电平）和输出使能（$\overline{\text{OE}}$ 置低电平），被请求的数据在经过最长 t_{AA}（地址访问时间）之后，出现在三态数据线上。如果要写入一个字，我们首先需要选择写入的地址和数据，并使芯片使能（$\overline{\text{CE}}$ 置低电平），然后在经过最短 t_{AS}（地址设置时间）之后，发送一个写选通脉冲（$\overline{\text{WE}}$ 置低电平）；该脉冲结束时，有效数据被锁存到存储器中。图 14.22 和图 14.23 分别显示了快速静

⊖ 我们在这里遵循常用用法，Mb（兆位）表示 2^{20} 位，比十进制百万（10^6）高出大约 5%。

态 RAM（$t_{AA}=8ns$，$t_{AS}=0ns$）的读和写的时序；这种 SRAM 可用于交换机或路由器，也可将其用作外部存储器缓存。存储器单次读取的时间是从地址有效开始到读出有效数据为止；写入的时间是从地址有效开始到完成整个写周期（假定在读/写期间其他的信号线如 $\overline{CS}$、$\overline{WE}$ 和 $\overline{OE}$ 在需要时有效）。

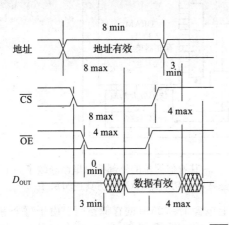

图 14.22　异步 SRAM 的读周期时序（在此周期 $\overline{WE}$ 保持高电平）。对于此 512KB 快速（8ns）SRAM（Samsung K6R4008V1D-08），图中的时间是最坏情况下能保证运行的时间（以 ns 为单位）

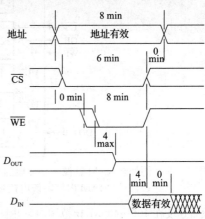

图 14.23　图 14.22 的存储器的写周期时序

　　一般的静态 RAM 最大容量为 16Mb，字宽为 1～32 位。目前 SRAM 有很多改进版本，例如具有单独的输入/输出引脚的存储器、低功耗存储器（待机时约为 $1\mu A$，在 1MHz 下工作时约为 1mA）以及双端口访问存储器（具有独立的地址线、数据线和控制线，共享的存储器空间，并具有用于端口之间软件交互的信号线）。

　　值得注意的是，我们使用 SRAM 时必须将其数据线连接到处理器或某些设备对应的数据线上，存储器存储的内容没有限制，我们可以按照自己的想法对存储器的内容进行加密。

2. 伪静态 RAM

　　静态 RAM 具有控制接口简单和功耗低的优点，但是它的六晶体管单元比单晶体管/单电容器 DRAM 单元占用更多的空间，因此每个位的成本更高；并且在尺寸固定的芯片上，可以放置的 SRAM 存储单元数远小于 DRAM 存储单元数。更密集且更便宜的 DRAM 需要定时刷新，并且与其多路复用的地址方案一起使用，它的接口也更为复杂。

　　伪静态 RAM 结合了两者的优点：将 DRAM 内核与隐藏的刷新逻辑结合在一起，并将这个组合集成在一个模拟的简单异步 SRAM 接口中（见图 14.24）。这就是所谓的"穿着 SRAM 外衣的 DRAM"。目前 PSRAM 的存储容量最高可达 128Mb；有些 PSRAM 甚至与异步 SRAM 兼容，它们具有相同的引脚排列和功能。PSRAM 的访问速度约为 50ns/次，且在顺序的"页面模式"访问中访问速度更快，大约为 20ns/次。DRAM 的刷新从外部看是隐藏的，而且速度快到完全不会干扰模拟异步 SRAM 接口的访问，因此可以说刷新是完全"不可见的"。由于隐藏的刷新活动，PSRAM 的待机电流约为 $100\mu A$；它有一个"深度电源关闭"模式，此模式下电流可以低至几 μA；但在这种模式下，由于电流太小无法保证 DRAM 的刷新，所以无法存储数据。

　　尽管 PSRAM 的待机电流要比传统的低功率 SRAM 高得多，但对于手机等电池容量大的移动设备来说，我们不需要担心这一点功耗。目前，除了像缓存这种对存取速度要求很高的应用场合必须使用 SRAM（$\leqslant$10ns），其他情况下伪静态 RAM 基本取代了传统的异步 SRAM。

3. 同步 SRAM

　　在前面的章节中，我们介绍了同步时序逻辑电路在抗噪声、可预测性、流水线架构、稳定性等方面的诸多优势，那么 SRAM 也可以做成同步时序逻辑电路。

　　我们可以将同步时钟状态机及其数据寄存器封装到异步存储阵列核上，这样就得到了同步 SRAM [⊖]。因为同步 SRAM 访问需要时钟触发，所以它的速度被指定为最大时钟频率。当前可用的

[⊖]　如我们将看到的，在动态 RAM 中也可以做类似的事情，可以得到多种形式的 SDRAM，如 SDR（单数据速率）、DDR（双数据速率）、DDR3、DDR4 等。

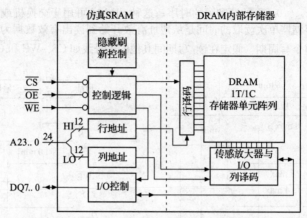

图 14.24　伪静态 RAM 就像一个经典的异步 SRAM。在其看似简单的外部接口里面隐藏了一个高效的
　　　　　1T/1C DRAM 内核，该内核封装在具有隐藏刷新功能的 SRAM 仿真逻辑层中

设备速度在 $100\sim400$MHz 范围内，并且单个芯片上包含 $1\sim72$Mb 的存储空间。由于每个字节都包含一个奇偶校验位，它的字宽是 9 位的偶数倍，如 9、18、36 和 72 位。

　　与简单的异步 SRAM 相比，同步 SRAM 更为复杂，它们具有复杂的工作方式，例如双倍数据速率传输（使用两个时钟沿，见图 14.25），以及处理突发和交错数据的方法，因此我们必须考虑它的模式位等。当然，同步 SRAM 有一个相当快的差分时钟，在同步 SRAM 上单次数据进出时间仅为几纳秒。换句话说，同步 SRAM 是为实现最高传输速度和数据吞吐量而设计的，因此，同步操作的优点与需要快速时钟和严格时序裕量的缺点并存。

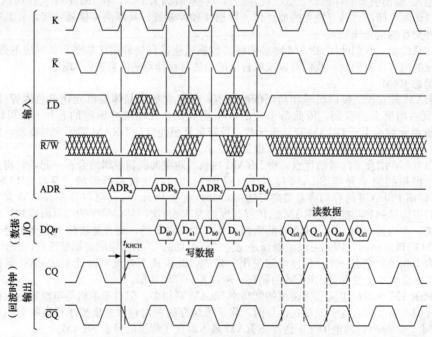

图 14.25　同步 SRAM 时序，在读取和写入期间具有双倍数据速率（DDR 2）时钟。数据以两个字（连
　　　　　续的地址）脉冲串进行时钟控制：对于写周期，必须在地址加载后的一个周期内在输入时钟
　　　　　$K/\overline{K}$ 的两个边沿上提供输入数据；对于读周期，数据在地址加载后的 1.5 个时钟周期出现在
　　　　　回波时钟 $CQ/\overline{CQ}$ 的两个边沿上（它会重新生成输入时钟 $K/\overline{K}$，会稍有延迟 t_{KHCH}）

14.4.4　动态 RAM

　　正如我们前面提到的，如果对电容器进行充电来实现周期性刷新，我们可以使用单晶体管存储单元，从而在芯片上节省大量的空间。图 14.26 是具有 1T1C 存储单元的动态 RAM。DRAM 是当前

存储器的主力军，每个芯片的容量为几个 Gb，一般以插入式内存模块的形式使用，目前容量最大为
16GB（128Gb）。

与 SRAM 类似，传统的 DRAM 内存是异步的，因
为它需要添加刷新模块，它的时序比简单的 SRAM 复杂
一些。并且，与 SRAM 相同的是，它可以将同步时钟状
态机包装在 DRAM 存储器单元的异步阵列周围来创建同
步 DRAM（SDRAM），所以又称 SDRAM 是"穿着同步
外衣的异步 DRAM"。现在，异步 DRAM 基本上已经被
淘汰。但是，为了了解现在占主导地位的同步 DRAM 内
部结构，我们有必要先了解异步 DRAM 的工作原理。

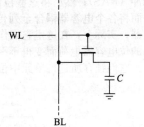

1. 异步 DRAM

图 14.27 显示了一个简单的 16×1bit 异步 DRAM，
虽然与实际中使用的 DRAM 相比，它的容量非常小，但
它正好适合用来说明 DRAM 的工作原理。如图 14.27 所
示，每个 NMOS 晶体管的漏极到地之间都有一个小电容
器（数量级为 30fF），并排列成四行四列。行驱动器使

图 14.26　动态 RAM 1T1C 位单元。每个位
保存的信息用一个电容器的充电
（约 1V）和放电（0V）来表示，
当字线（WL）被选通时，其状
态由位线（BL）读取、写入或刷
新。通常，$C \approx 30$fF

用锁存的行位（高半地址）使相应的 NMOS 栅极端子变为高电平，从而使晶体管导通，进而将其电
容器连接至列线，这些列线又与一组锁存传感放大器（SA）连接。传感放大器的输出由锁存的列位
（低半地址）选择，该输出通过双向多路复用器到达输出/输入缓冲区。动态存储器使用了多路复用
地址线，故它使用的地址线数量减半。

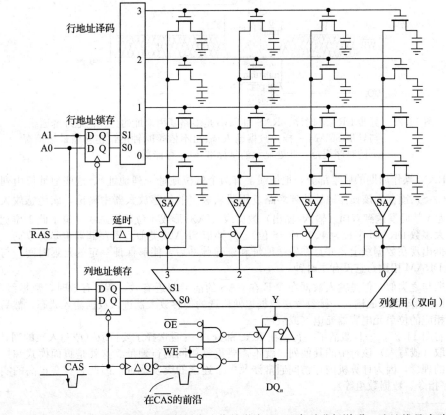

图 14.27　异步 DRAM 架构，在这里以字长为 1 位的微小 4×4 阵列进行说明。地址线是多路复用的，
　　　　　行和列地址在内部寄存。传感放大器（SA）在读周期内读取（并刷新）行寻址线的状态；
　　　　　在写周期中，它们由同一共享输入/输出数据线 DQ0 上的输入数据驱动

其工作原理如下。假设各个电容器已被预先写入，因此电容器是带正电的（约 1V）或不带电
的，系统首先进行一个读周期，如图 14.28 所示，图中显示了标准 70ns 异步 DRAM 的基本（单地

址）读/写周期⊖。由于地址线是多路复用的，因此先发送两个高位地址（行地址），以及一个行地址选通脉冲（$\overline{\text{RAS}}$）；然后将这些位锁存，从而导致所选行的栅极变为高电平，并导通 MOSFET 传输门，进而将各个电容器耦合至列传感放大器（SA）。传感放大器是锁存器，在这里被称为非逆变反馈放大器；实际上，在这里它们作为触发器使用，它在平衡状态下开始整个读/写周期，之后因改变它们中的位电容器电荷而变得不平衡⊖。在这一部分 DRAM 操作周期中，每一列中的传感放大器做两件事：它们锁存所选行单元中位的状态；然后把锁存的电平状态发送到单元电容器来刷新这些单元。

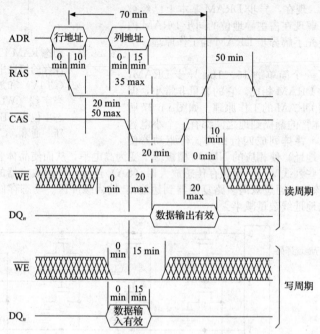

图 14.28　异步 DRAM 时序。$\overline{\text{RAS}}$ 和 $\overline{\text{CAS}}$ 是多路复用地址的行和列地址选通线。
与异步 SRAM 一样，数据输入/输出不依赖时钟沿，它遵循最坏情况
下的时序规范（此处显示的是标准 70ns 存储器）

　　在 DRAM 操作周期的后半部分，地址线上有两个低位地址（列地址），这些地址位由列地址选通脉冲 $\overline{\text{CAS}}$ 锁存。该锁存地址使列多路复用器从选定的传感放大器中输出，该传感放大器因为 $\overline{\text{WE}}$ 被置为无效而发送到双向（输入/输出）数据线（DQ0 形成 1 位数据总线，位于此 1 位宽的存储器中；而大多数 DRAM 字长为 4、8 或 16 位）。与异步 SRAM 类似，该存储器也是异步的，这意味着有效数据出现在数据线上，并且在发送地址和选通脉冲后，能够保证一定的延迟时间。与现在通用的同步 DRAM 相比，它没有主时钟。

　　写周期与之类似，但是输入数据在 $\overline{\text{WE}}$ 在 $\overline{\text{CAS}}$ 的前沿附近有效，$\overline{\text{WE}}$ 有效时，数据线 DQ0 对于 DRAM 存储阵列变成输入，接着发送数据迫使所选的传感放大器进入数据输入状态，然后，该锁存状态使相应的位单元电容器充电（或放电）。

　　接着看图 14.27，一旦激活了一行（在 RAS 部分），并且选择了要读取（或写入）的列，如果我们还要读取（或写入）该行中的其他列，就不需要重复相同的行地址。这就是页面模式和扩展数据输出背后的理念，因为计算机内存访问通常涉及多个连续的突发地址，因此它具有很高的实用价值（用于顺序指令、数据数组等）。

　　⊖　还有其他模式，如页面模式和扩展数据输出，用于更有效地访问来自多个连续地址的数据。

　　⊖　从现实的角度来看，情况要复杂一些：传感放大器是差分的，而 DRAM 阵列通常以折叠位排列，因此任何给定的行线仅激活偶数或奇数单元。非活性（中性）位线在"预充电"电平浮动（$V_{DD}/2$），该电压作为参考电压，平衡传感放大器通过该参考电压，比较各个位单元中电容器电荷向上或向下的 ΔV 凸点。由于位线和读出放大器附加约 200fF 电容负载，因此 ΔV 远远低于期望的 $\pm 0.5V$。实际上，存储器设计者的目标是 $\Delta V \geqslant 100mV$，从而可以清晰读出传感放大器为 0 或 1。

2. 同步 DRAM

如上文所述，当前常用的 DRAM 都是同步的（SDRAM），其中外部提供的时钟信号$^{\ominus}$控制一个同步状态机，该同步状态机用于对异步 DRAM 的存储核心进行封装。原始的单数据速率（SDR）SDRAM 已经发展了好几代，名称分别为 DDR（双数据速率，即在两个时钟沿都对数据进行处理）、DDR2、DDR3 和 DDR4。时钟的转换用来加载行/列地址和数据。同步 DRAM 通常运行在"突发模式"下，将来自连续列地址的多个数据按顺序移出（读者可参考下面对该模式的说明）。

与异步 DRAM 不同，SDRAM 是更复杂的系统，它有一组确定正在执行何种操作的命令（也带有时钟）。这些命令是由三个位定义的，使用了源自异步 DRAM 的 $\overline{\text{RAS}}$、$\overline{\text{CAS}}$ 和 $\overline{\text{WE}}$ 信号。这三个输入信号位在下一个时钟沿之前被设置，用来确定在该时钟沿上的操作。如图 14.29 所示，在表格中我们列出了五个基本命令。"激活行"用来加载行地址，随后的"读"和"写"命令加载列地址并启动相应的数据传输。在此类传输期间（根据特定芯片的体系结构，其宽度可能为 4 位、8 位或 16 位），数据以单数据速率（SDR）或双数据速率移出或移入，并由时钟计时。

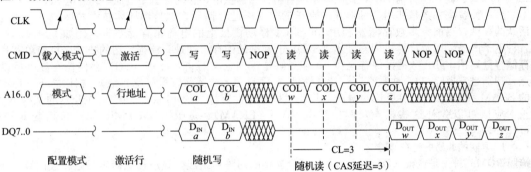

	$\overline{\text{RAS}}$	$\overline{\text{CAS}}$	$\overline{\text{WE}}$	地址线
激活行	L	H	H	行地址
读	H	L	H	列地址
写	H	L	L	列地址
NOP	H	H	H	—
载入模式	L	L	L	模式位

图 14.29　同步 DRAM 使用外部接口，该接口的操作由外部时钟同步。最简单的单数据率（SDR）SDRAM 根据 $\overline{\text{RAS}}$、$\overline{\text{CAS}}$ 和 $\overline{\text{WE}}$ 这三位的不同组合完成不同的操作。此处显示的是 SDR SDRAM 的随机（而非突发）写入和读取。突发模式操作更为常见，来自几个连续列地址的数据在连续的时钟沿上均有效（在 DDR SDRAM 的前沿和后沿都有效）

我们应该特别注意同步 DRAM 的读时序，尽管数据以全时钟速率移出，但从发送列地址到传输数据还有几个时钟周期的延迟，这就是 CAS 延迟，图 14.29 显示了延迟 3 个时钟周期的情况。给定的内存芯片将（通过编号）确定时钟频率的最小 CAS 延迟（例如，MT47H128M8HQ-25E 是采用 60 焊球 FBGA 封装的 128MB 8 位宽 DDR2 SDRAM，CL=5，t_{clk}=2.5ns）。由于系统的其余部分需要已知（并接受）实际的 CAS 延迟，因此可以通过向芯片发送"载入模式"命令（一个时钟周期，在此期间，$\overline{\text{RAS}}$、$\overline{\text{CAS}}$ 和 $\overline{\text{WE}}$ 都保持为低电平）来告诉芯片使用的 CAS 延迟。其模式由地址线上传递的位定义，这些位不仅包括定义 CAS 延迟的位，还包括用于定义单地址访问还是突发模式的位（对于后者，可以选择两个、四个或八个连续的字），以及一些其他控制位。更为复杂的是，某些 SDRAM（例如 DDR2）在写周期内也有时钟延迟；从逻辑上讲，这就是所谓的写入延迟（WL），我们只能在列地址有效后，经 WL 时钟延迟，再进行数据操作。

由于采用时钟触发，因此同步 DRAM 的速度是由时钟频率确定的，它带有像 DDR3-1600 这样的标签，这用来描述符合 DDR3 标准的双数据速率 SDRAM，其数据在 800MHz 时钟的两个边沿上均有效。目前可用设备的数据传输速率应在 400～1600MT/s（每秒兆传输）范围内，并且在单个芯片上包含 1～4Gb 数据存储空间，字长为 4、8 或 16 位。下一代（DDR4）将把传输速率提高到

$\ominus$　在这种高速场合下，它始终被配置为低电压差：CK 和 $\overline{\text{CK}}$。

1600～3200MT/s，并可以将单芯片密度提高到 16Gb 或更高。

14.4.5 非易失性存储器

非易失性存储器（Nonvolatile Memory，NVM）是在电源关闭的情况下数据仍可以被保存的存储器，这种存储器在许多日常应用中都是必不可少的，例如①保存通用计算机中的启动（引导）代码和各种初始设置；②保存嵌入式处理器的常用固件；③在 USB U 盘上临时存储文档、图像或其他文件。在这些情况下使用上面介绍的那些半导体存储器显然是不合适的，因为当直流电源断开时，这些存储器会丢失存储的数据。

解决该问题的一种方法是使用电池，这样存储器就不会断电，自然也不会丢失数据。这就是备用电池存储器，它通常用于存储计算机设置，有时把它简称为 CMOS。我们可以使用一些具有微功耗数据保持模式的存储器（通常为静态或伪静态 RAM）来实现非易失性，这样我们就不会受困于非易失性存储器的各种缺点，例如它的编程和擦除时间过长（ms 级），或有限的写入次数（通常为 10^5～10^6）。但是在这种情况下，我们必须一直给存储器供电，并确保备用电池始终有电$^\ominus$。

另一种解决方案是使用某种形式的真正的非易失性存储器。这是半导体技术发展的一个非常活跃的领域，当前大多数存储器利用 MOSFET 浮动栅极上的电荷来存储数据，例如 USB U 盘、各种电子产品，以及计算机固态硬盘（SSD）上常见的闪存。这是一项很实用的技术，目前单芯片存储容量高达 1Tb，数据可保存至少 10 年。但是正如上文所讲，浮栅（FG）存储器存在一些缺点，特别是它擦除/写入次数有限（持久性低），而且写入或擦除较慢（毫秒级）；相比之下，标准的 SRAM 和 DRAM 具有更长的寿命，并且读写速度也更快（约 10ns）。一些正在开发的某些 NV 技术应该可以弥补这些缺点，例如铁电 RAM（FRAM）、磁阻 RAM（MRAM）和相变 RAM（PRAM）等。

1. 早期的非易失性存储器

掩膜 ROM　首先是掩膜 ROM，它由具有固定连接的门阵列组成，该连接从诞生开始就被内置，并且不能更改。它具有一个固定的查找表，而且只能读取（read-only，因此称为 ROM）。目前芯片中内置转换表仍是最有效的方法。显然它是非易失性的，但这并不是理想的 NV 存储器。

PROM　接下来是可编程只读存储器（PROM），只允许一次写入。由于它使用了一系列微小的片上保险丝（金属或半导体），并选择性地将其熔断留下所需的存储阵列，所以它也被称为保险丝 ROM。可编程（可擦除）NV 存储器的不断发展使 PROM 逐渐被淘汰。

紫外线擦除可编程存储器（EPROM）　接下来是紫外线擦除可编程存储器。如图 14.30 所示，信息位以隐藏的浮动栅极形式保持在小电容器上，这些栅极可以改变相关 MOSFET 的阈值电压，这与现代闪存中使用的技术相同。可以使用控制栅极读出存储的信息位：当浮动栅极被带负电的电子充电时，阈值电压约为几伏正电压；而未充电的浮动栅极产生负阈值电压（因此控制栅极的导通电压为 0V）。

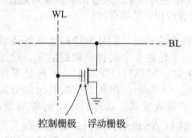

图 14.30　浮动栅位结构，用于 EEPROM 和闪存 ROM 的非易失性存储器。通过隧穿或热电子注入将数据写入浮动栅极。它的电荷会改变阈值电压，阈值电压可在控制栅极和位线上读出。浮动栅极的漏电流很低，所以数据至少可以保留十年，并且不需要上电或刷新

由于没有与浮动栅极的连接，我们可以使用一些写入和擦除的技巧。写入时，通过一个称为沟道热电子注入（CHE）的过程将负荷施加到栅极上，该过程会产生较高的漏极电压（12～20V）和漏极电流；擦除时，将芯片暴露在紫外线下几分钟就可以立即擦除整个芯片。擦除过程需要一个透明的石英窗口使紫外线进入，由于使用了密封陶瓷封装，所以紫外线擦除可编程存储器价格昂贵且体积庞大，并且在擦除和重新编程的时候必须把它们从电路中拆除，因此这些存储器已经被电可擦除非易失性存储器所淘汰。

$\ominus$　这并不完全是一件小事，我们从一家主流制造商那里购买了四块主板，如果交流电源断电超过几个小时，所有主板都会失去 CMOS 设置。这就带来了很大的不便（必须还原大约 25 个设置），这可能是芯片的泄漏电流超标或保持电压过小导致的。

OTP EPROM 接下来介绍一次性擦除可编程只读存储器。OTP EPROM 解决了 EPROM 封装成本高的问题，即把 UV 可擦除的 EPROM 放入便宜的塑料封装中。它唯一的缺点是该塑料封装不透明，因此无法对其擦除。我们可以购买少量昂贵的 UV EPROM，使用它们开发和测试程序，然后使用调试好的代码对这些塑料封装的 EPROM 进行编程。随着电可擦除非易失性存储器的发展，这些器件也逐渐过时了。

2. 电可擦除非易失性存储器

EEPROM 电可擦除可编程只读存储器[○]（EEPROM 或 E^2PROM）是当前主流的非易失性存储器。它不需要紫外线来擦除，并且不需要拆卸和更换芯片，而是可以对其进行在线重新编程。通过一种称为沟道效应的量子力学现象，利用升高的电压使浮动栅极中的电子获得足够的能量，可以克服栅极绝缘体的势垒，穿过禁带到达导带。它通常被称为 Fowler-Nordheim 沟道，缩写为 F-N。EEPROM 有一个片上电荷泵，可以产生用于擦除数据或像 UV EPROM 一样进行编程所需的高电压，从而实现在线编程（即写入）和擦除。

EEPROM 使用一个允许分别擦除和重新编程的存储结构，如两个晶体管形成的位单元，这可以提高灵活性，但是这种灵活的电路牺牲了可额外存储的空间。后续开发的闪存利用了密度更高的单晶体管位单元，但是这样做付出的代价是要以更大的数据块为单位，通过与衬底接触的方式才能实现擦除，这使得擦除操作更为复杂。

与闪存一样，EEPROM 寿命有限，通常只能持续 $10^5 \sim 10^6$ 个擦除/写入周期。与读取（约为 100ns）相比，它的擦除和写入的速度较慢（约为 10ms）。EEPROM 很大程度上已被闪存所取代。但是 EEPROM 操作灵活性高，可以对单字节甚至单个位进行操作，这使它非常适合保存少量数据，例如校准参数、设置参数或保存参数表。用于这类应用的 EEPROM 通常与微控制器本身集成在同一芯片上。有一些独立的 EEPROM 芯片，这些芯片通常使用串行协议（SPI、I^2C、UNI/O、Microwire 等），因此它们采用 SC-70、DFN 等小型封装。很多公司都推出了优秀的 EEPROM 产品，例如 Atmel 和 Microchip 公司，从 128 位到 1Mb 的产品都有。

EEPROM 可擦除/写入单个位或字节，这种灵活性导致它比高密度闪存存储器占用更大的硅面积。那么下面就让我们看看闪存。

3. 闪存

闪存抛弃了 EEPROM 的位或字节可写性，而是针对数据块的擦除。如果我们要擦除大量字节，那么它的速度更快（一瞬间的擦除，因此而得名）。它的缺点是我们不能一次仅修改目标数据。但该芯片密度更高，尤其是 NAND 闪存的形式，因此我们可以在单个芯片上获得更大的内存（目前最多可达 1TB；它内部并不是单纯的一个芯片，而是几个堆叠的薄芯片）。目前闪存具有两种形式，分别为 NOR 和 NAND。

NOR 闪存 图 14.31 是 NOR 闪存中使用的位单元排列简化视图，它是原始闪存架构。由于存储晶体管是并联的，因此我们可以通过关闭除所选晶体管以外的其他晶体管，从而读出所选的晶体管。浮动栅极单元通过沟道热电子注入（与 EPROM 相同）进行编程；但是，它与所有闪存一样，必须一次对一个块（或一个扇区）进行擦除，因为该块的衬底电压升高会造成浮动栅极的 F-N 沟道效应。典型的块大小为 $4 \sim 64kB$，通常一个芯片上会配置多个大小不同的块。NOR 闪存使用简单的并行 SRAM 类型接口（有时提供异步或同步模式选择），并可直接用于保存可执行代码。但是，由于寿命短和块擦除，意味着可执行代码必须将闪存当只读存储器对待。当前可用的 NOR 闪存设备的存储容量大约在 1Mb~1Gb。

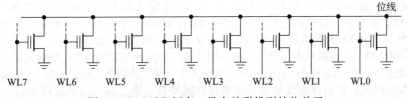

图 14.31 NOR 闪存，具有并联排列的位单元

NAND 闪存 与 NOR 闪存相比，NAND 闪存的设计者想将它用作高密度的大容量存储设备，类似于磁性硬盘驱动器。它用于 U 盘、紧凑型闪存（CF）卡、安全数字（SD）卡、固态驱动器（SSD）

[○] 另一个名字是 EAROM——电可改变只读存储器。

和微控制器中的片上代码存储器。NAND 名称来源于它的位单元串联结构，如图 14.32 所示；NAND 的读取是通过置高除选定晶体管之外的所有栅极来实现的，然后选定的晶体管根据其浮动栅极上的电荷确定是否导通。同时擦除和写入都使用沟道效应，且擦除是在扇区中完成的。而与并联连接相比，通过串联连接可以获得更高的密度，因为除了在每个串的末端，不需要使用浪费空间的源极或漏极触点。为了减少引脚数，NAND 使用串行命令接口。像 NOR 闪存一样，它以扇区为单位进行擦除。但是请注意，U 盘这类设备本身具有存储器控制器，因此外部接口看不到数据擦除和读/写的电路和时序。同样，SD 卡的标准规范要求它们不仅兼容本地 SD 接口协议，而且还兼容大多数现代微控制器中包含的标准 SPI（串行外围接口）协议[⊖]。以闪存为存储介质的设备，其存储器控制器的作用不只是做控制工作，它还有"损耗平衡"的功能，可以控制数据循环通过不同的存储块，以最大限度地减少重复使用；这个功能可以用来避免沟道效应造成的因绝缘体损坏最终导致的寿命减少；然后把检测到的坏的和退化的单元地址写入存储芯片的扇区 0 中的位置，以便后续通过备用单元对存储器进行访问。

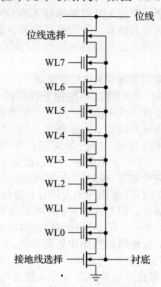

图 14.32　NAND 闪存，具有串联排列的位单元

为了提高内存密度，NAND 闪存的制造商使用被称为多级单元（MLC）或三级单元（TLC）的存储颗粒。简单来说，这意味着将部分电荷量放在浮栅上，然后通过测量近似阈值电压将其读出。目前实现了使用四个 MLC 或八个 TLC 存储颗粒的程度，因此每个晶体管存储 2 位或 3 位。我们的数据保存在部分充电的微小浮动栅极电容器上，它的电荷在几年内不会改变太多。转换成数字，这意味着大约为 0.3fF 的电容在 3×10^8 s（10 年）内不能泄漏（或获取）超过 3000 个电子，也就是说平均每天最多只有一个电子泄漏。

当前可用的 NAND 闪存的密度可高达 1Tb；为了获得这么高的密度，制造商使用了 2 位 MLC 存储，并在一个集成电路封装中使用多个芯片。我们很难相信，一个集成电路可以为地球上的每个人保存约 16 字节的信息。

4. 未来的非易失性存储器

闪存有很多优点，但是它的寿命有限，并且擦除/写入过程很慢。理想的非易失性存储器应该是非易失的 SRAM。也就是说，它将具有全速的随机读取和写入访问、无限的耐用性和长久的保留时间。

目前有几种技术正在探索中，而以下介绍的技术似乎是最有希望的。

铁电 RAM（FRAM、FeRAM 或 F-RAM）　铁电材料是铁磁材料的电类似物，它保持着电极化状态。它的想法是制造一个 1T1C 型 DRAM 位单元，但用薄薄的铁电材料薄膜（例如，钛酸锶铋的几个原子层）代替电容器。我们可以像写 DRAM 一样，在该薄膜上写入。然而它的读出规则却有所不同：通过产生电流脉冲感知该单元是否通过写入而改变了状态来破坏性地读取数据，然后恢复该状态[⊖]。FRAM 可能会实现小于 50ns/次的随机读写速度、数据保存时间长和存储器寿命长。像富士通和赛普拉斯这样的公司目前正在制造 FRAM，它们可以生产具有 10^{14} 个周期的持久性的 2Mb 串行接口设备（SPI 和 I^2C）；而并行（模拟异步 SRAM）设备的最大容量为 4Mb。后者的一个例子是 MB85RE4M2T，其指定的随机读取和写入周期时间为 150ns，可以在 85℃下保留十年，并且（鼓式）耐久性为 10^{13} 个读取和写入周期（每秒 1000 次读/写，可以写 300 年）。

磁阻 RAM（MRAM）　磁阻利用了材料在施加的磁场下的电导率变化特性。磁盘可以读出（通过产生与磁通量成正比的电压而不是产生磁通量）这些变化（巨大的磁阻、隧道磁阻），这是对传统的基于线圈的读数的改进，它能够造成硬盘容量的爆炸式增长。制造商可以制造微小的片上磁阻单元（包含某些铁磁材料），通过脉冲电流写入，并通过其磁阻读出。

⊖ SD 卡 SPI 接口的协议其实并不简单，因为它必须支持读取、写入、擦除、检查状态等内存操作。但它的使用很简单，读者可以参考 AVR 和 ARM 等流行微控制器的库函数（见第 15 章）。

⊖ 这类似于过去的磁心存储器所使用的方法，在该方法中，磁心的状态被设置为已知状态，检测状态是否发生变化来读取信息，然后恢复原始状态（如果需要）。

MRAM 已经研发了很多年，最近已经有一些部件被生产出来。例如，Everspin（飞思卡尔旗下的公司）提供的 8 位和 16 位字长的 MRAM，可达到 16Mb。又如，MR2A16A 是一个 4Mb 16 位宽的非易失性 MRAM，具有标准的异步 SRAM 并行接口，它规定的读/写周期时间为 35ns，数据可保留 20 年，并且制造商（big drumroll 公司）声称它具有永久的耐用性。其他设计 MRAM 的公司还包括日立、海力士、IBM/TDK、英飞凌、三星和东芝/NEC。MRAM 在成本上与闪存相比并没有竞争力，它仍然处于起步阶段，但它的前景不可估量。

相变 RAM（PRAM 或 PCM） 某些金属合金（硫系玻璃）在其晶态和非晶态（类玻璃）下的电阻差别很大。可以利用它来制造存储单元，在该存储单元中以受控方式加热相变合金使其在两种状态之间转换。加热这个过程听起来很漫长，但是在小的数量级上（数十纳米），几十纳秒内加热就完成了。三星、美光、IBM 和意法半导体等公司都在努力研发相变存储器，并且已经交付了一些原型样品（例如，Numonyx 公司的 128Mb 90nm 的 PRAM）。目前还没有公司公开声明这种存储器有很高的耐久性，但是 PRAM 未来可能会提供更加快速和高密度的非易失性存储器。

14.4.6 存储器小结

下面我们对上面讲的内容做出总结。

1) 很多情况下不需要我们单独配置存储器。
- 微控制器（第 15 章）有片上存储器，拥有闪存（用于非易失性程序存储）、SRAM（用于工作存储器）以及 EEPROM（用于参数、表格等）。
- PC 主板使用快速 SDRAM 作为插入式 SODIMM（或其他尺寸）卡；只需要按照说明进行操作，我们就可以配置它。
- 现场可编程门阵列（FPGA）片上没有闪存，需要在外部为其附加配置闪存，用于保存 FPGA 中的配置数据。

2) 最简单的易失性存储器是异步 SRAM 或较为常用的外观相似的伪静态 RAM。标准 SRAM 和 PSRAM 存取周期约为 50ns，快速 SRAM 周期约为 10ns。后者适用于外部高速缓存，而前者仍用于诸如高可靠性医疗电子产品之类的微环境应用场合中。微功耗 SRAM 可以在约 $1\mu A$ 的待机电流下保存数据，一般情况下，它可以在 1mA 的电流下运行。

3) 同步 SRAM 接口更复杂，但它能够以较高的时钟速度运行（结合双倍数据速率技术可高达 400MHz），适合外部缓存。

4) 同步 DRAM 具有双倍数据速率，是快速计算机工作存储器的最佳选择。它通常用作插件模块，但也可以用作裸粒芯片，例如与独立应用（例如无线路由器、游戏机、显示面板或机顶盒）中的嵌入式微处理器（或具有内部微处理器内核的 FPGA）结合使用。

5) NAND 闪存目前是密集型非易失性存储的最优解，并在内存模块（USB U 盘、CF 和 SD 卡）和硬盘替代品（SSD）以及机载（微控制器和专用 IC）应用中占主导地位。串行接口闪存提供了一种特别易于使用的方式，既可以作为独立的芯片使用，也可以作为 SD 卡（具有 SPI 兼容接口）使用；我们可以将这些串行存储器直接连接到大多数微控制器，其中包括集成的 3 线 SPI 端口。

6) NOR 闪存具有标准异步 SRAM 接口的优点，因此我们可以用它替代 SRAM，并用来执行只读代码。

7) EEPROM 的字节具有的可重写性非常适合存储参数和表，特别是在仅涉及少量数据的情况下。

8) 在某些新技术中，科学家们希望找到存储器的最优解：具有无限寿命的全速非易失性存储器（半个世纪前，我们有了磁心存储器。它们拥有以微秒为单位的操作周期，以千字节为单位的密度。现在的存储器有各种不同速度、密度，以及更低的成本）。

14.5 其他总线和数据链路

我们前面介绍的 PC104/ISA 外围总线是并行多点总线架构的典型代表，它具有一组共享的数据线、地址线和一些选通信号，这些信号用来指示数据传输的方向和时序（还有用于中断和 DMA 的信号线）。PC104 是 25 年前提出的总线，现在已经被更快、更宽的并行总线所取代，特别是当代 PC 中使用的 PCI 和 PCIe [⊖] 外围总线[⊖]。

⊖ PCIe 是一种混合型：在一组并行通道上进行串行通信。
⊖ 后者要复杂得多。我们之所以选择 PC104/ISA，是因为其简单性且在当代 PC104 产品中它也是通用的，因此它的生存能力很可能会远远超出当代人的寿命。后者包括 Unibus、STDbus、EISAbus、MicroChannel、Q-bus、Multibus、VAXBI、NuBus、Futurebus 和 Fastbus 等。

　　并行数据总线是一种通用的传送方式，并不局限于计算机主板内部。PC104 的数据-地址-选通脉冲并行传输方式在电子设备中被广泛应用，它已用于液晶显示器、视频处理芯片和模-数转换器等设备中的数据传输，我们将在后面举例讲解。电路设备之间的这些连接通常省去了烦琐的寻址，我们可以把这些连接视为并行数据链路。但是，真正的并行总线也可以以 SCSI 或通用接口总线（GPIB）的形式连接到需要大量数据的外围设备，例如磁带、磁盘存储器或测试和测量仪器。

　　现在，出现了越来越多流行的串行总线和数据链路，从简单的（缓慢的）传统 RS-232（COM 端口）到快速的 USB 和 FireWire 协议。串行连接按顺序发送其数据位，而不是像并行总线那样按字节（或更多）批量的多位传输的方式发送；因此，我们可能会认为串行总线的速度不高，但是，出乎意料的是，快速串行协议通过使用低压差分信号可以以很高的比特率来实现高速传输。一个很好的例子是从 16 位 ATA（也称为 IDE 或 PATA）并行磁盘链接（总共 40 条线，在带状电缆中）演变到只有两对细电缆的串行 SATA 连接。实际上 SATA 连接速度是更快的，它可以以高达 6Gb/s 的速度传输，而现在已经过时的 PATA 最高只能达到 1Gb/s 的传输速度。

　　为何串行链路中的速度更快呢？毫无疑问使用低压差分信号传输会对提高速度有所帮助，但是还有两个其他的有利因素，以 SATA 的串行链路为例：①这种链路是点对点的（发送端一个驱动器，另一端一个接收器），而不是多分支的（总线上一个驱动器和多个接收器）；②与多线并行总线不同，单个串行线没有时序偏差（时钟线和几条数据线之间传播时间的偏差）。在当今 Gb/s 的数据速率下这些因素确实很重要，在高速情况下，总线线路对于高速信号相当于长电缆（电信号在电缆和电路板上每纳秒传播 20cm），因此必将总线视为传输线，在传输线上多节点往往导致阻抗不匹配，并产生一系列反射信号。相比之下，点对点连接只有一个接收端，可以实现很好的阻抗匹配。而且，在高速情况下，无法避免的时序偏差限制了并行总线中的数据时钟速率（见图 14.33 的眼图），而在串行链路中，利用数据流本身就可准确恢复时钟，这样就可以有效避免时序偏差。事实证明，由于阻抗可控和没有时序偏差，串行传输相比于并行传输更有优势。

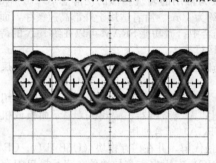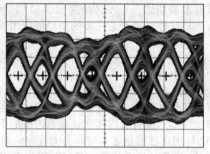

图 14.33   眼图是通过时钟触发，示波器在单个数据通道上持续捕获信号形成的，图中显示了11.2Gb/s 伪随机数据流，在长度为 60cm 的半刚性同轴电缆的远端信号。左：具有发射均衡功能——睁开的"眼"表示在等间距的时钟点处有足够的信号时间间隔（用＋符号表示）。右：没有传输均衡——一个不好的眼图例子。水平为 71.4ps/div；垂直为125mV/div。示波器带宽应扩展到时钟频率的三次（甚至五次）谐波才能显示准确眼图

　　从并行（多点）到串行（点对点）的转变在总线发展史上很常见，如计算机内部总线（PCI→PCIe）、磁盘接口（PATA→SATA，SCSI→SAS）、以太网电缆（同轴多点→双绞线点对点）和外部总线（如 GPIB→USB）。除了性能方面有优势，这些串行链路还具有较小的连接器和电缆，使用成本较低。

　　值得注意的是，这些串行链路尽管没有地址线，但通过将地址与数据流一起传输，可以像经典的可寻址总线一样工作。例如 USB、FireWire、SAS（串行连接的 SCSI）和 eSATA（外部 SATA）都是这样工作的。

　　最后，串行协议通常用于芯片之间的通信，通常有 SPI（串行外围接口）、I^{2}C（Inter-IC）和JTAG（联合测试工作组）这几种。

14.6   并行总线和数据链路

14.6.1   并行总线接口示例

　　常见的 LCD 字符显示器源于简单的并行总线，这种总线结构已经成为 LCD 显示器的标准结构（现在它们也具有串行总线的形式）。这种总线结构非常简单，8 条数据线（D7..0）、1 条地址线

（RS）、一条读/写信号线（R/$\overline{W}$）和一条数据选通线（E）；其中数据线是双向的，其他三条线是单向的，如图 14.34 所示。它的 RS 线（地址线）可用来选择显示器的内部指令寄存器（adr＝0）和数据寄存器（adr＝1）。

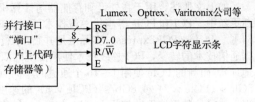

LCD 显示器的工作原理很简单，首先将字符的目标地址输入数据寄存器（RS＝1＝HIGH），并将 R/$\overline{W}$ 线设置为低电平，然后将字符代码字节放在数据线上，并发送选通脉冲到 E 端口，就可以将字符写入显示器。接下来 LCD 状态会变为"忙碌"（通过读地址 0 可以得到 BUSY 状态标志位，它在 D7 位返回），当 BUSY 状态标志变为低电平后，我们可以发送下一个字符。

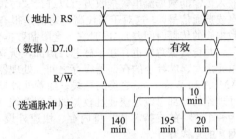

上面是我们向显示器发送字符的方式，此外，我们还可以通过将指令码字节写入指令寄存器（adr＝0）来执行清除显示、前进光标、确定接下来字符显示的位置之类的操作。例如，写 01h 可以清除显示；写 10h 可以将光标向左移动一个字符；写 06h 表示把当前字符写入前一个字符的右侧。我们还可以在其他兼容的显示设备中使用相同的协议来显示字符，这些设备用来替代真空荧光显示器。

图 14.34　具有并行接口的 LCD 模块，这是其写周期的时序（以 ns 为单位）。读周期时序与此类似，但 R/$\overline{W}$ 置为高电平（而且 D7..0 此时由 LCD 主控）

14.6.2　并行芯片数据链路示例

LCD 显示器使用并行总线传输数据时，对传输速度没有很高的要求，并且它的接口还允许将一个字节作为两个连续的半字节（4 位"半字节"）传输。但是在有些场合确实需要高速传输，例如高速的 DAC，如图 14.35 所示。8 位 AD9748 DAC 的转换速率高达 210Msps（兆样本/秒），因此我们必须每 5ns 为它提供一个新字节。该芯片必须具有一个单字节宽的输入端口，并与一个接受高速 LVDS（低电压差分信号）的差分时钟输入相结合。与 LCD 不同，它在任何意义上都不算总线，因为它没有双向通信，也不能寻址（甚至没有芯片选择线或使能引脚）。在使用时，需要注意其数据建立时间为 2.0ns，保持时间为 1.5ns，与高速时钟同步。

图 14.36 是另一个高速传输的例子——一个视频编码器芯片，它能够满足处理高清视频的全部带宽需求。但此外，还需要设定数百个相关的视频参数（例如，视频输入和输出格式、颜色和对比度校正、测试图案等），因此，它具有一个 16 位宽的并行输入端口、纳秒级的建立和保持时间，可以满足实际传输的需要。而且它还有一个空闲的串行端口，可以接受 I2C 或 SPI 串行协议，并且可以访问 250 个内部字节的配置寄存器。这种混合方法既可以利用串行总线的灵活性和紧凑性，又可以使用专用的并行输入端口来接收大量的数字视频数据。

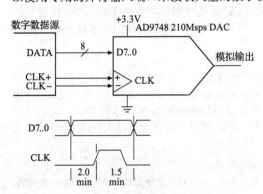

图 14.35　快速并行数据线与转换速率为 210Msps 的 DAC 的连接图

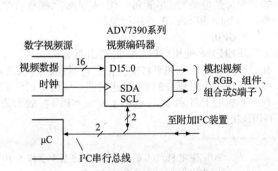

图 14.36　具有快速 16 位并行视频数据输入和 2 线 I2C 串行总线配置端口的视频编码器

14.6.3　其他并行计算机总线

如上文所述，用于在外设和存储器与计算机之间传输数据的总线技术已相对成熟，并且还在不断更新中。PCI 和 PCIe 等当代总线技术可以实现更快的数据传输（1～32Gb/s），它们的宽度为 16～64 位。PCIe（PCI express）实际上是并行/串行总线的混合，它标志着并行数据通信技术向串行数据通信技术的转变，PCI 总线技术使用传统的双向多点并行数据路径（32 或 64 位宽，具有 32 个位地址），而新的 PCIe 使用 1～16 个通道的单向点对点串行链路对，每个链路以 2.5Gb/s（PCIe v.1）、5Gb/s（PCIe v.2）或 8Gb/s（PCIe v.3）的速度传输数据。通过对数据进行编码，可以把时钟信息嵌入传输的数据流里，接收方可以进行"时钟恢复"，把时钟信息提取出来，而不需要单独的时钟信息或选通信号[⊖]。这对于当代高速通信是很有必要的，因为这种技术不会产生时序偏差（时钟线和数据线的传播时间差），同时它不会限制数据传输速率，所以对最高时钟频率没有限制。

并行数据总线也存在于硅芯片内部，所有的处理器都包含内部数据通道，以便在寄存器和算术单元之间、芯片上的存储器缓存之间、处理器和外部存储器之间传送数据，例如我们可能会接触到 AMBA 和 Wishbone 之类的总线。随着处理器速度的提高，它们的外部总线速度也随之提高；当前处理器的外部总线是快速且较宽的前端总线（FSB），它需要支持芯片（北桥和南桥，可能以后合并为一个统一的支持芯片）将内存、快速外设（PCIe 总线）和慢速外设（SATA、PCI、USB、以太网）的总线分开。

当代计算机设计的一个趋势是在处理器芯片中集成更多的功能。因此，我们可以拥有功能完备且价格便宜的微控制器，它们片上集成的外围设备可以随时在具有总线或接口的电路或仪器中使用。而嵌入式微控制器是本书下一章的主题。

还有另一种方法则完全不使用处理器，这种方法利用了大型 FPGA 片上系统（SoC）设备中可配置逻辑的功能（第 11 章）。这些使系统设计更灵活（包括片上软处理器内核、内部总线、存储器和外围设备）。Xilinx Virtex 系列 FPGA 就是一个例子，它有多达几百万个触发器、数 MB 的片上 RAM 和超过 500 个 LVDS 差分端口。除可软配置的 SoC 之外，还有许多消费电子中用于特定应用的标准部件（ASSP）。例如，Broadcom 的 BCM7405，它是一个多种格式高清数字视频/音频 SoC，可用于具有画中画功能的卫星、IP 和电视机顶盒。

14.6.4　并行外围总线和数据链路

尽管业界正在从使用并行总线转为使用串行总线，但有一些并行总线仍在使用。

1. PATA（IDE）

16 位宽的 PATA（并行 ATAPI，也称为 IDE）多年来一直是用来与内部硬盘和光盘（CD、DVD）驱动器连接的标准连接线。最初的 40 位宽的带状电缆和连接器比较笨重，即使后来引入 80 线电缆（添加了交错的接地线以提高信号完整性），它的数据传输速率也只能达到 133MB/s（约 1Gb/s），因此如今 PATA 已经过时了，取而代之的是串行 SATA 格式。

2. SCSI

8/16 位并行小型计算机系统接口起源于 1980 年，它的传输速度和信号格式得到了改善（最初为 5V 单端，后来添加了低压差分信号[⊖]），直到目前，它还是高性能磁盘和磁带存储设备的首选接口。内部 SCSI 总线使用带双排接口的 68 线带状电缆，外部 SCSI 总线使用带有高密度 68 或 80 针连接器的多对屏蔽电缆[⊜]。尽管每一代 SCSI 带宽都有所改进，但是它的速度和便利性仍比不过 SAS（串行连接 SCSI）和 SATA 等串行总线。

3. GPIB

IEEE-488 通用接口总线最初由惠普公司开发，用于对测试和测量设备的控制和读取；直到现在，许多仪器（例如来自安捷伦、吉时利、国家仪器和斯坦福的仪器）仍然支持 GPIB 控制。GPIB 接口使用一个可堆叠的 24 针连接器，同时 GPIB 总线允许使用的电缆长度可以达到 20m。我们可以在计算机的 PCI 和 PCIe 插槽上安装 GPIB 扩展卡来获得 GPIB 接口，或者通过以太网或 USB 转换到 GPIB 接口。

⊖　PCIe 使用 8b/10b 编码，即每个 8 位字节作为 10 位符号发送，以生成直流平衡和行程长度限制的数据流，其中连续的 1 或 0 不会超过 5 个。

⊖　差分信号需要两倍的电线，但它具有低串扰、出色的抗扰性以及更小的接地和电源噪声（由于平衡的过渡）等优越的特性；这些改进的特性使用户可以使用相对较小的电压摆幅以及相应较小的驱动电流。

⊜　为高级并行 SCSI 开发的微型高密度连接器在其他领域用途也很广泛，例如用于 NI 实验室计算机 DAQ 板的 I/O 连接器。这些由 HRS Hirose、Honda Connectors 等公司制造。

4. 打印机（并行）端口

最后我们介绍并行打印机端口（LPT 端口），它从最原始的 IBM PC 就开始使用，20 年来一直是统一的标准，当时它的 I/O 端口地址是 378h，至今端口地址仍然是 378h。它也可以用于连接外部调制解调器和软件"加密狗"。最初的并行接口是单向的（仅进行数据输出，带有少量通信线），但标准的扩展（IEEE 1284：ECP 增强型并行接口、EPP 扩展型并行端口）使并行接口成为双向的，因此速度更快且更像总线。但目前它已经完全过时了，现在的打印机通常使用 USB 或以太网连接。现在的计算机很少包含并行端口，即使在实际应用中真的需要使用这样的端口，我们也可以使用 USB-并行端口适配器来获得并行端口。

即便如此，并行端口（比如用 USB 适配器模拟的）仍是 PC 中传输数据的最简单方法。如果我们运行的是某些版本的 Windows，则我们需要一个驱动程序⊖来支持对并行端口的操作（操作系统不能直接让我们使用硬件端口，就像我们使用 DOS 操作系统一样）。然后，我们编写代码就变得简单了，例如以下在终端模式下运行的 Python ⊜程序：

```
>>> import parallel
>>> p = parallel.Parallel() # open LPT1
>>> p.setData(0x55)
```

我们也可以使用汇编语言来编程。有些人喜欢用 PowerBASIC 编译器，在 PowerBASIC 中，我们可以在 BASIC 子程序中使用内联汇编语言将值发送到寻址的端口。代码如下：

```
Sub PortOut(ByVal PortNum as word, Byval Value as byte)
    ASM MOV AL, Value
    ASM MOV DX, PortNum
    ASM OUT DX, AL
End Sub
```

14.7　串行总线和数据链路

串行总线和数据链路有几个明显的优点：①电缆和连接器中使用的电线较少（与 GPIB 或 SCSI 的粗线路相比，USB 电缆要细很多），驱动器和接收器芯片上的引脚更少；②由于没有时序偏差（通过时钟恢复实现自定时），线路终端也较少（如果是点对点），因此它比特率很高；③单线串行链路可以很容易通过光纤或无线传输技术进行数据传输。如果我们想要在设备的某一端使用并行位，可以通过 SERDES（串行器-解串器）芯片把串行数据流转换为并行数据流，反之亦然。例如 FTDI 公司生产的 FT245 和 FT2232 芯片，它们利用内置的先进先出（FIFO）缓冲区，可以在低速 USB 串行端口和单字节宽的并行端口之间进行数据转换。高速芯片有 DS92LV18 的 18 位 SERDES（速度高达 1.2Gbit/s）或用于 1G 和 10G 以太网物理层连接用的 SERDES（物理层，即驱动器-接收器-开关电路）。

本节将介绍关于串行总线的知识，并讲解一些相关示例。与并行总线介绍顺序类似，我们首先介绍内部串行总线协议（设备内部各芯片之间），然后介绍外部串行总线。在即将介绍的所有总线中，我们根据它们的复杂程度由低到高开始讲解，从最简单（低速）的 4 线时钟链路（SPI），到 SATA 和 PCIe 中复杂（高速）的 1 线 8b/10b 编码的时钟恢复链路。

14.7.1　SPI

串行外围接口（Serial Peripheral Interface，SPI）最早由摩托罗拉公司（Motorola）引入，现在被广泛用于集成电路之间的通信（另一个流行的标准是 I²C）⊜。它被封装为主从协议（如 PC104 总线），但仅使用 4 条线（见图 14.37）：一条时钟线、两条数据线（每个方向一条）和一个片选线。它们分别命名为 SCLK、MOSI（主机输出，从机输入）、MISO（主机输入，从机输出）和 $\overline{SS}$ ⊗（从机选择，低电平有效）。主机和从机之间通常有多种连接方式，但是最常见的是图 14.38 所示的方

⊖　例如 DirectIO.exe 或 InpOut32.dll。

⊜　setData（value）是 pyParallel API 中几个利用程序代替硬件实现通信协议的函数之一，帮助文档将其描述为将给定字节施加到并行端口的数据引脚。

⊜　读者可以在传感器、转换器、非易失性存储器、模拟开关和数字电位器等芯片上看到 SPI 和 I²C，可通过微控制器、微处理器或其他数字链路对它们实现控制。

⊗　有时用另一种命名方式，SDI、DI 或 SI 用于数据输入，同样有类似的信号用于数据输出，信号名称与该芯片上的数据方向相对应。例如，主机上的 MOSI 引脚将连接到从机上的 DI 引脚。

式：时钟和数据线通过总线连接到所有从芯片（多点），并有一条单独的专用片选线连接每个从芯片。

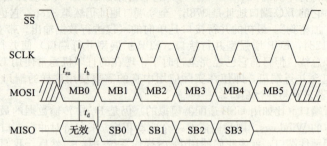

图 14.37 这是一种典型的 SPI 协议，SCLK 的上升沿控制数据位的双向传输。使用 SPI 时，传输的位数量和含义由从设备指定。这里从设备从主机接收 6 个输入位（MB5..0），同时输出其他 4 个位（SB3..0）

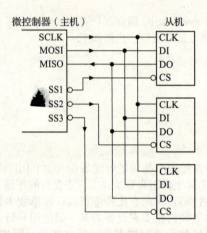

图 14.38 通用 SPI 总线配置：共享的时钟线和数据线连接各个从机，单独的 $\overline{\text{SS}}$（从机选择）线作为片选线与每个从机相连，通过 $\overline{\text{SS}}$ 线可以选择不同的从机进行数据交换

　　主机能够控制所有传输，首先通过 $\overline{\text{SS}}$ 片选线发送片选信号，选通指定的从机芯片（SCLK 线处于空闲状态），然后生成连续的时钟脉冲，每个时钟脉冲仅允许该芯片在 MOSI 和 MISO 线上传输一位数据。特定的芯片会规定发送给它的连续位的含义，并规定它同时发出去的位的含义。

　　举例来说，AD7927 是一款速度适中（200ksps）的 12 位 ADC，内置一个 8 输入多路复用器，并带有一个 SPI 串行端口（见图 14.39）。这个 SPI 端口不仅可以控制转换（例如选择输入通道、电压范围、输出编码等），而且还可以提供转换后的数字输出。在 $\overline{\text{SS}}$ 有效后，该特定芯片将前 12 个输入位加载到其控制寄存器中（忽略后面的几位），并启动转换，同时将上一次转换的结果作为 16 位字符串发送回去[⊖]。还可以参考图 15.21 的例子，例子中有一些非常适合微控制器应用的 SPI 外围芯片。

　　一些评论

　　如本示例所示，SPI 传输协议（发送多少位以及位的含义）是不固定的。SPI 没有进行任何内部寻址来指定数据在目标芯片内的去向，因此常见的做法是发送一串比特位，并将其顺序移入内部位，芯片的数据手册定义了它们在内部的排序（下面介绍的 I²C 总线采用了不同的方法）。有些芯片可能是只写的（例如，带串行输入的 LCD），有些芯片可能是只读的（例如，仅具有 SCLK、MISO 和 $\overline{\text{SS}}$ 引脚的 Maxim MAX6675 热电偶数字转换器芯片），有些芯片可以反转时钟极性，或者确定在时钟的哪个边沿传输数据（这样可以产生四种传输方式，称为 SPI 模式，上面的例子使用的是 SPI 模式 2）。SPI 时序简单，可以进行全双工数据传输（即双向且同时独立地传输），并且它没有应答机制确认是否接收到数据，所以主机甚至可以向不存在的芯片发送数据！

　　由于 SPI（以及类似 SPI 的其他协议）没有定义完善的标准，因此在使用时我们必须仔细阅读每个接口芯片的数据手册规范。除了已经提到 SPI 的四种不同传输模式之外，不同 SPI 端口的时钟频率范

⊖ AD7927 可以执行许多其他操作，例如循环转换指定的任意输入通道序列，读者可以通过加载"影子寄存器"来编程该序列，并通过控制寄存器中的两位进行访问。

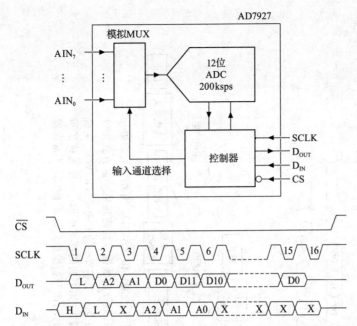

图 14.39　具有 SPI 控制和读出功能的 8 通道 ADC。图中所示协议是几种允许的传输模式中最简单的
　　　　　一种：主机向 $\overline{CS}$ 发送低电平后开始转换，随之从机向主机输出通道地址（3 位）和转换
　　　　　后的值（12 位）；主机同时向从机发送下一个要转换的输入通道的地址

围从几千赫兹到几兆赫兹不等。例如，AD7927 规定 $f_{SCLK}=10\text{kHz}$（最小值），20MHz（最大值）。当系统中有多个 SPI 芯片时，它们之间可能不兼容，我们必须手动编写代码来从端口发送数据（这称为 bit-banging，就是用户通过编程来模拟 SPI 串行通信，而不是使用微控制器内置的 SPI 硬件接口）。

I^2C 外设接口现在被广泛应用来替代 SPI 接口，我们接下来将讲解该接口。

14.7.2　I^2C 2 线接口（TWI）

集成电路串行接口总线（Inter-Integrate-Circuit，简称 IIC、I2C 或 I^2C）是由飞利浦公司提出的（现为 NXP），起初被用于芯片之间的通信[⊖]。它与 SPI 接口的不同之处在于：①它仅使用 2 条线，通过总线连接所有从芯片（没有使用像 SPI 中的 $\overline{SS}$ 片选线做特定的芯片选择）；②传输过程中，地址先被发送或接收，并且地址和数据在同一条线上传输；③总线是半双工的，即数据一次只能在一个方向上移动（该方向由地址位后面的一位指定）；④尽管 I^2C 是一种主从结构（类似于 SPI），但当当前的主设备放弃控制权时（通过发送终止位与特定从控制器终止会话），总线上的任何设备都可以成为主控制器。换句话说，任何一个设备都可以作为主设备并控制总线，但同一时刻只能有一个主设备。

该协议如图 14.40 所示。2 线的 I^2C 总线由一条时钟线（SCL）和一条数据线（SDA）组成，两条线都有对 V_+ 的上拉电阻。SCL 时钟信号仅由主机产生，而 SDA 数据线是双向的，它的传输方式是这样的：由主机向总线发送从机的地址（7 位）和传输方向（1 位）；然后从机接收到后发送一个确认位（ACK），同时主机发送一个或多个数据字节到从机，或从从机发送数据到主机（这个过程始终由主机计时），具体数据传输方向取决于主机发送的传输方向位。主机在传送完最后一个字节之后发送停止位，二者的通信结束[⊖]。SDA 线上数据的改变只能在 SCL 时钟信号为低电平时，传输过程中的开始和停止命令就是借助这一点实现的。例如 AD7294 芯片，这是一款具有多通道模-数转换、数-模转换、温度传感器和电流检测功能的 12 位监控系统芯片，它可以用于汽车、工业控制和

⊖　与之密切相关的 SMBus 在协议和电信号方面执行更严格的标准。
⊖　可以将整个过程视为 PC104/ISA 数据传输的串行模拟，在后者中，主机在 A19..0 线上发送地址，在 $\overline{IOW}/\overline{IOR}$ 线上发送方向。如果是写周期，则主机在双向 D7..0 线上发送数据；如果是读周期，则寻址的从机在同一行上发送数据。无论哪种情况，传输都是由主机的 $\overline{IOW}/\overline{IOR}$ 选通脉冲触发的。在 I^2C 中，会发生类似的步骤，但是在单个双向 SDA 数据-地址-方向线上以串行顺序执行，并由单个单向 SCL 时钟线提供时钟。

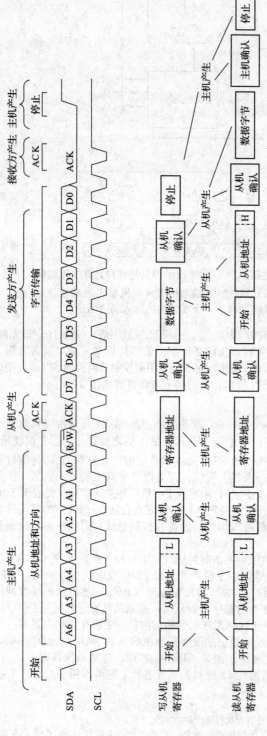

图14.40 I²C 2线协议（上面的一对波形）：所有传输均以 8 位为一组，每组带有 1 位确认位（ACK）。开始之后的第一个字节始终是主机对从机地址（A6..0）的声明；后续的数据流始终是从发送方到接收方传送，并由接收方发送接收确认信号；发送方和接收方的确定取决于第一个字节中的方向位（R/W）。主机可以把从机的内部地址作为数据字节来发送，进而访问向从机中的寄存器，如下面的框图所示，框图描述了写入寄存器与从寄存器中读出的流程，在从寄存器中读出的过程中，执行两次开始操作后，才能实现从寄存器中读出数据

蜂窝基站等应用（见图 14.41）。虽然它的转换速度并不是最快的——它的 ADC 每秒只有 300 000 次转换，但是它可以监测整个转换过程，并通过 I²C 端口向主控制器报告。它的长达 44 页的数据手册告诉我们如何与其 40 个内部寄存器通信，如 AlertRegisterA（R/W）和 DATAHIGH Register TSENSEINT（R/W）。图 15.22 是有关适合微控制器应用的 I²C 外设芯片的一些示例。

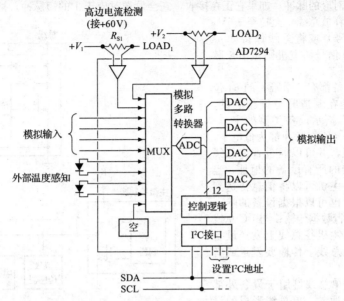

图 14.41　具有 I²C 控制功能的多功能监视芯片，功能丰富但速度一般。主机可以通过发送相应的寄存器地址作为传输的第二个字节来到达 40 个内部寄存器中的任意一个，传输过程如图 14.40 所示

1. 一些评论

2 线的 I²C 协议具有明确的定义，因为 2 线承载所有数据、寻址和时钟信号，所以接线很少且很清晰，尤其是当我们需要在总线上连接多个芯片时。此外，它允许从机通过时钟延长（通过将 SCL 保持为低电平，这称为流控制）来降低主机的速度，并允许多个总线主控设备。它特别适用于某芯片中有多个寄存器的情况，仅针对某个特定的寄存器进行操作。例如 AD7294，我们需要 3 字节或 4 字节来完成通信：第一个字节是芯片的总线地址，第二个字节是芯片内部寄存器的地址，最后一个或两个字节是将数据写入该寄存器（或从寄存器读出）。

2. 与 SPI 的比较

但是，与 SPI 相比，I²C 是一种更复杂的协议，不适用于稳定的高速率数据流传输。多重总线控制权的灵活性也带来了总线竞争和判断的问题。我们必须为每个设备提供唯一的地址，这通常通过一些特定的引脚在内置的集合中选择（例如，AD7294 具有 3 个引脚，我们可以通过它们选择 61h～7Bh 中的任何地址），这让它相对 SPI 来说没有那么多优势。与简单的 SPI 协议相比，I²C 的寻址、双向数据传输和总线控制权的这些特点使其调试变得非常复杂。

具体选择哪个协议通常由外围芯片决定，外围芯片通常仅支持一种协议，而大多数微控制器都有对 SPI 和 I²C 的硬件支持（如果不支持，我们可以在软件中使用 bit-banging 进行支持）。

14.7.3　Dallas-Maxim 1 线串行接口

1 线（加地线）单总线接口是由 Dallas 公司（现已与 Maxim 公司合并）提出的，它可以最大限度地减少连接各设备的导线数量⊖。它的单根总线可以传输连续的数据和地址，甚至还可以供电！它将数据位作为短脉冲双向发送到来来完成所有操作，每个从设备都具有一个片上电容器来为其保持供电。它可以简化系统中温度传感器、存储器、转换器、电池管理器等设备之间的互连（见图 14.42）；仅需接地线和数据线，各个设备就可以封装在 Maxim 所说的 iButton 中，它看起来就像一个纽扣电池。

⊖　在其使用手册 AN147、AN148、AN155、AN159、AN244、AN1796 和 AN3358 中有大量详细信息。

它的传输协议如下：所有从设备都桥接公共数据线和地，并由主设备（微控制器或其他数字接口）控制；通过将数据线上拉至＋5V 可以为从设备供电，并可以使所有设备都能发送一个短暂的低电平信号。主机启动整个系统，并发出地址信息，然后发送或接收数据。数据通过脉冲宽度实现编码：短脉冲（<$15\mu s$）为 1，长脉冲（$60\mu s$）为 0。如果主机正在发送数据，它会根据需要传输的数据位，发送与该位对应的脉冲；如果它正在接收，它会发送对应于 1 的短脉冲，被寻址的从机可以不执行任何操作（释放总线，上拉至＋5V，因此发出"1"信号）或将总线保持 $60\mu s$ 的低电平来发出 0 信号，主机则做出长脉冲响应。

每个单总线设备都有一个唯一的 64 位地址，这个地址是在制造时分配给它的，该地址中包含一个指示设备类型的字节。主机用一个长脉冲（所有脉冲都为低电平，即接地）复位从机，并可以通过查询总线了解单总线上连接的所有设备的地址。当进行数据交换时，主机可以将信息传送到连接的所有设备，也可以根据设备的唯一地址与特定设备进行数据传输；与 I^2C 总线类似，此过程先由主机往总线上发送设备的地址，然后再在总线上传输要发送或者接收的数据。

Dallas-Maxim 单总线可用于设备外部与传感器的连接。通常，单总线形成的设备网络最大传输距离为 30m，但如果我们使用适当的驱动器，可以把传输距离延长到近 500m（参考 AN244）；它还可以通过以太网扩展。

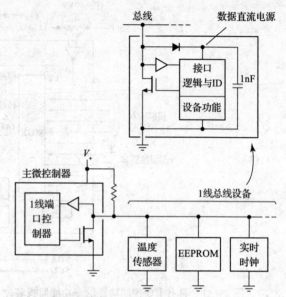

图 14.42　1 线数据总线起源于 Dallas-Maxim。内部电容器在短暂的低电平数据脉冲期间充当从机电源

14.7.4　JTAG

一个很有用的芯片接口是联合测试工作组（Joint Test Action Group，JTAG）标准，也称边界扫描或 IEEE 1149.1 标准。它是在 20 世纪 80 年代设计的，旨在解决当时使用表面贴装和多层技术设计的电路板中组件的测试或连接故障检测问题；这使得 IC 引脚连接测试变得越来越困难，更不用说芯片本身的内部结构了。因此，它提供了一种使用简单的 4 线串行总线查看芯片内寄存器和数据通道的方法，该方法可以让我们免去拆除零件来查明芯片内部的损坏情况。

JTAG 还具有类似于 SPI 和 I^2C 的通用串行接口附加功能，因为它提供了用于控制数据传输的内部状态机。JTAG 的应用场合很多，它现已被广泛用于对微控制器内部电路进行编程和调试（例如 ARM 和 AVR 系列），以及对 CPLD、FPGA、一些非易失性存储器（如闪存、EEPROM）和包含非易失性存储器的芯片（如在 Maxim DS4550 中与 I^2C 端口共存）的编程。

它的基本方案如图 14.43 所示，通过一条时钟线（TCK）和一条模式选择线（TMS）连接所有设备；另外两条线则通过菊花链的方式与从片连接，分别称为数据输入（TDI）线和数据输出（TDO）线 ⊖。从片在 TCK 的上升沿接收来自 TDI 线的信号，在 TCK 的下降沿在 TDO 线输出数据；

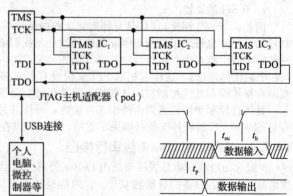

图 14.43　JTAG 边界扫描接口使用一对单向总线（时钟为 TCK，模式选择为 TMS），以及连接每个从设备（TDI，TDO）的菊花链数据线

⊖　每个信号前面的字母 T 代表测试，表示发信号者的想法。

TDI 和 TDO 的模式选择位（TMS）在 TCK 的上升沿发送给从片（此外，还有一条可选的总线复位线，称为 TRST 线）。总线运行速度范围为 1～100Mb/s，具体的速度取决于不同的芯片。

现在许多 PLD 和微控制器都使用 JTAG 端口进行编程。通常我们会获得一个编程 pod，该 pod 可以通过 USB 连接到主机，并且它有一个插座与目标设备板上的针头相匹配。遗憾的是，尽管很容易制作适配器，但针头的配置没有统一的标准。然而，芯片制造商提供的软件通常会要求我们在与芯片进行通信时使用提供的特定 pod。我们可以使用此类供应商提供的软件或开源软件将编译后的代码加载到目标器件中，并通过相同的 JTAG 端口进行内部电路实时调试。

14.7.5　时钟消失：时钟恢复

上面的 SPI、I²C 和 JTAG 串行链路都使用了单独的时钟线（分别为 SCLK、SCL 和 TCK）对数据位定时。但是，如果进行一种特殊的配置，把时钟信息保存在数据中，我们就可以从数据本身恢复时钟，而不必使用时钟线；这样不仅可以减少总线的数量，而且由于时钟和数据之间没有时序偏差，进而可以实现更高的数据传输速率。除上面的几种具有单独时钟线的串行链路外，其他的内部串行链路（以及后来的外部串行链路）大多采用了时钟和数据恢复（CDR）技术来替代时钟信号线。

14.7.6　SATA、eSATA 和 SAS

SATA 是串行形式的 ATA，而 SAS 是串行形式的 SCSI。这些是用于计算机内部和外部存储器（磁盘、磁带和光驱）连接的快速串行总线，它们分别替代了过时的 ATA（被称为 PATA，有时称为 IDE）和 SCSI。SAS 和 SATA 可以使用相同类型的连接器（尽管 SAS 提供了其他连接器类型），并且可以实现热插拔。目前，SAS 最大数据传输速率为 6Gb/s，通过对其路径升级可达到 12Gb/s。SAS 具有一些 SATA 中没有的特征，并且它主要针对服务器应用（而不是 PC）；它基本上延续了（并行）SCSI 协议，但运行在串行接口上。

这些接口都使用低压差分信号传输，并采用 8b/10b 编码和时钟恢复，允许热插拔（热插拔功能需要操作系统支持才能实现）。

外部 SATA（eSATA）是 SATA 标准的扩展，可以使用相同的 SATA 协议将外部存储设备连接到具有 SATA 的计算机。但是，为了提高接口耐用性和信号完整性，SATA 和 eSATA 的物理连接器有所不同。目前通过 eSATA 连接的外部设备需要单独的电源供电，这个问题可能会在 Power Over eSATA 计划中得到解决。

14.7.7　PCI Express

PCI Express（PCI-E 或 PCIe）于 2004 年推出，是并行 PCI 总线（及 PCI-X 和 AGP）的后续版本，用于连接计算机主板上的扩展外设卡。它用一组点对点串行通道替代 32 位或 64 位宽的多点并行架构，每个通道由两个 LVDS 差分对组成（每个差分对用于一个方向的 1 位串行通信）。在系统具有多个串行通道的情况下，它也可以实现并行传输数据（从某种意义上说是混合的）；但是设备之间的通信基本上是串行的，并采用 8b/10b 编码和时钟恢复。

PCIe 具有极高的传输速度，当前速度为每通道 4Gb/s（当前版本为 PCIe v2.0，是原始 1.1 版本速度的两倍）。它具有 1～16 个通道，因此如果两端的硬件都可以支持 x16 的插槽，它最高可以达到 64Gb/s 的传输速度。

传统并行总线具有数据线共享的优点（如 PC104/ISA 总线），下面让我们简短地总结一下总线的发展历程。在行业刚兴起时（20 世纪 70 年代），集成电路并不密集，传统的 DIP 封装将芯片引脚数限制为 16 引脚（大多数情况）或 40 引脚（偶尔会有）。它们的速度也不是非常快，大概 10MHz 左右的时钟频率就足够。此时最好使用共享并行总线，共享总线可以减少布线，从而使用更少的驱动器-接收器引脚，并且总线速度对当时而言已经足够了。

随着人们对速度的要求越来越高，芯片变得越来越快，并行总线随之得到了增强，它具有更宽的总线宽度（8 位 ISA 总线被扩展为 16 位，然后扩展为 32 位的 EISA），更快的速度。在某种程度上来说，并行总线的发展是成功的。当并行 PCI 总线（ISA 系列的后续产品）的性能从其最初的 32 位（133MB/s）提高到 64 位（PCI-X，1064Mb/s）时，就接近并行总线的极限了。进一步改进的版本（PCI-X 2.0）虽然又使总线速度提高了 4 倍，但这个版本并未得到广泛应用。定时偏差和多分支端点的反射问题限制了并行总线的进一步发展。直到 2003 年，计算机设计人员发现了一种更好的方法，即串行点对点 PCIe 结构。

当然，PCIe 也面临着挑战。考虑具有两个 x16 插槽的主板（这是常见配置，即使在廉价的计算机中也是如此），每个插槽需要 32 对差分对（64 根线），因此我们必须连接 128 根线。在组合成的

64 对上，每对处理数据的速度为 4Gb/s（实际上原始数据是 5Gb/s，但由于编码开销使速度降低了）。该功能（以及存储器总线）是在北桥芯片上完成的，该芯片具有数百个引脚，并且具有完成任务所需的速度和其他要求，它甚至具有自己的散热器。此外，一定不能忽视连接这些引脚所需的制造工艺：即使是廉价的主板，通常也需要 6 个布线层，线宽为 0.12mm。

简而言之，点对点连接可以使传输能力大幅提高，这点正好可以满足人们对更高总线性能的需求，业界迎来了从共享并行总线到点对点串行传输链路的技术变革。

显然，这是业余电路设计师不敢涉足的领域，最好直接购买顶尖设计师设计好的产品！

14.7.8 异步串行（RS-232 和 RS-485）

现在转入外部串行总线，首先我们来看一下现在已过时的 RS-232 串行端口。它是最原始的（且长期使用的）异步串行链路。我们在第 12 章中讨论过 RS-232（以及 RS-422 和 RS-485），当时的侧重点是物理层（波形、抗干扰等）；本节在计算机通信的环境下重新认识 RS-232。这些串行端口广泛用于连接外部调制解调器，以及 VT-100 那样老的字母数字终端（VT100 被称为哑终端）。这些接口如今基本上从计算机内部结构中消失了，但我们可以使用 USB-RS-232 的适配器卡插入内部总线并创建一组 RS-232 端口。RS-232 这个名称（Recommended Standard ♯232）指的是电信号传输方案，它使用两个极性的电压来发送 1 和 0 信号（见图 14.44），传输信号非常不方便。但是，系统的物理连接不一定必须使用 RS-232，它还可以是差分（单极性）RS-422 或 RS-485，也可以是光纤（用于电流隔离和免受环境瞬变影响），甚至可以是 20mA 电流环路⊖（这个常用于模拟信号传输）。

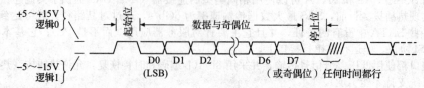

图 14.44 RS-232 串行数据字节协议，使用两种极性的信号电平。这两个状态有时称为标记（负，逻辑 1）和空格（正，逻辑 0）。有时我们会听到描述该协议的短语，如 LSB 优先、反相

无论物理传输媒介是什么，它的信号传输过程都是简单明却确的：发送器处于标记状态（逻辑 1），通过一个起始位（逻辑 0 或空格）激活传输；一般传输 8 个数据位，也可能是 7 个数据位加奇偶校验位；最后跟一个或两个停止位（逻辑 1）。发送器和接收器必须就传输比特率和奇偶校验位（如果有）保持一致。例如，一个常见的协议是 9600baud 和 8N1，这表示以 9600 bit/s 的速率传输 8 位，无奇偶校验，有一个停止位⊖（由于起始和停止位的开销，8N1 传输期间的每个字节需要 10 位，最大净有效载荷率为波特率的十分之一，即 960B/s）。

通过这种简单的异步串行编码，接收器（其时钟以波特率的几倍运行）在起始位的开始被触发，先等待半个比特单元的时间以确保起始脉冲仍然存在，然后使用商定的波特率间隔检查每个数据单元中间的位值；停止位用来终止字符传输，并且如果没有立即发送新字符，则系统处于空闲状态。通过重新同步每个字符的起始位，可以使接收器不需要配备高精度的时钟。

这种方案有一个小的逻辑缺陷，即接收器可能无法在不间断的数据字节流中正确同步（即识别起始位/停止位）。例如传输很长一串 U 字符，该序列的特别之处在于它被编码为 01010101（55h），将其输入（通常使用 8N1 设置），图 14.44 显示该序列是方波，因此可能会无法识别同步码。另外一个更严重的问题是 RS-232 的物理（电气）层缺乏统一的标准，例如连接器类型、硬件握手信号和设备特点（DCE 和 DTE，官方信号名称和引脚参见表 14.2）。这是一个一直以来令人困惑的问题，因为如果两个 RS-232 设备进行连接，常常会无法工作。我们都为此付出了很多努力，甚至读者也向我们抱怨。现在我们通常用 USB 到 RS-232 转换器代替现代计算机上逐渐消失的 COM 端口，这使这个问题变得更加严重了。

⊖ 这些替代方案允许在长电缆下运行（最长约 1km），对于 RS-422/485，还允许多点总线拓扑。

⊖ 串行异步标准允许更宽的范围，例如 5～8 个数据位，并具有可选的奇偶校验。因此采用 8E1 是合理的。实际上，最常用的还是 8N1。

表 14.2 RS-232 信号列表

名称	引脚号码		方向 (DTE↔DCE)	功能（以 DTE 为例）	
	25-pin	9-pin			
TD	2	3	→	已传送数据	⎫ 数据信号对
RD	3	2	←	已接收数据	⎭
RTS	4	7	→	请求发送（DTE 就绪）	⎫ 握手信号对
CTS	5	8	←	允许发送（DCE 就绪）	⎭
DTR	20	4	→	数据终端就绪	⎫ 握手信号对
DSR	6	6	←	数据装置就绪	⎭
DCD	8	1	←	数据载波检测	⎫ DTE 输入使能
RI	22	9	←	振铃指示器	⎭
FG	1	—		框架接地	
SG	7	5		信号接地	

图 14.45 显示了示波器捕获的一些 RS-232 信号波形，从随机字节流中捕获得到，多字节的捕获说明了在传输中起始位和停止位始终不变。

异步串行链路常用于传输字母、数字数据，传输时采用可打印字符的标准 7 位 ASCII（美国信息交换标准码）代码，这是字母、数字表示的标准形式。实际上，任何二进制数据都可以这样传输，只不过我们不能直接阅读或打印它。通过 RS-232 端口进行的串行通信有很多优点，许多台式仪器都有一个用于控制和数据传输的 RS-232 端口，而且串行方式提供了一种使用微控制器的内置串行端口（UART，通用异步接收器-发送器）进行通信的简便方法。

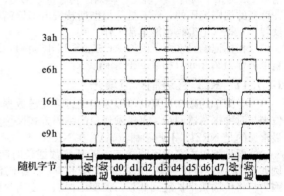

图 14.45 从随机字节发生器 8N1 以 14.4kbaud 捕获的 RS-232 波形。底部波形是多个字节的累积，而顶部四个是单字节（具有指定值）。水平为 $100\mu s/div$；垂直为 $10V/div$

14.7.9 曼彻斯特编码

但是，只要对传输的数据做预处理，以便串行数据流中有足够多的跳变，就可以使接收器从接收的数据流中恢复时钟信号，这样就不需要用起始和停止脉冲对数据字节进行同步。一个简单（尽管效率不高）的例子是曼彻斯特编码（见图 14.46）。

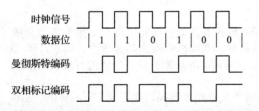

图 14.46 双相编码。对曼彻斯特（双相）编码而言，每个码元中间都有一个过渡，过渡方向由该位的值设置；我们可以以将曼彻斯特编码视为时钟（实际并未传输）信号与数据信号的异或。对于双相标记编码而言，每个码元开始时都需要强制跳变，并根据该位的值确定码元中间是否需要跳变

以恒定的速率传输连续的数据流时，每个传输单元的中间需要一个跳变：从低到高跳变（0-1）表示传输"1"；反之，从高到低跳变（1-0）表示传输"0"。不同数据对传输的要求不同，有的数据需要在每个传输单元的开头额外提供一个跳变，有的则不需要。可以保证数据以比特率的速度跳变，这种方式有助于接收端进行时钟恢复（使用锁相环或延迟锁相环），并且信号是直流平衡的，因此可以进行变压器耦合。

尽管不需要使用单独的时钟信号同步数据，这并不意味着接收器与曼彻斯特编码的同步完全不重要。例如，连续的 1 序列采用曼彻斯特编码会产生简单的方波，如果接收器选择错误的相位，它

会将数据解释为连续的 0 序列。但是我们一般传输的数据中是混合的 1 和 0 序列，这样可以避免这种情况发生，因为此时从错误的相位读取，会违反传输单元中间跳变的规则，产生未规定的传输单元中间位，如 0-0、1-1。

曼彻斯特编码通常用于低速以太网（10base-T），低速以太网在 Cat-5 双绞线上的每个方向上以 10Mb/s 速度传输数据⊖（使用两对，用于全双工传输）。由于曼彻斯特编码浪费大约 2 倍的带宽，因此通常采用传输效率更高的 8b/10b 编码用于高性能自同步串行链路，例如 SATA、HDMI（高清晰度多媒体接口）、PCIe 和千兆以太网。

14.7.10　双相编码

曼彻斯特编码是双相编码的特例，为了将其与双相标记编码、双相空间编码和差分双相编码区分，有时也称曼彻斯特编码为双相级编码。这几种双相编码在每个码元开始时都存在跳变，这种跳变有助于接收器进行时钟恢复，而且它们相对于普通曼彻斯特编码而言，有一个重要优势：它们对信号极性反转不敏感（如变压器耦合信号可能发生的情况）。接下来让我们看看它是如何工作的。

如图 14.46 常用的双相标记编码所示，在每个码元的开始处都有一个必要的跳变，对于传输的信号 1，码元中间有一个跳变；但对于传输的信号 0，码元中间不存在跳变。双相编码是通过是否存在跳变的规则编码的，而不是像曼彻斯特编码那样简单根据信号极性编码，所以即使传输电平极性反转，双相标记编码也能正常工作。

双相标记编码常用于诸如 AES3、S/PDIF 和 Toslink 之类的数字音频链路以及某些磁条的编码，它也被称为 Aiken 双相或 F2F 编码。

14.7.11　RLL 二进制：位填充

一个简单的减少带宽的传输方案是直接发送数据位，并添加辅助位以确保接收器可以通过辅助位来与时钟振荡器同步。直接发送位的编码方式又称为 NRZ（不归零码），这种编码具有多种版本，最常见的是 NRZI（不归零翻转码），在 NRZI 中，电平翻转代表逻辑 0，电平不变代表逻辑 1 ⊖。

这两种编码方案的问题在于，若某些数据长时间没有跳变，则会导致编码流中没有任何翻转，例如 NRZ 编码传输一串 1（或者 0）或是 NRZI 编码传输一串 1；这样不仅不利于时钟恢复，而且还因为它将传输频带扩展到低频，使变压器耦合变得复杂。解决此问题的方法是在编码之前或之后修改数据，限制连续输出却没有变化的数据长度。这种编码方法称为行程长度限制（Run-Length Limiting，RLL）。

目前有多种流行的 RLL 编码方案，例如即将介绍的 8b/10b 编码，它的每个 8 位数据串都编码为对应的 10 位数据串进行传输；又如用于光盘的 8-14 ETF 码（行程长度在两端限制为 2≤RL≤10）。最简单的 RLL 方案可能是在 USB 串行链路中使用的位填充：USB 将 NRZI 编码与位填充结合，通过编码限制数据中 6 个连续的 1 或 0 的传输；采用位填充的方法，在传输 6 个 1（或 0）之后将 0（1）插入原始二进制数据流，从而强制在 NRZI 编码的数据流中产生跳变，接收器在译码时会忽略一个以 6 个 1 开头的 0。尽管这种情况也会增加时间开销，尤其是传输全 1 的数据流时，可能额外增加 16% 的开销；但在实际生活中，要传输的数据大都是随机的，因此额外增加的开销小于 1%。

14.7.12　RLL 编码：8 位/10 位等

一种生成长度受限的串行数据流的更复杂的方法是，根据复杂的算法将二进制数据流进行分块编码，算法不仅限制了编码的连续长度，还控制了频谱形状，并提高对噪声的鲁棒性。例如，DVD 光盘使用的一种称为 EFM Plus 的方案，它将 8 位数据组编码为 16 个串行位，后者的行程长度限制为 2≤RL≤10，同时对频谱进行整形。

8 位/10 位编码方案是目前串行总线和数据链路领域中最常用的编码，它可用于 FireWire、SATA/SAS、千兆以太网、DVI 和 HDMI，以及内部多个通道的 PCIe。它将 8 位数据块转换为 10 位编码，一个 8 位数据块可能对应多个 10 位编码，所以这种编码方式非常灵活。利用这一特点可以平衡

⊖ 使用速度更快的以太网标准时，带宽效率低的曼彻斯特编码（与数据位流本身相比开销为 100%）被 4b/5b 编码所取代（带宽开销为 25%），并在单个双绞线上使用 3 级电压信号传输。以后（达到 1Gb/s）可能需要 5 级信号，并同时使用四对信号线（带有混合耦合器，允许每对信号线在两个方向上同时传输信号）。

⊖ 这些术语有些令人困惑（例如，NRZI 与 NRZ 与代码或数据的翻转相关）。相比之下我们更喜欢 Sklar 使用的术语：NRZ-L（NRZ-level，代表 NRZ）和 NRZ-M（NRZ-mark，代表 NRZI）。

编码中 1 和 0 的数量：它能保存一个比特不相等的运行记录，并相应地做出选择。采用这种编码方法，最终编码的结果可以保证产生的数据流中不超过 5 个连续的 1 或 0，并且可以确保 20 个或更多位的字符串中的 1 和 0 数量之差不超过 2 个。与这种编码类似的 4 位/5 位编码通常在 100Mbit/s 以太网中使用。

8 位/10 位编码也可用于某些串行器-解串器芯片组中，例如 CY7C924。但是，由起始和停止脉冲构成的更简单的异步 NRZ 方案可以用于更高性能 SERDES 芯片中，例如 TI 的 DS92LV18 系列。这样做性能会更好，因为接收端可以锁定随机数据，PLL 训练模式不会中断数据流，也不会从接收器到发送器之间形成失锁的反馈路径。因此，传统的 9600buad 异步串行通信重新升级为千兆波特率串行通信。

14.7.13　USB

通用串行总线（Universal Serial Bus，USB）于 1995 年问世，其目的是通过统一的串行连接来简化计算机与外围设备之间的连接。在最初的 USB 第 1 版中，它可以支持低速和全速传输（分别为 1.5Mb/s 和 12Mb/s），这个速度足以满足键盘和鼠标等设备的需求，并且可以以相对适中的速度把数据传输到 U 盘等外部存储设备。第 2 版提高了传输速度，支持高速传输（480Mb/s），适用于将数据快速传输到外部硬盘驱动器、光存储器（如光盘）等。第 3 版增加了两个超高速屏蔽双绞线对（和双绞线连接器引脚对），既提供了全双工通信，又提高了十倍的速度（最高 4.8Gb/s）。最新的 USB 3.1 版本使传输速度又提高了一倍（到 10Gb/s），而且提供了更多直流供电选项，如 5V/2A、12V/5A 或 20V/5A，并推出了一种经过改进的新型 Type-C 连接器。

USB 接口在版本 1 和 2 中被设计为半双工主从设备，它通过电源和地线以及一对差分数据线的 4 线电缆进行点对点电路连接。它的电缆是非对称式的，具有 A 型端口（主机）和 B 型端口（从机）；两种类型均具有标准尺寸和微型尺寸，微型尺寸常用于连接小型设备，例如相机和 PDA。如图 14.47 所示，USB 网络是一个星形拓扑，通过 USB 集线器可以把主机的单个插槽扩展为多个，并通过集线器连接多个从设备。值得注意的是，单个主机控制器端口最多可连接 127 个从设备。这两个版本 USB 接口可提供的功率较低，为 5V/0.1A（低功率）或 5V/0.5A（高功率）[⊖]，并且单个链路的长度不能超过 5m（可以通过集线器进行扩展，总长度最大可以达到 20m）。USB 3.0 版本引入了全双工传输，带来了更高的传输速度，以及高达 5V/0.9A 的直流电源。但人们认为 USB 3.0 提供的电源还不够，幸运的是，USB 3.1 版本解决了这个缺陷，在 5V 时允许提供 10W 的功率，而在 20V 时允许提供高达 100W 的功率。USB 设备是可热插拔的，其接地线和电源线在信号线导通之前先导通。

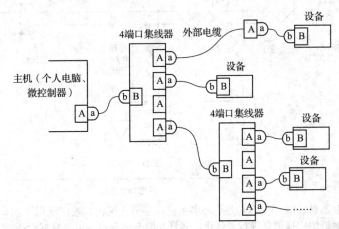

图 14.47　USB 是一个主从结构的串行接口，以星形拓扑结构排列（与 FireWire 等串行转发器拓扑结构不同），它最多具有五个集线器。各个链路是非对称电缆，主机端为 A 型端口，从机端为 B 型端口；这里 a 和 b 代表插头，A 和 B 代表插座。各个链路的长度最长为 5m（包括无源扩展电缆），但通过集线器可以扩展链路的长度。有一种特殊的端口（这里未显示）是 OTG（移动式）USB 端口，它可以伪装成 A 或 B 端口

⊖　首次连接时，USB 设备仅支持低功率，并且 USB 设备必须协商高功率状态。如果成功，则控制器将打开一个 500mA 的电源。

14.7.14　FireWire

FireWire 的官方名称是 IEEE 1394，它也是在 1995 年推出的，它通常被用作音频、视频（包括高清晰度视频）和磁盘存储器的高速串行总线。它的最初版本可以以 400Mb/s 的速率全双工传输，并可以通过电缆提供高达 30V/1.5A 的直流电源；而那时的 USB 传输速率仅为 12Mb/s，并只能提供总功率为 2.5W 的电源。随后的改进版本将数据传输速率提高到 800Mb/s（FireWire 800），并且设计人员承诺在下一个改进版中，它的传输速率可以达到原来的 4 倍（至 3.2Gb/s）。

FireWire 允许有多个主机，并且可以实现点对点通信；它的电缆是对称的，并通过中继器连接各设备。对于 FireWire 400 而言，它的单个链路的长度不能超过 4.5m，但可以通过中继器扩展到 72m。FireWire 800 允许通过铜缆、Cat-5e 网络电缆或光纤实现更远距离的链路。与 USB 相同，FireWire 连接也是可热插拔的；但令人遗憾的是，FireWire 在很多场合已被最新版本的 USB 所取代。

FireWire 可提供充足的直流电源，并且可以与高清晰度视频等流媒体配合使用。FireWire 比 USB 传输更快，更稳定；它的接口处的连接器被设计得很坚固，并且由于它的接口形状是不对称的，我们使用时可以盲插。尽管 FireWire 技术较为领先，但由于它的复杂性、硬件成本和版税负担阻碍了它的普及，所以目前 USB 标准仍占主导地位。

14.7.15　控制器局域网（CAN）

大家都知道 USB 和 FireWire，但是很少有人听说过 CAN 总线。这种总线有时被简称为 CAN，是博世（Bosch）公司在 20 世纪 80 年代率先使用在汽车上的一种总线；它现在已成为国际标准（ISO11898），并且被广泛应用。在 CAN 物理层之上已经有几种协议，特别是在工厂车间中常见的 DeviceNet。

与本章中的其他总线不同，CAN 可以在长达一公里的距离内传输，这对于工厂的一些应用来说很有帮助。它不像 PCIe、以太网或 USB 那样点对点的电气链路，是一种平等的多主机总线，总线最多可容纳 30 个收发器节点。也就是说，它是多分支总线（见图 14.48）。CAN 总线的传输速率与距离有关，当距离达到 40m 时，它的最大比特率为 1Mbit/s；当达到最大总线长度 1000m 时，比特率逐渐下降到 10kbit/s。

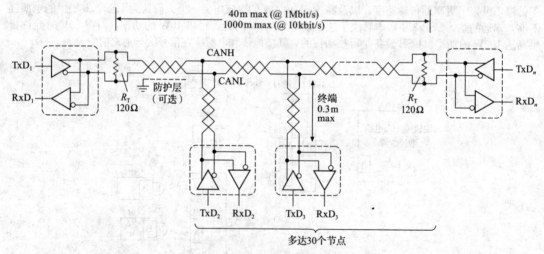

图 14.48　控制器局域网（CAN）是一种多主机、多分支架构，被广泛用于汽车和工厂车间。它对短的广播消息进行了优化，并且在嘈杂的环境中可以良好运行

CAN 被优化为短距广播式传输，每个数据包限制为 8 个用户数据字节（还会加上一些信号开销），且不专门针对某个对象传输。例如传感器产生了温度数据后，会想要告诉所有人温度信息，但传感器本身并不关注谁需要这些信息⊖，而且它的通信是由事件驱动的，即在没有任何数据可发送时，总线是完全保持静默的；这与 USB、FireWire 和以太网之类的活跃的总线形成了鲜明对比，因

⊖　相反，在两个节点之间传输大块数据（例如数字化音频或视频）效率不高。当然读者也不会使用它来链接同一框中的两个处理器。

为这些总线总是不停地对自己"喃喃自语"(以及对其他设备)。

可以这样去理解 CAN 总线,它(及其在微处理器中的扩展)表示一个参数空间,该参数空间由总线上的成员不断地自动更新。因此,任何需要知道发动机温度的设备(包括刚刚安装在总线上用于诊断故障的计算机)只需要查看已写入参数空间中发动机温度"邮箱"中的值。

从电路上讲,我们可以将 CAN 视为集电极开路总线的差分版本:信号对(称为 CANH 和CANL)以双绞线的形式呈现,通常为屏蔽双绞线(Shielded Twisted Pair, STP),两端通常均以 120Ω 的特性阻抗作为终端。在静默状态下,两条线都保持为约 2.5V 的电压;如果没有节点在传输,它们将保持该状态。当发生特殊情况时,数据会以非对称信号模式被驱动到线对上(见图 14.49):通过将 CANH 升高约 1V(升到约 3.5V),并将 CANL 降低(降到约 1.5V),产生约 2V 的差分信号来产生逻辑"0";但是若想产生逻辑"1",发起会话节点不会反转驱动电流,而是释放驱动电流,这使该线对的两条线再次进入约 2.5V 的静默状态。这两种信号状态分别称为显性(总线驱动,逻辑 0)和隐性(总线释放,逻辑 1 或不活跃)。

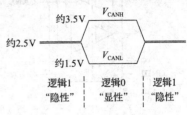

图 14.49　CAN 总线是差分的,并具有不对称的信令模式,简化了判断

起初设计这种奇特的方案是为了简化它的总线仲裁,由于它没有主控制器做出控制,取而代之的是任何节点都可以发起传输,只要某节点看到总线已经处于空闲状态(隐性)一段时间,它就可以发起传输。然后依次发送其消息位,同时监视总线的状态(即每个节点都必须包括一个接收器)。当然,此时另一个节点也可能已经开始传输,这样的"冲突"很容易被检测到,因为其中一个发送器在打算发送隐性(逻辑 1)状态时,会看到总线已经出现显性(逻辑 0)状态,然后它会先等一段时间再尝试重新发送。

如果发生冲突,则生成最长 0 字符串的发送方将占据总线。这就给发送方设置了优先级,因为任何消息的起始位都包含发送方的 11 位或 29 位消息标识符,且数值低的优先级更高。这种显性-隐性方案有一种明显的优点:优先发送方的消息不会因产生冲突而遭到破坏。以缩略语表示,它被称为 CSMA/CD+AMP 协议。

CAN 标准规定的电路具有良好的共模噪声容限,它可以在 −2～+7V 的范围内正常工作,但该范围被许多收发器芯片扩展至 −7～+12V 或 −12～+12V。ISO 7637 规定了一种苛刻的测试,该测试由一系列 ±150V 纳秒级脉冲组成,所有收发器必须能承受这些脉冲;此外,我们可以使用廉价的二极管和齐纳保护器件来承受这些脉冲,例如 NUP2105 或 NUP2202。但是对于较长的总线,在其运行时最好提供真正的电流隔离(避免接地回路只有一个接地点)。

为了保证总线在汽车中的正常使用,CAN 总线具有强大的错误检测机制,它可以在位级别进行位监控(如果两端存在分歧,则出现错误标志),同时能够检测"位填充"错误(在相同级别的 5 个连续位之后插入一个相反的位检测)。在消息层面上,有一个 CRC(循环冗余校验和)校验,以及必须是隐性的 ACK(确认)字段校验和一组指定消息位的检查(格式检查)。通过这种机制,发送方可以知道其消息是否已损坏并且是否需要重新发送。

我们可以在计算机总线插槽上插入接口卡,或利用适配器从 USB 接口转换,得到 CAN 接口。许多微控制器(例如 Atmel 的 AT90CAN 系列)都有一个片上 CAN 协议控制器。在组件层面上,许多制造商都生产 CAN 收发器芯片,它们大多数由 +5V 单电源供电,而有些工作于 +3.3V。我们还可以得到电流隔离的收发器芯片,例如图 14.50 所示的 TI ISO1050 芯片,在较长的总线或噪声环境下,推荐的做法是使用独立的 +5V 电源为总线供电,也可以利用 CAN 总线电缆中的一组电源线来为其供电,信号线是阻抗可控的(例如 Belden 3082/84 或 Alpha 6451/52)且与电源线经屏蔽层隔离(仅用于远程供电)。

目前正在使用的两种简化版 CAN 总线有:单线 CAN 取消了 CANL,传输速度限制为 40kbit/s;与之密切相关的单线 LIN(本地互连网络)总线完全摒弃了 5V 电源,只需要使用上拉电阻将其接至 +12V 电源供电,并将集电极开路接地,其传输速度限制在 20kbit/s。这些廉价且简化的版本有时被用作 CAN 系统中的子总线,它们都采用压摆率限制来降低对噪声的敏感性。

目前没有统一的 CAN 连接器,但是有几种常见的连接器,例如 9 引脚超小型连接器、10 引脚接头连接器和 4 引脚开放式连接器。

14.7.16　以太网

以太网无处不在,例如那些像电话一样的彩色 RJ-45 插孔,就是以太网端口,我们之前已经多

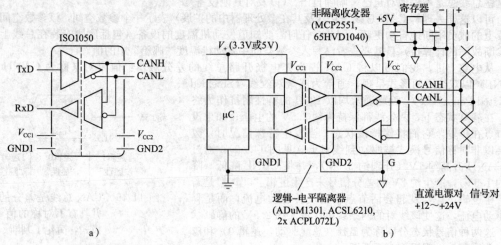

图 14.50 a) 可以使用像 TI 的 ISO1050 这样的单芯片电流隔离 CAN 收发器，对于长距离总线或嘈杂的环境来说这是个好方案；b) 标准 CAN 电缆包括用于隔离电源的第二条线对，可用于为收发器隔离栅的总线供电。此外，我们在微控制器和非隔离的 CAN 收发器之间使用了逻辑电平隔离器，非隔离的 CAN 收发器由总线直流电源对产生的 +5V 稳压电源供电（连同隔离器的总线侧）

次提到它。它是由施乐公司著名的帕洛阿尔托研究中心（施乐 PARC）开发的。物理层（PHY）最初由共享的同轴电缆组成（开始为粗电线，通常称为 10Base5；后来为细电线，通常称为 10Base2），电缆的两端都是终端，每个节点都可以接入。每个节点都使用变压器耦合直接连接在同轴电缆上（不允许使用长终端）；它与 CAN 总线类似，有一个协议用于检测冲突，并在重新开始传输之前延时。为了在无法避免的（和破坏数据的）冲突环境中正常工作，它规定了最小数据包长度（现在已由 IEEE 802.3 标准化为 74 字节）和最大电缆长度（细线约为 200m）。

在实际应用中，共享同轴电缆已被替换为点对点非屏蔽双绞线电缆（UTP，Cat-5e 或 Cat-6），一端插入计算机的以太网网卡（网络接口卡），另一端插入多端口交换机。后者⊖缓冲数据并向前者发送有效数据包，此过程不会影响无关的节点，这样配置的以太网是无冲突的⊜。当代以太网是通过双绞线或光纤传输的，它的标准速度为 10Mbit/s、100Mbit/s（快速以太网）和 1Gbit/s（千兆以太网），并将发展到 10Gbit/s 和 100Gbit/s，甚至对超高速的太比特以太网也有展望。正如我们在14.7.9 节中所提到的，高速双绞线需要保证一定的可靠性，慢速的标准（称为 10Base-T）使用曼彻斯特编码和 2 级信令，每个方向上使用一对双绞线。为了达到 100Mbit/s（100Base-TX）的传输速度，需要使用具有 3 级信令的 4b/5b 编码，同样每个方向使用一对双绞线。千兆以太网（1000Base-T）使用 8b/10b 编码，四对电缆都可以在两个方向上使用（通过混合）。这些是物理层的描述，7 层 OSI（开放系统互连）或更高级别的网络层次结构不知道也不在乎物理层发生了什么，因此可以将硬件升级到我们想要的水平。

由于信号的退化和衰减，双绞线以太网链路的长度被限制在 100m 左右。光纤的性能要好得多，多模光纤可达一公里左右，单模光纤可达数十公里⊜。我们可以使用媒体转换器在铜和光纤或铜和无线之间进行转换；其中有些产品还包含速率转换。可以参考 Allied Telesis、TRENDnet、StarTech 或 IMC Networks 提供的以太网产品，或是 B&B Electronics 的各种转换器和扩展器（包括 USB 和串行产品，以及以太网）。对于接口组件，我们建议使用具有如 Lantronix XPort 或 Silicon Labs 28-pin CP2201 芯片的设备（我们可以在其中简单地添加一个带有集成变压器和指示灯 LED 的 RJ-45 插

⊖ 与同轴电缆以太网的总线拓扑相比，这是星形拓扑。

⊜ 在交换机变得便宜和得到普及之前，人们使用的是集线器，它们只是将每个数据包重新广播到所有连接的节点。使用集线器可能会发生数据冲突，但交换机不会。

⊜ 但是，双绞线以太网具有一个不错的功能，它可以让读者发送直流电（以太网供电，PoE），当连接到无线接入点、IP 电话或监控摄像头等远程设备时，这非常方便。它使用相同的信号对，将 48V 直流电作为两对之间的共模 "幻像电源"，可以将远端的变压器中心抽头断开。多年来，音频工程师一直使用相同的技巧为麦克风供电。

孔），读者可以参考第 15 章。

以太网得到了非常广泛的支持，它已成为计算机之间以及局域网（LAN）内的主要通信媒介。设备制造商也注意到了这一点，目前无论是用于仪器控制还是数据读取的电子仪器，一般都有以太网端口（在浏览器输入仪器的 IP 地址，实验室几乎所有由示波器获得的波形都可以通过实验室内部局域网传输）。在以太网总线发展过程中，仪器控制领域出现了一种标准（LXI 标准，用于仪器的 LAN 扩展），与种类繁多的 USB 驱动程序相比，该标准使现代仪器的通信更为简单。如今以太网正在通过增加一些新特性来满足实时控制的需要，并借此跨入工业领域 ⊖。

14.8　数据格式

在本章的最后，我们简要介绍一下数据格式，它是数据在计算过程中以及通过数字媒体或通信端口交换中的表示形式。图 14.51 总结了一些常用的数据格式，我们会在后面的段落中对其进行解释。

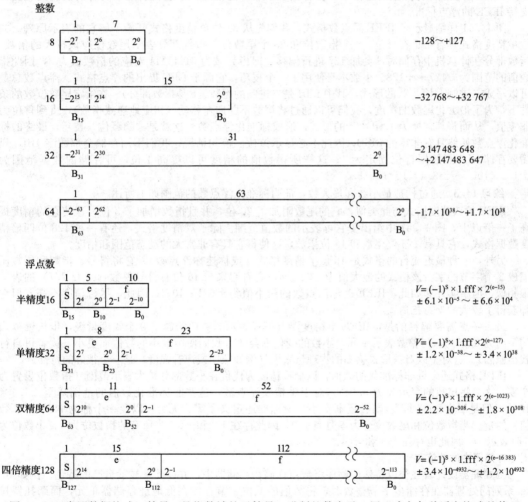

图 14.51　常用数据格式。符号 e 是指数域的无符号二进制整数表示，用于确定各种浮点格式的值 V

14.8.1　整数

在图 14.51 中，有符号整数始终以二进制补码表示，通常使用 1、2 或 4 个字节，有时也使用 8 个

⊖　例如，IEEE 1588 标准"精确定时协议"（PTP）的实现，允许通过以太网将时间同步至约 100ns（使用专用硬件，例如 NSC DP83640 MAC/PHY 芯片或 TI 的嵌入式微控制器 Luminary Stellaris ARM Cortex M3 等）。PTP 目前由 LXI 标准实现，这方便了局域网互联的仪器之间的相互操作，也可以由基于以太网的现场总线，如 Profinet 和 CIP（通用工业协议）来实现。

字节。虽然二进制补码与数值的符号幅度表示方式不同（例如−1 为 11111111，而不是 10000001），但是最高位（MSB）仍表示符号，我们可以将二进制补码视为 MSB 取反的偏移二进制码；或者我们可以将它看成每位取值如图 14.51 所示的整数。除了声明有符号整数，编程语言还允许我们将变量声明为无符号整数，一个 2 字节无符号整数的值可以在 0～65 535 之间。除了数据格式本身之外，还有一些关于硬件接口的问题，即如何将整数数据打包成计算机中较大的字。例如，ADC 的二进制整数输出可以右对齐，因此数据范围为零到转换器的满量程（对于 12 位 ADC，为 0～4095）；但是最好采用左对齐数据，然后将存储量视为小数，这样做有一个好处，即如果后续提高了 ADC 的分辨率，它只会增加低阶的小数位，而不必增加满量程值。

14.8.2 浮点数

在计算机中浮点数（有时称为实数）通常表示和存储为 32 位（单精度）或 64 位（双精度）的形式[⊖]。以前在使用浮点数的过程中，会有很多不兼容的情况，不过目前几乎所有的主流处理器都支持 IEEE 的浮点标准。

图 14.51 详细显示了 IEEE 浮点数格式，我们先从 32 位单精度格式开始了解它的表示原理。32 位单精度格式具有 1 个符号位、8 个指数位和 23 个尾数位，指数部分表示尾数位应该扩大的倍数。指数部分在计算机中存储时，会加 127 进行偏移，即指数域为 01111111 对应的指数值为 0，因此指数值的范围为−127～+128。小数本身使用了一个技巧，它源于 DEC 提出的浮点格式。浮点数总是可以写成二进制 $f.fff \times 2^e$ 的形式，其中 f.fff 是二进制的尾数（e 是指数部分）。在给定尾数位数的条件下，为了最大化尾数的精度，我们可以通过将尾数不断向左移动（相应地递减指数），直到首位为非零值，从而将其转换为 $1.fff \times 2^e$ 的形式，形成标准化浮点数。这就是"隐藏位"技巧，最终的标准化浮点数始终具有非零的 MSB，因此不必显示该位。换句话说，我们不用存储全部数字 1fff，只需要存储 fff，而数据首位固定为 1；这样所得数值的精度可以提高 1 位，可存储的数据范围为 $\pm1.2 \times 10^{-38} \sim \pm3.4 \times 10^{38}$。

✎ **练习 14.3** 通过构造最小数和最大数，证明标准化浮点数的范围如上所述。

IEEE 的双精度格式与此类似，它的尾数附加了 29 位，并且指数增加了 3 位，这使它的精度提高了一倍以上，图 14.51 中给出了它可表示的数值范围。除了双精度格式，还有一种 128 位四倍精度数据格式，它具有 113 位尾数和 15 位指数，这使得它具有非常大的动态范围和精度。

另外，一种最近流行的格式是 16 位半精度格式（或称迷你浮点数）。它将符号、指数和尾数压缩成 2 个字节的字。该格式的最大值为 $\pm65\ 504$，它看起来与 16 位有符号整数（$\pm32\ 767$）的表示很相似，但事实并非如此，IEEE 迷你浮点数的最小值为 $\pm6.1 \times 10^{-5}$。因此，尽管精度不高，但它却获得了较大的动态范围[⊖]。

最后一点需要解释的是，IEEE 半精度浮点格式表示的数值跨越了 9 个幅度量级，步长近似均匀，约为 0.06%。与整数表示不同，小数的变化不会随着我们使用较小的数值而更小（读者可自行找出原因）。这对于以对数形式感知的物理量来说（例如照明或声音强度）是一个很好的特性。

IEEE 格式还允许非标准化的数值，以牺牲精度为代价在小数部分扩大表示范围（指数位设置为全零，这会将尾数的表示改为 0.fff）。对于单精度浮点数，这些非标准化数值的范围降至 $\pm1.4 \times 10^{-45}$；但是当它触底时，步幅会逐渐变小。该标准还定义了零、无穷，以及一个称为 NAN（非数值）的量。当指数位和尾数位全为零时表示 0，因此存在+0 和−0；当所有的指数位为 1、小数位为 0 时表示∞，因此也存在+∞和−∞。

存储器中的数值存放

微处理器设计者往往以特殊的顺序将数值存储在存储器中，并以此来显示自己的特色。例如 Intel 系列的处理器在存储多字节整数时，将数值的低位字节存储在低地址存储器单元，而摩托罗拉（Freescale）处理器则采用相反的方式[⊜]。还有一些处理器是两种方式通用的（因此称为双端），例如流行的 ARM 内核。而且有些混乱的是，有些处理器对整数使用一种存储顺序，对浮点数则使用另一种存储顺序。当我们通过 SPI 或 I²C 向外围设备发送数据时，存储顺序就很重要了。祝读者好运！

第15章
微控制器

15.1 引言

正如前一章所述，微控制器本质上是一种嵌入一些非计算机类电子设备中的独立处理器。它们价格便宜且使用简单，允许我们将计算机智能引入几乎所有电子产品中。这样一来，尽管它们在处理速度上不及面向高性能计算的处理器，但它们的优势在于内置了存储器和外围设备。

为了突出这一优点，几乎所有的微控制器在片上同时集成了数据存储器（静态 RAM）和非易失性程序存储器（闪存）。许多微控制器还有用于保存校准数据、系统配置信息等的非易失性 EEP-ROM $^{\ominus}$。此外，还可以在集成的"外围设备"之间做选择，比如说通信链接可选的有 SPI、I²C、USB、以太网、蓝牙和 ZigBee 等；总线有 PCI 和 PCIe、SATA、PCMCIA、闪存卡和外部存储器等；模拟接口有比较器、复用 ADC、DAC 以及视频和图像传感器等；专用接口有脉宽调制器、LCD 驱动器、GPS、数字音频和 WiFi 等。

换句话说（见图 15.1），微控制器由 CPU＋内存＋外设组成，这需要外部数据总线和上一章中介绍的单独组件（可以使用微控制器和外部数据总线来实现，但是最好还是选择具有所需片上外设的微控制器）。

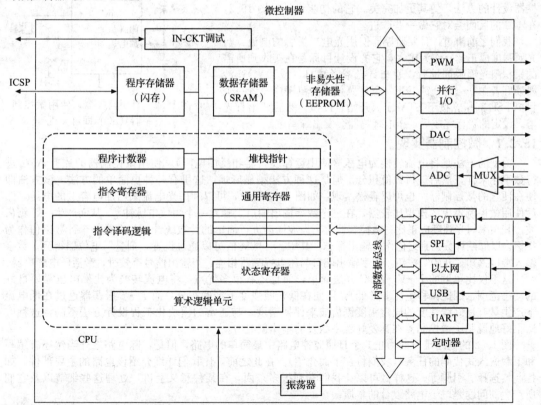

图 15.1　微控制器将存储器和外围设备集成到 CPU 芯片上。ICSP 代表在线串行编程

$\ominus$　EEPROM 允许重写（或擦除）单个存储的字节，这与闪存不同，在闪存中，擦除（在重写之前需要完成）只能一次对一个字节块进行。这就是为什么低密度 EEPROM 能更好地存储用户数据，而高密度闪存更适合不需要经常重写的程序代码的原因。两种存储器类型都是非易失性的，并且可以在线编程，尽管闪存通常具有较少的重写寿命。例如，闪存的擦写寿命为 10 000 次，而 EEPROM 为 100 000 次。

当然，在嵌入式系统中，一般不从磁盘启动（有的系统甚至没有磁盘），这就是程序存储器必须集成在控制器中且必须具有非易失性的原因。举个例子，即使在断电之后，洗碗机也需要知道它应该做什么。由于微控制器内置在目标设备中（通常不能从电路板上移除），因此它们必须支持在线编程（并且可重新编程）。一般在上位机软件控制下通过"在线串行编程"接口（ICSP，通常为 SPI 或 JTAG）对它们进行编程。

微控制器既有趣又简单。我们可以将它们视为运算放大器之类的电路"组件"。有这样一个类比：如果说运算放大器是通用模拟组件，那么微控制器就是通用数字组件$\ominus$。微控制器以及电路板上的其他一些组件（例如 USB 连接器、编程接口，以及放在小电路板上的一些灯和按钮，也许还有一个显示字母数字的 LCD）共同组成一个"通用模块"。可以对其进行编程，从而实现读者想要的任何功能。微控制器制造商很乐意提供这些东西（有时将其称为"开发套件"，通常包括编程硬件和软件）来吸引大家使用其产品。除此之外，还有一些第三方和开源产品，例如 Ethernut 和 Arduino$\ominus$。前者有一个以太网端口；后者提供串口、USB、SPI 和 I^2C 端口，以及一个可选的可堆叠以太网适配器。

让我们从一个具体的例子开始微控制器的介绍。

15.2 设计实例 1：日照监控器

对于沙滩爱好者来说，日照监控器是必不可少的设备。我们之前探讨过该设备，第一次是在《电子学的艺术》（原书第 3 版）（上册）的第 4 章（探讨了三种纯模拟实现），第二次是在第 13 章（使用光电流积分 ADC）；这些探讨很好地说明了离散模拟电子技术和数字电子技术的应用。本章将介绍一种利用微控制器完善日照监控器设计的方法，使其更加完美。它的初步设计见图 15.2，在本章的后面会对它做一些改进。

我们之前讲过，日照监控器使用光电二极管的电流（与光照强度成正比）作为输入，它的设计目标是在接收到所需的累积阳光辐照剂量后，通知日光浴者翻身（或回家）；沙滩爱好者在 0～90 分钟 FSE（全日照量）的范围内设置一个目标 FSE 剂量，按下 START（开始）按钮，然后开始日光浴。设定的目标完成后，压电蜂鸣器会发出蜂鸣声。

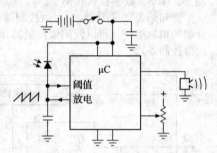

图 15.2 日照监控器，使用微控制器（μC）即可实现

15.2.1 微控制器实现

典型的方法是将电流转换为电压（使用运算放大器和反馈电阻），使用微控制器的片上 ADC 进行数字化采样，然后进行数值积分。但是这种方法稍显麻烦，这里有一种更简单的方法，该方法即使在便宜的微控制器中也可以轻松实现。如图 15.2 所示，可以利用光电流来增加电容上的电压，然后使用微控制器上的模拟比较器，在三态数字输出端口上触发一个短放电脉冲$\ominus$，从而产生一个锯齿波，其频率与光强度成正比；微控制器对锯齿波周期进行简单的计数统计，并设置一个计数终值作为指标，以周期计数达到终值作为输出标志，其中，计数终值可以通过设置"剂量"电位器得到。数字输入端口感知"开始"按钮，数字输出端口与压电蜂鸣器相连，当输出信号有效时，激活压电蜂鸣器。

这不仅比单调的 $I \rightarrow V \rightarrow ADC$ 方法简单，而且还有很多优点：将电流转换为比例电压需要良好的动态范围（因此偏移电压非常低），以便在低光照强度下准确积分，而 $I \rightarrow f$ 振荡器通过在低电流下产生具有良好线性度的固定幅度锯齿波来保持精度。与通常的模块化工程设计方法不同，这种方法很好地说明了微控制器在其爱好者中激发的整体创造力。

图 15.2 的电路是目前为止 5 个日照监控电路中最简单的电路，但是，除电路之外当然还有编写和下载嵌入式代码的任务（我们将在下面介绍）。在此之前，让我们详细介绍该电路的主要部件，如控制器选择、引脚等。这样做可以让我们学到很多东西，在某种意义上讲，处理这些细节以及它们所产生的问题是电子电路设计的本质。

$\ominus$ 尽管经验丰富的 FPGA 用户可能会争辩说 FPGA 更通用：我们可以将微控制器"软核"放入 FPGA 中来实现该微控制器，反之则不行。

$\ominus$ 这里还有一些：BeagleBoard 和 BeagleBone、Odroid、Raspberry Pi 和 Teensy。

$\ominus$ 可以通过动态更改控制寄存器中的某一位来设置端口工作模式，用于阈值比较的输入引脚同时作为电容放电引脚。

图 15.3 是完整的实现，它使用了本书编写时可用的部件。下面让我们看一些细节。

1. 微控制器的选择

日照监控器对速度或外围设备的要求不高，并且几乎所有的微控制器都有比较器和 ADC。在这种情况下，微控制器的功耗越低越好，最好是无须稳压器而直接使用电池供电。因此，我们选择了 Atmel AVR 控制器 picoPower 系列中最小的一个，即使在 +5V 电压下运行，它也具有低功耗的优势[⊖]。它在 1.8～5.5V 的电压下工作，当使用内部 128kHz 振荡器运行时，其工作电流为 35～170μA。

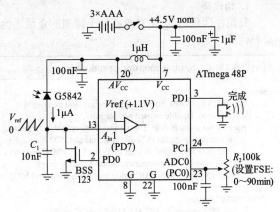

图 15.3　日照监控器的完整电路

2. 放电电路

尽管使用三态输出直接对振荡器电容放电可能不会出现问题，但在最坏的情况下，可能会遇到一些麻烦：设备最大漏电流为 ±1μA，这已经相当于在阳光下的光电流。为了解决这一问题，一种常用方法是选择更大的光电管，相应地具有更高的光电流；但是其实使用外部 N 沟道 MOSFET 就可以很好地解决该问题[⊖]。我们在此使用了一个小型 BSS123 N 沟道 MOSFET 作为外部开关。这是一个很好的选择，它具有令人满意的低阈值，在栅极驱动电压 2.5V 时漏极电流约为 0.5A，即使在 V_{DS} = 20V 的最坏情况下，漏电流仅为 10nA。

3. 剂量设置电位器

这个简单电路图从正极供电轨对电位器施加偏置电压。为了使我们的设计更加完美，偏置电流应该比 1μA 的输入漏电流更大，但这样会导致功耗增加。

不过，我们可以只在需要时（即在读取其值时）才为电位器供电，从而减小功耗，这很容易实现，只需要将其顶部连接到数字输出端口即可；当软件将该位设置为高电平时，通过内部 P 沟道上拉电阻至 +V_{CC}。

4. 旁路和去耦

图 15.3 中我们使用了去耦电容器，虽然这也许有些老套，但也能满足设计的需要。根据数据手册的建议，我们使用 LC 滤波器将有噪声的数字电源 V_{CC} 与模拟电源（AV_{CC}）分离开，而且我们也对电位器读数进行了滤波，因为它被一个有噪声的数字输出偏置。最后，我们使用了电源轨旁路电容器的并联组合，以在整个频率范围内保持低阻抗（大容量电容器的串联电感和电阻会降低其在高频下的有效性，此处通过较小的 100nF 陶瓷旁路电容器进行补偿）。此外，我们可能遇到的问题会少一些，因为我们对精度的要求不高，内部 10 位 ADC 已能够满足要求，而旁路规范正是针对这些 ADC 设计的。但是在这之前，我们更愿意使其能够安全运行。

5. 振荡器

日照监控电路不需要任何额外的振荡器，这是因为该控制器和许多控制器一样，集成了内部振荡器。该芯片有两个内部振荡器（8MHz 和 128kHz），且精度适中（±10%）。

15.2.2　微控制器代码（固件）

嵌入式软件，也称作固件，需要完成多项任务。

1）通电时的初始化（设置 I/O 端口模式、ADC 和比较器模式以及输出端口的复位状态）。

2）将电位计通电，等待 25ms，读取其电压，然后断开连接。

3）使用测得的电压来计算锯齿振荡器的振荡周期计数值，该计数值对应于电位计设置的累计阳光辐照量。

4）使用比较器的输出状态作为计数脉冲，并产生电容器放电脉冲。

5）当计数器达到计算出的终值时，激活压电蜂鸣器。

此外，还有一些工作参数（例如振荡器频率）不受程序控制，而是在将程序代码下载到设备时

⊖　如此处所示，许多控制器在低电源电压（如 1.8V）下以较低功耗运行，而不是在 3～5V 的电压下运行。

⊖　相反，我们有理由相信典型的漏电流可能小于 10nA，主要是因为它们的技术规范是在 −40℃ 至 +85℃ 的整个温度范围内给出的；此外，众所周知，半导体制造商在给出漏电流时比较保守。不过，不必担心比较器的输入引脚，因为其给出的漏电流最大可达 50nA。

进行设置。接下来我们将对这些所谓的"熔丝"进行编程。

1. 伪代码

我们在伪代码 15.1 对此进行了详细的介绍。伪代码是流程图的一种不太正式的表示方式，但它更易读懂。

伪代码 15.1   Suntan monitor pseudocode

Setup
    `Variables`: Define 32-bit integers `count` and `termcount`
    `Low Power`: Disable unused peripherals
    `Ports`: Set as outputs PC1 (pot bias), PD0 (cap discharge) and PD1 (buzzer);
        set as analog inputs PC0 (pot readout) and PD7 (cap voltage);
        initialize PD1 LOW (buzzer off), and PD1 HIGH (cap held at gnd)
    `Analog modes`: Set comparator mode & bandgap ref;
        set ADC ref to Vcc, ADC mode to left-adjusted, and MUX to channel 0

Read "bake" setting
    Setbits PC1 (power to pot) and ADEN (ADC enable)
    Start ADC conversion (setbit ADSC)
    Wait while ADSC=1 (busy), then read unsigned 8-bit result ("bake")
    Clearbits PC1 and ADEN, and disable ADC to save power
    Compute `termcount`=360000 x bake/256

Count Cycles
    Wait while comparator is HIGH ($V_{cap} < V_{ref}$), then:
        setbit PD0, then clearbit PD0 (software discharge pulse)
        increment `count`
        if `count`<`termcount`, repeat **Count Cycles**
        otherwise set bit PD1 (buzzer), clear 10 sec later

说明：该代码开始需要进行一些设置任务，这是因为现代微控制器拥有丰富的功能，具有内置的外围设备、多种工作模式、引脚功能多样等[⊖]。这种灵活性和强大功能既有优点也有缺点。其优点是显而易见的，但在配置所有选项时，缺点也会随之而来。实现微控制器的每一项功能的命令都由一个特定的寄存器来保存，当需要配置这些功能时，则需要对相应寄存器进行操作。某特定处理器具有 256 个这样的内部寄存器，并具有约 40 个字节的配置和控制位。通常，其中的大多数是不用担心的，因为它们默认取经验值；但是必须设置 ADC 和比较器的范围和模式以及端口方向。

程序代码在加电时执行，并且必须先进行烦琐的前期工作：微控制器端口可以单独配置为输入或输出（在程序控制下），可以通过操作指定的寄存器来设置端口方向（如果有输入，还可以启用或禁用内部上拉）。接下来通过代码，将蜂鸣器输出初始化为低电平，并将放电引脚设为高电平，最后选择 ADC 和比较器的参考电压、缩放比例和输入源。此外，还有一些其他需要的配置，特别是时钟源（外部或内部）、时钟频率和时钟分频比。对于该微控制器，这些"熔丝"位在硬件设备编程期间设置，而不是在可执行程序代码中设置[⊖]。

接下来，它将两个输出端口（蜂鸣器和放电晶体管驱动器）初始化为低电平，并定义（和清除）一个寄存器变量，该变量保存锯齿波振荡器的累加计数。现在，读取设置目标剂量的电位器，设置PC1 将电位器通电，等待25ms，启动 ADC，设置其忙碌标志，然后读取 10 位 ADC 转换结果的高字节（我们其实不需要更高的精度），关闭电位器的电源，再计算相应的计数值。该计数值对应着100Hz 的全阳光辐照量锯齿波（光电流约为 $1\mu A$），并对应着满量程 90min。

所有这些设置用时不到 1s 的时间。现在，我们来计算锯齿波的周期，该锯齿波的斜率由光电流产生，并通过软件脉冲（先是高电平，然后是低电平）放电到 MOSFET。由于在此期间，并不需要进行其他的操作，因此可以对比较器输出进行简单的轮询操作，而不是使用计数器驱动的中断（将比较器模式设置禁用了其中断）这种更高级的选择。当计数值达到目标值时，将打开蜂鸣器并使其"一直工作"（也就是说，直到用户关掉它为止；也可以选择重启，即进行第二次日光浴）。

2. C 代码详解

程序 15.1 是 C 语言的源代码清单，尽管有一些与微控制器相关的特殊表达，但熟悉 C 语言的程

  ⊖ 例如，该处理器的引脚 28 是字节宽的双向端口 C 的第 5 位；它也可以用作 ADC 的模拟输入（通过内部 8 输入多路复用器）、SCL 串行时钟或"引脚变换中断"源。

  ⊖ 对于引脚数较多的微控制器，通过一些引脚的状态来监视启动过程，然后由程序控制这些参数。

序员应该可以理解它。io.h 和 fuse.h 文件包含特殊功能寄存器和函数等，它们用于处理一些特定的事物，例如管理碎片化地址空间和位变量。端口和寄存器中的位翻转在微控制器应用中很常见。这是通过 OR 和 AND 的掩码运算完成的，从 define 中获取控制位，并使用 1<<n 创建 OR 的掩码，使用~(1<<n)创建 AND 的掩码（例如，在 io.h 中定义 PORTC1 的值为 1，因此程序语句#define POT(1<<PORTC1)将 POT 设置为 0x02）。还有一个棘手的问题：在某些应用程序中，数据是从存储器映射端口（例如比较器或 ADC）读取的，那么必须将对应的变量声明为 volatile，以防止编译器对其进行"优化"操作，从而导致未重新读取相关端口的问题。虽然我们已经在 io.h 文件中完成了标准的预定义内存位置，但还需要对所创建的任何自定义内存映射变量执行此操作。

程序 15.1

```c
#include <avr/io.h>
#include <avr/fuse.h>
#include <util/delay.h>

#define DISCHARGE   (1<<PORTD0)
#define BUZZER      (1<<PORTD1)
#define POT         (1<<PORTC1)

int main() {
    long  termcount, count;  // Total timer counts and running counter

    // Power saving measures
    PRR = ~(1<<PRADC) & ~(1<<PRSPI); // Shut off peripherals except ADC & SPI
    DIDR0  = 0x3f;  // Disable digital input buffers on analog pins

    // Setup the pins
    DDRD   = DISCHARGE | BUZZER;  // Set two pins to output, rest to input
    DDRC   = POT;         // Set the POT pin to output, rest to input
    DIDR0 |= (1<<ADC0D);  // Use PC0 as ADC0 -- the ADC input
    DIDR1 |= (1<<AIN1D);  // Use PD7 as AIN1 -- the comparator input
    PORTD  = BUZZER;  // Hold cap low, and start with buzzer off

    // Comparator Setup
    ACSR = (1<<ACBG); // Set the reference to the band gap (needs 70 us)

    // Read the desired exposure duration
    PORTC  |= POT;  // Turn on the top of the resistor divider.
    ADMUX   = (1<<REFS0) | (1<<ADLAR); // Use Vcc ref; left-adjusted result
    ADCSRA = (1<<ADEN) | (1<<ADSC);  // Enable, and start ADC

    /*** Wait until ADC conversion is done. ***/
    while ( ADCSRA & (1<<ADSC) ) { }

    termcount = (360000L * ADCH) >> 8; // Convert ADC result to timer count
    PORTC &= ~POT;  // Turn off the top of the resistor divider
    ADCSRA &= ~(1<<ADEN); // Disable ADC
    PRR  |= (1<<PRADC);  // Enable power-reduction for ADC

    /*** Wait until desired sunlight exposure ***/
    for (count = 0; count < termcount; count++) {
        // Wait for cap to charge, then comparator output goes low
        while(ACSR & (1<<ACO)) { }
        PORTD |= DISCHARGE;  // Discharge the capacitor
        PORTD &= ~DISCHARGE; // And release it to recharge
    }
```

```
    // Buzz for 10 seconds
    PORTD |= BUZZER;      // Power the buzzer
    _delay_ms(10*1000);   // Delay 10 seconds
    PORTD = BUZZER;       // Turn off buzzer

    // Loop forever
    while (1) { }
}
```

3. 注释

1）本例中使用上电开关启动计时周期，解决此问题的另一种方法是使用按钮将输入引脚接地，可以通过程序查询该输入位，也可以使用电平敏感的中断。后者更有优势，因为处理完成后，处理器可以使其自身进入微功耗（$<1\mu A$）的"睡眠"状态，当某引脚变为低电平时，处理器被中断事件唤醒。原则上，甚至可以省略电源开关！不过最好不要这样做，因为如果采用这种方法，一旦处理器崩溃，那么将其恢复的唯一方法就是取出电池。即使是我们所有成熟的商用电子设备（电话答录机、照相机、DVR 等）有时都会出现问题，此时需要通过拔下电池或拔下设备来进行"冷重启"。

2）我们查询比较器以确定锯齿波何时达到触发电压，当然也可以改为使用中断。但是，这里没有任何好处，因为在此期间微控制器没有其他的任务，发生中断时，将使电容器放电，并在中断服务程序中使计数器自增，而主程序将简单地循环测试计数器中的值。

3）微控制器很智能，几乎不需要做任何工作就可以为它添加各种奇特的功能。

4. 下载代码

最后一步是进行"编程"（即下载编译后的代码并设置熔丝），步骤如下。

1）将编程器连接到微控制器上的相应引脚（通过编程接头），另一端连接到 PC（通过串口或 USB）。

2）给电路板上电。

3）使用 PC 上的软件来检查编程器是否检测到了正确的设备。

4）确定熔丝设置选项⊖，并对它们进行编程。

5）在 PC 上选择已编译好的 HEX 文件，然后将其下载到微控制器闪存中；或者选择一个包含 EEPROM 内容的 HEX 文件并下载。

6）编程器将芯片自动复位，并开始运行程序。此时，便可以移除编程器。当电路板重启时，代码就会运行。

5. 人机接口

有一位业务精湛的同事吉姆·麦克阿瑟（Jim MacArthur）给出了如下评论：

如果本书是关于人机接口（HI）设计的，则设计实例 1 是一个典型案例，其说明书再简单不过了：复制模拟方案的功能。但是，HI 测试者认识到该解决方案与模拟解决方案的一个重要的区别：如果在日光浴过程中调整电位器，模拟解决方案会使得参数相应改变，而数字解决方案则不会⊖。然后，HI 测试者还发现有 47% 的用户在打开阳光辐照监控器后，在日光浴过程中会调整电位器，最终导致 13% 的用户在没有完全弄清楚使用方法之前，认为不好用而退货，这样就导致了公司数百万美元的损失，其中就包括大家的奖金。总结经验：①在没有人机接口测试人员认可的情况下，一定不要向用户交付消费产品（否则将承担责任）；②模拟方案不容易数字域进行仿真，因为它们可能先推出。

6. 设计审查

在令人尴尬的 HI 体验之后，会进行全面的设计审查。有人指出，日光浴沙滩上的任何东西都会变得很热，而其他人则回答说："可以告诉坐在沙滩椅上的用户，将监控器放在椅子的阴影下。"这个建议简直让人无语。接下来，假设我们把温度设置为 85℃，这非常热，并且 BSS123 的漏电流（每 10℃ 会增加一倍）将上升到 $3.2\mu A$，这已经让人无法承受了（比数据手册上 25℃ 时的 50nA 典型值高 64 倍）。有趣的是，微控制器的比较器还可以接受，因为其 50nA 的输入标准可以在 85℃ 下工作。与之类似，光电传感器的暗电流（室温下为 50pA）将增加到约 3nA，也在规定范围内。

⊖ 对于 AVR，这些设置包括掉电电压电平、片上调试开/关、时钟源（内部、外部方波、外部晶体等）、JTAG 使能、SPI 使能和看门狗定时器使能。

⊖ 当然，可以通过修改软件使参数得到更新。

练习 15.1　设计 BSS123 MOSFET 复位开关的替代方案：一种方法是将图 13.49 的方法与微控制器相结合。提示：用处理器更换 U_2、U_3 和 U_4。回想一下，X 上的电压并不重要。在该设计中，我们建议使用 LMC6842 运算放大器，该放大器在 85℃时可指定 10pA 的最大输入偏置，完全符合要求，但是运算放大器的电源电流为 1mA，电池能量主要消耗于此。试试能否可以找到更好的方案。

15.3　典型微控制器概述

对于简单的日照监控器，我们从流行的 Atmel 8 位 AVR 系列控制器中选择了一个进行讲解，它们拥有简洁的架构，具有大量的通用寄存器和平坦的地址空间。它们具有多种封装形式，包括我们想要的用于快速原型制作的双列直插式封装（DIP）。它们也得到了很好的软件支持，其中包括开源的 C 语言编译器，并且具有良好的通用性。

还有哪些控制器？我们在下面提供了当代产品的清单，并附有相应的评价及其特性。由于微控制器是电子技术中变化最快的领域之一，这里讲解的应该是目前最新的信息。理想微控制器具有以下特性：

● 大量的片上闪存（可重新编程的程序存储器）和 RAM；
● 易于原型化的 DIP 封装（或 DIP 兼容的贴片封装）；
● 内部振荡器；
● 需要最简洁的外围启动电路；
● 快速，低功耗，宽电源电压范围；
● 廉价的编程器，串口或 USB；
● 可在线编程；
● 免费的编程软件；
● 免费的汇编器和编译器；
● 免费的集成开发环境（IDE）；
● 通过 IDE 在线调试/仿真；
● 在 Windows、Mac 和 Linux 中运行的开源工具链；
● 活跃的用户社区。

AVR　8 位 RISC⊖；它具有精简的架构，有 32 个通用寄存器；支持在线调试；Atmel 支持能够集成到其软件中的开源（Linux、GCC、Arduino）工具；某些芯片包含 USB 接口；多种封装形式（包括 DIP）；可作为微控制器与 FPGA（Atmel）的混合体使用；能够与 Microchip 的 PIC 竞争，其 32 位系列为 AVR32。

PIC　包括 8、16 和 32 位；具有高速和低功率版本；部分支持在线调试。它具有大量的开发套件、多种封装形式（包括 DIP）、FPGA 软核；它长期以来是业余爱好者的最爱。

8 位的有 PIC10F、12F、16F 和 18F，16 位的有 PIC24、dsPIC30 和 dsPIC33，32 位的有 PIC32MX。

一些芯片集成了 USB 或以太网 MAC 和 PHY。我们可以免费从 Microchip 获得芯片样品。对于较早的 8 位系列，尤其是 PIC16F84，曾经非常流行（较新的兼容版本具有内部振荡器）。由于内存库、单个累加器、条件转移（而不是无条件跳转）指令以及硬件（而非 RAM）中的 8 级调用堆栈这些因素的困扰，采用汇编语言编码可能会很麻烦；但是这种方法的指令和中断的时间是可预测的。

SourceBoost 和 Hi-Tech C 的 C 编译器支持部分 10F～16F 器件。Microchip 的 C 编译器仅支持 18F 及以上版本，非常适合 C 编程（学生可以使用免费的受限版本）。16 位器件在 RAM 中具有堆栈，并且没有存储区切换，可以使用 GCC C 编译器的不同版本进行编程。32 位器件使用行业标准 MIPS 内核（功能类似于 ARM）以及基于 GCC 的 Microchip C 编译器。

ARM　是 32 位 RISC 架构，具有可选的 16 位指令集；拥有 ARM Cortex M3、ARM7 和 ARM9 系列；具有高性能；支持在线调试；它包含的功能和 I/O 接口众多；支持带有 GCC 和 Eclipse 调试 GUI（图形用户界面）的开源 C/C++库，也可以使用针对 ARM 内核的 Arduino 开发软件；具有易于编程的平坦内存模型；引脚数大于或等于 28（无 DIP）。有些设备可以通过 USB 进行编程，但需要 JTAG 仿真器进行调试，我们可使用多家供应商提供的定制开发板和原型板，此外还有 Arduino Due、UDOO、Raspberry Pi、Odroid 等系列。

制造商包括 ADI、Atmel、Broadcom、赛普拉斯、飞思卡尔、英飞凌、Microsemi、恩智浦、瑞

⊖　精简指令集计算机，相反的是复杂指令集（CISC）。

萨、三星、Silicon Labs、ST、TI、东芝。ARM 微控制器也可通过与 FPGA 复合的混合器件来得到（Altera SoC 系列、Xilinx Zynq 系列）。从 8 位微控制器到 iPhone 几乎都使用 ARM 产品。采用流水线和复杂的指令可以提升运行速度，但是降低了运行时间的可预测性。如果在自己的板上容易进行简单的原型设计，那么我们推荐其作为入门微控制器。

8051 是 8 位微控制器，由早期微控制器演变而来；拥有成熟的开发工具和开发套件；由于地址空间复杂，它的 C 代码有些特殊；部分支持在线调试（Silicon Labs）；其传统指令集限制了内存、寄存器和 I/O 的选择；它有多种封装形式（包括 DIP），并具有 FPGA 软核。有一些优质的免费开发软件（受限制的），例如 Ride IDE；还具有 C 编译器、汇编器、仿真器等。

Rabbit 侧重于以太网和 WiFi；可作为模块或裸芯片使用；支持 C 语言 IDE；拥有开发套件和工具。

MSP430 是微功耗 16 位 RISC 处理器；在低功率、射频和 LCD 控制器中很受欢迎；具有多种封装形式（包括 DIP）。它支持 JTAG 编程；能够使用开源编译器 MSPGCC，代码大小受限的商业编译器版本是免费的。

SH-4 是 32 位 RISC 处理器；最小的封装是 QFP-208（SH-2 是 LQFP-48 封装）；在电动机和发动机控制中很受欢迎。M16C/R8C 是 16 位的，有 DIP 封装。

Coldfire 嵌入式 32 位处理器类似于 68000 的体系结构；没有小于 64-LQFP 的封装；支持 GNU C 编译器；拥有开发套件（塔式系统）。

ST6/7 是 8 位处理器，有 DIP 封装；ST9/10 是 16 位的，最小封装是 LQFP-64。STR7/9/32 是 32 位的 ARM7/9/Cortex 内核，最小封装为 VFQFN-36 或 LQFP-48。

PowerPC 和 MIPS 用于高端嵌入式系统，例如汽车、网络和视频；相比之下，ARM 在手机和 PDA 中占据主导地位。

Blackfin 16/32 位 RISC 处理器外加 DSP；快速和高端，针对音频、视频和图像进行了优化；比其他高端控制器更简单；支持开源 GNU 编译器、uClinux 和 FreeRTOS。

Propeller 是 8 核 32 位并行处理器；dc 至 80MHz；小尺寸 DIP-40/44 或 SMD 封装；秉承了高性能理念；既然片上空间足以设计 8 个处理器内核，那就无须在片上设计如 UARTS 和 SPI 之类的硬件外设，只需要让处理器能访问 I/O 且写好通信库函数，即可用软件实现从鼠标、键盘到模拟视频等接口的数据通信。

PSoC 是具有可配置模拟模块的 8 位微控制器，包含运算放大器、ADC/DAC、滤波器、调制器、相关器、峰值检测器等。

XMOS 事件驱动的多线程 32 位处理器，硬件中的事件和线程执行速率高达 400 MIPS；支持 XC、C/C++、汇编语言编程；拥有免费开发工具。

片上外设

所有微控制器系列都包含片上程序和数据存储以及定时器/计数器。它们通常还提供一些可选的组件，例如比较器、ADC 和 DAC；I^2C、SPI 和 CAN 总线；UART、USB 和以太网；并支持外部 LCD、脉宽调制（PWM）、视频和无线设备。下面列出了现代微控制器中的一些片上或底层设备，大致按复杂程度递增的顺序排列。

1. 低复杂度

ADC、DAC、模拟比较器

CAN 总线

调试（JTAG 或者专有的 1 线或 2 线接口）

I^2C/SMBus/TWI

中断

矩阵键盘

键盘（串口）、鼠标

LCD（裸机）

脉宽调制

实时时钟

SIM 卡/智能卡串行接口

同步串行接口（SSP）：SSI、SPI、SSI Microwire

计时器、计数器、看门狗

UART（RS-232、RS-485、IrDA），有些具有调制解调器控制

2. 中等复杂度

AC97（英特尔音频 20 位 96ksps 立体声 PCM）

蓝牙无线

CF 卡

以太网

外部 SRAM

GPS

I^2S（用于音频传输的 I^2C 总线）

IrDA（高速，可达到 4Mbps）

电动机控制、轴编码器

PCMCIA（PC 卡）

S/PDIF（AES/EBU）音频（杜比数字或 DTS 环绕声）

SD/MMC 闪存卡

USB1.1（主机或设备，最高可达 12Mbps）

ZigBee 无线

3. 高复杂度

相机和图像传感器（CMOS、CCD）

外部 DRAM/SDRAM

图形显示（裸色 LCD）

带有操作系统保护的 MMU（内存管理单元）

MPEG4 编码/解码

操作系统（Linux、Windows CE、Palm）

PCI、PCIe

存储驱动器：ATA、IDE、SATA

高速 USB 2.0（480Mbps）

视频接口（NTSC、PAL、VGA、DVI、DV）

WiFi 接口（802.11）

我们可以相当自信地预测列表还会进一步扩大，而且有些设备还会降级。

接下来我们通过 4 个设计实例，说明使用微控制器设计嵌入式电路的一些常见方法。四个实例分别为

1）交流电源控制（其中微控制器在串行链路的控制下切换电源）。

2）频率合成器（其中微控制器在用户和直接合成芯片之间运行，直接合成芯片只能理解加密的串行命令）。

3）温度控制器。

4）稳定的机械平台。

15.4 设计实例 2：交流电源控制

我们的天文观测台需要十几个或更多的交流电源对一些设备进行远程驱动，例如圆顶和望远镜驱动器、镜子加热器、闪光灯和照相机、探测器和处理器等。使用微控制器构建电路来完成此任务很容易，智能化控制箱的优点是它可以保存默认配置，并报告状态信息（哪些输出已上电、它们的工作电流大小等）。

我们看一个非常简单的例子，即使用一个控制器在两个插座上切换 110V 交流电，同时读取命令状态，当存在实际的交流输出，确认读回。除了通过串行 RS-232 或 USB 进行远程控制外，它还可以通过面板上的开关进行"本地"控制，并可以安装一些 LED 来指示哪些输出已供电。

15.4.1 微控制器实现

如图 15.4 所示的电路，对于单片机的种类，我们选择了常用的 PIC 系列单片机的一款普通产品。这款微控制器（PIC16F627）包括所需的串行端口 UART（通用异步收发器）、内部振荡器、可保证一百万次擦写寿命的非易失性数据存储器（EEPROM），以及大量的数字端口。由于我们不需要使用制造商提供的任何其他功能（如模拟多路复用器、比较器、PWM、20MHz 速度），并且该微控制器的成本仅占器件总成本的一小部分，因此，选择它再合适不过了。

利用逻辑信号切换交流电源的最简单方法是使用固态继电器（SSR），该固态继电器由一个密封

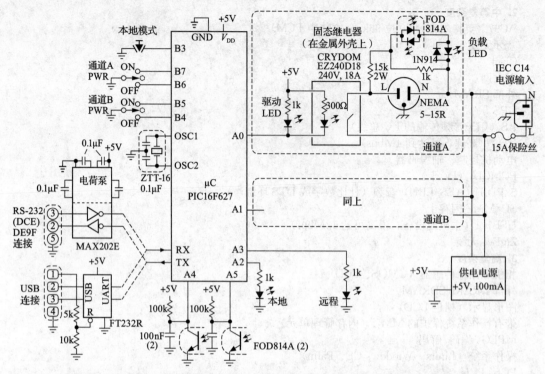

图 15.4　双交流电源控制箱，带有远程（串行）或本地控制。SSR 在 10A 的负载电流下功耗是 10W，因此需要充分散热，可以使用机械继电器代替（例如 Panasonic ALE12B05，触点额定值为 277Vac 和 16A，带有快接片，例如 Crydom SSR）。对于后者，还需要一个晶体管来驱动其 80mA 线圈

模块组成，该模块包含一个光耦合 SCR 或三端双向晶闸管，从许多制造商处都可以获得这些器件[⊖]。它们采用直流逻辑电平驱动器（通常为 3~15Vdc 或 3~32Vdc），电流范围为 3~15mA。其输出隔离良好（通常为 3.5~5kV），大多数 SSR 能够实现零电压导通和零电流关断。在 280V 交流的情况下，一般的额定负载为 10A 或 20A，但是标准模块最高可达到 100A 和 660V。

示例中使用了一个数字端口来驱动 SSR，并使用逻辑低电平控制其上电。这样选择极性是合适的，因为当吸收所需的 15mA 电流时，端口引脚指定的饱和电压典型值在 0.35V 左右，而释放电流时额定饱和电压则在 1.3V 左右（低于正电源电压）。当面板 LED 闪烁时，表明继电器正在工作。

固态继电器在关闭时会产生一些漏电流，通常在 0.1~10mA 范围内；因此，我们用 15kΩ 电阻桥接了开关式交流电[⊖]。接通时，电流在 8mA 左右，同时点亮面板 LED（用于指示交流电向负载的输送），并驱动一个光耦合器向微控制器发出信号，表明一切正常。这个带有内部反极性并联 LED 指示灯的光耦合器是专为交流操作而设计的，该特定模块的隔离电压为 5kV，它的最小电流传输比为 50%（电流传输比是光电晶体管输出电流与 LED 驱动电流之比）。

✎ **练习 15.2**　1kΩ 电阻的作用是什么？为什么 LED 指示器上需要跨接一个二极管？

回到微控制器电路，我们利用了输入开关的内部"弱上拉"数字输入模式（额定电流为 50~400μA），开关由一个瞬时接触按钮（用于启动本地控制）和一对弹簧复位瞬时接触杠杆开关组成（用于在本地控制中打开或关闭输出）。面板 LED 可以显示设备是受本地控制（即面板开关）还是受远程控制（即从主机通过 RS-232 或 USB 串行链路连接到该设备）。

我们选择这个微控制器的部分原因是它拥有内部振荡器，但是我们发现它不够准确！它给出的精度为 ±7%，这不足以进行 8N1 异步串行通信，接收设备必须使用自己的异步波特率时钟对每个位单元中间的 8 个数据位进行采样，并在每个字节的开头要与起始位同步。因此，发送器和接收器之

⊖　例如 Crouzet、Crydom、Magnecraft、Omron、Opto22、P&B 和 Teledyne。

⊖　我们测量了两个 SSR 的截止状态漏电流，发现两个 Crydom 240Vac SSR（分别为 25A 和 18A 的 D2425 和 EZ240D18）的电流分别为约 2mA 和约 6μA。它们规定的最坏情况下的漏电流分别为 10mA 和 100μA。

间 7% 的时钟速率误差会导致最后 1 位（第 8 个）的采样错位到前一个或后一个位单元中。

当然，这些问题是可以解决的，那就是使用高精度的外部振荡器（例如，晶体振荡器模块），或者将石英晶体或陶瓷谐振器跨接在微控制器专用的 OSC1 和 OSC2 引脚上。此处我们选择了后面的方案，使用一个自带电容的实用 3 针谐振器，这只小器件的精度为 ±0.5%。

微控制器具有一个内部 UART，这使得串行通信变得非常简单⊖，直接连接到主机 RS-232 的 COM 端口所需的唯一外部硬件就是电平转换器（RS-232 电平是双极性的）。在这里我们选择了主流的 MAX202，它采用 +5V 单电源供电，并通过内部电荷泵倍压逆变器产生所需的 ±10V 电压，但它还需要四个 0.1μF 的电容器。如果觉得这些部件太过复杂，那么还可以使用内部电容器 MAX203。面对这两种选择，绝大多数设计者都会选择更便宜的方案。

如果想通过 USB 进行通信，那么这里有多种方案可供选择。一种方案是选择具有内部支持 USB 的单片机，例如 PIC18F2450。但是，USB 十分复杂，需要使用自定义软件驱动程序来处理 USB 协议，或者使用十六种已建立的"设备类型"之一来实现，例如人机交互设备（键盘、鼠标）、大容量存储设备（闪存或磁盘存储器）、打印机、成像设备（相机）、通信设备（以太网）等。一种巧妙且更简单的方法是使用异步串行通信，并使用专门设计的接口芯片，例如 FT232R，该接口芯片正适用于此类应用⊖。它可以良好地运行，并且还附带了主机所需的所有驱动程序和其他软件。这就是我们用来初始化波特率和模式等参数的芯片，这些参数会保存在芯片上的 EEPROM 中。

同样，可以使用 Lantronix XPort 等商业以太网转串口模块，使该电路的本机 UART 接口能接入以太网。这个简单的设备看上去有点像拉长的 RJ45（以太网插孔），所有电子设备都集成在里面，它甚至还有网络活动指示灯，通常为绿色和黄色的。

我们最后介绍光隔离器与微控制器的连接。光隔离器有一个浮动的光电晶体管输出，当 LED 电流在交流传感端流动时，我们利用光电晶体管输出将两个数字输入端口拉低。LED 在每个半周期的部分时间（约为 1ms）会关闭，因此，在短暂的中断期间，100nF 电容器将数字输入保持为低电平。利用内部"弱"上拉电阻看上去很方便，但是上拉还不够弱，按照说明书来说，上拉电流可能高达 0.4mA，这需要 1μF 的电容器才能在约 1ms 的时间内将输入端口的电压保持在 0.4V 以下。我们采取的解决方案是放弃这种强制性的方法，为了重新解决该问题，我们关闭了内部上拉，并使用了"更弱"的外部上拉电路，其 50μA 电流仅需要 0.1μF 电容器。

15.4.2 微控制器代码

交流电源控制的程序代码很简单，参见伪代码 15.2。上电时，置位那些为继电器供电的端口位，设置端口位（使对应引脚方向为输入或输出，选择使用或不使用上拉），设置串行端口的波特率和模式，并在功率骤降（电源不足）和程序崩溃（看门狗）时启用硬件复位。那么，微控制器的工作就是持续查询输入开关，检测其状态是否改变以及喂狗（任务虽然单调，但微控制器不会感到厌烦）。按下本地模式按钮会让设备进入本地模式，在该模式下，其他按钮也会起作用。在首次检测到任何改变后，伪代码 15.2 中的伪代码程序将延迟 10ms 再去检测开关输入，从而实现软件消抖。

伪代码 15.2   ac power control pseudocode

Setup
    Ports: disassert (setbits) relay outputs (A0, A1)
        setports LEDs (A2, A3) and relays (A0, A1) as outputs
        setports switches (B3–B7) and opto (A4, A5) as inputs
        set switch input ports (B3–B7) as weak pullups
        set up UART: baudrate, 8N1, interrupts, enable
    Low Power: disable unused peripherals
    Automatic Reboot: enable "brownout reset" and watchdog

Switch Polling Loop
    read switches (port B)
    if (any switchbit has changed)

⊖ 尽管正确设置任何微控制器的 UART 设置（定时器模式和分频比、串行数据模式、中断、使能）通常都很棘手。最好的办法是复制数据手册应用程序部分给出的示例中的设置。

⊖ 可以用多种形式获得 FT232R，例如，一端带有 USB 连接器（隐藏了芯片）的电缆，另一端带有 9 针串行连接器（具有 RS-232 电平）。或者，可以在串行端使用飞线来获得，将其配置为 3.3V 或 5V 逻辑电平操作，并进行升级。升级的部件号为 FT2232。

```
              if localmode switch (B3) asserted, set mode=local
              if mode=local and any switch went H→L
                    turn ON or OFF that relay output
              delay 10 ms ("software debounce")
        kick the watchdog
        repeat Switch Polling Loop

    Serial Interrupt Handler
        get character
        if "r" or "R", set mode=remote
        if "l" or "L", set mode=local
        if "s" or "S", assemble 5-bit status byte and send
        if mode=local
        if "A", turn on A relay
            if "a", turn off A relay
            if "B", turn on B relay
            if "b", turn off B relay
```

主循环程序会一直运行，但在其运行过程中不要忽略串口，在参数设置时，UART 被设置为在收到输入字符时发生中断。因此，输入命令会导致程序转移到中断服务程序，并在中断服务程序中执行七种可能的命令（每种命令由一个可显示的单字节字符组成）。这些操作主要包括设置或清除单个位的状态（在端口中，用于控制继电器；或在寄存器中，用于设置本地或远程模式）；s（状态请求）命令很有趣，它要求处理器收集指示继电器状态的四个位（驱动继电器的命令输出位和两个通道中的光耦合交流指示位）；以及模式位，这些位被移入寄存器，并经掩码后以单个二进制字节发送回来。

评论

1) 微处理器通常集成了一些非易失性数据存储器，在断电或重启时能够保存输出状态；该微控制器具有 128 字节的 EEPROM，用于保存状态数据。

2) 中断服务程序一定要简短；尤其要注意的是，在 CPU 等待慢速外围设备完成操作时（例如串行端口），应该避免中断服务程序占用太多处理器的时间，因为这可能会导致主循环查询程序漏检开关输入事件。不过这里无须考虑，因为每个串行端口命令和响应都是单字节的，因此程序不必等待清除忙标志位[⊖]。

15.5 设计实例 3：频率合成器

接下来的例子介绍了嵌入式微控制器的一个常见应用，即用它们来处理仪表板（计算机接口）和一些需要程序控制的电路之间的通信。图 15.5 显示了一个两通道频率合成器，它使用了 Analog Devices 的一款直接数字合成（DDS）芯片，我们选择了 AD9954（目前三十多个 DDS 产品之一），它可以通过内部表查找和 D/A 转换来合成高质量的正弦波。它可以产生从直流到 160MHz 的输出频率，分辨率由 32 位"调谐字"设置；当使用 400MHz 内部振荡器作为芯片的时钟源时，其分辨率约为 0.1Hz。尽管可以使用更快的 DDS 芯片，但是由于这款芯片具有 14 位高分辨率 DAC，使其输出信号具有出色的频谱纯度，能够生成具有低相位噪声和较少虚假频率成分的纯净正弦波。

这款 DDS 芯片可通过其 4 线 SPI 端口对其进行编程。DDS 可连接到便携式计算机，在计算机上运行一些软件，这样就可以对芯片编程设置想要的频率。但是，其实方便我们使用的是一些面板控件，例如旋钮，可以调整频率和幅度，除旋钮外，最好用数字显示屏显示频率和幅度等参数（见图 15.6），所以用嵌入式微控制器来实现再合适不过了。当然，该控制器可以通过 USB 或以太网端口进行输入，因此，一旦设计出了该仪器，也可以进行远程数字控制。

图 15.5 显示了通过微控制器驱动 DDS 芯片（通过其 SPI 串行端口）和数字衰减器（通过类似的 2 线协议，具体参见其数据手册）。合成器芯片需要一个精确的 400MHz 基准时钟，通常我们可以在外部产生一个低频参考信号，再将其输入微控制器的内部锁相环（PLL）倍频器，从而得到 400MHz 的基准时钟。此处我们选择了一个 25MHz 的晶体振荡器，它还可以很方便地为微控制器提供时钟信号。

⊖ 有一个称为 SCPI（可编程仪器标准命令）的标准，该标准指定了一组与可编程仪器通信的命令和语法。SCPI 有点冗长，但它很清楚，现在它已被电子设备制造商广泛采用。例如，若要读取电压，可以发送命令 MEASure:VOLTage:DC?（可以用小写字符）。测量的响应以某种定义好的格式返回。

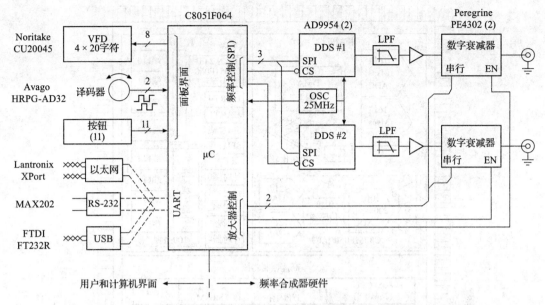

图 15.5　微控制器是实现数字编程芯片（这里是两个 DDS 频率合成器，带有可编程衰减器）与用户面板控件和显示器之间接口的理想选择。微控制器的串行接口使计算机远程控制变得更方便

设备的操作界面上有按钮和转盘（光学增量式旋转编码器），用来输入和更改参数（频率、幅度、相位）；此外，还有一个真空荧光 4 线字符显示器（VFD），其引脚与图中常见的 LCD 引脚兼容，它用于显示当前状态。VFD 的成本比 LCD 高，但它更美观。设备的远程控制可以通过片上串行 UART 进行通信实现，该串行 UART 仅需要对传统 RS-232 端口进行电压转换即可；或者可以使用智能串行格式转换设备来实现，例如 FTDI 的 FT-232（USB）或 Lantronix 的 XPort（以太网） ⊖。

图 15.5 中只是显示基本信息，但关于用户界面的一些具体信息也需要了解。例如，旋转编码

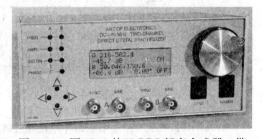

图 15.6　图 15.5 的双 DDS 频率合成器，带有面板控件（十一个按钮和一个旋转编码器转盘）和回显

器会产生两个相互正交的方波（其相位相差 90°），可以从中确定它旋转的方向以及旋转了多少。廉价的编码器会使用机械触点触发，这就会导致时常发生触点抖动，尤其需要注意这一点。不过，现在已经有了更先进的光学编码器产品（它可以永久使用），它可以产生纯净的逻辑电平输出（不会发生抖动）。当程序在两个输入中的任何一个上测量到电平转换时，它就会记录下另一个输入的电平状态。

由于我们采用的是机械式按钮，容易在接触时产生抖动，因此与前面的交流电源控制示例一样，必须通过软件程序对它们进行去抖动处理。我们已将每个按钮连接到它自己的输入端口引脚上（设置为内部弱上拉），这是最简单的连接方法（尽管不是最经济的方法）。这款微控制器在其 100 引脚封装中分散设置了 59 个数字端口引脚（见图 15.7），因此我们将其全部用完的可能性不大。另一种选择是矩阵按键，其中行线和列线由一个单独的开关桥接，这使得需要的引脚少了 4 个。后面我们将与其他问题一起讨论。

微控制器代码

微控制器的任务简要说明如下。

1）设置端口模式、UART 参数和中断、SPI 端口和看门狗。

2）将 DDS 芯片和衰减器初始化到最后存储的状态（保存在非易失性存储器中），并将当前的工作参数（频率、幅度、相位）发送到 VFD。

⊖ Digi International、Ipsil、Connect One 和 WIZnet 等公司可提供其他以太网接口设备。

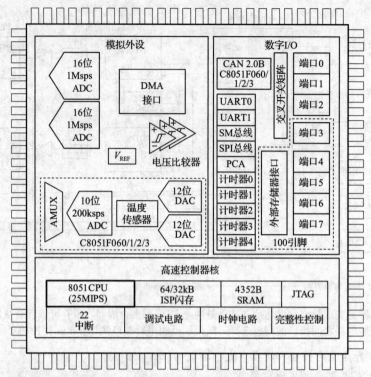

图 15.7   自从 1980 年首次面世以来，经典 8051 微控制器已经取得了长足进步，具有许多附加功能，并且现代版本中（如 Silicon Labs 的 C8051F060 系列），每条指令周期仅需一个时钟周期（最开始要求 12 个时钟周期），本框图就是在 Silicon Labs 授权下进行的修改

3）一直循环执行主程序，主程序主要任务包括喂狗、检查旋转拨盘、按键以及串行命令标志位（由串行中断处理程序设置），并执行相应操作。

4）UART 中断（独立于主循环）是通过将字符添加到行缓冲区，并在收到换行符（命令结束）时设置软件标志（serial_cmd）来实现的。

伪代码 15.3 是本示例的程序流程，虽然有所省略，但具体细节已经介绍清楚了。

伪代码 15.3   Synthesizer pseudocode

Setup
    Ports: setports pushbuttons and rotary dial as input
        setports to attenuator as outputs
        setports to VFD as outputs or inputs
        set up UART: baudrate, 8N1, interrupts, enable
        set up SPI port
    Automatic Reboot: enable brownout and watchdog timer (timeout=1s)
    Read Stored State: copy NV-stored state to active registers
        clear and reload VFD and DDS from active registers

Main Loop
    kick the watchdog
    read switches and rotary dial
    if (any debounced switchbit has changed)
        if (freq, ampl, or phase), set new mode
        if (up/down arrow or rotary dial), increment/decrement that register
            refresh DDS or attenuator, and display
    if (serial_cmd bit) parse command, clear serial_cmd bit
            increment/decrement corresponding register
            refresh DDS or attenuator, and display
    repeat **Main Loop**

Serial Interrupt Handler
    append character to line buffer
    if newline, set flagbit serial_cmd

---

1. 评价（硬件）

1）图 15.5 显示的对幅度控制的描述相对简单，其中数字衰减器支持 0～30dB 范围的衰减，步长为 0.5dB。可以利用微控制器的智能控制和存储器，使它在衰减范围、步长和校准方面做得更好。图 15.5 中的合成器使用了两个附加的幅度控制层，即一个固定的 30dB 衰减器，也可以切换到 60dB，并能对 DDS 芯片的参考电流（通过 EEpot）进行微调（±6%），分辨率达到 0.1dB。当然，要想做到这些，还需要进一步的操作：用户首先需要在整个频谱范围内选择多个频率和幅度，并根据程序显示的结果和测得的信号电平来校准仪器；微控制器将该校准数据存储在非易失性存储器中，并在需要时进行检索以产生线性且准确的输出幅度特性。

2）DDS 输出波形根据内部参考时钟频率更新，本例中为 $f_{ref}=400MHz$，生成并输出近似于正弦波的"阶梯状"连续采样。产生的输出信号可以在 0～160MHz 之间设置，并包含虚假的带外频率成分，最低频率 $f_{spur}=f_{ref}-f_{out}$。这就是 DDS 的 DAC 输出需要低通滤波器进行滤波的原因；通常会使用 LC 多段椭圆滤波器，其截止频率 f_c 大约为 180MHz。DAC 输出是差分电流，因此最好使用对称差分滤波器滤波。

3）在将双 DDS 芯片设置为相同频率的情况下，可以控制两个输出之间的相位差，当然，这些芯片必须具有相同的参考时钟。我们所选的 DDS 使用一个 14 位的相位偏移字来调整相位，这相当于相对相位步长为 0.22°。

4）每个按钮都有其独立的端口输入引脚，它们具有共同的接地回路，由于我们的设计仅包含 11 个按钮，而微控制器具有 100 个引脚，因此这是一种非常合理的设计方法。当然，这里也可采用其他方案：使用行列矩阵，并使用开关桥接相交点（见图 15.8）。此处，列线由输出引脚驱动，而行线则作为输入与内部上拉电路连接。微控制器将列线依次输出低电平，观察行线返回的输入电平，以此轮询开关状态。与使用专用输入线一样，软件中要设置防抖动程序。当有许多开关时，矩阵编码是很高效的，因为这种方法使用的 I/O 引脚数是行和列数的总和，而不是它们的乘积。而且，在某些情况下，开关阵列是以矩阵形式构建的，因此不得不采用这种方式，例如 4×4（十六进制）键盘。有一点要注意，如果同时按下三个（或更多）键，矩阵键盘会产生错误的输出；读者可以试着想办法自己解决这个问题。

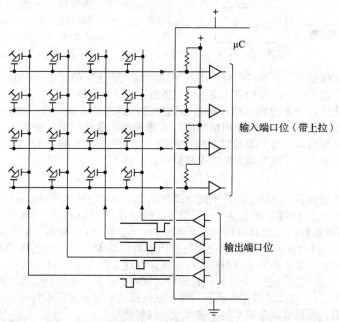

图 15.8　开关矩阵可以按行和列矩阵排列进行轮询，此处以 4×4 键盘为例进行说明。与单个专用输入所需的 $N_{indiv}=r\times c$ 引脚数相比，这将所需的端口引脚的数量减少到 $N_{matrix}=r+c$

2. 评价（固件）

1）读者可以对微控制器添加一些意想不到的功能。例如图 15.5 中的频率合成器实现了一种很好的算法，即通过刻度盘和按钮来控制数字输入（这在其他书籍中未见报道）。左箭头和右箭头按钮的功能很明显，即选择要修改的（"活动"）数字。假定要设置一个精确的频率，则可以通过向上和向下按钮增加和减少该数字（带进位或借位）。但是表盘的处理方式有所不同，假如要更快地进行频率设置，那么低位数字将变得无关紧要，在向左移动当前数字时，拨盘将从该数字向右清零。另外，假设要对准目标频率，那么将当前数字向右移动并旋转刻度盘会使高位数字保留在左侧。我们希望商业仪器能使用这种合理的算法！

2）就像使用计算机的鼠标一样，面板拨盘的转动会传递给加速算法，因此拨盘的快速旋转会使数字变换得更快。

3）如上所述，固件用来获取初始校准数据，并在后续操作期间根据数据进行插值。微控制器通过编程实现频率扫描，扫描方式包括线性扫描、循环线性扫描或非线性扫描（例如对数扫描——每倍频程的时间相等）。

4）当然，对微控制器重新编程可以修复错误，也可以添加新功能（可能会出现新的错误）。

15.6　设计实例 4：温度控制器

接下来，我们看一个嵌入式系统在控制领域的应用示例。设想，我们要使搅拌均匀的液槽保持恒温，为此在液槽中放置加热元件和精确的温度传感器，乍看之下，解决方案似乎很简单：只需要使用大量的反馈，将测量温度（来自传感器）与所需目标温度之间的误差作为输入信号即可，与运算电压放大器一样，提高环路增益，直到温度误差足够小为止。

这是一个经典的控制问题，经常会在工业生产中遇到，比如化工厂中的温度和流量控制问题，制造和机器人技术中的运动控制问题，诸如此类，其结构如图 15.9 所示。由于控制系统往往有一定的时间延迟，在这种情况下会产生相移滞后，从而导致系统振荡，因此简单的反馈策略往往效果不佳；并且如果采用降低环路增益的方法防止振荡，则环路增益会过小，这样做被控系统不仅会偏离期望状态，而且纠正干扰的速度也很慢。

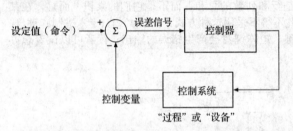

图 15.9　经典控制（或伺服）系统。在我们的示例中，给定值是所需温度，"设备"是加热器-水槽-传感器，控制器由微控制器实现。微控制器的输入为期望温度和实际温度的差，其PWM 输出为浸入式加热器供电

关于该主题的文献很多，有很多资料介绍基于控制器"调优"的反馈控制原理，以此来满足被控系统的性能要求。常用的方法是构造（使用模拟或数字方法）PID（比例-积分-微分）控制器，使误差信号随时间变化经过三个过程，然后按精心选择的比例进行合成，产生控制系统的校正信号。参数设定的过程基本上很简单，最好采用伯德图以方便理解。虽然用运放来实现放大器、积分器和微分器很容易，但微控制器才是 PID 控制的最佳选择，并且它们还有额外的优点，例如能够显示状态，可以接受和调整参数，可以实现非线性控制算法。

15.6.1　硬件

常用的温度传感器包括热电偶（两种不同金属的结合，通常会产生 $20\sim40\mu V/℃$ 的电压）、热敏电阻（负温度系数的电阻材料，通常为 $-4\%/℃$）、硅基温度传感器 IC（利用二极管正向压降，$-2.1mV/℃$ 的负温度系数）或铂 RTD（Resistance Temperature Detector，电阻温度检测器，一种线绕电阻，标准为 $0℃$ 时阻抗为 100Ω，其电阻每摄氏度增加 0.385%）。这些传感器在温度范围、精度、稳定性、响应速度、尺寸和成本方面都有所不同。在这个例子中我们选择了 RTD（虽然可供选择的传感器很多），主要是因为它具有良好的稳定性，同时它还具有出色的线性度和较宽的工作温度范围（$-200\sim+600℃$）。与其他温度传感器一样，它也提供了很好的防水探头组件。另外，加热器只需要一个功率电阻，而且也放在防水包装中（浸入式加热器）。

加热器驱动有多种方式。最简单的方法是在需要加热时将其打开，而在不需要加热时将其关闭。这就是所谓的乒-乓控制器，它是家用供暖系统的常见工作方式。但是，采用这种方式会导致温度在目标值附近振荡，达不到理想状态。尽管如此，驱动晶体管才可工作在开关方式下，这种方式很高效且功耗小。

如果系统允许，一种更好的方法是使用比例控制。在这里可以使用线性功率输出，根据控制器的命令以连续方式驱动加热器，但缺点是线性驱动器功耗高。因此，使用脉冲宽度调制是一种非常

好的方案，将输出驱动器以开关方式运行（例如 10kHz ⊖），通过改变占空比（导通时间在一个开关周期中的占比），我们可以两者兼得：既可以按比例控制，又能使驱动器的功耗最小。因此，PWM 在其他线性应用中很流行，例如音频放大器或电动机驱动器。

基于微控制器的温度控制器电路如图 15.10 所示。它看起来很简单，但是像往常一样，里面有很多设计技巧，具体实现并不容易。

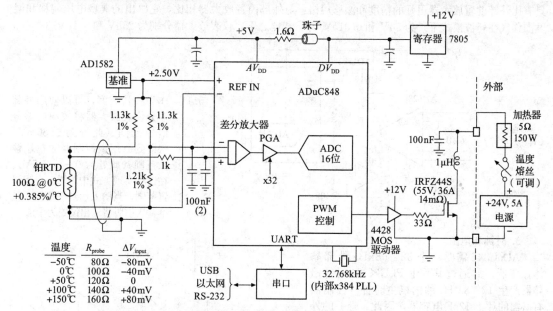

图 15.10 温度控制器，使用了铂 RTD 传感器和线性 PWM 加热器。ADuC848 微转换器包括一个 16 位 ADC 和可编程增益差分放大器，适用于要求高精度和低噪声的模拟应用。在硬件或固件故障的情况下，可调的保险丝可以很好地确保安全

1. 传感器

我们选择了 −50℃ ～ +150℃ 的宽泛标称控制范围，在该范围内，标准 100Ω RTD 温度探头的电阻大约为 80~160Ω ⊖。为了消除自热的影响，我们设置了 2mA 偏置电流，从而在 RTD 两端产生相应的 160~320mV 电压，且最大自热耗散仅为 0.6mW。

与典型的 1.25V、2.5V 或 5V ADC 转换范围相比，这些电压显得很小。因此我们需要一些增益和补偿，以匹配 ADC 的满量程。如图所示，电桥装置产生一个没有偏移的差分信号。我们选择的电阻率使在中档（+50℃）时输出为零（差分），因此差分信号的范围为 −80 ～ +80mV。注意，我们使用了 4 线（开尔文）连接，它可以消除电缆和接触电阻的影响。现在我们需要一些增益。

2. 前端放大器

微控制器种类繁多，通常总可以找到具有所需功能的微控制器。ADI 公司的"模拟微控制器"ADuC800 系列和 ADuC7000 系列是针对高灵敏转换应用而设计的，而这一功能正是我们所需的。一个真正的差分输入级，其后是可编程增益低噪声放大器，以及可以在精确的"斩波"模式下工作的 16 位 ADC ⊜（类似于斩波运算放大器），可以实现低直流失调和漂移。在数据手册中可以查询到转换器精度随转换速率的变化表，其显示了斩波模式下以每秒 50 次转换的速度在 ±80mV 范围内可以达到 15 位分辨率；这相当于 0.006°，足以胜任这项工作。

如果没有这种方便的微控制器（ADI 将其称为微转换器），也可以使用差分仪表放大器代替，且最好是具有负轨输入共模范围的差分仪表放大器，这样可以用 +5V 的单电源供电。大多数仪表放大器没有该功能，但 AD623（模拟器件在这方面表现得更好）是一种合适的选择，它还有轨到轨输出波动，并且可以采用 +3 ～ +12V 的单电源供电。

⊖ 在热量大且响应缓慢的系统中使用的商用温度控制器通常在非常低的频率（Hz 或更慢的频率）下执行其 PWM，从而允许使用继电器而不是电子开关输出。

⊖ 在这些温度下，铂 RTD 电阻的准确列表列出了标称值 80.31Ω 和 157.33Ω，通常精确到十分之几 Ω。

⊜ ADuC848 具有一个 16 位 ADC，相似的 ADuC847 具有一个 24 位 ADC，而 ADuC845 具有两个 24 位 ADC。

对于一般的微控制器，图 15.11 显示了如何在此处用它来驱动模拟输入：将输出基准引脚连接至转换范围的中点（+1.25V），这样差分输入信号范围由 ±80mV 映射到通用单端 ADC 的 0～+2.5V（我们可以将基准引脚接地，然后将图 15.10 中的 1.21kΩ 电阻替换为 1.0kΩ，从而在低温端使电桥平衡）。在这种低电压输入的情况下，一定要注意放大的精度，与单一微控制器方案相比，使用专用的前置放大器通常可以获得更好的放大效果。但是，我们选择的微控制器中的 ADC 性能十分优越，并且它具有比外部前置放大器更好的精度和漂移规格：与外部前置放大器相比，它给出的典型电压偏移和温度漂移（在斩波模式下）为 $3\mu V$ 和 $0.01\mu V/℃$，相比之下，仪表放大器分别为 $25\mu V$ 和 $0.1\mu V/℃^{\ominus}$。

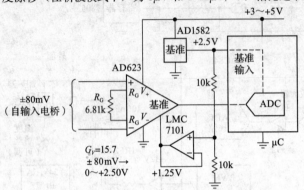

图 15.11　作为替代方案，可以使用外部差分仪表放大器将较小的差分信号范围（此处为 ±80mV）映射到通用微控制器的单端输入范围（此处为 0～+2.5V）。在这种实现方式中，增益电阻设置范围，当输入达到平衡时，基准输入引脚将输出设置为中值

3. 时钟和电源

ADuC848 需要一个 32.768kHz 外部晶体振荡器，并通过其片上 PLL×384 时钟倍频器产生 12.58MHz 的内核主时钟（控制器有必需的片上 12pF 电容器，因此，唯一的外部组件是晶体本身）。芯片具有 +3V 和 +5V 两种版本，能够进行内部掉电检测和上电复位，而且还有看门狗定时器。我们选择了带 +2.5V ADC 基准输入电压的 5V 供电版本。由于输入电路是比例计量的，三端基准电压源（AD1582）不需要具有很高的精度或稳定性，ADC 的数字输出实际上与基准电压无关。按照数据手册中的建议，可以使用 RL 网络从模拟电源电压中滤除数字噪声。

4. 脉宽调制

如前所述，PID 控制回路可以对加热器进行准线性控制，即调节占空比（一个周期内导通所占比例）将加热器在完全打开与关闭之间快速切换，我们将其称为 PWM（脉宽调制）。这样我们既可以获得线性控制的优势，也能拥有饱和开关的效率。对于像温度控制器这样的应用，由于加热器具有很长的热时间常数，因此无法区分 PWM 和可靠的线性电压驱动之间的差异。

在纯模拟域可以使用模拟比较器产生 PWM 开关驱动信号，比较器的一个输入为固定频率的锯齿波，另一输入为更缓慢变化的反馈电压（表明需要或多或少的平均输出）来设置占空比（见图 15.12a）。后者可能只是

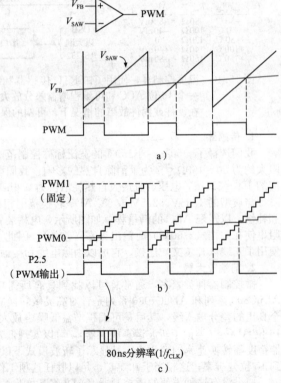

图 15.12　脉宽调制（PWM）。a) 将缓慢变化的反馈信号 V_{FB} 与固定频率锯齿波进行比较，以产生逻辑电平 PWM 输出；b) 数字 PWM 替代了时钟计数器和幅度比较器；c) 数字 PWM 输出的分辨率为 $1/f_{CLK}$

与误差成正比，或者在更复杂的系统中，它可能由模拟 PID 回路产生。在这里，我们将计数器的递增值（锯齿波）和计数范围内的另一个输入常数（反馈）相比较，使微控制器以数字方式来完成相同的工作。有的微控制器没有内置 PWM，此时必须通过软件来实现，详见练习 15.3。但是，ADuC848 中有支持 PWM 的硬件设备，先将 16 位无符号数加载到终端计数寄存器中（称为 PWM1），设置计数器的计数范围（最大计数值）；不断将递增计数与存储在另一个寄存器（称为 PWM0）中的（缓慢变化的）16 位反馈值进行比较，当 PWM 计数小于反馈值时，在端口引脚（称为 P2.5）上产生高电平的 PWM 输出[⊖]（见图 15.12b）。

在本应用中，我们设置最大计数为 1258_{10}（将十六进制 04EAh 装入内部寄存器 PWM1 来设置）来获得频率为 10kHz 的 PWM 信号（12.58MHz 时钟除以 1258）。因此，PWM 输出脉冲的频率为 10kHz，其宽度对应于整数个 12.58MHz 的时钟脉冲。也就是说，它们以 1/12.58MHz 或 80ns 的步长进行量化（见图 15.12c）。

练习 15.3 想象一下读者已经使用了 ADuC848 的两个 PWM 引脚，并且需要在软件中再产生两个 8 位 PWM 输出。读者可以获取寄存器中的值，并且在软件对 PWM 进行操作期间，可以完全控制微控制器。请设计可行的代码，并查看 PWM 可以运行的速度有多快。数据手册中给出了优化的单周期 8051 指令集和时序。ADuC848 的时钟频率为 12.58MHz。

5. 输出电路

通过微控制器输出端口我们无法完成对一个 24V 电源供电的负载进行开关控制，而且的确无法对 5A 电流进行控制！因此，我们需要一个晶体管开关来控制，在这里可以用一个中等功率的 MOSFET 来实现，并且我们增加一个栅极驱动芯片来完全（至 +12V）且快速地实现栅极驱动。4428 是行业标准的 MOSFET 驱动器，适合将逻辑电平的输入摆幅转换为栅极的全电压摆幅；它价格低廉且具有双路输出（反相和同相），适合于 1.5A 的源极或灌入电容性的栅极负载。相对于我们选择的晶体管（IRFZ44，55V 额定电压，36A 额定电流，TO-220 电源封装），它的价格低，R_{ON} 足够小（当 $V_{GS}=10V$ 时，其最大值为 14mΩ），因此我们不需要额外的散热器。完整的 12V 栅极驱动器可最大限度地降低导通电阻，而 1.5A 栅极驱动能力可确保快速的栅极上升和下降时间，从而减少了开关期间的 MOSFET "A 类"损耗[⊖]。

具有正常栅极驱动的开关 MOSFET 会产生快速的（纳秒级）漏极转换，从而可能产生大量的电磁干扰。为了限制输出压摆率，我们可以利用较小的输出电感和并联电容设计出特征频率为 0.5MHz 的低通滤波器。但是，这种环保型过滤器会产生一个问题，那就是在每次关断时都会产生一个感性的正向瞬态电压（见图 15.13）。除非进行钳位，否则电感尖峰会导致 MOSFET 发

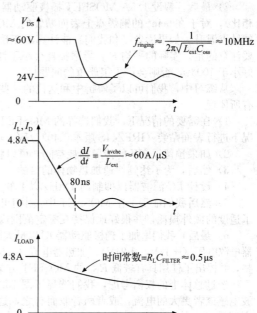

图 15.13　图 15.10 电路中的输出 LC 滤波器可平滑负载的电压和电流瞬态（下图）；但是串联电感会在 MOSFET 关断时导致 MOSFET 雪崩击穿（上图），在此期间，电感器电流斜坡减小至零

生雪崩击穿。这听起来很糟糕，但实际上功率 MOSFET 在额定范围内允许这种情况发生，其具有指定的重复雪崩能量额定值，主要受热效应的限制。对于此电路，存储在电感中的 $1/2LI^2$ 能量的周期性传递使 MOSFET 的平均功耗仅在可接受的范围内有所增加。

总而言之，MOSFET 发热有三点原因：①导通期间 I^2R_{ON} 的能耗；②切换期间 I_DV_{DS} 的 A 类损

⊖ 这种单可变分辨率 PWM 模式是该芯片提供的六种模式之一。这种灵活性在大多数微控制器中是不常见的。

⊖ 即在晶体管既不完全导通也不截止的过渡时间期间的功率消耗，因此既具有较大的漏极电流又具有较大的漏极-源极电压降。

耗；③开关关闭时产生的 $\frac{1}{2}LI^2 f_{\text{osc}}$ 重复雪崩能耗。对于此电路，下面的练习定量地探讨了这些内容。

练习 15.4 让我们通过几个步骤来充实一下最后的这个问题。

1）假设 $R_{\text{ON}}=14\text{m}\Omega$，MOSFET 导通时功耗是多少？

2）现在，假设 PWM 在 10kHz 的时钟频率下运行，计算过渡段 A 类导通产生的平均功耗。其中，栅极-漏极（米勒）电荷为 $Q_{\text{GD}}=15\text{nC}$，并假设我们可以直接从逻辑输出驱动栅极，该逻辑输出仅能提供和吸收 10mA 的电流（比微控制器的能力强很多：当电压为 0.4V 时，其灌电流很小，仅有 1.6mA；当电压为 +2.4V 时，拉电流甚至更小，只有 80μA）。可以假定电压和电流之间为线性关系，但是要正确计算该关系，必须在递增时间内对 $V_{\text{DS}}I_{\text{D}}$ 进行积分（并且不要忘记每个周期有两个斜率）。最后，我们应该发现开关过程中的总功耗主要由 A 类导通产生；尤其是后者几乎是导通损耗的两倍（580mW 相比于 320mW）。

3）栅极驱动器也会消耗能量，请计算它的功耗。

4）现在假设栅极驱动电流为 1A，重新计算开关平均损耗。

5）在 MOSFET 整体功耗中，计算电感雪崩能量产生的功耗大小（我们希望读者计算出是 115mW）。

6）检查单次脉冲雪崩能量是否远低于数据手册中规定的 86mJ ⊖（最大值）。

7）最后，假设 1.5A MOSFET 栅极驱动器的 A 类损耗可以忽略不计（与传导损耗和雪崩损耗相比），对于在 6cm² 的铜焊盘上表面贴装的 MOSFET，利用热阻 $R_{\text{ΘJA}}=40℃/\text{W}$ 计算高于环境温度的结点温升。如果读者（和我们）能计算出正确的结果，那么这里将没有任何问题存在了。另外需要注意的是，实际的平均 R_{ON} 导通损耗会小于计算得出的值，因为占空比（导通时间所占比例）最好小于 100%，否则会产生很严重的问题！

从练习中，我们可以了解折中和迭代的一些基本工程过程，即使在像这样的简单输出电路中也有所体现。

1）在需要的情况下，我们选择的 MOSFET 应该具有足够小的 R_{ON}，其允许在没有散热片的情况下进行表面贴装（IRFZ44S 版本：40℃/W，功耗约 1W）。

2）如果预留 1/3W 的传导损耗空间，可以将最大负载电流设置为 5A 左右。

3）然后，为了达到快速加热物体的目的，选择功率能达到 100W 以上的加热器。

4）设计 LC 滤波器以抑制约 1MHz 以上的 RFI。

5）然后我们证实了在 MOSFET 中，由于电感储存能量的周期性释放而产生的雪崩功耗只增加了适度的额外损耗，并很好地保持在额定范围内。

6）最后，我们增加了栅极驱动器 IC 以最大限度地降低 A 类传导损耗。在此过程中，我们对加热器电源电压（+12V，+24V）、加热器电流（2.5A，5A）和电感大小（1μH，5μH，10μH）进行了调整，并提出了使用具有较低 R_{ON} 的 MOSFET 方案，或者使用带有散热片的 TO-220 封装MOSFET。

经过总体上的权衡考虑，我们选择了图 15.10 所示的设计作为最终方案。不过，选择较大的滤波电感或者更大的电流，或者两者兼而有之，这都是完全合理的，但是，如果这样做，建议选择具有较低 R_{ON} 的 MOSFET，或更大封装，且带有散热器。

15.6.2　控制回路

微控制器固件的任务就是控制回路，将加热器水温维持在期望的"设定点"温度。尽管这看起来像是运放电路中使用的反馈，但实际上，它会受到加热时间延迟的影响。同时，如果设置足够大的环路增益来稳定浴缸温度，那么则会不可避免地导致振荡。这也是工业控制系统中的常见问题。正如吉姆·威廉姆斯（Jim Williams）指出的，在热控制系统中，伺服系统和振荡器之间的对立关系非常明显。

通常的解决方案是采用典型的 PID 控制器，即控制信号由误差信号（P）本身，以及其变化率（D）和积分（I）三者的比例负反馈构成。如图 15.14 所示，这可以利用运算放大器来实现。

PID 控制器必须调整被控系统的特性，以优化三个反馈项的增益。下面是一个常用的有效计算方法：①取消 I 和 D 增益，增加 P 增益，直到系统开始振荡，然后稍微减小 P 增益，此时系统的阶跃响应会出现超调和振铃现象，但不会持续振荡；②增加 D 增益，直到阶跃响应发生极大衰减为止 ⊜；③最后在观察误差信号本身的同时，增加 I 增益使阶跃响应的建立时间达到最小。

⊖ 作为通用指导，如果安全裕度小于 20，则需要使用MOSFET指定的"瞬态热阻抗"来检查脉冲功耗，这是因为数据手册针对其单脉冲雪崩使用了一组特定的工作条件。

⊜ 在零极点系统设计方法中，可引入一个零点来对消物理系统中最低频率对应的极点。

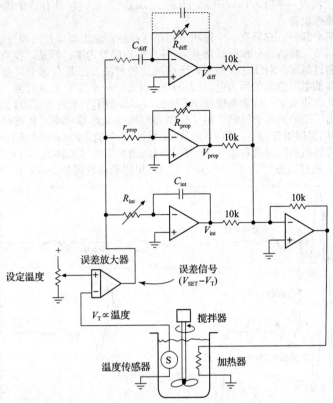

图 15.14　模拟 PID 控制回路。误差信号（与期望温度和实际温度之间的比例成正比）用来驱动比例放大器、积分器和微分器，它们的组合输出形成了加热器的控制信号。虚线的 R 和 C 用于增强微分器稳定性（有时会看到微分器输入是从误差放大器的上游单独获取的）

15.6.3　微控制器代码

　　若要实现 PID 控制，首先需要对微控制器的端口、转换器、计时器和通信设备等部件进行编程。在主回路设计中，以相等的时间间隔采样将测得的温度数字化（称为第 n 个测量值 T_n），根据结果得到误差"信号"，并计算 P、I 和 D 输出，其中，误差信号 $T_{error} = T_{set} - T_n$。假定已知调节系数 k_P、k_I 和 k_D，伪代码 15.4 中给出了计算过程。在实践中，需要对导数项进行平滑滤波处理，因为导数项容易引入噪声；也可以将 ADC 设置为定期转换，并通过程序查询或中断来通知主回路已完成 PID 计算。

伪代码 15.4　PID main loop pseudocode

```
Initialize
        zero the integration accumulator: P_int = 0
Main Loop
        reset timer for 10 ms timeout
        read temperature sensor for the nth time: T_n
        compute individual PID power output terms:
                P = k_P(T_set - T_n)
                I = P_int + k_I(T_set - T_n)
                D = -k_D(T_n - T_{n-1})
        combine and update PWM:
                PWM = P + I + D
        wait until timer times out
        repeat Main Loop
```

1. 评价（算法）

　　PID 控制回路虽然很受欢迎，但它并不是唯一的方案，特别是一些非线性算法，虽然它们很难用数学方法处理，但也能够很好地达成目标。举个有趣的例子，史蒂夫·伍德沃德（Steve Woodward）提出了一种"回收一半"（Take-Back-Half，TBH）算法，它具有"单旋钮"调谐的良好特性，甚至无须了解被控设备。

控制算法分为两个部分。它只有一个纯积分回路（控制器输出与误差的积分成正比），其优点是简单（只有一个"调节"旋钮——积分器增益），并且平均误差为零。但是，控制算法的被控变量会一直在设定目标值附近振荡。对于这种情况，伍德沃德的解决方法是在每个误差的零交叉点处进行阶跃校正，将控制器的电流输出替换为电流的平均值和最后一个零交叉点的值。我们很期待这种方法的工作效果，因此就找来了一位能熟练使用 Mathematica 的学生来进行 TBH 温度控制器的模拟实验。图 15.15 中给出了结果，其中我们绘制了控制器输出（加热器功率）和被控系统的响应（传感器温度）。实验在环境温度下进行（20℃），通过在所示的两个值之间切换设定值来了解其暂态行为。仿真中，加热器和传感器的时间常数为 0.5s，延迟时间为 0.1s（从流体流动开始），达到环境温度的热松弛时间为 0.5s。通过调整"旋钮"（积分器增益）可以获得较理想的收敛。

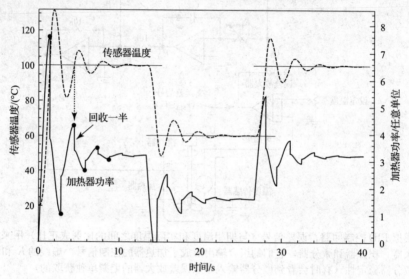

图 15.15　非线性控制算法：史蒂夫·伍德沃德（Steve Woodward）的"回收一半"算法。此数值模拟显示了目标温度（在 60～100℃之间交替变化）突变下的控制器暂态特性。该控制器是一个纯积分器，但在零温度误差的每个时刻（黑点）都会通过将其输出（加热器功率）重置为当前值和上次重置值的平均值来进行调整

用 TBH 方法进行仿真后，我们还是选择了经典 PID 方法。经过调校之后（这次是三个旋钮），我们得到了如图 15.16 所示的结果。PID 的运行结果比 TBH 好得多，但是其每个被控系统的 P、I和 D 系数都不相同，因此需要通过一些技巧来得到各个系统的参数。

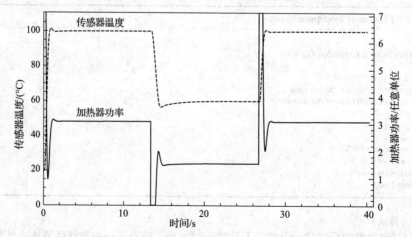

图 15.16　这是图 15.15 系统的数值模拟，这一次使用经典的 PID 控制器

2. 评价（硬件）

该示例说明了选择一个好的微控制器可以极大地简化硬件（和编码），该微控制器集成了较好的 ADC（16 位分辨率性能），它在斩波时具有低失调和漂移，也具有可编程增益的内部差分放大器，因此可以直接使用低电平 RTD 输入。差分基准输入对基准电压源的变化不敏感，易于建立真正的比例转换，并且微控制器内部的 PWM 硬件大大减小了编程的难度。

我们精简了电路图，使模拟输入电路和 PWM 输出驱动电路的本质得到了很好的体现。与此相比，添加前面的微控制器示例中的某些功能就很容易了：用 LCD 显示设定温度和实际温度；通过键盘或拨轮输入参数，例如设置目标值或更复杂的时间/温度曲线的参数；用 LED 指示灯和蜂鸣器警报反映故障情况等。

15.7　设计实例 5：稳定的机械平台

最后一个微控制器的例子很有趣——电动机驱动的稳定两轮装置（发明者将其命名为 Psegué），如图 15.17 所示。

这个装置是一个没有前轮的三轮车，因此如果没有正反馈就会变得不稳定。当然，它的原型是 Dean Kamen 的 Segway 个人运输车，该车在 2001 年首次亮相时就令世界瞩目。在活跃的业余爱好者社区的推动下，各类自制的版本不断推出。有一个业余爱好者是住在街对面的年轻人，他问我们是否可以在我们的实验室里尝试制作稳定的电动平台，我们开始不相信他会成功，结果证明我们错了。

图 15.18 是他最终设计出的系统。它是一个用 NXP ARM7 微控制器实现的数字 PID 控制回路。微控制器很好地包装在 6cm 的正方形板上，其中包括稳压器，用于模拟、数字和串行端口的连接器以及 LCD 显示屏；它被称为 MINIMAX/ARM-C。

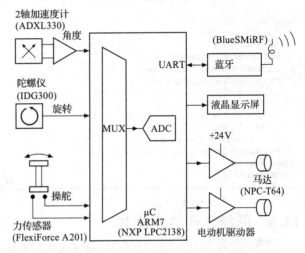

图 15.17　稳定的两轮装置的发明人（Jesse Colman-McGill）演示

图 15.18　稳定踏板车的原理框图。业余爱好者组装的模块（陀螺仪、加速度计、无线、微控制器板和电机驱动器）的使用简化了结构和接线，实际零件号在括号中

为了感知平台的瞬时角度，Jesse 使用了 2 轴固态加速度计，将其垂直旋转了 45°，为差分放大器供电。输出电压与平台角度的正弦值成正比，当平台处于水平状态时电压为零，可作为 PID 回路的比例项和积分项的模拟输入。对于微分项，他使用了一个陀螺仪，陀螺仪的输出与倾斜的变化率成正比。通过侧推垂直立柱，挤压在立柱基座下方的一对阻力传感器来操纵陀螺仪。微控制器支持蓝牙连接，可在骑行时调节参数，其硬件如图 15.19 所示。

在输出端，PID 回路的输出作为控制信号输入微控制器，输出产生一对 PWM 逻辑输出信号，然后驱动一对 H 桥直流电机驱动器。直流永磁齿轮电机性能很强，其输出接近 1 马力[⊖]。

PID 回路在 100Hz 的核心频率下工作，由微控制器的一个内部定时器控制调整。通过一些实验，我们可以增强基本的 PID 控制器，例如提供额外的助推力可以使物体从卡死的地方移动，并根据测

　⊖　1 马力=735W。

图 15.19　传感器和电子产品的特写。来自加速度计对的差信号（各向垂直方向倾斜 45°）是前后倾斜角的量度，而陀螺仪则是倾斜时间导数的直接度量。凝胶电池位于电子设备后面

试负载对 PID 的增益进行修正。此类未经授权的 PID 修订方法很具有启发性。不管叫什么，它们都是工作系统中不可或缺的一部分，并在工作中发挥着一定的作用，参见伪代码 15.5。

伪代码 15.5　Psegué main loop pseudocode

```
Main Loop
        reset timer for 10 ms timeout
        read sensors
            tilt-sensing accelerometers (2)
            rotation-sensing gyro
            steering force sensors (2)
        compute PID with speed-dependent parameters

apply heuristic rules
    dead-zone correction
    threshold boost
    load-dependent PID gain multiplier
send updated torque command to motors
if (logging) increment log_loop_count
    if (log_loop_count=10) log data & clear log_loop_count
TimerCheck: if (timer not expired)
    if (command byte from wireless input FIFO buffer)
        append to line buffer
            if (newline) parse & execute
    write logging byte to wireless output FIFO buffer
repeat TimerCheck
repeat Main Loop
```

15.8　微控制器的外设 IC

现实世界需要进行多种测量和交互控制，我们在电子工程领域的经验来自现实世界。拥有可编程的微控制器是件好事，而拥有许多内置接口的电路则更好，但现实中我们需要的远不止这些。例如我们谈论橡胶在道路上应用的时候，我们需要的是轮胎、车轮；微控制器也类似，微控制器中仍缺少一些专用设备。

在本部分中，图 15.20～图 15.22 给出了 60 种专用接口设备，并带有设备编号。我们希望读者用浏览器访问 Octopart 等网站，阅读这些部分的数据手册，并思考其他设备和替代部件。

在设计带有嵌入式微控制器的小装置时，会有很多要在细节上注意的问题。我们可以用大量篇幅介绍如何将外设连接起来，但我们没有这么做，而是以图 15.20～图 15.22 来提供导览，并用数字标记以匹配后面的简要概述。我们在书中其他地方对大量相关参考文献进行了交叉引用，并提供了一些导引编号。因为可以连接到微控制器的东西太多了，所以我们将其分解为以下几个部分：可以直接连接到微控制器的设备（见图 15.20）；连接到 SPI 总线或类似总线的设备（见图 15.21）；连接到 I^2C 总线的设备（见图 15.22）。如果微控制器有用于所选总线的内置接口（参见图 10.86），那么读者可以获得良好的编程体验。

15.8.1　带有直接连接的外设

图 15.20 显示了一个微控制器，上面布满了可以轻松连接到标准"内部外设"的设备，例如数字 I/O 端口引脚、串行通信端口（UART、USB、以太网）、ADC 和 DAC、PWM 输出等。它还给

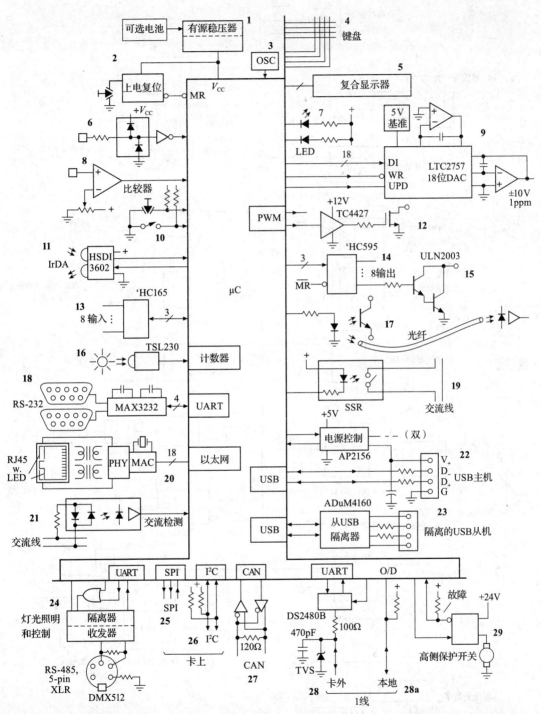

图 15.20 可以直接连接到功能强大的微控制器的各种外围设备。一些设备需要控制器内的专用接口电路。用数字 1～29 标记的内容请参见 15.8.1 节中的文字描述

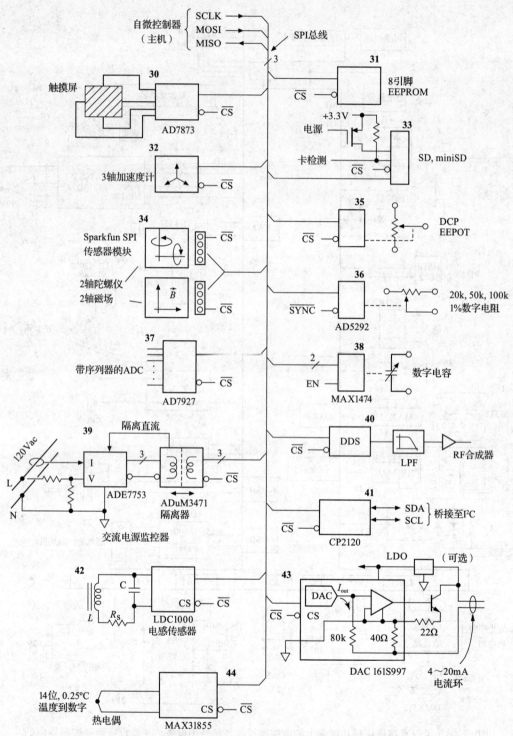

图 15.21　各类适合微控制器应用的 SPI 外围设备。用数字 30～44 标记的内容请参见 15.8.2 节中的文字描述

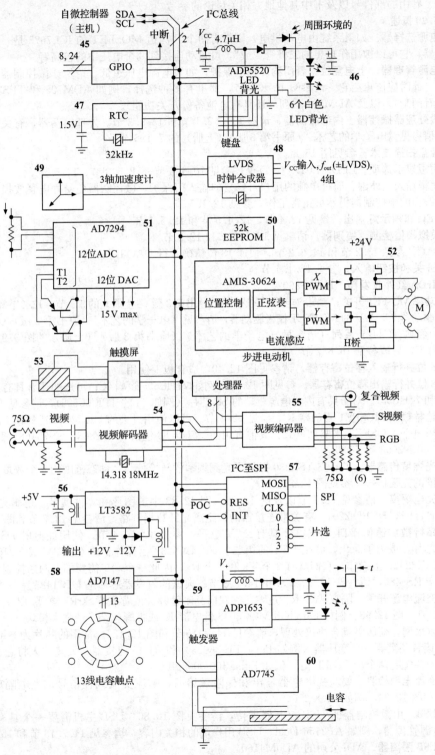

图 15.22 各类适合微控制器应用的 I²C 总线外设。用数字 45～60 标记
的内容请参见 15.8.3 节的文字描述

出了重要的支持芯片，例如电源控制、看门狗和外部振荡器。在下面的描述中，我们给出了一些解释性注释、有用的部件号以及书中其他地方相关讨论的参考。

图 15.20 概述

1) **电源选择器**。如果系统由电池供电，则带有两个 P 沟道 MOSFET 的 ICL7673 是一个很好的电源选择器，它可以被用作理想的二极管"或"，可自动连接到两个电压中的较高者。

2) **电源管理器，上电复位，看门狗**。掉电保护，如果电源电压过低，请勿让微控制器做任何重要的事情，此时应该重启它。请参阅 10.8.1 节，那里有多种选择，例如 ADM705 和 TPS3306 监控 IC（包括看门狗），以及 ADM691 系列（还具有电池备份开关功能）。

3) **微处理器振荡器**。内部振荡器，请参见 15.2.1 节和 15.9.3 节。外部振荡器，有关选项和注意事项，请参见《电子学的艺术》（原书第 3 版）（上册）的 7.1.6 节。

4) **键盘扫描技术**。参见图 15.8。

5) **面板显示选项**。LED、LCD、CFD 等。参见 10.6.2 节、12.5.3 节、14.6 节。

6) **逻辑输入，外部**。通过单独的用户可修复的输入门保护，微控制器免受静电释放损害，并且仪器中已编程的微控制器仍然可正常工作，参见 12.1.5 节。

7) **LED 和指示灯输出**。参见 12.4 节、12.4.5 节和 12.5.1 节。

8) **模拟阈值检测，鉴别器**。请参见 12.1.7 节和 12.3 节。

9) **DAC**。参见 13.2 节和 14.6.2 节；快速 18 位精确并行 DAC LTC2757。

10) **开关和按钮输入**。参见 12.1.4 节。

11) **IrDA 红外收发器**。HSDI-3602。

12) **功率 MOSFET 开关**。参见《电子学的艺术》（原书第 3 版）（上册）的 3.5 节、12.4 节和 15.6 节。MOSFET 驱动器 IC，12V 的 MOSFET 栅极驱动器，请参见《电子学的艺术》（原书第 3 版）（上册）的 3.5.3 节；经典 TC442x 系列（请参见《电子学的艺术》（原书第 3 版）（上册）的图 3.97）；关于 PWM 的内容，另请参见 15.6.2 节。

13) **8 位并行输入移位寄存器**。请参见图 12.40，适合板上使用。

14) **8 位并行输出移位寄存器**。参见图 12.40，例如 74HC595 逻辑 IC；可选的还有具有双缓冲的 74HC594 和 74HC567。对于具有内置电源驱动的 SR 芯片（例如 TI 的 TPIC6C595），请参见 12.4 节。

15) **达林顿和 MOSFET 驱动器 IC**。参见 12.4 节。可以使用过去的 ULN2003 达林顿 7 单元阵列或单个逻辑电平 MOSFET 来驱动负载。其他有用的驱动器 IC 包括 ULN2803、SN75468、TPL7407、MC1413、ULN2068 和 TD62783。

16) **光强度传感器**。TAOS TSL230 提供了光到频率的转换信号，动态范围约 6 个数量级，可以测量宽范围的光强信号，参见图 12.81。

17) **光电隔离**。请参见 12.7 节以及图 12.85～图 12.88 中的图形和零件编号。逻辑光耦合器，jellybean H11L1，HCPL-2201。有关带连接器的长距离光纤数据链路，请参见 12.7 节和图 12.98。

18) **串行数据通信接口**。RS-232 具有 ±7V 电平，参见 12.10.4 节。使用经典的 DS14C88 和 DS14C89 芯片，或为了简化，可在 +5V 的第二货源 MAX232 上操作；或在 3.3V 或 5V15kV ESD 保护的 MAX3232E 上操作。它们具有 2 个 Tx 和 2 个 Rx，因此一个端口需要加上两条控制线或两个端口。对于 RS-485，请参见 12.10.3 节和 14.7.8 节。典型的收发器芯片是 LTC1485。

19) **交流电源开关**。隔离式 SSR、过零三端双向晶闸管开关或背靠背 SCR：参见 12.7 节、15.4 节和图 12.91～图 12.93。例如 Fairchild MOC3043 低电流 IC 或带螺丝端子的强大模块。

20) **以太网**。变压器耦合协议处理，请参见 14.7.16 节和图 12.124。常用的芯片为 Silicon Labs CP2201。读者还需要一个变压器（例如 Pulse PE-36023）和 RJ-45 连接器。大多数人将它们组合成一个组件，并配有两个指示 LED 灯，例如 Pulse J00-0065NL。

21) **交流电源检测**。要监视继电器输出和保险丝熔断，响应交流线性信号；光电隔离；参见 12.7.7 节和图 12.94，例如 MOC256。

22) **USB**。由微控制器的 USB 控制器支持，请参见图 10.86。USB 主机需要一个具有 500mA CL 等的电源管理器，例如 AP2156 Dual。USB 用户端的相关内容，请参见 14.7.13 节和 15.9.2 节。

23) **USB 隔离器**。ADI 公司的 ADuM4160。

24) **DMX512 灯光照明和控制**。5 针 XLR 连接器，可达 1200m。250k 波特率（μC 中的 UART），带有"或"门，表示数据包成帧的 MAB 符号。隔离器和 RS-485 收发器，MAX1480 或 MAX3480B，请参见 12.10.3 节。近端和远端终止。现在 DMX512 已被 DALI 取代。

25) **SPI**。串行微处理器到芯片的接口。SPI 有很多，许多不同的接口规则归类于 SPI 类下，请仔细阅读 IC 数据手册。SPI 接口通常被用来作为单独的软件通信线，因此，与多设备总线相比，SPI 可能更像是一种接口方案。另请参见 14.7.1 节和 15.8.2 节。

26）**I²C**。芯片间接口，多主机模式。两线制，采用漏极开路的线与操作，具有上拉电阻，参见 14.7.2 节和 15.8.3 节。最大总线电容为 400pF。与 SPI 不同，I²C 总线有严格规定（并严格控制使用）以实现可预测的性能。

27）**CAN 总线**。两线双向总线，差分信号，参见 14.7.15 节。通常，需要使用 CAN 总线收发器，例如 ON Semi 的 AMIS-42673 或 AMIS-41683，以及（如果不是内置的）Microchip MCP2515 等基于 SPI 的控制器。

28）**单总线**。单总线电源和双向数据信令，参见 14.7.3 节。最早由达拉斯（现在是 Maxim）发起。UART 收发器为 DS2480B。可以通过转换器把 USB 转换到单总线，例如 DS9490。

28a）可选的简单 1 线微控制器本地芯片，漏极开路 I/O 和上拉电阻。

29）**电源开关**。最高可达 60V，550A，受保护，具有故障反馈功能，参见 12.4.4 节；例如 BTS432、IPS6031 等。

15.8.2　带有 SPI 连接的外设

图 15.21 显示了通过简单的 SPI 串行 3 线主从协议进行通信的各种可用外设。SPI 总线 ⊖（见 14.7.1 节）通常由时钟（SCLK）线、数据输入（SDI）线和数据输出（SDO）线组成。但是，从处理器到每个从设备都需要一条额外的片选线，通常称为 $\overline{CS}$，有时也用其他名称，如加载（LD）或使能（EN）等。无论其名称如何，通常，在将数据位移入后，$\overline{CS}$ 置为无效（拉高）时，信号将设备的串行输入移位寄存器的内容传输到内部数据寄存器中。读者可以为每个器件的 $\overline{CS}$ 设置一个专用的微控制器引脚，或者读者可以使用 74LVC138（或其他 138）解码器 IC 来节省一些引脚；参见 10.3.3 节。此外，总线上的某些外围芯片可能需要与微控制器进行单独连接，例如中断、重置设备等。

SPI 中的信号名用法似乎不一致。例如，控制器的数据输入引脚（SDI）连接到从设备的数据输出引脚（也称为 DO）。同样，主机的 SDO 引脚连接到从机的 DI。一个更好的方案是将信号明确命名为 MISO（主输入，从输出）和 MOSI（主输出，从输入）；参见 14.7.1 节。但遗憾的是，大多数设备的数据手册中都找不到这些名称。

如我们之前所述（14.7.1 节），SPI"标准"严重碎片化。例如，在某些 SPI 从设备中，单个引脚可用于双向发送数据。这种操作要求控制器反转引脚的方向，以便它可以在发送命令的同一引脚上接收数据 ⊖。

图 15.21 概述

30）**触摸屏**。XY 轴数字化仪，压力感应；参见 13.11.2 节和图 13.73：AD7873。

31）**串行 EEPROM**。8 针封装，见 14.4.5 节：25LC080A、AT25080、M24C02。

32）**加速度计**。三轴 MEMS：ADXL345、飞思卡尔 MMA7455L。

33）**SD 卡**。SD miniSD 和一些 microSD 存储卡；见 14.4.5 节。这些卡通过标准 SPI 进行通信，因此该接口仅由插座组成，不需要其他电子设备！miniSD 和 microSD 卡具有 10 针连接器。引脚 1 为 $\overline{CS}$，它也具有"卡检测"功能，带有一个 50kΩ 的上拉电阻，可以检测卡是否已插入。将引脚 1 拉低可启动 SPI 通信模式。

34）**Sparkfun 模块**。设备中广泛使用具有通孔连接的且易于使用的模块；例如，3 轴加速度计（ADXL335）、2 轴陀螺仪传感器（LPY503A）或 3 轴磁力计（MAG3110 或 HMC5883）。另请参见 Adafruit 模块，例如 SPI 和 I²C 接口中都可用的 OLED 图形显示器。

35）**数字电位计**。DCP，EEPOT；准确率约为 1%，但总体公差通常为 20%；低电压；参见 3.4.3 节；例如 10kΩ 10 位的 1024 级 MAX5481。

36）**数字电阻**。电阻容差为 1%，工作于 ±16V；例如 AD5292。

37）**ADC**。参见 13.11 节、14.6.2 节、14.7；例如 LTC2412、AD7927（见图 13.74）、AD7734。

38）**数字电容**。给出范围和步长；例如 MAX1474。

39）**交流电源监视器**。包括功率因数，请参见 13.11.1 节：ADE7753、8052 微控制器、ADE7769；

⊖　ADI 公司的 AN-877 是实用的应用手册，介绍了 SPI 总线在其各种高速转换设备中的使用。

⊜　当然，数据也会出现在其他总线搭桥的 MOSI 引脚上。这没有什么坏处，因为它们的片选引脚被置为无效，但是这样不美观。

它需要一个 iCoupler 隔离器 ADuM3260。

40）**DDS 射频频率合成器**。参见《电子学的艺术》（原书第 3 版）（上册）的 6.2 节（关于 LC 滤波器）7.1.8 节、7.1.9 节和本书的 13.13.6 节，例如 AD9954。○

41）**SPI-I²C 桥**。Silicon Labs CP2120、Microchip MCP2515、NXP SC18IS600。详情参见下一节和 14.7.2 节。

42）**电感传感器**。TI 推出了首款电感传感器 IC LDC1000，该芯片可检测外部 LC 谐振电路中的电感和损耗变化。工作频率为 5kHz～5MHz。

43）**4～20mA 电流环路**。参见 14.7.8 节。DAC161S997 使用 16 位电流输出 DAC 来对精密电流信号进行编程，以在工业环境中传送模拟测量结果。

44）**热电偶 ADC**。MAX31855 具有针对七种类型的热电偶的冷端补偿，在 -270℃～$+1372$℃范围内提供 0.25℃的分辨率（与 Cirrus CS5532 比较，适合热电偶使用，但缺少补偿，见图 13.67）。

15.8.3　带有 I²C 连接的外设

我们在 14.7.2 节中介绍了 I²C（有时也称为 IIC）总线，并详细描述了它的优缺点。总而言之，I²C 是一种多主半双工"面向数据包"的总线，用于芯片到芯片的串行通信（I²C 代表内部集成电路），具有明确的寻址和数据传输协议。与 SPI 的 3 线总线加上单独的芯片选择线相比，I²C 是真正的 2 线总线。数据传输是这样进行的，主机发送一个包含 7 位地址和一个方向位的初始字节。被寻址的从机以确认位作为响应，之后数据字节从发送端传输到接收端。整个过程在由唯一的起始位和停止位符号构成的框架中。

I²C 是比 SPI 更复杂的协议，并且要求共享总线上的每个设备都具有唯一的 7 位地址。它非常适合具有大量寄存器的外围设备（可以将寄存器地址作为数据包的一部分发送），但是由于它的半双工特性和所需的寻址开销，因此不太适合传输快速连续的数据流。通常，协议的选择由外围设备的制造商决定，大多数微控制器都支持 I²C 和 SPI ○。

图 15.22 概述

45）**并行端口 (GPIO)**。可定义的线，中断：8 位的有 STMPE801，24 位的有 STMPE2401，还有 TI 的 16 位 TCA6416。

46）**LED 背光**。智能背光驱动器，褪色，对环境光敏感，例如 ADP8860、ADP5501 和带有 4×4 键盘的 ADP5520。

47）**实时时钟 (RTC)**。例如，恩智浦的 PCA8565（在 1.8～3.3V 时为 $0.65\mu A$，32kHz 晶振，具有警报和计时器中断），或者更高级的 PCF2129（包括内部晶振和 TCXO，可选的 SPI 或 I²C 接口以及出色的时间戳功能以获取事件的时间，即使微控制器处于休眠状态也是如此）；恩智浦的 PCF8563 和精工的 S-3590A 是很通用的零件。

48）**时钟合成器**。参见 13.13 节，例如 ON-Semi 的 FS714x，Silicon Labs 的 Si5338 可达到 710MHz，输出四个 LVDS，具有独立的 V_{CC} 电平。

49）**3 轴加速度计**。MMA7660FC、MMA7455L（I²C 模式）或 Adafruit 的各种 I²C 模块，例如 MPL115A2 气压/温度传感器或 L3GD20＋LSM303＋BMP180 十自由度惯性测量单元。AdaFruit 和 SparkFun 的许多"屏蔽"部件号与已安装的传感器 IC 的 IC 部件号匹配，这些部件号可从分销商处获得。屏蔽部件号使这些（通常很小的 SMT）零件的试验变得容易。

50）**8 引脚 EEPROM**。请参见 14.4.5 节，Microchip 24LC256（32k×8，2.5～5.5V，低成本）、24AA256（1.8V）。

51）**ADC 子系统**。例如，AD7294：12 位，6 个输入（3 个温度、2 个电流检测），4 个输出，警报，详见图 14.41。AD7730 是用来与应变仪、天平等配合使用的，具有许多功能（但使用 SPI 接口），见图 13.75。

52）**步进电动机定位 IC**。例如 ON-Semi AMIS-30624（包含并行和 I²C 控制选项）：它具有位置存储器，用于 1/16 微步进的正弦表，速度爬坡，两个 H 桥，V_S 至 29V，最大 800mA。

53）**触摸屏**。ST 的 STMPE811。

54）**视频解码器**。NTSC 和 PAL 复合视频，S 视频，参见 14.6.2 节；例如 TI 的 8 位 TVP5150，

○ Analog Devices 是直接数字合成 IC 领域的巨头。

○ 对于不支持 I²C 的控制器，读者可以使用 SPI-I²C 桥（见图 15.21），该桥由微控制器的内部 SPI 硬件（如果有）驱动，或者通过单个端口引脚进行 bit-banging。桥接器负责烦琐的 I²C 时序和半双工信号反转。

10 位双路 30Msps TVP5147。

55）**视频编码器**。参见 14.6.2 节，视频由像素流生成，如 Cirrus Logic CS4954；需要高清的话，可以使用 ADI 公司的 ADV7390-93，请参见图 14.36。

56）**双极开关电源**。参见 9.6 节，凌特公司（Linear Technology）的 LT3582 能以 25mV 的步长进行编程，具有超过±12V 的电压（未显示所有必需的部件）。

57）**SPI 控制器**。I²C 总线到 SPI 的桥接器，请参见 14.7 节和 15.8.2 节。例如恩智浦的 SC18IS602B，它是具有 4 条 $\overline{\text{CS}}$ 选择线的 SPI 主设备。

58）**电容式触摸感应**。ADI 公司的 AD7147 在 13 条输入线上提供 1fF 的灵敏度，可用于制作读者自己设计的触摸板，例如上面所示的滚轮；STMPE321 仅 3 条接触线。

59）**LED 手电筒或闪光灯**。ADP1653 升压转换器（并行和 I²C）均具有可编程电流，用于200mA 手电筒，或带触发的 500mA 闪光灯定时。

60）**精密电容传感器**。Analog Devices AD7745 具有一个 24 位转换器，并提供 4aF 分辨率和±8pF 范围，用于精确位置测量等。AD7746 具有两个通道。

15.8.4　几个重要的硬件限制条件

微控制器系统有一些容易忽视但我们必须考虑的电路环节和时序约束。下面列举了其中的一些，它们在本书中其他地方有过详细讨论。

1. 低电源电压

快速微控制器内核逻辑特征尺寸持续缩小，相应的电源电压更低，而且像计算能力更强的微处理器一样，微控制器为直流电源提供了负载电流突变，从待机状态转换到全电流均为纳秒级。读者需要具有低输出阻抗和良好阶跃响应的高效降压转换器（或负载点电压比转换器），并大量使用SMT 旁路电容器。

2. 逻辑电平转换

通常在嵌入式应用中需要处理多个电源电压，往往存在逻辑电平不兼容的情况，详情请参见12.1.3 节。

3. 关键的外围定时

一些高维护性外围设备需要特别注意时序。在接下来的软件部分中，我们以高吞吐量多通道ADC 系统为例进行说明，该系统强调了中等速度微控制器的定时功能。

4. 双直流电源：电池和交流线电源

便携式设备使用内部电池供电，通常可通过交流适配器充电。应用中往往涉及无缝切换、电池充电、保护功能等。

5. 复位管理器

如果电话按键按得太轻或太快，电话会崩溃。如果程序执行混乱，就必须重新启动（通过拔下电源）。这是一个设计缺陷（我们有三个具有相同行为的模型），可以利用看门狗和复位管理器对其进行修正。如果使用多个电源电压，那么会使任务变得更加复杂（这会带来其自身的问题，例如在开机和关闭期间正确的排序）。

15.9　开发环境

前面的五个设计示例简要介绍了微控制器在多个领域的应用。但是，要使这些电路能够工作，还需要将程序下载进去。为此，必须①编写程序代码，通常还要仿真；②将程序下载到目标微控制器中；③检验并调试（如果需要的话）加载的代码。现在的软件和硬件工具（开发环境）的性能都在不断提升。这里我们总结了当前一些开发工具的特性，在这个瞬息万变的电子领域中，和往常一样，给从业者推荐一些先进且价格适中的产品。

15.9.1　软件

对于微控制器，我们需要利用在一些主机平台上运行的软件工具（编译器、汇编器、调试器）来提高它的使用效率。并且，我们除了需要承担使用工具的成本外，还需要花费大量时间来学习如何使用它们。尽管这里有运用汇编语言编程的软件，但现在大多数编程都使用 C/C++。

1. C/C++

在为微控制器进行编码时，我们必须知道，对于不同供应商来说，C/C++语言存在一些不同的特殊表达，有处理内部外设（SPI 端口、ADC、计时器等）的库，还有一些底层例如特殊内存空

间的配置之类的问题⊖。同样，时序（时钟频率、波特率、计时器间隔）以及处理器字宽（8/16/32
位）也会带来一些复杂的问题。最重要的是，使用的代码不是通用 C 语言，因此很难从一个微处理
器系列移植到另一个微处理器系列⊖。

2. 汇编代码

一些微控制器代码是利用处理器的本地汇编代码实现的。这很麻烦，在编写具有分支、控制以
及算术运算等复杂程序时，这种方法通常不是一个很好的选择。但是，使用汇编代码可以让读者更
了解设备的运行方式，且能够编写诸如 C 语言之类的编译语言无法访问的指令（例如位操作或读取-
修改-写入）。尽管在简单的微控制器应用中，编写汇编代码是完全可以的，但请记住，很难将此类
代码移植到其他类型的处理器中。

当需要编写高度优化的循环和对时间要求严格的代码时（例如，用于数字信号处理器），汇编语
言编码器是一个很好的选择，并且在需要时，它可以从 C 程序中调用汇编语言程序⊜。此外，旨在
以独立模式（即没有操作系统）运行的编译程序必须获得由开发系统提供的一些启动汇编代码，这
些代码将可以执行如初始化内存和中断向量，将可执行代码从非易失性存储器复制到内部 RAM（如
果有这样的指示）之类的任务。理解汇编代码是有很大帮助的，尤其是在调试时。

3. BASIC

由 Parallax 推出的 BASIC Stamp 系列是基于 PIC 或 Ubicom（以前称为 Scenix）微控制器演变而
来的微型（邮票大小）电路，在微控制器的内置 ROM 中包含了 BASIC 解码器。它们还包含稳压器、
晶体以及用于用户程序和数据存储的非易失性 EEPROM。它们采用 14 引脚 SIP 封装，24 引脚和 40
引脚宽 DIP 封装。这些模块包括数字 I/O 端口引脚、PWM、串行端口和 I²C，由 Parallax 的 BASIC
语言扩展®支持（称为 PBASIC）。PBASIC 源代码未编译，但以压缩（"令牌化"）形式存储，并由
片上解码器执行。当加载到 Stamp 的 EEPROM 中时，一般的 BASIC 命令以压缩形式占用 2～4 字
节。由于这些设备运行的是嵌入式解码器（而不是执行编译的代码），因此它们的运行速度并不快
（每秒几千条指令），但其简单特性使它们非常受欢迎。

人们大多认为 BASIC 是一种效率低下的语言（在速度和内存要求上），但实际上，有些 BASIC
编译器可以创建快速运行的汇编代码。它们不需要预先加载实时运行解码程序，并且可以用来开发
许多流行的微控制器代码®（例如 AVR、PIC 和 ARM）。

即使是不熟练或刚开始学习的程序员，也可以通过 BASIC 语言轻松使用微控制器。一些制造商
已经涉足这一领域，例如可以获得带有 32 位 ARM7（邮票大小）的开发板，它能运行经过编译的
BASIC 程序®（ARMexpress，来自 Coridium）。

4. Java 和 Python

一些微控制器，特别是具有 ARM 内核的微控制器，对 Java 等语言提供了一些硬件支持，而一
些解释性脚本语言也被移植到微控制器中。对于时间要求不高的高级工作（例如用户界面），这些解
释性语言用起来非常方便。但在使用它们完成有时间要求的任务（例如机器人控制）时一定要谨慎。
通常，最好为后者配备一个单独的微控制器，用于实时编程。

15.9.2　实时编程约束

对微控制器进行编程与普通计算机编程相似，但也有一些重要区别。之前我们已经提到过，微
控制器需要通过特殊功能寄存器来初始化"内部外设"，需要特定语言的扩展，并且运行时代码通常
只是一个独立程序。

在许多应用程序中，一个重要约束是需要符合严格的时序。例如，ADC 必须精确地进行周期采

⊖　例如，8051 体系结构具有内部和外部代码空间、内部和外部数据空间、可位寻址区域以及特殊功能寄存器。
　　而且，更复杂的是，现代新版本 8051 通常具有一些内部"外部"存储器！在这方面，AVR 和 ARM 处理器
　　要简单得多。特别是 ARM，只有一个"平坦"地址空间。
⊖　在这种复杂的环境中，有一些令人愉快的例外，例如 Arduino 平台，该平台提供了简单的软件和库，这些
　　软件和库使编程比示例性的 BASIC Stamp 更容易。
⊜　但是在 C/C++ 程序中，内嵌汇编代码需要注意一点：当代编译器一般会"优化"程序代码，如果编译器
　　比人类程序员更了解程序代码，那么优化是有利的；否则，这会造成严重的破坏。
⊗　例如，BUTTON 对一个按钮输入进行消抖，执行自动重复，如果按钮处于目标状态，则转移到地址。
⑤　例如用于 PIC 的 GCBASIC（开源）、Swordfish、Proton PICBASIC、mikroBasic 和 microEngineering Labs
　　PicBasic 编译器；BASCOM-AVR 和用于 AVR 的 GNU 编译器；用于 PIC、AVR 和 Z80 的 OshonSoft；以
　　及 ARM 系列的几个编译器。
⊗　其他一些用 BASIC 编程的微控制器是 BasicX、PICAXE、KicChip、C Stamp、CUBLOC 和 ZBasic。

样，串行端口（例如 USB）的时序必须满足严格的规范，模拟视频的生成也需要遵照相应的时序。

当微处理器不需要以极高的速度运行时，内置计时器提供了一个很好的解决方案。在第一种情况下，可以使用一个微控制器的内部计时器，将其连接到输出引脚，以一定的速率触发 ADC，例如 10ksps；并且 ADC 完成转换能够触发中断，进而可以得到结果。但是，如果要限制速度，则必须考虑微控制器的执行速度（每条指令执行所需的时钟周期数），而且需要使用汇编语言编写代码。这是很有讲究的，必须注意分支和循环上时序的均衡，而且编写的代码不可移植，这取决于时钟速度和处理器类型。

时序示例：16 位串行 ADC 为了更好地说明这一点，请回想具有串行数据输出的 LTC1609 200ksps 16 位逐次逼近型 ADC，它在第 13 章中是 16 通道数据采集系统的后端（见图 13.76）。在此类系统中，还需要考虑数字噪声会对模拟输入产生干扰。为了解决这个问题，该转换器提供了几种模式。例如，在内部时钟模式下，它会生成反转时钟脉冲，然后在恰好正确的时间抓取串行化的比特；这对于中断来说太快了，因此必须编写一个高度受限的循环。在另一种模式下，当接口处于空闲状态时，它将以突发方式进行转换，然后在转换器空闲时将多位数据送出。

图 15.23 显示了内部时钟模式下的工作方式，可以使用 $\overline{\text{CONV}}$ 脉冲启动转换，然后再提供串行数据（与所有逐次逼近转换器一样，首先是 MSB）以及时钟。尽管就标准数字逻辑器件（门和触发器）的速度而言，时序是相当宽松的，但仍需要考虑处理器的最低速度才能在软件中正确处理。

看一下伪代码 15.6。Wait-for-data 循环必须在 150ns 内完成，正如我们现在所看到的，它至少需要一个时钟频率约为 30MHz 的处理器（每个时钟周期一个指令，包括一个 16 位移位指令）。

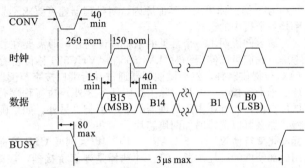

图 15.23 在内部时钟模式下工作时，LTC1609 16 位 ADC 的串行数据时序。时间以 ns 为单位

早期的 PIC 单片机已经过时了！请注意，我们在开始当前转换后立即命令通道切换，并进行 PGA（可编程增益放大器）增益设置（设置下一个通道）。这看起来似乎有点问题，但这样做是没错的，因为 PGA 需要 $2\mu s$ 的时间才能稳定下来，然后 ADC 需要另外 $2\mu s$ 的时间来获取 PGA 的输出，再启动后续转换。并且我们有时间发送这些设置命令，因为在 $\overline{\text{CONV}}$ 之后大约有 200ns 的延迟，然后 ADC 才开始发送时钟和数据。

伪代码 15.6　ADC serial loop pseudocode

```
Channel
      wait until timer
      set CONV' LOW
      NOP
      set CONV' HIGH
      setup next channel
Wait-for-data
      if BUSY' HIGH, Exit
      if CLK LOW, repeat Wait-for-data
      get & shift data bit into 16-bit word
      repeat Wait-for-data
Exit
      store 16-bit word
```

从此循环中退出后，在转换器准备好以 200ksps 的最高速率进行下一次转换之前，有大约 $2\mu s$ 的时间可以用来处理数据或做其他事情（当然，总是可以以更慢的速度工作）。

让我们仔细研究关键的 Wait-for-data 循环时序。我们的程序采用一条指令来检查是否已经获得所有数据位，另一条指令来检查是否有新的位准备就绪（ADC 输出时钟为高电平），接着用一条指令获得该位，另一条返回更多位。假设采用一个 30MHz 单周期的 CPU 时钟，那么此循环需要 133ns。让我们看一下，微控制器每隔 150ns 获得 ADC 数据时会发生什么。它在 ADC 时钟 75ns 的高电平时间里获得第一位数据，并且每次连续获取要提前约 17ns。获取几位之后，为时过早，ADC

时钟低电平；因此，它必须循环回去，耗时 66ns，并将其推至 75ns 的 ADC 时钟高电平的末尾阶段。微控制器还要花费 33ns 的时间来获取数据位，接近 40ns 的 ADC 数据有效保持时间。

微控制器获取连续的 16 位非常杂乱，但是我们看不见。由于没有足够的时间来添加两个以上的指令并且输出标记脉冲，因此我们无法从外部确切地看到处理器何时执行其操作。相反，我们很有必要在头脑中对其进行仔细的过程分析，因为这是实时编程和处理时间敏感任务的常见情况。在这种情况下，我们将事先想到会发生什么，并根据最坏的时序状况来计算所需的处理器最低时钟速度。当在上升沿之前测试 ADC 输出时钟时，就会发生这种情况。回环和读取需要 100ns 的时间才能完成，此时数据位只剩下 5ns 的有效时间。

因此，一个 30MHz 的 CPU 时钟似乎足够快，但这也并不充裕。如果 ADC 的周期短于典型值 150ns，或者其占空比小于 50%，例如其高电平时间设置为 60ns，而不是我们假设的 75ns，那么我们就会遇到麻烦。为了获得更好的安全裕度，此时我们需要更快的处理器。不过，也许更好的方法是在时钟的上升沿添加一个外部 D-FF（例如 LVC1G74），这样可以获取每个位的数据，并使其能在 150ns 的整个时钟周期内提供给微控制器。这将使我们多出 35ns 的延迟时间（加上触发器的延迟时间约为 5ns）。如果出于其他原因，对处理器速度要求不高，那么添加一个触发器来降低 CPU 时钟频率是一个折中的选择。

该示例说明了一个常见的系统设计问题，即需要在软件（和处理器周期）与硬件之间进行折中考虑。我们可以使用一对 'LVC595 或 'VHC595 移位寄存器（参见 10.5.3 节）来为 16 个转换后的 ADC 位提供时钟，然后微控制器通过并行端口按字节读取数据。这样软件负担可以减少到每 5μs 处理少于十条指令。但是（除了编码任务之外）执行程序是不花钱的，而两个芯片会占用空间，也会增加支出，而且还占用处理器的 I/O 引脚。另外，如果确实没有足够的处理时间或者处理器速度太慢，那么可以选择增加两块芯片。

标准化串行协议　对于 UART、I²C、以太网或 USB 等标准化串行端口，最好的方法是使用带有专用内部硬件的微控制器。第二种选择是外部桥接器，该桥接器可在 USB 和标准串行 UART（例如 FTDI 制造的芯片）之间进行转换。不怕困难的人可以尝试用汇编语言实现串行端口，以这种方式来实现是真正的壮举。一个令人震惊的例子是 Paul Starkjohann 在 12MHz 时钟运行的 Atmel AVR 上，用汇编语言实现 1.5Mbps 的 USB（1.1 版），每个串行位需要八条精确的指令，在此期间，必须从 NRZI 编码数据中提取带有位填充和分组结束符的位流。Thomas Baier 使用它控制 DDS RF 发生器，该发生器是完整的矢量网络分析仪的一部分。

通过 USB 进行串行通信除了要获得正确的时序外，还涉及大量复杂软件操作，例如驱动程序等。不要觉得普通 UART 很低档，它可以使用桥接器转换到 USB（带有由制造商提供的驱动程序）。

图 15.24　这些开发套件使微控制器的入门变得很容易。读者可以从芯片制造商或第三方供应商处获得这些套件。它们通常包括软件、电缆和电源适配器。顶部是 Atmel ARM 和 Microchip PIC24H 的套件；中间是 PIC24F、Silicon Laboratories C8051F320 和 Freescale ColdFire（M52259）；底部是德州仪器（TI）MSP430（两个视图）、Atmel AVR（ATmega 168）和一个 FPGA 开发套件（Xilinx Spartan-3E，两个视图）。除制造商外，其他供应商有 Olimex（ARM）、Arduino（AVR）和 DLP Design（Spartan）

15.9.3　硬件

当代的微控制器使用内部非易失性（闪存）存储器来存储程序代码，大家可以在几种方法中选择一种来加载程序代码（在微控制器处于在线状态时）。通常，读者可以从芯片制造商或第三方那里购买商业 pod（官方称为设备编程器），然后进行加载⊖。如果读者购买了一个开发套件（见图 15.24），它通常会包括一个编程器，附带一个软件（用于编译、仿真、汇编和加载），一个带有微控制器和其他硬件的电路板（数字端口、模拟端口、LED、串行端口以及编程插头，也许还有一些显示设备）。以下是几种加载协议。

⊖　令人困惑的是，这被称为对设备进行 "编程"。我们在此很不情愿地使用该术语（在环境下可与 "加载" 互换使用）表示对微控制器的闪存进行物理编程。不要将其与编写代码的软件编程相混淆。

1. UART 串行端口 bootloader

一些微控制器有内置的串行端口代码（在 ROM 中），因此它们会唤醒并监听 UART 串行端口（串行 bootloader）上的编程命令。要激活该模式，必须在复位时置位一个或多个引脚，以发出要通过 UART 进行编程的信号，从而使其进入编程模式。Maxim-Dallas DS89C400 系列、Atmel AVR 和一些 ARM7 控制器都是常见的例子，它们通过标准串行 UART 模式（通常为 9600 8N1）进行通信。但是，由于微控制器接受（单极性）逻辑电平，而不是双极性 RS-232 电平，因此必须在计算机的 DE-9 串行端口连接器和目标微控制器之间使用接口芯片 ⊖（如 MAX232）。当然，可以编写自己的引导程序并将其加载到普通用户程序存储器中，这样可以通过 UART 对允许覆盖闪存程序存储器的微控制器重新编程。但是，使用这种方法，读者将无法通过 UART（Arduino 项目使用的方法）对未编程的芯片初始化。

2. SPI 串行端口 bootloader

一些微控制器（例如较小的 Atmel AVR 系列）通过芯片的 SPI 端口执行引导程序 ⊖。现代编程器通过 USB 连接到计算机，从而取代了早期使用并行（打印机）端口或串行 COM 端口的方式（RS-232）。与串行端口引导程序一样，必须在引导期间声明一个引脚来激活 SPI bootloader。例如，对于 AVR 控制器，可以声明 $\overline{\text{RESET}}$ 引脚。

3. JTAG 串行端口 bootloader

JTAG 串行边界扫描协议（见 14.7.4 节）最初用于测试和调试，某些微控制器将其用作闪存 bootloader。例如高引脚数 AVR、ARM7、Silicon Labs C8051F 系列和 Maxim-Dallas MAXQ 系列。JTAG 端口可能是多种选择之一，例如高引脚数 AVR，它允许通过 JTAG 或 SPI（以及并行编程）执行 bootloader。

4. 专用串行端口 bootloader

一些微控制器制造商使用自己的串行协议，这些协议不符合 SPI、I²C 或 JTAG 等标准。不过，这并不重要，因为读者通常只使用供应商开发环境所支持的下载器。一些 PIC（Microchip）微控制器是用这种方式编程的；对于其中一些控制器，必须在 V_{PP} 引脚上施加高电压（＋12V）（高压编程），而另一些则允许使用常规逻辑电平的电源电压进行编程（低压编程）。

5. USB 串行端口 bootloader

支持 USB 的微控制器通常设置了 USB bootloader 选项。例如 Cypress 控制器以及 Atmel ARM 和 AVR32UC3 系列，它们可以在启动时从 USB 端口、JTAG 端口或 UART 给程序存储器下载代码。

6. 并行加载

最后，许多微控制器提供了一种通过多线并行连接对内部闪存进行编程的方法。在某些情况下，必须向其中一个引脚提供更高的电压（例如＋12V），这有时也被称为高压编程。

7. 通用 pod

Bus Pirate 项目似乎是一个很好的工具，它具有开源支持，能通过 USB 连接到任何器件。读者可以在 PC 上打开一个终端，然后从 1 线、I²C、SPI、JTAG、异步串行（UART）、MIDI、PC 键盘、HD44780 LCD、通用 2 线和 3 线用于自定义协议的库中进行选择，也可以使用程序实现以上通信链路。这样就可以使用软件对 AVR 进行在线串行编程。这在与许多不同类型的芯片（不仅仅是微控制器）进行连接时非常有用，例如在调试与某些"智能"芯片时，需要设置其工作模式。

8. "锯掉树枝"

当微控制器支持多种编程方法时，通常可以选择使用哪种编程方法。但是，在可以覆盖 bootloader 的控制器中，有些方法可能破坏加载程序，此时不得不使用并行编程。有其他方法可以执行我们所谓的"锯掉树枝"：当我们加载一个程序时，首先关闭了大多数外设（包括 SPI），我们设法用一个小的 AVR 芯片做到了这一点。但这犯了一个很大的错误，因为它禁用了唯一可用于串行 bootloading 的端口，导致最后将不得不使用高压并行编程。

终止与微控制器连接的另一种方法是给它编程，让它使用错误类型的外部振荡器。也就是说，

⊖ PC 串行端口正在快速消失，你可以用一个 USB-RS-232 适配器或者 USB-UART 芯片，比如 FT232R；后者符合微控制器的逻辑电平，因此我们不需要 MAX232 类型的芯片。

⊖ SPI 可能是同一微控制器上多个引导程序端口之一，例如较大的 Atmel AVR 控制器允许通过 SPI 或 JTAG 进行引导程序下载。此外，某些微控制器可让读者在闪存中安装自定义引导程序，该引导程序可从 USB、UART 或以太网端口完成引导。

在编程时实际使用与所连接的硬件（裸晶、陶瓷谐振器或来自外部振荡器模块的外部振荡信号）不对应的硬件。一些微控制器可以阻止掉入这种陷阱，例如 Silicon Labs 8051 内核处理器和 ARM 内核处理器通过慢速的内部振荡器在已知状态下启动；如果要对默认值做任何更改，读者必须专门编写程序。如果做错了，只需要修改代码，然后冷启动重新加载即可。

9. 在线调试

最新设计的微控制器包括片上硬件，它能够通过设置断点、检查寄存器和存储器、单步执行等方式，让读者可以在程序执行期间调试代码（这曾经是一个大问题，需要配备额外引线的特殊处理器芯片，并且也需要更多的支出）。在线调试通常使用与程序下载相同的端口。因此，只需要保持编程 pod 处于连接状态，并反复进行调试-重新编程的流程，直到一切正常。

当前包含这些功能的处理器系列有 Atmel AVR、基于 ARM 内核的处理器、一些 PIC 处理器和某些 8051 演生产品（尤其是来自 Silicon Labs 的产品）。

15.9.4　Arduino 项目

在本章中，我们多次提到 Arduino 项目，那么它到底是什么呢？

用网站上的话来说，Arduino 是一款便捷灵活、方便上手的开源电子原型开发平台，包含硬件和软件。它适用于艺术家、设计师、业余爱好者以及任何对创建交互式对象或环境感兴趣的人。板上的微控制器可以使用带有自定义库的 C 语言在 Arduino 开发环境中编程。Arduino 工程可以是独立工作的，也可以与计算机上运行的软件进行通信。

用我们的话来说，Arduino 硬件是一组基于 Atmel 微控制器（ATmega AVR 系列和 SAM3X ARM Cortex-M 系列）精心设计的廉价板卡，并带有所有常用的外部组件：USB 端口（带有 FTDI 芯片，可以转换为微控制器的串行引脚）、5V 稳压器、SPI 端口、PWM 输出、ADC 和数字 I/O 引脚、LED 以及一些其他组件。读者可以从 Adafruit 和 Spark-Fun 等业余供应商那里购买组装好的标准板（当前称为 Uno）。也可以将其作为套件购买，甚至可以自己制版（它们提供 Eagle 格式的 CAD 文件，或 *.png 格式的图像文件）。

而且，其软件开发环境是开源和免费的，它拥有成熟的 C 语言，使用为 AVR 和 ARM 处理器服务的 GNU C 编译器。基于此编译器，Arduino 软件是一个简单易用的 GUI 封装，它可以在 Windows、Mac OS 或 Linux 上运行，并可以轻松进行代码编辑和项目管理。设备上运行的 Arduino 固件（用 C 编写）包括一个 bootloader，它可以监听 USB 串行链路上的通信，下载新的用户程序或超时 1s 后运行闪存中已存在的程序。

它有一个不错的 C 函数库，我们可以在自己的程序中调用库中的函数，完成一些工作，例如利用 USB 链接进行文本的输入/输出，格式化要打印的数字，设置计时器和中断等操作。例如，val=analogRead(3)将从模拟引脚 3 上读取的电压存入变量 val 中[⊖]。该库代码很少与 Arduino 硬件本身相关，读者可以在基于 AVR 的项目中使用它。由于它全部是开源的并且使用开源编译器，因此使用起来非常方便。

总体而言，Arduino 项目就是将这些组件集成在一起工作。一个有趣的衡量微控制器硬件及 IDE 易用性的指标如下：打开安装包之后，需要多长时间才能开始使用。对于 Arduino，答案是大约 20 分钟：下载软件，右键单击安装 FTDI 驱动程序和 mini-IDE；然后打开 Arduino 程序，输入四行，然后关闭！读者根本不需要去了解硬件，小电路板通过 USB 连接为自己供电，也不需要任何额外的硬件（标准 USB 电缆除外）。

这里还有一些和 Arduino 相似且拥有独特功能的产品。许多使用相同的微控制器，具有相同防护罩的（子板）引脚，并使用相同或相似的编译器。例如，凌特公司的 Linduino 电路板使用其 LTM2884 USB 独立芯片，提供隔离的 USB 2.0 集线器或 USB 外围设备（峰值为 560V 或 1s 提供 2.5kVrms），并具有隔离的 5V 直流（最大 500mA）。Linduino 板还有 LTC 的标准 DC590 接口板连接器，特别适合与其高分辨率 ADC 一起使用。

15.10　综述

15.10.1　工具有多贵

为了让微控制器能够轻松上手，微控制器公司和一些第三方制造商大多都提供精简的开发套件，其中包括：①一个编程 pod；②一个带有微控制器和一些部件的小板（LED、串行端口、USB 端口、

⊖　这种易用性带来了一些通用性的损失，例如引脚分配。

模拟 I/O 和编程标头）；③用于编译、汇编、下载和调试的软件。

此类工具包随附的编译器可能是免费的评估版本，读者可以购买功能更强大的编译器。例如，价格低廉的 Silicon Labs 套件随附了商业 Keil 编译器工具的限制版本。它功能齐全，但是将读者的编译目标代码大小限制为 4kB，并且缺少浮点库。同样，可以免费下载的 Raisonance 软件也将对象代码限制为 4kB，而没有限制的版本的价格与 Keil 产品相当。另一个高质量软件工具是 IAR 系统，它支持大多数流行的微控制器系列：8051、ARM、AVR、Coldfire、MAXQ、PIC、H8 和 MSP430 等。嵌入式系统的其他编译器和调试器供应商有 Green Hills Software、HI-TECH Software、Lauterback 和 Rowley Associates。

随着微控制器的不断发展，令人高兴的是，开源社区已将 GNU C/C++编译器移植到大多数操作系统，并能够应用于 AVR 和 ARM 系列的微控制器。这款免费软件加上一个编程 pod，能够以成本最低的方式，用 C 语言编程实现微控制器的全部功能。另一个鼓舞人心的趋势是半导体制造商渐渐认识到微控制器需要一款优秀的软件支持。传统上，芯片制造商认为软件虽然必不可少，但是也不想去改良它，宁愿让其他人去考虑这些问题。令人高兴的是，这种情况正在改变。例如，Atmel 将 GNU 开源工具集成到 Windows 环境中进行编译、仿真和在线调试。而且，现在 IBM 的 Eclipse 开源开发环境也很流行，它允许制造商和用户为特定处理器系列创建插件。例如，Altera 的 NIOS 软核微控制器 Micrium 和开源 ARM 工具。

编程 pod 通常不能在不同处理器系列之间互用，但它们不是很贵，所以这不是大问题。在某些情况下，下载程序的硬件允许多个连接协议。例如，Atmel AVR Dragon 通过 USB 连接到主机，可允许在 SPI、JTAG、并行和高压串行模式下进行编程，它还支持在线调试。而较简单的 AVR ISP pod 仅支持 SPI 编程。编程 pod 也由 Olimex 和 Sparkfun Electronics 等第三方和业余供应商出售；总可以在一些业余爱好者出版物上找到更多的供应商，例如 *Circuit Cellar* 或 *MAKE Magazine*。

15.10.2 何时使用微控制器

几乎总是要有！

当然，电子系统一般具有以下特征。

1) 将字符或图形显示作为其用户界面的一部分。

2) 包含需要配置内部寄存器或工作模式的芯片。

3) 与主机、独立外围设备、网络或无线设备进行通信。

4) 需要进行一些计算、存储、格式转换、信号处理等。

5) 需要校准或线性化。

6) 涉及随着时间推移的事件序列。

7) 可能会进行升级或功能修订。

随着发展，甚至对于传统的"模拟"功能（例如测量和控制），也应考虑使用微控制器，尤其是诸如 Analog Devices 和 Cypress 等公司越来越多地强调处理器中应考虑面向模拟应用的组件。

相反，对于需要关键时序或要求高度并行性的任务，通常首选可编程逻辑器件（PLD，包括 FPGA）。但是，相比于微控制器，它们的编程和调试困难得多。任何带有 PLD 的系统通常都将包含一个微控制器；后者可以采用软处理器内核（即使用 FPGA 中可编程资源配置）或硬处理器内核（即预置在混合 FPGA 中）的形式。举个例子，采用 FPGA 软核的有 Actel ARM、Altera Nios-II、Lattice Mico 和 Xilinx MicroBlaze；而采用混合 FPGA 中的预置处理器有 Altera 的 ARM、Atmel 带有 AVR 的 FPSLIC 和 Xilinx 的 PowerPC。

微控制器往往不能满足具有严格时序要求的场合，为了使微控制器具有更广泛的应用（例如，实时视频或无线应用），可以考虑将专用标准产品（ASSP，例如 MPEG 解码器或手机 RF 子系统）和微控制器相结合。

15.10.3 如何选择微控制器

使用一款周围的人正在使用的处理器确实有很大的优势，因为可以很容易获得必要的软件和硬件工具以及使用经验。然后可以考虑以下因素（取决于读者的具体应用程序）。

1) 端口（模拟、数字和通信）。

2) 内部功能（例如转换器、PWM、裸 LCD 驱动器等）。

3) 计算速度。

4) 闪存、EEPROM 和 SRAM 存储器大小。

5) 封装配置。

6）功耗、低功耗时钟模式和休眠模式。

7）软件编程、仿真和在线调试工具。

当读者开始选择时，15.3 节中的纲要可以给读者提供帮助。

当根据读者的需求在微控制器系列中进行选择时，可能会遇到麻烦。一般先从本系列的高级产品开始，也就是时钟最快、数据（RAM）和代码存储器（Flash ROM）最多的那个。通常情况下，一个系列的大多数产品都由一些高级产品的简化版本组成，也可能有带专用外设的产品。

早期的微控制器是依据 8 位字长设计的，但是现在有很多 32 位控制器。考虑到 32 位控制器启动复杂⊖，价格略高以及我们对 8 位处理器系列更加熟悉，32 位的一些优势（平坦空间、更强大的指令）显得没那么明显。

即使用 C 语言编写所有代码，大多问题都是微控制器特有的：启动时初始化板上 I/O 和外设，设置控制电压电平和时钟的熔丝位（与程序代码无关），或者对外围设备及其配置的多个内存页面和专有的内存地址进行处理。因此，具有平坦存储空间和标准头文件的简单微控制器体系结构更易于使用。

微控制器相关库的质量和数量也非常重要。例如，随附的 TCP/IP、SPI、I²C 等库，使 Rabbit 微控制器的程序设计更容易。这也是 Arduino 项目的重要优势，因为大型社区提供了关于该项目的扩展代码。同样，最好选择具有稳定编译器-调试器的微控制器。与此相似，选择能在 Linux 上运行的微控制器开发板（例如 Gumstix Overo 或 BeagleBoard）也有许多优点。它们具有非常稳定的操作系统和底层驱动，具有本地优先多任务处理功能，在调试中，它们也具有一些相当的优势（可以只使用 SSH 或串行终端就可以获得控制台访问权限），而且它们具有性能优越的硬件（包括高性能图形控制器）。

15.10.4　最后的赠言

如果读者还没有弄清楚微控制器是什么，那么可以告诉读者微控制器真的很有趣！图 15.25 显示了一个神奇的示例，即 Jason Gallicchio 于 2004 年制作的万圣节帽子，它看上去像一个带电的滤锅，上面装有闪烁的 LED 和一堆电池。然而，它的显著特征是能够读出佩戴者的思想。图中显示了佩戴者的应答装置对"你要上哪所大学"的回答。

图 15.25　这顶帽子能读出思想

⊖　例如，一个 ARM 外设需要大量代码才能完成启动、初始化、连接到正确的 I/O 引脚等工作。

扩展阅读和参考文献

通用

Ashby, D., ed., *Circuit Design: Know It All.* Newnes (2008). A collection of fascinating electronics engineering stuff from 14 acclaimed authors.

Camenzind, H., *Much Ado About Almost Nothing, Man's Encounter with the Electron.* Booklocker.com (2007). Fascinating stories about electronics, by the famed designer of the 555.

Dobkin, B. and Williams, J., eds., *Analog Circuit Design: A Tutorial Guide to Applications and Solutions.* Newnes (2011). Excellent selection of informative and well-written application notes from Linear Technology. Lively and entertaining, too.

Dunn, P. C., *Gateways into Electronics.* Wiley (2000). Fascinating physics-based approach to electronics; deep coverage of critical areas.

Jones, R. V., *Instruments and Experiences: Papers on Measurement and Instrument Design.* Wiley (1988). Classic on instrument design, based on Jones' papers.

Lee, T. H., *The Design of CMOS Radio-Frequency Integrated Circuits.* Cambridge University Press (2nd ed., 2003). From the originator of gigahertz CMOS comes this delightful volume, covering much more than its humble title suggests. Terrific introductory chapter on the history of radio.

Pease, R. A., *Troubleshooting Analog Circuits.* Butterworth–Heinemann (1991). The curmudgeon-in-chief reveals his tricks.

Purcell, E. M., and Morin, D. J., *Electricity and Magnetism.* Cambridge University Press (2013). Excellent textbook on electromagnetic theory. Relevant sections on electrical conduction and analysis of ac circuits with complex numbers.

Scherz, P. and Monk, S., *Practical Electronics for Inventors.* McGraw-Hill (3rd ed., 2013). The title says it all.

Sedra, A. S. and Smith, K. C., *Microelectronic Circuits.* Oxford University Press (6th edition, 2009). Popular classic engineering text.

Senturia, S. D., and Wedlock, B. D., *Electronic Circuits and Applications.* Wiley (1975). Good introductory engineering textbook.

Sheingold, D. H., ed., *Nonlinear Circuits Handbook.* Analog Devices (1976). Highly recommended.

Sheingold, D. H., ed., *The Best of Analog Dialog, 1967 to 1991.* Analog Devices (1991). Outstanding collection of analog-engineering techniques.

Terman, F. E., *Radio Engineers' Handbook.* McGraw-Hill (1943). Three score and ten years later it continues to amaze, with excellent sections on passive circuit elements and other basic engineering.

Tietze, U., and Schenk, Ch., *Electronic circuits: Handbook for Design and Applications.* Springer-Verlag (2nd edition, 2008). Spectacular all-around reference.

Williams, J., ed., *Analog Circuit Design: Art, Science, and Personalities.* Butterworth–Heinemann (1991). Idiosyncratic collection of wisdom from 22 analog gurus.

Williams, J., ed., *The Art and Science of Analog Circuit Design.* Butterworth–Heinemann (1998). The sequel: 16 analog gurus dispense yet more wisdom.

手册

Fink, D. G., and Beaty, H. W., eds., *Standard Handbook for Electrical Engineers.* New York: McGraw-Hill (16th ed., 2012). Tutorial articles on electrical engineering topics.

Jordan, E., ed., *Reference Data for Engineers: Radio, Electronics, Computer, and Communications.* Howard W. Sams & Co. (9th ed., 2001). General-purpose engineering data.

"Temperature Measurement Handbook." Stamford, CT: Omega Engineering Corp. (revised annually). Thermocouples, thermistors, pyrometers, resistance thermometers.

BJT和FET

Camenzind, H., *Designing Analog Chips.* Virtualbookworm.com and available online (2005). Inspiring book by a real world analog IC designer; includes the story of his design of the 555 at Signetics (now NXP).

Ebers, J. J., and Moll, J. L., "Large-signal behavior of junction transistors." *Proc. I.R.E.* **42**:1761–1772 (1954). The Ebers–Moll equation is born.

Gray, P. R., Hurst, P. J., Lewis, S. H., and Meyer, R. G., *Analysis and Design of Analog Integrated Circuits.* Wiley (5th ed., 2009). The classic go-to book for a real understanding of integrated linear circuit design.

Howe, R.T. and Sodini, C. G., *Microelectronics, an Integrated Approach.* Prentice-Hall (1996). Introductory IC design.

Mead, C. and Conway, L., *Introduction to VLSI Systems.* Addison-Wesley (1980). Device physics and circuit design; a classic.

Muller, R. S., and Kamins, T. I., *Device Electronics for Integrated Circuits.* Wiley (1986). Transistor properties in ICs.

Sze, S. M., *Physics of Semiconductor Devices.* Wiley (1981). The classic.

Tsividis, Y. P., and McAndrew, C., *Operation and Modeling of the MOS Transistor.* McGraw-Hill (3rd ed., 2010).

SPICE

Cheng, Y. and Hu, C., *MOSFET Modeling & BSIM3 User's Guide.* Springer (1999).

Kielkowski, R., *Inside SPICE.* McGraw-Hill (1998). A short book with hints about SPICE convergence, etc.

Liu, W., *MOSFET Models for SPICE Simulation: Including BSIM3v3 and BSIM4.* Wiley (2001). If you use SPICE to analyze MOSFET designs you need this book.

Massobrio, G. and Antognetti, P., *Semiconductor Device Modeling With SPICE.* McGraw-Hill (2nd ed., 1998). Modeling BJTs, JFETs and MOSFETs.

Ytterdal, T., Cheng, Y., and Fjeldy, T. A., *Device Modeling for Analog and RF CMOS Circuit Design.* Wiley (2003). MOSFET device physics, and SPICE modeling, noise in MOSFETs.

放大器、传感器和噪声

Buckingham, M. J., *Noise in Electronic Devices and Systems*. Wiley (1983).

Hollister, A. L., *Wideband Amplifier Design*. Scitech (2007). Wideband amplifier design techniques using BJTs and FETs, with extensive SPICE analysis.

Morrison, R. *Grounding and Shielding Techniques in Instrumentation*. Wiley (1986).

Motchenbacher, C. D. and Connelly, J. A., *Low-noise Electronic System Design*. Wiley (1993). A serious in-depth treatment of low-noise amplifier design.

Netzer, Y., "The design of low-noise amplifiers." *Proc. IEEE* **69**:728–741 (1981). Excellent review.

Ott, H., *Noise Reduction Techniques in Electronic Systems*. Wiley (1988). Shielding and low-noise design.

Radeka, V., "Low-noise techniques in detectors." *Ann. Rev. Nucl. and Part. Physics*, **38**:217–277 (1988). Amplifier design, signal processing, and fundamental limits in charge measurement.

运算放大器

Applications Manual for Operational Amplifiers, for Modelling, Measuring, Manipulating, & Much Else. Philbrick/Nexus Research (1965). Charming compendium from the originators of the first commercial op-amp; these are collectors' items, long out of print.

Carter, B., and Brown, T. R., *Handbook of Operational Amplifier Applications*. Rework of the classic Burr–Brown handbook, described by Carter as a "treasure... some of the finest works on op amp theory that I have ever seen."

Frederiksen, T. M., *Intuitive IC op-amps*. Santa Clara, CA: National Semiconductor Corp. (1984). Extremely good treatment at all levels.

Graeme, J. G., *Applications of Operational Amplifiers: Third Generation Techniques*. McGraw-Hill (1987). One of the Burr-Brown series.

Jung, W. G., ed., *Op Amp Applications Handbook*. Newnes (2004). Fascinating history section, excellent up-to-date detail.

Jung, W. G., *IC op-amp Cookbook*. Howard W. Sams & Co. (3rd ed., 1986). Lots of circuits, with explanations. See also Jung's *Audio IC Op-amp Applications*.

Soclof, S., *Analog Integrated Circuits*. Prentice-Hall (1985). Detailed IC-designer information, useful for IC users as well.

Zumbahlen, H., *Linear Circuit Design Handbook*. Newnes (2008). Things you need to know from Analog Devices engineers.

音频

Duncan, B., *High Performance Audio Power Amplifiers*. Newnes (1996). Excellent review of professional audio power amplifier design.

Hickman, I., *Analog Electronics*. Newnes (2nd ed., 1999). Interesting overview, one wishes he had written more.

Hood, J. L., *The Art of Linear Electronics*. Newnes (1998). Audio electronics, including FM.

Pohlman, K. C., *Principles of Digital Audio*. McGraw-Hill (3rd ed., 1995). All aspects of digital audio; non-mathematical, an easy read.

Self, D., *Small Signal Audio Design*. Focal Press (2010). Audio design basics and tricks, with a special view from an industry master.

Strawn, J., ed., *Digital Audio Signal Processing*. A-R Editions Inc. (Madison, WI; 1985). The first article (by Moore) is a magnificent introduction to the mathematics of digital signal processing. Sadly, this volume is out of print.

Watkinson, J., *The Art of Digital Audio*. Focal Press (3rd ed., 2000). Another nice book on digital audio.

滤波器和振荡器

Hilburn, J. L., and Johnson, D. E., *Manual of Active Filter Design*. McGraw-Hill (1982).

Lancaster, D., *Active Filter Cookbook*. Howard W. Sams & Co. (1979). Explicit design procedure; easy to read.

Matthys, R. J., *Crystal Oscillator Circuits*. Wiley (1983), Krieger Publishing (revised, 1992).

Parzen, B., *Design of Crystal and Other Harmonic Oscillators*. Wiley (1983). Discrete oscillator circuits.

Williams, A. and Taylor, F., *Electronic Filter Design Handbook*. McGraw-Hill (4th ed., 2006). Practical filter design, with formulas, tables, and many examples.

Zverev, A. I., *Handbook of Filter Synthesis*. Wiley (1967). Extensive tables for passive *LC* and crystal filter design.

See also Graeme, J. G., under op-amp listings.

功率、稳压和控制

Basso, C. P., *Switch-Mode Power Supplies: SPICE Simulations and Practical Designs*. McGraw-Hill (2008). The title says it all.

Billings, K. and Morey, T., *Switchmode Power Supply Handbook*. McGraw-Hill (3rd ed., 2010). Highly readable and comprehensive treatment of an often-confusing topic.

Erickson, R. W. and Maksimovic, D., *Fundamentals of Power Electronics*. Springer (2nd ed 2001). Learn how to compensate an SMPS feedback loop.

Grover, F. W., *Inductance Calculations*. Dover (2009 reprint of the 1946 classic). Formulas, tables, and graphs for the inductance of just about anything.

Hnatek, E. R., *Design of Solid-state Power Supplies*. Van Nostrand Reinhold (1989). Switching supplies.

MacFadyen, K. A., *Small Transformers and Inductors*. Chapman & Hall (1953). Learn how to calculate leakage inductance in your transformers.

Maniktala, S., *Switching Power Supplies: A to Z*. Newnes (2nd ed, 2012). Filled with useful unusual material, like magnetics design with the all-important AC-resistance loss analysis.

Pressman, A., Billings, K., and Morey, T., *Switching Power Supply Design*. McGraw-Hill (3rd ed., 2009). Standard comprehensive book for a two-week introductory course in SMPS design.

Rogers, G. and Mayhew, Y., *Engineering Thermodynamics: Work and Heat Transfer*. Prentice-Hall (4th ed, 1996). Develop a better understanding of thermal management in electronics.

Snelling, E. C., *Soft Ferrites*. Butterworth–Heinemann (2nd ed, 1988). The bible for inductor and transformer design.

光学

Friedman, E. and Miller, J. L., *Photonics Rules of Thumb: Optics, Electro-Optics, Fiber-Optics, and Lasers*. McGraw-Hill (2003). What's *this* doing here? Well, it's an amazing collection of coolstuff, both serious and quixotic (e.g., "crickets as thermometers.")

Graeme, J. G., *Photodiode Amplifiers: Op Amp Solutions*. McGraw-Hill (1995). The low-down on transimpedance amplifiers.

Hobbs, P. C. D., *Building Electro-Optical Systems: Making It All Work*. Wiley (2nd ed., 2009). Great balance of theory and practice.

Lenk, R. and Lenk, C. *Practical Lighting Design with LEDs*. Wiley (2011).

Schubert, E. F. *Light-Emitting Diodes*. Cambridge University Press (2nd ed., 2006). LED device physics, practical devices, color physics.

Yariv, A., *Introduction to Optical Electronics*. Rinehart & Winston (1976). Physics of opto-electronics, lasers, and detection.

高速数字和RF

Hagen, J. B., *Radio-Frequency Electronics: Circuits and Applications*. Cambridge University Press (2nd ed., 2009). Refreshingly different, an insight per page.

Johnson, H. and Graham, M., *High Speed Digital Design: A Handbook of Black Magic*. Prentice-Hall (1993). Ringing, cross-talk, ground bounce, etc. – a must-have if you're doing fast digital design.

Johnson, H. and Graham, M., *High Speed Signal Propagation: Advanced Black Magic*. Prentice-Hall (2003). Techniques for pushing the limits of high-speed signal transmission.

Johnson, R. C., ed., *Antenna Engineering Handbook*. McGraw-Hill (3rd ed., 1992). Comprehensive, excellent tables and design information.

Krauss, J. D. and Marhefka, R. J., *Antennas for All Applications*. McGraw-Hill (3rd ed., 2001). Highly readable and usable text.

Ramo, R., Whinnery, J. R. and Van Duzer, T., *Fields and Waves in Communication Electronics*. Wiley (3rd ed., 1994). A classic electricity and magnetism text, with emphasis on communications.

Roy, K. and Prasad, S., *Low-Power CMOS VLSI Circuit Design*. Wiley (2000).

Sevick, J., *Transmission Line Transformers*. Noble (4th ed., 2001). Practical guide to understanding and building RF transformers.

数字信号处理和通信

Bracewell, R. N., *The Fourier transform and its applications*. McGraw-Hill (3rd ed., 1999). The classic in this field.

Brigham, E. O., *The Fast Fourier Transform and its Applications*. Prentice-Hall (1988). Highly readable.

Oppenheim, A. V. and Schafer, R. W., *Discrete-Time Signal Processing*. Prentice-Hall (3rd ed., 2009). Well-received classic on digital signal analysis.

Sklar, B., *Digital Communications: Fundamentals and Applications*. Prentice-Hall (2nd ed., 2001). Fine introduction to all aspects of digital communications.

逻辑、转换和混合信号

Best, R. E., *Phase-locked Loops*. McGraw-Hill (6th ed., 2007). Advanced techniques.

Brennan, P. V., *Phase-Locked Loops: Principles and Practice*. McGraw-Hill (1966).

Gardner, F. M., *Phaselock Techniques*. Wiley (1979). The classic PLL book: emphasis on fundamentals.

Kester, E., ed., *The Data Conversion Handbook*. Newnes (2004). Includes an excellent history of data conversion, and extensive detail on the nuances of conversion, timing, bandwidth, etc.

Lancaster, D., *CMOS Cookbook*. Howard W. Sams & Co. (2nd ed., 1997). Good reading, down-to-earth applications. Includes widely used (but rarely mentioned) M^2L (Mickey Mouse logic) technique.

Rohde, U. L., *Digital PLL Frequency Synthesizers*. Prentice-Hall (1983). Theory and lots of circuit detail.

Sheingold, D. H., ed., *Transducer Interfacing Handbook*. Analog Devices (1980).

计算机和编程

Hancock, L. and Krieger, M., *The C Primer*. McGraw-Hill (1982). Introduction for beginners.

Harbison, S. P. and Steele, G. L., Jr., *C: A Reference Manual*. Prentice-Hall (1987). Readable and definitive; has ANSI extensions.

Wescott, T., *Applied Control Theory for Embedded Systems*. Newnes (2006). From the author of *PID without a Ph.D.*

其他

Grätzer, G., *More Math into LaTeX*. Springer (4th ed., 2007). Best single reference on typesetting with LaTeX (the software typesetting language in which this book was written).

Kleppner, D. and Ramsey, N., *Quick Calculus*. Wiley (2nd ed., 1985). The title is honest, it's the fastest way to learn calculus. Don't be put off by the book's vintage (hey, calculus itself goes back almost four centuries).